Herausgegeben von der
Gesellschaft Deutscher Chemiker

# Chemie
## rund um die Uhr

K. Mädefessel-Herrmann

F. Hammar

H.-J. Quadbeck-Seeger

WILEY-VCH

**Herausgeber:**
Gesellschaft Deutscher Chemiker e.V.
Varrentrappstr. 40–42
60486 Frankfurt

**Autoren:**
Kristin Mädefessel-Herrmann, Viernheim
Friederike Hammar, Mainz
Hans-Jürgen Quadbeck-Seeger, Bad Dürkheim

Das vorliegende Werk wurde sorgfältig
erarbeitet. Dennoch übernehmen Autoren,
Herausgeber und Verlag für die Richtigkeit
von Angaben, Hinweisen und Ratschlägen
sowie für eventuelle Druckfehler keine
Haftung.

**Gestaltung und Illustration:**
Gunther Schulz, Fußgönheim

Diese Veröffentlichung wurde mit Mitteln
des Bundesministeriums für Bildung und
Forschung gefördert. Die Verantwortung für
den Inhalt dieser Veröffentlichung liegt bei
den Autoren.

Bibliografische Information Der Deutschen
Bibliothek
Die Deutsche Bibliothek verzeichnet diese
Publikation in der Deutschen National-
bibliografie; detaillierte bibliografische Daten
sind im Internet über <http://dnb.ddb.de>
abrufbar.

© 2004 Wiley-VCH Verlag GmbH & Co. KGaA,
Weinheim

Gedruckt auf säurefreiem Papier.

1. Nachdruck 2005
2. Nachdruck 2006

Printed in the Federal Republic of Germany.

**Satz:**
Gunther Schulz, Fußgönheim
**Druck:**
Druckhaus Darmstadt GmbH, Darmstadt
**Bindung:**
Buchbinderei Schaumann, Darmstadt
**Umschlaggestaltung:**
4t Matthes + Traut Werbeagentur GmbH,
Darmstadt

ISBN 3-527-30970-5

Bundesministerium
für Bildung
und Forschung

GESELLSCHAFT DEUTSCHER CHEMIKER

## Geleitwort der Bundesministerin für Bildung und Forschung

Wie wäre es eigentlich, in einer Welt ganz ohne Chemie zu leben? Chemie ist längst Bestandteil unseres Alltags. Man denke nur an lebenswichtige Medikamente, Flachbildschirme mit Flüssigkristallen oder Autos, die zukünftig vielleicht nur noch mit Wasserstoff fahren. Und wenn man es genau nimmt, würde es ohne Chemie auch den Menschen nicht geben: Unser Körper ist ein hochkomplexes Labor, in dem gleichzeitig eine Vielzahl von chemischen Prozessen abläuft. Atmung und Ernährung, selbst Denken und Fühlen hängen davon ab. Die Chemie spielt für uns also wirklich „rund um die Uhr" eine Rolle.

Deshalb hat das Bundesministerium für Bildung und Forschung gemeinsam mit der Initiative „Wissenschaft im Dialog" und den großen Chemieorganisationen in Deutschland das „Jahr der Chemie 2003" veranstaltet. Zwölf Monate lang präsentierten Chemikerinnen und Chemiker auf Bahnhöfen, Marktplätzen und Schiffen, in Schulen, Kaufhäusern und mitten im Trubel der Großstädte

ihre Forschungsergebnisse. Man konnte sich selbst ein Urteil über diese faszinierende Wissenschaft bilden, fragen und seine Meinung einbringen. Insbesondere den Jugendlichen wurde so die Möglichkeit gegeben, die vielfältigen Ausbildungschancen und Studiengänge in der Chemie kennen zu lernen. Mit rund einer halben Million Beschäftigten ist die Chemie eine der führenden Industrien in Deutschland – ein großer Arbeitgeber, der beständig Arbeitsplätze schafft.

Mit den Wissenschaftsjahren fördern wir die Vermittlung von Forschung in der Gesellschaft. Wir schaffen zugleich eine Plattform für den öffentlichen Dialog über Wege und Ziele der Wissenschaft. Es ist wichtig, dass Wissenschaftlerinnen und Wissenschaftler mit den Menschen darüber sprechen, was sie in ihren Labors und Instituten tun. Denn was in Deutschland geforscht, erfunden und entwickelt wird, geht uns alle an. Umso mehr freue ich mich über die enorme Resonanz bei der Bevölkerung auf die Veranstaltungen des „Jahres der Chemie". Sie belegt die große Offenheit für Forschung in unserem Land – eine wichtige Grundlage für Innovationen.

Im Zusammenhang mit dem „Jahr der Chemie" sind die Texte des vorliegenden Buches entstanden. Es informiert anschaulich über die aktuellen Forschungsthemen. Die moderne Chemie hat viele Facetten. Und so liefert auch ein Kapitel über die Geheimnisse von Rotwein, Schokolade und Tee spannenden Lesestoff.

*E. Bulmahn*

*Edelgard Bulmahn*
*Bundesministerin*
*für Bildung und Forschung*

## Geleitwort des Geschäftsführers der Gesellschaft Deutscher Chemiker

„Chemie ist überall" war eines der Schimpfworte in der Umweltdebatte in den 70er und 80er Jahren, in der die „widernatürliche Chemie" der inhärent guten Naturverbundenheit als unversöhnliche Antipode gegenübergestellt wurde. Doch bei genauem Hinsehen wandelt sich diese Bedeutung in ihr Gegenteil: Ist es doch die allgegenwärtige Chemie, der wir weite Teile unseres Wohlstandes und viele Annehmlichkeiten des Alltags verdanken. Hochwirksame Medikamente, effiziente Dünger, Materialien mit maßgeschneiderten Eigenschaften, neue Formen der Energieerzeugung und Speicherung sind nur einige wenige Stichworte für die Erfolge chemischer Forschung zum Wohle der Menschen und ihres Lebensraums. Die Chemie als Innovationsmotor und nicht mehr wegzudenkender Bestandteil des täglichen Lebens der Öffentlichkeit näher zu bringen und den Dialog darüber zu intensivieren, prägte denn auch maßgeblich das Jahr der Chemie, welches gemeinsam vom Bundesministerium für Bildung und Forschung, der Initiative Wissenschaft im Dialog sowie der Gesellschaft Deutscher Chemiker und weiterer Chemieorganisationen aus Wissenschaft und Wirtschaft im Jahr 2003 durchgeführt wurde und das in weit mehr als 1000 Veranstaltungen deutlich über 1 Million Besucher erreicht hat.

Das vorliegende Buch folgt diesem roten Faden. Angelehnt an den Ablauf eines Tages werden ausgewählte Beispiele für die Bedeutung chemischer Produkte und Vorgänge für Mensch und Natur vorgestellt und in leicht verständlicher Sprache erläutert. Damit will dieses Buch einen Beitrag dazu leisten, den scheinbaren Gegensatz zwischen Chemie und Natur aufzulösen und den Leser unterhaltsam, aber kompetent über die Leistungen der modernen Chemie zu informieren, ohne mögliche Risiken zu verschweigen.

Wir danken dem Bundesministerium für Bildung und Forschung für die Unterstützung, ohne die dieses Buch nicht hätte realisiert werden können. Dank schulden wir auch den Autoren und allen Beteiligten im Verlag Wiley-VCH, die sich mit viel Engagement diesem Projekt gewidmet haben.

*Prof. Dr. Wolfram Koch*
*Geschäftsführer der*
*Gesellschaft Deutscher Chemiker*

# Die Autoren

**Kristin Mädefessel-Herrmann,** Jahrgang 1963, studierte Chemie in Darmstadt. Seit ihrer Promotion in Biochemie am Max-Planck-Institut für Biophysikalische Chemie/Universität Frankfurt a. M. 1992 zählt sie zur schreibenden Zunft, zunächst als Freie Fachautorin, von 1996 bis 1998 dann als Redakteurin der „Nachrichten aus Chemie, Technik und Laboratorium". Seit 1999 schreibt sie wieder als „Freie" für verschiedene Fachzeitschriften sowie Industrie-Unternehmen über Naturwissenschaft und Technik. So verfasst sie beispielsweise die wöchentlichen Presseinformationen der „Angwandten Chemie" (Wiley-VCH), ist freie Mitarbeiterin der „Kunststoffe" (Carl Hanser Verlag) und war als Co-Autorin in „die Babywindel und 34 anderen Chemiegeschichten" (Wiley-VCH, 2000) vertreten.

**Friederike Hammar,** Jahrgang 1961, studierte Chemie mit Schwerpunkt Biochemie an der Universität Mainz, wo sie am Institut für Immunologie promovierte. Sie arbeitet als freie Wissenschaftsjournalistin und Fachautorin im Bereich Life Sciences. Von 1996 bis 1998 koordinierte sie die Bio-Regio-Aktivitäten in der Rhein-Main-Region. Von 1999 bis 2001 wirkte sie als Autorin im Projekt „Vernetztes Studium Chemie" an der Universität Mainz mit. Sie ist Co-Autorin verschiedener Fach- und Sachbücher, unter anderem „Biochemie light" (Harri Deutsch Verlag 1999), „Methoden der Proteomforschung" (Spektrum Verlag, 2001), „Die Babywindel und 34 andere Chemiegeschichten" (Verlag Wiley-VCH 2000) und mit regelmäßigen Beiträgen in den „Nachrichten aus der Chemie" vertreten.

**Hans-Jürgen Quadbeck-Seeger,** Jahrgang 1939, hat an der Universität München Chemie studiert und dort 1967 promoviert. Anschließend trat er in die BASF AG, Ludwigshafen, ein. Nach verschiedenen Stationen im Unternehmen und bei den Tochtergesellschaften wurde er 1990 schließlich in den Vorstand der BASF berufen, wo er für die Forschung verantwortlich war. 1997 schied er aus gesundheitlichen Gründen aus dem Berufsleben aus. Er ist Mitglied einer Enquete-Kommission des Deutschen Bundestages, Honorarprofessor der Universität Heidelberg, Mitglied des Senats der Deutschen Forschungsgemeinschaft und der Max-Planck-Gesellschaft sowie Präsident der Gesellschaft Deutscher Chemiker. Diese sowie weitere Aktivitäten in zahlreichen wissenschaftlichen und karitativen Organisationen zeigen sein hohes Engagement für Wissenschaft und Gesellschaft. Dafür wurde ihm das Bundesverdienstkreuz 1. Klasse verliehen. In seinem Ruhestand betätigt sich der vielseitig interessierte und humorvolle Ostpreuße vor allem literarisch.

## Vorwort der Autoren

Wozu ein Vorwort? Und dazu nach zwei Geleitworten? Weil wir unseren Lesern einige Zusatzinformationen zur Entstehung dieses Buches geben möchten.

Wir würden uns freuen, wenn Sie dieses Werk einfach durchblättern, die Vielfalt der Bilder auf sich wirken lassen, auf manch einer Seite hängen bleiben und dann Lust verspüren, sich hier und dort zu vertiefen. Beispielsweise weil Sie schon immer wissen wollten, wo die Chemie heute welche Rolle spielt, oder um zu erfahren, welche Aufgaben sie in der Zukunft zu lösen hat.

Sicher, dazu gibt es gerade aus den letzten Jahren eine ganze Reihe lesenswerter Bücher. Was könnte oder sollte ein „Offizielles Buch zum *Jahr der Chemie*" mehr oder anderes bieten? Bei einem spontanen Gedankenaustausch während eines Treffens, zu dem der Geschäftsführer der Gesellschaft Deutscher Chemiker, Herr Professor Dr. W. Koch, eingeladen hatte, kam die Idee auf, nicht wie so oft den Blickwinkel der Fachleute – der Chemiker – zu wählen, sondern die Sicht einmal umzudrehen. Wann und wo begegnet uns Menschen die Chemie, ohne dass wir daran bewusst denken oder es gar bemerken?

Rasch zeigte sich, dass bereits ein gewöhnlicher Tagesablauf mehr als genug Stoff für einen guten Überblick über all die „verborgenen Innovationen" der Chemie bieten würde, ja, dass man sogar all die interessanten Themen und Beispiele gar nicht im Rahmen eines solchen Buches unterbringen kann. „Die Chemie" wird in der Öffentlichkeit ambivalent beurteilt – nicht zuletzt, weil die Beiträge der Chemie und ihrer Produkte für unser tägliches Leben nur allzu oft verkannt oder vollkommen unterschätzt werden. Schnell war man sich einig,

dass publikationserfahrene Kollegen die Sache in die Hand nehmen sollten. So wurden der Wissenschaftsjournalist Axel Fischer – dem wir an dieser Stelle für seine Ideen danken wollen – und der Industriechemiker und Autor Hans-Jürgen Quadbeck-Seeger mit dem Entwurf eines ersten Konzepts betraut.

Für die Realisierung des Projekts, das sich komplexer als erwartet erwies, kamen dann die Fachautorinnen Kristin Mädefessel-Herrmann und Friederike Hammar an Bord, die das Konzept en détail ausarbeiteten und schließlich mit Leben (und mit Chemie) füllten. Abgerundet wurden die Texte durch Ergänzungen, Anregungen und Kommentare von Hans-Jürgen Quadbeck-Seeger, der auch einige Kapitel beisteuerte.

Was am Anfang unterschätzt wurde, war die außerordentliche Recherche-Intensität der Arbeit, die zudem in einem engen zeitlichen Rahmen zu bewältigen war. In einem amerikanischen Buch würde nun an dieser Stelle eine Lobeshymne stehen (vom mitreißenden Teamgeist, totalen Einsatz und dem unerschütterlichen Glauben an den Erfolg). Wir bleiben europäisch und sagen schlicht: „Hier also ist unser Werk." Und möchten ergänzen: „Es hat uns nicht nur Arbeit, sondern auch eine Menge Spaß gemacht!"

Selbstverständlich wäre dieses Projekt ohne vielfältige Hilfe nicht möglich gewesen. Frau Dr. Gudrun Walter, Lektorin bei Wiley-VCH und Projektleiterin für das Buch zum *Jahr der Chemie*, möchten wir hier ganz besonders hervorheben. Bei ihr liefen alle Fäden zusammen, sie hat uns Autoren immer wieder motiviert und viele helfende Hände im Verlag mobilisiert. Ganz besonderer Dank gilt auch unserem Grafiker, Herrn Gunther Schulz, der Ästhetik und Wissenschaft

stets gleichermaßen im Auge hatte und trotz zahlreicher Änderungswünsche die Nerven behielt.

Bei vielen Recherchen konnten wir die Hilfe von Fachleuten der BASF AG in Anspruch nehmen. Bei der Auswahl der Bilder war uns Herr Matthias Baqué aus der Pressestelle der BASF AG eine wertvolle Hilfe. Die vielfältige Hilfsbereitschaft, beispielsweise auch von vielen Rechteinhabern der Illustrationen, war für uns immer wieder ein Motivationsschub. Unser Dank gebührt natürlich auch dem Bundesministerium für Bildung und Forschung für die Förderung dieses Buches.

Aber woher kam unsere Grundmotivation, uns all den Mühen und Problemen zu stellen? Eigentlich ist die Antwort einfach: Was uns alle verbunden hat, ist unsere Begeisterung für die Chemie und der Wunsch, auch Andere diese Begeisterung spüren zu lassen und anzuregen, einmal hinter die Dinge zu sehen – vor allem junge Menschen, die wie selbstverständlich mit all den technischen Finessen unserer Zeit groß werden. Ohne Chemie sind die Welt und das Leben nicht zu verstehen, noch ist es möglich, die Lebensgrundlagen einer wachsenden Weltbevölkerung menschenwürdig und nachhaltig zu gestalten. Das wollten wir zeigen, an Beispielen aus dem Alltag belegen und Sie inspirieren, den Weg der Erkundungen selbst weiterzugehen.

**In diesem Sinne: Viel Spaß beim Stöbern!**

*Kristin Mädefessel-Herrmann*
*Friederike Hammar*
*Hans-Jürgen Quadbeck-Seeger*

# Inhaltsverzeichnis

Traumhaft?!?

# Eine Welt ohne Chemie

**Was für ein wunderbarer Traum: Ich lebe in einer Welt ohne Chemie. Kein Betonklotz, kein Hochspannungsmast verschandelt die Landschaft, es gibt keine asphaltierten Straßen, keine Autos und keinen Verkehrskollaps. Luftverschmutzung ist ein Fremdwort. Kein Flugzeug am Himmel, kein Lärm von Baumaschinen, keine Fabrikanlagen – es herrscht eine himmlische Ruhe. Die Lebensmittel enthalten keine Stabilisatoren, Emulgatoren, Konservierungs- oder Farbstoffe. Weder leere Flaschen noch weggeworfene Plastikverpackungen säumen den Wegrand.**

Wer kommt mir denn da entgegen? Das ist ja meine Jugendliebe. Meine Güte, ist das lange her, damals war ich knapp siebzehn! Aber alt ist er geworden. Er sieht eher aus wie Ende 40 als wie Anfang 30. Ob das an der faltigen von der Sonne gegerbten Haut liegt? Kein Wunder ohne Sonnenschutzmittel. Außerdem ist er krumm wie ein alter Mann – natürlich, als Kind hatte er Rachitis, denn Vitamin-D-Tabletten gibt es ja nicht.

Wie bitte, wir sind verheiratet? Und die fünf Kinder, die da im Dreck spielen, das sind meine eigenen? Aber ich wollte doch höchstens zwei – und frühestens mit 30! Naja, ohne Antibabypille oder Kondome lässt sich halt keine Familienplanung betreiben. Eigentlich hatte ich sechs Kinder geboren, aber eins ist mit zwei Jahren an Scharlach gestorben. Das richtige Antibiotikum hätte das verhindern können. Das jüngste meiner Kinder ist noch im Babyalter und sitzt mit blankem Hinterteil auf der Erde. Höschenwindeln, die Babys Po schön trocken halten, gibt es ja nicht. Die Kinder spielen mit grob geschnitzten Holzklötzchen und aus Stoffresten selbst gebastelten Puppen. Plüschtiere, Legosteine und Plastikpuppen (zum Glück auch Barbie!) haben in einer kunststofffreien Welt nichts verloren. Das gilt natürlich ebenso für die „Lieblingsspielsachen" der Erwachsenen: CD, Computer und Handy.

Wenn ich mich in meiner Hütte so umschaue, fällt mir auf, dass es nicht besonders sauber ist. Aber wie soll man denn ohne Seife mit dem Ruß des Holzfeuers, das zum Heizen und zum Kochen dient, fertig werden? Meine Kleider riechen auch nicht gerade aprilfrisch, sondern irgendwie nach Schafstall. Klares Wasser und kräftiges Reiben sind eben lange nicht so wirkungsvoll wie die Tenside und Hilfsstoffe in einem Waschmittel. Entsprechend sehen auch meine Hände aus: rauh, rissig und abgearbeitet. Jetzt gäbe ich alles für eine schöne duftende Creme. Außerdem ist die Wolljacke, die ich trage, unangenehm hart und kratzig auf der Haut. Kein Wunder, denn weiche Mikrofasern oder mercerisierte Baumwolle gibt es ja nicht.

So, aber jetzt gibt es erst mal was zu Essen. Frei von Chemie sollte das ja besonders schmackhaft sein! Ohne Kühlschrank und Tiefkühltruhe gestaltet sich die Vorratshaltung zwar etwas schwierig, aber da sind noch ein paar bräunliche schrumplige Äpfel. Jeder zweite ist von einem Wurm bewohnt. Dazu ein aus Wasser und Getreide gekochter Brei. Vor der Zubereitung muss man alle Körner aussortieren, die von einem Pilz, dem Mutterkorn, befallen sind. Das Mutterkorn wächst auf Roggen und produziert gefährliche Giftstoffe. Eine Vergiftung mit diesen Mutterkorn-Alkaloiden kann Durchblutungsstörungen bis hin zum Absterben einzelner Gliedmaßen, Kopfschmerzen, Schwindel, Bewusstseinstrübungen oder Krämpfe hervorrufen. Pflanzenschutzmittel könnten den Pilzbefall verhindern – aber die gibt es ja nicht.

Wenigstens bin ich froh, dass ich kein hartes Brot kauen muss. Mir fehlen nämlich schon einige Zähne. Ohne Zahnpasta, Zahnbürste und ohne die Materialien und Werkzeuge, die mit Hilfe der Chemie hergestellt werden, gibt es gegen kranke Zähne nur ein Mittel: die Zange – aber die gibt es ja nicht.

**Mein Traum scheint doch eher zur Sorte Albtraum zu gehören!**

## Ein Glück, der Wecker rettet mich! Ein neuer Tag – mit Chemie – beginnt.

# Wieviel Chemie
## steckt im
## Menschen?

**Der Mensch lebt nicht vom Brot allein. Aber auch die schönste Seele und der größte Geist brauchen einen Körper, mit dessen Hilfe sie sich entfalten können. Dieser Körper kann nur atmen, denken, sich ernähren und bewegen, wenn gleichzeitig eine Vielzahl von chemischen Reaktionen stattfindet.**

Sauerstoff 56,1 %, Kohlenstoff 28 %, Wasserstoff 9,3 %, Stickstoff 2 %, Calcium 1,5 %, Chlor 1 %, Phosphor 1 %, und die restlichen 1,1 % teilen sich die Elemente Schwefel, Eisen, Zink, Iod, Fluor, Kupfer, Magnesium, Kalium, Natrium, Selen und Cobalt. Auf diese nüchternen Zahlen lässt sich eine chemische Beschreibung des menschlichen Körpers reduzieren. Aus diesen einfachen Grundbausteinen werden die vielfältigen, zum Teil hochkomplexen chemischen Verbindungen zusammengesetzt, die einerseits das Gerüst unseres Körpers bilden und andererseits die lebensnotwendigen chemischen Reaktionen durchführen.

Eine zentrale Rolle spielt dabei ein einfaches, kleines Molekül: das Wasser. Ein erwachsener Durchschnittsmensch besteht zu etwa 60 % aus Wasser. Es dient als Lösungsmittel für die chemischen Prozesse, die in jeder einzelnen Körperzelle stattfinden, und transportiert die Bestandteile des Blutes durch den Körper. Der Speichel im Mund und die wässerige Salzsäure im Magen unterstützen die Verdauung der Nahrungsmittel und die Aufnahme der darin enthaltenen Nährstoffe. Wasser im Urin entfernt Abfallprodukte des Stoffwechsels und Gifte, der Schweiß kühlt den Körper und sorgt für den notwendigen Temperaturausgleich.

### 7:00 – Aufstehen!

*Morgens um sieben ist die Welt noch in Ordnung – hat das wirklich mal jemand allen Ernstes behauptet?*

*Der kannte bestimmt nicht den penetranten nervtötenden Summton von meinem Wecker. Obwohl ich heute eigentlich gerade im richtigen Moment aufgeweckt wurde – mitten aus diesem abscheulichen Alptraum. Ich lebte in einer Welt ganz ohne Chemie: nur kratzige Wollklamotten, Holzpantinen, schlecht geheizte dunkle Hütten, wurmstichiges Obst, das schon beim Anschauen zu faulen anfängt, kein Shampoo, kein Lippenstift, kein Handy, überhaupt keine Medikamente, nicht mal Kopfschmerztabletten ...*

*Aber wenn man sich das mal genau überlegt, würde es mich denn überhaupt geben – ohne Chemie?*

*Woraus bestehen Haut, Muskeln und Knochen, was passiert beim Atmen, Essen oder Trinken? Hat das nicht auch irgendwie etwas mit Chemie zu tun?*

Neben dem Wasser als einzigem Lösungsmittel gibt es noch eine Besonderheit der Chemie des menschlichen Körpers: Alle Reaktionen finden bei angenehmen 37° Celsius und unter normalem Atmosphärendruck statt. Im Gegensatz dazu laufen die meisten der Reaktionen, die in der chemischen Industrie eine Rolle spielen, erst bei hohen Temperaturen, unter erhöhtem Druck und in meist äußerst „unbekömmlichen" Lösungsmitteln wie Toluol oder Estern ab.

## Man nehme:
## Eiweiß, Fett und Zucker

Eine weitere Spezialität unseres Körpers ist es, chemische Umsetzungen zu bewerkstelligen, die im Milieu der Zelle eigentlich überhaupt nicht oder nur unendlich langsam ablaufen würden. Der Körper benutzt als „Reaktionshilfe" spezialisierte Biomoleküle, die so genannten Enzyme. Enzyme sind Proteine, also Eiweißverbindungen. Sie bestehen hauptsächlich aus Kohlenstoff, Wasserstoff, Sauerstoff und Stickstoff; dazu gesellen sich gelegentlich noch Schwefel und Phosphor. Enzyme wirken als Biokatalysatoren, das heißt, sie nehmen an einer biochemischen Reaktion teil, lassen sie schneller oder sogar überhaupt erst ablaufen, ohne dass sie selbst dabei umgesetzt werden. Enzyme brauchen für ihre Arbeit häufig Hilfe durch so genannte Cofaktoren. Dies können zum Beispiel Metallionen wie Eisen, Zink, Selen oder Magnesium sein, aber auch Vitamine und deren Abbauprodukte. Mehrere Zehntausend Enzyme sind ständig im Körper aktiv. Dabei katalysiert ein Enzym nicht etwa jede x-beliebige Reaktion, sondern setzt nur ganz bestimmte Verbindungen zu ganz bestimmten Produkten um. Hochspezifische Enzyme verarbeiten sogar nur eine einzige chemische Verbindung. Komplizierte Reaktionsketten werden deshalb von mehreren Enzymen katalysiert, die optimal aufeinander abgestimmt sein müssen – eine enorme Logistik, die unser Körper dabei leisten muss.

Viele der lebensnotwendigen chemischen Reaktionen benötigen Energie. Der Körper verwendet dafür eine spezielle „Energiewährung", das Adenosintriphosphat (ATP). ATP enthält drei Phosphatgruppen, die nacheinander abgespalten werden können. Bei jeder Abspaltung wird ein bestimmter Energiebetrag freige-

setzt: pro Phosphatgruppe ca. 30 kJ/mol. Hergestellt wird ATP unter Verwendung der bei der Verbrennung der Nährstoffe gewonnenen Energie. Dafür benutzt der Körper den Sauerstoff, den er über die Atmung aus der umgebenden Luft bezieht.

Neben der Energie, die sich in Form von ATP im ständigen Umlauf befindet, besitzt der Körper auch noch dauerhafte Energiedepots. Zucker spielen eine wichtige Rolle bei der Energiegewinnung und -speicherung. Einzelne Zuckereinheiten werden zu langen kettenförmigen Riesenmolekülen zusammengefügt, dem so genannten Glycogen. Zwei Drittel davon verwenden die Muskeln als Energiereserve für die Muskelarbeit, ein Drittel lagert die Leber ein. Sie benutzt ihre Vorräte, um den Blutzuckerspiegel auf gleichbleibender Höhe zu halten. Der Abbau des Zuckers Glucose (Traubenzucker) zu Wasser und Kohlendioxid ist eine der wichtigsten Möglichkeiten des Körpers, um Energie in Form von ATP zu gewinnen. Den größten Glucosebedarf hat das Gehirn, das – egal ob wir schlafen oder wachen – ständig in Aktion ist und dabei Glucose verbraucht. Das geht so weit, dass in Hungerphasen, nachdem die Leberzellen ihre Speicher vollständig entleert haben, eine Zuckernotversorgung angeworfen wird. Die Leber synthetisiert dann unter erheblichem Energieaufwand die dringend benötigte Glucose.

Energiewährung des Körpers – Adenosintriphosphat (ATP): ein relativ kleines Molekül, das enorme Bedeutung für unseren Stoffwechsel hat. Das Molekül besteht aus drei ringförmigen Einheiten (rechter und mittlerer Molekülteil) sowie einer Kette aus drei Phosphatgruppen (linker Molekülteil). Die blauen Kugeln entsprechen Stickstoffatomen, die roten Sauerstoffatomen, die grauen Kohlenstoffatomen, die weißen Wasserstoffatomen und die orangen Phosphoratomen. Im Bereich der Phosphatkette wurden die Wasserstoffatome weggelassen.

Fette bilden in Form von Depotfetten im Unterhautfettgewebe ebenfalls ein wichtiges Energiereservoir. Bei manchen Menschen sind diese Depots so gut gefüllt, dass sie deutlich im Bereich der Hüften und der Körpermitte zu erkennen sind. Die Depotfette werden unter Zufuhr von Sauerstoff in Wasser und Kohlendioxid umgewandelt und liefern dabei

**Nur 25 Elemente** sind es, die die Evolution für das Abenteuer des Lebens in Anspruch genommen hat:

| | | | | | |
|---|---|---|---|---|---|
| **H** = Wasserstoff | **C** = Kohlenstoff | **N** = Stickstoff |
| **O** = Sauerstoff | **F** = Fluor | **Na** = Natrium |
| **Mg** = Magnesium | **P** = Phosphor | **S** = Schwefel |
| **Cl** = Chlor | **K** = Kalium | **Ca** = Calcium |
| **V** = Vanadium | **Cr** = Chrom | **Mn** = Mangan |
| **Fe** = Eisen | **Co** = Cobalt | **Ni** = Nickel |
| **Cu** = Kupfer | **Zn** = Zink | **Se** = Selen |
| **Br** = Brom | **Mo** = Molybdän | **I** = Iod |
| **W** = Wolfram | | |

## Auch Diamanten sind nichts für die Ewigkeit

Die hohe Reaktionsfähigkeit von Sauerstoff demonstriert ein Experiment, das der berühmte französische Chemiker Antoine Lavoisier bereits im 18. Jahrhundert, kurz vor der Französischen Revolution, unternahm. Er zeigte, dass sich Diamanten, die ja aus reinem Kohlenstoff bestehen, beim Erhitzen mit reinem Sauerstoff in „Nichts" auflösen: Es entsteht das farblose unsichtbare Gas Kohlendioxid.

## Sauerstoff – Substanz mit zwei Gesichtern

Es ist unbestritten, dass Sauerstoff für uns lebensnotwendig ist – würden wir aufhören zu atmen, wären wir in wenigen Minuten tot. Sauerstoff brauchen wir, um die mit der Nahrung aufgenommenen Zucker und Fette zu verbrennen und so die Energie zu gewinnen, die für Gehirntätigkeit, Muskelarbeit und Stoffwechselaktivität benötigt wird. Gleichzeitig kann Sauerstoff aber auch eines der verheerendsten Gifte sein. Ende des 19. Jahrhunderts benutzten Taucher Geräte, mit denen sie unter Wasser reinen Sauerstoff atmen konnten. Bei Wassertiefen unterhalb acht Meter und dem damit erhöhten Druck erlitten sie Krampfanfälle bis hin zur Bewusstlosigkeit. (Die bekannte Taucherkrankheit, die auftritt, wenn ein Taucher zu schnell aus großen Tiefen zur Wasseroberfläche emporsteigt, hat andere Ursachen. Hierbei wird der im Blut physikalisch gelöste Stickstoff aufgrund der schnellen Druckabnahme in Bläschenform frei. Dadurch kommt es zu Luftembolien und örtlichen Gewebsschädigungen.)

Auch über Wasser, bei normalem Luftdruck wirkt Sauerstoff in größeren Mengen giftig. Reiner Sauerstoff, oder auch ein mit Sauerstoff angereichertes Luftgemisch, über mehrere Tage eingeatmet, führt zu lebensbedrohlichen Lungenentzündungen („Beatmungslunge"). Das Paradoxe dabei ist, dass über das geschädigte Lungengewebe nicht mehr genügend Sauerstoff aufgenommen werden kann, sodass der Körper letzten Endes an Sauerstoffmangel zugrunde geht.

Die hohe Reaktionsfreudigkeit ist Ursache dafür, dass Sauerstoff eine Hauptrolle beim Altern des Menschen spielt. Die eigentlichen Übeltäter sind die so genannten „freien Radikale". Dabei handelt es sich um reaktive Formen des Sauerstoffs, die biologische Moleküle wie Proteine und Nucleinsäuren angreifen und zerstören. Die freien Radikale sind aber nicht nur schädlich, sondern auch absolut lebensnotwendig, denn wir benutzen Sauerstoff, um Energie aus unseren Nährstoffen zu gewinnen. Zu diesem Zweck produziert unser Körper permanent freie Radikale als reaktive Zwischenstufen. Wir besitzen deshalb spezielle Schutzmechanismen, die freie

Energie in Form von ATP-Einheiten. Von Fetten abgeleitete Verbindungen werden zum Aufbau der Zellmembran gebraucht, der Außenhülle, die jede Zelle umschließt und von der Umgebung abschirmt. Darüber hinaus dienen manche Fettsäuren als Vorstufe für bestimmte Botenstoffe, die wichtige Vorgänge in der Zelle regulieren.

Das bekannte Cholesterin ist ebenfalls ein essenzieller Bestandteil der Zellmembran und gleichzeitig die Ausgangsverbindung für die Synthese von wichtigen Hormonen wie Östrogenen, Gestagenen, Testosteron und Cortisol. Beim gesunden Menschen herrscht ständig ein kompliziertes Gleichgewicht zwischen Synthese, Nutzung und Transport von Cholesterin. Wird dieses Gleichgewicht gestört, so kommt es zu den gefürchteten Cholesterinablagerungen in den Blutgefäßen, die mit Herzerkrankungen und Artherosklerose, zwei der häufigsten Todesursachen beim Menschen, in Verbindung gebracht werden.

## Hunger hält jung

Wissenschaftler, die den Alterungsprozess bei Mäusen näher untersucht haben, fanden, dass Moleküle, die an der Stressantwort beteiligt sind, im Alter verstärkt gebildet werden. Die Produktion von Enzymen des Energiestoffwechsels ist dagegen stark vermindert. Mit einer kalorienreduzierten Diät ließen sich diese Alterserscheinungen aufhalten: Mäuse, deren Nahrungszufuhr um 76 % verringert wurde, wiesen nur einen Bruchteil der altersabhängigen Veränderungen auf. Das reduzierte Nährstoffangebot bewirkte offenbar eine Umprogrammierung des Stoffwechsels, die der Alterung entgegen wirkt.

## Zucker macht alt

Auch Zucker und Eiweißmoleküle sind direkt am Altern des Körpers beteiligt. Sie reagieren miteinander zu großen stabilen Komplexen, die irgendwo, in allen möglichen Körperzellen abgelagert werden. So entstehen zum Beispiel die dunkel pigmentierten Altersflecken in der Haut älterer Menschen. Diese Komplexe werden nicht wieder abgebaut, sondern reichern sich überall im Körper an und setzen so allmählich auch lebenswichtige Organe außer Funktion.

Radikale abfangen und unschädlich machen sollen. Leider arbeiten diese Systeme nicht ganz fehlerlos. So kommt es immer wieder zu Schäden an Zellen und Geweben, die sich im Laufe unseres Lebens ansammeln, zunächst als „Alterserscheinungen" sichtbar werden und am Ende schließlich dazu führen, dass sämtliche Körperfunktionen zusammenbrechen. Zahlreiche Gesundheitsratgeber empfehlen darum als Jungbrunnen den Verzehr von „Antioxidantien", welche den aktiven Sauerstoff abfangen und den Körper so vor seiner schädlichen Wirkung schützen sollen. Neben Carotin und Vitamin E gehört vor allen Dingen Vitamin C dazu, das in vielen Obst- und Gemüsesorten zu finden ist. Viele Früchte enthalten darüber hinaus noch andere Substanzen, die ebenfalls freie Radikale unschädlich machen (siehe Kapitel „Essen als Medizin"). So findet die bekannte Volksweisheit „An apple a day keeps the doctor away" ihre chemische Bestätigung.

## Metalle und Spurenelemente

Die Elemente Eisen, Calcium, Zink, Iod, Fluor, Kupfer, Magnesium, Kalium, Natrium, Selen und Cobalt sind für unseren Körper ebenfalls lebensnotwendig, wir benötigen jedoch nur äußerst geringe Mengen davon. Der prominenteste Vertreter, das Eisen, ist Bestandteil des roten Blutfarbstoffes Hämoglobin und dient zum Transport des eingeatmeten Sauerstoffs zu den Zellen und zur Entsorgung des Kohlendioxids, das als Abfall der Zellatmung entsteht und ausgeatmet werden muss. Calcium und Fluor sind am Aufbau von Knochen und Zähnen beteiligt. Iod ist essenziell für die Funktion der Schilddrüse. Iodmangel führt zu körperlichen sowie geistigen Entwicklungsstörungen sowie einem allgemein verlangsamten Stoffwechsel. Die übrigen Spurenelemente wie Zink, Selen oder Cobalt sind als essenzielle Komponenten von Enzymen absolut notwendig, damit diese ihre Aufgaben im Körper erfüllen können.

**Hämoglobin** ist der Farbstoff, dem das Blut das „Rot" verdankt. Eisen ist ein wichtiger Bestandteil des Hämoglobins.

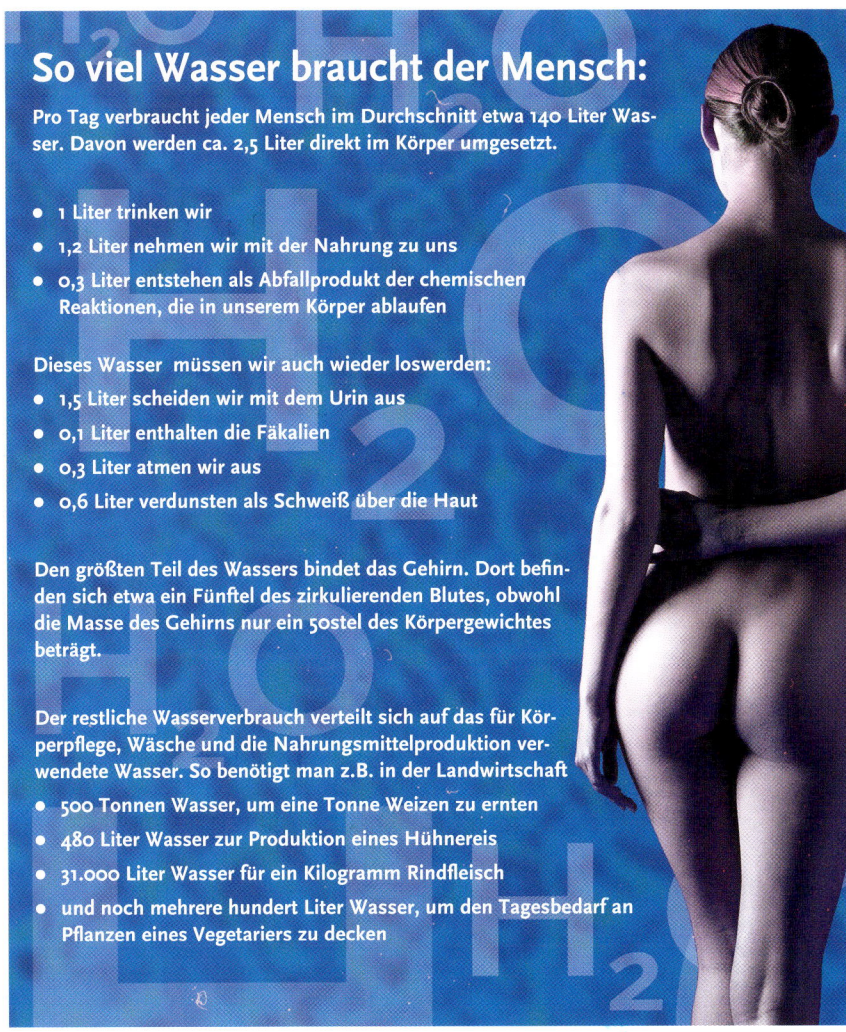

## So viel Wasser braucht der Mensch:

**Pro Tag verbraucht jeder Mensch im Durchschnitt etwa 140 Liter Wasser. Davon werden ca. 2,5 Liter direkt im Körper umgesetzt.**

- **1 Liter trinken wir**
- **1,2 Liter nehmen wir mit der Nahrung zu uns**
- **0,3 Liter entstehen als Abfallprodukt der chemischen Reaktionen, die in unserem Körper ablaufen**

**Dieses Wasser müssen wir auch wieder loswerden:**

- **1,5 Liter scheiden wir mit dem Urin aus**
- **0,1 Liter enthalten die Fäkalien**
- **0,3 Liter atmen wir aus**
- **0,6 Liter verdunsten als Schweiß über die Haut**

**Den größten Teil des Wassers bindet das Gehirn. Dort befinden sich etwa ein Fünftel des zirkulierenden Blutes, obwohl die Masse des Gehirns nur ein 50stel des Körpergewichtes beträgt.**

**Der restliche Wasserverbrauch verteilt sich auf das für Körperpflege, Wäsche und die Nahrungsmittelproduktion verwendete Wasser. So benötigt man z.B. in der Landwirtschaft**

- **500 Tonnen Wasser, um eine Tonne Weizen zu ernten**
- **480 Liter Wasser zur Produktion eines Hühnereis**
- **31.000 Liter Wasser für ein Kilogramm Rindfleisch**
- **und noch mehrere hundert Liter Wasser, um den Tagesbedarf an Pflanzen eines Vegetariers zu decken**

# Familiäre Angelegenheiten

Verwandtschaft kommt in den besten Familien vor. Aber nicht nur dort. Aus der Biologie ist uns dieses Phänomen bestens vertraut. Aber in der Chemie? Zugegeben, der Vergleich ist nur indirekt stimmig. Dennoch hat er in der Entwicklung der Chemie eine große Rolle gespielt. Für die Entdeckung der Elemente im Periodensystem war die Metapher von der Verwandtschaft ein entscheidendes heuristisches Prinzip. So steht es in vornehmen Büchern zur Wissenschaftsgeschichte. Mit anderen Worten: Unsere Chemiker-Ahnen fanden heraus, dass bestimmte damals schon bekannte Elemente viele chemische Gemeinsamkeiten mit gewissen anderen Elementen zeigten. Der russische Chemiker D. J. Mendelejew veröffentlichte 1869 die Idee, solche Elemente als Familie zu betrachten. Ein Jahr später publizierte der deutsche Chemiker J. L. Meyer einen ganz ähnlichen Vorschlag. Es lag in der Luft, die Zeit war reif für diese Erkenntnis. Bei den Lücken im System sagte Mendelejew kühn voraus, dass dort noch Elemente auf ihre Entdeckung warteten. Heute würde man sagen: „Bingo".

Dimitri J. Mendelejew (1834 bis 1907; Bild links) schlug als erster vor, die bis dahin bekannten Elemente aufgrund ihrer chemischen Ähnlichkeiten zu Gruppen zusammenzufassen. Gleichzeitig kam Julius L. Meyer (1830 bis 1895; Bild rechts) auf die gleiche Idee. Aber Mendelejew war kühner und sagte bei einigen Lücken die Existenz noch unbekannter Elemente voraus.

Es dauerte zwar noch etwa 60 Jahre, aber dann war das Periodensystem mit seinen 92 natürlichen Elementen komplett. Die so genannten Familien heißen heute Gruppen. Wer kennt sie nicht, die aggressive Gruppe der Halogene mit der Bruderschaft von Fluor, Chlor, Brom und Iod. Gemeinsam haben sie die Eigenschaft, anderen Elementen rabiat ein Elektron aus deren Hülle zu reißen. Das Familienmitglied mit einer enormen Bedeutung für die chemische Industrie ist das Chlor, beispielsweise bei der Herstellung von Kunst- und Farbstoffen, bei Schädlingsbekämpfungs- sowie Desinfektions- und Bleichmitteln sowie vielen anderen Prozessen. Durch ihre Vornehmheit fallen dagegen die Edelgase auf. Ihrer chemischen Trägheit verdanken sie ironischerweise sowohl den Namen als auch die Tatsache, dass sie deshalb relativ spät entdeckt wurden. Alle Mitglieder werden unter anderem in der Lichttechnik zur Füllung von Gasentladungslampen oder Glühbirnen verwendet oder auch als Kühlmittel für Magnete. So hat jede Familie, pardon: Gruppe, bemerkenswerte Gemeinsamkeiten.

Und in der organischen Chemie? Nun, auch dort wurde die Vorstellung von Verwandtschaft übernommen. So tragen alle Alkohole eine OH-Gruppe, mit der „Chemie gemacht" werden kann. Ansonsten verleiht ihnen ihr Kohlenstoffgerüst ganz individuelle Eigenschaften. Der Ethylalkohol, nach moderner Nomenklatur Ethanol, hat einen hohen Bekanntheitsgrad und erfreut sich größter Beliebtheit. Sein kleiner Bruder Methylalkohol oder Methanol hingegen verfügt

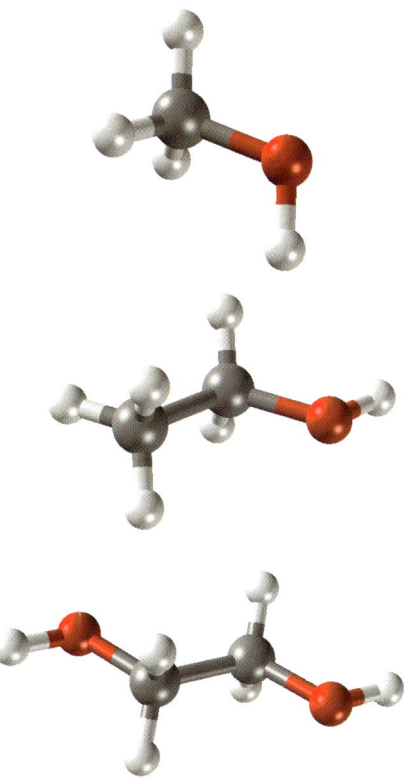

Methanol, Ethanol und Glykol – die ersten drei Mitglieder der Familie der Alkohole sind zugleich auch ihre prominentesten. Trotz molekularer Ähnlichkeit sind ihre physiologischen Eigenschaften dramatisch unterschiedlich. (Die hellgrauen Kugeln stellen Wasserstoff-, die grauen Kohlenstoff- und die roten Sauerstoffatome dar.)

In der Biologie, ja, da ist das verständlich. Aber was bedeuten Stammbäume in der Chemie, wo es um Moleküle geht und nicht um Lebewesen? Die Einwände sind berechtigt, die Wahl des Begriffs ist nicht glücklich, wenn auch nicht ganz unberechtigt. Worum geht es? Es handelt sich um so genannte „Produkt-Stammbäume". Und diese spielen in der chemischen Industrie eine ganz erhebliche Rolle. Erinnern wir uns, dass die chemische Industrie Mitte des 19. Jahrhunderts auf der Basis von Teer begann. Die Teerfarben bildeten das Fundament für wirtschaftlichen Erfolg und Fortschritt. Dann bestimmten zwei Basis-Innovationen den weiteren Weg. Die Kohlevergasung machte CO, also Kohlenmonoxid, verfügbar. Auf diesem Grundprodukt wuchs der Stammbaum der $C_1$-Chemie (siehe Kapitel „Schwarzes Gold"). Er spielt auch heute noch eine wichtige Rolle. Sollte einmal das Erdöl knapp werden, wird diese Chemie sicher revitalisiert werden. Die zweite Innovation war die Herstellung von Calciumcarbid in Lichtbogenöfen. Dadurch wurde Ethin (Acetylen) zugänglich, und ein Produktstammbaum auf der Basis dieser Verbindung mit zwei Kohlenstoff-Atomen verästelte sich schnell in viele Anwendungsfelder.

Methanol-Anlage – Der kleinste Alkohol – Methanol – gehört zu den Grundchemikalien. Man sollte ihn nicht trinken, da er in höheren Dosen blind macht.

nur über ein Kohlenstoffatom und ist bekanntlich ein gefährlicher Giftzwerg, der bei starkem Zuspruch zur Blindheit führen kann. Hängt am zweiten C-Atom des Ethanols noch eine weitere OH-Gruppe, haben wir das Glykol vor uns. So wird aus Ethanol durch eine kleine Änderung das Glykol, ein Frostschutzmittel (das im ersteren, wie jeder weiß, nichts zu suchen hat). Dieses eigenartige Phänomen, dass geringe Änderungen im Molekül dessen physiologische Eigenschaften dramatisch ändern können, ist Freud und Leid bei der Suche nach Medikamenten und anderen Wirkstoffen.

Nun kommen wir zu höheren Sphären. Familien, die auf sich halten, sind stolz, wenn sie einen langen Stammbaum vorzuweisen haben. Wer sich mit dem Familienalbum nicht zufrieden gibt, kann neuerdings computergestützte Genealogie betreiben. Angeblich boomt dieses Hobby sogar. Auf jeden Fall ist das Interesse am Stammbaum typisch menschlich.

Man reibt sich die Augen, wenn man in der Chemie auf Stammbäume trifft.

**Mit dem Umstieg von Kohle auf das Erdöl** vollzog sich in den fünfziger Jahren der größte „Paradigmen"-Wechsel der industriellen Chemie. Die Nachfrage nach Fahrbenzin und Heizöl stieg rasch. Dadurch standen tiefsiedende Fraktionen (70–120 °C) für die Chemie als günstiger Rohstoff zur Verfügung. Dieses „Naphta" genannte Gemisch wurde thermisch und katalytisch gecrackt (gespalten). Kohle spielt als Rohstoff für die Chemie praktisch keine Rolle mehr.

In der Mitte des 20. Jahrhunderts erfolgte der größte Paradigmenwechsel der industriellen Chemie: der Umstieg von der Kohle zum Erdöl als Ausgangsmaterial. Was ist Erdöl eigentlich? Chemisch gesehen ein wüstes Gemisch aus unzähligen Kohlenwasserstoffen. Die Verunreinigungen durch Schwefel- und Stickstoffverbindungen lassen wir hier außer Betracht, denn die machen alles nur noch komplizierter. Saubere Einzelverbindungen daraus zu isolieren, ist hoffnungslos. Also wurde ein anderer Weg eingeschlagen. Als erstes wird das Rohöl destillativ aufgetrennt. Nach den Leichtsiedern, die umgearbeitet werden, kommen weitere niedrig siedende Fraktionen, die für Motoren ungeeignet, aber für die Chemie nützlich sind, wie wir später sehen werden. Dann kommen mit steigender Temperatur Fahrbenzin, Diesel, Kerosin, Heizöl und schweres Heizöl über den Kolonnenkopf. Im Rückstand verbleibt der Teer für den Straßenbau. So findet alles seine Verwendung (siehe Kapitel „Schwarzes Gold").

Nun zu den Tiefsiedern. Direkt lässt sich dieses auch als „Naphtha" bezeichnete Gemisch für die Chemie nicht nutzen. Wird es jedoch verdampft und das Gas zusammen mit Wasserdampf auf ca. 900 °C erhitzt, zerbrechen (engl. to crack) die vielen Kohlenwasserstoffe in den heißen Röhren, durch die das Gemisch strömt, und die Bruchstücke fügen sich zu kleinen Molekülen neu zusammen. Dieser Prozess wird daher „cracken" genannt. Das

Ergebnis ist ein Gemisch, das zur Hälfte aus Ethen (Ethylen), zu einem Drittel aus Propen (Propylen) und zu gut zehn Prozent aus Butadien besteht. Der Rest sind zahlreiche Verbindungen mit bis zu sieben Kohlenstoffatomen.

Nach dieser recht primitiven Prozedur wird das Gemisch mit hohem Aufwand, aber auch sehr effektiv getrennt. Jetzt kann die Chemie beginnen. Da jedes der Hauptprodukte eine Doppelbindung trägt, sind die chemischen Möglichkeiten faszinierend vielfältig. So wachsen auf der Basis der jeweiligen Produkte die entsprechenden Produkt-Stammbäume. Durch Reaktionen zwischen Produkten unterschiedlicher Herkunft sind diese miteinander auch noch verflochten. Nicht selten finden sogar Nebenprodukte einer Reaktion Verwendung bei der Herstellung anderer Produkte. Ein solches vernetztes System von Produktströmen wird „chemischer Verbund" genannt. Dieser Begriff, der in der BASF geprägt wurde, hat als deutsches Wort Eingang in die englische Fachsprache gefunden.

Nach dem Vergleich der chemischen Zusammenhänge mit den überraschend ähnlichen familiären Beziehungen kehren wir zur eigentlichen Chemie zurück und betrachten sie als ein Gesamtsystem. Die Zahl der Grundstoffe, die zur Verfügung stehen, ist gering. Es sind Erdöl, Erdgas, gelegentlich Kohle, Erze, Luft und Wasser. Daraus werden die so genannten Grundchemikalien hergestellt. Aus denen wird die große Zahl von Zwischen- und Endprodukten synthetisiert. Bei den End- oder

auch Verkaufsprodukten findet durch den Fortschritt ein ständiger Wandel statt. Hier bemerkt der Verbraucher die Innovationen – wenn, ja wenn er aufmerksam ist. Persil bleibt Persil, weil es sich ständig ändert. Für die Chemie ist es nämlich ein Problem, die vielen „hidden innovations" bewusst zu machen.

Noch stärker trifft das bei den Grundprodukten zu. Es sind etwa 300 Chemikalien, die das Fundament für den zivilisatorischen Lebensstandard bilden. Als Beispiele seien ein paar aufgezählt: Ethylen, Ammoniak, Propylen, Schwefelsäure, Benzol, Acrylsäure und viele mehr. Diese Produkte werden immer gebraucht. Der Fortschritt findet bei ihnen in den Verfahren statt. Die Endverbraucher merken davon nichts. Anfang der 1990er Jahre kam die schöne Metapher vom „Chemistree" auf. Das Wurzelwerk steckt im Reservoir der Rohstoffe. Den Stamm bilden die rund 300 Grundchemikalien, von den Chemikern liebevoll die „Unsterblichen" genannt. Die breite und eng verzweigte Krone bilden die über 100.000 Produkte für die Endverbraucher. Nur wenigen ist dieser Zusammenhang bewusst. Vor vielen Jahren gab es mal eine interessante Image-Anzeige. Da war ein Chemiker in seinem Labor abgebildet und darunter stand: „Er arbeitet für Sie, aber Sie kennen ihn nicht". Das ist heute immer noch so. Aber wem es Freude macht, Probleme zu lösen, dem ist ein Einfall vielleicht wichtiger als Beifall.

## Der Chemis-tree

**Produkte für den Endverbraucher**
(ca. 100.000)

Zum Beispiel:
Raffinerie-Produkte, Massenkunststoffe, Spezialkunststoffe, Schaumstoffe, Faservorprodukte, Schaumstoffe, Dispersionen, Leime und Tränkharze, Lösungsmittel, Weichmacher für Kunststoffe, Textilhilfsmittel, Farbstoffe und Pigmente, Pharmaka, Pflanzenschutzmittel, Farben und Lacke, Düngemittel und viele mehr

**Große Grund- und Zwischenprodukte**
(ca. 300)

Zum Beispiel:
Ethylen, Ammoniak, Propylen, Schwefelsäure, Benzol, Acrylsäure und viele mehr

**Rohstoffe**

Erdöl · Erze · Erdgas · Steinsalz · Phosphat · Schwefel · Wasser · Luft · Kohle

Der so genannte „Kolonnen-Wald" ist typisch für petrochemische Anlagen. Obwohl es sich um mengenmäßig große Produkte handelt, sind die Anforderungen an die Reinheit sehr hoch. So stören bereits kleine Mengen an Verunreinigungen eine Polymerisation erheblich. Manche dieser petrochemischen Großprodukte haben eine Reinheit von über 99,99 Prozent. Sie sind somit reiner als die meisten Medikamente.

# Chemie
## für die
# Schönheit

Nofretete schwärzte ihre Augenlider mit zerriebenem Antimon, die römischen Schönheiten träufelten sich den Saft der Tollkirsche in die Augen – das darin enthaltene Atropin erweitert die Pupillen und lässt die Augen besonders strahlend und tiefgründig wirken. Haremsdamen färbten Haut und Haare mit Henna, barocke Fürsten puderten und parfümierten sich, um dem Schönheitsideal ihrer Zeit zu entsprechen – und gleichzeitig den eigenen strengen Körpergeruch zu überdecken, denn Waschen war zu dieser Zeit nicht à la mode! Seit Menschengedenken greifen wir in die chemische Trickkiste, um schön und begehrenswert zu sein.

### 7:15 – Durchstarten!

*Meine Güte, schon Viertel nach sieben! Da bin ich doch glatt noch mal eingeschlafen. Jetzt aber nichts wie raus aus den Federn und schnell unter die Dusche. Warum ist das Licht im Badezimmer nur so abscheulich grell? Und dieses Gesicht da im Spiegel, das sieht ja auch ganz schön zerknittert aus. Ich kenn dich nicht, aber ich wasch dich trotzdem. Und jetzt werden wir mal ganz großzügig mit dieser sündhaft teuren Creme umgehen, die alle Falten verschwinden und einen zehn Jahre jünger aussehen lassen soll. Zum Abschluss noch ein bisschen Farbe ins Gesicht – bei der Gelegenheit könnte ich eigentlich auch gleich den neuen Lippenstift ausprobieren, den ich gestern gekauft habe. So, jetzt sehe ich wieder aus wie ein Mensch – und eigentlich gar nicht so übel.*

### Die Sonne bringt es an den Tag

Noch vor 200 Jahren unterschieden sich die „besseren Leute" durch ihre weiße, von keinem Sonnenstrahl getroffene Haut vom einfachen Volk. Das musste sich seinen Lebensunterhalt durch Arbeiten im Freien verdienen und hatte die dem entsprechende gesunde Gesichtsfarbe. Die vornehme Blässe demonstrierte, dass man es zu etwas gebracht hatte und entweder gar nicht mehr oder in eleganten Büros oder Kontoren arbeitete. Heute hat sich dieses Bild ins Gegenteil verkehrt: Wer erfolgreich ist, hat genügend Freizeit, um sie mit sportlichen Aktivitäten an der frischen Luft zu verbringen oder kann unter südlicher Sonne dem süßen Nichtstun frönen. Beide Formen der Freizeitgestaltung haben einen sonnengebräunten Teint zur Folge, der denn auch zum Symbol für Erfolg, Attraktivität und Jugendfrische geworden ist. Inzwischen wissen wir aber alle, dass Sonnenlicht auch seine Schattenseiten hat. Die ultravioletten Strahlen der Sonne verbrennen die Haut und schädigen das Erbgut der Zellen, was sogar Hautkrebs verursachen

kann. Auch eine frühzeitige Alterung der Haut wird durch ausgedehnte Sonnenbäder verursacht.

Damit wir die Sonne aber trotzdem wenigstens in Maßen genießen können, hilft uns ein Produkt der Chemie: die Sonnencreme. Die Grundlage dafür ist wie bei allen Hautpflegecremes eine Mischung aus Ölen, Fetten und Wasser. Wasser macht die Creme leicht verstreichbar und sorgt dafür, dass sich beim Eincremen keine zu dicke, feuchtigkeitsundurchlässige Fettschicht auf der Haut bildet. Die meisten Cremes bestehen zu etwa 60 bis 75 % aus Wasser. Sie sind damit ein idealer Nährboden für Bakterien und Pilze. Deshalb enthalten Cremes fast immer Konservierungsstoffe. Der Fettanteil der Creme besteht aus Vaseline (eine Mischung aus lang- und kurzkettigen Paraffinen), Wollfett (Lanolin) und Pflanzenölen. Diese so genannten Lipide glätten die Hautoberfläche, machen sie geschmeidig und verhindern das Eindringen von Schmutz in die oberen Hautschichten. Da sich Fett und Wasser nicht ohne weiteres mischen – man denke nur an die Fettaugen, die an der Oberfläche einer Suppe schwim-

men –, sind Emulgatoren notwendig. Das sind Moleküle, die aus einem Wasser liebenden (hydrophilen) und einem Fett liebenden (lipophilen) Teil bestehen, wie zum Beispiel Cholesterol, Cetylalkohol, ein langkettiger Alkohol aus 16 Kohlenstoffatomen oder das Natriumsalz der Stearinsäure. Die Emulgatoren stabilisieren die Grenzfläche zwischen Wasser und Öl und sorgen dafür, dass die Öltröpfchen fein verteilt im Wasser gelöst bleiben. Damit der unangenehme Eigengeruch mancher Bestandteile überdeckt wird und die Creme gut duftet, werden Parfümstoffe hinzugefügt. Aber erst durch den Zusatz von Substanzen, die die UV-Strahlen des Sonnenlichtes abfangen, wird aus der Creme ein Sonnenschutzmittel. Das Sonnenlicht setzt sich aus zwei unterschiedlichen Anteilen von UV-Strahlung zusammen, UV-A und UV-B. Der Sonnenbrand an der Hautoberfläche wird durch die energiereichere UV-B-Strahlung verursacht. Die längerwelligen UV-A-Strahlen dringen tief in die Haut ein und bewirken Hautalterung und Faltenbildung. Beide Teile des UV-Spektrums gemeinsam werden für die Entstehung von Hautkrebs verantwortlich gemacht. Moderne Sonnenschutzprodukte enthalten deshalb Filter gegen beide Typen von UV-Strahlung, UV-A und UV-B. Das können organische Verbindungen sein oder anorganische Substanzen wie Zinkoxid oder Titandioxid.

Titandioxid ist der gleiche Stoff, der auch in vielen Anstrichfarben als Weißpigment enthalten ist. Der entscheidende Unterschied ist jedoch, dass in der Sonnencreme die Partikel wesentlich kleiner sind als in der Wandfarbe, nämlich etwa

200 Nanometer im Vergleich zu einigen Mikrometern. Ein Mikrometer entspricht einem Tausendstel von einem Millimeter. Ein Nanometer ist der Millionste Teil eines Millimeters und damit etwa 50.000 mal kleiner als der Durchmesser eines Haares. Teilchen dieser Größe sind für das menschliche Auge unsichtbar, da sie kleiner sind als die Wellenlänge des sichtbaren Lichtes, die bei 400 bis 800 Nanometern liegt. Deshalb ist die Creme transparent, und man sieht nach dem Eincremen mit dem Sonnenschutzmittel nicht wie mit weißer Farbe angestrichen aus. Gleichzeitig absorbieren die Zwerge viel mehr UV-Licht als größere Partikel, da die Oberfläche im Verhältnis zum Volumen immer größer wird, je kleiner die Teilchen sind. Man kann das leicht nachrechnen, wenn man einen großen Würfel in immer kleinere Würfel teilt. Die Oberfläche eines Würfels mit einer Kantenlänge von 30 Zentimetern misst etwas mehr als einen halben Quadratmeter (genauer: 0,54 m²). Wenn man diesen großen Würfel in viele kleine Würfel mit einer Kantenlänge von einem Millimeter zerlegt, dann haben diese zusammengerechnet eine Oberfläche von ca. 130 m². Bei Würfeln, die nur noch einen Nanometer groß sind, ist die resultierende Oberfläche über 13 Quadratkilometer groß. Die Oberfläche hat sich also durch das Zerlegen in winzige Teilchen enorm vergrößert – um mehr als das 20-Millionenfache des Ausgangszustandes (siehe Kapitel *„Klein, kleiner, nano"*).

**Die Partikelgröße macht's!** Titandioxid kann vielfältig eingesetzt werden. Es dient als Weißpigment in Lacken und Anstrichfarben. Es ist geschmacklos und absolut ungiftig, deshalb kommt es auch in der Umhüllung von Salami, in Zuckerwaren, Dragées oder Gelatinekapseln, in Lippenstiften, Körperpudern, Zahnpasta und als Lichtfiltersubstanz in Sonnenschutzmitteln zum Einsatz. Es wird außerdem zum Tönen von Verpackungsmaterial und in Tabakwaren zur Erzeugung von weißer Asche eingesetzt.

**Was auch immer das Herz begehrt...** Nagellack enthält einen ganzen Cocktail an Chemikalien: Lackbildner, Harze, Weichmacher, damit der Lack nicht spröde, sondern elastisch wird, und verschiedene Lösungsmittel. Dazu kommen Farbpigmente, die gar nicht schillernd und farbenprächtig genug sein können. Von Kreideweiß über Knallrot bis hin zu auffallenden Perlmutt- und Metallic-Effekten reicht die Farbpalette.

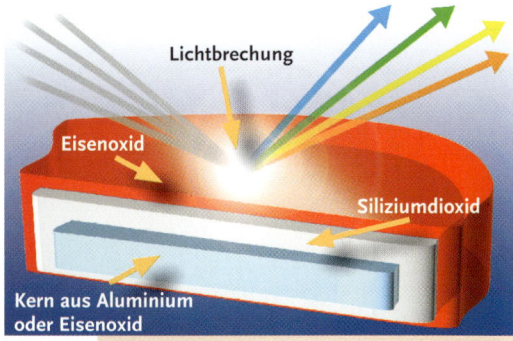

**Sand (Siliziumdioxid) und Rost (Eisenoxid)** – sind die Grundbausteine aus denen besonders farbenprächtig schillernde Pigmente hergestellt werden. Ein winziges Scheibchen aus Aluminium oder Eisenoxid wird mit einer dünnen Hülle aus Siliziumdioxid und anschließend mit einer Schicht aus Eisenoxid umgeben. Der Kern reflektiert die Lichtstrahlen, die an den beiden Schichten unterschiedlich stark gebrochen werden. Dadurch entsteht von oben oder von der Seite betrachtet jeweils ein anderer Farbeindruck.

Der Trick mit der Streuung an Nanoteilchen wird auch für Anti-Falten-Cremes benutzt. Die Creme enthält fein verteilte Nanokügelchen aus Siliziumdioxid, die mit Eisenoxid beschichtet wurden. Die Kügelchen setzen sich in den Fältchen der Haut fest und streuen dort das Licht. Das Ergebnis: die Haut sieht glatter aus.

## Der Griff in den Farbtopf

In der dekorativen Kosmetik sind nicht nur leuchtend bunte, sondern auch metallisch glänzende oder in verschiedenen Farbtönen schillernde Effekte begehrt. Dafür kann man natürlich mit transparenten, unsichtbaren Teilchen nichts anfangen, sondern benötigt im Gegenteil besonders farbige und effektvolle Pigmente. Diese müssen das Licht für unser Auge sichtbar reflektieren. Sie sind daher mehrere Mikrometer groß. Pigmente können anorganische Substanzen wie Titandioxid, Zinkoxid, Aluminium oder organische Verbindungen sein. Zu den organischen Pigmenten gehören z.B. die Aminoanthrachinon-Pigmente oder die Azopigmente. Die organischen Pigmente sind in Wasser so gut wie nicht löslich und haben daher keine Wirkung auf den Organismus, sondern werden unverändert ausgeschieden. In speziellen Anwendungsbereichen wie der Herstellung von Kosmetikprodukten, Künstler- und Fingermalfarben, Lacken für Spielsachen oder Lebensmittelverpackungen wird außerdem darauf geachtet, dass

festgelegte Grenzwerte für Verunreinigungen z.B. von Lösungsmitteln oder Nebenprodukten aus dem Produktionsprozess eingehalten werden.

Manche Nagellacke enthalten ganz besondere Pigmente, die ihre Farbe verändern, wenn man sie aus unterschiedlichen Blickwinkeln betrachtet. Der Kern dieser Pigmente besteht aus einem winzigen Plättchen aus Aluminiumoxid oder Eisenoxid mit einem Durchmesser von etwa 20 Mikrometern. Diese Scheibchen reflektieren das auftreffende Licht. Sie werden mit einer 200 bis 600 Nanometer dünnen Schicht aus Siliziumdioxid umhüllt. Diese ist für die Veränderung der Farbe in Abhängigkeit vom Blickwinkel verantwortlich. Bei einer Schichtdicke von etwa 370 Nanometern erscheint sie in der Aufsicht rotviolett, bei Betrachtung von der Seite wirkt sie golden. Eine dritte Umhüllung mit einer Schicht aus Eisenoxid verstärkt die Brillanz der Farbe und überlagert sie noch zusätzlich mit der rostroten Eigenfarbe des Eisenoxids.

Nagellack und Autolack haben auf den ersten Blick nicht viel gemeinsam. Aber auch die Automobillackierung ist, wie die dekorative Kosmetik, eine Frage von Ästhetik, Stil und Farbgebung. Kein Wunder also, dass die Automobilindustrie die schillernden Effektpigmente ebenfalls schätzt. Doch die effektvolle dekorative Farbe ist nur ein Teilaspekt, die Lackierung hat darüber hinaus auch eine wichtige Funktion. Sie dient als Schutz für das Metall der Fahrzeugkarosserie, denn das Auto muss ja tagein tagaus bei jedem Wetter auf mehr oder weniger staubigen Straßen unterwegs sein. Beim Autolack geht es also um viel mehr als nur um das gute Aussehen.

Der klassische Aufbau einer Lackierung besteht aus vier Schichten. Die unterste ist ein Korrosionsschutz, der meist über eine Elektrotauchlackierung aufgetragen wird. Dazu wird das Metallteil in ein Lackbad getaucht und ein elektrisches Gleichspannungsfeld angelegt. Die im Wasser gelösten, geladenen Lackteilchen werden dadurch entladen und auf der Metalloberfläche als durchgehender Lackfilm abgeschieden. Dieser wird durch Einbrennen bei 120–180 °C gehärtet. Darauf kommt ein so genannter Füller, der Fehlstellen im Untergrund abdeckt und für den Steinschlagschutz der Karosserie sorgt. Er muss also gleich-

**Vier Lackschichten** mit unterschiedlichen Funktionen machen die klassische Autolackierung aus. Sie schützen vor Rost, Sonnenlicht, Witterungseinflüssen, Steinschlag und vielem mehr. Selbst grimmig blickende Katzen können ihre Krallen ausfahren, ohne dass die Lackierung Schaden nimmt.

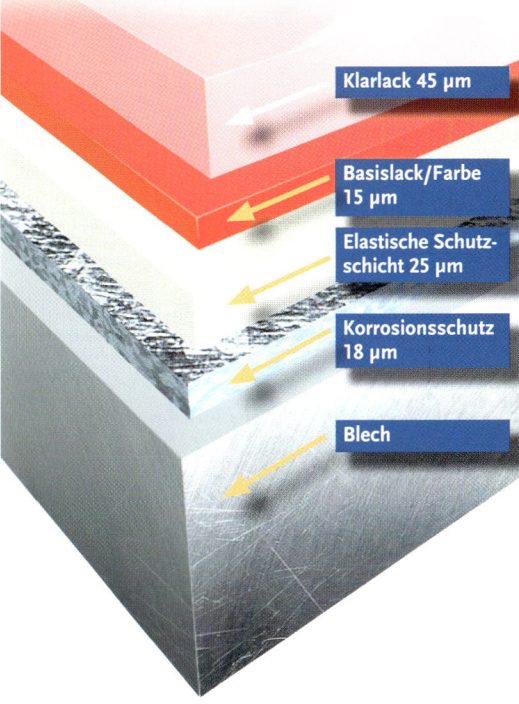

Klarlack 45 μm

Basislack/Farbe 15 μm

Elastische Schutz-schicht 25 μm

Korrosionsschutz 18 μm

Blech

zeitig hart und schlagzäh sein, eine Anforderung, die besonders von Polyurethan-Verbindungen erfüllt wird. Nach dem Füller wird die Farbe aufgetragen, je nach Wunsch uni oder metallic oder mit den oben beschriebenen Farbeffekten.

Die oberste Schicht bildet schließlich der Klarlack, ein Schutzschild mit vielen Funktionen: Er trotzt zahlreichen Umwelteinflüssen wie Sonnenschein und Vogeldreck, Streusalz und Rollsplitt, saurem Regen und extremen Temperaturschwankungen. Aber auch die Pflegemaßnahmen des Autobesitzers hinterlassen ihre Spuren im Lack: Wer kennt nicht die kreisrunden winzigen Rillen, die von den Bürsten der Autowaschanlage hinterlassen werden?

Wenn der Lack immer härter und kratzfester werden soll, muss man seinen chemischen Aufbau und die damit zusammenhängenden physikalischen Eigenschaften verändern. Der Lack enthält im flüssigen Zustand so genannte funktionelle Gruppen. Darunter verstehen Chemiker besondere Stellen in einem Molekül, an denen chemische Reaktionen stattfinden können. Genau das geschieht bei der Aushärtung des Lacks, die Gruppen verknüpfen sich und bilden so ein dreidimensionales Netzwerk.

Von der Maschengröße dieses Netzwerks hängt die Härte des Lacks ab. Je enger das Netz geknüpft ist, desto widerstandsfähiger gegen mechanische Verletzungen wird der Lack.

Der Klarlack, der die äußerste Schicht der Lackierung bildet, enthält heutzutage auch einen wirksamen Schutz gegen

die UV-Strahlen aus dem Sonnenlicht. Er besteht aus einer Kombination von UV-Absorbern und sogenannten Radikalfängern. Auswahl und Mischung des richtigen Sonnenschutzes sind entscheidend für die Witterungs- und Alterungsbeständigkeit des Lacks. Dank der hohen Qualität, die inzwischen erreicht ist, können die Automobilhersteller heute eine „lebenslange" Garantie auf die Lackierung geben.

Beim Auftragen der Lackierung liegen die Bestandteile des Lacks noch als Einzelkomponenten vor. Damit das gewünschte stabile und harte Netzwerk entsteht, muss der Lack gehärtet werden, das heißt, die reaktiven Gruppen der Lackbestandteile müssen miteinander reagieren. Üblicherweise geschieht dies bei Temperaturen bis zu 140°C. Eine energiesparende Variante ist die Lackhärtung mit ultraviolettem (UV) Licht. In der Möbelindustrie wird dieses Verfahren bereits für Schreibtischplatten und Arbeitsflächen eingesetzt. Bei solchen glatten Flächen gelingt das inzwischen gut. Bei unregelmäßigen, dreidimensionalen Formen, wie denen einer Autokarosserie, ist es jedoch sehr schwierig, denn das Licht muss ja bis in den letzten Winkel gelangen, um den Lack auch dort zu härten. Außerdem müssen noch Lichtschutzmittel entwickelt werden, die ein Zwitterverhalten an den Tag legen. Vor der chemischen Vernetzung dürfen sie die Wirkung des Lichts nicht behindern, danach sollen sie den Lack vor den energiereichen Sonnenstrahlen schützen.

## Der Sonnenschutz im T-Shirt

Auch Textilfasern aus Polyamid lassen sich zu „Sonnenschutzmitteln" umfunktionieren. Durch Zugabe von fein verteiltem Titandioxid als UV-Absorber erreicht man einen Lichtschutzfaktor von über 80. Hauptanwendungsgebiete sind natürlich Fasern für Outdoor- und Trekking-Kleidung. Ein solcher Sonnenschutz ist aber auch für Kinder wichtig, deren Haut noch besonders empfindlich ist. Die Kleidungsstücke, die aus den Textilfasern mit eingebautem UV-Schutz hergestellt werden, fühlen sich ganz ähnlich an wie Baumwolle und sehen auch so ähnlich aus.

**Pulverlacke** bieten eine umweltschonende Alternative, denn sie kommen ohne Lösungsmittel aus. Sie enthalten meist nur drei Komponenten: Ein Bindemittel, einen Vernetzer (Härter) und die Pigmente. Pulverlacke werden nicht nur für die Farbgestaltung eingesetzt, auch der Steinschlagschutz (Füller) lässt sich auf der Basis von Pulverlacken herstellen. Das Bild zeigt die Lackierung einer Karosserie, auf die ein Pulverlack in einer Schichtdicke zwischen 70 und 150 μm als Steinschlagschutz aufgetragen wird.

Eine besonders elegante, aber auch sehr aufwändige Methode zur Verbesserung der Lackhärte ist die Verwendung von Nanopartikeln im Lack. Diese winzigen Kügelchen, im Durchmesser nur einige Milliardstel Millimeter groß, können zum Beispiel die gleiche chemische Basis aufweisen wie Glas oder Keramik und sind deshalb sehr hart. Sie können in einem Bindemittel gleichmäßig dicht an dicht verteilt werden und verleihen dem Lack dadurch Härte und Kratzfestigkeit. Zwar können diese Partikel den Lack auch nicht vor einer mutwilligen Bearbeitung mit spitzen Gegenständen oder dornigen Ästen schützen, doch die winzigen Schleifspuren einer Autowäsche werden fast vollständig verhindert. Die ersten Automobilhersteller beginnen bereits damit, ihre Fahrzeuge mit einer Nanolackierung auszurüsten.

## Was ist Lack?

Per Definition ist Lack eine Flüssigkeit, in der feste Bestandteile, die Pigmente, fein verteilt (dispergiert) sind. Nach dem Auftragen einer dünnen Schicht und anschließendem Trocknen wandelt sich der Lack in einen mehr oder weniger deckenden festen Film um. Die Hauptbestandteile von Lack sind:

**Pigmente,** die für die notwendige Farbgebung sowie eventuell gewünschte besondere Effekte sorgen und den Untergrund abdecken.

**Harz,** das die einzelnen Bestandteile zu einem zusammenhängenden Film bindet. Harze sind meist nichtflüchtige, dickflüssige Flüssigkeiten, die beim Aushärten zu harten spröden Feststoffen werden. Sie bilden einen zusammenhängenden Film, wenn die zum Auftragen benötigten Lösungsmittel entfernt sind. Harze können nach zwei verschiedenen Methoden trocknen: entweder durch einfache Verdunstung des Lösungsmittels (z.B. thermoplastischer Acryllack) oder durch Umwandlung mithilfe einer chemischen Reaktion (z.B. Zwei-Komponenten Acryllack). Das Harz gibt dem getrockneten Lack Glanz und Brillanz.

**Lösungsmittel** verdünnen den Lack so, dass er durch Sprühen, Pinseln oder Tauchen auf die Oberfläche aufgetragen werden kann. Im trockenen Lackfilm sollten sich normalerweise keine Lösungsmittel mehr befinden. Alle Lösungsmittel verdunsten während des Trocknens. Ihre Verdunstungsfähigkeit und -geschwindigkeit sind entscheidend für das Aussehen und die Dauerhaftigkeit des Lackauftrags. Lösungsmittel waren früher immer organische, flüchtige Flüssigkeiten. Heute gibt es mehr und mehr wasserverdünnbare Lacke.

**Zusatzstoffe,** die die Qualität und die Eigenschaften des Lacks verbessern, sind nur in geringen Mengen vorhanden. Beispiele für Zusatzstoffe sind: Katalysatoren zur Beschleunigung der chemischen Vernetzung bei Kunststofflacken, Antioxidationsmittel zur Vermeidung von Hautbildung oder Gelieren, Rostschutz-Zusatzstoffe zur Verbesserung der Schutzeigenschaften des Lacks.

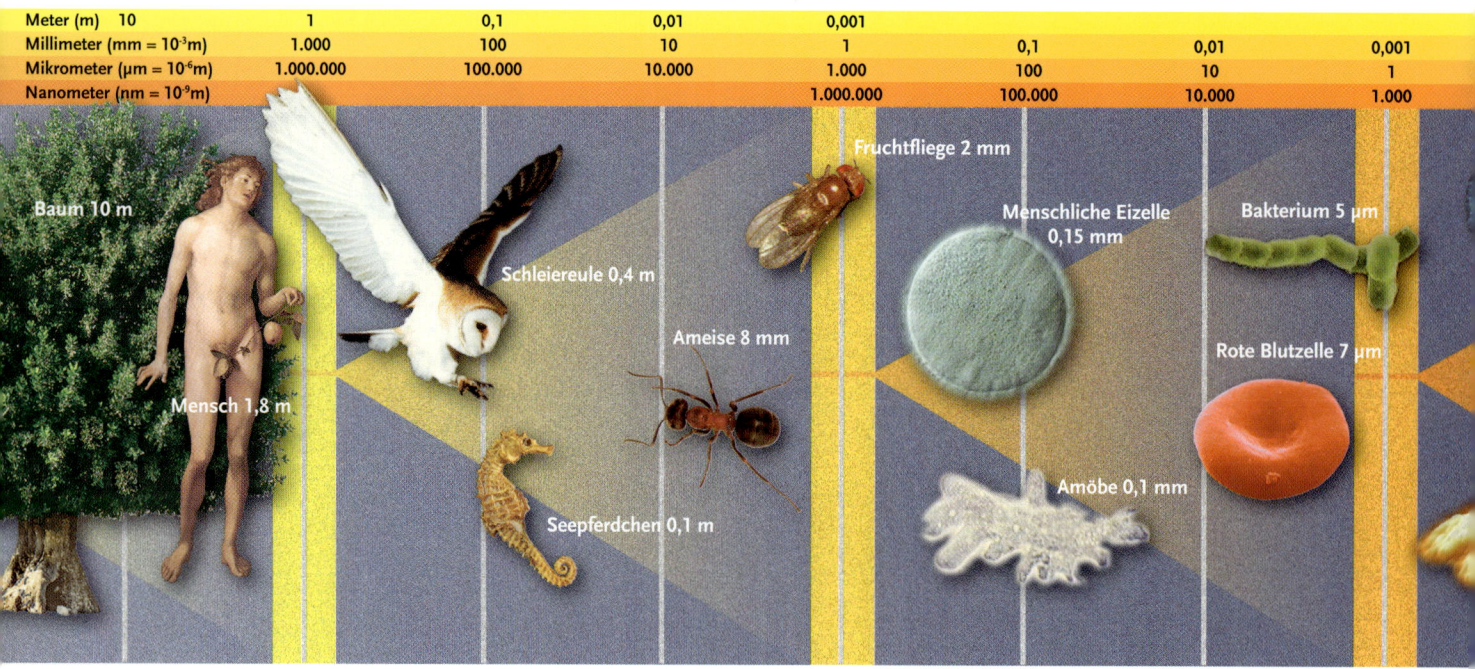

| Meter (m) | 10 | 1 | 0,1 | 0,01 | 0,001 | | | |
|---|---|---|---|---|---|---|---|---|
| Millimeter (mm = $10^{-3}$m) | 1.000 | 100 | 10 | 1 | 0,1 | 0,01 | 0,001 | |
| Mikrometer (μm = $10^{-6}$m) | 1.000.000 | 100.000 | 10.000 | 1.000 | 100 | 10 | 1 | |
| Nanometer (nm = $10^{-9}$m) | | | | 1.000.000 | 100.000 | 10.000 | 1.000 | |

Baum 10 m

Mensch 1,8 m

Schleiereule 0,4 m

Seepferdchen 0,1 m

Ameise 8 mm

Fruchtfliege 2 mm

Menschliche Eizelle 0,15 mm

Amöbe 0,1 mm

Bakterium 5 μm

Rote Blutzelle 7 μm

Eine Weiterentwicklung, die immer mehr an Bedeutung gewinnt, sind die so genannten **Pulverlacke**. Pulverlacke setzen sich typischerweise aus drei Bestandteilen zusammen: Bindemittel, Härter (auch als Vernetzer bezeichnet) und Pigmenten. Sie enthalten kein Lösungsmittel und sind daher sehr umweltverträglich. In der Regel härten Pulverlacke thermisch aus, es gibt aber inzwischen auch schon Produkte, die unter UV-Licht aushärten. Pulverlacke haben ein breites Anwendungsspektrum. Sie werden beispielsweise gerne in der Möbel- und Automobilindustrie verwendet. Auch zur Herstellung dekorativer Werkstücke aus Metall und für die Gerätelackierung erfreuen sie sich einer immer größeren Beliebtheit. Polyurethan-Pulverlackbeschichtungen besitzen eine hervorragende Oberflächenqualität, ausgezeichnete Licht-, Wetter- und Chemikalienbeständigkeit sowie gute mechanische Eigenschaften

Ob Telefon, Computer, Drucker oder Fax – bunte Lackierungen auf Polyurethanbasis verleihen den Gehäusen der Geräte den letzten Schliff. Sie können sehr effektvoll im Metalliclook veredelt werden oder mit einer so genannten Soft-feel-Lackierung. Diese erzeugt eine angenehm warme und samtige Oberfläche und bewirkt, dass sich beispielsweise ein Handy angenehm griffig anfühlt. Es gibt sowohl konventionelle als auch wasserbasierende Polyurethanlacksysteme mit Soft-feel-Effekt. Härte und Elastizität der Beschichtungen sind durch geschickte

Auswahl der Komponenten individuell einstellbar. Wählt man die für den speziellen Verwendungszweck geeignete Rezeptur eines Lacksystems, bleiben die mechanischen Eigenschaften der damit behandelten Kunststoffe erhalten, was nicht nur in der Automobilindustrie, sondern für industrielle Anwendungen im allgemeinen wichtig ist. Besonders bewährt haben sich Soft-feel-Lacke in der Automobilindustrie bei der Gestaltung der Inneneinrichtung. So verleihen sie bereits der Mittelkonsole oder den Türgriffmulden in vielen gängigen Modellen einen angenehmen weichen Griff.

## Farben ohne Farbstoff

Alle Kinder kennen diesen Effekt: Aus einer farblosen Seifenlösung entstehen in allen Regenbogenfarben schillernde Seifenblasen. Wird aus der Seifenlösung ein nur einige hundert Nanometer dünner Film erzeugt , verändert diese ihre optischen Eigenschaften. Auf diese Weise entstehen Farben ohne Farbstoff.

Auch die bunten Flügel des Schmetterlings enthalten keine Farbe. Der Farbeindruck wird ausschließlich durch eine geordnete, strukturierte Oberfläche auf den Flügeln erzeugt. Die Strukturierung liegt im Bereich der Wellenlänge des sichtbaren Lichts, das führt zur farbigen Streuung des Lichts. Berührt man einen Schmetterling mit den Fingern, ist auf der Flügeloberfläche nur noch ein graubraunes Pulver zu sehen – der sichtbare Beweis dafür, dass die fragile Nanostruktur zerstört wurde. Auch der leuchtende und bunt schimmernde Opal enthält keinen Farbstoff. Die faszinierende Farbigkeit dieses Halbedelsteins ist ebenfalls auf Nanostrukturen zurückzuführen. Dabei liegt eine Nanokugel geordnet neben der anderen. An den dünnen Schichten wird das Licht reflektiert, und es treten Mischungseffekte zwischen den unterschiedlichen farbigen Anteilen des Lichts auf.

Die gleiche Wirkung lässt sich auch mit speziellen Kristallen erreichen. Die erzielten Farbeffekte sind besonders für großflächige Anwendungen interessant wie Dekorpapiere, Verpackungsfolien oder Schmuckfarben für Druckereien.

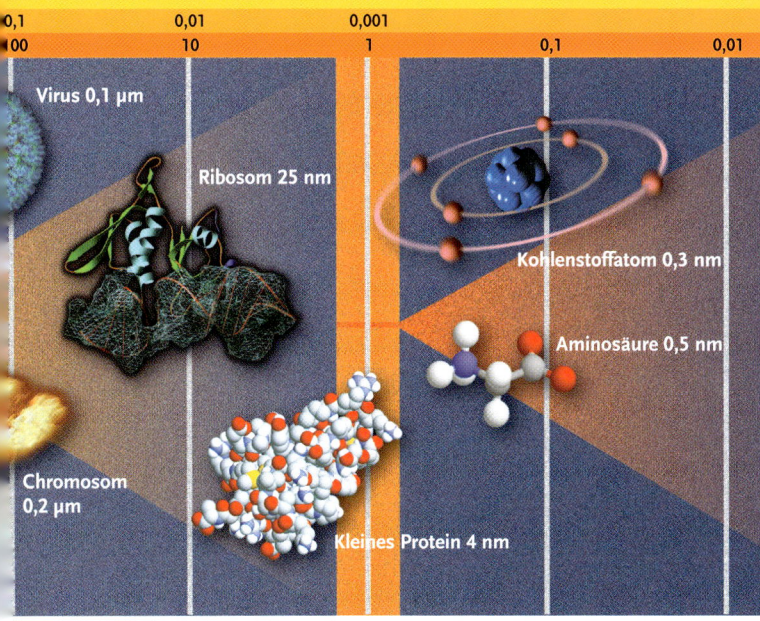

Virus 0,1 µm

Ribosom 25 nm

Kohlenstoffatom 0,3 nm

Aminosäure 0,5 nm

Chromosom 0,2 µm

Kleines Protein 4 nm

0,1  0,01  0,001  0,1  0,01
100  10  1

## Makro – Mikro – Nano

Fast alle Dinge, mit denen wir umgehen, die wir problemlos herstellen und beherrschen können, sind so groß, dass wir sie mit bloßen Augen sehen können. Sie liegen in der Größenordnung von Metern, Zentimetern und Millimetern. Sie gehören zur Makrowelt.

Bei sehr viel kleineren Dingen – vom Einzeller bis hin zum Schaltkreis auf einem Mikrochip – wird es schon schwieriger. In der Regel benötigen wir Hilfsmittel, um uns diese Mikrowelt zu erschließen, zum Beispiel ein Mikroskop oder komplizierte Technologien wie die Fotolithografie.

Beim Eintritt in die Nanowelt – also in den Bereich von einem bis wenigen hundert Nanometern – stoßen wir in die Größenordnung von Molekülen vor: große Moleküle wie Proteine, synthetische Polymere oder auch kleine Moleküle wie Arzneiwirkstoffe. Beim Übergang von der Makro- in die Nanowelt verändern sich die Eigenschaften der Materie sprunghaft – und damit auch die der daraus hergestellten Produkte .

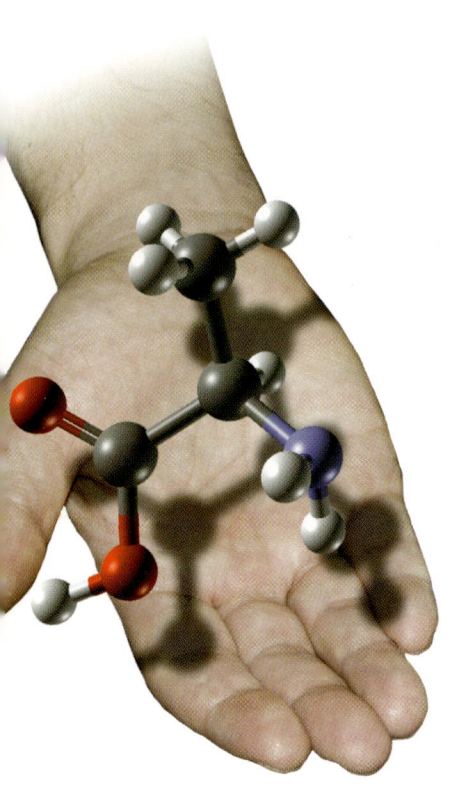

# Moleküle im Spiegel

Spätestens seit einer einschlägigen Joghurt-Werbung wissen wir, dass es von vielen Biomolekülen „rechte" und „linke" Varianten gibt. Die essenziellen Bausteine des Lebens kommen fast ausschließlich in einer der beiden Formen vor, und zwar als L-Aminosäuren und D-Zucker (von lateinisch laevus = links und dexter = rechts). Dass die L- und D-Formen von Substanzen komplett unterschiedliche Eigenschaften und Wirkungen haben können, wurde mit den verheerenden Folgen des Medikaments Contergan schmerzlich bewusst.

## 7:30 – Schnell Frühstück

*Heute bin ich aber wirklich spät dran. Trotzdem, ganz ohne Frühstück aus dem Haus gehen, das schaffe ich nicht. Also etwas, das ruck zuck geht. Zum Teekochen reicht die Zeit immer, und ein Müsli ist auch schnell gemacht. Die Mischung aus Getreideflocken, Nüssen und Trockenfrüchten kommt inklusive aller wichtigen Vitamine und Spurenelemente fix und fertig aus der Tüte. Und das Ganze wird mit einem Becher Joghurt vermischt. Der muss natürlich rechtsdrehende Milchsäure enthalten. Schließlich soll mein Tag so richtig gesund beginnen, dann sind die Sünden, die sich später beim besten Willen nicht vermeiden lassen, nur halb so schlimm.*

Schauen wir unsere Hände an. Sie sind wie Bild und Spiegelbild; der rechte Handschuh passt nicht auf die linke Hand, der linke Handschuh nicht auf die rechte. Wie wir unsere beiden Handschuhe auch drehen oder wenden mögen, es ist nicht möglich, sie deckungsgleich aufeinander zu legen. Nur eine einzige geometrische Operation – eine Spiegelung – könnte dies bewirken; dies bleibt jedoch ein Gedankenexperiment.

Auch Moleküle können wie Bild und Spiegelbild aufgebaut sein. In Anlehnung an unsere Hände nennt man dieses Phänomen in der Chemie „Händigkeit" oder auch, abgeleitet vom griechischen Wort cheir für Hand, „Chiralität". In der Natur spielen insbesondere chirale organische Verbindungen, also Verbindungen mit einem Gerüst aus Kohlenstoffatomen, eine herausragende Rolle. Chiralität findet man daneben auch bei Stickstoff-, Phosphor-, metallorganischen und bei vielen anorganischen Verbindungen. Wir wollen uns an dieser Stelle auf die Chiralität bei organischen Kohlenstoffverbindungen beschränken.

Wann sind organische Verbindungen chiral? Ein Kohlenstoffatom hat vier „Bindungsarme". Diese vier Andockstellen sind räumlich so angeordnet, dass sie in die vier Ecken eines Tetraeders weisen. Werden an das Kohlenstoffatom

Ist ein Kohlenstoffatom über vier Einfachbindungen mit vier verschiedenen Bindungspartnern verbunden, weisen die Bindungsarme in die vier Ecken eines Tetraeders. Diese Bindungspartner können auf zweierlei Weise angeordnet sein, beide Varianten verhalten sich zueinander wie Bild und Spiegelbild.

vier verschiedene Partner (Molekülreste) gebunden, können diese Partner auf zwei unterschiedliche Arten angeordnet werden. Schaut man die beiden möglichen Produkte an, so sind diese wie Bild und Spiegelbild, d.h. die beiden Tetraeder der entstehenden Moleküle sind nicht miteinander zur Deckung zu bringen. Da sie Bild und Spiegelbild sind, handelt es sich bei den beiden Molekülen auch tatsächlich um zwei unterschiedliche Verbindungen, zwei Enantiomere, wie der Chemiker sagt. Dieser Ausdruck leitet sich vom griechischen Wort enantios = entgegengesetzt ab.

Das klingt nun wirklich recht theoretisch ... Haben diese Bild- und Spiegelbild-Moleküle wirklich eine so herausragende Bedeutung in der Natur?

## Rechts oder links?

Eiweißstoffe, auch Proteine genannt, bestehen aus miteinander verknüpften Aminosäuren. Aminosäuren gibt es wie Sand am Meer, aber Mutter Natur benutzt ausschließlich zwanzig verschiedene Aminosäure-Bausteine (natürliche Aminosäuren). Alle Aminosäuren haben ganz bestimmte Bindungspartner am ersten Kohlenstoffatom, dem so genannten $\alpha$-Kohlenstoffatom. Es trägt eine Aminogruppe ($NH_2$), eine Carbonsäuregruppe (Carboxylgruppe, COOH) und ein Wasserstoffatom (H). An den vierten Bindungsarm dieses Kohlenstoffatoms ist jener Rest des Moleküls gebunden, der bei den verschiedenen Aminosäuren unterschiedlich aufgebaut ist. Da das $\alpha$-Kohlenstoffatom also vier verschiedene Bindungspartner am Tetraeder aufweist, sind $\alpha$-Aminosäuren chiral (mit Ausnahme von Glycin, der einfachsten Aminosäure, deren „Molekülrest" lediglich aus einem weiteren Wasserstoffatom besteht und deren $\alpha$-Kohlenstoffatom damit zwei gleiche Bindungspartner trägt). Statistisch sollten eigentlich gleiche Mengen von Bild und Spiegelbild vorkommen, aber die Natur hat sich – bis auf wenige Ausnahmen – spezialisiert, und zwar ausschließlich auf L-Aminosäuren („links-Aminosäuren").

Ist das Leben links-lastig? Nein, denn der Bezeichnung „rechts" und „links" für einen chiralen Molekültypus liegen keine unumstößlichen Naturgesetze zu Grunde. Was wir als D und L bezeichnen, gehorcht lediglich einer Definition, um dem Kind einen Namen zu geben. Und den „linken" Aminosäuren stehen „rechte" Kohlenhydrate (Zucker) gegenüber. Denn auch bei den Zuckern hat sich die Natur für eine der beiden Varianten entschieden. Diese Präferenz für eine der beiden Formen setzt sich bei anderen Biomolekülen fort.

## Und was dreht jetzt beim Joghurt?

Was beim Natur-, Frucht- oder Sahne-Joghurt „dreht", ist die darin enthaltene Milchsäure. Der Begriff Drehung bezieht sich auf ein einfaches Experiment mit linear polarisiertem Licht, mit dem man bei Verbindungen eben diesen Drehsinn bestimmen kann. Licht kann man als eine Welle beschreiben, die in allen möglichen Richtungen oder Ebenen schwingt. Linear polarisiertes Licht schwingt nur in einer Ebene. Wird eine wässrige Milchsäure-

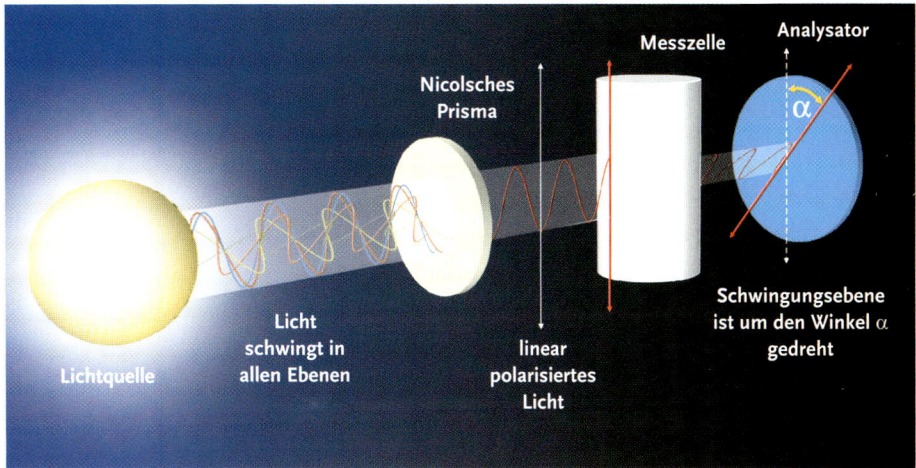

Ein Polarimeter, das zur Messung der optischen Drehungen verwendet wird. In der Messzelle befindet sich die optisch aktive Verbindung.

Lösung mit so einem Licht bestrahlt, so ist die Ebene der Lichtwelle nach dem Durchgang durch diese Lösung um einen bestimmten Winkel gedreht, enantiomerenreine Milchsäure ist „optisch aktiv". Und das kann entweder im Uhrzeigersinn („rechtsdrehend") oder gegen den Uhrzeigersinn („linksdrehend") sein.

Auch die Milchsäure existiert als Bild- und Spiegelbild-Version, und die beiden chiralen Molekül-Varianten haben einen entgegengesetzten „optischen Drehwert". Welche Sorte Milchsäure bei der Fermentation von Milch gebildet wird, hängt in erster Linie vom eingesetzten Bakterienstamm ab. Aber Achtung: Es ist vom Molekülaufbau her die „rechte" Form der Milchsäure, die links herum dreht und umgekehrt! Der optische Drehwert wird mit + und – angegeben. D(–)-Milchsäure, so also der korrekte Ausdruck für die linksdrehende Milchsäure, wird beispielsweise von *Lactobacillus bulgaricus*, *Lactobacillus lactis* sowie *Leuconostoc*-Arten erzeugt. L(+)-Milchsäurebildner (rechtsdrehend) sind *Streptococcus thermophilus*, *Bifidobacterium bifidum* und *Streptococcus lactis*. In den meisten Joghurt-Produkten finden sich beide Milchsäure-Arten. Was heute von der Werbung so angepriesen wird, ist die L(+)-rechtsdrehende Milchsäure. Sie ist die Form, die auch im menschlichen Körper erzeugt wird. Sie wird schnell und restlos abgebaut, während die D(–)-linksdrehende Milchsäure nicht vollständig und nur sehr langsam von unserem Stoffwechsel verwertet werden kann. In irgendeiner Weise schädlich ist sie für Kinder und Erwachsene in den üblichen Dosierungen dennoch nicht. Das noch nicht ausgereifte Verdauungssystem von Babies scheint allerdings auf größere Mengen des Linksdrehers empfindlich zu reagieren.

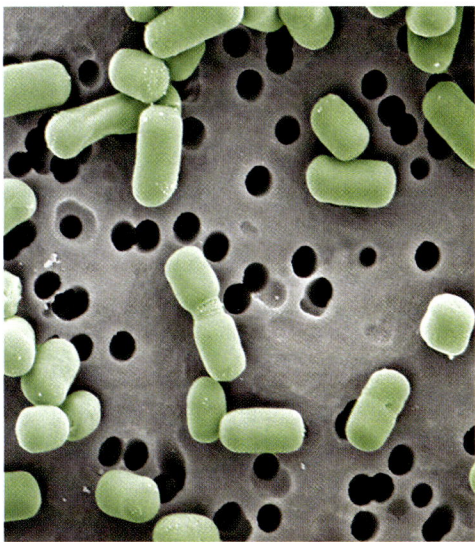

*Lactobacillus bulgaricus* stellt linksdrehende Milchsäure her.

**Bindungstasche von Enzymen.** Blick auf die Bindungsstelle der Lipase von Rhizopus oryzae in geöffneter Form. Ein $C_{12}$-Triglycerid ist als Substrat eingezeichnet.

## Der falsche Handschuh

Warum kann unser Körper eine der beiden Formen von Joghurt oder anderen Nahrungsmitteln optimal, die andere gar nicht oder nur schlecht verwerten? Unsere Verdauungsenzyme haben Bindungstaschen für die Nährstoffe. Diese können nur gespalten – und verwertet – werden, wenn sie genau in diese Taschen hinein passen. Und so wie die linke Hand nicht in den rechten Handschuh passt, passt auch ein „gespiegelter" Nährstoff nicht oder nur sehr schlecht in die Enzym-Tasche. Ein Außerirdischer aus einem fiktiven spiegelbildlich aufgebauten Universum müsste auf der Erde wohl verhungern, denn er könnte unsere Nahrungsmittel mit seinen Enzymen nicht verdauen.

Eine besondere Bedeutung hat das Phänomen der Chiralität bei pharmazeutischen Wirkstoffen. Wie sehr sich die Wirkungen der Bild- und der Spiegelbild-Form eines Arzneimittels unterscheiden kann, wurde uns allen mit den katastrophalen Folgen des „falschen Enantiomers" des Medikaments Contergan vor Augen geführt. Der enthaltene Wirkstoff Thalidomid ist ein gut wirksames Schlaf- und Beruhigungsmittel, das zudem gegen die Morgenübelkeit von Schwangeren hilft. Das gilt allerdings nur für eines der beiden Enantiomere. Das andere ist für die außerordentlich starken Wachstumsstörungen mehrerer Tausend betroffener Kinder verantwortlich. Diese „falsche" Form des Thalidomids lagert sich an den Rezeptor eines Enzyms an, das an der Knorpelbildung beteiligt ist, und hemmt dieses Enzym. Nimmt die werdende Mutter dieses falsche Enantiomer zwischen dem 20. und 35. Tag der Schwangerschaft ein, so schädigt es den Fötus, dessen Gliedmaßen nicht richtig ausgebildet werden. Die „richtige" Variante passt dagegen nicht in die Tasche des Knorpel-Enzyms, schadet somit nicht und hilft der Mutter bei den morgendlichen Beschwerden. Aufgrund dieser Erfahrung müssen Medikamente heute vor ihrer Zulassung strenge Tests durchlaufen, die die Wirkung beider Formen belegen und auch ihre Unschädlichkeit gegenüber Ungeborenen aufzeigen.

Wäre ein sortenreines (enantiomerenreines) Medikament die Lösung? In der Regel ja, aber im Fall von Contergan heißt die Anwort nein. Denn im Körper wandeln sich beide Formen ineinander um. Das ist jedoch eine seltene Ausnahme. Glücklicherweise ist das „falsche" Enantiomer bei dem Großteil der Bild/Spiegelbild-Medikamente einfach unwirksam, aber nicht schädlich. In bestimmten Fällen sieht die Lösung in der Tat so aus, dass nur eines der beiden Enantiomere verwendet wird. Penicillamin beispielsweise, ein aus Penicillin gewonnenes Produkt, muss sorgfältig in seine zwei Formen getrennt werden. Während L-Penicillamin toxisch ist, wird D-Penicillamin als Wirkstoff gegen Morbus Wilson eingesetzt, eine Krankheit, bei der der Kupferstoffwechsel gestört ist, bei bestimmten rheumatischen Erkrankungen sowie als Gegenmittel gegen Vergiftungen mit Schwermetallen.

Auch wenn die Trennung der beiden enantiomeren Wirkstoff-Formen nicht immer einfach ist, der Trend in der Pharmaindustrie geht ganz klar in Richtung enantiomerenreiner Wirkstoffe, schon allein, um den Körper nicht unnötig mit wirkungslosen Substanzen zu belasten.

## Süß oder bitter – Zitrone oder Orange?

Enantiomerenrein müssen aber nicht nur Medikamente, sondern auch eine Reihe anderer Stoffe sein, damit sie nutzbar sind: Der Süßstoff Aspartam (unter den Namen Assugrin und Canderel im Handel) ist eine Verbindung, die zwei Aminosäuren enthält. Und Aspartam schmeckt nur süß, wenn beide Aminosäuren in der natürlichen Linksform vorliegen. Mehr als 0,5 Prozent der Rechtsform darf nicht enthalten sein, sonst wird aus „süß" zunehmend „bitter".

Interessantes gibt es auch aus der Welt der Duftstoffe zu melden: Die Linksform des Duftstoffs „Limonen" riecht nach Zitrone, die Rechtsform nach Orange. Und Carvon riecht entweder nach Kümmel oder als Spiegelbildform nach Pfefferminze (Spearmint). Die Kümmel-Form kommt in Kümmelöl, Dillöl und Mandarinenschalen vor, die Pfefferminz-Form in Minzöl. Ingwergrasöl enthält dagegen beide Varianten. Nicht immer unterscheidet sich der Duft, aber dennoch sind beide Molekül-Formen nicht gleich in der Wirkung: Links-Menthol, das aus Pfefferminzpflanzen gewonnen wird, ruft den typischen kühlenden Eindruck hervor. Obwohl Rechts-Menthol an sich genauso riecht, fehlt ihm der Kühleffekt.

**Thalidomid**, der Wirkstoff des Medikaments Contergan: Ein spiegelbildlich orientiertes Kohlenstoffzentrum macht aus einem gut verträglichen Beruhigungsmittel (unten) eine Bedrohung für ungeborene Kinder (oben; grau: Kohlenstoff-, weiß: Wasserstoff-, rot: Sauerstoff-, blau: Stickstoffatome. Das chirale Kohlenstoffatom ist schwarz hervorgehoben).

## Die Natur hat entschieden

Wie kommt es, dass die Natur bei der Entstehung des Lebens derart klare Präferenzen für Bild oder Spiegelbild gesetzt hat? Wir wissen es nicht, aber eine neuere Hypothese geht davon aus, dass der einfachen Aminosäure Serin bei der Entstehung des homochiralen Lebens eine entscheidende Rolle zugekommen sein könnte. Serin zeichnet sich gegenüber anderen Aminosäuren durch besondere Eigenschaften aus. So bildet Serin ungewöhnlich stabile Verbindungen, so genannte Cluster, aus acht Serin-Molekülen. Das Besondere daran ist: Sie enthalten ausschließlich D- oder ausschließlich L-Serin-Bausteine. In diese Serin-Cluster werden auch andere Aminosäuren mit aufgenommen – ebenfalls nur in der passenden Form. Besonders interessant scheint eine Reaktion zwischen Glyceraldehyd, dem einfachsten Zucker, und Serin: Ausschließlich Verbindungen aus L-Serin und D-Zucker werden in die L-Serin-Cluster eingebaut. Aber auch ohne vorherige Reaktion bilden sich gemeinsame Cluster aus je sechs Serin- und sechs Glyceraldehyd-Molekülen. Glyceraldehyd, ein Zucker mit drei Kohlenstoffatomen, wird dabei zu einem Zucker aus sechs Kohlenstoffatomen „verdoppelt" – möglicherweise eine der ersten präbiotischen Reaktionen.

Serin kann auch unter milden Reaktionsbedingungen zwischen der D- und der L-Form wechseln. Offenbar reicht bereits der Einfluss von zirkular polarisiertem Licht, einem chiralen Mineral, vielleicht sogar einer wirbelartigen Bewegung oder eines Magnetfeldes aus, damit die ursprüngliche Gleichverteilung zwischen D- und L-Form in eine Richtung verschoben wird – unter den Bedingungen, die bei der Entstehung des Lebens auf der Erde herrschten, ging das zu Gunsten von L-Serin aus, so die Theorie. In hochkonzentrierten Tröpfchen könnten sich dann L-Serin-Cluster gebildet haben, die zu einer Anreicherung von weiteren L-Aminosäuren und D-Zuckern geführt haben – der Ort für weitere wichtige präbiotische Reaktionen.

**Serin** (oben) und **Glyceraldehyd** (unten)

### Produktion von Handschuhen statt Strümpfen

Leider ist es meist nicht einfach, bei einer chemischen Synthese oder gar der großtechnischen Produktion gezielt nur eines der beiden Enantiomere herzustellen, im Allgemeinen entsteht das Racemat, so heißt eine Mischung beider Formen. Es gibt jedoch mehrere Möglichkeiten, zum Ziel zu gelangen. Der Chemiker kann beispielsweise verfügbare enantiomerenreine Naturstoffe wie Aminosäuren, Zucker oder Alkaloide als Bausteine nutzen, um den gewünschten Stoff zusammen zu bauen. Geht man gezielt von Bausteinen der einen Form aus, so erhält man das Produkt in vielen Fällen auch nur in der Form dieses einen Enantiomers. Besonders attraktiv sind so genannte enantioselektive Katalysatoren, in deren Gegenwart große Mengen einer der beiden Produktformen in hoher Reinheit hergestellt werden können. Trotz intensiver Forschungen und beachtlicher Fortschritte ist die Zahl der wirklich industriell einsetzbaren katalytischen Verfahren immer noch beschränkt im Vergleich zur Vielzahl der im kleinen Labormaßstab durchführbaren Reaktionen. Wie muss ein solcher „chiraler Katalysator" aussehen?

Das Prinzip ist einfach: So wie ein Strumpf auf beide Füße passt, kann ein achiraler Katalysator nicht zwischen Bild-

und Spiegelbild-Molekülen unterscheiden. So wie ein Handschuh, der nur rechts oder links passt, vermag jedoch ein Katalysator, der selbst chiral ist, durchaus zwischen rechts und links zu unterscheiden.

Unser Körper macht's uns vor: Enzyme sind enantioselektive Hochleistungskatalysatoren par excellence. Sie lenken chemische Reaktion so, dass von zwei spiegelbildlichen Produkten nur eine Form entsteht. Das katalytisch aktive Zentrum eines Enzyms liegt in der oben beschriebenen Bindungstasche. Genauso wie im Falle der Nährstoffe passt in diese Tasche von zwei enantiomeren Molekül-Formen eine wesentlich besser hinein als die andere. Werden nun zwei nichtchirale Ausgangsstoffe in dieser Bindungstasche verknüpft, sind sie räumlich zueinander so orientiert, dass bei der folgenden Reaktion nur eines der beiden möglichen Verknüpfungsprodukte entstehen kann. Weil Enzyme das so gut können, werden sie auch in großtechnischen Prozessen für bestimmte Syntheseschritte eingesetzt. Alternativ können auch intakte Mikroorganismen einen Reaktionsschritt im Dienste der chemischen oder Pharmaindustrie übernehmen. Ein klassisches Beispiel sind die zahlreichen halbsynthetischen Penicilline.

Aber auch synthetische Katalysatoren für enantioselektive Reaktionen wurden entwickelt. Die meisten sind chirale

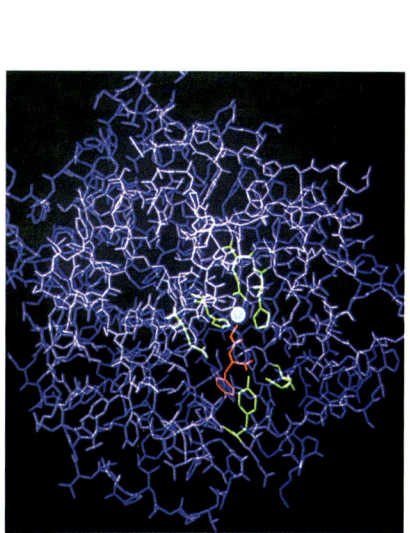

**Enzyme** sind sehr selektive Hochleistungs- und Biokatalysatoren: Entweder entstehen nur die „rechten" oder nur die „linken" Produkte.

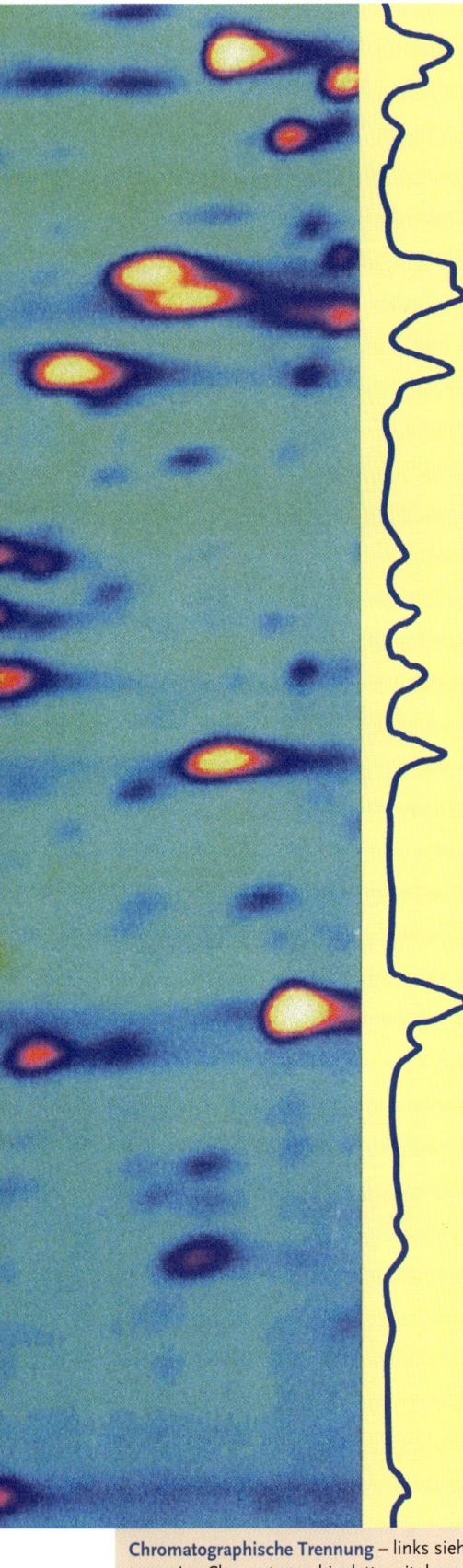

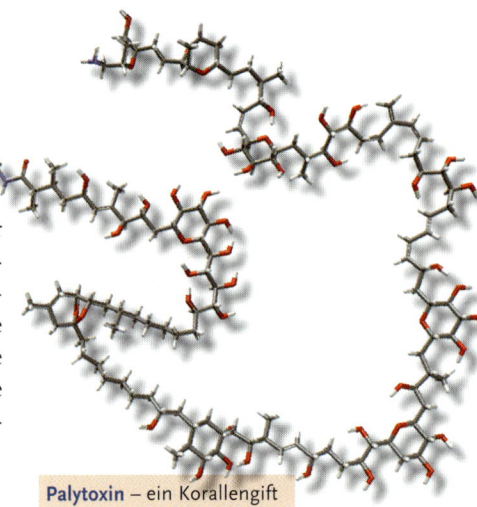

Metallkomplexe und beruhen auf einem einfachen Prinzip: Ein katalytisch aktives Metallzentrum, das zwar selbst achiral ist, bildet mit chiralen Liganden einen asymmetrischen und damit chiralen Reaktionsraum. L-Dopamin war eine der ersten Substanzen, die durch chirale Katalyse technisch hergestellt wurde. Die Schwierigkeit und Herausforderung besteht darin, geeignete Liganden zu finden.

## Handschuhe sortieren

Wie die Herstellung von Bild- und Spiegelbild-Verbindungen nicht besonders einfach ist, so ist auch die Trennung eines Racemats nicht gerade trivial. Auch wenn die beiden Formen so unterschiedliche Wirkungen wie beim Medikament Contergan haben können, so sind dennoch die meisten physikalischen Eigenschaften der beiden Formen identisch und auch die meisten ihrer chemischen Eigenschaften gleich oder sehr ähnlich. Die erste Racemattrennung gelang vor rund 150 Jahren: Louis Pasteur sortierte Kriställchen unter dem Mikroskop (siehe rechte Seite). Diese Methode ist natürlich weder besonders effektiv noch universell anwendbar – und zum Glück auch nicht die einzige Trennmethode für Racemate. Zu den wichtigsten Trennmethoden zählt heute die so genannte Chromatographie. Ohne dieses komplizierte Fremdwort zu kennen, hat wohl jedes Schulkind schon Bekanntschaft mit dem Prinzip gemacht. Man gibt einen Tropfen Tinte auf das Löschblatt. Dann tropft man laufend Wasser nach. Die Wasserfront wächst zu immer größeren Kreisen, und die Bestandteile der Tinte wandern verschieden schnell nach. Wer verschiedenfarbige Tinten mischt, erhält schöne bunte Kreismuster. Noch nie gemacht? Dann aber rasch nachholen...

Zurück zur Wissenschaft: Eine chromatographische Trennung beruht darauf, dass verschiedene in einer Flüssigkeit gelöste Verbindungen unterschiedlich stark an einem Feststoff (meist Kieselgel), den man in eine Glassäule füllt, festgehalten werden. Die gelösten Substanzen gibt man auf die gefüllte Säule und wäscht kontinuierlich mit einem Lösungsmittel nach, das man oben auf die Säule nachfüllt. Mit dem Lösungsmittel wandern die zu trennenden Substanzen dann unterschiedlich schnell durch die Säule, je nachdem, wie stark sie am Kieselgel-Feststoff festgehalten werden und wie gut sie

sich im Lösungsmittel lösen. Das Prinzip der Chromatographie gilt allgemein. Bei der Trennung von Bild- und Spiegelbild-Formen muss man jedoch als festes Säulenmaterial ebenfalls chirale Substanzen einsetzen, denn nur solche machen einen Unterschied zwischen den vorbeiströmenden unterschiedlichen Enantiomeren.

## Ein wahres Spiegelkabinett

Bislang haben wir nur von Substanzen mit einem chiralen Kohlenstoffatom gesprochen. Naturstoffe sind jedoch häufig kompliziert aufgebaute Verbindungen, die nicht nur ein einziges chirales Kohlenstoff-Zentrum enthalten können, sondern eine ganze Reihe davon. Bei der Herstellung solcher Verbindungen muss die Orientierung der Bindungspartner an jedem einzelnen Zentrum stimmen, d.h. jedes Zentrum muss als das gewünschte Bild- oder das entsprechende Spiegelbild vorliegen. Ein Fehler an einem Zentrum – und schon stimmt das Produkt nicht mehr mit dem Naturstoff überein.

Ein Molekül mit einem chiralen Kohlenstoff ergibt zwei Formen, eines mit zwei chiralen Kohlenstoffen kann bereits in vier verschiedenen Varianten vorliegen. Schnell potenziert sich die Zahl der möglichen Varianten nach der Formel $2^n$ (n = Zahl der chiralen Kohlenstoff-Zentren). Das Molekül mit den meisten chiralen Zentren, das je in einem Labor synthetisiert wurde, ist vermutlich das Korallengift Palytoxin. Eine wahre Meisterleistung, denn der Stoff hat die stolze Zahl von 64 chiralen Zentren vorzuweisen. Das bedeutet, es gibt etwa 18 Milliarden Bild- und Spiegelbild-Varianten des Moleküls – und nur eine ist die richtige! Wie oft die Chemiker bei der Herstellung, Trennung und Analyse von Palytoxin „Spieglein, Spieglein an der Wand, wer ist die schönste (richtige Verbindung) im Land" gesagt haben mögen, will man sich gar nicht vorstellen...

# Und was sonst noch so chiral ist ...

... **Schneckenhäuser** sind spiralige Gebilde, die rechts oder links herum gewunden sein können. Linkshändige Schneckenhäuser sind eine rare Ausnahme!

... **Kletterpflanzen** winden sich um einen Stützpfahl – ob links oder rechts herum, ist artspezifisch.

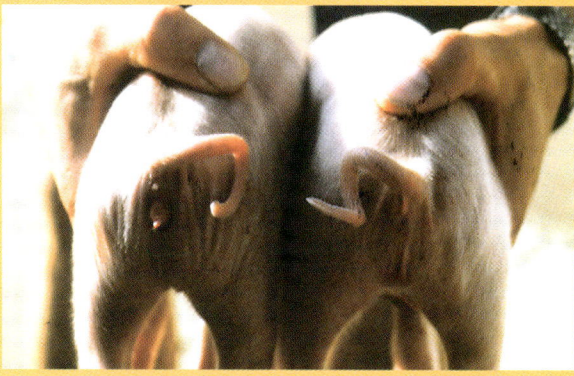

... **Schweineschwänzchen** zwirbeln etwa gleich häufig in beide Richtungen.

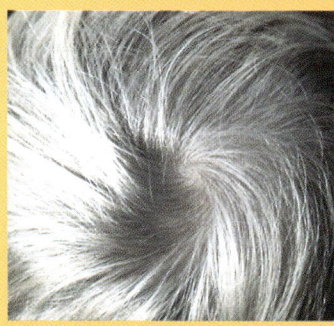

... **Haarwirbel** entsprechen bei etwa achtzig Prozent der Menschen linksgängigen Spiralen.

**Möglicherweise lassen sich auch diese Befunde auf eine molekulare Ursache zurückführen.**

# Die Rechten ins Töpfchen, die Linken ins Kröpfchen

Die erste Trennung eines Racemats – so nennt man die Mischung zweier Enantiomere – gelang Mitte des 19. Jahrhunderts dem französischen Chemiker Louis Pasteur; für die Entwicklung der damaligen Chemie war das eine bahnbrechende Entdeckung. Mit Hilfe einer Pinzette sortierte er unter dem Mikroskop kleine Natrium-Ammonium-Tartrat-Kristalle (Tartrate sind kristalline Salze der Weinsäure, die sich gelegentlich in alten Weinfässern als Weinstein ablagern). Und das machte er so sorgfältig, dass er sie tatsächlich sauber in zwei Gruppen unterteilen konnte. Das Unterscheidungsmerkmal: Nicht nur die beiden Tartrat-Enantiomere verhalten sich wie Bild zu Spiegelbild, sondern auch ihre Kristallformen!

**Louis Pasteur** in seinem Laboratorium. Zeichnung um 1880.

Später gelang es Pasteur dann mit Hilfe des Pilzes *Penecillium glaucum*, aus Traubensäure, wie das Racemat der Weinsäure (DL(±)-Weinsäure) genannt wird, eine der beiden optisch aktiven Formen zu isolieren, da der Pilz zwar die L(+)-Form komplett auffuttert, die D(–)-Form aber verschmäht. Der Ausdruck „Racemat" leitet sich übrigens vom lateinischen Wort für Traubensäure *acidum racemium* ab. Die L(+)-Weinsäure kommt in vielen Pflanzen und Früchten vor. Die D(–)-Form ist in der Natur extrem selten. Das Racemat kommt in der Natur nicht vor, bildet sich jedoch in geringen Mengen bei der Weinherstellung durch Erhitzen von L(+)-Weinsäure.

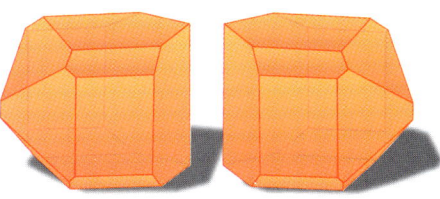

**Natrium-Tartrat-Kristallformen** verhalten sich wie Bild und Spiegelbild.

Neben der Traubensäure gibt es noch eine weitere Form der Weinsäure, die Mesoweinsäure. Traubensäure und Mesoweinsäure unterscheiden sich darin, wie die beiden chiralen Kohlenstoffatome des Weinsäure-Moleküls zu einander orientiert sind. Bei der Traubensäure sind beide stereochemisch gleichwertig, also entweder beide „links" oder beide „rechts". Bei der Mesoweinsäure ist eines „links", das andere „rechts". Da aber an beiden Kohlenstoffzentren der Weinsäure genau die gleichen Bindungspartner gebunden sind (eine Säuregruppe —COOH, eine Alkoholgruppe —OH und ein Wasserstoffatom —H, über den vierten Bindungsarm sind die beiden chiralen Kohlenstoffatome untereinander verbunden), sind beide strukturell identisch. Damit ist es egal, welches der beiden „links", welches „rechts" ist, und es gibt von der Mesoweinsäure keine Enatiomere. Das Verhältnis von Traubensäure zu Mesoweinsäure nennt man Stereoisomerie.

# Versponnenes

Deutschland ist Kleiderland: Wir Deutschen liegen beim Pro-Kopf-Verbrauch an textilen Produkten weltweit in der Spitzengruppe. Chemiefasern haben den Naturfasern in den Bereichen Bekleidung und Heimtextilien in Deutschland längst den Rang abgelaufen, was die verarbeiteten Rohstoffe angeht. Und weltweit werden heute bereits mehr Chemiefasern als beispielsweise Baumwolle produziert. Dank Chemie gibt es moderne Textilien, die bisher als Widerspruch erachtete Ansprüche erfüllen, wie die atmungsaktive, aber wasserdichte Wind-und-Wetter-Jacke.

**7:36 – Modenschau**

*Autsch, der Tee ist ja immer noch so verflixt heiß. Also während er abkühlt, erst mal anziehen. So ein Mist, jetzt hat diese blöde Nylonstrumpfhose auch noch eine Laufmasche. Und das war natürlich die letzte saubere. Ausgerechnet heute, wo es schnell gehen muss! Also wird nicht lange gefackelt, sondern die erstbeste Hose aus dem Kleiderschrank geholt und ein passendes Oberteil gegriffen. Aber mit diesem Wollpullover schwitze ich mich kaputt. Vielleicht die Seidenbluse? Ach nein, die sieht immer so feingemacht aus. Lieber ein schlichtes T-Shirt und eine Strickjacke, die kann ich ausziehen, wenn es mir im Büro zu warm wird. Tja, aus dem Alter, in dem man mit Jeans und Pulli immer richtig angezogen ist, bin ich leider raus.*

Kleider machen Leute. Aber welche Leute machen die Kleider? Chemiker? Chemiker schneidern zwar nicht den Rock und die Hose, aber sie sind diejenigen, die den Rohstoff für die Garne, aus denen der Großteil unserer Textilien gefertigt wird, maßschneidern. Und genau das ist auch der Hauptvorteil der Chemiefasern: Über eine Variation der Ausgangsstoffe, des Herstellungsprozesses und durch bestimmte Nachbehandlungen können sie in der Tat ganz gezielt für unterschiedliche Einsatzzwecke „maßgeschneidert", also mit den gewünschten Eigenschaften versehen werden.

Sehen wir uns mal genauer an, in was wir da täglich unsere Körper hüllen. Da ist zunächst zu unterscheiden zwischen Naturfasern und Chemiefasern. Unter Chemiefasern versteht man dabei einerseits die vollsynthetischen Fasern wie Polyester oder Polyamid, andererseits Fasern auf der Basis von natürlicher Cellulose, die chemisch „überarbeitet" und veredelt wird, wie etwa Viskose.

## Kleidsame Pflanzen: Baumwolle

Bei den Naturfasern unterscheidet man im Wesentlichen zwischen Pflanzenfasern und tierischen Fasern. Bei den Pflanzen spielen für die Herstellung von Kleidung heute fast nur noch Baumwolle und Leinen eine Rolle. Hauptbestandteil von Baumwolle und Leinen ist Cellulose, ein langes Kettenmolekül, das aus etwa 500 bis 5000 aneinander geknüpften Glucose-Bausteinen besteht. Die Glucose ist

Baumwolle wird aus den Samenkapseln der Baumwollpflanze gewonnen.

ein ringförmiges Zuckermolekül, das wir auch als Traubenzucker kennen.

Baumwolle wird aus den Samenhaaren der Baumwollpflanze gewonnen, die in Nordafrika, Asien und Nordamerika vorkommt. Baumwolle nimmt sehr gut Feuchtigkeit auf, verliert dann aber rasch ihr Isoliervermögen und fühlt sich klamm an. Textilien aus Baumwolle sind anschmiegsam, kratzen nicht, verfilzen nicht und laden sich nicht elektrostatisch auf. Baumwolle lässt sich reiben, bügeln, kochen, in Waschlauge einweichen, ohne dass die Faser an sich Schaden nimmt. Aber sie knittert leicht, läuft ein, kann die Form verlieren und wärmt wenig.

Leinen wird aus den Stielen der europäischen Flachspflanze gewonnen und wird vor allem zu Sommerbekleidung verarbeitet. Das etwas gröbere, feste Gewebe nimmt wie Baumwolle gut Feuchtigkeit auf, verträgt relativ hohe Temperaturen, leitet Wärme gut und wirkt daher kühlend. Leinen ist ungleichmäßig strukturiert und

Leinen wird aus den Stielen von Flachs gewonnen.

wenig anschmiegsam. Die geringe Formbeständigkeit und der starke Hang zum Knittern sind wohl die größten Nachteile.

Über verschiedene Nachbehandlungsverfahren, wie die „Pflegeleicht-Ausrüstung" für Baumwolle (siehe Kapitel „*Der letzte Schliff*") sowie die Mischung der Planzenfasern mit Chemiefasern entstehen Gewebe mit hohem Tragekomfort, die gleichzeitig einfach zu pflegen sind.

## Tierisch schick: Wolle

Tierische Fasern sind kompliziert aufgebaute Proteinfasern, die sich während der Evolution im Laufe von Jahrmillionen entwickelt haben, um die Tiere vor Sonne und Regen, Wind und Wetter zu schützen. Unter Wolle versteht man ausschließlich das Fell von Schafen. Mit „Haar" wird die Behaarung von so unterschiedlichen Tieren wie Kamel, Lama, den Lamaverwandten Alpaka, Guanako und Vikunja, der Mohair-, Kaschmir- und Angoraziege sowie dem Angorakaninchen bezeichnet.

Schafwolle – die Nummer eins unter den tierischen Fasern.

Wolle und Tierhaare bestehen wie unser Haar hauptsächlich aus Keratinen und sind wesentlich elastischer als Cellulosefasern. Sie können ohne Faserschädigung oder Faserbruch bis zu 30.000 mal gebogen oder gestaucht und ohne bleibende Formveränderung bis zu einem Drittel ihrer Länge überdehnt werden. Das liegt an ihrer Lockenstruktur und an einem speziellen Aufbau: Keratine sind Proteine, bei denen mehrere kettenförmige Moleküle zu einer Helix umeinander gewunden sind. Disulfid-Brücken (–S–S–) verbinden einzelne Stränge untereinander, was den Fasern eine besondere Stabilität verleiht.

Wolle nimmt Feuchtigkeit besonders gut auf und hält gut warm – selbst in feuchtem Zustand: Ein Wollpullover, der 1 kg wiegt, kann bis zu 0,3 l Luftfeuchtigkeit und Schweiß aufnehmen, ohne sich klamm anzufühlen. Wolle knittert wenig, ist formbeständig, neutralisiert und bindet Gerüche. Wolle ist allerdings empfindlich gegen Alkalien wie Seifenlauge, verträgt keine hohen Temperaturen und verfilzt bei der Maschinenwäsche. Und sie ist Lieblingsspeise von Motten.

Auch für Wollfasern gibt es verschiedene Nachbehandlungsverfahren (siehe Kapitel „*Der letzte Schliff*"), die z.B. das Verfilzen und Einlaufen vermeiden und vor Mottenbefall schützen. Viele wollartige Gewebe sind Mischgewebe mit Chemiefasern.

## Geklaute Kokons: Seide

Seide ist die Gespinstfaser, aus der Raupen des Maulbeer-Seidenspinners ihre Kokons spinnen. Die Rohseidenfaser ist ein Doppelfaden aus dem Protein Fibroin, der von Sericin („Seidenleim"), einem weiteren Protein, als eine Art Kittsubstanz umgeben und verklebt wird. Dieser Faden kann bis zu 3000 m lang werden. Das Sericin macht die Seide steif, rauh, hart und glanzlos. Der ausgereifte Falter, der aus seinem Kokon schlüpfen will, muss ein bestimmtes Enzym ausscheiden, um das Sericin aufzulösen. Auch der Mensch muss in die Trickkiste greifen, um diesen Kitt von der Faser zu entfernen, damit am Ende edle Textilien aus Seide entstehen können. Dieser Schritt der Seidenherstellung nennt sich Entbasten und erfolgt im Allgemeinen durch kurzzeitiges Kochen in „Marseiller Seife", einer Kernseife auf Olivenöl-Basis. Um Seide nach dem Ent-

Insekten im Dienste der Mode:
Die Seidenraupe spinnt ihren Kokon.

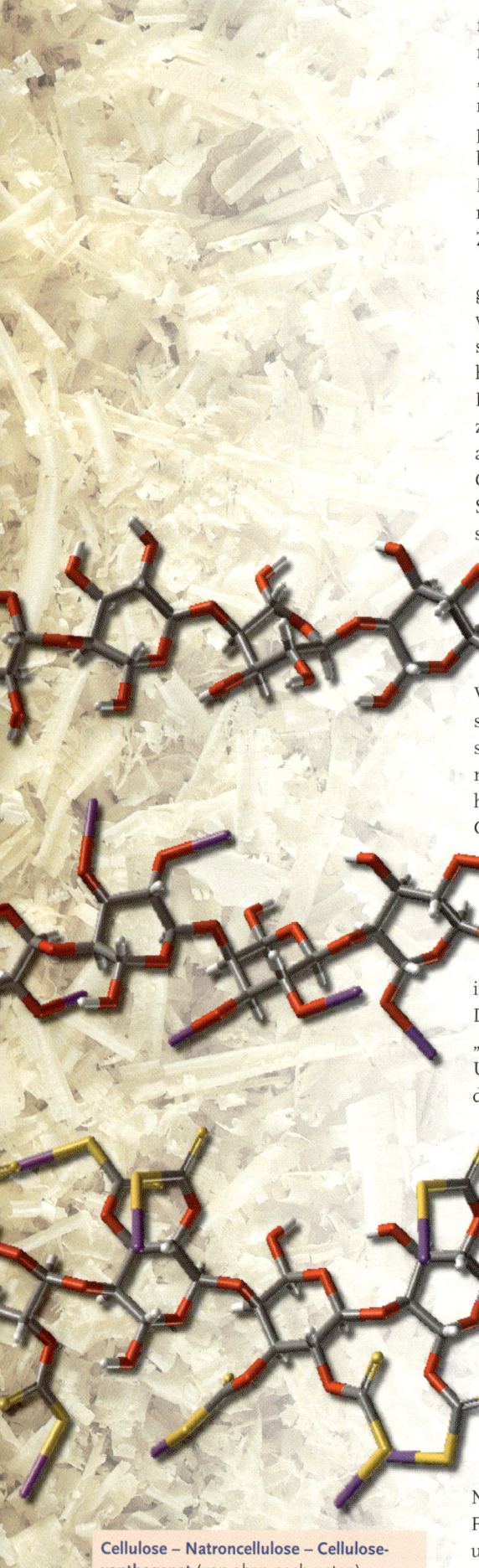

**Cellulose – Natroncellulose – Cellulose-xanthogenat** (von oben nach unten).

fernen des Sericins wieder zu einem höheren Warengewicht zu verhelfen, kann sie „erschwert" werden. Dabei wird die Faser mit Zinnchlorid, Natriumhydrogenphosphat und Wasserglas (spezielle Silikate) behandelt, diese Verbindungen binden in Form von Metallsalzen an die Faser. Auch natürliche Gerbstoffe können zu diesem Zweck verwendet werden.

Ergebnis ist ein geschmeidiger, glänzender und elastischer Faden. Was verleiht der Seide ihren wünderschönen schimmernden Glanz? Kleinste Unebenheiten der Faser brechen das einfallende Licht wie ein Prisma. Die zarte Seide ist zwar nicht so elastisch wie Wollfasern, aber so zug- und reißfest, dass die meisten Chemiefasern neidisch werden könnten. Seide darf man allerdings nur kalt waschen, durch heißes Wasser verliert sie ihren Glanz und ihre Stärke.

### Pflanzenfasern im Chemie-Bad: Viskose

Viskose, Celluloseacetat („Acetat", Acetatseide) und Kupferseide werden als Kunstseiden bezeichnet und bestehen aus chemisch veränderter Cellulose. Viskose ist heute die bedeutendste Chemiefaser des Cellulose-Typs. Cellulose wird aus Holz gewonnen, das Rohprodukt wird als Zellstoff bezeichnet.

Um daraus eine Faser spinnen zu können, muss die Zellstoffmasse zunächst verflüssigt und dann in Faserform wieder verfestigt werden. Daher kommt auch die Bezeichnung „Regenerat-Cellulose" für Viskosefasern. Um eine Verflüssigung zu erreichen, wird der Zellstoff mit Natronlauge behandelt. Dabei werden die langen Kettenmoleküle der Cellulose in kleinere Bruchstücke gespalten. Anschließend wird diese „Natroncellulose" mit Schwefelkohlenstoff ($CS_2$) umgesetzt – über den Einbau von Schwefelkohlenstoff-Molekülen werden die Bruchstücke wieder neu verbrückt. Es entsteht eine orangegelbe, zähe Masse, das Cellulosexanthogenat, das wiederum in Natronlauge gelöst wird und zwei bis drei Tage „nachreift". Die viskose (zähflüssige) Lösung, daher auch der Name „Viskose", wird durch Düsen in ein Fällbad gepresst, das meist Schwefelsäure und Salze enthält. Unter Ausscheidung von Schwefel, Schwefelwasserstoff,

Schwefelkohlenstoff und Natriumsulfat entsteht ein fertiger, fester Faden aus annähernd reiner Cellulose, die Viskosefaser. Die Nebenprodukte bestehen aus giftigen Abgasen, die Schwefelkohlenstoff enthalten, und Abwässern, die es in sich haben. Sie müssen aufwändig gereinigt werden.

Viskose zeichnet sich durch einen baumwoll- oder seidenähnlichen Griff aus, eine leichte Einfärbbarkeit und gute Temperaturbeständigkeit. Die Festigkeit von Viskose beträgt nur ca. 60 bis 70 Prozent derjenigen von Baumwolle. Sie hat eine geringe Nassfestigkeit, knittert stark, ist nicht formbeständig und leicht entflammbar.

Ähnlich wie Viskose werden auch noch andere Fasern hergestellt, beispielsweise Modal. Im Vergleich zu Viskose hat Modal eine höhere Festigkeit und ist strapazierfähiger. Es ist ebenfalls leicht entflammbar, neigt aber weniger zum Knittern und ist sehr nassfest. Modalfasern werden für Oberbekleidung, Wäsche und Heimtextilien verwendet.

### Aus Essig mach Stoff: Acetatseide

„Acetat" oder „Acetatseide" ist eine Chemiefaser, die ebenso wie Viskose auf Cellulose basiert. Die Cellulose wird mit Essigsäureanhydrid in Essigsäure oder Methylenchlorid als Lösungsmittel umgesetzt. Starke Säuren wie Schwefelsäure dienen dabei als Katalysatoren. Im ersten Schritt entstehen Produkte, die drei Acetatgruppen (Acetat = Ester der Essigsäure) pro Cellulose-Baustein enthalten. Im zweiten Schritt wird ein Teil dieser Acetatgruppen durch Erwärmen in Wasser wieder entfernt, sodass durchschnittlich noch zwei bis zweieinhalb Acetate pro Baustein gebunden sind.

Acetat wird vor allem zu Futterstoffen, aber auch zu Oberbekleidung, Accessoires und Unterwäsche verarbeitet. Acetatfasern nehmen weniger Feuchtigkeit auf und sind temperaturempfindlicher als die anderen cellulosischen Fasern. Textilien aus Acetat sind pflegeleicht und trocknen schnell. Die Gewebe sind glatt und seidig, relativ unempfindlich gegen Knittern, Mottenfraß und Schimmelpilzbefall und wärmen vergleichsweise gut. Sie sind leicht entflammbar und nur bedingt scheuerfest.

## Kleidung, die mitdenkt

Ins Hemdchen eingewebte Mikokapseln, die Wachse enthalten, sollen dafür sorgen, dass wir nicht so schnell schwitzen und nicht so schnell frieren. Wie das geht? Wenn es warm wird, schmelzen die Wachse. Schmilzt ein Stoff, entzieht er seiner Umgebung aber Wärme – und kühlt auf diese Weise. Wenn es kalt wird, erstarren die Wachse wieder. Beim Erstarren gibt ein Stoff die gespeicherte Wärme wieder an die Umgebung ab.

Eine andere Idee sind Nickel-Titan-Legierungen, die als fadenfeine Metalldrähte in Kleidungsstücke eingenäht werden. Ändert sich die Temperatur, ändert die Legierung ihre Form. Durch eine stärkere Wölbung könnte eine Jacke dazu gebracht werden, sich regelrecht aufzuplustern. Die isolierenden Luftschichten zwischen den Gewebelagen würden sich ausdehnen und so für einen besseren Schutz gegenüber Hitze oder Kälte sorgen. Je nach Zusammensetzung der Legierung könnte das bei einer anderen Temperatur passieren. Intelligente Schutzanzüge für Arbeiter in Kühlräumen oder für Feuerwehrleute wären vorstellbar.

### Pflanzenfasern im Kupferbad: Kupferseide

Zur Herstellung von Kupferseide („Cupro") wird die rohe Cellulose in einer tiefdunkelblauen Lösung des Kupferkomplexes Tetraamminkupfer(II)-hydroxid gelöst. Aus der entstehenden hochviskosen Flüssigkeit lässt sich die Cellulose als Faden wieder ausfällen, wenn die Lösung durch Spinndüsen in warmes, schnell strömendes Wasser gepresst wird. Da der Faden hierbei stark gestreckt wird, lassen sich sehr feine Fäden gewinnen. Bei der Nachbehandlung mit Schwefelsäure wird das Kupfer wieder aus den Fasern entfernt. Einsatzgebiete sind Oberbekleidung, Futterstoffe, Accessoires und Unterwäsche. Cupro hat einen weichen, geschmeidigen Griff, einen seidigen Fall, glänzt und ist gut waschbar. Das große Problem dieser Faser sind die kupferhaltigen Abwässer, die alles andere als harmlos sind.

### Künstliche Spinnereien

Nach dem Krieg begann der wahre Siegeszug der synthetischen Fasern. Die „Nylonstrümpfe" eroberten Europa und wurden in Deutschland zu einem Symbol des Wirtschaftswunders. Synthetische Kunstfasern wurden früher vor allem aus Rohstoffen auf der Basis von Kohle, heute fast ausschließlich auf der Basis von Erdöl und Erdgas hergestellt. Die gebräuchlichsten Synthesefasern sind pflegeleicht, quellen nicht, sind sehr haltbar, beständig gegen Mikroorganismen und Insekten. Sie nehmen nicht viel Feuchtigkeit auf, so dass sie sich rasch unangenehm feucht anfühlen, trocknen allerdings schnell wieder. Lästig ist auch ihre Neigung, sich elektrostatisch aufzuladen. Mit antistatischer Ausrüstung und durch Mischung mit Naturfasern können diese Nachteile teilweise ausgeglichen werden.

Synthetische Fasern werden nach drei verschiedenen Verfahren gewonnen. Beim Schmelzspinnverfahren wird das Ausgangsmaterial bis zum Schmelzen erwärmt. In diesem Zustand lässt es sich durch feine Düsen pressen. Hinter der Düse werden die entstehenden Fasern

**Voller Stolz** wurden die begehrten Nylonstrümpfe gleich auf der Straße angezogen.

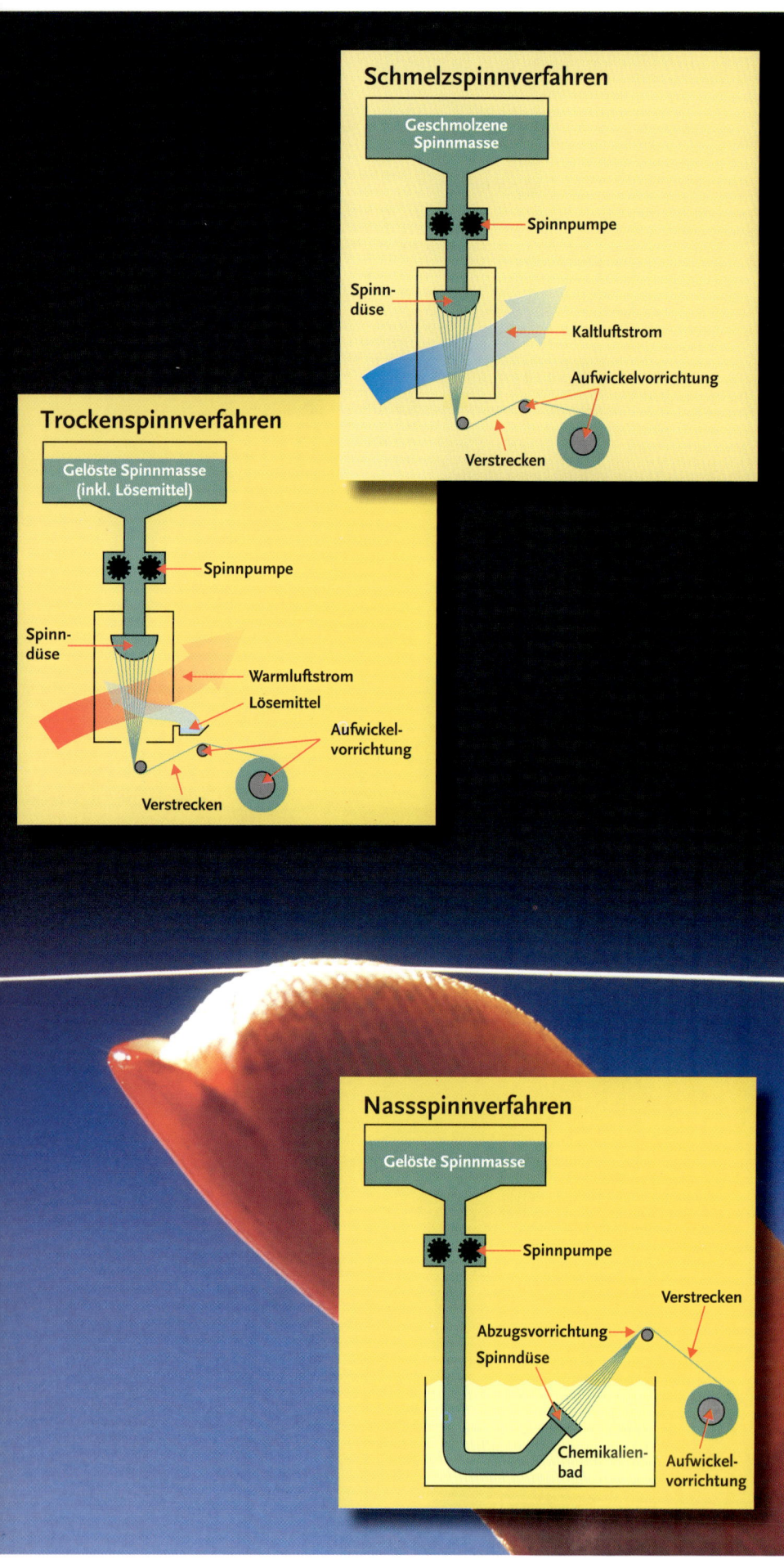

**Schmelzspinnverfahren**

Geschmolzene Spinnmasse

Spinnpumpe

Spinn-düse

Kaltluftstrom

Aufwickelvorrichtung

Verstrecken

**Trockenspinnverfahren**

Gelöste Spinnmasse (inkl. Lösemittel)

Spinnpumpe

Spinn-düse

Warmluftstrom

Lösemittel

Aufwickel-vorrichtung

Verstrecken

**Nassspinnverfahren**

Gelöste Spinnmasse

Spinnpumpe

Verstrecken

Abzugsvorrichtung

Spinndüse

Chemikalien-bad

Aufwickel-vorrichtung

abgekühlt und erstarren. Bis zu 8000 m Faden pro Minute entstehen auf diese Weise. Der Faden wird dann noch geölt, längsverstreckt und auf Spulen gewickelt. Das Strecken der Fäden erhöht nicht nur ihre Länge, sondern verbessert auch die Festigkeit, da sich die Molekülketten durch die Zugspannung parallel ausrichten und Anziehungskräfte zwischen den parallelen Ketten besser zum Tragen kommen. Durch Erhitzung wird diese Faserordnung fixiert.

Beim Trockenspinnen wird der Rohstoff in einem Lösungsmittel aufgelöst und diese Lösung durch Düsen gepresst. Das Lösungsmittel wird in einem Heißluftschacht verdampft, während die Fasern hinter der Düse abgezogen werden. Wie beim Schmelzspinnen ölt man die Fasern, streckt sie und spult sie auf. Bis zu 1000 m Faden werden pro Minute aufgewickelt.

Beim Nassspinnen wird die Lösung durch Düsen in eine andere Flüssigkeit, das so genannte Fällbad gepresst (siehe Viskose). Der ausgefällte Faden wird in Bädern gründlich gereinigt, verstreckt, getrocknet und aufgespult. Maximal 150 m Faden pro Minute können gewonnen werden.

Zur Herstellung der Textil-Garne werden die Fasern in kurze Stücke zerschnitten und gekräuselt. Dann können sie ähnlich wie Wolle oder Baumwolle zu Garnen versponnen werden. Bei technischen Textilien wie Sicherheitsgurten oder Seilen werden die Lang-Fasern verarbeitet.

## Der Allrounder: Polyesterfasern

Der vielseitigste und am weitesten verbreitete synthetische Fasertyp sind Polyesterfasern (bekannt z.B. unter den Handelsnamen Trevira, Dracon und Diolen). Der Rohstoff wird aus Dimethylterephthalat (Terephthalsäure-Dimethylester) oder Terephthalsäure (ein Benzolring mit zwei gegenüber liegenden Carbonsäuregruppen) und Ethylenglycol hergestellt. Dabei verbinden sich die Alkohol(OH)-Gruppen des Ethylenglycols mit den Säuregruppen der Terephthalsäure zu einer Esterbindung. Da beide Moleküle je zwei funktionelle Gruppen tragen, entstehen lange Kettenmoleküle. Via Schmelzspinnverfahren entstehen dann die Polyester-Fasern. Polyester sind außer als Fasern auch als eine wichtige Kunststoffgruppe im Einsatz (siehe Kapitel „Weinende Bäu-

*me und der Gott des Feuers"*). Rein oder in Mischung mit Cellulosefasern oder Wolle werden sie eingesetzt für Oberbekleidung, Futterstoffe, Unterwäsche, Heim- und Haustextilien sowie Nähfäden. Polyesterfasern sind besonders reiß- und scheuerfest, formbeständig und begrenzt elastisch. Polyester-Textilien sind nahezu knitterunempfindlich, säurefest, gut licht- und wetterbeständig, nehmen aber nur äußerst wenig Feuchtigkeit auf.

## Der Stoff für schöne Beine: Polyamidfasern

Polyamid ist heute die zweitwichtigste synthetische Faser. 1934 erfand W. H. Carothers bei Du Pont in den USA den Faserrohstoff Polyamid 6.6, der durch Polykondensation von Adipinsäure und Hexamethylendiamin synthetisiert wird (siehe *„Sechs oder Doppel-Sechs"*). Mit der Vermarktung als Nylon ab 1939 etablierte sich die vollsynthetische Faser im Textilbereich – vor allem als Stoff, aus dem die Damenstrümpfe sind. Nylon ist viel fester als Baumwolle und dabei fein wie Seide. Unabhängig von Carothers entwickelte der deutsche Chemiker Paul Schlack 1938 aus Caprolactam ein polymeres Produkt, das sich zu Fasern verspinnen lässt. Dieses Polyamid 6 wurde unter dem Handelsnamen Perlon zu einer dem Nylon ebenbürtigen Textilfaser. Wie Nylon wird auch Perlon im Schmelzspinnverfahren verarbeitet. Da beide Fasern sehr ähnlich sind, kamen die Herstellerfirmen auf die Idee eines Patentaustausches und einer Aufteilung der Einsatzgebiete. So kommt es, dass Perlon in der Form von feinen Fäden für Strümpfe inzwischen ausgedient hat. Es wird heute zu nahezu unzerreißbaren Angelschnüren, Reißverschlüssen, Fischernetzen, Schiffstauen und anderen stark belastbaren Produkten verarbeitet.

Nylon wird aber nicht nur zu hauchzarten Hüllen für Damenbeine verarbeitet. Rein oder in Mischung mit Wolle fertigt man daraus Oberbekleidung, Unterwäsche, Strumpf- und Miederwaren, Spitzen, Accessoires, Regenschirmstoffe, Futterstoffe, Heimtextilien und Nähfäden. Polyamidfasern sind leicht, haben eine hervorragende Reiß-, Dauerbiege- und Scheuerfestigkeit und sind formbeständig. Polyamid ist gegen Alkalien relativ beständig, aber sehr säureempfindlich und neigt zum Vergilben. Die Textilien sind strapazierfähig,

**Polyamid** – ein textiler Hauch, der schöne Beine zur Geltung bringt.

# Sechs oder Doppel-Sechs?

Was ist der Unterschied zwischen Polyamid 6 und Polyamid 6.6? Beides sind Polyamide, das heißt Kettenmoleküle, die über eine Amid-Bindung verknüpft sind. Amid-Bindungen verketten übrigens auch die Aminosäuren zu Proteinen. Eine Amidbindung (–CO–NH–) entsteht, wenn eine Aminogruppe (–NH2) mit einer Carbonsäuregruppe (–COOH) verkuppelt wird. Dabei wird ein Wassermolekül freigesetzt, daher nennt man diesen Reaktionstyp eine Polykondensation. Nun gibt es zwei Wege, die zu Polymeren mit Amidbindungen führen. Variante eins: Man mischt Moleküle, die an jedem Ende eine Aminogruppe tragen (AA), mit solchen, die an jedem Ende eine Säuregruppe tragen (SS). So entstehen Ketten nach dem Schema AA-SS-AA-SS... Variante zwei: Man nimmt einen einzigen Molekültyp, der an einem Ende eine Amino- und am anderen eine Säuregruppe trägt (AS). Dann beißt sich das Molekül sozusagen am nächsten Artgenossen fest, es entsteht eine Kette nach dem Schema AS-AS-AS....

Polyamid 6.6 wird nach der ersten Variante hergestellt, nämlich aus Hexamethylendiamin (ein Diamin, dessen zwei Aminofunktionen durch sechs Kohlenstoffatome getrennt sind) und Adipinsäure (eine Dicarbonsäure, die ebenfall aus sechs Kohlenstoffatomen aufgebaut ist). Polyamid 6 entsteht nach der zweiten Variante. Baustein ist hier ε-Caprolactam, ein ringförmiges Molekül, das formal gesehen aus 6-Aminohexansäure entstanden ist. 6-Aminohexansäure ist aber nichts anderes als ein Kohlenwasserstoff aus sechs Kohlenstoffatomen, an deren einem Ende eine Aminogruppe und an dessen anderem Ende eine Carbonsäuregruppe hängt. Der ε-Caprolactam-Ring kann dazu gebracht werden, statt sich selber weiter in den Schwanz zu beißen, mit seinen Nachbarn zu langen Polymerketten zu reagieren – zu Polyamid 6.

PA 6 oder 6.6 – die Polymere scheinen auf den ersten Blick identisch: sechs Kohlenstoffatome, eine Amidbindung, sechs Kohlenstoffe, eine Amidbindung und so weiter und so fort. Stimmt aber nicht ganz. Der kleine Unterschied liegt darin, dass die Amidbindung beim PA 6 immer in derselben Weise in der Kette orientiert ist, beim PA 6.6 abwechselnd wie Bild und Spiegelbild:

## PA 6.6 „Nylon"

PA 6.6: ....(CH$_2$)$_4$–CO–NH–(CH$_2$)$_6$–NH–CO–(CH$_2$)$_4$–CO–NH–(CH$_2$)$_6$–NH–CO–(CH$_2$)$_4$......
PA 6: ....(CH$_2$)$_5$–CO–NH–(CH$_2$)$_5$–CO–NH–(CH$_2$)$_5$–CO–NH–(CH$_2$)$_5$....

## PA 6 „Perlon"

Besonders große Unterschiede in den Eigenschaften der resultierenden Polymere und Polymerfasern ergeben sich daraus jedoch nicht. Für zwei unterschiedliche Namen – Perlon und Nylon, so die Handelsnamen der Fasern – und zwei Patente reichte der Unterschied dagegen aus.

mottensicher, hochelastisch und gut gegen Schweiß beständig. Der Schmutz kann nicht in die Faser eindringen, daher reicht es, die Textilien bei relativ niedriger Temperatur zu waschen. Umgekehrt vertragen Polyamid-Textilien höhere Waschtemperaturen aber auch gar nicht, was ein Nachteil sein kann. Unangenehm bemerkbar können sich die geringe Saugfähigkeit und die elektrostatische Aufladung der Gewebe machen.

## Kilometerlange Fäden: Polyacrylnitrilfasern

1949 gelingt es erstmalig, eine Polyacrylfaser ununterbrochen zu spinnen, 1954 kommt die Acrylfaser unter dem Namen Dralon auf den Markt. Heute werden aus den Düsen der Fasermaschinen mit einer Geschwindigkeit von 400 m pro Minute Fäden gezogen, die auf 4000 km Länge bruchfrei bleiben müssen. Beim Fadenriss muss die Spinnanlage nämlich gestoppt werden. Polyacrylnitril, der Faserrohstoff, wird durch Polymerisation von Acrylnitril (H$_2$C=CH–CN) produziert. Zur Variation der Fasereigenschaften können dem Acrylnitril weitere polymerisierbare Monomere beigemischt werden. Das farblose, glasige Polyacrylnitril wird dann in einem Lösungsmittel gelöst und die Spinnlösung in ein Fällbad gedüst (Nassspinnverfahren).

Polyacrylnitrilfasern werden rein oder in Mischung mit Cellulosefasern oder Wolle für Strickwaren, Oberbekleidung, Pelzimitationen, Strumpfwaren, Decken, Heimtextilien, Markisen und Handstrickgarne verwendet. Polyacrylnitrilfasern sind bauschig, voluminös und fühlen sich an und sehen aus wie Wolle. Sie sind leicht, reißfest und halten den Träger gut warm. Die „pflegeleichten" Textilien verlieren nicht die Form, vertragen auch warmes Waschen gut, Laugen mögen sie dagegen nicht besonders. Nachteile: Die Scheuerfestigkeit ist gering, und bei Temperaturen über 40 °C knittern die Stoffe. Weiterentwickelte Fasern saugen Schweiß auf, quellen nicht, trocknen schnell und sind leicht – ideal also für Sport- und Freizeitbekleidung. In öffentlichen Einrichtungen wie Theatern oder Verkehrsmitteln werden die Fasern nicht mehr verwendet, da im Brandfall Blausäure entstehen könnte.

## Damit der Badeanzug sitzt: Elasthan

Elasthan ist eine Kunstfaser aus Poly-urethan-Polyharnstoff-Segmenten und wird für Miederwaren, Bade- und Sport-bekleidung sowie elastische Bündchen an Wäsche und Socken verwendet. Die beispielsweise unter den Handelsnamen Lycra und Dorlastan bekannte Faser ist so elastisch wie Gummi, wird jedoch nicht so schnell brüchig. Woher kommt die außergewöhnliche Dehnbarkeit? Die Faser enthält sowohl steife als auch lockere, molekular ungeordnete und da-her gummiartige Abschnitte. Die steifen Abschnitte lagern sich längs aneinander, sodass quasi kristalline Bereiche entste-hen. Die weichen, lockeren Abschnitte bestehen aus einem Polyalkohol, also einem Polymeren, bei dem einzelne Alkohol-Bausteine über sehr viele Ether-bindungen (–C–O–C–) verbunden sind. Normalerweise sind diese Abschnitte verknäult. Zieht man die Faser, werden sie gestreckt, lässt man sie los, schnurren sie wieder zusammen.

Elasthan ist unempfindlich gegen Schweiß, Kosmetika und Waschmittel, vergilbt und vergraut aber schnell und ist empfindlich gegenüber chlorhaltigen Bleichmitteln und Temperaturen über 100 °C. Die Herstellung erfolgt aus den Rohstoffen im Trocken- oder Nassspinn-verfahren. Alternativ können die Poly-mer- und die Faserbildung gleichzeitig laufen, dieser Prozess heißt Reaktivspin-nen.

## Textile Außenseiter: PVC- und Polypropylenfasern

PVC-Fasern werden für Gesundheitswä-sche, flammbeständige Spezialkleidung und Heimtextilien verwendet. Sie sind be-ständig gegen Säuren und Laugen, Wetter und Licht, sind nicht brennbar, erweichen aber bei 78 °C. Die Feuchtigkeitsaufnahme ist gering, das Wärmerückhaltevermögen hoch, und bei niedrigen Temperaturen fühlen sie sich steif an. Polypropylenfa-sern werden nur für Spezialzwecke wie Sportkleidung, Windeln und Heimtex-tilien eingesetzt. Sie sind leicht, sehr reiß- und scheuerfest, schmutzabweisend, nehmen keine Feuchtigkeit auf und ver-rotten nicht. In belastbaren Teppichböden und in künstlichem Rasen begegnen wir dieser Faser.

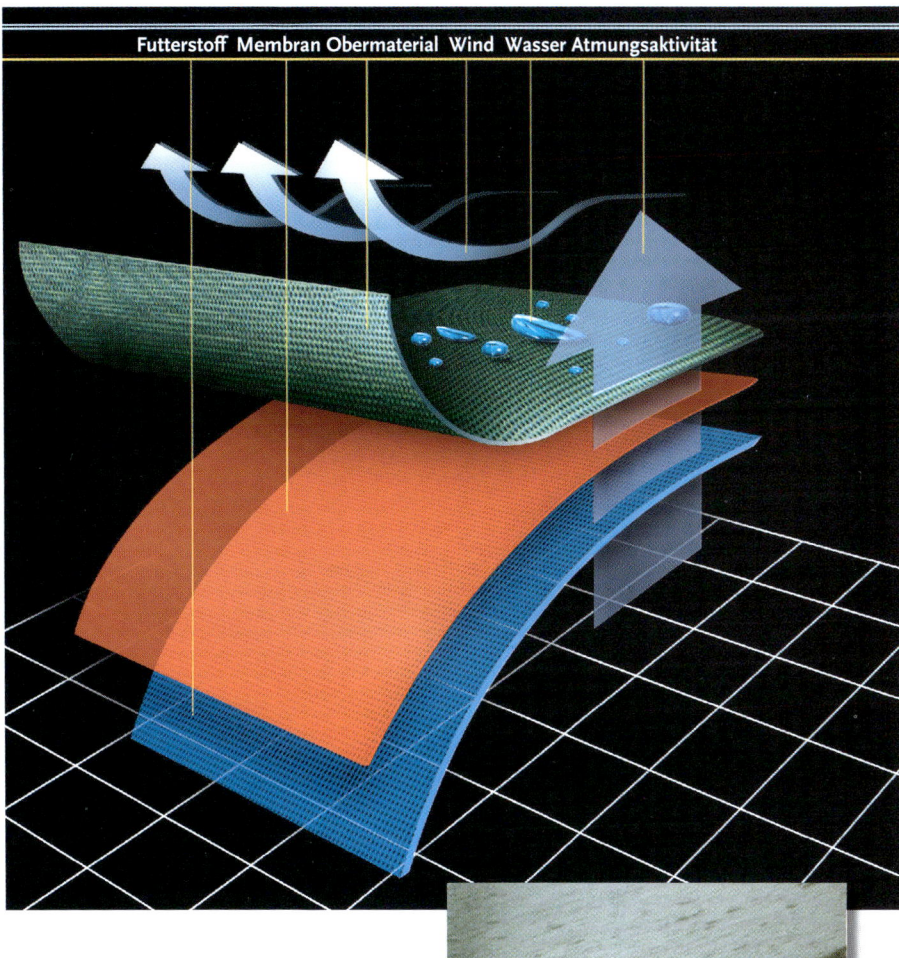

Futterstoff  Membran  Obermaterial  Wind  Wasser  Atmungsaktivität

**Sympatex** – Eine porenlose Membran macht Jacken wind- und wasserfest, lässt aber den Schweiß verdunsten.

## Die Pfannenbeschichtung in der Regenjacke: Gore-Tex und Sympatex

Teflon (Polytetrafluorethylen) ist uns als Antihaftbeschichtung von Pfannen bekannt. Aber diese erstaunlich unan-greifbare Substanz lässt sich auch zu hauchdünnen Folien dehnen. Gore-Tex, wie ihr Erfinder, Bob Gore diese Membra-nen nannte, war ursprünglich als Material für extrem widerstandsfähige Dichtungen gedacht. Die Membranen haben aber eine wundersame Eigenschaft, die sie wie geschaffen für „Outdoor"-Textilien macht: Sie lassen Wasserdampf, wie er von schwit-zender Haut aufsteigt, durch, bilden aber eine Barriere für flüssiges Wasser – etwa Regentropfen. Wie geht das? Gore-Tex-Membranen enthalten unglaublich viele, winzige Löcher. Auf Grund ihrer Ober-flächenspannung können sich Wasser-tropfen nicht hindurchzwängen. Einzelne gasförmige Wassermoleküle passen da-gegen durch. Die Membranen werden in loser oder fester Verbindung mit anderen Textilien (Ober-, Einlage- und Futterstoffe) zu Wetterschutz-, Sport- und funktional modischer Bekleidung verarbeitet.

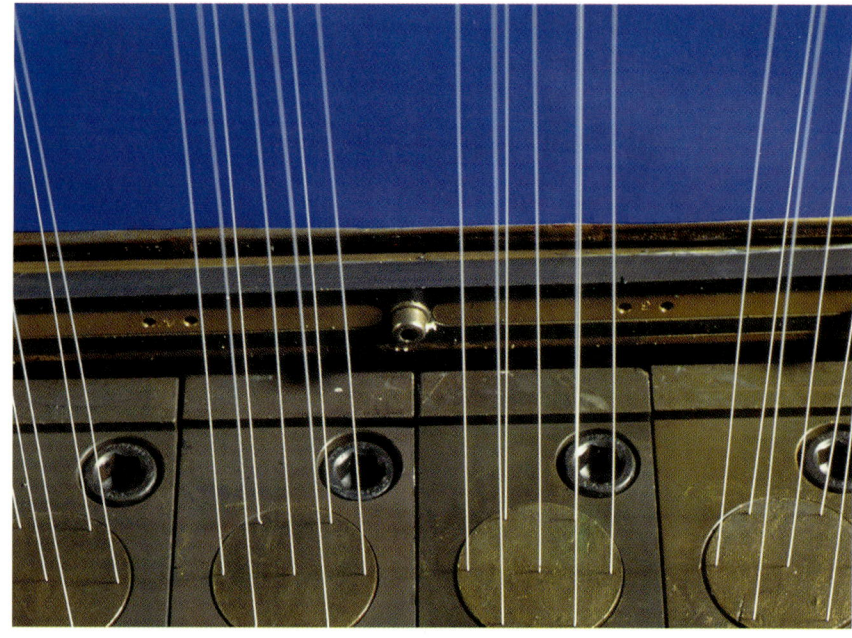

geschnitten und dann zu einem Garn versponnen. Der feinste Seidenfaden wird als Maß für die Dicke einer Faser herangezogen und als 1 dtex (Dezitex) definiert. Ein Dezitex bedeutet, dass ein Gramm eines solchen Seidenfadens 10.000 Meter lang ist. Die Feinheit von Mikrofasern, die üblicherweise aus Polyester, Polyamid oder Polyacryl hergestellt werden, liegt zwischen 0,5 und 1,2 dtex. Das bedeutet, knapp drei Kilogramm eines solchen Fadens würden ausreichen, um die Welt am Äquator zu umwickeln.

Im Textil bringen Mikrofasern eine Volumenerhöhung bei gleichem Gewicht und eine sehr hohe Dichte von Fäden mit sich. Dies bedeutet eine vielfach höhere Anzahl von Luftkammern und winzigen Poren, die die Hautatmung des Körpers begünstigen. Textilien, die Mikrofasern enthalten, sind daher wasserabweisend, winddicht, wasserdampfdurchlässig, hautsympathisch, atmungsaktiv und gewährleisten ein gutes Körperklima. Sie haben eine ansprechende Optik und sind geschmeidig im Griff und im Fall. Dabei sind sie in Gebrauch und Pflege ausgesprochen unempfindlich.

Die Herstellung von Mikrofasern erfordert Änderungen im Spinnpolymer, Änderungen in den Spinnverfahren und in der Maschinentechnologie, sodass diese Fasern sich erst nach und nach durchsetzen können. Langsam, aber beständig schreitet ihr Aufstieg dennoch voran: Seit einigen Jahren werden sie zunehmend in modischer Freizeitbekleidung, Sport- und Wetterbekleidung sowie für Heimtextilien eingesetzt. Als Fleece-Artikel stehen sie wohl am Beginn einer Erfolgsstory.

Sympatex ist eine Art porenlose Kunststoff-Membran. Da keine Poren vorhanden sind, kann kein Wasser eindringen und kein Wind hindurchpfeifen. Aber was macht den Stoff atmungsaktiv? Die Membran besteht aus einer Art winzigem Mosaik aus wasserabweisenden und wasserfreundlichen Bereichen. Die wasserfreundlichen Bereiche lassen trotzdem keine Wassertropfen durch. Wie im Falle der extrem kleinen Poren beim Gore-Tex verhindert die Oberflächenspannung der Wassertropfen, dass diese sich durch das enge Polymernetzwerk durchquetschen. Für einzelne gasförmige Wassermoleküle sind die wasserfreundlichen Bereiche dagegen keine Barriere. Beginnt man bei Sonnenschein in der Jacke zu schwitzen, ist innen der Gehalt an Wasserdampf plötzlich höher als außen. Dieser Konzentrationsunterschied reicht aus, um die Wassermoleküle nach außen zu treiben.

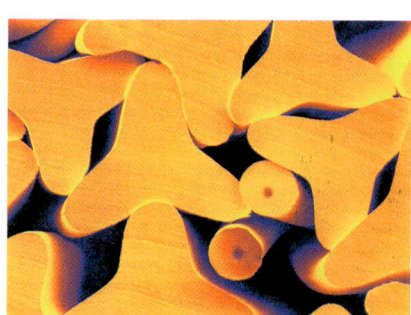

**Dreizackiger Stern oder Kreis** – den Formen von Mikrofaserschnitten sind keine Grenzen gesetzt.

## Zarter als Seide: Mikrofasern

Seide war bisher der zarteste Faden, den es gab. Chemikern gelang es inzwischen, das Können der Seidenraupe in den Schatten zu stellen: Mikrofasern haben einen noch geringeren Durchmesser als Seide. Mikrofasern können doppelt so fein sein wie Seide, dreimal feiner als Baumwolle, etwa sechsmal feiner als Wolle und sechzigmal feiner als ein menschliches Haar. Die Mikrofasern werden zu Garnen gebündelt oder auf bestimmte Stapellänge

# Blau –
## der König der Farben

**Leuchtendes Kirschrot, tiefes Meerblau, strahlendes Maisgelb oder saftiges Grasgrün – Wer kann sich der Farbenpracht der Korallenfische des Roten Meers entziehen, wenn er einige Tage durch die braungetönte, karge Landschaft des Sinais gezogen ist? Bunte Blumen im Park oder herrlich farbige Stoffe aus dem Orient – egal ob Farben natürlichen oder synthetischen Ursprungs sind, sie üben auf Menschen einen faszinierenden Einfluss aus.**

Meine alte Jeans-Hose wäre schon längst in der Alt-Kleider-Sammlung verschwunden, aber ich kann mich einfach nicht von ihr trennen. Und wenn etwas das alte Sprichwort „Totgesagte leben länger" lebendig bleiben lässt, dann ist es die Jeans-Mode. Zugegeben, die Hose sieht schon etwas mitgenommen aus. Vom Indigo ist ja bekannt, dass er nicht besonders farbecht ist. So schimmert an den beanspruchten Stellen der Hose das helle, kräftige Denim-Gewebe durch. Im Schatten der Nähte allerdings hat die Farbe ihr reines, tiefes Blau beibehalten. Eine Bestätigung für die hohe Lichtechtheit des Farbstoffes Indigo. Derzeit ist gerade die unregelmäßige Färbung der Jeans wieder in Mode. In den entsprechenden Geschäften findet jeder, was ihm gefällt. Da gibt es den Stone-washed-, den Fade-out- oder den Damaged-Look und noch vieles mehr. Meine Hose dagegen ist durch langjährigen Gebrauch „geadelt". Sie wird wohl noch lange in meinem Schrank hängen.

Ein Grund mehr, sich etwas kundig zu machen über den Indigo, den „König der Farben" früherer Zeiten. Farben haben die Menschen schon immer fasziniert. Wie üppig geht die Natur damit um, wie schwierig aber war es, den Kleidungsstücken ähnlich schöne, klare Farbtöne zu geben. Die Färbungen mit Pflanzensäften ergaben in der Regel gedeckte Mischfarben. Mit einer Ausnahme: Vor 5000 Jahren wurde in der Induskultur eine weitreichende Entdeckung gemacht. Aus der in Indien häufig vorkommenden Pflanze Indigofera ließ sich durch einen Gärprozess ein ungewöhnlich reiner blauer Farbstoff gewinnen, eben der Indigo. Seine Lichtechtheit ist bis heute sprichwörtlich, auf Wolle haftet er auch unerreicht gut. Das war ideal für die Teppichherstellung. Auf Baumwolle dagegen war Indigo nicht besonders reibecht.

Hier beginnt eine neue Geschichte. Levi Strauss wanderte 1850 von Bayern nach San Francisco aus. Dort herrschte Goldgräberstimmung, und die harten Burschen brauchten strapazierfähige Kleidung. Strauss hatte die Idee, aus alten Segeln und Wagendächern Kleidung zu nähen und zu nieten (eine wirkliche Innovation!). Als Farbe bot sich der strapazierfähige Indigo an. Das feste Tuch nannte sich Denim, weil es aus der Stadt Nimes kam. Und schon waren die Blue Jeans geboren. Sie erfreuten sich immer größerer Beliebtheit in den USA. Von der reinen Arbeitskluft wandelte sich die Blue Jeans über die Gebrauchsmode bis hin zur Freizeit-Bekleidung. Selbst in den Haute-Couture-Metropolen Paris oder Mailand sieht man Blue-Jeans-Varianten bei so mancher

**Indigofera tinctoria**, kolorierter Kupferstich von 1765. Aus diesem in subtropischen und tropischen Gebieten wachsenden Schmetterlingsblütler wurde nach Zerkleinerung und Vergärung Indigo isoliert.

**Für Fahnen, Standarten und Uniformen** wurden lichtechte Farben bevorzugt. Lange Zeit standen dafür nur Krapp-Rot und der blaue Indigo zur Verfügung. Die Fahnen mussten Wind und Wetter standhalten. Beide Farbstoffe sind auf Wolle auch sehr waschecht; daher waren sie bei Uniformen ebenfalls sehr beliebt.

**Blaufärben** – dieser Holzschnitt aus dem 16. Jahrhundert zeigt, wie ein Färber das Gewebe durch die Küpe zieht. Ein anderer hängt das Tuch an die Luft, wo dann der blaue Farbton durch Oxidation entsteht.

Präsentation auf dem Laufsteg. Bevor wir den blauen Faden jedoch weiterverfolgen, machen wir zuerst einen Ausflug durch die Farbstoff-Chemie.

In der Mitte des 19. Jahrhunderts gab es nur zwei reine, klare Farbstoffe. Einer war das Alizarin-Rot. Es wurde aus der Wurzel der Krapp-Pflanze isoliert und mit Alaun auf Baumwolle fixiert. Der andere Farbstoff war das königliche Blau des Indigos. Indigo musste durch einen Gärprozess in das farblose Indolyl übergeführt werden. Dieses durchtränkte das Gewebe, und an Luft und Sonne entstand dann ohne weitere Arbeit der blaue Farbstoff. Man sagt der Begriff „Blaumachen" ließe sich auf diesen Zusammenhang zurückführen.

In der Mitte des 19. Jahrhunderts überschlagen sich dann die Ereignisse in Sachen Farbstoffe. Der achtzehnjährige Chemiestudent William Perkin erhält 1856 bei dem

Versuch, Chinin durch Oxidation von Roh-Anilin zu gewinnen, einen Farbstoff, der Seide und Wolle wunderbar veilchenblau färbt. Die Damenwelt ist entzückt, die Herren sind bereit, Gold-Preise für veilchenblaue Kleider zu zahlen, und Familie Perkin gründet eine Fabrik zur Herstellung von „Mauvein" (Malvenfarbig). Das Pikante an der Sache – die Ausgangsstoffe stammen aus dem schmutzigen Teer der Gasanstalten. Die Farbenfabriken schießen nach dieser Entdeckung wie Giftpilze aus dem Boden, wenn man die damalige Sorglosigkeit im Umgang mit den Chemikalien berücksichtigt. Zwei Jahre später, 1858, entdeckt der deutsche Chemiker Peter Griess die Azofarbstoffe und stößt damit ein Scheunentor zu einer vorher völlig unbekannten Farbenchemie auf. Ein wahrer Meister seines Faches, der Chemiker Adolf Bayer, setzt sich dagegen zum Ziel, den beiden strahlenden Naturfarbstoffen Alizarin und Indigo ihr Geheimnis zu entreißen. Er will diese synthetisch im Laboratorium herstellen können. Seinen Schülern Carl Graebe und Carl Liebermann gelingt sowohl die Strukturaufklärung als auch als Chemiker in der noch jungen Industrie die Synthese des Alizarins. Die Badische Anilin und Soda-Fabrik setzt das Entdeckte technisch um und fabriziert den Farbstoff umgehend mit großem Erfolg.

Der Indigo jedoch fordert den Meister selbst. Die Substanz widersetzte sich lange allen Aufklärungsversuchen. Das hatte Konsequenzen für die gesamte

**Adolf von Bayer,** der Pionier der Strukturaufklärung, musste sein ganzes Können einsetzen, um die Struktur des Indigos aufzuklären.

## Azofarben

Azofarbstoffe bilden zahlenmäßig die größte Gruppe der Farbstoffe. Sie zeichnen sich durch besonders kräftige Farben aus und werden zum Färben von Wolle, Baumwolle, Seide, Kunstseide, Leinen und Leder benutzt. Einzelne Azofarbstoffe sind als Lebensmittelfarben zugelassen, ihre Verwendung geht aber zurück. Das charakteristische Strukturmerkmal dieser synthetischen Pigmente ist die Azogruppe –N=N–, die zwei Aromaten-Gruppen verbindet. Die Azofarbstoffe selber sind im allgemeinen nicht giftig. Einige der Farbstoffe können aber aromatische Amine freisetzen, die als krebserregend oder giftig gelten. Durch Speichel oder Schweiß können sie aus farbigen Textilien herausgelöst werden und in den Körper gelangen. Azofarbstoffe, die erwiesenermaßen giftige bzw. krebserzeugende Amine freisetzen können, sind in Deutschland für Bedarfsgegenstände wie Textilien, Schmuck oder Kosmetikartikel verboten. Im Ausland erworbene Produkte können aber sehr wohl derartige Farben enthalten. Hellfarbige Textilien enthalten 0,1 bis 0,5 Prozent Farbstoffe; bei schwarzen Artikeln können es 2 bis 3 Prozent sein. Heute sind die Farbstoffe in der Regel relativ waschecht. Die Gefahr ist also gering, aber Allergiker sollten trotzdem vorsichtig sein.

organische Chemie. Adolf von Bayer, später geadelt und Nachfolger Liebigs in München, entwickelte sein bis heute gültiges Konzept: Der unbekannte Stoff wird in Bruchstücke zerlegt oder abgebaut, und die erhaltenen Bruchstücke werden danach unabhängig synthetisiert. Erst bei eindeutiger Übereinstimmung der synthetisch erhaltenen Verbindung mit der natürlich vorkommenden gilt die Struktur als gesichert. So kommt es zu der Merkwürdigkeit, dass Adolf Bayer 1880 ein Patent zur Herstellung von Indigo erhält, obwohl er erst drei Jahre später den endgültigen Beweis für die Struktur erbringt. 1897 bringt die BASF erstmals synthetischen Indigo auf den Markt. 1905 erhält Adolf von Bayer für sein Lebenswerk den Nobelpreis.

Was aus den Farbenfabriken und aus der Farbstoffchemie letztlich geworden ist, beschreibt die Geschichte der chemischen Industrie. Auch die Farbstoffche-

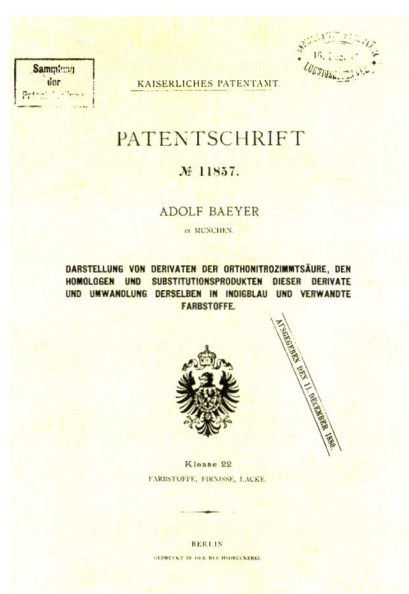

mie erlebte nochmals eine Renaissance. Als die Synthetik-Fasern auf den Markt kamen, mussten völlig neue Sortimente an Farbstoffen für Nylon und Co. entwickelt werden. Danach kamen die Misch-Gewebe auf, und neue Färbetechniken forderten abermals neuartige Farbstoffe. All diese unterschiedlichen Farbstoffklassen ausführlich zu beschreiben, würde Bücher füllen.

Vielmehr kehren wir nun zum Indigo zurück. Mit ihm ist ein Phänomen verbunden, das es in der Weltgeschichte vorher noch nie gab. In den fünfziger Jahren des 20. Jahrhunderts schien der Indigo seinem sicheren Ende entgegenzusehen. Er war ein Nischenprodukt für Teppich-Färbereien des Orients geworden. Doch wie aus heiterem Himmel stieg die Nachfrage in den USA sprunghaft an. Dort entdeckte eine rebellische Jugend das legendäre Kleidungsstück aus den abenteuerlichen Pionier-Zeiten. Filme, wie die mit James Dean, machten die Jeans zum Wahrzeichen einer nach eigenen Werten strebenden Jugend. Eine geradezu epidemische Nachfrage ging um die Welt. Die Jeans wurden zur „Uniform" der Nonkonformisten und derer, die sich dazugehörig fühlten. Zum ersten Mal in der Menschheitsgeschichte gab es eine Modeströmung, die Kontinente, Kulturen, ja selbst die gegensätzlichsten politischen Systeme erfasste. Heute, wo die Welt ein kommunikatives Dorf geworden ist, kommt einem das fast natürlich vor, aber damals war es eine Sensation. Es gibt nicht viele Moleküle mit einer derart wechselvollen und einflussreichen Geschichte wie den Indigo. – Und meine alte Jeans? Ich behalte sie weiter als Erinnerungsstück und Zeitdokument.

**Harte Burschen waren sie, die Goldgräber.** Als der aus Bayern nach Kalifornien ausgewanderte Levi Strauss ihnen Mitte des 19. Jahrhunderts genähte und genietete Hosen aus Segeltuch anbot, hatte er seine Goldader gefunden. Als Farbstoff kam nur Indigo in Frage. Diese Blue Jeans waren lichtecht bis zum Anschlag. Reibecht war der Farbstoff weniger. Aber die abgewetzten Stellen zeigten nur den vollen Einsatz bei der Suche nach dem Glück. Gerade dieser Look machte sie hundert Jahre später zur „Uniform der Nonkomformisten".

# Der letzte Schliff

Ob Jeans und T-Shirt, ob Cocktailkleid und Nylonstrümpfe, ob Jogging-Anzug oder Smoking, keines unserer modernen Textilien ist ohne Chemie denkbar. Das gilt nicht nur für Synthetics und andere Chemiefasern, nein, auch das T-Shirt aus reiner Baumwolle muss eine Reihe von Prozeduren der Textilveredelung durchlaufen, soll es nicht nach der ersten Wäsche wie ein elender Lappen aussehen.

**7:43 – Raus!**

*Natürlich, an einem Tag wie heute kennt auch Petrus keine Gnade. Draußen regnet es schon wieder Bindfäden. Wo ist bloß meine Regenjacke? Da hängt sie ja ganz brav und ordentlich am Garderobenhaken, wer hätte das gedacht! Ich wüsste gerne mal, wie dieses Material eigentlich hergestellt wird. Ob das eine besondere Faser ist, oder wird das fertige Kleidungsstück mit einer speziellen Beschichtung versehen? Aber wie auch immer, meine Jacke lässt jedenfalls auch bei Dauerregen keinen einzigen Tropfen Wasser durch.*

Damit der Pulli nicht ausleiert, die Jacke nicht einläuft, das T-Shirt nicht lappig wird, die Hose nicht aussieht, als hätte man darin übernachtet, und damit man sich am Hemd nicht totbügelt, müssen die Rohfasern oder die fertigen Textilien in der Regel noch speziell bearbeitet – ausgerüstet – werden. Das gilt für Naturfasern ebenso wie für viele Chemiefasern (siehe Kapitel „Versponnenes"). Diese so genannte Textilveredlung umfasst die Prozesse der Herstellung wie die Vorbehandlung (z.B. Entfernung der bis dahin verwendeten Textilhilfsmittel, Bleichen), Färben, Drucken und Ausrüsten. Einige der wichtigsten Veredlungsverfahren sind im Folgenden kurz beschrieben.

## Strahlendes Weiß: Bleichen

Fasern sind nicht von Natur aus rein weiß. Zur Herstellung von weißen Textilien ist eine Entfärbung unerlässlich. Auch die Anfärbbarkeit wird durch Bleichen verbessert. Als Bleichmittel verwendet man heute vor allem Natriumchlorit, Natriumhypochlorit und Wasserstoffperoxid. Das Bleichen an sich erfolgt bei allen Bleichmitteln durch den Sauerstoff, den die Substanzen freisetzen.

## Bunte Welt: Färben

Die Palette an Farbstoffen, die zum Färben von Kleidungsstücken und anderen Textilien eingesetzt werden, ist sehr breit. Inzwischen ist im Prinzip jede Farbe machbar, die Welt der Mode ist unendlich bunt geworden. Baumwolle wird heute zumeist mit Reaktivfarbstoffen eingefärbt

oder bedruckt. Diese Farbstoffe enthalten reaktive Gruppen, die mit den Alkohol-(OH) und den Aminogruppen (NH2) der Fasern eine chemische Verbindung eingehen. Als Farbstoffe werden beispielsweise Azofarbstoffe, Anthrachinone und Phtalocyanine verwendet. Welche Farbstoffe für Chemiefasern gewählt werden, hängt von der Zusammensetzung der Faser ab. Acetatseide und Polyester werden vor allem mit Dispersionsfarbstoffen (neutralen Farbstoffen), Acrylfasern mit kationischen basischen Farbstoffen gefärbt. Synthesefasern können auch direkt vor der Spinnung eingefärbt werden. Dabei werden der Rohstoffschmelze bereits die nötigen Farbstoffe und Pigmente zugegeben, die dann beim Spinnen in die Faser eingelagert werden.

## Weißer als Weiß: Optisches Aufhellen

Optische Aufheller sind organische Leuchtpigmente, die eine Bleichwirkung vortäuschen: Sie absorbieren UV-Licht und senden eine schwach bläuliche Fluoreszenz aus – die Komplementärfarbe der Vergilbung. So sind Vergrauungen und Vergilbungen nicht mehr zu sehen. Zu den optischen Aufhellern zählen Stilben-Derivate, Cumarin/Chinolon-Verbindungen, Diphenylpyrazolone, Benzoxazol/Benzimidazol-Verbindungen.

## Weg mit den Viechern: Ausrüstung gegen Mikroorganismen

Zum Schutz vor Schimmel, Hautpilzen und schweißzersetzenden Bakterien, die zu gewissen typischen Duftnoten führen können, werden manche Textilien heute mit antimikrobiellen Ausrüstungen versehen. Verwendete Chemikalien sind beispielsweise quaternäre Ammoniumverbindungen, Bisphenole, Imidazole, Diphenylether, Thiobisphenole, Organozinnverbindungen, Neomycinsulfit, halogenierte Phenole. Markisen, die nicht verstocken, Schuhfutterstoffe, die nicht muffeln, Socken, die Fußpilz vorbeugen, Camping-Sachen, die nicht schimmeln, Sportbekleidung, die nicht nach Schweiß riecht – eine feine Sache. Die Chemikalien können allerdings bei Textilien, die direkt auf dem Körper getragen werden, zu Hautallergien und Hautreizungen führen.

## Weg mit dem Fleck: Ausrüstung gegen Schmutz

Nie mehr fleckige Kleidung! Wer sich gerade den Kakao über den hellen Pulli gekippt hat, träumt garantiert davon. Das wird zwar erstmal ein Wunschtraum bleiben, aber spezielle Ausrüstungen von Chemiefasern können zumindest verhindern, dass die Sachen zu leicht anschmutzen und dafür sorgen, dass sich der Dreck besser ablösen und auswaschen lässt. Solche beispielsweise als „Scotchgard-Imprägnierung" oder „Soil-Release" bezeichneten Ausrüstungen werden durch eine Behandlung mit Chemikalien wie fluorierten Kohlenwasserstoffen (FKW), organischen Silicaten, Siliconen oder Polyacrylaten erreicht. Sie behindern die Haftung der Schmutzpartikel an der Faser.

## Hilfe für Isolatoren: Antistatik-Ausrüstung

Bei trockener Wetterlage „knistert" es, wenn man den Pulli auszieht, Textilien „kleben" aneinander und an der Haut, im Dunkeln sieht man zuweilen Fünkchen fliegen – und beim Griff an die Türklinke gibt es einen kleinen elektrischen Schlag. Denn Chemiefasern sind elektrische Isolatoren und laden sich elektrostatisch auf. Abhilfe schafft die antistatische Ausrüstung mit tensidartigen, grenzflächenaktiven Substanzen, die die Leitfähigkeit der Oberfläche erhöhen und so die Ladung rasch abfließen lassen – allerdings nur vorübergehend, da sich diese Verbindungen rasch auswaschen. Inzwischen sind auch verschiedene antistatische Polyamid-Fasern auf dem Markt. Sie enthalten eingearbeitete Antistatika, beispielsweise

## Versilbert und gezuckert: High-tech-Textilien

Wäsche und Socken mit Silberfäden – das Geschenk für den reichen Snob, der schon alles hat? Nein, Hilfe für Menschen, die chronisch von Fußpilz oder Neurodermitis geplagt werden. Silber tötet bekanntermaßen Mikroorganismen und unterstützt die Wundheilung. Auch gegen Schweißgeruch können die Silberfädchen helfen. Sie machen den Bakterien den Garaus, die Schweiß zersetzen und den unangenehmen Geruch hervorrufen.

Auch Cyclodextrine, ringförmige Zuckermoleküle, können vor unerwünschtem Körpergeruch schützen, wenn Textilien damit beschichtet sind. Sie binden den Schweiß in ihrem Inneren – und da kommen die Bakterien nicht dran. Cyclodextrine schlucken auch andere Gerüche wie Essensdunst und Zigarettenqualm. Bis zu 50mal soll ein solches Textil zum Regenerieren gewaschen werden können, ohne seine Funktion einzubüßen. Das Waschen sollte man allerdings nicht zu lange rauszögern, denn die aufgenommenen Stoffe werden langsam aber sicher wieder abgegeben – und das verschwitzte T-Shirt mutiert zum Riesen-Nicotin-Pflaster...

Kohlenstoff-Fasern, metallisierte Fasern, Ablagerungen von Kupfersulfid in der Faseroberfläche oder spezielle eingesponnene, antistatische Additive.

## Erlösung von Knötchen und Flusen

Gar nicht lange getragen, und die schöne Strickjacke zeigt hässliche Knötchen, Flusen und Schlaufen, vor allem dort, wo Ärmel und Seitenteile gegeneinander reiben. Bei Textilien aus Wolle und synthetischen Spinnfasern können sich solche Knötchen bilden, wenn sich einzelne Fasern aus den Garnen herausarbeiten, zu Knötchen (Pills) verschlingen und an der Oberfläche der Kleidungsstücke haften bleiben. Antipilling-, Antipicking-, Antisnag-Ausrüstungen helfen, diese durch Scheuern hervorgerufene Knötchen- und Flusenbildung sowie das Herauslösen einzelner Garnschlaufen zu vermeiden. Dazu werden die Fasern mit Acryl- und Vinylpolymeren behandelt.

## Kampf dem Filz

Nach der Wäsche hat der Pulli nur noch Dreiviertel-Ärmel und ist total verfilzt. Wollfasern neigen zum Verfilzen, wenn während des Waschens, vor allem in der Waschmaschine, Zug- und Schubkräfte zwischen den einzelnen Fasern auftreten, das Gewebe läuft dabei ein. Bei der Filzfrei-Ausrüstung wird eine Oberflächenglättung durch Chlorierung oder Oxidation erzielt. Alternativ wird ein feiner Film aus Polyurethanen oder Polyamiden aufgebracht. (Die gezielte Verfilzung durch ständiges Walken ist übrigens die Methode zur Herstellung von Loden-Stoffen.)

**Schmutzabweisend und antistatisch** sind zwei Anforderungen an moderne Fasern, die durch entsprechende Behandlung mit Chemikalien erzielt werden.

## Natur pur?

Wer meint, sich durch eine Entscheidung für „reine" Baumwolle oder Wolle Chemikalien ganz vom Leibe halten zu können, unterliegt übrigens einem Irrtum. Auch diese Naturfasern werden, wie wir gesehen haben, beim Ausrüsten mit diversen Chemikalien behandelt, damit sie nicht schlabbrig werden, völlig verfilzen oder nach der ersten Wäsche nur noch dem kleinen Bruder passen.

Aber hier soll es um andere Chemikalien gehen, die eigentlich gar nichts in unseren Klamotten zu suchen haben: Die Baumwollpflanze, ein überwiegend strauchartiges Gewächs, wird heute zumeist in großen Monokulturen angebaut. Da die Pflanzen bei dieser Anbauweise besonders anfällig gegen Schädlinge, Bakterien und Unkraut sind, werden vor allem in ärmeren Ländern oft billige Pestizide eingesetzt. Diese Chemikalien belasten nicht nur die Plantagenarbeiter und die Umwelt, sondern verbleiben zum Teil in der Baumwollfaser. Während handgepflückte Baumwolle im Allgemeinen von guter Qualität ist und eine nur geringe Pestizidbelastung aufweist, kann maschinell geerntete Ware zusätzlich belastet sein: Beim Einsatz von Erntemaschinen werden die Pflanzen auch kurz vor der Ernte noch mit Entlaubungsmitteln besprüht. Andere Chemikalien sollen die noch unreifen Samenkapseln einheitlich und schnell zur Reifung bringen. Auch bei der Wolle heißt Natur pur nicht unbedingt frei von Schadstoffen: Im Wollfett der Schafe können sich unter Umständen hohe Pestizidmengen anreichern. Billige, minderwertige Textilien, bei denen das Wollfett nicht sorgfältig genug ausgewaschen wurde, sind eher von derartigen Belastungen betroffen als hochwertige.

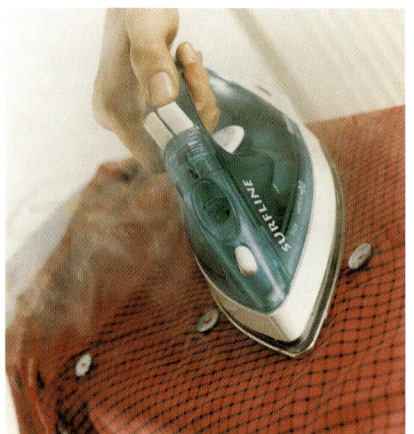

**Einlaufsicher und bügelfrei** – verschiedene Veredelungsschritte sind notwendig, damit unsere schicken Sachen auch schick bleiben und die Pflege nicht zur Qual wird.

### Weichmachen

Um einen weicheren Griff, höhere Geschmeidigkeit sowie eine höhere Scheuerfestigkeit zu erzielen, werden Textilien mit pflanzlichen und tierischen Ölen und Fetten, modifizierten Melaminharzen, Siloxanen, quartären Ammoniumsalzen oder Fettsäurekondensationsprodukten behandelt.

### Scheuerfest-Ausrüstung

Stark beanspruchte Textilien wie Bettwäsche aus Cellulose-Fasern werden mit Kieselsäure und Kunstharzen ausgerüstet, um sie scheuerfester zu machen.

### Auch nach der Wäsche passend: Sanforisieren

Cellulosische Natur- und Chemiefasern neigen zum Einlaufen. Um ihnen diese Unart auszutreiben, werden die Textilien befeuchtet und bedämpft und dabei mechanisch gestaucht. Dieser Prozess wird unter anderem als Sanforisieren bezeichnet. Auch die Einlagerung von Kunstharzen hilft.

### Für Bügel-Muffel: Pflegeleicht-Ausrüstung

Wer Bügeln zerknautschter Baumwollhemden nicht als Hobby betreibt, weiß die Pflegeleicht-Ausrüstungen (auch Hochveredelung genannt) von Textilien auf Cellulose-Basis sehr zu schätzen. Warum knittern Baumwollfasern? Während der Wäsche quillt die Faser auf, verändert dabei ihre Lage und geht beim Trocknen nicht wieder in die Ursprungslage zurück. Ein Oberhemd ohne Pflegeleicht-Ausrüstung ist dann extrem schwer zu bügeln, Bettwäsche wird trotz Mangeln nicht mehr ganz glatt. Beim Veredeln werden Vernetzer zugegeben, die die Aufnahme von Wasser durch das Gewebe, Hauptursache des Knitterns, verringern. Auch bleiben die Kleidungsstücke formstabil, laufen deutlich weniger ein, sind farbechter, länger haltbar, trocknen schneller und lassen sich wunderbar bügeln. Denn durch die Vernetzung der Fasern entstehen stärkere Rückstellkräfte, die nach jeder Wäsche die Textilien wie von selbst wieder in Form bringen. Als Vernetzer dienen Harnstoff-Formaldehyd- und Melamin-Formaldehyd-Verbindungen. Auch Plissee-Effekte können durch ein derartiges Hochveredelungsverfahren waschbeständig fixiert werden.

### Wasserfreundlich – Wasserabweisend

Bei der Hydrophilierung mit Hilfe von Acryl- und Polyamidverbindungen wird das Vermögen des Stoffes zur Feuchtigkeitsaufnahme verbessert. Das bedeutet vor allem für Wäsche und andere hautnahe Kleidungsstücke aus Chemiefasern eine Erhöhung des Tragekomforts.

Das genaue Gegenteil bewirkt die Hydrophobierung durch Paraffine, Fluorcarbonharze, Siliconemulsionen, Aluminium- und Zirkoniumsalze. Sie macht Kleidungsstücke wie Jacken und Mäntel,

Sport- und Berufsbekleidung wasserabweisend.

## Glänzende Aussichten: Mercerisierung

Die von Natur aus eher stumpfe Baumwolle und Baumwollmischungen werden „mercerisiert", um ihnen dauerhaften Glanz, einen weichen und fülligen Griff sowie eine höhere Reißfestigkeit zu verleihen. Unter genau gesteuerter Einwirkung von Natronlauge oder Ammoniak sowie oberflächenaktiven Substanzen wird das Gewebe oder Garn gespannt. Dabei werden verschiedene physikalische und chemische Veränderungen der Fasern vorgenommen. So werden die zur Verhakung neigenden Mikrofäserchen abgelöst. Die Faser wird glatt und geschmeidig. Wird während der Behandlung keine Zugspannung angelegt, erhält man übrigens Stretch-Garne.

## Flammhemmende Ausrüstung

Arbeitskleidung, Uniformen sowie Textilien für öffentliche Einrichtungen und Verkehrsmittel dürfen nicht so leicht in Brand geraten. Eine Behandlung mit bromierten Diphenylethern, organischen Phosphorverbindungen, Zirkon- und Titanverbindungen vermindert ihre Entflammbarkeit. Zunehmend wird versucht, nichtbrennbare Fasern in diesem Sektor einzusetzen.

## Den Viechern den Appetit verderben: Mottenschutz

Motten und bestimmte Käfer betrachten unseren Kleiderschrank als Luxus-Restaurant: Sie haben Textilien, vor allem Wolle, Seide und Pelze, einfach zum Fressen gern. Auch Teppiche werden nicht verschmäht. Bei der Kleidermotte sind die Larven die „Übeltäter", die sich einen Nährstoffvorrat aus Textilfasern anfressen und sich anschließend verpuppen. Nach etwa zwei Wochen schlüpfen die Falter aus. Sie lassen dann zwar unsere Pullis in Ruhe, pflanzen sich aber fleißig fort. Eine Motte legt 100 bis 200 Eier ab, und zwar einzeln und ganz bestimmt an unserer Lieblingsjacke. Unsere Kleidung ist für sie wie das Schlaraffenland.

Zum Teil werden Kleidungsstücke, vor allem Pelze und Wollartikel sowie Teppiche bei der Herstellung mit Chemikalien gegen Motten- und Käferfraß ausgerüstet. Für Wollteppiche ist das sogar Voraussetzung für die Erlangung des „Wollsiegels". Die Stoffe verbinden sich oft wie die Farbstoffe mit der Faser und können teilweise sogar dem Färbebad zugesetzt werden. Der Ausdruck „eulanisieren" für die Mottenfestausrüstung von Textilien stammt von dem Motten-Mittel „Eulan", das auf Sulfonamiden und Sulfaniliden basiert. Weitere Chemikalien, die dem Getier den Appetit verderben, sind Harnstoffderivate, Pyrethroide und ringförmige Organochlorverbindungen. Die Pyrethroide stehen allerdings im Verdacht, aus den Textilien an die Haut abgegeben zu werden und bei empfindlichen Menschen Beschwerden auszulösen.

In der Wohnung ist die Mottenbekämpfung mit chemischen Mitteln wie Sprays, Kugeln, Papieren oder Strips in der Regel nicht erforderlich. Da Schweiß und andere Verunreinigungen Motten anlocken, sollte man nur saubere Textilien über längere Zeit im Schrank hängen lassen. Ätherische Öle in Form von Blüten und Blättern von Lavendel, Steinklee oder Waldmeister mögen die Insekten dagegen gar nicht. Kleidermotten sind außerdem lichtscheu und wirken am liebsten im Dunkeln. Mottenanfällige Kleidung regelmäßig auslüften, in die Sonne hängen und ausklopfen verscheucht die Plagegeister. Bei bereits befallener Kleidung tötet man die Motteneier am besten durch Schockgefrieren der Textilien im Gefrierfach.

## Klamotten als Chemikalien-Schleuder?

So viele Chemikalien in unserer Kleidung – ein Problem für die Gesundheit? Bei hochwertigen Kleidungsstücken aus inländischer Produktion normalerweise nicht. Unverträglichkeitsreaktionen und Allergien sind bei empfindlichen Personen natürlich nie völlig anzuschließen. Wer auf Nummer sicher gehen möchte, dass seine Kleidung keine bedenklichen Chemikalienmengen enthält, sollte Textilien mit der Warenauszeichnung „Öko-Tex Standard 100" kaufen, die hautverträgliche Textilien kennzeichnet und Grenzwerte für bestimmte Chemikalien definiert. Auf jeden Fall ist es sinnvoll, Kleidungsstücke, die eng am Körper getragen werden, vor dem ersten Tragen zu waschen.

**Mottenschutz** gegen Plagegeister.

**Flammhemmend** müssen die Materialien für Uniformen und Arbeitskleidung in vielen Bereichen sein.

# Sonnige Aussichten

**Solarzellen gibt es seit ziemlich genau 50 Jahren, die Branche hat sich etabliert. Noch scheitert ein breiter Einsatz der Sonnenenergie allerdings an einem zu geringen Wirkungsgrad und zu hohen Kosten. Neue Materialien, neue Herstellverfahren, neue Konzepte – an verschiedenen Fronten arbeiten Wissenschaftler emsig an Verbesserungen, um die Sonnenstrahlen als Energiequelle konkurrenzfähig zu machen.**

Anfangs waren es vor allem Satelliten, die mit einer autarken Stromversorgung ausgestattet werden mussten. Bei irdischen Anwendungen spielt ebenfalls diese Autarkie eine Rolle, beispielsweise um abgelegene, nicht an ein Stromnetz angeschlossene Verbraucher zu versorgen, wie Berghütten, Verkehrsschilder und netzferne Anlagen oder Siedlungen. Interessant ist die Solarenergie natürlich auch vor dem Hintergrund der knapper werdenden Reserven an fossilen Brennstoffen (siehe Kapitel *„Effektive Elektronenernte"* und *„Schwarzes Gold"*). Dennoch ist es bisher nicht gelungen, photovoltaische Zellen zu einem wirklich konkurrenzfähigen Produkt zu machen. Es sind immer noch Subventionen, die der Photovoltaik auf die Beine helfen. Das Problem sind die viel zu hohen Herstellungskosten für die sonnenhungrigen Zellen.

Außerdem scheint die Sonne nicht überall kräftig und lange genug. Für eine effektive Nutzung der Sonnenenergie muss daher auch eine effektive Speicherung für die gewonnene Energie entwickelt werden.

## Von Elektronen und Löchern

Die meisten Solarzellen werden aus Halbleitermaterialien hergestellt, wie sie auch für integrierte Schaltkreise verwendet werden. Lichtteilchen (Photonen) sind kleine Energiepakete. Fallen sie auf die lichtempfindliche Schicht einer Solarzelle, geben sie ihre Energie an deren Elektronen ab. Ein auf diese Weise angeregtes Elektron kann sich vom Atomverband lösen, wenn seine Energie dazu aus-

**7:45 – Schneller**

*Oh je, schon viertel vor Acht, da muss ich aber wirklich sofort los. Manchmal habe ich das Gefühl, dass diese Solarzellen-Uhren schneller gehen als die mit den ganz normalen Batterien. Naja, das stimmt wohl doch nicht, denn auf meiner Armbanduhr ist es genauso spät wie auf der Küchenuhr. Eigentlich ist das ja eine geniale Idee: Strom aus der Sonne. Da fragt man sich doch, warum man außer an Uhren und Taschenrechnern so selten Solarzellen sieht. Ob die Herstellung zu teuer ist? Ich hab ja mal gelesen, dass es auch Brennstoffzellen gibt, mit denen man Energie erzeugen kann. Wie funktionieren die eigentlich?*

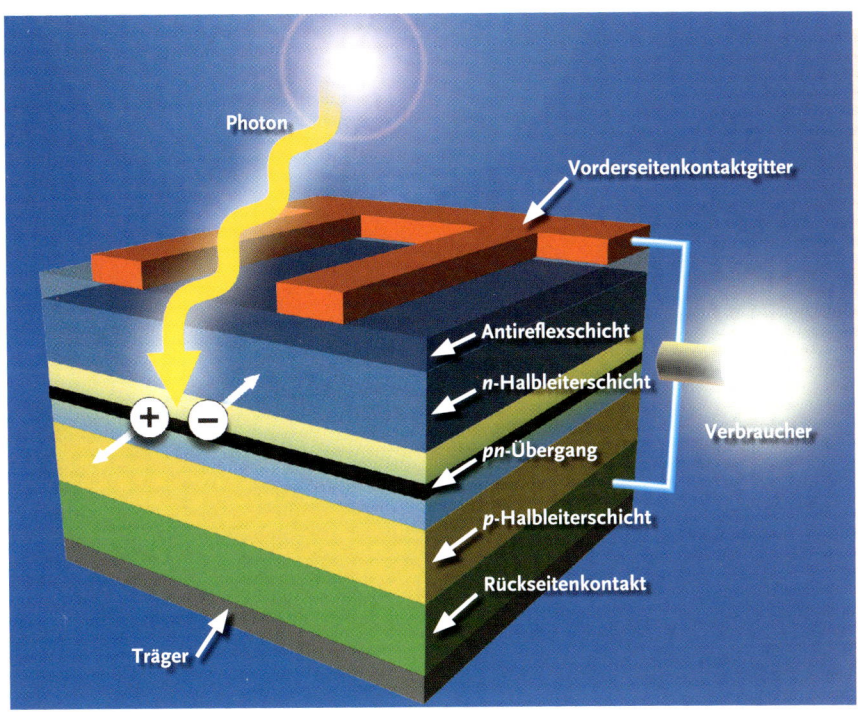

**Bauprinzip einer Solarzelle** – Treffen Lichtteilchen (Photonen) auf die lichtempfindliche Schicht einer Solarzelle, setzen sie dort Elektronen frei. Es kommt zu einer Ladungstrennung in negativ geladene Elektronen und positiv geladene „Löcher". Diese Ladungsträger wandern im elektrischen Feld zwischen der positiv und der negativ dotierten Halbleiterschicht in entgegengesetzte Richtungen und können über elektrische Kontakte abgezogen werden.

reicht. Das Elektron geht dann von einem Valenzband genannten Energieniveau in das so genannte Leitungsband über. Im Valenzband hinterlässt das Elektron ein „Loch". Löcher können formal wie positiv geladene Teilchen behandelt werden. Beide Ladungsträger müssen nun räumlich voneinander getrennt werden, damit sie sich nicht rasch wieder vereinen. In einer photovoltaischen Zelle wird das erreicht, indem verschieden dotierte (gezielt mit Fremdatomen versehene) Halbleiterschichten aufeinander liegen. Zwischen einer positiv und einer negativ dotierten Schicht (p- und n-Schicht) baut sich ein elektrisches Feld auf, das die Elektronen in die eine, die Löcher in die andere Richtung zieht.

Zwischen Valenz- und Leitungsband liegt bei Halbleitern eine verbotene Zone, die „Bandlücke". Diese Energiedifferenz muss zur Wellenlänge des Lichts passen, damit es effektiv absorbiert werden kann. Sehr gut geeignet ist etwa das Halbleitermaterial Galliumarsenid (GaAs), dessen Bandlücke günstig für das Einfangen von Sonnenlicht ist. Silicium ist von seinen elektronischen Eigenschaften her zwar weniger ideal, dafür ist es in der erforderlichen Reinheit sehr viel billiger herzustellen.

## Silicium pur

Silicium wird hergestellt, indem man Quarzgesteine wie Sand mit Koks in einem elektrischen Lichtbogenofen hoch erhitzt. Der Quarz (Siliciumdioxid) wird dabei zu elementarem Silicium reduziert, der Kohlenstoff aus dem Koks nimmt den Sauerstoff auf und wird zu Kohlendioxid umgesetzt. Aber das so gewonnene Silicium ist noch lange nicht rein genug für Halbleiteranwendungen. Ein Siliciumstab wird zur weiteren Reinigung zonenweise erhitzt und geschmolzen. Die schmale Schmelzzone lässt man dabei langsam von einem Ende zum anderen Ende des Stabes wandern; hinter der Schmelzzone wird sofort abgekühlt. Was dabei passiert ist Folgendes: Verunreinigungen, die sich besser in der flüssigen Phase lösen als im festen Silicium, wandern mit der Schmelze in Richtung des Stabendes. Umgekehrt reichern sich Verunreinigungen, die sich besser in der festen Phase lösen, am Stabanfang an. Durch Kappen beider Stabenden wird man die Verunreinigungen los. Der aufwändige Vorgang muss mehrmals wiederholt werden, um eine ausreichende Reinheit zu erzielen.

## Scheibchenweise

Zur Herstellung einer Solarzelle muss das hochreine – sehr teure – Silicium zunächst aufgeschmolzen und zu einem Block gegossen werden, der nur sehr langsam unter kontrollierten Bedingungen erstarren darf. Von einem solchen Block werden dann Scheiben von ca. 250 bis 350 μm Dicke abgesägt. Bei diesem Schritt geht die Hälfte des wertvollen Ma-

**Ein Stab von hochreinem Silicium**

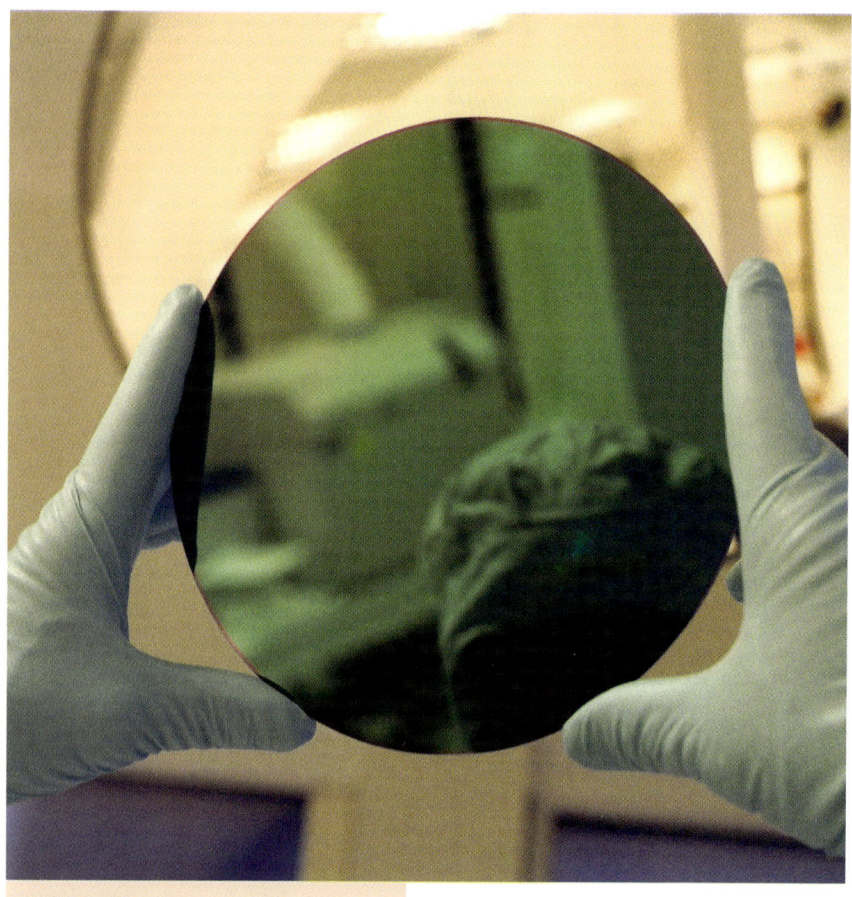

**Silicium-Wafer** – Bis man die hauchdünnen Scheiben aus hochreinem Silicium in der Hand hält, ist es ein aufwändiger und teurer Prozess.

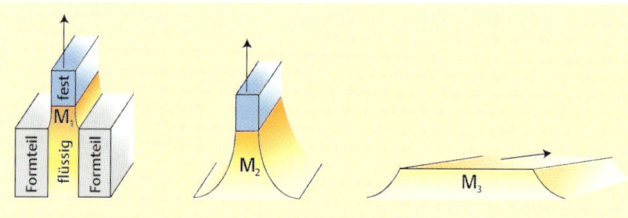

**Folien-Silicium** – Der Silicium-Wafer wird in der benötigten Schichtdicke direkt aus der Schmelze gezogen. Links: Kapillarkräfte treiben die Silicium-Schmelze in einem Formteil empor, der langsam auskristallisierende Wafer wird nach oben aus der Schmelze gezogen. Mitte: Ein anderes Verfahren arbeitet mit zwei Fäden, die durch die Schmelze geführt und parallel nach oben gezogen werden. Zwischen ihnen bildet sich ein Silicium-Film, der zu einem Band erstarrt. Rechts: Das Silicium wird horizontal auf einem Träger aus der Schmelze gezogen.

terials als „Sägemehl" verloren! An Alternativ-Verfahren zur Herstellung der hauchdünnen Scheibchen aus kristallinem Silicium (Wafer) wird heftig geforscht. Eine vielversprechende Möglichkeit, die Kosten zu decken, ist das so genannte Folien-Silicium. Dabei wird der Silicium-Wafer in der benötigten Schichtdicke direkt aus der Schmelze gezogen. Der Säge-Schritt fällt also weg, und nicht nur der, sondern auch das aufwändige Kristallisieren der Blöcke. Wie das geht? Kapillarkräfte treiben die flüssige Silicium-Schmelze in einem Formteil empor, der langsam auskristallisierende Wafer wird vertikal nach oben aus der Schmelze herausgezogen. Ein anderes Verfahren arbeitet mit zwei Fäden, die durch die Schmelze geführt und parallel nach oben gezogen werden. Auf Grund der enorm hohen Oberflächenspannung von flüssigem Silicium bildet sich ein Silicium-Film – ähnlich einer Seifenhaut – zwischen den Fäden, der zu einem Band erstarrt. Bei einer dritten Variante wird das Silicium horizontal auf einem Träger aus der Schmelze gezogen.

Nachteil der Folien-Verfahren: Die kleinen Kriställchen enthalten recht viele Defekte, also Stellen, an denen ihr Gitter nicht perfekt ist. Dazu zählen Versetzungen und Korngrenzen zwischen den einzelnen kleinen Kristalliten sowie Störstellen, die durch den Einbau von falschen Atomen aus Verunreinigungen zustande kommen. Für den Einsatz in der Mikroelektronik sind diese multikristallinen Wafer nicht geeignet. Multikristalline Solarzellen haben einen deutlich geringeren Wirkungsgrad (18 % können erreicht werden), da die Fehlstellen die Lebensdauer der durch Licht freigesetzten Ladungen verkürzen. Die geringeren Herstellungskosten wiegen diese Einbuße aber teilweise wieder auf – man muss einfach mehr Zellen einsetzen, um dieselbe Menge Strom zu erzeugen.

Die größte Lichtausbeute haben die teuren Silicium-Einkristalle mit maximal 29 %. Ein Einkristall bedeutet, dass das gesamte Silicium-Scheibchen aus einem einzigen Kristall mit durchgehendem Kristallgitter besteht. Hier gibt es weder Versetzungen im Kristallgitter noch Korngrenzen. Warum wird das Sonnenlicht nicht besser ausgenutzt? Silicium absorbiert nur Licht, dessen Wellenlänge in den sichtbaren Bereich des Spektrums bis in den nahen Infrarot-Bereich fällt. Die UV- und die ferne Infrarot-Strahlung nimmt die Silicium-Solarzelle gar nicht erst auf. Das heißt, es kann nur dieser Teil des Lichtes genutzt werden. Außerdem schaffen es auch im Einkristall nicht alle erzeugten Ladungsträger bis zur Elektrode, wo sie abgeleitet werden, sondern ein Teil der Elektronen und Löcher vereinigt sich rasch wieder, die Energie des Elektrons wird dann entweder in Form von Strahlung oder als Wärme einfach wieder abgegeben.

Und es gibt noch einen weiteren Grund – jetzt wird es allerdings etwas komplizierter. Um ein Elektron freizusetzen, reicht es im Fall von Silicium nicht, dass es Energie aufnimmt. Das Elektron muss gleichzeitig sein Drehmoment ändern. Das Problem: Ein Lichtteilchen ist nicht in der Lage, das zu bewirken. Es sind spezielle Schwingungen des Kristallgitters, die das Elektron so „durchschütteln", dass es sein Drehmoment ändert. Das heißt aber im Klartext: Damit ein Elektron zum Stromfluss beitragen kann, muss es zufällig gerade „geschüt-

dass seine Elektronen auf die Drehmomentänderung verzichten können, also auch nicht auf ein Kristallgitter angewiesen sind, um ins Leitungsband zu gelangen. Das Licht kann so besser ausgenutzt werden, die photoempfindliche Halbleiter-Schicht kann wesentlich dünner sein – die Kosten für Material und Herstellungsprozess sinken.

Gesteigert werden kann die Lichternte der amorphen Sonnenantennen, wenn man verschiedene Lagen schichtweise aufeinander stapelt. Beispielsweise drei Solarzellen aus amorphem Silicium, das in steigenden Anteilen Germanium enthält. Die Bandlücken der einzelnen Mischungen sind verschieden groß, so dass alle drei Lagen Licht verschiedener Wellenlängen absorbieren. Und so kann eine solche Schichtung aussehen: Ganz oben ist eine lichtdurchlässige Lage aus Indium-Zinn-Oxid, die als Elektrode dient. Dann kommt Solarzelle Nummer eins aus reinem Silicium; sie ist auf blaues Licht abonniert. In Solarzelle Nummer zwei enthält das Silicium 10 % Germanium; sie holt sich das grüne Licht. Solarzelle Nummer drei besteht aus Silicium mit 40 bis 50 % Germanium und liebt infrarotes Licht. Darunter befindet sich noch eine Doppelschicht aus Zinkoxid und Silber. Sie dient als Reflektor und schickt nichtabsorbiertes Licht sehr effektiv wieder in den Solarzellenstapel zurück, auf eine zweite Absorptionsrunde.

**Folien-Silicium** wird als etwa 5 m hohe achteckige Säule aus der Schmelze gezogen. Die Wände der Säule sind nur etwa 0,3 mm stark.

telt" werden, während es gleichzeitig ein „Energiepaket" von einem Photon entgegennimmt.

## Kosten sparen mit Unordnung

Ein vielversprechender Weg zum Kosten sparen besteht darin, statt kristallinem amorphes Silicium zu verwenden. Amorph bedeutet, dass ein Festkörper nicht als geordnetes Kristallgitter vorliegt, sondern als glasartige, auf molekularer Ebene ungeordnete Masse. Eingesetzt wird ein Silicium, das eine kleine Menge Wasserstoffatome enthält. Dieses Material hat den großen Vorteil,

## Von Röhrchen und Sandwiches

Unsere herkömmliche Elektronik wird in nicht allzu ferner Zukunft abgelöst werden, denn die Silicium-Halbleiter-Technik stößt an ihre Grenzen, was Miniaturisierung, Schnelligkeit und Effizienz angeht. Als eine der möglichen Alternativen profilieren sich derzeit Kohlenstoff-Nanoröhrchen (siehe Kapitel *„Von Fußbällen, Hörnern und Zwiebeln"*). Über einen molekularen „Anker" und eine „Ankerkette" knüpften Forscher Ferrocen-Einheiten an die Wände der Röhrchen. Ferrocen ist ein so genannter Sandwich-Komplex: Zwei flache Kohlenstoff-Fünfringe als „Brotscheiben" nehmen als „Belag" ein Eisenatom in ihre Mitte. Das Besondere dieser Eisen-Sandwiches: Sie sind Elektronen-Donoren, das heißt, sie haben mehr Elektronen zur Verfügung, als ihnen eigentlich lieb ist. Relativ leicht kann sich daher eines ihrer Elektronen auf Wanderschaft begeben. Werden die Kohlenstoff-Nanoröhrchen mit Licht im sichtbaren Wellenlängenbereich bestrahlt, fungieren sie als Elektronen-Akzeptoren und nehmen die freigesetzten Elektronen auf. Diese Ladungstrennung ist langlebig genug, um die Elektronen ableiten und nutzen zu können – Voraussetzung für die Entwicklung von Solarzellen.

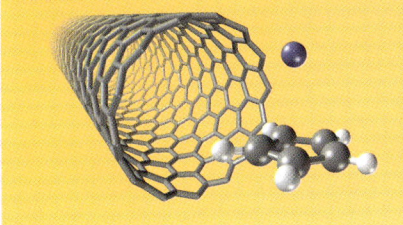

## Mehrschicht-Solarzelle

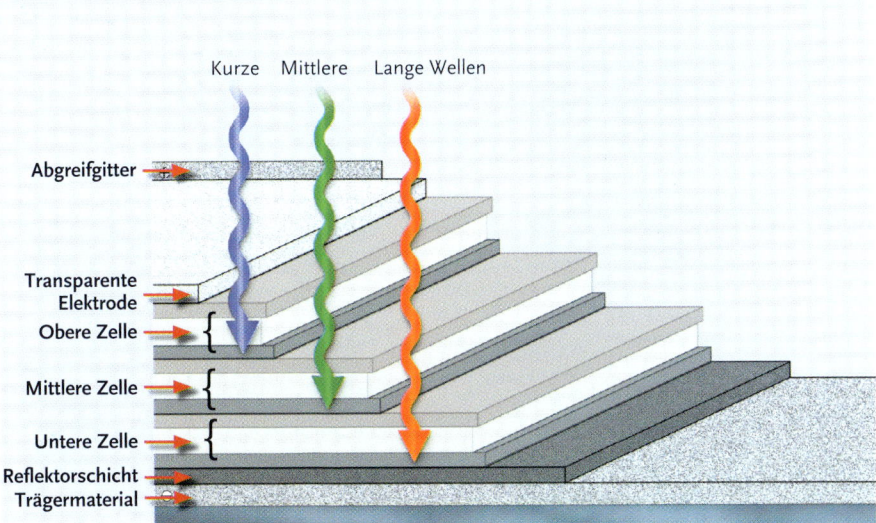

**Das Dach mit Solarzellen** decken, eine umwelfreundliche, aber noch sehr teure Art der Stromversorgung.

**Photoelektrochemische Solarzellen** auf der Basis von Titandioxid könnten eine Alternative zu herkömmlichen teuren Silicium-Solarzellen werden. Die Herstellung ist relativ einfach und kostengünstig, da weder Reinraumbedingungen noch hochreine Verbindungen gebraucht werden.

## Nasse Zellen

Es muss aber nicht immer Silicium sein. Andere Halbleitermaterialien wie Cadmiumtellurid, Kupfer-Indium-Diselenid oder Pyrit (Schwefelkies, Eisendisulfid), liefern auch recht ansehnliche Ergebnisse. Statt in Form „klassischer" trockener Solarzellen scheint ein Einsatz von Materialien wie Pyrit oder Titandioxid im „Nassen" besonders interessant zu sein: als photoelektrochemische Zellen. Auf einer Metallelektrode ist z.B. eine Pyritschicht aufgetragen. Sie befindet sich in einer Elektrolytlösung, in die eine zweite Gegenelektrode, meist aus Platin, ragt. Wie bei der konventionellen Solarzelle erzeugt Licht, das auf die Pyritschicht trifft, eine Ladungstrennung in Elektron und Loch. Da sich zwischen der Pyritoberfläche und dem Elektrolyten ein elektrisches Feld aufbaut, werden die angeregten Elektronen regelrecht weggeschleudert in Richtung der rückseitigen Metallelektrode. Die Löcher „wandern" – bildlich gesprochen – dagegen in den Elektrolyten, wo sie von Ionen des Eletrolyten „aufgenommen" werden. Beispielsweise von zweifach positiv geladenen Vanadium-Ionen, aus denen dann dreifach positiv geladene Vanadium-Ionen werden. Was „in Wirklichkeit" geschieht: Die Ionen geben ein weiteres ihrer Elektronen ab, wobei das Loch „ausgelöscht" wird. Das fehlende Elektron holen sich die Vanadium-Ionen dann an der Platinelektrode wieder zurück. So kommt ein Stromfluss zustande. Die Lichtausbeute ist nicht gerade der Hit. Dafür lassen sich derartige Nasszellen sehr einfach und kostengünstig herstellen.

## Licht gegen Schadstoffe

Die schier unerschöpfliche Energiequelle Sonnenenergie kann aber nicht nur zur Erzeugung elektrischer Energie angezapft werden. Umgewandelt in chemische Energie kann sie zum Anschieben chemischer Reaktionen genutzt werden, etwa von ansonsten sehr energieintensiven Synthesen. Und es sind sogar völlig neue Reaktionstypen möglich. Gerade die zuletzt beschriebenen elektrolytischen Solarzellen bieten sich förmlich für eine solche Nutzung an, die man Halbleiter-Photokatalyse nennt. Wie bei den photoelektrochemischen Systemen entstehen durch die absorbierte Lichtenergie Ladungsträger an der Oberfläche des Halbleiters – Elektronen oder „Löcher". Diese gilt es einzufangen und in diesem Falle nicht über eine Elektrode als Strom abzuzapfen, sondern auf ein Zielmolekül zu übertragen.

Statt einer Synthese kann auch einem Abbau von Stoffen auf die Beine geholfen werden: Ein direkter Elektronentransfer von oder auf Schadstoffmoleküle kann Reaktionen initiieren, die zu deren Zerfall führen. Titandioxid hat sich bereits als geeigneter Photokatalysator bewährt, etwa in selbstreinigenden Farben. Titandioxid kann jedoch nur den UV-Anteil des Sonnenlichts nutzen, der gerade einmal zwei bis drei Prozent ausmacht. Dotieren mit Kohlenstoff bringt das Titandioxid auf Trab: Selbst im diffusen Tageslicht von Innenräumen bauen diese Photokatalysatoren gelöste Schadstoffe wie Chlorphenol und Azofarbstoffe sowie gasförmige Schadstoffe wie Acetaldehyd, Benzol und Kohlenmonoxid problemlos ab.

**Photokatalyse-Testkammern**

# Antennen für Licht

Immer wieder fasziniert die Photosynthese der Pflanzen, die Umwandlung von Licht in (bio)chemische Energie. Wie die Antenne bei einem Radio die elektromagnetischen Wellen aus der Umgebung aufnimmt, fangen die Pflanzen bestimmte Wellenlängen des sichtbaren Lichtes mit ihrem Blattgrün ein und leiten die Lichtenergie an ihren Photosyntheseapparat weiter – mit einer erstaunlichen Energieausbeute von mehr als 80 %, während unsere Solarzellen, wenn es hoch kommt, mal 30 % erreichen. Solche „photonischen Antennen" wären also auch eine feine Sache für eine neue, leistungsfähigere Generation von Solarzellen.

Schweizer Forscher bauten eine Art künstliche photonische Antenne nach: Als Lichtfänger dienen Moleküle eines blau bzw. grün fluoreszierenden Farbstoffes, die in die linearen Kanäle winziger poröser Zeolith-Kristalle eingeführt werden. Wird der Fluoreszenz-Farbstoff mit Licht bestrahlt, werden seine Elektronen in einen angeregten Zustand versetzt. Nach kurzer Zeit fällt das Elektron in den ursprünglichen Zustand zurück. Ein kleiner Teil der dabei frei werdenden Energie verteilt sich in Form von Schwingung im ganzen Molekül. Der restliche Teil wird wieder in Form von Fluoreszenz-Licht abgestrahlt. Sind die Farbstoff-Moleküle in die Kanäle einsortiert, die die Mini-Kristalle parallel zu deren Längsachse durchziehen, liegen sie fein säuberlich ausgerichtet dicht bei dicht. Statt die Energie als Licht wieder abzustrahlen, reichen die Moleküle ihre Energiepakete von Nachbar zu Nachbar direkt weiter. Die Öffnungen der Kanäle sind mit einer zweiten Sorte von Fluoreszenz-Molekülen zugepfropft. Diese „Pfropfen" können die Energiepakete zwar entgegennehmen, aber nicht mehr an die „Absender" ins Kristallinnere zurückgeben, sondern strahlen sie als rote Fluoreszenz nach außen ab – wo sie abgefangen werden kann.

Aus der beschriebenen „Empfangsantenne" lässt sich umgekehrt auch ein „Sendemast" bauen, wenn die beiden Fluoreszenz-Farbstoffe vertauscht werden. Die Pfropfen empfangen Energie von außen, die sie an die Moleküle im Innern der Kristalle weiterleiten. Diese senden dann Fluoreszenzlicht aus. So ließen sich z.B. neuartige Leuchtdioden bauen.

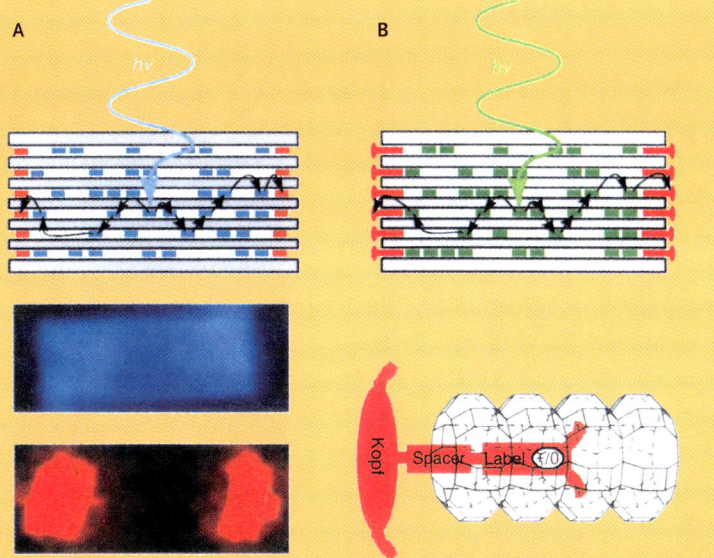

**Farbstoffe als Lichtantennen:**
A: Blau leuchtende Moleküle in den Kanälchen übertragen aufgenommene Lichtenergie auf rot strahlende Moleküle an den Kanalausgängen.
Unten: Die Mitte des Kristalls leuchtet blau, die Ränder rot.
B: Grün leuchtende Moleküle in den Kanälchen übertragen aufgenommene Lichtenergie auf rot strahlende pfropfenförmige Moleküle an den Kanalausgängen. Über den herausragenden Kopf des Pfropfens kann die Energie nach außen geleitet werden.
Unten: Ein Pfropfen im Kanalausgang.

# Apropos Silicium – was ist eigentlich Silicon?

Silicon, klar, kennt man, Silicon-Busen, Silicon-Dichtungsmasse, Silicon Valley – halt! Vorsicht vor Begriffsverwirrungen. Die Implantate, die Schönheitschirurgen verwenden, sind in der Tat aus Silicon, der Badezimmerkitt auch. Beim Silicon Valley handelt es sich aber nicht um Silicon, sondern um Silicium, denn Silicium heißt auf englisch „silicon". Nach dem Element Silicium ist das Silicon Valley benannt, eine Gegend in Kalifornien, die so etwas wie die Brutstätte der Halbleiter-, Chip- und Computerindustrie war.

Nun aber zurück zum Silicon, das eine Art Kunststoff auf Siliciumbasis ist. Es handelt sich dabei um lange Ketten, die alternierend aus Silicium- und Sauerstoffatomen aufgebaut sind. An den Siliciumatomen hängen Seitenketten aus Kohlenwasserstoffgruppen. Kettenlänge, Art der Seitengruppen und Verzweigungsgrad können sehr verschieden sein; es gibt auch quervernetzte Typen. Entsprechend unterschiedlich fällt das Eigenschaftsprofil dieser Poylmere aus – und entsprechend vielfältig auch die Anwendungen. Flüssige Siliconöle dienen zum Beispiel als Grundlage für Salben und glätten spröde Haare, Siliconfette sind als Schmiermittel für sehr hohe und sehr tiefe Temperaturen im Einsatz. Vernetzte Siliconharze sind Bestandteile von Lacken. Gummiartig elastische Siliconkautschuke werden zu hitze-, öl- und benzinbeständigen Kfz-Bauteilen wie Kühlwasserschläuchen und Dichtungen verarbeitet. Silicone sind als Entschäumer im Einsatz, im Waschpulver, im Diesel – und in Babys Bauch, als Arznei gegen die gefürchteten Dreimonatskoliken. Auch Schnuller und Fläschchensauger bestehen aus Silicon, hier in Form einer durchsichtigen gummiartigen Masse. In der Küche treffen wir sie wieder in Form von Beschichtungen auf Backpapier. Im Baubereich gleichen sie Spannungen und Bewegungen im Mauerwerk und zwischen verschiedenen Baustoffen aus; Fugen werden wetterfest verschlossen.

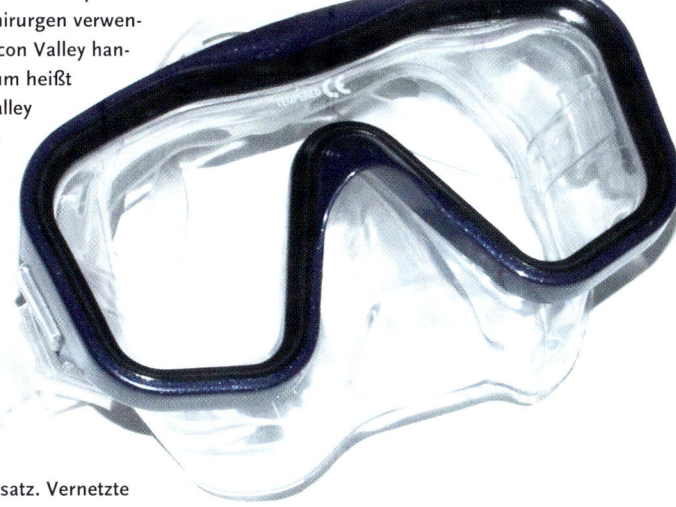

**Silicone** sind eine Art Kunststoffe auf Siliciumbasis.

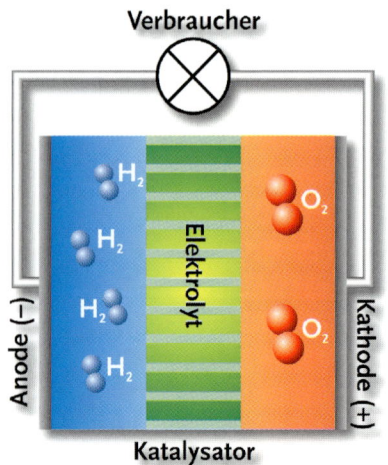

# Effektive
# Elektronenernte

**Die Brennstoffzelle hat das Zeug, in vielen Bereichen der Energieerzeugung, -umwandlung und -nutzung eine Alternative zu gängigen Systemen zu werden. Allerdings ist noch eine Reihe technischer Probleme zu lösen, die Kosten zu senken und die Infrastruktur anzupassen. Die Chemie ist hier in ganz erheblichem Maße gefragt, muss sie doch die geeigneten Materialien für diese Zukunftstechnologie entwickeln.**

**Der Prototyp eines Brennstoffzellenautos.** Man sieht dem Automobil-Modell an, dass die Technologie durchaus schon einige Jahre getestet wird. Auffällig sind auch die Wasserstofftanks auf dem Dach des Wagens, die ein nicht zu vernachlässigendes Volumen einnehmen.

Brennstoffzellen sind eine der Energiequellen der Zukunft. Die direkte Umwandlung von chemischer in elektrische Energie ohne den Umweg über eine Verbrennung ist es, was diese sanfte Technik so effizient und so umweltfreundlich macht. Eine wasserstoffbetriebene Brennstoffzelle emittiert nur eine Art von Abgas: reinen Wasserdampf. Das Prinzip der Brennstoffzelle wurde bereits in der ersten Hälfte des 19. Jahrhunderts entdeckt, aber es war noch ein weiter Weg bis zum ersten Einsatz – einer ganz besonders lange Reise, bei der ein Batteriewechsel ganz und gar nicht angesagt gewesen wäre: Der Flug zum Mond.

Heute fangen auch die kürzeren Reisen auf der Erde an, ein lohnender Einsatzort für Brennstoffzellen zu werden.

Zahllose Kfz-Testflotten sind unterwegs, deren Elektromotoren von den kleinen elektrochemischen Kraftwerken angetrieben werden. Eine große Herausforderung lag in den letzten Jahren darin, die Technik für den Betrieb der Brennstoffzelle auf einem engen Raum unterzubringen. Noch vor einigen Jahren musste der komplette Kofferraum eines Kleinwagens dafür geopfert werden. Inzwischen verschwindet der Antrieb im Sandwichboden des Autos. Insbesondere konnte das Gewicht der Systeme durch Verwendung neuer Materialien verringert werden. Man rechnet damit, dass Brennstoffzellensysteme im PKW-Bereich ungefähr ab 2010 konkurrenzfähig sein werden. Aktuelle Testwagen schaffen inzwischen schon gut und gerne über 150 km/h.

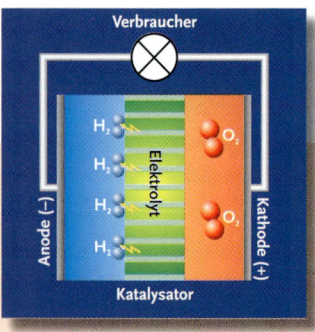 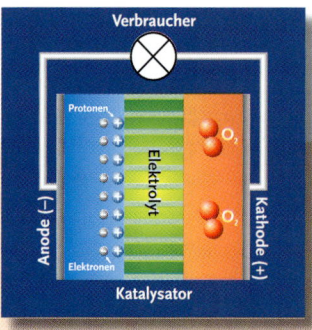 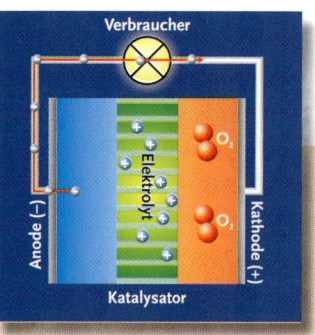

**Bild 2 und 3**
Die Wasserstoffmoleküle (H2) werden durch den Katalysator in zwei Protonen (H⁺) gespalten. Dabei gibt jedes Wasserstoffatom sein Elektron ab.

**Bild 4 und 5**
Die Protonen wandern durch den Elektrolyten (Membran) zur Kathodenseite. Die Elektronen treten in die Anode ein und bewirken so einen elektrischen Stromfluss, der einen Verbraucher mit elektrischer Energie versorgt.

Fahrzeuge sind aber nicht der einzige Anwendungsbereich. Von elektronischen Kleingeräten bis zu kleinen dezentralen Blockheizkraftwerken, die mit Brennstoffzellen betrieben werden, sind viele Szenarien in nicht allzu ferner Zukunft realistisch.

## Gezähmtes Knallgas

Was aber ist so besonders an einer Brennstoffzelle? Sehen wir uns zunächst an, was in einem klassischen Kraftwerk passiert: Der Brennstoff – Kohle, Erdöl oder Erdgas – wird mit Luftsauerstoff verbrannt. Die Energie der Verbrennungsreaktion wird in Form von Wärme frei, die genutzt wird, um Wasser zu verdampfen. In einer Turbine dehnt sich der Dampf aus, wodurch Druckenergie entsteht, die einen Generator antreibt, das heißt in mechanische Energie umgewandelt wird. Der Generator erzeugt dann den Strom, also Elektronen, die durch eine elektrische Leitung sausen. Kein Wunder, dass Energie aus Verbrennungsreaktionen nur sehr ineffizient zur Stromerzeugung genutzt werden kann, wenn sie erst mehrere Male von einer Energieform in die nächste umgewandelt werden muss. In einer elektrochemischen Zelle geht das „Ernten" von Energie wesentlich effektiver, da der Umweg über Wärme-, Druck- und mechanische Energie nicht notwendig ist, sondern die Elektronen sozusagen direkt aus der chemischen Reaktion abgezapft werden können.

Wenn Wasserstoff an der Luft verbrannt wird und die Mengenverhältnisse der beiden Gase in einem ganz bestimmten Bereich liegen, kann dies in Form einer heftigen Explosion geschehen; diese

Reaktion trägt ihren Namen „Knallgasreaktion" nicht zu Unrecht. Dass dabei eine Menge Energie frei wird, ist nicht zu überhören. Die meisten Brennstoffzellen nutzen diese Reaktion von Wasserstoff und Sauerstoff zu Wasser. Die ersten Wasserstoff-Brennstoffzellen waren noch sehr einfach aufgebaut: zwei Metall-Elektroden (Anode und Kathode), eine Elektrolyt-Lösung, blubbernde Gasblasen. Der Prozess, der hier abläuft, ist im Prinzip der gleiche wie bei der Knallgasreaktion: Wasserstoff und Sauerstoff werden summa summarum kontrolliert zu Wasser vereinigt – ohne direkt miteinander zu reagieren. Betrachten wir nun die Vorgänge im Einzelnen: An der Anode wird Wasserstoffgas in die Lösung eingeleitet. Die Wasserstoffmoleküle geben zwei Elektronen an die Anode ab und gehen als positiv geladene Wasserstoff-Ionen $H^+$, Protonen, in die Lösung. Die Anode transportiert die Elektronen ab – über den Stromkreis zur Kathode. Hier wird Sauerstoff eingeblasen. An der Kathode holen sich die Sauerstoffmoleküle diese Elektronen, je zwei pro Atom. Die zweifach negativ geladenen Sauerstoff-Ionen reagieren mit Wassermolekülen zu Hydroxid-Ionen ($OH^-$). Die Protonen des Anoden- und die Hydroxid-Ionen des Kathodenraumes sind aber nichts anderes als die ionisierte Form von Wasser. Die beiden Gase werden also zu Wasser umgesetzt. Anders als bei der Knallgasreaktion werden die Elektronen nicht von Molekül zu Molekül übertragen, sondern über den Umweg der Elektroden ausgetauscht. Auf ihrem Weg von der Anode zur Kathode wandern die Elektronen durch den Stromkreis und können genutzt werden, etwa zum Antrieb eines Fahrzeugs. Im Gegensatz zu

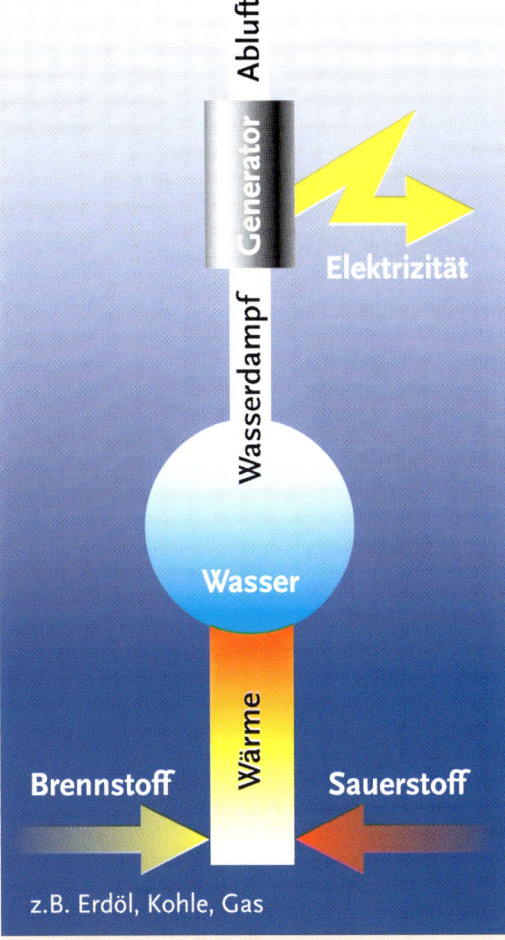

**Wirkprinzip eines klassischen Kraftwerks:** Brennstoff und Sauerstoff werden zu einer Verbrennungsreaktion zusammengeführt. Mit der dabei freiwerdenden Energie in Form von Wärme wird Wasser erhitzt und verdampft. Der Wasserdampf treibt einen Generator an, der Elektrizität erzeugt.

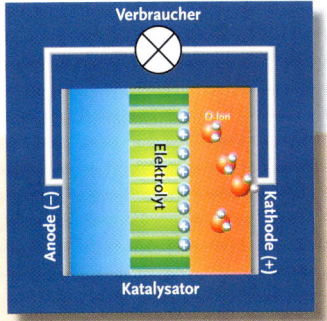
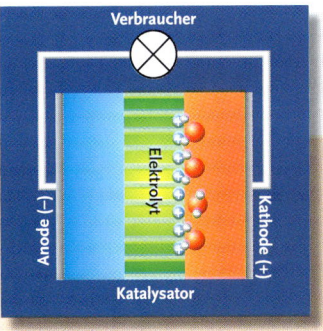
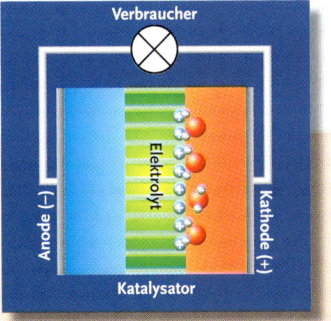
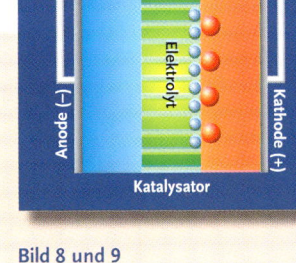
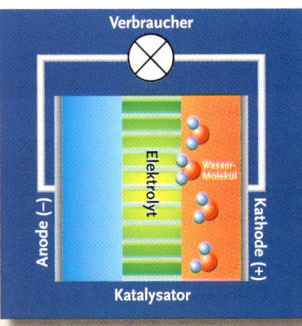

**Bild 6 und 7**
Jeweils vier Elektronen an der Kathode rekombinieren mit einem Sauerstoffmolekül. Die nun entstandenen Sauerstoff-Ionen sind zweifach negativ geladen und wandern zu den positiv geladenen Protonen.

**Bild 8 und 9**
Die Sauerstoff-Ionen reagieren mit den Protonen zu Wasser.

# Wasserstoff-Tanks

Die besondere Herausforderung bei Wasserstoff-Brennstoffzellen: Wasserstoff lässt sich nur sehr schlecht in kleinen mobilen Tanks speichern, denn Wasserstoff ist bei Raumtemperatur gasförmig und beansprucht ein großes Volumen: In einem Fahrzeug werden pro 100 km etwa 1,2 kg Wasserstoff verbraucht, dies entspricht etwa 13.500 Litern gasförmigen Wasserstoffs. Verschiedene Speicheralternativen stehen zur Verfügung.

- **Gasdrucktanks:**
Wasserstoff wird in Druckbehältern komprimiert. Neuartige Kunststoffe und Verbundwerkstoffe, die nicht mehr so schwer sind wie ihre Vorgänger, machen diese Technik wieder interessanter, die mit bis zu 300 bar Druck arbeitet. Dennoch sind diese Tanks nur für große Fahrzeuge wie Busse geeignet, da sie sehr groß sind.

- **Kryogene Speicherung:**
Wasserstoff wird bei –253 °C als Flüssigkeit gespeichert. Vorteile sind das relativ geringe Volumen und das geringe Gewicht dieser Tanks. Dem stehen der hohe Energieaufwand entgegen, der für die Kühlung benötigt wird, sowie die kostspielige Tankisolierung. Sie war bisher Methode der Wahl in der Raumfahrt.

- **Feste Metallhydride:**
Besonderer Vorteil dieser Methode ist die hohe Sicherheit. Der Wasserstoff ist chemisch an die Metallatome gebunden. Erst wenn das Hydrid erhitzt wird, setzt das Speichermaterial den Wasserstoff wieder frei. Im Vergleich zum Flüssiggastank lassen sich 60 % mehr Wasserstoff pro Volumen speichern. Dem steht der Nachteil eines hohen Eigengewichts gegenüber, das zu einem unwirtschaftlichen Betrieb führt. Eine Alternative könnten Leichtmetallhydride sein, etwa auf der Basis von Magnesium. Bisher war Magnesium als Speichermedium uninteressant, da die vollständige Beladung eines solchen Tanks mehrere Stunden dauerte. Eine besonders intensive Mahlung des Metalls macht nun Magnesium in nanokristalliner Form zugänglich, dessen Beladung nur noch Minuten in Anspruch nimmt.

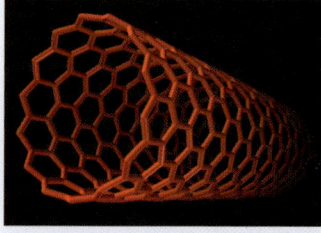

- **Kohlenstoffspeicher:**
Mittlerweile sind auch neue Materialien wie Kohlenstoff-Nanoröhrchen und Graphit-Nanofasern als potenzielle Wasserstoffspeicher in der Diskussion. Denkbar ist ein Betanken durch einfachen Kartuschenwechsel. Kohlenstoff-Nanoröhrchen sind nanoskopische Röhrchen aus elementarem Kohlenstoff (siehe „Von Fußbällen, Hörnern und Zwiebeln"). Die Beladung eines Speichers aus den winzigen Röhren kann bei relativ niedrigen Drücken und bei Raumtemperatur erfolgen, auch die Entladung funktioniert bei moderaten Bedingungen. Graphit-Nanofasern wurden vor einigen Jahren als Super-Speicher für Wasserstoff bejubelt, 45 bis 75 Gewichtsprozent Wasserstoff sollte die faserartige Graphitmodifikation aufnehmen können. Mittlerweile hat sich der Rummel gelegt, die phantastischen Ergebnisse ließen sich so nicht reproduzieren. Realistisch scheinen heute 5 bis 10 Gewichtsprozent, was aber immer noch ausgesprochen interessant ist. Der Grund für die gute Speicherkapazität ist offenbar in einer speziellen Anordnung winziger schlitzförmiger Poren zu sehen, in die Wasserstoffmoleküle eingelagert werden. Durch die nanoskalige Größe der Poren tritt der Wasserstoff in starke Wechselwirkungen mit den Porenwänden.

- **Methanol-Reforming:**
Methanol lässt sich leicht transportieren, da es bei Raumtemperatur flüssig ist. Eine Verteilung über das bestehende Tankstellennetz wäre kein Problem. In einem Reformer wird das Methanol an Bord bei 300 °C mit Wasser umgesetzt. Dabei entstehen Wasserstoff und Kohlendioxid. Der Reforming-Prozess frisst allerdings Energie und reduziert den Wirkungsgrad entsprechend.

Batterien oder Akkus, die lediglich eine Form von Speicher für elektrische Energie sind, erzeugen Brennstoffzellen diese Energie selbst.

## Aus flüssig mach fest

Das hört sich im Grunde sehr einfach an, ist es aber leider nicht. Um überhaupt als mobile Energiequelle der Zukunft in Betracht zu kommen, musste aus der simplen nasschemischen Zelle erst eine kompakte, stabile, leichtgewichtige Einheit werden. Viele Verbesserungen der Technik betrafen die Elektroden. Sie sind heute meist mit einem Katalysator beschichtet, der ihre elektrochemische Charakteristik optimiert. Und sie sind porös, um ihre Oberfläche zu vergrößern.

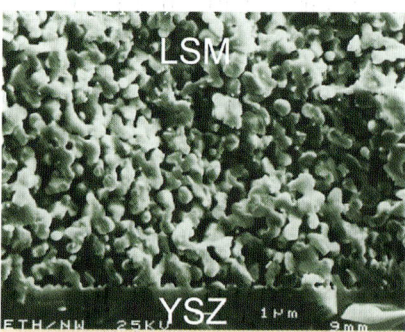

**Poröse Oberflächen** erhöhen den Wirkungsgrad der Elektroden. Im Bild: Stark vergrößerter Ausschnitt aus der porösen Kathode einer Festoxid-Brennstoffzelle. Sie besteht aus einem gemischten keramischen Material, das sich aus Oxiden der Metalle Lanthan, Strontium und Mangan zusammensetzt. Etwa 0,7 Mikrometer (Millionstel Meter) kleine Keramikpartikel werden zu einer Kathode zusammengepresst. Eine derart poröse Kathode kann wie ein Schwamm von Luft durchströmt werden. An ihrer großen inneren Oberfläche wird der Luftsauerstoff in Atome zerlegt und in negativ geladene Sauerstoff-Ionen umgewandelt. Unten im Bild sieht man den Übergang zum Elektrolyten, der ebenfalls aus einem festen keramischen Material besteht, einem Oxid der Metalle Yttrium und Zirkonium. Dieser Elektrolyt ist nur für Sauerstoff-Ionen durchlässig. Sie wandern durch den Elektrolyten hinüber zur Anode, wo sie mit Protonen reagieren.

Ein weiteres Herzstück der Brennstoffzelle ist der Elektrolyt. Er sorgt für die Trennung von Anoden- und Kathodenraum und für den Ionentransport zwischen den beiden Elektroden. Seine Leistungsfähigkeit ist ausschlaggebend für die Leistung des Gesamtsystems. Neben Zellen mit stark alkalischen Elektrolyt-Lösungen sind Brennstoffzellen mit Phosphorsäure ($H_3PO_4$) als Elektrolyt verbreitet. Die Phosphorsäure befindet sich dabei innerhalb einer porösen Teflon/Siliciumcarbid-Matrix, die die beiden Elektroden trennt. Wässrige Elektrolyte sind ausgesprochen korrosiv und bei höheren Betriebstemperaturen der Zelle nicht mehr einsetzbar. Die Entwicklung von Elektrolyten, die in der Lage sind, auch im festen Zustand Ionen zu transportieren, brachte die Technologie einen wichtigen Schritt voran. Unter den verschiedenen Brennstoffzellentypen gehört die Brennstoffzelle auf Basis von festen Kunststoff-Elektrolyten zu den vielseitigsten. Diese bestehen aus langen Polymerketten, die negativ geladene Seitengruppen (Sulfonatgruppen, $SO_3^{2-}$) tragen. Die Ketten ordnen sich so an, dass Poren entstehen, in die die Sulfonatgruppen hineinragen. Auf diese Weise lassen sich Elektrolytmembranen herstellen, durch deren Kanäle die positiv geladenen Wasserstoffionen durchtreten können. Diese „Polymer-Elektrolyt-Membran"(PEM)-Brennstoffzellen sind die Favoriten der Automobilbauer. Denn Elektroden und Elektrolytmembran können zu einem sehr kompakten „Sandwich" integriert und viele dieser Einheiten zu einem so genannten Stack gestapelt werden. Und so sieht ein einzelner Sandwich aus: Zwischen den beiden flachen, dünnen, mit einem Katalysatormaterial beschichteten Elektroden liegt eine dünne elektrolytische Kunststoffmembran, die beidseitig mit einem gasdurchlässigen, elektrisch leitenden Vlies versehen ist. Bipolarplatten umschließen diese Anordnung. Sie dienen der räumlichen Trennung und der elektrischen Verschaltung der Einzelzellen im Brennstoffzellen-Stapel, das heißt, sie sind auf der Vorderseite mit der Anode einer Zelle in Kontakt, auf der Rückseite mit der Kathode der Nachbarzelle, daher der Ausdruck „Bipolar". Durch feine Kanäle der Bipolarplatten werden die Gase – auf der Vorderseite Wasserstoff und auf der Rückseite Sauerstoff – auf den Elektrodenflächen verteilt. Zusätzlich sorgen die Bipolarplatten für einen optimalen Austrag der Reaktionsprodukte aus den Elektrodenräumen und für eine Ableitung der entstehenden Reaktionswärme an einen Kühlkreislauf.

Weiterentwicklungen gehen in Richtung Hochtemperatur-Membranen, damit die Betriebstemperatur erhöht werden kann. Bei höherer Temperatur arbeiten die Brennstoffzellen zuverlässiger, ihre Kühl- und Steuerungssysteme könnten vereinfacht werden – ein wichtiger Kostenfaktor.

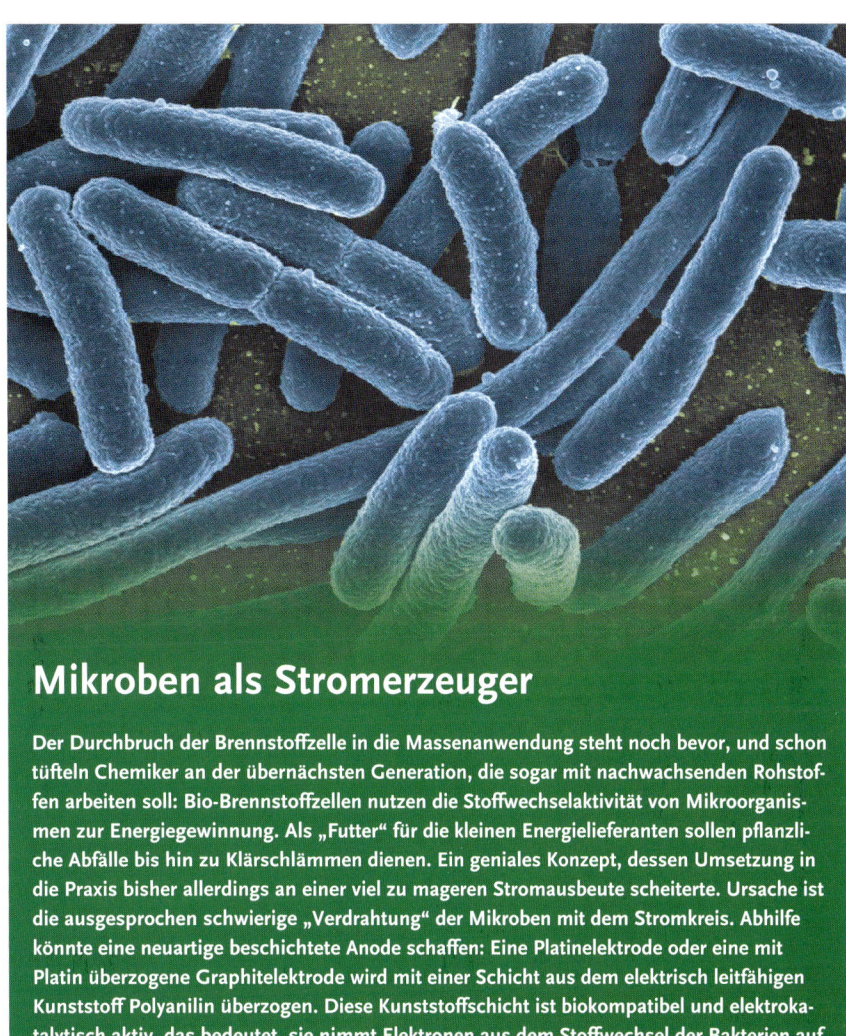

## Mikroben als Stromerzeuger

Der Durchbruch der Brennstoffzelle in die Massenanwendung steht noch bevor, und schon tüfteln Chemiker an der übernächsten Generation, die sogar mit nachwachsenden Rohstoffen arbeiten soll: Bio-Brennstoffzellen nutzen die Stoffwechselaktivität von Mikroorganismen zur Energiegewinnung. Als „Futter" für die kleinen Energielieferanten sollen pflanzliche Abfälle bis hin zu Klärschlämmen dienen. Ein geniales Konzept, dessen Umsetzung in die Praxis bisher allerdings an einer viel zu mageren Stromausbeute scheiterte. Ursache ist die ausgesprochen schwierige „Verdrahtung" der Mikroben mit dem Stromkreis. Abhilfe könnte eine neuartige beschichtete Anode schaffen: Eine Platinelektrode oder eine mit Platin überzogene Graphitelektrode wird mit einer Schicht aus dem elektrisch leitfähigen Kunststoff Polyanilin überzogen. Diese Kunststoffschicht ist biokompatibel und elektrokatalytisch aktiv, das bedeutet, sie nimmt Elektronen aus dem Stoffwechsel der Bakterien auf, überträgt sie auf die Anode und ist so entscheidend am Stromfluss beteiligt. Während des Betriebs von Bio-Brennstoffzellen entstehen bakterielle Stoffwechsel- und andere Nebenprodukte, die sich an einer unbeschichteten Anode anlagern und sie rasch desaktivieren würden. Auch dagegen hilft die Kunststoffschicht. Sie verlangsamt diesen Prozess deutlich und kann außerdem durch regelmäßige Spannungspulse von Ablagerungen befreit werden.

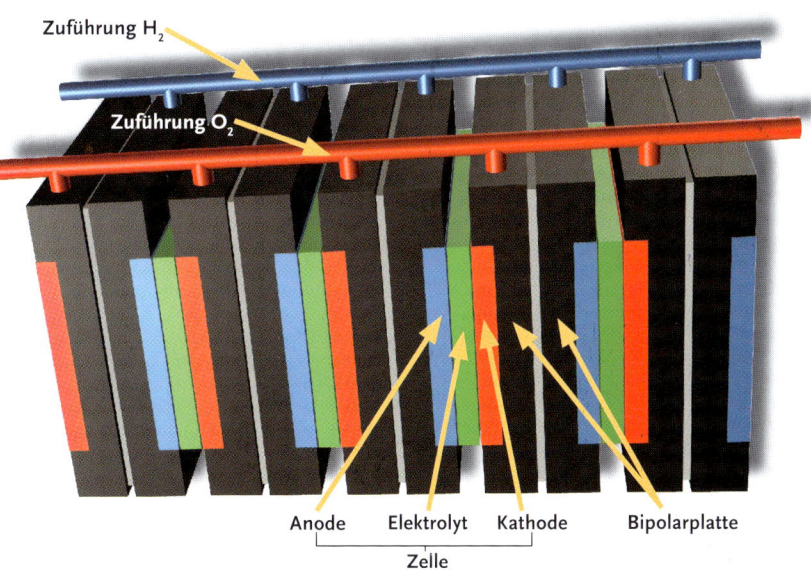

Zuführung $H_2$

Zuführung $O_2$

Anode  Elektrolyt  Kathode  Bipolarplatte

Zelle

**Stack:** Die Bipolarplatte trennt die einzelnen Zellen räumlich voneinander, verbindet sie elektrisch und versorgt die Elektroden mit den benötigten gasförmigen Reaktanden.

# Die wichtigsten Wasserstoff-Brennstoffzellentypen

| Name | Abkürzung | Elektrolyt | Arbeitstemperatur in °C | Hauptanwendungsgebiet |
|---|---|---|---|---|
| Alkalische Brennstoffzelle | AFC | Alkalilauge | 70–100 | Raumfahrt- und Militärtechnik |
| Membran-Brennstoffzelle | PEM | Polymermembran | 50–100 | Fahrzeugantriebe und Heizkraftwerke |
| Phosphorsäure-Brennstoffzelle | PAFC | Phosphorsäure in poröser Matrix | 160–210 | Heizkraftwerke mit 200 kW bis 1 MW |
| Schmelzcarbonat-Brennstoffzelle | MCFC | Schmelzcarbonatlösung | 650 | Heizkraftwerke mit mehreren 100 kW |
| Festoxid-Brennstoffzelle | SOFC | Festkeramischer Elektrolyt | 800–1000 | Heizkraftwerke und Kraftwerke mit 50 MW |

**Das Hot Module** ist der Prototyp eines kompakten Hochtemperatur-Brennstoffzellensystems mit einem erreichbaren elektrischen Wirkungsgrad bis zu 52 Prozent. Sein Herzstück ist ein Brennstoffzellen-Stapel, der aus rund 350 einzelnen nur etwa 1 cm dünnen Carbonat-Brennstoffzellen besteht.

ca. 3 m

ca. 2 m

ca. 3 m

ca. 4 m

ca. 2,5 m

## Es muss nicht immer Wasserstoff sein

Als Alternative zu den Wasserstoff-betriebenen Brennstoffzellen wird an Direktmethanol-Brennstoffzellen geforscht, die aufwändige Speicherung oder Erzeugung von Wasserstoff fiele hier weg. Dieser Typus ist eine abgewandelte PEM-Brennstoffzelle. Das Methanol wird am Katalysator der Anodenseite mit Wasser oxidiert. Dabei entstehen Kohlendioxid, das aus der Zelle geführt wird, und Protonen, die wie bei der „normalen" PEM-Zelle durch die Membran transportiert werden.

Auch andere Brennstoffe, allen voran Methan und andere Kohlenwasserstoffe sowie Kohlenmonoxid, sind als „Futter" für Brennstoffzellen geeignet. Auch sie benötigen weder Wasserstoff-Speicher noch -Erzeuger. Allerdings arbeiten diese Typen bei höheren Temperaturen als die Wasserstoff-Brennstoffzellen. Typisch sind 450 bis 1000 °C, zu heiß für Polymer-Membranen. Als Elektrolyte werden Carbonat-Schmelzen oder feste Metalloxide eingesetzt. Statt Protonen werden in diesem Fall Carbonat-Ionen ($CO_3^{2-}$) bzw. zweifach negativ geladene Sauerstoff-Ionen durch den Elektrolyten transportiert.

### Heiße Sache

Diese Hochtemperatur-Brennstoffzellen sind vor allem für den stationären Betrieb gedacht. Ein besonders kompakter Prototyp wurde bereits entwickelt. Zentrales Element ist ein Stahlkessel mit einem Carbonat-Brennstoffzellenstapel. Das kleine Kraftwerk erzeugt gleichzeitig Strom und Wärme in Form von heißem Wasserdampf. Im Vergleich zu herkömmlichen Gasturbinen arbeitet es etwa doppelt so effizient – und dabei fast emissionsfrei. Als Kraftstoffe können praktisch alle gasförmigen Kohlenwasserstoffe eingesetzt werden wie Erdgas, industrielle Restgase und biogene Gase. Gedacht sind die hitzigen Stromerzeuger als Ersatz für die Dieselmotoren, Gasmotoren oder -turbinen zur Eigen-Energieversorgung in Ergänzung zu öffentlichen Netzen, etwa für Rechenzentren und andere Einrichtungen, die sich keinen Stromausfall erlauben dürfen. Krankenhäuser, die Nahrungsmittelindustrie und die chemische Industrie könnten so gleichzeitig ihren Bedarf an heißem Dampf decken, der zum Sterilisieren und Desinfizieren sowie für verfahrenstechnische Prozesse benötigt wird.

### Saft ohne Steckdose

Jedes zweite elektronische Gerät ist inzwischen tragbar oder wird zumindest fern einer Steckdose betrieben. Batterien und Akkus stoßen an ihre Grenzen, denn

Prototyp einer Minibrennstoffzelle.

**Prototyp einer Minibrennstoffzelle** – über eine austauschbare Methanol-Kartusche betrieben soll er bis zu 5 Wh Energie liefern.

während Chips im letzten Jahrzehnt etwa 3000 Prozent schneller geworden sind, ist auch ihr Strombedarf gewachsen. Die Energiedichte von Batterien hat sich dagegen lediglich verdoppelt. Da hat man unterwegs gerade seinen Geistesblitz, will ihn schnell ins Notebook eintippen – und just dann macht der Akku schlapp, der heute meist nur zwei Stunden durchhält. Mini-Brennstoffzellen sind eine Lösung und könnten bald auch vom Kostengesichtspunkt her als Batterieersatz interessant werden, denn Batterien sind eine teure Angelegenheit. Statt Batterien zu wechseln oder Akkus aufzuladen würde einfach ein kleiner Tank in das Gerät geschoben, der Wasserstoff oder Methanol enthält. Prototypen von externen Zusatzgeräten zur Stromversorgung, in die Notebook oder Drucker einfach einge-

stöpselt werden, gibt es bereits. Nun wird nach kostengünstigeren Materialien für die Herstellung dieser Geräte gesucht, die für eine Massenproduktion taugen.

Für die Energieversorgung kleiner portabler Elektronikgeräte müssen die Systeme in jedem Fall integriert werden – und damit noch deutlich kleiner werden. Denn welcher Dauertelefonierer hat schon Lust, mit Handy am Ohr und einer Brennstoffzelle über der Schulter herumzulaufen? Zellen, die auf Mikrosystem-Technologie basieren, könnten zukünftig Gerätebatterien und Knopfzellen ersetzen. Für die winzigen Abmessungen gibt es bisher allerdings keine geeigneten Wasserstoffspeicher. Die Forschungen konzentrieren sich daher bei diesen „Minis" auf Direktmethanol-Brennstoffzellen.

## Wasserstoff für Brennstoffzellen

Brennstoffzellenantriebe für Fahrzeuge werden sich auf breiter Basis wohl erst durchsetzen können, wenn das aufwändige „Nachtanken" von Wasserstoff entfällt. Entsprechend wird an transportablen Wasserstofferzeugern gearbeitet. Die üblichen Herstellverfahren aus Erdölprodukten sind für kleine, leichte Aggregate nicht sonderlich geeignet. Eine interessante Alternative könnte die Wasserstofferzeugung aus Kohlenhydraten sein, die aus Biomasse gewonnen werden. Und das geht so: In einem katalytischen Reforming-Prozess werden die Ausgangsstoffe bei ca. 225 °C unter Druck in flüssigem Wasser zu Kohlenmonoxid (CO) und Wasserstoff gespalten. In einer Folgereaktion, dem so genannten Wassergas-Shift, wird dann CO mit Wasserdampf zu $CO_2$ und wiederum zu Wasserstoff umgesetzt. Da beide Reaktionen im gleichen vergleichsweise niedrigen Temperaturbereich laufen, können sie gemeinsam in einem Reaktor stattfinden – ein besonderer Vorteil für transportable Wasserstoff-Erzeuger. Zudem können die Reaktionsbedingungen so eingestellt werden, dass der erzeugte Wasserstoff kaum noch CO enthält. Das ist wichtig, denn Kohlenmonoxid ist ein Katalysatorgift und beeinträchtigt die Funktion der Brennstoffzelle. Bei den klassischen Verfahren muss das CO in einem zusätzlichen, aufwändigen Verfahrensschritt erst auf Brennstoffzellen-taugliches Level gesenkt werden. Entsprechend groß und schwer sind diese konventionellen Aggregate.

# Schwarzes Gold

... nannte man zu Beginn des Erdöl-Zeitalters die zähflüssige schwarzbraune Masse, die nach zahlreichen Probebohrungen dann endlich aus dem Bohrloch sprudelte. Ging man früher verschwenderisch mit den fossilen Rohstoffen um, haben wir heute erkannt, dass die Vorräte von Mutter Natur begrenzt sind. Erdöl ist nicht nur Ausgangsstoff für Heizöl, Benzin und Diesel, sondern auch Rohstofflieferant Nummer eins der chemischen Industrie.

### 7:46 – Ab ins Auto

*Wo steckt denn schon wieder mein Autoschlüssel? Moment, als ich gestern nach Hause gekommen bin, da hatte ich doch den roten Mantel an. Und der ist wo? Im Kleiderschrank, manchmal bin ich ja doch richtig ordentlich! Na also, da ist ja der Schlüssel, er steckt noch in der Manteltasche. Jetzt aber nichts wie los, ich komme sonst wirklich noch zu spät. Der Tank ist auch schon wieder auf Reserve, aber für heute wird das Benzin hoffentlich noch reichen.*

Schätze aus den Vorratskammern unserer Erde sind heute noch immer die mit Abstand wichtigsten Energieträger der industrialisierten Welt. Aber nicht nur das, Erdöl und Erdgas bilden auch die Rohstoffbasis für unsere chemische Industrie. Während früher Kohle Rohstoff- und Energiequelle Nummer eins war, begann Mitte des vergangenen Jahrhunderts der Umstieg auf Erdöl und Erdgas (siehe Kapitel *„Familiäre Angelegenheiten"*). Heute werden bereits etwa 95 % der organischen Chemikalien aus Erdöl und Erdgas hergestellt. Aber nur etwa 7 bis 8 % des weltweit geförderten Rohöls werden überhaupt petrochemisch verarbeitet, der Löwenanteil wird zur Energiegewinnung direkt verbrannt – in Form von Ottokraftstoffen, Diesel und Heizölen.

## Plankton im Tank

Erdöl entstand vermutlich, weil tote Kleinstlebewesen in den Meeren der Erde mangels Sauerstoff nicht verwesen konnten. Unter dem Einfluss hoher Drücke und Temperaturen wurde diese Biomasse statt dessen in Erdöl umgewandelt, das sich in den Poren geeigneter Speichergesteine sammelte. Die so entstandene viskose Flüssigkeit besteht zu 85 bis 90 % aus Kohlenwasserstoffen (siehe Kasten Seite 53). Neben den Kohlenwasserstoffen lassen sich über 500 weitere Verbindungen in Erdöl nachweisen. Erdöl aus verschiedenen geographischen Regionen hat eine unterschiedliche Zusammensetzung und entsprechend auch unterschiedliche Eigenschaften.

## Sprudelnde Quellen

Um vom „schwarzen Gold" zum goldgelben Motoröl und fast wasserklaren Benzin zu kommen, ist es ein weiter Weg. Die Erdölförderung startet im Allgemeinen mit der Eruptivförderung: Das Öl schießt durch den natürlichen Lagerstättendruck von selbst aus dem Bohrloch. Lässt der Druck nach, muss das Öl herauf gepumpt werden. Während der anschließenden „Sekundärförderung" wird der Lagerstättendruck durch Gasinjektionen und in die Lagerstätte eingepresstes Wasser wieder erhöht, damit weiter gefördert werden kann. Eine Fundstätte kann auf diese Weise zu etwa 35 bis 60 % ausgebeutet werden.

Bereits auf dem Ölfeld werden die flüchtigen Bestandteile Methan, Ethan, Propan und Butan aus dem Rohöl abgetrennt. Dazu reicht es, den Druck, unter dem das Erdöl unter der Erde steht, in Gasseparatoren langsam und vorsichtig auf Atmosphärendruck zu reduzieren. Die Abtrennung muss in jedem Fall vor dem Transport des Rohöls erfolgen, andernfalls besteht Explosionsgefahr. Die so gewonnenen Gase sind wichtige petrochemische Rohstoffe und werden als Brenn- und Flüssiggase sowie als Heizstoffe für die Industrie genutzt.

Das aus dem Boden kommende Rohöl muss zunächst vom mitgeführten Wasser, von Salzen und fein verteilten Feststoffen befreit werden. Salzhaltiges Lagerstättenwasser und zum Fluten eingesetztes Wasser ist in winzigen Tröpfchen in der Ölphase feinst verteilt. Um diese sehr stabilen Wasser-in-Öl-Emulsionen zu trennen, werden Hilfsstoffe, so genannte Demulgatoren, eingesetzt. Es handelt sich dabei um spezielle Polymere, die schon in Mengen von 10 bis 50 g eine Tonne Rohölemulsion in Wasser und Öl aufteilen können. Feste Verunreinigungen werden durch eine Sedimentation in Sammeltanks vom Öl getrennt. Zu guter Letzt wird der Salzgehalt des Öls durch aufwändige Entsalzungsanlagen auf ein absolutes Minimum von etwa 0,005 Gewichtsprozent reduziert.

Dann geht es für das Rohöl auf eine mitunter lange Reise. Über 1000 km lang können Pipelines sein, durch die das Öl gepumpt wird. Oder es geht per Schiff und Tankwagen um die halbe Welt. Ziel ist eine der zahlreichen Raffinerien, wo das Röhöl im Wesentlichen destilliert, gecrackt und reformiert wird.

## Destillieren

Als erstes wird das Rohöl einem Trennprozess unterzogen, der sich fraktionierte Destillation nennt. Das Öl wird nach und nach auf 350 °C erhitzt. Dabei verdampfen alle Bestandteile, die einen Siedepunkt unterhalb dieser Temperatur aufweisen. Die Dämpfe steigen in die Destillationskolonne auf. Die Kolonne hat – vereinfacht gesprochen – viele „Etagen", und nach oben hin werden diese Etagen immer kühler. So bald ein dampfförmiger Stoff die Etage erreicht, die seiner Siedetemperatur entspricht, kondensiert er, wird also wieder flüssig. Auf dem „Dach" der Kolonne werden die leicht flüchtigen Gase abgezogen, die gar nicht mehr kondensieren, auf den einzelnen Etagen werden die verschiedenen „Mitteldestillate" abgezogen, und unten im „Keller" bleibt ein Rückstand übrig. Der Rückstand wird dann einer weiteren Destillation, diesmal aber unter Vakuum, unterzogen. Im Vakuum, also bei sehr geringem Druck, sieden Stoffe bereits

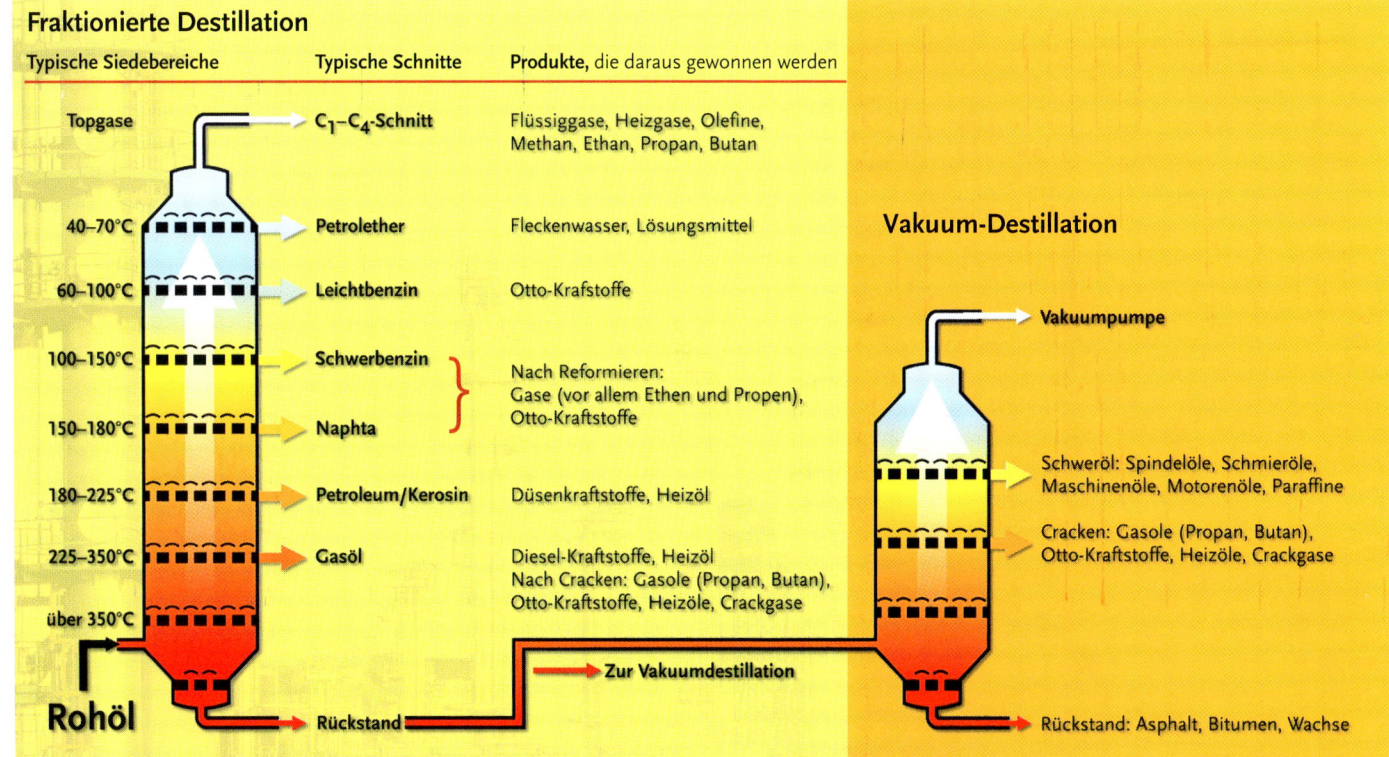

## Fraktionierte Destillation

| Typische Siedebereiche | Typische Schnitte | Produkte, die daraus gewonnen werden |
|---|---|---|
| Topgase | $C_1$–$C_4$-Schnitt | Flüssiggase, Heizgase, Olefine, Methan, Ethan, Propan, Butan |
| 40–70°C | Petrolether | Fleckenwasser, Lösungsmittel |
| 60–100°C | Leichtbenzin | Otto-Kraftstoffe |
| 100–150°C | Schwerbenzin | Nach Reformieren: Gase (vor allem Ethen und Propen), Otto-Kraftstoffe |
| 150–180°C | Naphta | |
| 180–225°C | Petroleum/Kerosin | Düsenkraftstoffe, Heizöl |
| 225–350°C | Gasöl | Diesel-Kraftstoffe, Heizöl Nach Cracken: Gasole (Propan, Butan), Otto-Kraftstoffe, Heizöle, Crackgase |
| über 350°C | | |

**Rohöl** — Rückstand — Zur Vakuumdestillation

### Vakuum-Destillation

Vakuumpumpe

Schweröl: Spindelöle, Schmieröle, Maschinenöle, Motorenöle, Paraffine

Cracken: Gasole (Propan, Butan), Otto-Kraftstoffe, Heizöle, Crackgase

Rückstand: Asphalt, Bitumen, Wachse

**Bei der fraktionierten Destillation** wird das Rohöl in einzelne Schnitte mit unterschiedlichen Siedebereichen aufgetrennt. Wie diese Schnitte gesetzt werden und wie die erhaltenen Fraktionen bezeichnet werden, kann sehr stark variieren.

Der verbleibende Rückstand wird im Anschluss nochmals im Vakuum destilliert, um hochsiedende Verbindungen zu gewinnen.

# Knapp oder nicht?

Wie groß die Reserven an Erdöl und Erdgas wirklich sind, darüber kann nur spekuliert werden (siehe Kapitel „Rund um die Uhr Chemie"). Während zeitweise düstere Prognosen vorherrschten, die ein baldiges Aus für unsere Petrochemie, unsere Benzin- und Dieselmotoren und unsere Öl- und Gasheizungen vorhersagten, ist inzwischen wieder ein gewisser latenter Optimismus angesagt. Im Jahre 1960 schätzte man die Reichweite der nachgewiesenen Reserven auf rund 38 Jahre. Diese Annahme wurde mit dem Auffinden von neuen Feldern laufend revidiert. Im Jahr 2001 wurde die Reichweite bei gleichbleibendem Verbrauch auf 40 Jahre geschätzt.

Dass der Trend so weitergehen wird und ständig neue Fundstätten entdeckt werden, darf wohl bezweifelt werden. Ein „Augen zu und weiter so" kann sicher nicht die Lösung sein. Vor allem ist das Öl, das ein so wertvoller Rohstoff für Chemieprodukte ist, eigentlich viel zu schade, um verheizt oder in Form von Benzin und Diesel verbrannt und aus dem Auspuff geblasen zu werden.

In diesem Zusammenhang sei noch vor Begriffsverwirrungen gewarnt: Als *Reserven* werden diejenigen Mengen an Erdöl bezeichnet, die in einer Lagerstätte nachgewiesen sind und mit bekannter Technologie auch wirtschaftlich gefördert werden können, also die tatsächlich gewinnbaren Mengen. Als *Ressourcen* bezeichnet man die Mengen, die geologisch nachgewiesen, derzeit aber nicht wirtschaftlich nutzbar sind, plus die Mengen, die zwar nicht nachgewiesen sind, aber vom geologischen Standpunkt aus in dem betreffenden Gebiet mit hoher Wahrscheinlichkeit erwartet werden dürfen.

bei wesentlich niedrigeren Temperaturen als bei Atmosphärendruck. So können weitere hochsiedende Verbindungen aus dem Rückstand abgetrennt werden. Bei der Auftrennung des Rohöls in einzelne Fraktionen bietet die Destillation gewisse Spielräume. So gibt es im Grenzbereich zwischen den verschiedenen Kohlenwasserstoffgruppen, den „Schnitten", Bestandteile, die sowohl dem einen wie dem anderen Schnitt zugeordnet werden können. Außerdem kann die Zusammensetzung des Rohöls je nach Herkunftsort stark variieren. Die Bezeichnungen für die einzelnen Schnitte sowie die in der Abbildung angegebenen Siedebereiche sind daher lediglich ein grober Anhaltspunkt und können von Raffinerie zu Raffinerie oder in verschiedenen Literaturquellen durchaus deutlich von einander abweichen.

## Cracken

Da die meisten Rohöle nicht genügend Leichtsieder enthalten, um die hohe Nachfrage nach Benzin und leichtem Heizöl zu sättigen, müssen auch die schwereren, höher siedenden Fraktionen genutzt werden. Sie enthalten längere Molekülketten, die sich in kleinere Fragmente spalten lassen. Das macht man beim so genannten Cracken, bei dem die

eingesetzten Destillationsrückstände in einem Streamcracker kurzzeitg auf etwa 500 bis 900 °C – teilweise in Anwesenheit eines Katalysators – erhitzt werden. Dabei brechen Kohlenstoff-Kohlenstoff-Bindungen auf. Als Crackprodukt erhält man wiederum ein Gemisch aus Gasen, Mitteldestillaten und schweren Rückständen, das destillativ getrennt werden kann. Beim Cracken fallen auch Olefine an, Kohlenwasserstoffe, die eine oder mehrere Doppelbindungen enthalten, insbesondere Ethen (historisch und auch heute noch vielfach als Ethylen bezeichnet), Propen (Propylen), Buten (Butylen) und Butadien. Sie sind wichtige Rohstoffe für die chemische Industrie. Ethen ist beispielsweise der Ausgangsstoff für den Kunststoff Polyethylen, Propen Ausgangsstoff für Polypropylen, und aus Butadien stellt man synthetische Kautschuke her. Neben diesen Olefinen entstehen flüssige aromatische Spaltprodukte. Aromaten sind zyklische Kohlenstoff-Verbindungen mit konjugierten Doppelbindungen (siehe Kasten „Kohlenwasserstoffe"). Die Aromaten Benzol, Toluol und Xylol sind wichtige Rohstoffe beispielsweise für die Herstellung von Produkten wie Polystyrol, Nylon, Polyurethanen, Polyestern und bestimmten Lacken.

Den Crackprozess kann man auch so steuern, dass beim Cracken so genanntes Synthesegas entsteht, eine Gasmischung, die hauptsächlich aus Kohlenmonoxid und Wasserstoff besteht. Synthesegas ist Ausgangsstoff für viele Synthesen, etwa die Herstellung von Methanol, und liefert den für die Ammoniaksynthese nach dem Haber-Bosch-Verfahren benötigten Wasserstoff. Bei diesem sehr wichtigen großtechnischen Verfahren werden Stickstoff und Wasserstoff bei sehr hohen Drücken und Temperaturen katalytisch zu Ammoniak ($NH_3$) umgesetzt (siehe Kapitel „Der Natur auf die Sprünge helfen").

## Schwefel

Weniger bekannt dürfte es sein, dass noch ein ganz anderer Rohstoff aus Erdöl und Erdgas gewonnen wird: elementarer Schwefel. Bei der Aufarbeitung von schwefelwasserstoffhaltigem Erdgas fallen allein in Deutschland mehr als eine Million Tonnen Schwefel an. Schwefelwasserstoff, der bis zu einem Anteil von 22 % in Erdgas

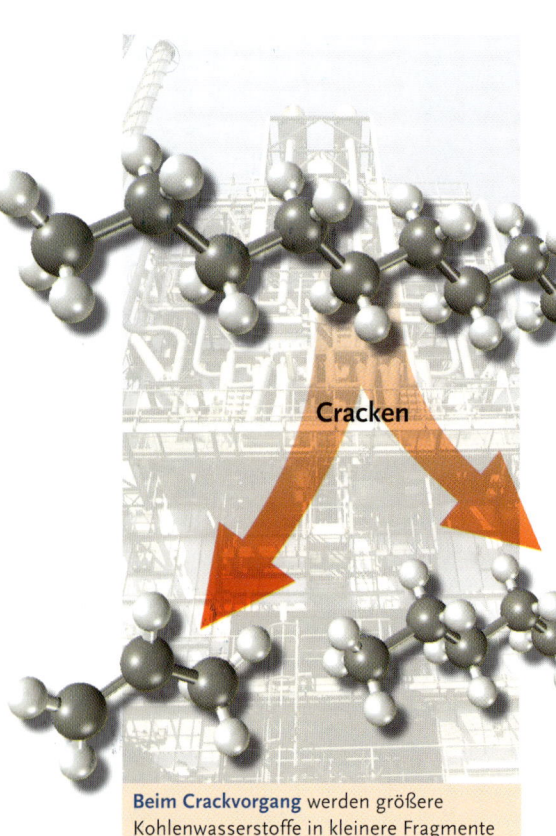

Cracken

**Beim Crackvorgang** werden größere Kohlenwasserstoffe in kleinere Fragmente aufgespalten. Auf diese Weise kann man beispielsweise auch die schwereren Erdölfraktionen zur Herstellung von Otto-Kraftstoffen nutzen.

enthalten sein kann, ist toxisch und korrosiv und muss daher in jedem Fall entfernt werden. Mit speziellen Lösungsmitteln kann er ausgewaschen werden. Der so extrahierte Schwefelwasserstoff wird teilweise zu Schwefeldioxid verbrannt, bis eine Mischung aus zwei Teilen Schwefelwasserstoff und einem Teil Schwefeldioxid entsteht. An einem Katalysator kann diese Mischung dann zu elementarem Schwefel und Wasser umgesetzt werden. In der chemischen Industrie braucht man Schwefel hauptsächlich zur Produktion der Grundchemikalie Schwefelsäure.

Außer Schwefelwasserstoff sind aber noch andere schwefelhaltige Stoffe enthalten. Diese teilweise hochkomplexen Schwefelverbindungen setzen bei der Verbrennung in Motoren oder Heizanlagen Schwefeloxide frei, die die Umwelt belasten. So sind diese Bestandteile von Autoabgasen etwa mit Schuld an unserem Sommersmog. Sie müssen deshalb natürlich so gut es geht aus den Erdöldestillaten entfernt werden.

Und das wird im so genannten Hydrofiner erledigt. Hier werden die entsprechenden Rohfraktionen oder Rohkraftstoffe mit Wasserstoff vermischt und bei Temperaturen von etwa 400 °C und Drücken von 25 bis 70 bar über einen Katalysator geleitet. Dabei reagiert der Schwefel aus den organischen Schwefelverbindungen zu Schwefelwasserstoff ab und kann entfernt werden.

## Reformieren

Beim Reformieren oder „Veredeln" wird das aus der Destillation erhaltene Schwerbenzin (oder auch andere Fraktionen) erneut erhitzt und unter Druck in mehrere hintereinander geschaltete Reaktoren geleitet. In Gegenwart eines Katalysators entstehen dabei aus Mischungen mit niedriger Oktanzahl hochoktanige Motorkraftstoffe, das so genannte Reformatbenzin. Die Oktanzahl ist ein Maß für die Klopffestigkeit eines Kraftstoffs für Ottomotoren. Klopfen entsteht durch unregelmäßige oder vorzeitige Selbstentzündungen des Kraftstoffs vor der Flammfront. Größere unverzweigte Kohlenwasserstoffketten neigen wesentlich stärker zum Klopfen als verzweigte Ketten. Beim Reformieren werden Bestandteile des Schwerbenzins in stärker verzweigte Ketten sowie in aromatische Kohlenwasserstoffe umgewandelt.

## Energie aus dem ewigen Eis

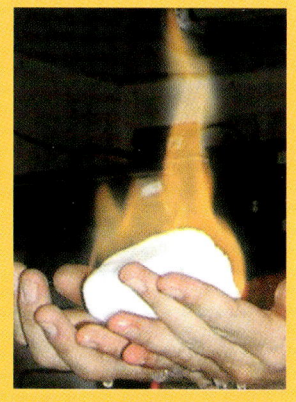

Zwei drängende Probleme unserer Zeit – die knapper werdenden fossilen Brennstoffe und die globale Erwärmung durch vermehrte Freisetzung von Kohlendioxid – in einem Aufwasch zu lösen, das wäre so etwas wie der Stein der Weisen. Ideen sind jedenfalls vorhanden, wie das gehen könnte. Eine davon sieht so aus: Vor einiger Zeit wurden riesige Vorkommen an „brennbarem Eis" an den Grenzen der Kontinentalplatten und in den Regionen des ewigen Eises entdeckt. Brennbares Eis ist Methanhydrat, bei tiefen Temperaturen und hohen Drücken entstand es aus Methan und Wasser, die bei der Verwesung von Kleinstlebewesen frei wurden. Aus diesen Reservoirs möchte man nun gerne Methan freisetzen, ein Gas, das relativ sauber verbrennt. Schätzungen zur Folge soll die in dieser Form vorkommende Menge an Methan die Menge der in anderen fossilen Vorkommen gespeicherten Energieträger bei weitem übertreffen. Also eine Energiequelle der Zukunft? Ganz so trivial ist das Vorhaben nicht, denn das Methan bildet keine „Gasblase", sondern ist in fester Form, in eisartigen Kristallen, gebunden. Dieses Methan ließe sich aber aus seinem eisigen Gefängnis befreien – durch Einpressen von Kohlendioxid. Welch elegantes Verfahren, würde doch der Störenfried Kohlendioxid dabei dauerhaft in der Tiefe eingesperrt. Gruß aus Utopia oder potenzielle Zukunftstechnologie? Laborexperimente und Computersimulationen haben ergeben, dass es prinzipiell möglich wäre. Was aber letztlich über Erfolg oder Misserfolg der Technologie entscheiden wird, ist eine Reihe von Details, wie die Verteilung des Methanhydrats im Sediment und vor allem die Größe der Kriställchen innerhalb eines konkreten Lagers, da diese Faktoren einen großen Einfluss auf die Methan-Ausbeute haben werden.

## Kohlenwasserstoffe

Kohlenwasserstoffe sind organische Verbindungen, die nur aus Kohlenstoff und Wasserstoff bestehen. Sie bilden das Rückgrat der organischen Chemie. Nach der Art des Kohlenstoff-Gerüstes unterscheidet man zwischen azyklischen und zyklischen Verbindungen. Die azyklischen nennt man aliphatische Kohlenwasserstoffe oder Aliphaten. Zu den Aliphaten zählen die wichtigen Klassen der Alkane (Paraffine), Alkene (Olefine) und Alkine (Acetylene). Alkane enthalten ausschließlich Einfachbindungen, Alkene weisen eine oder mehrere Doppelbindungen zwischen Kohlenstoffatomen auf und Alkine eine oder mehrere Dreifachbindungen. Die aliphatischen Kohlenwasserstoffketten können linear oder verzweigt sein.

Bei den zyklischen Kohlenwasserstoffen gibt es Cycloalkane, Cycloalkene und Cycloalkine – und die große Gruppe der aromatischen Kohlenwasserstoffe. Typischer Vertreter der Aromaten ist der Sechsring Benzol. Der Begriff aromatisch bedeutet in der Chemie, dass es sich um eine Verbindung handelt, bei der die Kohlenstoffatome abwechselnd über Einfach- und über Doppelbindungen verknüpft sind. Diese Verbindungen verhalten sich aber anders als „normale" Cycloalkene. Der Grund ist darin zu sehen, dass die Elektronen in dieser Konstellation der alternierenden Einfach- und Doppelbindungen nicht „an ihrem Platz" bleiben, sondern sich quasi frei über das gesamte aromatische System bewegen können, da sich eine Art „gemeinsamer Elektronenbahn" ausbildet. Solchermaßen „verschmolzene" Doppelbindungen nennt man konjugierte Doppelbindungen.

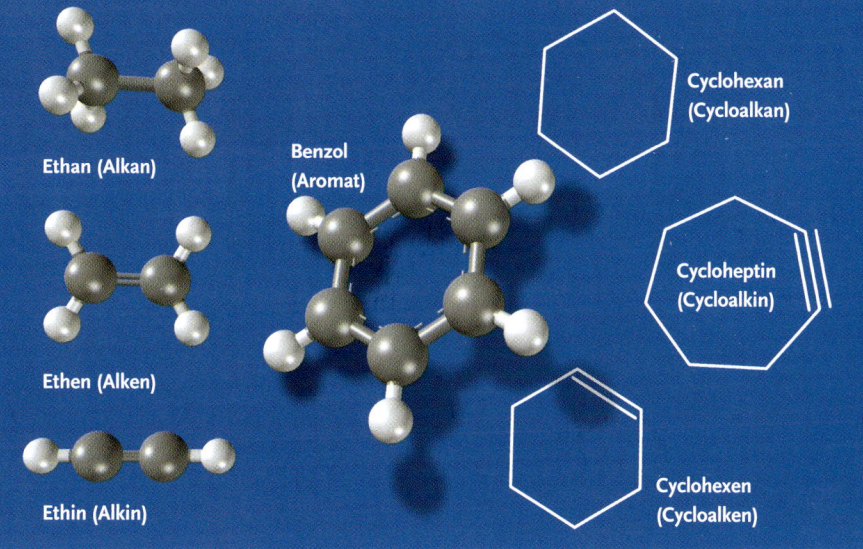

Ethan (Alkan)

Ethen (Alken)

Ethin (Alkin)

Benzol (Aromat)

Cyclohexan (Cycloalkan)

Cycloheptin (Cycloalkin)

Cyclohexen (Cycloalken)

Kraftstoffe aus Erdöl gibt es an jeder Tankstelle problemlos. Bei Biodiesel aus Raps muss man manchmal noch suchen.

## Kraftstoffe

Bevor nun Otto- oder Dieselmotoren mit den Kraftstoffen gefüttert werden können, müssen noch verschiedene Hilfsstoffe zugesetzt werden. Beim Benzin sind dies beispielsweise Antioxidationsmittel sowie Mittel, die eine Eisbildung im Vergaser und Ablagerungen im Einlasssystem verhindern. Diesel dagegen braucht Stoffe, die seine Fließeigenschaften, die Leitfähigkeit und die Schmierfähigkeit verbessern.

## Benziner oder Diesel?

Für viele ist das tatsächlich so etwas wie eine Glaubensfrage, im Grunde ist es zunächst einmal eine Frage der Technik. Aber was ist eigentlich der Unterschied zwischen Benzin- oder Dieselmotoren?

Im Ottomotor wird das zündfähige Kraftstoff-Luft-Gemisch verdichtet und durch den Funken einer Zündkerze gezündet. Ottomotoren brauchen einen klopffesten Treibstoff, das heißt einen, der sich nicht von selbst entzündet: Benzin. Der Dieselmotor arbeitet dage-

einem etwas höheren Wirkungsgrad und verbraucht weniger Kraftstoff.

Hauptkomponenten beider Kraftstofftypen sind Aromaten, Paraffine, Naphthene und Olefine, aber die genaue Zusammensetzung ist für Benzin und Diesel sehr unterschiedlich – schließlich stammen sie aus verschiedenen Fraktionen der Rohöl-Raffination. Benzin wird aus dem Leichtbenzin-Schnitt, reformiertem Schwerbenzin und Naphtha sowie den Crackprodukten der schwereren Schnitte gewonnen. Diesel stammt vorwiegend aus der Gasöl-Fraktion.

Entscheidender Unterschied ist die Oktanzahl. Während Benzinmotoren Kraftstoffe mit hohen Oktanzahlen benötigen, mögen Dieselmotoren niedrige Oktanzahlen. Die Oktanzahl, Maß für die Klopffestigkeit von Ottokraftstoffen, folgt einer willkürlich zwischen 0 und 100 festgelegten Skala. Um den Wert für einen bestimmten Kraftstoff zu ermitteln, wird dieser mit einer Mischung aus klopffestem Isooctan (Oktanzahl 100) und klopffreudigem, unverzweigtem Heptan (Oktanzahl 0) verglichen.

## Bitte nicht klopfen

Die Oktanzahl ist auch der Hauptunterschied zwischen den Benzinsorten Normal (ROZ 91), Super (ROZ 95) und SuperPlus (ROZ 98). ROZ ist die Abkürzung für Research-Oktanzahl. Zur Verbesserung der Klopfeigenschaften wird Ottokraftstoffen in deutschen Raffinerien überwiegend das Additiv Methyl-tertiär-Buthyl-Ether (MTBE) zugegeben. Daneben haben andere Ether eine gewisse Bedeutung. Ether sind Kohlenwasserstoffverbindungen, die ein Sauerstoffatom zwischen zwei Kohlenstoffatomen enthalten. Die Oktanzahlen dieser Verbindungen liegen oberhalb von 100. SuperPlus kann bis zu 13,1 Vol% MTBE enthalten.

MTBE sorgt seit etwa zwanzig Jahren für die Klopffestigkeit des bleifreien Benzins. Früher wurde statt MTBE Bleitetraethyl oder Bleitetramethyl eingesetzt. Bleiverbindungen belasten jedoch nicht nur die Umwelt, sondern wirken auch als Katalysatorgift. Daher musste mit Einführung der Abgaskatalysatoren auf bleifreies Benzin umgesattelt werden. Die Wirkung der Bleiverbindungen beruhte darauf, dass diese Additive freie Radikale abfangen, die sich bei der Verbrennung des Benzins bilden. Freie Radikale sind Moleküle, die

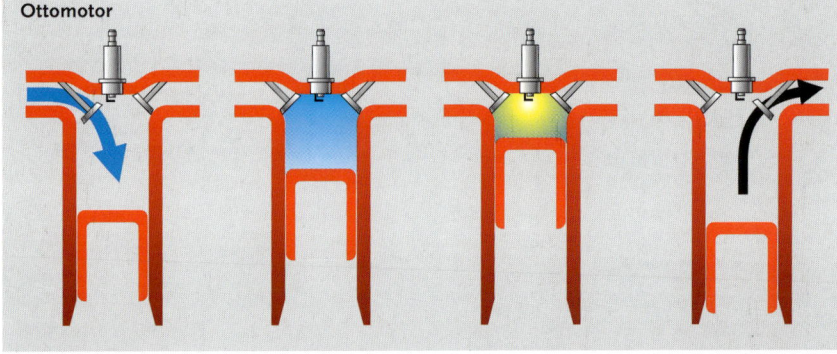

Ottomotor

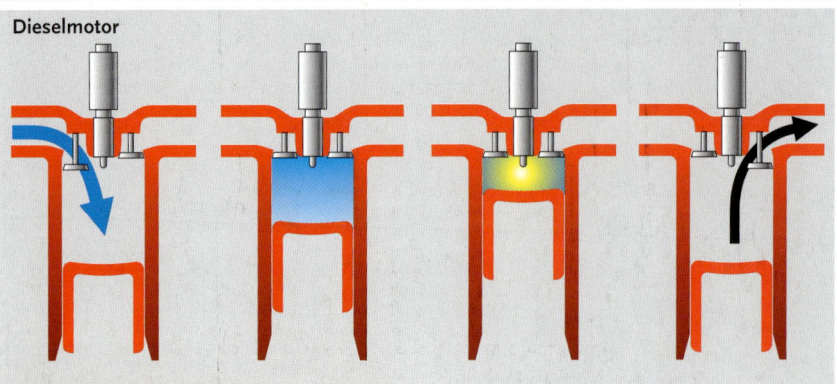

Dieselmotor

**Prinzip der Verbrennungsmotoren**, oben ein Ottomotor für Benziner, unten ein Dieselmotor. Beim Ottomotor wird das Benzin-Luft-Gemisch komprimiert und durch die Zündkerze gezündet. Beim Dieselmotor zündet das Kraftstoff-Luft-Gemisch beim Verdichten von selbst.

gen nur, wenn der Treibstoff genau das tut, was das Benzin nicht soll – nämlich sich selbst entzündet: Die Luft wird im Dieselmotor so hoch verdichtet, dass sich der eingespritzte Kraftstoff nach der Vermischung mit der heißen Luft von selbst entzündet. Dieses Prinzip arbeitet mit

ein einzelnes, also ungepaartes Elektron aufweisen. Da diese Elektronen sehr bestrebt sind, wieder Teil eines Elektronenpaares zu werden, sind diese Verbindungen hochreaktiv. Wenn sie ein anderes Molekül angreifen, entstehen aber weitere Radikale – es kommt zu einer Kettenreaktion, die zu einer explosionsartigen Selbstentzündung des Benzin/Luft-Gemisches außerhalb der Flammfront führt, die als Klopfen bezeichnet wird. Antiklopfmittel verhindern dies, indem sie die Kettenreaktion abbrechen. Sie reagieren mit den Radikalen; dabei bilden sich zwar auch wieder Radikale, die aber wesentlich reaktionsträger sind.

Der Fahrzeughersteller gibt an, welche Oktanzahl der Motor benötigt. Wird Kraftstoff mit einer zu niedrigen Oktanzahl getankt, kann der Motor „Klopfschäden" erleiden – im Extremfall einen massiven Motorschaden. Oh weh, die falsche Zapfpistole erwischt!?!?! Eine höherwertige Kraftstoffqualität kann man bedenkenlos tanken. Umgekehrt ist das aber keineswegs zu empfehlen: Durch das Tanken von Normal anstatt Super wird die Oktanzahl abgesenkt. Wurde nur relativ wenig Normalbenzin eingefüllt, kann der Tankinhalt durch verhaltenes Weiterfahren reduziert und dann mit SuperPlus aufgefüllt werden. Im Extremfall kann es aber notwendig sein, den Tank komplett zu entleeren, um den Motor vor Klopfschäden zu schützen. Und was, wenn der Ottomotor aus Versehen gar mit Diesel betankt wurde? Schon wenige Prozent Dieselkraftstoff im Benzin führen zu einer erheblichen Absenkung der Oktanzahlen. Zudem verursachen schon relativ geringe Mengen Diesel im Benzin eine Motorenölverdünnung. Durch den zu hohen Ölstand kann es zu Katalysator- und Motorschäden kommen. Fazit: Der gesamte Kraftstoff muss aus dem Tank abgepumpt werden!!

Umgekehrt macht ein wenig Benzin im Diesel nicht viel aus. Eine komplette Tankladung Benzin legt den Dieselmotor jedoch lahm, er springt gar nicht mehr an – Abpumpen ist nicht zu vermeiden.

## Cetan statt Oktan

... gilt für Diesel: Die Cetanzahl ist ein Maß für die Zündwilligkeit eines Dieselkraftstoffs und hat einen maßgeblichen Einfluss darauf, wie die Verbrennung im Dieselmotor abläuft. Denn nur wenn der Kraftstoff auch „willig" ist, sich nach Einspritzung in die verdichtete heiße Luft selbst zu entzünden, kommt eine Verbrennung zustande. Die Zündwilligkeit gibt Auskunft über den Zündverzug, also den Zeitraum, der zwischen Einspritzung und Selbstentzündung liegt. Die Cetanzahl ist der in Volumenprozent ausgedrückte Anteil an Cetan in einer Mischung aus Cetan und $\alpha$-Methylnaphtalin, der bei den gewählten Versuchsbedingungen in einem Prüfmotor denselben Zündverzug ergibt wie die zu untersuchende Dieselprobe. Gute Zündwilligkeit eines Kraftstoffs bedeutet günstiges Startverhalten und ruhigen Lauf des Dieselmotors; bei großem Zündverzug tritt das bekannte „Nageln" akustisch in Erscheinung.

## Heizöl tanken?

Im Prinzip läuft ein Dieselmotor auch mit dem wesentlich billigeren Heizöl – die Mineralölsteuer auf diese Weise zu umgehen, ist selbstverständlich strafbar. Zur Unterscheidung wird Heizöl mit einem roten Farbstoff gekennzeichnet, der bei einer Kontrolle besser nicht im Tank des Autos entdeckt werden sollte. Geizhälse sollten zudem bedenken, dass die im Diesel enthaltenen Additive nicht ohne guten Grund zugegeben werden und ob die eingesparte Mineralölsteuer das Risiko von Schäden am Motor überhaupt wert wäre.

Bei den Heizölen unterscheidet man zwischen verschiedenen Sorten, die nach ihrer „Schwere" eingeteilt werden. Für Kleinhaushalte werden üblicherweise Heizöle EL, das heißt extra leichtflüssig, verheizt. Sie sind meist Gemische von Gasöl- und Kerosinfraktionen, denen Crackkomponenten beigemischt werden. Für die Befeuerung von Industrieanlagen werden auch sehr schwerflüssige Heizöle eingesetzt, die wesentlich kostengünstiger sind.

## Nur Fliegen ist schöner

Und was tanken Flugzeuge? Kleinere Flugzeuge mit Ottomotoren tanken Flugbenzin, ein leichtes Benzin mit Oktanzahlen von 80 bis 145. Düsenflugzeuge brauchen Flugturbinen-Kerosin oder Flugturbinen-Benzin. Diese Düsenkraftstoffe, die vor allem aus der Kerosin-Fraktion gewonnen werden, dürfen nicht zu viele leicht siedende Bestandteile enthalten und müssen einen hohen Heizwert aufweisen. Die Oktanzahl ist dagegen unwichtig.

# Ölpest

Man hat es oft genug gehört: Ein Liter Öl verseucht eine Million Liter Trinkwasser. Warum ist die Wirkung von Erdöl in der Umwelt eigentlich derart verheerend? Öl-Wasser-Gemische sind extrem schwer zu trennen. Das Öl schwimmt als undurchdringlicher Film auf der Wasseroberfläche und macht damit den Gasaustausch an der Oberfläche – zum Beispiel den Sauerstoffaustausch zwischen dem Meer und der Luft – unmöglich. Auch wenn Öl in das Erdreich eindringt, ist der Gasaustausch unterbunden. Mikroorganismen im Boden und im Wasser benötigen aber Sauerstoff und sind darauf angewiesen, dass das beim Stoffwechsel entstehende Kohlendioxid abgeführt werden kann. Der Gasaustausch mit der Atmosphäre ist für die Organismen lebenswichtig. Die leichtflüchtigen Bestandteile des Rohöls verdunsten meist innerhalb weniger Tage, der Rest verklumpt und verschmiert Tiere wie Vögel, Robben und Fische, die qualvoll verenden, weil das Öl ihre Poren zusetzt.

Lecks in Pipelines und Vorratsbehältern sowie Transportunfälle können weite Areale verseuchen. Die wohl bekanntesten Tankerhavarien waren der Unfall der Amoco Cadiz 1978 und der Exxon Valdez 1989. Doch schon die unsachgemäße Entsorgung von Altöl im Haushalt oder KFZ-Bereich ist eine nicht zu unterschätzende Belastung für die Umwelt.

Um eine Ölpest rasch und effektiv bekämpfen zu können, sucht man nach neuen ungiftigen Kunststoffen, die fettfreundlich und wasserabweisend sind, sodass sich Öl und Wasser besser trennen lassen. Einige Kunststoffe (Polyurethane, siehe Kapitel *Weinende Bäume und der Gott des Feuers*), die Öl aufsaugen und so die Wasseroberfläche reinigen, werden bereits eingesetzt. Das Öl heftet sich nahezu vollständig an die Schaumstoff-Stückchen, die sich dann von der Wasseroberfläche absammeln lassen.

Außerdem kennt man inzwischen einige Hefen und Bakterien, die Erdöl als Nährstoff verstoffwechseln und so für einen mikrobiellen Abbau des ausgelaufenen Öls sorgen könnten.

# Bio? Find ich gut!

**Will man gesund leben, und das nicht auf Kosten der Umwelt, scheint „Bio-..." heutzutage ein Muss zu sein. Bio-Gemüse und Bio-Fleisch vom Bio-Landwirt, Bio-Putzmittel und Bio-Tonne – die Liste der „Bio-Errungenschaften" kann beliebig verlängert werden. Abgesehen von der Frage, ob Bio drin ist, wo Bio drauf steht, wird erst beim genauen Recherchieren deutlich, dass der offensichtliche Bio-Vorteil in einer Gesamtbetrachtung oft nur ein scheinbarer ist.**

Während das bleifreie Benzin in den Tank meines Wagens läuft, sehe ich mich an der Tankstelle um. An einer der Zapfsäulen springt mir ein Schild ins Auge: „Bio-Diesel". Ein junger Mann füllt an dieser Zapfsäule noch einen zusätzlichen Kanister ab, nachdem er seinen Wagen betankt hat. Mir scheint, die Normal-Benziner würdigt er mit verhohlenem Stolz nur eines herablassenden Blickes. Vom Preis her gibt es nahezu keinen Unterschied zum gewöhnlichen Diesel. Den Vorratskanister braucht er wohl, da Bio-Diesel nicht überall erhältlich ist. Umweltbewusst will er handeln, das ist offensichtlich. Aber tut der Mann tatsächlich etwas für die Umwelt, geht es mir durch den Kopf? Etwa mehr als ich mit bleifreiem Benzin? Mir scheint, er weiß ein paar Dinge nicht, die seine Überzeugung relativieren könnten.

Bio-Diesel wird aus Rapsöl gewonnen. Jawohl, gewonnen, denn Rapsöl ist ein Fett. Drei Fettsäuren des Öls sind mit Glycerin verestert. Das Fett ist allerdings viel zu wenig flüchtig, um direkt als Treibstoff für Dieselmotoren in Kraftfahrzeugen zu dienen. Deshalb muss das Fett zuvor „aufgeschlossen" werden. Chemisch gesehen erfolgt dabei eine Umesterung mit Methanol, d.h. das Glycerin im Rapsöl wird durch Methanol ausgetauscht. Das anfallende Glycerin wird abgetrennt und findet vielfältige anderweitige Verwertung. Die bei der Umesterung entstehenden Fettsäuremethylester gehen als Bio-Diesel in den Handel.

Will man die Umweltfreundlichkeit und ökonomische Konkurrenzfähigkeit von Produkten vergleichen, muss man alle beteiligten Prozesse von Anfang bis Ende betrachten. Der Entstehungspfad von Bio-Diesel beginnt somit bei der Aussaat von Raps, danach kommen Düngung, Pflanzenschutz, Ernte, Verarbeitung in der Ölmühle und schließlich die Umesterung als ein chemischer Prozess hinzu. Kann das konkurrenzfähig gegenüber der Produktion Erdöl-basierter Kraftstoffe sein? Nein, das ist es tatsächlich nicht. Bio-Diesel ist ein erheblich subventioniertes Produkt. Das Konzept von Bio-Diesel als alternativem Kraftstoff entstammt einem ganz anderen Problemkreis, nämlich der Agrarpolitik. In vielen Gegenden Europas kann Getreide nicht mehr zu Weltmarktpreisen produziert werden. Für die Stilllegung von Agrarflächen erhalten Landwirte Prämien. Diese dürfen sie auch dann behalten, wenn sie auf den „stillgelegten Äckern" Raps für Bio-Diesel anbauen. Wenn Bio-Diesel ohne diese nicht unerheblichen Subventionen eine Chance als Produkt haben soll, haben überschlägige Kalkulationen gezeigt, dass der Rohölpreis um das Zwei- bis Dreifache steigen müsste.

Eine ähnliche Kalkulation gilt auch für einen anderen alternativen Treibstoff: Es gibt in der Landwirtschaft viel Stärke und stärkehaltige Abfälle. Diese ließen sich zu Glucose, also Zucker, aufschließen, die anschließend nach gut bekanntem Verfahren zu Alkohol vergoren werden könnte. Das dabei entstehende Ethanol wäre kein schlechter Treibstoff. Möglicherweise ließe es sich in Brennstoffzellen gut einsetzen (siehe Kapitel *„Effektive Elekronenernte"*). Auch hier gilt: Ethanol als alternativer Treibstoff ist erst dann wirtschaftlich inte-

**Biodiesel** – bringt er den ökologischen Vorteil, den man sich davon erhofft?

ressant, wenn das Erdöl viel teurer werden würde. Das wünscht sich keiner, aber in fernerer Zukunft ist das natürlich keinesfalls auszuschließen. Sollte dieser Fall eintreten, dann ergibt sich allerdings ein weiteres Problem: Selbst wenn das gesamte Areal der Bundesrepublik Deutschland mit so genannten Energiepflanzen bestellt wäre, reichte die gewonnene Menge Kraftstoff für nicht mehr als etwa ein Fünftel der Kraftfahrzeuge. Pflanzen als Energielieferanten anzubauen, ist somit wenig aussichtsreich. Wenn die Erölressourcen einmal knapp werden, dann wird die Chet-

**Pflanzliche Rohstoffe** müssen differenziert beurteilt werden. Wenn Syntheseleistungen der Natur genutzt werden, wie bei der Stärke, dann sind sie konkurrenzfähig. Zur einfachen Energiegewinnung sind ihnen jedoch Erdöl und sogar Kohle überlegen.

mie noch intensiver gebraucht. Kohle und nachwachsende Rohstoffe werden dann chemisch veredelt oder umgewandelt.

Pflanzliche Rohstoffe sind aber dennoch für die chemische Industrie interessant. Das gilt dann, wenn die Synthesevorleistung der pflanzlichen Zelle erhalten und genutzt wird. Lassen wir einmal die Wirkstoffe aus Pflanzen außer Betracht, kommen zwei große Gruppen von pflanzlichen Rohstoffen ins Spiel. Das sind einmal die Kohlenhydrate, also Zucker und Stärke, und zum anderen die Fette und Öle. Chemisch betrachtet haben wir es mit nicht idealen Ausgangsstoffen zu tun: Die Kohlenhydrate sind „überfunktionalisiert", d.h. sie haben viele OH-Gruppen (Alkoholgruppen), die chemisch nur schwierig zu unterscheiden sind. Bei Fetten und Ölen ist es genau umgekehrt.

Neben der Carboxylgruppe (COOH-Gruppe) und gelegentlichen Doppelbindungen sind sie chemisch arm, d.h. man kann nicht problemlos vielschichtige Produkte entwickeln. Dennoch werden die Eigenschaften von Kohlenhydraten, Fetten und Ölen unter chemischer Abwandlung genutzt. Stärke und ihre abgewandelten „Verwandten" finden beispielsweise breiten Einsatz als Hilfsmittel bei der Papierherstellung, im Textilbereich und in Klebern (so genannte Kleister). Ölsäuren finden Absatz vor allem in Waschmitteln und in der Kosmetik. Aber auch als biologisch abbaubare Schmierstoffe, beispielsweise für Kettensägen oder bei der Binnenschifffahrt, werden sie breit eingesetzt. Insgesamt sind gut zehn Prozent der Ausgangsstoffe, die in der chemischen Industrie einsetzt werden, nachwachsende Rohstoffe. Dieser Anteil ist jedoch seit vielen Jahren nahezu konstant.

Berechtigterweise stellt sich die Frage, ob die so genannte „green chemistry" eine Chance zum Wachstum eröffnen kann. Dies ist tatsächlich denkbar. Dazu werden jedoch Fortschritte in der Gentechnik erforderlich sein. Mit ihrer Hilfe müssten Pflanzen gezüchtet werden, deren Stoffwechselprofil auf das gewünschte Produkt, den nachwachsenden Rohstoff, hin optimiert worden ist. Bei Raps hieße das, Pflanzen mit höherer Ölproduktion zu züchten. Aber dieser Schritt allein reicht noch nicht aus. Die besten Verarbeiter von Naturprodukten sind Mikroorganismen. Auch diese müssten entsprechend optimiert werden. Wenn es etwa gelänge, Cellulose aus Stroh oder Holzabfällen in einem Reaktionsgefäß zu Glucose zu spalten und diesen entstehenden Zucker bei erhöhter Temperatur zu vergären, um das Produkt kontinuierlich herauszudestillieren, dann hätte der gewonnene Alkohol durchaus Chancen als konkurrenzfähiges Produkt. Noch gibt es zwei Probleme. Einerseits ist man technisch noch nicht so weit, und andererseits sind wohl noch jede Menge Akzeptanz-Hürden zu überwinden. Leicht wird es eine derartige „green chemistry" nicht haben, aber grün ist ja bekanntlich die Farbe der Hoffnung.

**Pflanzliche Rohstoffe** wie Stärke finden z.B. Verwendung in der Textil-, Leim- und Papierherstellung. Andere Produkte sind Fette oder Öle in der Waschmittel-, Schmierstoff- oder Kosmetikherstellung.

# Mit Chemie
## gegen Krankheiten

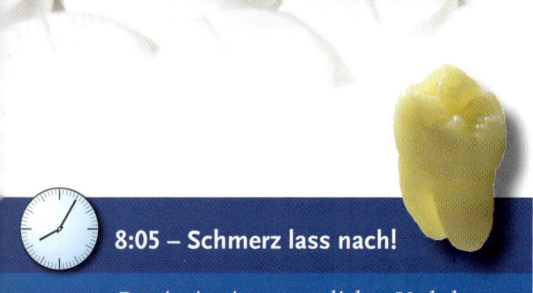

**Ob Aspirin gegen Kopfschmerzen und Fieber, Penicillin bei Infektionen mit Bakterien, die Chemotherapie für Krebserkrankungen oder schlichte Naturheilmittel wie Extrakte aus Johanniskraut oder dem roten Sonnenhut – für fast jedes Wehwehchen gibt es eine schöne bunte Pille. Scheinbar ist gegen alles heute ein Kraut gewachsen. Aber der Eindruck täuscht: Bei zwei Dritteln aller bekannten Krankheiten ist bisher noch keine Heilung mit Medikamenten möglich. Infektionskrankheiten, wie AIDS oder SARS, Herz-Kreislauf-Erkrankungen, Krebs oder die aufgrund der höheren Lebenserwartung im Alter verstärkt auftretenden Störungen des zentralen Nervensystems stellen immer neue Anforderungen an die Chemie, die in den Medikamenten steckt.**

### Dauerbrenner Aspirin

Aspirin, das im Januar 1999 seinen 100. Geburtstag feierte, ist wahrscheinlich das bekannteste Arzneimittel auf der ganzen Welt. So bekannt, dass allein der Name häufig schon als allgemeiner Begriff für Kopfschmerzmittel gebraucht wird. Es gibt in Europa wahrscheinlich nur sehr wenige Erwachsene, die noch nie in ihrem Leben ein Aspirin eingenommen haben. Die Ursprünge der Verwendung des darin enthaltenen Wirkstoffes, der Acetylsalicylsäure, reichen sogar bis weit in die Antike zurück. Schon Hippokrates von Kos (460 – 377 v. Chr.) kannte die schmerzlindernde Wirkung eines Saftes aus der Weidenrinde, die, wie wir heute wissen, auf die in ihr enthaltene Salicylsäure zurückzuführen ist. Im Mittelalter kochten Kräuterfrauen die Weidenrinde auf und verabreichten den bitteren Sud gegen Schmerzen und Fieber. Außer der Weidenrinde wurden auch Mädesüß oder Stiefmütterchen bei Erkältungen, rheumatischen Beschwerden oder Gicht eingesetzt. Die wirksamen Stoffe in diesen Pflanzen sind ebenfalls Abkömmlinge der Salicylsäure.

Nach der Entdeckung Amerikas geriet die Weidenrinde für längere Zeit in Vergessenheit und wurde durch die aus Peru eingeführte Chinarinde ersetzt. Deren

Wirkstoff Chinin war seiner Zeit das am meisten verbreitete Mittel gegen Fieber. Erst als Napoleon durch seine Seeblockade Englands die Einfuhr von Chinarinde nach Europa fast unmöglich machte, erinnerte man sich wieder an die guten Eigenschaften der Weidenrinde.

1828 gewann der Münchner Pharmazieprofessor Johann Andreas Buchner aus der Weidenrinde gelbe, bitter schmeckende Kristalle, denen er den Namen Salicin gab – angelehnt an die lateinische Bezeichnung für die Weide „Salix". Zehn Jahre später gelang es französischen Chemikern, aus Salicin die Salicylsäure herzustellen. 1870 konnte Hermann Kolbe die Struktur der Salicylsäure aufklären. Er entwickelte auch das Verfahren, das seit 1874 bis in unsere Zeit zur industriellen Herstellung von synthetischer Salicylsäure dient.

Man hatte nun zwar ein wirksames Schmerzmittel, aber die Hersteller waren noch nicht zufrieden. Das Medikament war wegen seines bitteren Geschmacks nahezu ungenießbar und griff bei vielen Patienten auch die Magenschleimhäute an. So blieb es einer Gruppe von Chemikern um Arthur Eichengrün und Felix Hoffmann bei den Bayer-Werken

### 8:05 – Schmerz lass nach!

*Das ist ja ein entsetzlicher Verkehr. Lauter Sonntagsfahrer sind unterwegs, und der Stau fängt heute schon an der ersten Ampel an. Wenn ich noch einigermaßen rechtzeitig im Büro bin, dann mache ich drei Kreuze. Und dieser blöde Backenzahn tut auch schon wieder weh. Sobald ich endlich im Büro ankomme, muss ich als erstes zusehen, dass ich heute noch einen Termin bei meinem Zahnarzt bekomme. Freitags muss man zwar immer Ewigkeiten warten, aber über das Wochenende halte ich diese Zahnschmerzen nicht aus. Hoffentlich habe ich noch ein Aspirin in der Schreibtischschublade. Denn jetzt noch bei der Apotheke vorbeifahren, das schaffe ich beim besten Willen nicht mehr.*

vorbehalten, eine Lösung zu finden. Hofmann schrieb in einem 1934 verfassten Bericht über die Entdeckung des Aspirins, dass sein unter schwerem Rheuma leidender Vater ihn gebeten habe, ein Schmerzmittel zu entwickeln, das besser verträglich als die Salicylsäure wäre. Hoffmann machte darauf hin verschiedene Versuche, das Molekül abzuwandeln.

**Felix Hoffmann** gilt als der Vater des „Aspirins".

Durch Umsetzung der Salicylsäure mit Essigsäure erhielt er schließlich das Produkt, das den Durchbruch brachte: die Acetylsalicylsäure. Sie war wesentlich besser verträglich und hatte die gleiche gute Wirkung. 1899 wurde Aspirin in die Warenzeichenrolle des Kaiserlichen Patentamtes in Berlin aufgenommen, und am 27. Februar 1900 erteilten die amerikanischen Patentbehörden ein Patent zur Herstellung und Nutzung der Acetylsalicylsäure. Zwei Jahre später – das ist für die heutige Medikamentenentwicklung eine undenkbar kurze Zeitspanne – wurde das Mittel unter dem Namen Aspirin als Marke angemeldet und in den deutschen Markt eingeführt. Der Klassiker gegen Kopfschmerzen war geboren.

Aspirin gab es zunächst als Pulver. Es wurde in Glasfläschchen abgefüllt und in dieser Form auf den Markt gebracht. 1904 kam dann ein weiterer Durchbruch: Bayer entwickelte die Aspirin-Tablette. Damit war Aspirin eines der ersten Medikamente, das in Tablettenform angeboten wurde.

Acetylsalicylsäure wurde zunächst verabreicht, ohne dass man die Wirkungsweise im Körper wirklich kannte – auch das wäre für ein Medikament, das unter den heutigen Bedingungen zugelassen wird, undenkbar. Bis zur Aufklärung des Wirkmechanismus der Acetylsalicylsäure sollte es noch über 70 Jahre dauern. Es war der englische Pharmakologe Sir John Vane, der 1971 herausfand, wie Aspirin im Körper eigentlich wirkt. Es hemmt die Biosynthese der so genannten Prostaglandine, die als körpereigene Botenstoffe vielfältige Aufgaben wahrnehmen. So regulieren Prostaglandine die Erweiterung und Verengung von Blutgefäßen, die Aktivität der Blutplättchen und sind maßgeblich an

der Entstehung von Fieber, Schmerz und Entzündungsvorgängen im Organismus beteiligt. Schmerzen entstehen durch die Reizung von Nervenfasern, an deren Enden Schmerzrezeptoren sitzen. Werden Zellen verletzt, setzen die Zellmembranen Arachidonsäure frei – das ist eine Fettsäure, die die Zellwände geschmeidig hält. Unter Einwirkung des Enzyms Cyclooxygenase (kurz COX) wird die Arachidonsäure in Prostaglandine umgewandelt. Acetylsalicylsäure unterbricht die Prostaglandin-Synthese, indem es die Cyclooxygenase blockiert. Für diese Entdeckung erhielt Vane 1982 den Nobelpreis für Medizin. Mit der Entdeckung, dass Aspirin das Verklumpen von Blutplättchen verhindert und so der Entstehung von Blutgerinnseln vorbeugt, wurde auch gleich ein neues Anwendungsfeld für das Medikament eröffnet. Aspirin in niedriger Dosierung wird seitdem erfolgreich zur Vorbeugung vor Herzinfarkten und zur Verbesserung der Blutversorgung des Ungeborenen während der Schwangerschaft eingesetzt. Inzwischen gehört Aspirin zu den am besten untersuchten Arzneimitteln, und es gibt immer wieder Forschungsergebnisse mit neuen Erkenntnissen über seine vielfältigen Wirkungen.

## Medikamentenentwicklung im 21. Jahrhundert

Nach heutigen Maßstäben wäre es schwierig, die Acetylsalicylsäure über die Hürden der klinischen Prüfungen zu bringen. Die benötigte Dosis ist relativ hoch, und sie wirkt für ein Schmerzmittel eigentlich viel zu unspezifisch. Unter Umständen wäre die Verbindung sogar bei den ersten Tests, dem sogenannten Wirkstoffscreening, das heute am Anfang jeder Medikamentenentwicklung steht, als problematisch aufgefallen. Die Entdecker jedoch glaubten so fest an die Wirkung ihrer neuen Substanz, dass sie Aspirin zwei Wochen lang im Selbstversuch testeten und dann sofort an Ärzte zum Praxistest, der klinischen Prüfung, abgaben. So konnte die Acetylsalicylsäure bereits zwei Jahre nach ihrer Entdeckung als Schmerzmittel auf

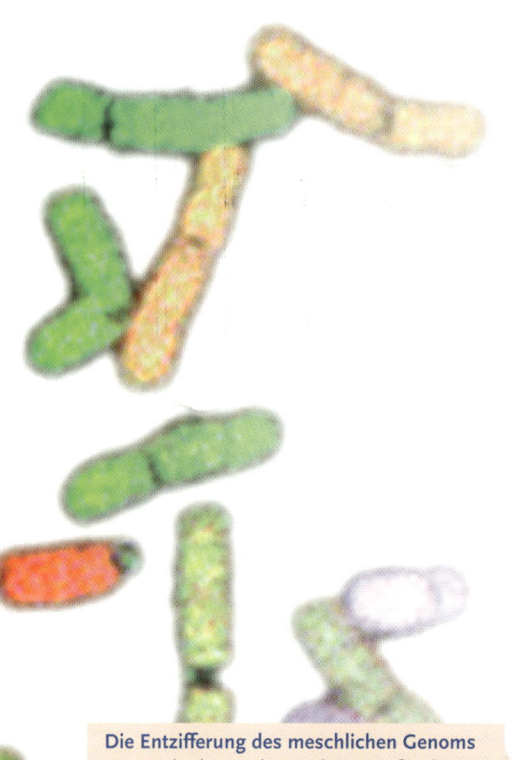

den Markt gebracht werden. Heute sieht das ganz anders aus: Von der Entdeckung eines Wirkstoffes bis zum Verkauf des Medikaments in der Apotheke vergehen im Durchschnitt 10 bis 12 Jahre. Nur eine von 5.000 bis 10.000 untersuchten Substanzen erreicht das Ziel: die Marktzulassung als Wirkstoff in einem neuen Medikament. Alle anderen werden im Laufe der Entwicklung aufgegeben. Insgesamt kostet die Entwicklung eines neuen Medikaments durchschnittlich 800 Millionen US-Dollar. Über die Hälfte dieser Kosten entfällt auf die klinische Prüfung.

## Die Suche nach dem Wirkstoff

Am Beginn der Entwicklung eines neuen Arzneimittels steht heute in der Regel die Suche nach einem geeigneten Angriffspunkt im Krankheitsgeschehen, an dem ein Medikament ansetzen könnte. Bei diesem so genannten Target handelt es sich um ein körpereigenes Molekül, das im Krankheitsprozess eine wichtige negative oder positive Rolle spielt. Dann wird versucht, entweder seine Wirkungen auszuschalten oder im anderen Fall seine Funktion zu unterstützen. Die Targets sind meistens Proteine, also Eiweißverbindungen.

Wie findet man vielversprechende Targets? Dafür gibt es verschiedene Wege. Manchmal fallen sie beim Studium der

wissenschaftlichen Literatur oder von Patentschriften auf. Häufig werden sie auch im Rahmen eigener Forschungsarbeiten des Unternehmens entdeckt oder neuerdings in Zusammenarbeit mit einer spezialisierten kleineren Biotechnologie-Firma entwickelt. Diese Forschungskooperationen in der ersten Phase der Medikamentenentwicklung nehmen immer mehr zu, sodass die großen Unternehmen heute schon einen beträchtlichen Teil potenzieller Targets von kleinen Firmen übernehmen. Eine große Hilfe bietet auch das entzifferte menschliche Genom, denn oft lassen sich Targets an den ihnen zugrunde liegenden Genen erkennen. So ist es beispielsweise heute möglich zu ermitteln, welche Gene in einem Gewebe aktiv werden, wenn es erkrankt. Einige dieser Gene sind für die Bildung von Molekülen verantwortlich, die im Krankheitsprozess eine Rolle spielen.

Auch der Computer hat die Arbeitsweise des forschenden Industriechemikers in den letzten Jahren deutlich verändert. Mit den Verfahren des so genannten Molecular Modelling lassen sich mithilfe der dreidimensionalen Molekülstruktur des Targets chemische und physikalische Eigenschaften rechnerisch erfassen und zum Design von Wirkstoff-Verbindungen verwenden. Seit Jahren setzen daher weltweit alle forschenden Chemiefirmen Techniken der Computerchemie ein.

Durch den intensiven Einsatz in der Wirkstoffforschung sind jedoch die Grenzen des Modelling deutlich geworden. Beim Verbessern der Wirkstärke von potenziellen Arzneistoffen hat sich das Verfahren als hilfreich erwiesen, besonders dann, wenn die räumliche Struktur des Target-Wirkstoff-Komplexes in atomarer Auflösung bekannt ist. Zum Auffinden neuer Leitstrukturen dagegen konnte das Molecular Modelling bisher keinen nennenswerten Beitrag leisten. Leitstrukturen sind Verbindungen, deren Strukturen das Grundgerüst für die weitere Entwicklung und Optimierung des potenziellen Wirkstoffs bilden. Für Aspirin zum Beispiel wäre die Salicylsäure die Leitstruktur.

Das Problem, neue geeignete Leitstrukturen zu finden, ist nicht einfach zu lösen. Der Chemiker, der nach neuen Wirkstoffen sucht, steht vor der Aufgabe, möglichst viele verschiedene Substanzen in möglichst kurzer Zeit herzustellen. Dies hat zur Entwicklung neuer Verfahren der synthetischen Chemie geführt, die

**Die Entzifferung des meschlichen Genoms** war ein bedeutender Meilenstein für die biomedizinische Forschung, an den sich große Hoffnungen für die Entwicklung neuer Medikamente und innovativer Therapien für bisher unheilbare Krankheiten knüpfen. Die Erfüllung dieser enormen Aufgabe – alle Bausteine der menschlichen Erbsubstanz DNA zu entschlüsseln und ihre Reihenfolge innerhalb der DNA zu erkennen – wurde erst möglich, nachdem die entsprechenden technischen Möglichkeiten dafür geschaffen waren und geeignete leistungsfähige Geräte zur Verfügung standen. Die Abbildung zeigt das typische Bild, das ein moderner Sequenzierautomat als Ergebnis liefert.

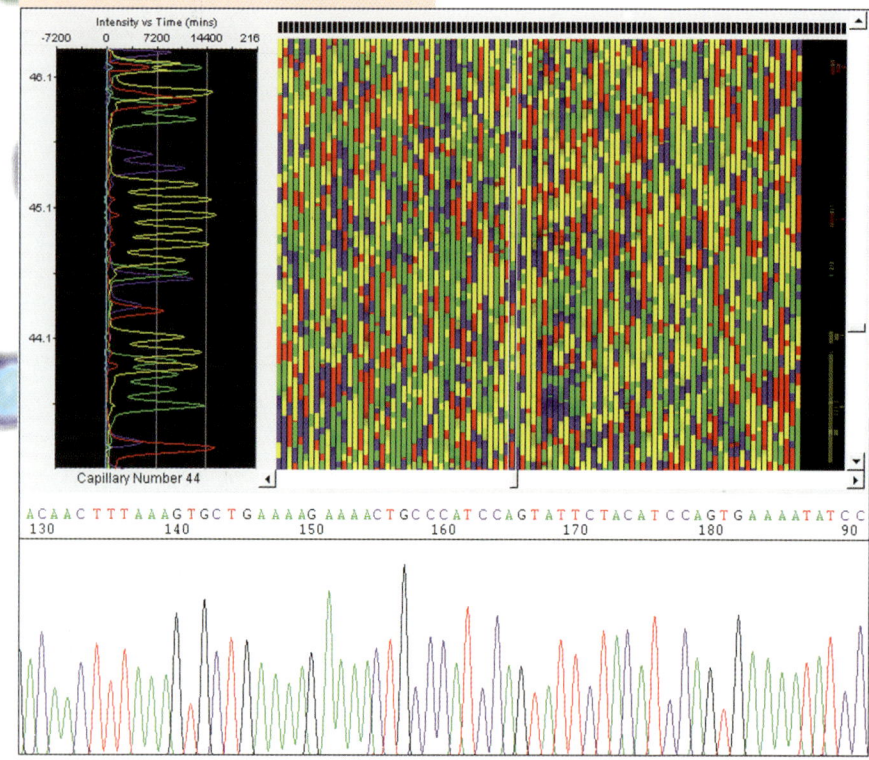

Molecular Modelling nennt man eine Reihe von Verfahren, mit denen man versucht, einen geeigneten Wirkstoff nicht im Labor, sondern am Computer zu entwerfen. Die dreidimensionale Struktur des Moleküls sowie seine chemischen und physikalischen Eigenschaften lassen sich damit rechnerisch erfassen und zum Design einer Wirkstoffverbindung verwenden. Besonders bewährt hat sich die Methode bei der Anpassung und Verbesserung der Eigenschaften von bereits vorhandenen Wirkstoffkandidaten.

als kombinatorische Chemie bezeichnet werden. Damit lassen sich ganze Substanzbibliotheken aus leicht verfügbaren Ausgangsstoffen herstellen, die man zum Teil sogar kaufen kann.

In der kombinatorischen Chemie werden systematische Variationen von chemischen Gruppen an einem gemeinsamen Grundgerüst synthetisiert: Jede Gruppe an der ersten Position des Gerüstes wird mit jeder Gruppe an der zweiten, dritten und jeder weiteren Position kombiniert. Dadurch werden wichtige Informationen über die Strukturabhängigkeit der Eigenschaften – z.B. der biologischen Wirkung – im Umfeld eines bestimmten Grundgerüstes erhalten. Während ein normales chemisches Laboratorium im Jahr weniger als 200 Wirkstoffe synthetisiert, kann ein Labor der kombinatorischen Chemie zehntausende von Substanzen im Jahr zur Verfügung stellen.

Auf den ersten Blick sieht ein Labor, in dem kombinatoriche Chemie betrieben wird, gar nicht mehr aus wie ein „richtiges" Chemielabor. Anstelle von aufwändigen Glasapparaturen trifft man auf Roboter, die Reaktionsblöcke mit vielen kleinen Reaktionsgefäßen mit Reagenzien befüllen, schütteln, erhitzen oder kühlen und Filtrationsschritte oder Waschvorgänge durchführen. Die Chemie ist zwar nach wie vor die gleiche, nur findet alles im Miniaturmaßstab und vollständig automatisiert statt. Das Prinzip der kombinatorischen Chemie besteht darin, gleichzeitig und mit hoher Geschwindigkeit eine Vielzahl unterschiedlicher chemischer Verbindungen zu synthetisieren, wobei dieser Prozess durch Computertechnik

und automatisierte Anlagen unterstützt wird. Die Sammlung der verschiedenen Molekülstrukturen wird als kombinatorische Bibliothek bezeichnet. Eine solche Substanzbibliothek kann mehrere hundert bis mehrere zehntausend chemische Verbindungen umfassen – die jeweiligen Mengen sind allerdings sehr gering.

In den Substanzbibliotheken der großen Unternehmen lagern also Millionen von Verbindungen – daraus die am besten geeignete für ein bestimmtes Anwendungsgebiet herauszufinden, ist ein ähnlich schwieriges Unterfangen, wie die berühmte Nadel im Heuhaufen zu finden.

Die Forscher bedienen sich dazu der modernen Verfahren des „High Throughput Screening". Die Reaktionsgefäße, in

Roboterarme übernehmen in modernen Laboratorien den größten Teil der Arbeit. Das ist nötig, um die riesigen Mengen von Proben bewältigen zu können, die mit Hochdurchsatz-Verfahren erzeugt und getestet werden müssen.

**Millionen von Verbindungen** lagern in den Substanzbibliotheken großer Unternehmen.

denen diese Experimente durchgeführt werden, fassen oft nicht mehr als einige tausendstel Milliliter Flüssigkeit – schließlich will man sparsam mit den kostbaren Substanzen umgehen. Die bei einem Screening anfallenden enormen Sortier-, Portionier-, Misch- und Messarbeiten werden ausschließlich von Robotern durchgeführt. Diese können zur Zeit bis zu 200.000 Substanzen pro Tag testen. Das ist weit mehr, als ein einzelner Mensch in seinem gesamten Forscherleben bewältigen könnte.

Diese große Zahl von Versuchen ist notwendig, denn meist hat nur jede zweihundertste bis tausendste Substanz tatsächlich einen Effekt. Arzneiforscher sprechen dann von einem „Hit", einem Treffer.

Doch damit sind die Forscher noch lange nicht am Ziel. Denn nun müssen die Hit-Substanzen weitere Tests durchlaufen. Von denjenigen, die gut abschneiden, werden Varianten erzeugt, die sich in ihrem atomaren Aufbau geringfügig unterscheiden. Computerprogramme, mit denen sich Moleküle darstellen und zum Teil sogar in ihren Eigenschaften vorhersagen lassen, helfen den Chemikern dabei. Insbesondere ein als QSAR (Quantitative Structure-Activity Relationship) bezeichnetes mathematisches Verfahren kann dem Chemiker eine

große Anzahl nutzloser Experimente ersparen. Quantitative Struktur-Wirkungs-Beziehungen einer Substanz sind auf der Basis experimenteller Werte erstellte mathematische Beziehungen zwischen ihrer Molekülstruktur und ihrer möglichen Eigenschaft. Die Molekülstruktur wird dabei durch verschiedene so genannte Deskriptoren (z.B. das Molekülvolumen, die Mischbarkeit mit bestimmten Lösungsmitteln) beschrieben. Die biologischen Aktivitäten einer Reihe verwandter Arzneistoffkandidaten fließen ebenfalls in die Rechnung ein. Mithilfe einer solchen Modellrechnung ist es möglich, die biologische Aktivität einer Substanz, ihre potenziellen Wirkungen und Nebenwirkungen

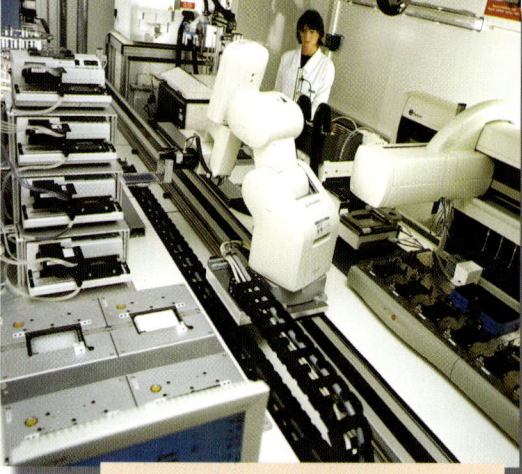

**Vollautomatisierte Screeninganlagen** übernehmen die enormen Sortier-, Portionier-, Misch- und Messarbeiten, die beim Testen der unzähligen Substanzen anfallen, die auf ihre Eignung als Wirkstoff in einem Medikament geprüft werden.

abzuschätzen. Fehlende experimentelle Daten lassen sich damit für Chemikalien mit ähnlicher Wirkung in guter Näherung berechnen. Eine sinnvolle Vorhersage mittels QSAR ist aber nur möglich, wenn die Grenzen der zuverlässigen Anwendbarkeit eines Modells bekannt sind und berücksichtigt werden. Kurz gesagt, es lässt sich nicht alles berechnen... So tastet man sich allmählich immer näher an Substanzen heran, die immer mehr von den zahlreichen Anforderungen an einen Wirkstoff erfüllen. Ist die Substanz schließlich soweit optimiert, dass man sie als brauchbaren Wirkstoffkandidaten betrachten kann, wird sie patentiert und tritt in die noch umfangreicheren Testprogramme der vorklinischen und – wenn sie diese bestanden hat – auch der klinischen Prüfung ein.

## High Throughput Screening

Die Wirkstoffsuche mit High-Throughput-Methoden (Hoch-Durchsatz) setzte sich Anfang der 1990er Jahre des zwanzigsten Jahrhunderts durch. Das hatte seinen Grund in der Weiterentwicklung molekularbiologischer Verfahren. Die Molekularbiologie war in der Lage, Tests zur Verfügung zu stellen, die mit äußerst geringen Substanzmengen durchgeführt werden konnten. Die große Zahl der Molekül-Varianten, die mithilfe der kombinatorischen Chemie bereitgestellt wurden, und die hohe Kapazität der Tests zur Prüfung von möglichen Wirkstoffkandidaten an ihren Targets wurden zum High Throughput Screening kombiniert.

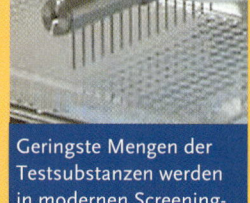

Geringste Mengen der Testsubstanzen werden in modernen Screening-Anlagen verwendet.

Mit der Vielzahl von getesteten Substanzen taucht allerdings ein neues Problem auf. Zwangsläufig wird für ein Target oft eine ganze Reihe von Hits beobachtet. Die Wirkstoff-Forscher stehen damit vor der Aufgabe, aus einem Haufen von Nadeln die beste herauszufinden. So bleibt die Wirkstoffsuche weiterhin eine große Herausforderung. Aber das Ziel ist lohnend und wichtig. Denn bei zu vielen Krankheiten ist eine Heilung durch Medikamente heute noch nicht möglich.

## Test auf Herz und Nieren

In der vorklinischen Entwicklungsphase muss der Wirkstoffkandidat genauestens daraufhin untersucht werden, wie er auf den Gesamtorganismus wirkt (Pharmakodynamik). In Zellkulturen, an isolierten tierischen Organen, in einer Vielzahl biochemischer Versuche und mithilfe vieler anderer Methoden wird untersucht, ob der Kandidat die Wirkung haben könnte, die sich die Wissenschaftler erhoffen. Darüber hinaus ist es wichtig zu wissen, wie er aufgenommen wird, wie er sich im Körper verteilt, ob er gegebenenfalls chemisch verändert wird und ob und wie er den Körper wieder verlässt (Pharmakokinetik). Dann gilt es zu klären, ob der Effekt auf das Target tatsächlich auch eine heilende oder lindernde Wirkung auf die Krankheit mit sich bringt. Auch die Dauer der Wirksamkeit wird gemessen. Ganz wichtig ist es natürlich, schon zu diesem frühen Zeitpunkt unerwünschte Wirkungen aufzuspüren.

Vieles davon, z.B. die Wirkung auf den Blutdruck, kann nur an einem Gesamtorganismus studiert werden. Dafür sind Versuche an Labortieren unverzichtbar und vom Gesetzgeber vorgeschrieben. Gleichzeitig untersuchen Toxikologen mit umfassenden Sicherheitsprüfungen, ob (und wenn ja, ab welcher Konzentration) der Wirkstoffkandidat giftig ist, ob er Embryonen schädigt oder Veränderungen des Erbguts oder Krebs hervorruft. Auch hier werden teilweise Tiere eingesetzt, aber der Anteil der Reagenzglasversuche beträgt bereits rund 30 Prozent. Positive Ergebnisse am Tier sind noch kein Beweis für einen späteren Erfolg beim Menschen; aber kritische Befunde im Tierexperiment bedeuten in der Regel das Aus für die weitere Entwicklung des Wirkstoffkandidaten zum Medikament.

## Die entscheidende Prüfung

Bis ein Wirkstoffkandidat alle Tests im Reagenzglas und im Tierversuch mit gutem Ergebnis bestanden hat, sind im Durchschnitt bereits drei bis fünf Jahre seit dem Beginn des Projektes vergangen. Er kann dann erstmals beim Menschen angewendet werden. Damit beginnt der Abschnitt der so genannten klinischen Prüfungen oder klinischen Studien.

Vor jeder einzelnen Studie wird das Votum einer unabhängigen Ethikkommission eingeholt. Sie besteht aus erfahrenen Medizinern, Theologen, Juristen und Laien. Die Kommission wägt ab, ob die Studie aus ethischer, medizinischer und rechtlicher Sicht vertretbar ist und bewertet dazu die bis dahin erhobenen Daten.

Jeder an der Teilnahme interessierte Proband – in der ersten Phase der klinischen Prüfung sind das gesunde Freiwillige – oder Patient (in den klinischen Phasen II und III) muss umfassend über die geplante Studie und mögliche Risiken informiert werden. Nur wer schriftlich sein Einverständnis erklärt hat, kann an der Studie teilnehmen.

In der Phase I der klinischen Prüfung testen klinische Pharmakologen den Wirkstoff zunächst einmal an etwa 60 bis 80 gesunden Freiwilligen. In bis zu 30 aufeinander folgenden Studien wird geprüft, ob sich die Ergebnisse aus den Tierversuchen beim Menschen bestätigen lassen, etwa über Aufnahme, Verteilung, Umwandlung, Ausscheidung und Verträglichkeit des Wirkstoffs. Dabei werden zunächst nur geringe Wirkstoffmengen verabreicht. Ist bei den zu testenden Wirkstoffen unausweichlich mit schweren Nebenwirkungen zu rechnen (etwa bei Krebs-oder AIDS-Medikamenten), werden die Studien der Phase I gleich zusammen mit denen der Phase II mit Patienten durchgeführt.

Aufbauend auf den Daten aus den Phase-I-Studien entwickeln Spezialisten, die Galeniker, die Darreichungsform, mit der aus dem Wirkstoff das eigentliche Medikament wird. Das kann eine Tablette oder Kapsel sein, aber je nach Krankheit und nach den besonderen Eigenschaften des Wirkstoffs kommen auch Zäpfchen,

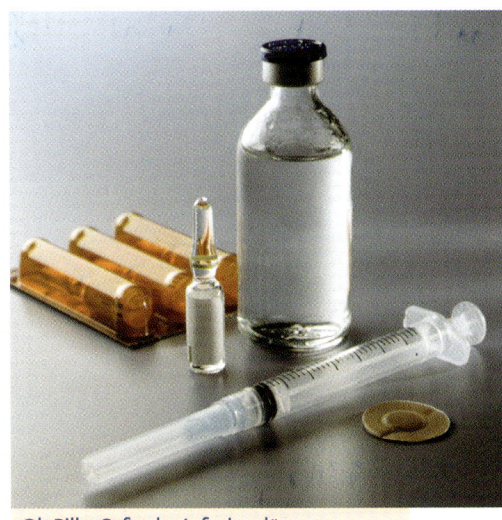

**Ob Pille, Saft oder Infusionslösung,** die Darreichungsform spielt für die Wirksamkeit eines Medikaments eine entscheidende Rolle.

Cremes, Wirkstoffpflaster, Injektionslösungen oder inhalierbare Aerosole in Betracht. Die Darreichungsform spielt bei einem Medikament die Rolle des „Wirkstofftaxis". Sie ist dafür verantwortlich, wie zuverlässig, wie schnell, wie lange und wie nebenwirkungsarm ein Wirkstoff seine Aufgabe erfüllen kann.

## Wirkt das Medikament? Wird es vertragen?

In der Phase II der klinischen Prüfung wenden Ärzte den Wirkstoffkandidaten – inzwischen verarbeitet zu einem Arzneimittel – bei typischerweise 100 bis 500 Patienten an. Sie prüfen zum einen, ob sich der gewünschte therapeutische Effekt zeigt. Zum anderen legen sie die Dosierung fest und achten auf Nebenwirkungen.

**Die klinische Prüfung** – Ein Wirkstoffkandidat, der alle Tests im Reagenzglas und im Tierversuch bestanden hat, tritt in die nächste Stufe, die klinischen Prüfung, ein. Dabei wird zunächst an gesunden Freiwilligen, danach auch an Patienten getestet, ob der Wirkstoff gut verträglich ist und ob er auch beim kranken Menschen die erwartete Wirkung zeigt. Im Rahmen dieser Studien wird auch bestimmt, welche Dosierung und welche Darreichungsform geeignet sind.

In der Phase III der klinischen Prüfung erproben Ärzte das Arzneimittel dann an Tausenden von Patienten. In dieser Phase muss die Wirksamkeit und die Unbedenklichkeit bei einer hinreichend großen Patientenzahl nachgewiesen werden. Nebenwirkungen oder Wechselwir-

kungen mit anderen Medikamenten sind zu dokumentieren. Sowohl bei Phase-II- als auch bei Phase-III-Studien werden immer unterschiedlich behandelte Patientengruppen verglichen. In manchen Fällen erhält eine Gruppe das neue Medikament, eine andere das bisherige Standardpräparat. In anderen Fällen erhalten beide Gruppen die gleiche Grundbehandlung, wobei eine Gruppe zusätzlich das neue Medikament erhält, die andere eine Nachbildung des Medikaments ohne Wirkstoff, ein so genanntes Placebo. Wenn möglich, wissen dabei weder die Patienten noch die Ärzte, welche der beiden zu vergleichenden Behandlungen der einzelne Patient tatsächlich bekommt. Die Medikamentenverpackungen tragen nur Codenummern, die in den Patientenakten vermerkt werden. Erst nach der Behandlung werden sie „dechiffriert" und die Ergebnisse von beiden Patientengruppen verglichen. Solche Studien nennt man doppelblind. Dieses Vorgehen vermeidet, dass sich Hoffnungen oder Befürchtungen angesichts der zugewiesenen Medikation auf das Behandlungsergebnis auswirken.

Waren alle Prüfungen erfolgreich, kann der Hersteller bei den zuständigen Behörden die Zulassung beantragen. Für Europa geschieht dies zunehmend direkt bei der Europäischen Zulassungsagentur EMEA in London; aber der Antrag kann in bestimmten Fällen auch bei nationalen Zulassungsbehörden gestellt werden. Die USA, Japan und viele andere Länder außerhalb der EU haben eigene Zulassungsbehörden.

Aber auch nach der Zulassung beobachten Hersteller und Behörden das neue Arzneimittel weiter aufmerksam. Denn auch bei sorgfältigster Durchführung aller Studien können nicht alle sehr selten auftretenden Nebenwirkungen (d.h. solche, die weniger als einen von 10.000 Patienten betreffen) vor der Zulassung sicher erkannt werden. Aus diesem Grund gibt es auch einen Trend zu immer umfangreicheren Studien. Den Rekord bei der Patientenzahl hält eine Studie zum Test eines Herz-Kreislauf-Medikamentes mit 30.000 Patienten in 700 medizinischen Einrichtungen aus 51 Ländern. Spitzenreiter hinsichtlich der Zahl der Einrichtungen ist eine andere Studie mit 1.500 beteiligten Kliniken. Das macht verständlich, weshalb klinische Studien über die Hälfte des Forschungs- und Entwicklungsetats eines neuen Medikaments verbrauchen.

# Das Prinzip der
# Chemotherapie

**basiert auf der Forderung, dass ein Medikament fremde und kranke
Zellen tötet, den gesunden Körperzellen aber nichts tun soll.
Ein passender Vergleich dafür, der illustriert, wie realistisch dieser
Anspruch ist, stammt von Paul Ehrlich:
Er nannte es *„Die Suche nach der Zauberkugel.“***

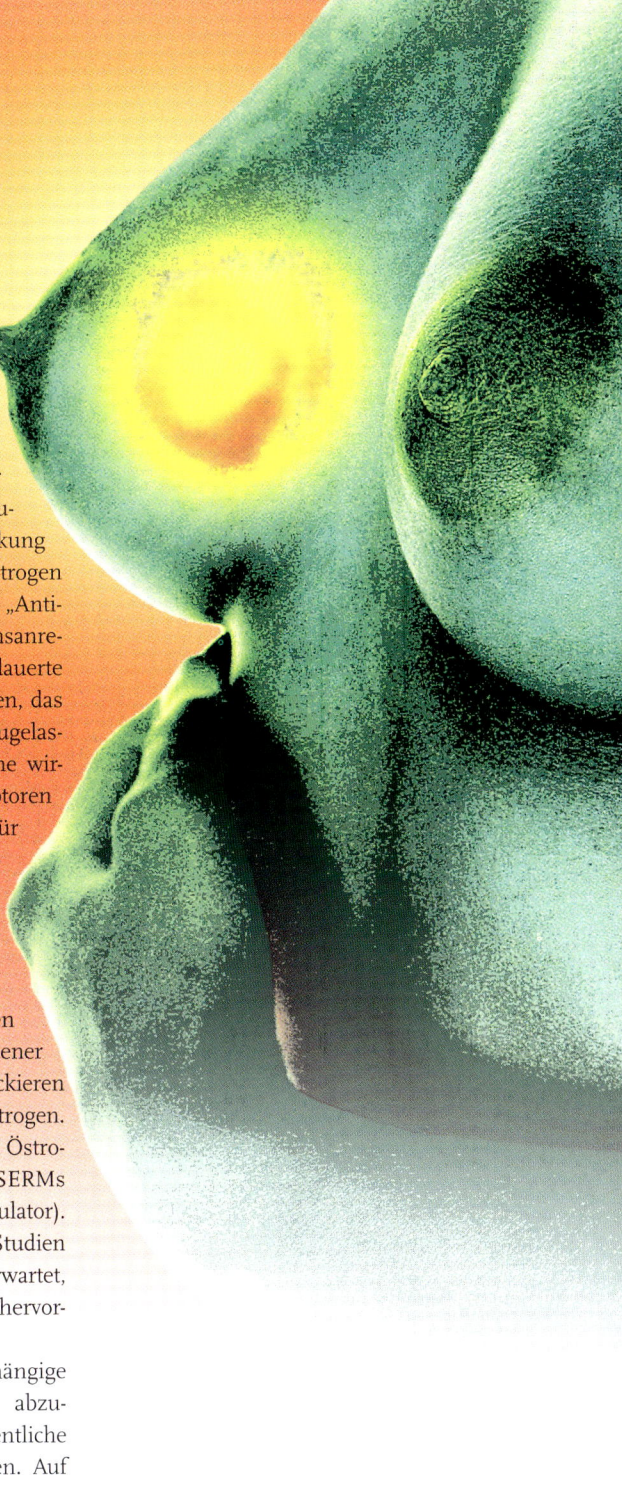

## Neue Medikamente zur
## Behandlung von Krebs –
## Beispiel Brustkrebs

Die Chemotherapie mit so genannten
Zytostatika ist die klassische Behandlung
einer Krebserkrankung. Zytostatika wirken auf Zellen, die sich teilen, indem sie
die Teilung stoppen oder die Zellen abtöten. Die bisher verwendeten Zytostatika
können nicht zwischen gesunden und
Krebszellen unterscheiden: Sie greifen
alle Zellen des Körpers an, die sich rasch
teilen. Davon sind auch die blutbildenden
Zellen des Knochenmarks, die Zellen
der Haarwurzeln, Magen und Darm-
schleimhautzellen sowie die Zellen der
Mundschleimhaut betroffen. Das führt
zu den häufigsten Nebenwirkungen der
Chemotherapie – Mangel an weißen Blutkörperchen, Haarausfall, Störungen bei
der Verdauung. Weitere mögliche Nebenwirkungen sind Übelkeit und Erbrechen
und eine anhaltende Erschöpfung. Auch
Schäden am Herzen können auftreten.

Deshalb wurde inzwischen ein neues
Zytostatikum entwickelt, das gesunde
und Krebszellen unterscheiden kann und
– mit Ausnahme von Leberzellen – Tumorzellen erheblich aggressiver angreift
als andere Körperzellen. Der Trick dabei
ist, dass das Medikament selbst gar nicht
wirksam ist. Erst wenn es von Krebs- oder
Leberzellen aufgenommen wird, machen
bestimmte Enzyme, die hoch konzentriert
nur in der Leber und in vielen Krebszellen vorkommen, daraus den eigentlichen
Zellteilungshemmer. Seit 2002 ist dieses
Mittel, Capecitabin, zur Behandlung von
metastasierendem Brustkrebs zugelassen.

Forscher in aller Welt arbeiten intensiv an der Entwicklung von Wirkstoffen,
die möglichst zielgerichtet nur in
Krebszellen aktiv werden, gesunde Zellen dagegen verschonen. So
wusste man bereits Ende der 1950er
Jahre, dass das Wachstum vieler Tu-
more der Brust auch von der Wirkung
des weiblichen Sexualhormons Östrogen
abhängig ist. Also suchte man nach „Anti-
Östrogenen“, die diese Wachstumsanre-
gung unterdrücken sollten. Es dauerte
allerdings bis 1983, bevor Tamoxifen, das
erste verträgliche Anti-Östrogen, zugelassen werden konnte. Anti-Östrogene wirken, indem sie die Östrogen-Rezeptoren
blockieren, die als „Antennen“ für
das Hormon auf den Tumorzellen dienen. Mittlerweile sind die
Anti-Östrogene weiterentwickelt
worden. Sie hemmen nicht mehr
die Östrogenrezeptoren aller Zellen
gleichermaßen, sondern verhalten
sich an den Rezeptoren verschiedener
Zellen unterschiedlich – einige blockieren
sie, an anderen wirken sie wie Östrogen.
Diese Wirkstoffe heißen „selektive Östro-
gen-Rezeptor-Modulatoren“ oder SERMs
(Selective Estrogen Receptor Modulator).
Sechs SERMs werden derzeit in Studien
mit Tamoxifen verglichen. Man erwartet,
dass sie weniger Nebenwirkungen hervorrufen.

Ein anderer Weg, östrogenabhängige
Tumoren von Hormonsignalen abzu-
schotten, besteht darin, die eigentliche
Bildung der Östrogene zu stoppen. Auf
diese Weise wirken die so genannten Aromatase-Hemmer. Diese Wirkstoffe sind
nach einem Enzym benannt, das in den

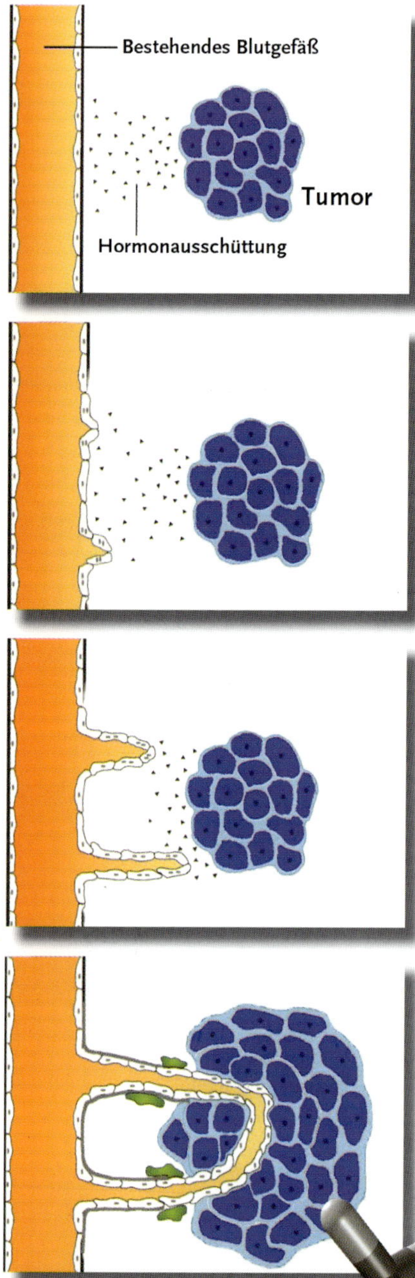

Bestehendes Blutgefäß

**Tumor**

Hormonausschüttung

Eierstöcken an der Bildung von Östrogen mitwirkt. Der erste Aromatase-Hemmer wurde 1984 eingeführt; seit 1996 gibt es Aromatase-Hemmer der dritten Generation mit verbesserter Wirksamkeit und Verträglichkeit.

Gesundes Gewebe ist von einem engmaschigen Netz aus Blutgefäßen durchzogen, das Sauerstoff und Nährstoffe aus dem Blut zu den Zellen transportiert. Wenn Krebszellen neu entstehen, vermehren sie sich rasch zu Zellklumpen, denen ein solches Gefäßsystem fehlt. Die dadurch bedingte fehlende Nährstoffzufuhr bringt das Wachstum des Tumors bei etwa zwei bis drei Millimetern Durchmesser zunächst zum Erliegen. Dann beginnen einzelne Zellen mit der Ausschüttung bestimmter Hormone, die dafür sorgen, dass – von bestehenden Gefäßen ausgehend – quer durch den Tumor neue Blutgefäße gebildet werden. Damit ist der Tumor gerettet und kann weiterwachsen. Mehrere so genannte Angiogenese-Inhibitoren, das heißt Substanzen, die die Neubildung von Blutgefäßen („Angiogenese") verhindern, werden mittlerweile in klinischen Studien geprüft. Sie unterdrücken die Wirkung der Hormone, die die Gefäßbildung anregen und hungern so den Tumor regelrecht aus. Die Neubildung von Blutgefäßen kommt bei Erwachsenen meist nur noch bei der Wundheilung vor und bietet somit einen guten Angriffspunkt für ein Mittel gegen Krebs.

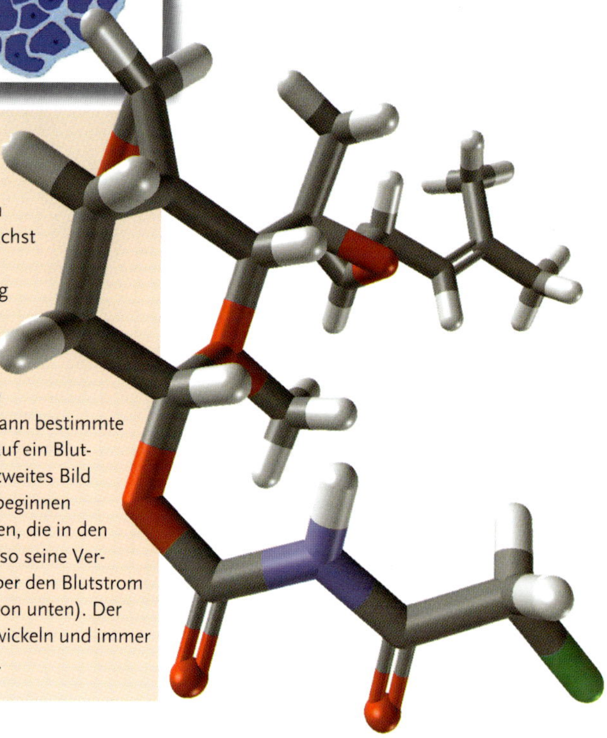

**Mit neuen Wirkstoffen gegen Krebs** versucht man, den Tumor auszuhungern. Wenn Krebszellen entstehen, bilden sich zunächst kleine Zellhaufen, die noch keine eigene Blutversorgung besitzen. Deshalb kommt das Wachstum des Tumors nach kurzer Zeit zunächst zum Erliegen. Die Tumorzellen produzieren dann bestimmte Hormone (Bild oben), die auf ein Blutgefäß in der Nähe wirken (zweites Bild von oben). Die Blutgefäße beginnen daraufhin Ausläufer zu bilden, die in den Tumor hineinwachsen und so seine Versorgung mit Nährstoffen über den Blutstrom sicherstellen (zweites Bild von unten). Der Tumor kann sich weiterentwickeln und immer größer werden (Bild unten).

# Tierversuche:
## So wenig wie möglich, soviel wie nötig

Auf Tierversuche kann und darf kein Arzneimittelhersteller verzichten. Zwar lassen sich viele Detailfragen inzwischen mit Hilfe so genannter Ersatzmethoden, zum Beispiel mit Bakterien-, Zell- und Gewebekulturen, isolierten Organen oder physikalisch-chemischen Tests, klären. Doch selbst umfangreiche Testreihen in Verbindung mit modernsten Computerprogrammen sind nicht in der Lage, das Zusammenspiel von mehr als 1.000 verschiedenen Typen von Zellen in über 100 Organen mit mehr als 10.000 verschiedenen körpereigenen Wirkstoffen in einem lebenden Körper nachzuahmen. Die vielfältigen Wechselwirkungen, die dort auftreten, können nur im lebenden Organismus selbst untersucht werden. Ein großer Teil der Tierversuche ist zudem per Gesetz vorgeschrieben, um den Patienten größtmögliche Sicherheit zu garantieren. Behörden, Industrie und Tierschutzorganisationen suchen gemeinsam nach Möglichkeiten, die Zahl der Versuche zu verringern, ohne die Sicherheit für die Patienten zu beeinträchtigen. Viele Initiativen dazu sind von Mitarbeitern der forschenden Arzneimittelindustrie ausgegangen. Wenn eine Alternativmethode brauchbar und gesetzlich erlaubt ist, wird sie eingesetzt.

Seit 1991 ist die Zahl der in Tierversuchen eingesetzten Tiere um fast 50 Prozent auf rund 643.000 Tiere zurückgegangen. Davon sind gut 90 Prozent Ratten und Mäuse; ein Prozent sind Hunde, Katzen und Affen. Menschenaffen wie Schimpansen werden seit 1989 überhaupt nicht mehr eingesetzt.

Drei Viertel der Versuche beeinträchtigen die Tiere nicht mehr als ein tierärztlicher Eingriff. Nur für wenige Tests muss das Versuchstier geopfert werden. Dabei handelt es sich im Wesentlichen um die gesetzlich vorgeschriebene Ermittlung der Giftigkeit, die an Ratten durchgeführt wird.

# Bessere Behandlungsmöglichkeiten
## bei AIDS

Anfang der 1980er Jahre beschrieben amerikanische Ärzte erstmals die „erworbene Immunschwäche" AIDS (Aquired Immuno Deficiency Syndrome). Da das AIDS-Virus sich ständig verändert, war es bis heute unmöglich, einen geeigneten Impfstoff herzustellen. Es gibt inzwischen aber hochwirksame Arzneimittel, die die Zahl der AIDS-Viren im Körper des Infizierten unter die Nachweisgrenze senken können. In den Industrieländern erkranken deshalb immer weniger Menschen, die mit dem Virus infiziert sind, an AIDS, und die Überlebenszeit von AIDS-Patienten hat sich um Jahre verlängert. Vollständig beseitigen können die Medikamente das Virus allerdings noch nicht.

Die neuen Wirkstoffe greifen das AIDS-Virus an zwei besonders verwundbaren Stellen an: Der Reversen-Transkriptase, einem Enzym, ohne das sich das Virus nicht in die Erbsubstanz der Zellen schmuggeln kann, und der Protease, die für die Endbearbeitung der Virus-Proteine notwendig ist.

Mit der Etablierung einer neuen Therapieform im Jahr 1996 sank das Risiko, nach einer Infektion tatsächlich an der Immunschwäche sowie den dadurch hervorgerufenen Folgeerscheinungen zu erkranken und an der Krankheit zu sterben, um mehr als die Hälfte. Durch Einführung einer neuartigen Kombinationstherapie konnten die Häufigkeit von AIDS-Ausbrüchen und AIDS-bedingten Todesfällen nochmals drastisch reduziert werden: Von 200 Patienten sterben im Laufe eines Jahres nur noch drei an ihrer Infektion und nicht mehr 30, wie noch vor 1995. Während früher einzeln verabreichte AIDS-Medikamente meist bald zu Resistenzen bei den schnell mutierenden AIDS-Viren führten, basiert die neue Therapieform auf der gleichzeitigen Gabe von drei oder mehr Medikamenten. Denn gegen drei Medikamente zugleich resistent zu werden, fällt auch Verwand-

lungskünstlern wie dem AIDS-Virus schwer. In Deutschland sind 18 Wirkstoffe zugelassen, damit lassen sich zahlreiche Kombinationen bilden. Das gibt Ärzten und Patienten die Möglichkeit, auf eine neue Mischung umzusteigen, wenn die Viren auf die bisherige nicht mehr ansprechen.

Die Industrie forscht immer weiter. Präparate mit noch besserer Wirksamkeit, Medikamente, die besser verträglich und einfacher einzunehmen sind, sind das Ziel. Die Forscher suchen auch nach neuen Substanzen gegen die AIDS-Viren, die gegenüber herkömmlichen Medikamenten unempfindlich geworden sind. Und sie arbeiten an dem Ziel, endlich einen Impfstoff gegen das Virus herzustellen.

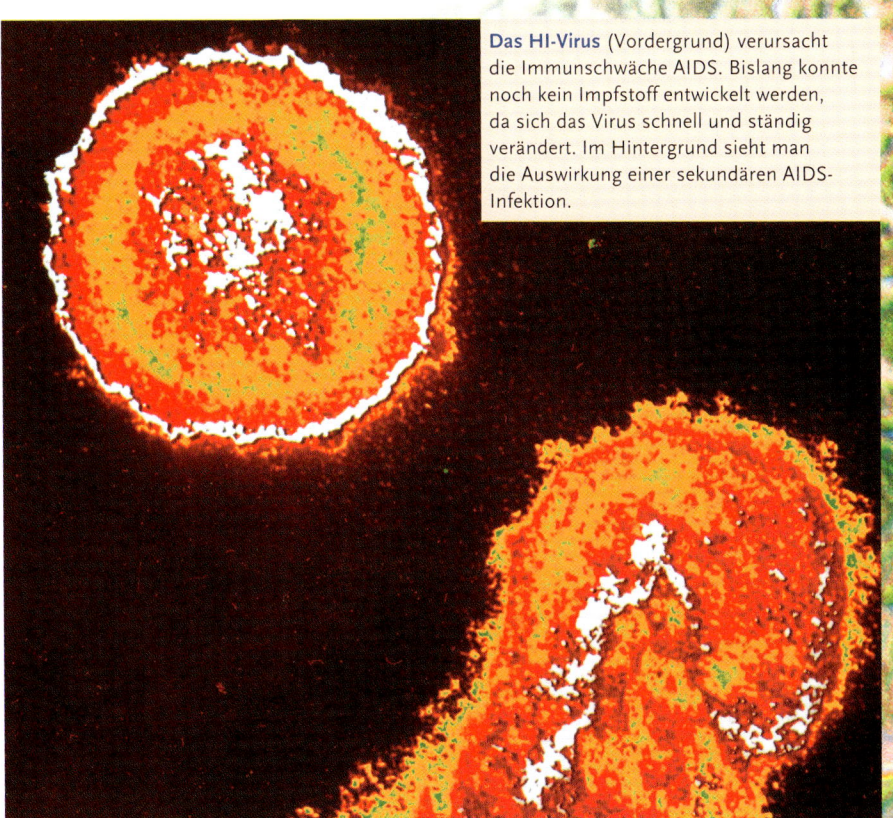

**Das HI-Virus** (Vordergrund) verursacht die Immunschwäche AIDS. Bislang konnte noch kein Impfstoff entwickelt werden, da sich das Virus schnell und ständig verändert. Im Hintergrund sieht man die Auswirkung einer sekundären AIDS-Infektion.

## Wozu braucht man Patente?

Vielversprechende Substanzen melden die Hersteller gleich nach den ersten Testrunden, dem Screening, zum Patent an. Bis der patentierte Wirkstoff in Form eines Arzneimittels auf den Markt kommt, kann es jedoch noch länger als ein Jahrzehnt dauern. Viele Stoffe schaffen den Weg zum Arzneimittel nicht. Sie werden aufgegeben, weil sie zum Beispiel die gewünschte Wirksamkeit nicht in ausreichendem Maße zeigen oder die Nebenwirkungen zu schwerwiegend sind. Doch erst wenn ein Arzneimittel auf dem Markt ist, kann es die Ausgaben für Forschung und Entwicklung auch wieder einbringen.

Patente schützen eine Erfindung 20 Jahre lang, d.h. in dieser Zeit darf nur der Patentinhaber die Erfindung wirtschaftlich nutzen. In besonderen Fällen kann der Hersteller als Ausgleich für den langen Zeitraum der Entwicklung und Zulassung einen zusätzlichen Patentschutz von fünf Jahren erhalten. Aufgrund der langen Zeit (im Durchschnitt 10 bis 12 Jahre) zwischen der Erteilung des Patents für den Wirkstoff und der Markteinführung des Arzneimittels hat der Hersteller in der Regel nur wenige Jahre, um einen angemessenen Ertrag für seine geistige Leistung und die Entwicklungsarbeit zu erwirtschaften.

Wer Patentschutz beantragt, muss seine Idee offenlegen. Jeder kann die Unterlagen einsehen – neuerdings sogar im Internet. Die Erfindung steht damit als Erkenntnisfortschritt für die Forschung anderer zur Verfügung. Das zeitlich begrenzte Monopol eines Patents zur wirtschaftlichen Nutzung einer Erfindung bietet dem Erfinder einen Anreiz, das Wagnis der Entwicklung einer Innovation einzugehen. Er hat nur die Nutzungsrechte am Gegenstand des Patents, über Besitzrechte verfügt er nicht. Ohne Patente kann kein Unternehmen die hohen Forschungs- und Entwicklungskosten tragen. Das gilt auch für Patente in der Gentechnik, die für forschende Arzneimittelhersteller unverzichtbar sind: Die Gentechnik ist eine Schlüsseltechnologie für die Forschung nach neuen Wirkstoffen. Auch ein Hersteller, der aufbauend auf der Funktion eines bestimmten Gens ein neues Medikament entwickelt oder mit Hilfe genetisch veränderter Tiere nach neuen Therapieformen sucht, braucht die Sicherheit, dass das Ergebnis seiner Arbeit nicht sofort von anderen ohne eigene Leistung kopiert werden kann.

## Was sind eigentlich Orphan Drugs?

Rund 5.000 der insgesamt 30.000 bekannten Krankheiten zählen zu den seltenen Erkrankungen. Dazu gehören zum Beispiel auch viele Tropenkrankheiten. Arzneimittel, die gegen diese seltenen Krankheiten wirken, bezeichnet man als Orphan Drugs („Waisenmedikamente"). Ihre Entwicklung ließe sich nicht finanzieren, wenn die Forschungskosten unter den normalen Bedingungen des Marktes erwirtschaftet werden müssten. Fast immer droht ein Verlustgeschäft, wenn die Zahl der Patienten, die das teuer entwickelte Produkt benötigen, zu klein ist.

In den USA bietet seit 1983 ein Gesetz den Unternehmen Anreize zur Entwicklung von Orphan Drugs. Als besonders wirkungsvoll hat sich dabei die Exklusivitätsklausel erwiesen: Gegen die gleiche Krankheit werden sieben Jahre lang keine vergleichbaren Präparate zugelassen. Weitere Arzneimittel erhalten die Zulassung nur, wenn sie zum Beispiel besser wirken, ein anderes Wirkprinzip haben oder weniger Nebenwirkungen verursachen. Das Arzneimittel genießt so weitreichenden Schutz auf dem Markt. Auch Japan fördert seit Anfang der neunziger Jahre die Entwicklung von Orphan Drugs mit ähnlichen Anreizen wie die USA. Die Verbesserung der Rahmenbedingungen zeigt Erfolg: In den USA wurden bis Sommer 2001 über 200 Präparate zugelassen.

In der EU gibt es seit Anfang 2000 entsprechende Anreize zur Entwicklung von Orphan Drugs. Danach werden unter anderem Hilfestellungen bei der Entwicklung, ein Wegfall der Zulassungsgebühren und als wichtigste Maßnahme ein maximal zehnjähriges Exklusiv-Vermarktungsrecht gewährt. Diese Orphan-Drug-Verordnung war bereits erfolgreich. Bis Mitte 2001 lagen bereits 113 Anträge vor, und die Europäische Kommission hatte rund 50 Präparaten den Status „Arzneimittel gegen eine seltene Krankheit" zuerkannt. Damit bekommen Menschen mit seltenen Krankheiten die Chance, dass auch für sie nach Medikamenten geforscht wird.

# Mit Vorsicht zu genießen

Johanniskraut-Extrakte sind ein weit verbreitetes und anerkanntes Mittel gegen milde Depressionen. Möglicherweise sind sie nicht nur gut für die Seele, sondern eignen sich auch zur Vorbeugung vor Krebserkrankungen. Hauptbestandteile des als Naturheilmittel verwendeten Johanniskrautextraktes sind Polyphenole, z.B. Hypericin und Hyperforin, oder das Flavonoid Quercetin (das ist übrigens auch in Äpfeln enthalten). Polyphenole und Flavonoide gehören zu einer großen Familie von Verbindungen, die vor allem als Gerb- und als Farbstoffe in vielen Pflanzen vorkommen (siehe Kapitel „*Macht Rotwein jung und Schokolade schön?*") Wissenschaftler einer Arbeitsgruppe aus der Berliner Charité fanden kürzlich heraus, dass diese Verbindungen außerordentlich stark hemmend auf bestimmte Aktivitäten eines Enzyms wirken, das eine zentrale Rolle bei der Aktivierung von Vorstufen krebserzeugender Stoffe wie Umweltgiften spielt. Dasselbe Enzym wird aber auch beim Abbau und bei der Weiterverarbeitung mancher Medikamente im Körper aktiv. Dadurch kann das harmlose Johanniskraut für Patienten, die auf bestimmte Medikamente angewiesen sind, lebensgefährlich werden. So sorgt die gleichzeitige Einnahme eines Johanniskraut-Extraktes mit dem AIDS-Medikament Indinavir dafür, dass der Wirkstoff so schnell abgebaut wird, dass im Blut der Patienten keine wirksamen Konzentrationen von Indinavir mehr

Quercetin

erreicht werden – die Therapie wird damit wirkungslos. Auch Patienten nach einer Organtransplantation sollten auf Johanniskraut-Extrakte besser verzichten. Sie benötigen ihr Leben lang einen genau abgestimmten Cocktail verschiedener Medikamente, die verhindern, dass die körpereigene Immunabwehr des Patienten das transplantierte Spenderorgan angreift und es zerstört: Der Körper des Patienten stößt das Transplantat ab, meist mit tödlichen Folgen. Eine der wichtigsten Komponenten dieses Cocktails von Immunsuppressiva, das Ciclosporin, verträgt sich überhaupt nicht mit der gleichzeitigen Einnahme von Johanniskraut. Patienten nach einer Herztransplantation, die entweder auf eigene Faust oder auf Anraten ihres Psychiaters mit der Einnahme von Johanniskraut-Extrakten begonnen hatten, zeigten nach wenigen Wochen die Symptome einer akuten Abstoßungsreaktion. Die Konzentration an Ciclosporin in ihrem Blut war unter die therapeutisch wirksame Grenze abgesunken. Glücklicherweise kehrte sich der Effekt nach Absetzen des Johanniskraut-Präparates wieder um. Die Ciclosporin-Konzentrationen erreichten wieder die gewünschte, therapeutisch wirksame Höhe, und die Patienten erholten sich.

Wie diese Beispiele zeigen, sind auch scheinbar harmlose Naturarzneien mit Vorsicht zu genießen, denn ihrer Wirkung liegen die gleichen chemischen Prinzipien zugrunde wie bei synthetischen Verbindungen. Johanniskraut ist ein bekanntermaßen gut verträgliches wirksames Naturheilmittel. Wer möchte, kann es sich jederzeit besorgen. Man sollte das aber nur tun, wenn man wirklich keine anderen Medikamente einnehmen muss.

Hyperforin

Hypericin

# Flüssige Kristalle

**Was wie ein Widerspruch in sich klingt, ist der Stoff, der unsere Flachbildschirme und Displays von Digital-Uhren, Radios und Handies arbeiten lässt. Werfen wir eine kleinen Blick auf diese seltsamen Molekülverbände.**

## 8:42 – Geschafft!

*Das ging ja doch schneller, als ich dachte. Ich habe noch nicht mal die „akademische Viertelstunde" überschritten. Dann wollen wir mal den Rechner hochfahren, die Kaffeemaschine anwerfen und das Aspirin suchen.*

*Beim Zahnarzt kann ich jetzt auch schon anrufen, der fängt um halb neun mit seiner Sprechstunde an. So, das wäre geregelt, jetzt aber an die Arbeit. Mein E-Mail-Briefkasten quillt schon wieder über von allem möglichen elektronischen Müll. An dem Problem, wichtige Botschaften von überflüssigen Pseudo-Informationen zu unterscheiden, werden wohl selbst die ausgeklügeltesten Halbleitertechniken und die innovativsten Neuerungen auf dem Gebiet der Nanotechnologie scheitern. Leider. Das Computerzeitalter hat eben auch seine Schattenseiten.*

Ein Kristall ist eine feste Substanz mit strenger Ordnung, bei der jedes Atom oder Molekül genau weiß, wo es hingehört. In Flüssigkeiten herrscht dagegen das reine Chaos; jedes Teilchen schwimmt herum, wie es mag. Die Orientierung der einzelnen Moleküle zueinander ist beliebig, daher ist die Flüssigkeit beweglich. Und was, bitte schön, soll nun ein Flüssigkristall sein? Flüssigkristalle tragen den Ordnungssinn von Kristallen, sind aber noch flüssig. Flüssigkristalle sind zumeist stäbchenförmige organische Moleküle. Die winzigen Stäbe orientieren sich zu schichtartig gestapelten Ordnungen an. Gleichzeitig aber sind die Kräfte, die zwischen den einzelnen Teilchen wirken, so schwach, dass sie kein starres Kristallgitter bilden, sondern fast so beweglich wie eine Flüssigkeit bleiben.

Flüssigkristalle sind der Stoff, der in LCDs steckt, den Liquid Crystal Displays oder zu deutsch Flüssigkristallanzeigen unserer digitalen Geräte. Erst solche LCDs haben flache Monitore und damit unsere kleinen, leichten Laptops und Notebooks möglich gemacht.

## Stäbchen in der Zelle

Ein LCD besteht im Prinzip aus einem Ensemble von winzigen Zellen zwischen je zwei beschichteten Glasplatten, die mit einer flüssigkristallinen Verbindung gefüllt sind. Auf der vorderen Glasplatte der Zelle ist ein Polarisator aufgebracht, der die Schwingungsebene einer einfallenden Lichtwelle in eine Richtung polarisiert. Was heißt das? Licht ist eine elek-

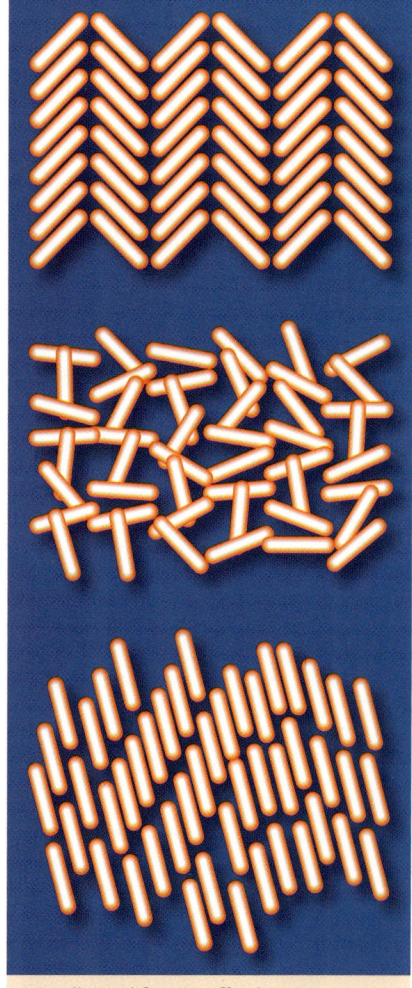

**Kristalle** sind feste Stoffe, deren Bausteine eine strenge Ordnung – das Kristallgitter – aufweisen (oben).
**In Flüssigkeiten** sind die Moleküle völlig wahllos angeordnet und frei beweglich (Mitte).
**Flüssigkristalle** sind ein Zwischending: Die Moleküle sind zwar frei beweglich wie in einer Flüssigkeit, orientieren sich aber regelmäßig an (unten).

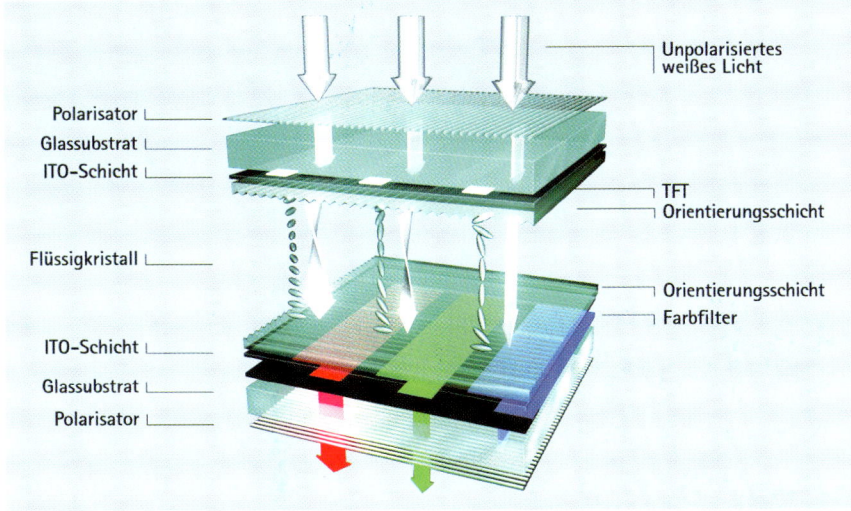

**Aufbau eines Pixels** – Jeder Bildpunkt eines LCD-Farbmonitors besteht aus drei mit Farbfiltern ausgestatteten Farbzellen, einer roten, einer grünen und einer blauen. Die drei Farben werden separat über Dünnfilmtransistoren (TFT) angesteuert. Wie beim konventionellen Röhren-Bildschirm entsteht auf diese Weise ein farbiges Bild, denn die drei Grundfarben reichen, um jeden möglichen Farbton zu erzeugen – und zwei Millionen dieser Pixel erzeugen ein Fernsehbild.

tromagnetische Welle, die in beliebigen Ebenen schwingen kann (siehe Kapitel *„Moleküle im Spiegel"*). Natürliches Licht ist eine Mischung aus Wellen mit allen möglichen Schwingungsebenen. Ein Polarisationsfilter lässt nur Wellen durch, die in genau einer einzigen, definierten Ebene schwingen. Licht anderer Schwingungsebenen wird gestoppt.

Für die Übertragung der elektrischen Spannung auf die Zelle sind die Glasplatten mit einer Schicht aus Indium-Zinn-Oxid (ITO) überzogen. Auf das ITO muss zusätzlich eine Polymerschicht aufgebracht werden, die anschließend intensiv mit einem samtartigen Textil in einer Richtung gerieben wird. Beim Reiben entstehen winzige, parallele Furchen auf der Oberfläche. Sie sorgen dafür, dass sich die Flüssigkristalle später in der gewünschten Ausrichtung anordnen.

## Lichtventile

Da die Furchen der beiden Deckplatten der Zelle um 90° gegeneinander gedreht

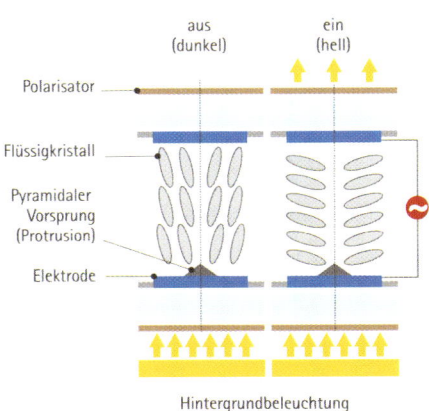

**Prinzip der Vertical-Alignment-Technologie.**

sind, wird auch den kleinen Säulen aus Flüssigkristallmolekülen eine spiralige Verdrillung aufgezwungen. Es entsteht eine Art Wendeltreppe. Beim Durchgang durch diese Spirale wird die Schwingungsebene der Lichtwelle gedreht.

Wenn keine Spannung an der Zelle anliegt, wird die Polarisationsrichtung des Lichtes auf dem Weg durch die Flüssigkristallschicht um 90° gedreht. Der Polarisator auf der hinteren Platte ist so ausgerichtet, dass er das Licht in diesem Fall passieren lässt. Das bedeutet, dass die Zelle transparent erscheint. Wenn nun eine Spannung angelegt wird, wird die spiralförmige Orientierung der Flüssigkristalle gestört. Die Schwingungsebene des Lichtes wird nicht mehr gedreht, das Licht kann den zweiten Polarisator nicht mehr passieren, und die Zelle sieht schwarz aus. Flüssigkristalle sind also eine Art „schaltbares Lichtventil".

## Groß und flach

Verschiedene technische Verbesserungen, etwa zur Erhöhung des Kontrasts, waren noch nötig, bevor sich Flachbildschirme in ausreichender Qualität realisieren ließen. Für bewegte Bilder wurden vor allem Flüssigkristallmischungen benötigt, die rascher auf die elektrischen Signale reagieren. Für die Entwicklung solcher Mischungen mit extrem kurzen Schaltzeiten, die zum ersten Mal die Herstellung großformatiger flacher Fernsehbildschirme ermöglichten, wurde die Firma Merck mit dem „Deutschen Zukunftspreis" 2003 ausgezeichnet.

Für hochauflösende Computermonitore und Fernsehbildschirme verwendet man heute TFT-angesteuerte Displays.

## Vertical Alignment

**Vertikal statt geschraubt:** Eine neue Flüssigkristall-Generation eröffnet neue Horizonte in der LCD-Technologie. Wie in der Grafik links gezeigt, können Zellen, die nach der neuen „Vertical-Alignment-Technologie" arbeiten, auf die klassische Verdrillung der Flüssigkristall-Stapel verzichten. Und das geht so: Zwischen zwei Glasscheiben befindet sich – wie gehabt – eine dünne Schicht einer Flüssigkristallmischung. Im Aus-Zustand stehen die Flüssigkristalle hierbei aber senkrecht zwischen den zwei Glasplatten des Displays (vertically aligned). Das von der Hintergrundbeleuchtung erzeugte Licht wird aufgrund der senkrechten Ausrichtung der Flüssigkristall-Moleküle nahezu vollständig „verschluckt". Der Bildpunkt im Display ist dunkel. Sobald Spannung angelegt wird, richten sich die Moleküle in horizontaler Richtung aus. Das Hintergrundlicht kann nun die Flüssigkristallschichten durchdringen. Das Pixel wird hell.

Das von Merck patentierte VA-Material ermöglicht zum ersten Mal die Herstellung großformatiger LCD-Fernseher mit deutlich verbesserter Blickwinkelabhängigkeit und höherem Kontrast.

**Flachbildschirme** für das Fernsehen der Zukunft.

mit Farbfiltern ausgestatteten Farbzellen, einer roten, einer grünen und einer blauen. Sechs Millionen einzeln adressierbare Punkte bedeuten aber ebenso viele Dünnfilmtransistoren. Das ist aufwändig und dementsprechend teuer. Auch die Flüssigkristalle selber sind nicht billig. Die Synthese ist komplex, und vor allem werden sehr hohe Anforderungen an Reinheit und Einheitlichkeit der Produktion gestellt. Da aber nur sehr kleine Mengen benötigt werden – in einem Notebook befinden sich gerade einmal 300 mg Flüssigkristalle, beim LCD-Flachbildschirm können es bis zu 600 mg sein – spielt dieser Faktor trotzdem nur eine untergeordnete Rolle.

Im Gegensatz zur Bildröhre benötigt der LCD-Fernseher nur rund 50 Prozent der Energie und hat eine doppelt so lange Lebensdauer. Ziele weiterer Forschungen sind noch schnellere Schaltzeiten, noch kleinere Blickwinkelabhängigkeiten – und die Entwicklung einer kostengünstigeren Produktion. Die neue Generation der flachen LCD-Fernseher wird die klassischen Röhrengeräte innerhalb weniger Jahre im Markt ablösen.

Dabei wird jeder einzelne Bildpunkt, also jedes Pixel, über Dünnfilmtransistoren (TFT, Thin Film Transistor) angesteuert. So werden Anzeigen mit rund zwei Millionen Pixeln erreicht. Bei farbigen Monitoren ist jedes dieser Pixel noch einmal in die drei Grundfarben untereilt: Jeder Bildpunkt besteht aus drei

# Flüssigkristalle bringen Kunststoffen Ordnung bei

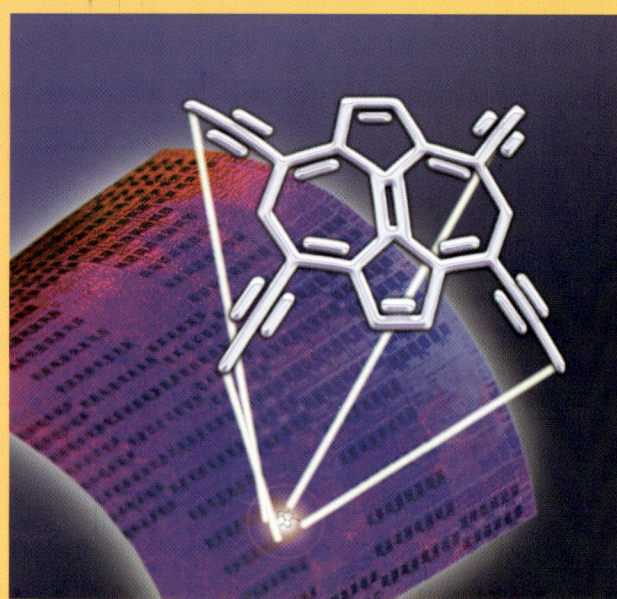

Auf Elektronik-Messen sorgen sie immer wieder für Begeisterung: Elektrisch leitfähige Kunststoffe gelten als das Material der Zukunft für viele Bereiche der Mikroelektronik (siehe Kapitel *„Ein Fall für die Spezialisten"*). Bauteile wie großflächige organische Displays, Folienbatterien oder Plastikchips werden in absehbarer Zeit die Serienreife erreichen. Vorzüge der leitfähigen Polymere gegenüber anderen Materialien zur Herstellung Silicium-freier Elektronik sind hohe Stabilität, günstige mechanische Eigenschaften und einfache Verarbeitbarkeit. Allerdings lässt ihre elektrische Leitfähigkeit bisher häufig zu wünschen übrig. Sie leidet an der strukturellen Unordnung, die in den Kunststoffen üblicherweise herrscht. Werden Polythiophene, die heute industriell bedeutendste Klasse leitfähiger Polymere, in Gegenwart eines Flüssigkristalls als „Matritze" polymerisiert, kann ihnen eine Ordnung aufgezwungen werden.

Die Forscher nehmen dazu ein flüssigkristallines Gel. Es besteht aus winzigen, zueinander parallelen, hydrophoben (wasserabweisenden) zylindrischen Einheiten, die in einer hydrophilen (wasserfreundlichen) Umgebung schwimmen. Die Bausteine für das Polymer werden in einer dünnen Schicht dieses Gels gelöst. Da die Bausteine hydrophob sind, halten sie sich ausschließlich innerhalb der hydrophoben Zylinder auf. Mithilfe von elektrischem Strom wird nun die Polymerisation der Bausteine ausgelöst. Dabei ändert sich ihre Verteilung innerhalb der „Matritze" nicht: Nach Entfernen des Gels bleibt ein dünner Polythiophen-Film übrig, der die Textur des Flüssgkristalls sowie dessen optische Eigenschaften widerspiegelt. So könnten elektrisch leitfähige Kunststoffe mit verbesserten elektronischen Eigenschaften herstellbar werden.

# Molekulare Träume für die Welt von morgen

Der Trend geht unaufhaltsam in Richtung Miniaturisierung: Mikro ist schon fast out, inzwischen wird fleißig über noch kleinere Maßstäbe nachgedacht, Nanotechnologie ist das Schlagwort moderner Zukunftsträumereien. Nanoroboter, molekulare Motoren – Chemiker sind es, die mit Molekülbasteleien und neuen Materialien die Basis für diese Zukunftsmusik schaffen müssen.

Weniger Probenflüssigkeit, schnell, tragbar, universell einsetzbar: Das sind die enormen Vorteile des Lab-on-a-chip-Konzeptes. Daumennagelgroße Mikrochips, durchzogen von winzigen Kanälchen, als Analysen- oder Diagnostiklabor – so etwas gibt es bereits (siehe Kapitel „Immer kleiner, immer schneller, immer weniger"). Sind also Miniroboter, die wie U-Boote durch unsere Adern schwirren und Vor-Ort-Untersuchungen oder gar Reparaturen durchführen, und winzigste Nanocomputer, die das Leben leichter machen, tatsächlich nur reine Utopie? Der Phantasie sind keine Grenzen gesetzt.

**Lab on a chip** – Komplette Analysen- und Diagnostik-Methoden in Daumennagelgröße sind heute bereits Realität. Sie kommen mit winzigsten Probenmengen aus und integrieren Probenvorbereitung und Detektionseinheit.

Der Leistungsfähigkeit der Mikro- und Nanotechnologie natürlich schon. Indes, so völlig utopisch sind manche Ideen gar nicht, auch wenn viele Anwendungen noch lange brauchen werden, bis sie ausgereift sein werden. Lassen Sie uns ein paar Beispiele ansehen, was Forscher mit ihren Molekülen schon alles hinkriegen, und dabei ein bisschen auf molekularer Ebene weiterträumen…

## Gussformen für Moleküle

Materialien mit winzigsten Hohlräumen, die andere Moleküle als „Gäste" aufnehmen können, spielen eine bedeutende Rolle in Wissenschaft und Technik. Ein besonders interessantes Verfahren zur Herstellung von Materialien mit passgenau zugeschnittenen Hohlräumen ist das so genannte „Molecular Imprinting". Die als spätere Gäste vorgesehenen Moleküle werden dabei als Schablone eingesetzt: In ihrer Gegenwart wird ein Polymermaterial durch Quervernetzen einzelner Bausteine hergestellt. Nach Entfernen der „Schablonen" bleibt ein Polymer übrig, das Hohlräume in der gewünschten Form und Größe enthält und dann beispielsweise zur hochspezifischen Abtrennung von Substanzen, als Katalysator oder Sensor

**Winzig kleine, molekulare Zahnradgetriebe** können Chemiker bereits herstellen: Das hohle, röhrenförmige Zentralteil des Getriebes besteht aus Fulleren-Nanoröhren, die Zähne sind daran gebundene Benzolmoleküle.

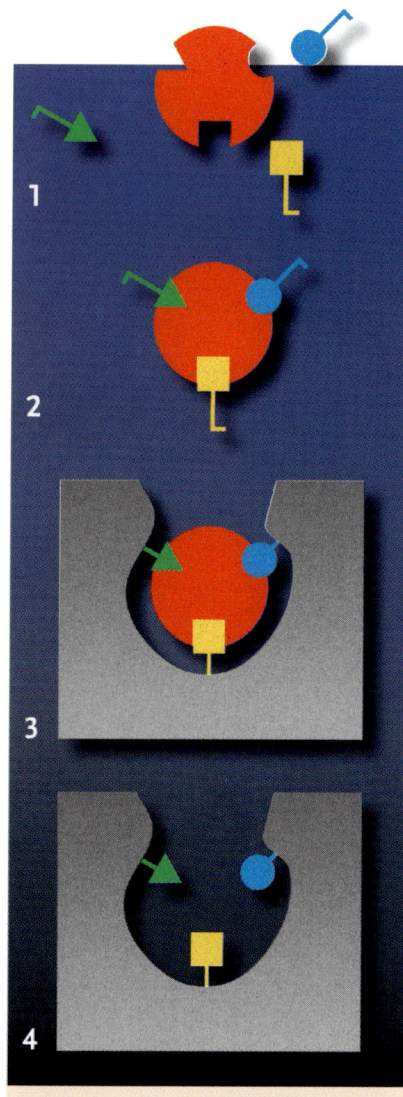

**Auf molekularen Schablonen** basiert die Technik des Molecular Imprintings. Dieses Verfahren der Nanotechnologie ähnelt dem Schlüssel-Schloss-Prinzip in der Enzymchemie.

**Das Cowpea-Mosaik-Virus** könnte vielleicht als Baustein für die Nanotechnologie dienen. Deutlich zu erkennen ist die ikosaedrische Form der Virushülle.

eingesetzt werden kann. Aber Molecular Imprinting kann noch mehr: Die Technik lässt sich zur gezielten Suche nach pharmakologischen Wirkstoffen einsetzen. Denn Pharma-Wirkstoffe müssen nach dem Schlüssel-Schloss-Prinzip genau in die Bindetasche des Biomoleküls passen, das sie beeinflussen sollen.

Und so könnte es gehen: Sagen wir, der Inhibitor (Hemmstoff) für ein Enzym wird gesucht. Mit Hilfe eines bereits bekannten Inhibitors als Schablone wird ein Polymer mit den entsprechenden Hohlräumen abgeformt. Die Hohlräume erweisen sich dann als eine Art maßgeschneiderte „molekulare Reaktionskammer": Sie erleichtern beispielsweise die Verknüpfung von je zwei molekularen Bausteinen zu einem neuen Molekül – aber nur dann, wenn das entstehende Produkt gut in die Kammer passt. Solche Produkte passen dann auch in die Bindetasche des Enzyms und wirken als Inhibitoren. Das ist bisher zwar nur ein Konzept – aber wer weiß, was daraus noch entstehen kann.

## „Programmierbare" Nano-Bausteine

Landwirten dürfte das Cowpea-Mosaik-Virus wenig Freude bereiten. Benannt ist das Pflanzenvirus, das Hülsenfrüchte befällt, nach einem seiner Opfer, der Futterbohne. Ganz angetan von diesem Virus sind dagegen Wissenschaftler. Um winzigste Komponenten, etwa für Mikrocomputer, bis hin zu kompletten nanoskopischen Robotern zu konstruieren, braucht man Bausteine in der Größenordnung einiger Nanometer (1 nm = ein Millionstel mm). Ihr Durchmesser von 30 nm macht die Viruspartikel, die in großen Mengen aus infizierten Blättern gewonnen werden können, zu geeigneten Kandidaten für Experimente.

Die Virenhülle ist ein ikosaedrisches Gebilde aus 60 identischen Proteinbausteinen. Jede der 60 Proteineinheiten hat einen chemischen „Haken", der ins Vireninnere ragt. Durch gezielte Mutation gelang es, eine Virus-Abart zu schaffen, deren Proteineinheiten einen weiteren „Haken" aufweisen, diesmal auf der äußeren Oberfläche der Viren. Was das bringt? Im Prinzip kann jede Art von Molekül angekoppelt werden, an das zuvor die zu den „Haken" passende „Öse" angehängt wurde – so wird das Virus chemisch „programmiert". Innere und äußere Haken sind verschieden, können also getrennt von einander angesprochen werden. Mit Chemikalien gefüllte Viren könnten beispielsweise als eine Art Mikro-Reaktionskammer genutzt werden. Oder die Viren könnten mit sehr vielen „Haken" bestückt werden. Werden Metallpartikel angekoppelt, könnte man daraus leitfähige Nano-Bausteine herstellen. Bringt man die Viren zum Kristallisieren, entstehen weitläufige hoch geordnete Strukturen der angekoppelten Moleküle. Derartige Strukturen brechen das Licht und können als neuartige optoelektronische Bauteile eingesetzt werden.

## Molekulare Gefäße

Die Unterteilung von Flüssigkeiten in winzigste einzelne Kompartimente ist eine grundlegende Herausforderung für die heutige Wissenschaft. Nur so kann man mit immer geringeren Substanzmengen auskommen, immer komplexere miniaturisierte Systeme schaffen und sogar individuelle Moleküle sortieren und einzeln untersuchen. Hauptproblem ist weniger, winzige „Behälter" herzustellen und zu füllen, als diese in der Flüssigkeit wiederzufinden, zu unterscheiden und gezielt einzeln zu beobachten. Aber auch dafür gibt es Lösungen, zum Beispiel Super-Mini-Gefäße per Selbstorganisation in einem definierten **Nanomuster zu** fixieren. Und das **könnte so gehen:**

Mit einem wi**nzige**n „Stempel" wird ein Muster **aus geord**neten **Pünktchen** im Nanometer-Maßstab auf eine Glasoberfläche gedrückt (das bereits etablierte Verfahren nennt sich „Microcontact Printing"). Als „Tinte" dient das Protein Rinderserumalbumin, an das Biotin-Moleküle gekuppelt wurden. Der unbedruckte Teil der Oberfläche wird passiviert. Die Glasoberfläche wird nun mit einem weiteren Protein, Streptavidin, behandelt, das im Zusammenspiel mit Biotin wie ein Zweikomponentenkleber wirkt: Streptavidin heftet sich an die mit Biotin bedruckten Stellen und „aktiviert" sie. Nun wird eine Lösung winziger Vesikel aufgegeben, auf deren Oberfläche sich ebenfalls Biotin-Moleküle befinden.

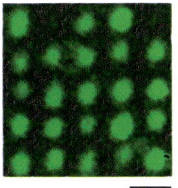 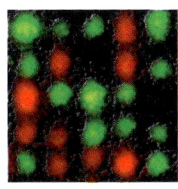

1 µm                    1 µm

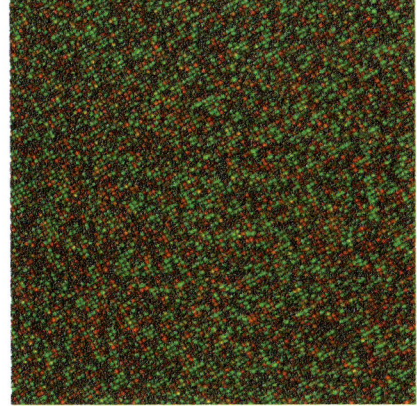

20 µm

**Nanobehälter** – Winzige Vesikel wurden in einem hochgeordneten Muster auf einer Oberfläche fixiert. Mit Farbstoffen gefüllte Vesikel lassen sich unter dem Fluoreszenzmikroskop erkennen und unterscheiden.

Diese „kleben" am Streptavidin fest und heften so jeweils ein einzelnes Vesikel auf ein gedrucktes Pünktchen. Die Vesikel bestehen, ähnlich wie Biomembranen, aus einer Lipid-Doppelschicht. Ihr Fassungsvermögen beträgt einige Attoliter (1 al = 0,000 000 000 000 000 001 l). Sind sie mit Farbstoff gefüllt, kann man die einzelnen „Behälter" unter dem Fluoreszenzmikroskop deutlich erkennen. Anhand von „Etiketten" aus DNA-Stückchen könnte eine fast beliebige Zahl von Atto-Behältern mit verschiedener Fracht eindeutig identifizierbar gemacht werden. So könnten „Substanzbibliotheken" im Nanomaßstab für parallele chemische Reaktionen hergestellt werden, beispielsweise um nach neuen Pharmawirkstoffen zu suchen.

## Was ist ein Attoliter?

Der trillionste Teil eines Liters!
Schwer vorstellbar?
Ein kleines Gedankenexperiment: Entspräche ein Attoliter einem Tropfen Wasser, so wäre die Menge eines Liters einem Wasserwürfel mit der Kantenlänge von ca. 3,5 Kilometern gleichzusetzen. Oder anders ausgedrückt: Etwa der Wassermenge des Bodensees!

## Pilze als Nano-Baumeister

Biologische Systeme mit ihrer erstaunlichen Vielfalt an komplizierten, dabei aber bis in den Nanomaßstab hochgeordneten Strukturen haben schon immer eine große Faszination auf Materialwissenschaftler ausgeübt und zur Nachahmung angeregt. Aber es ist nicht mehr nur Abkupfern angesagt, die Forschung versucht inzwischen auch, Mikroorganismen wie Bakterien, Viren und Pilze direkt in die gezielte Synthese von neuartigen Materialien mit einzubeziehen. Und das kann sogar ziemlich simpel funktionieren, etwa so: In einem Nährmedium werden nanoskopische Goldpartikel fein verteilt, an die zuvor kurze DNA-Stränge gekoppelt wurden. Dann wird das Medium mit Pilzsporen angeimpft. Wenn der Pilz zu wachsen beginnt, bildet er ein fadenartiges Geflecht, das als Mycel bezeichnet wird. Die Goldpartikelchen lagern sich dabei selektiv an die Oberfläche des Mycels an und bilden einen sehr dichten Überzug. Da das Mycel mit einem konstanten, für die jeweilige Pilzart charakteristischen Durchmesser wächst, entstehen sehr gleichmäßige Schläuche. Rasch getrocknet und zu Filmen gepresst erhält man ein faseriges, goldglänzendes Material.

Über die DNA-Stränge der Goldpartikel kann an die Mikro-Schläuche eine weitere Schicht von Gold-Kügelchen, etwa einer anderen Größe, angekoppelt werden, wenn diese die passenden – komplementären – DNA-Gegenstücke tragen. Nach diesem Prinzip lassen sich auch kompliziertere Sekundärstrukturen aufbauen. Aber die Pilze können noch mehr. Sie überleben das „Vergolden", und ihr Mycel wächst – solange sie mit den richtigen Nährstoffen versorgt werden – unbeeinträchtigt weiter. Wechselt man nun das Medium und fügt Goldpartikel einer anderen Größe zu, lagern sich diese an die neu entstehenden Bereiche an: Man erhält Schläuche, die abschnittsweise unterschiedliche Beschichtungen tragen. Vielleicht lassen sich so Materialien mit neuartigen maßgeschneiderten opto-elektronischen oder katalytischen Eigenschaften schaffen.

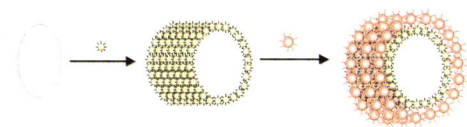

**Pilze als Baumeister** – Die wachsenden Mycelfäden der Pilze werden von einer Schicht aus Gold-Nanopartikeln überzogen. Über kurze DNA-Stränge können an diese weitere, beispielsweise größere Goldpartikel angekoppelt werden.

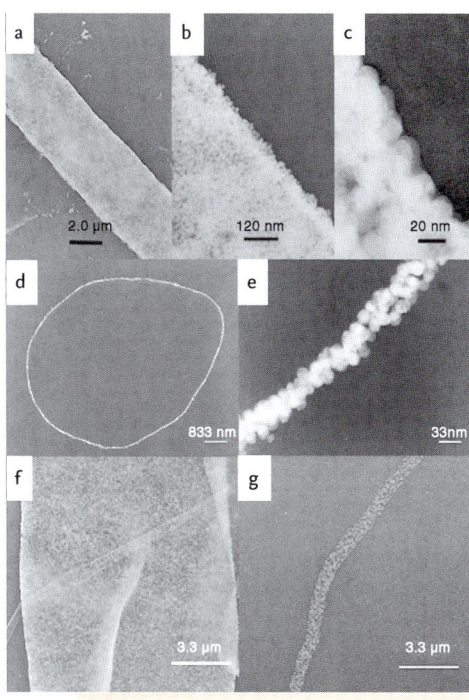

**Pilze als Baumeister** – Elektronenmikroskopische Aufnahmen der „vergoldeten" Pilzfäden:
a) bis c) verschiedene Vergrößerungen,
d) Schnitt durch einen Pilzfaden, man sieht einen feinen Goldrand,
e) Ausschnittsvergrößerung dieses Rands,
f) und g) „vergoldete" Fäden zweier anderer Pilzarten zum Vergleich.

## Dreidimensionale Mikrostrukturen

Immer kleiner, immer feiner – die Mikrosystemtechnik ist auf dem Vormarsch. Komplette Systeme, etwa für die chemische Analytik oder medizinische Diagnostik, lassen sich durchaus auf Daumennagelgröße herunterschrumpfen. Allerdings ist die Herstellung der benötigten dreidimensionalen Mikrostrukturen mit den herkömmlichen Verfahren sehr aufwändig. Am Massachusetts Institute of Technology haben Forscher eine wesentlich vereinfachte Herstellmethode entwickelt, die auf einer zeitlich versetzten Elektroabscheidung des elektrisch leitfähigen Kunststoffs Polypyrrol oder alternativ des Metalls Nickel beruht.

Im ersten Schritt wird mit Photolithographie eine zweidimensionale Struktur als Ausgangsbasis erzeugt. Auf einen Siliciumnitrid-beschichteten Silicium-Wafer (siehe Kapitel „Sonnige Aussichten") wird dazu ein lichtempfindlicher Kunststoff aufgetragen und durch eine Maske, die das gewünschte Muster trägt, bestrahlt. An den belichteten Stellen verändert sich der Kunststoff so, dass er in einem folgenden Schritt selektiv herausgelöst werden kann. Bei der anschließenden Beschichtung mit Gold werden nur die freigelegten Bereiche bedeckt. Entfernt man den restlichen Kunststoff, bleibt ein zweidimensionales Goldmuster in der gewünschten Form zurück. Der entscheidende neue Dreh dabei sind kleine Lücken, durch die einzelne Bereiche des Goldmusters ganz gezielt voneinander abgesetzt werden. Denn wenn während der folgenden Elektroabscheidung elektrische Spannung an einen Punkt des Goldmusters angelegt wird, steht nur ein einzelner, durch die Lücken begrenzter Bereich unter Strom. Hier beginnt alsbald die Abscheidung von Polypyrrol – oder von Nickel. Während der Abscheidung wächst das Material sowohl in die Höhe als auch seitlich über das Goldmuster hinaus. Auf diese Weise werden die Lücken nach einer Weile überbrückt. Ist die Verbindung zum benachbarten Bereich des Musters hergestellt, steht auch dieser unter Strom. Auch hier beginnt nun die Elektroabscheidung – bis zur nächsten Lücke, und so fort. Da das Material in den einzelnen durch die Lücken separierten Bereichen jeweils mit zeitlicher Verzögerung aufwächst, entstehen Strukturen mit abgestufter Höhe.

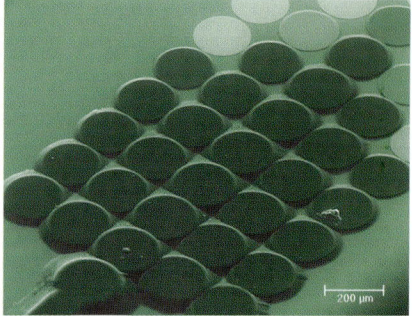

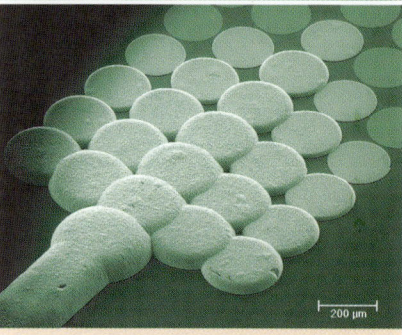

**Dreidimensionale Strukturen durch zeitversetzte Elektroabscheidung:** Strukturen aus einem leitfähigen Kunststoff (oben) und aus Nickel (unten).

Die Höhenunterschiede können über die Lückengröße gesteuert werden. Die entstandene Struktur kann später als Negativ oder „Gussform" für eine Vervielfältigung dienen.

So gelang unter anderem der Aufbau einer Gussform für ein verzweigtes Mikrogefäßsystem etwa für ein Mikroanalysensystem. Auf diese Weise ließen sich möglicherweise aber auch Gerüste für die Herstellung von Blutgefäßen innerhalb künstlicher Organe entwickeln.

### Moleküle kleben

Moleküle einfach mit einer Pinzette greifen und nach Lust und Laune aneinanderkleben, diese Vorstellung ist nicht im mindesten so absurd, wie sie sich anhören mag. Es gelang inzwischen mit dendritischen Polymeren. Das sind lange Molekülketten aus voluminösen, wie ein Geäst eines Baumes verzweigten einzelnen Bausteinen. An ihren „Spitzen" sind die verzweigten Bausteine mit Azid-Gruppen ausgestattet, funktionellen Gruppen, die aus drei miteinander verknüpften Stickstoffatomen bestehen und – sobald sie z.B. durch UV-Licht aktiviert werden – hochreaktiv sind. Aufgetragen auf eine spezielle Unterlage sind die Molekülketten unter dem Rastersondenmikroskop als zylindrische Stränge zu erkennen. So kann man die Moleküle aber nicht nur

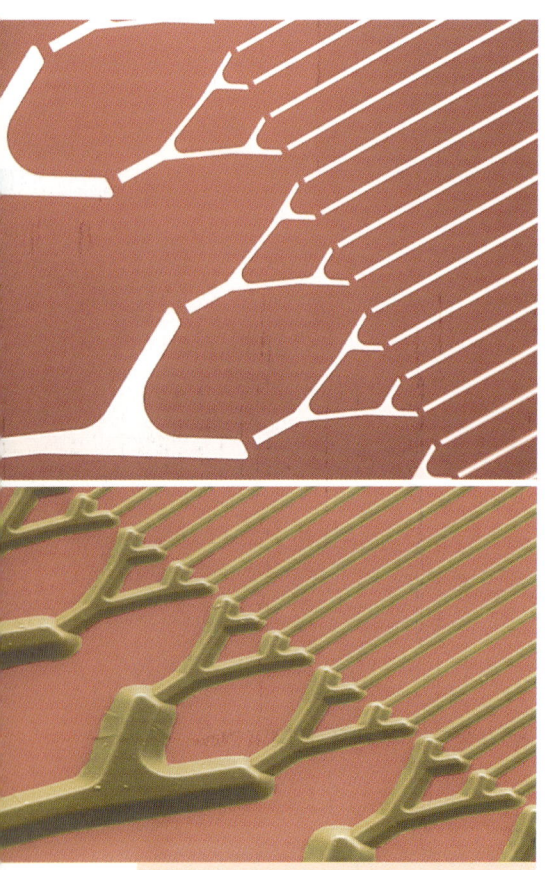

**Dreidimensionale Strukturen** – Kleine Lücken sind der Trick (oben), der zum Erfolg führt: So entstehen bei der Elektroabscheidung leitfähiger Stoffe auf einem Goldmuster verschieden hohe Strukturen (unten). Diese können später als Negativ-Form für die Vervielfältigung dieser Struktur dienen. Hier ein Mikro-Kanalsystem, das als Gerüst für den Aufbau künstlicher Blutgefäße dienen könnte.

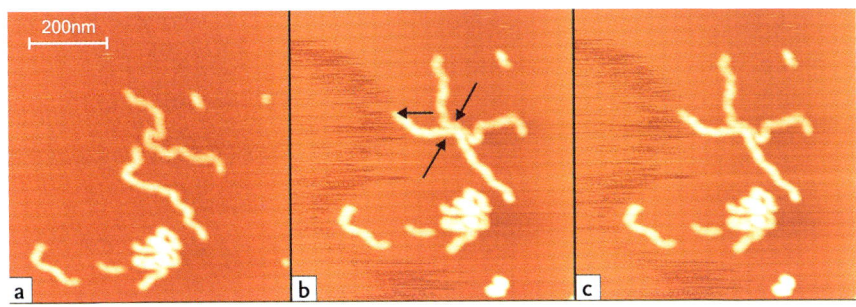

200nm

a  b  c

**Moleküle kleben** – Mithilfe der Spitze eines Rasterelektronenmikroskops lassen sich Polymerstränge wie mit einer Pinzette greifen und aneinander „kleben".

beobachten, sondern auch manipulieren: Bei der Rastersondenmikroskopie tastet eine hauchfeine Spitze eine Oberfläche ab. Die Kräfte, die von dieser Spitze ausgehen, reichen aus, um winzigste Objekte – wie die Polymerstränge – wie mit einer Pinzette fest zu „greifen" und sehr präzise auf der Unterlage zu verschieben. Bringt man mit Hilfe der „Pinzetten" zwei der Polymerstränge in Kontakt und bestrahlt sie mit UV-Licht, reagieren die Azid-Gruppen unter Bildung einer festen chemischen Bindung zwischen den beiden Strängen. Je nachdem, an welcher Stelle die Stränge verknüpft werden, lassen sich die verschiedensten Gebilde „basteln", z.B. in Form eines X, Y, O oder einer 8. Mit reaktiven Azid-Gruppen als eine Art „molekularem Klebstoff" lassen sich prinzipiell alle Arten von Makromolekülen untereinander verknüpfen. Auch Hybrid-Strukturen zwischen völlig verschiedenen Typen von Nano-Objekten, etwa DNA und Kohlenstoff-Nanoröhrchen, scheinen so zugänglich.

## Lichtgetriebene Propeller

Der Traum von nanoskopischen Robotern beschäftigt die Menschheit seit langem. Und inzwischen scheint dieser Traum durchaus realistische Züge anzunehmen. So hat die Nanowissenschaft bereits Bauteile für Maschinen in Molekülgröße hervorgebracht. Aber wie soll das, bitte schön, eigentlich gehen?

Nehmen wir als Beispiel einen molekularen Motor mit Propeller. Wissenschaftler meinen, er könnte beispielsweise aus einem flachen Kohlenstoff-Fünfring als Grundkörper bestehen. An der Spitze des Fünfecks befindet sich eine Aldehyd-Gruppe (ein Kohlenstoffatom mit einem Wasserstoff- und einem per Doppelbindung gebundem Sauerstoffatom) als asymmetrisches Rotorblatt. Sie ragt in einem 60°-Winkel aus der Ebene des Fünfecks heraus und ist frei drehbar. An den beiden „Schultern" des Fünfecks sind zwei verschiedene „Dämpfer" gebunden, die für eine kontrollierte Rotation des Rotors notwendig sind: ein Chloratom und eine Methylgruppe.

Um den Propeller in Rotation zu versetzen, muss eine äußere Kraft angelegt werden, etwa das elektromagnetische Feld einer Lichtwelle. Und was wäre da besser geeignet als ein Laserpuls. Laserlicht zeichnet sich durch seine Kohärenz aus, das heißt, alle Lichtteilchen schwingen mit derselben Amplitude und sind genau in Phase. So entsteht ein einheitliches elektromagnetisches Wechselfeld mit sehr hoher Energie.

Die elektromagnetischen Kräfte des Laserpulses „schubsen" das Rotorblatt an. In jeder Drehrichtung steht der Rotor allerdings vor einer Barriere aufgrund von Abstoßungskräften durch die Dämpfer. In der „Zündungsphase" pendelt der Rotor daher zunächst erst einmal hin und her. Wird die Pendelbewegung stärker, schafft es der Rotor, die Energiebarriere des etwas schwächeren Dämpfers, der Methylgruppe, zu überwinden – und kommt damit ins Rotieren. Schneller, immer schneller dreht er sich in dieser Beschleunigungsphase, um dann zunächst gleichmäßig mit konstanter Geschwindigkeit weiterzudrehen. Die Drehrichtung des Propellers hängt von der Lage der beiden Dämpfer ab: Der molekulare Motor kann als Bild oder als Spiegelbild aufgebaut sein, so sind rechts und links herum drehende Propeller zugänglich. Weitere Eigenschaften des Motors, etwa das Drehmoment, könnten über die Größen des Laserpulses wie Frequenz, Dauer, Form und Intensität gesteuert werden.

**Der molekulare Propeller** lässt sich durch die elektromagnetischen Kräfte eines Laserpulses anstupsen und in Rotation versetzen.

# Chemie
## in der Küche!?!

**12:30 – Mittagspause**

*Na, das war ja ein richtig produktiver Vormittag. Und nach dem hastigen Frühstück heute morgen habe ich mir ein ordentliches Mittagessen wirklich verdient. Normalerweise ist unsere Kantine ja gar nicht so übel, aber heute sieht es ziemlich düster aus. Dieses panierte Fischfilet hat mir noch nie geschmeckt und die Pommes frites schwimmen mal wieder im Fett. Schließlich weiß jedes Kind, dass Pommes fürchterliche Dickmacher sind, aber neuerdings stehen sie auch noch in dem Ruf, Krebs zu verursachen. Das soll an einer Chemikalie liegen, die beim Frittieren der Kartoffelstückchen entsteht. Als mündige Verbraucherin müsste ich mich eigentlich darüber schlau machen. Aber erst mal bin ich hungrig. Bei dem Angebot bleibt mir leider nichts anderes übrig, als über das Salatbüffet herzufallen, das ist immer meine letzte Rettung an Tagen mit so einem Speiseplan.*

Die Suppe köchelt auf dem Herd, der Braten brutzelt im Ofen, verführerische Düfte ziehen durch das ganze Haus. So appetitlich kann Chemie auch sein. Denn in der Küche passiert im Prinzip nichts anderes als in jedem chemischen Laboratorium: Unter Verwendung geeigneter Lösungsmittel, in der Küche sind das Wasser, Öl, Butter, Schmalz oder Margarine, und Zufuhr von Energie werden die rohen Ausgangssubstanzen in zum Verzehr geeignete, wohlschmeckende Endprodukte umgewandelt. Und hier wie dort gibt es unerwünschte Nebenreaktionen, die zur Bildung unbekömmlicher Nebenprodukte führen können.

### Das Gift in der Küche – Acrylamid in Pommes, Chips und Keksen

Im April 2002 erschütterte mal wieder ein Lebensmittelskandal die europäischen Verbraucher: Die Schwedische Behörde für Lebensmittelsicherheit (Livsmedelsverkets) hatte entdeckt, dass bestimmte Lebensmittel wie Pommes frites, Chips, Kekse oder Knäckebrot ungewöhnlich große Mengen der giftigen Substanz Acrylamid enthielten. In hohen Konzentrationen schädigt Acrylamid das Nervensystem, aber auch in geringen Do-

sen zeigt es im Tierversuch eine krebserregende, erbgut- und nervenschädigende Wirkung. Die Weltgesundheitsorganisation WHO hatte Acrylamid deshalb 1994 als wahrscheinlich krebserregend eingestuft. Sie sieht als zulässige Höchstmenge für Menschen die Einnahme von 1 Mikrogramm (1 µg = ein Tausendstel Milligramm) pro Tag und kg Körpergewicht an, obwohl das tatsächliche Risiko für Menschen bis heute noch nicht endgültig geklärt ist. Zwei neuere Studien aus dem Jahr 2003 konnten jedenfalls keinen Zusammenhang zwischen erhöhtem Konsum von frittierten Kartoffeln und Krebs nachweisen.

Acrylamid entsteht beim Backen, Rösten, Braten oder Frittieren von Stärke enthaltenden Nahrungsmitteln wie Kartoffeln und Getreideprodukten. Dabei reagiert die in den Lebensmitteln enthaltene freie Aminosäure Asparagin mit dem Traubenzucker, dem Baumaterial der Stärke. Stärke ist ein Polymer, sie besteht aus langen Ketten von immer gleichen Einzelbausteinen, dem Traubenzucker.

Nun ist diese Reaktion zwischen Asparagin und einem Zucker nichts prinzipiell Neues. Seit es Bratkartoffeln gibt, enthalten sie mit Sicherheit auch Acrylamid. Aber um dieses Risiko zu entdecken, bedurfte es der Entwicklungsarbeit von Wissenschaftlern in einer kleinen, hochspezialisierten Analytik-Firma. Mithilfe ihrer neuen Analysenmethode lässt sich Acrylamid in Lebensmitteln zuverlässig und auch in geringen Mengen nachweisen.

Je brauner die Speise gebrutzelt wird, desto höher steigt der Acrylamidgehalt an. In mit Wasser gekochten und rohen Produkten wurde gar kein Acrylamid gefunden. Die Zubereitungsart spielt also offensichtlich eine wichtige Rolle für die Entstehung von Acrylamid. Daraus ergeben sich einfach durchzuführende Maßnahmen, mit denen man sich vor zuviel Acrylamid im Essen schützen kann: Wenn man bei niedrigeren Temperaturen (bis maximal 200 °C) brät, bäckt oder frittiert und die Speisen nur goldgelb statt dunkelbraun werden lässt („Vergolden statt Verkohlen" war der Slogan des deutschen Verbraucherschutzministeriums), ist man bereits auf der sicheren Seite. In der heimischen Küche ist das natürlich kein Problem, in der Gastronomie oder bei Fertigprodukten wie Chips oder vorgebackenen Pommes muss man genau hinschauen und von zu dunkel gebackenen Nahrungsmitteln die Finger lassen.

## Chemie im Sonntagsbraten

Auch ein knuspriger Braten verdankt sein Aroma und seine schmackhafte Kruste einer chemischen Umsetzung: der Maillard-Reaktion, benannt nach dem französischen Chemiker, der sie 1912 erstmals beschrieb. Dabei entstehen bei hohen Temperaturen aus den Aminosäuren der Proteine und den Kohlenhydraten braune

### Acrylamidkonzentrationen in stärkehaltigen Lebensmitteln

Stand 30. April 2003, Quelle: Europäisches Verbraucherzentrum Kiel

| | Acrylamidkonzentration in mg/kg | | |
| --- | --- | --- | --- |
| | Mittelwert | Min–Max | Probenanzahl |
| Kartoffelchips | 0,980 | 0,330 – 2,300 | 10 |
| Pommes Frites | 0,410 | 0,300 – 1,100 | 6 |
| Kekse und Kräcker | 0,280 | < 0,030 – 0,640 | 11 |
| Frühstückscerealien | 0,160 | < 0,030 – 1,400 | 15 |
| Knäckebrot | 0,160 | < 0,030 – 1,900 | 21 |
| Maischips | 0,150 | 0,120 – 0,180 | 3 |
| Weißbrot | 0,050 | < 0,030 – 0,160 | 21 |
| Verschiedene gebratene Lebensmittel wie Pizza, Pfannkuchen, Waffeln, Fischstäbchen | 0,040 | < 0,030 – 0,060 | 9 |

Pigmente unterschiedlicher Größe und Zusammensetzung sowie flüchtige Verbindungen, die als Aromastoffe wirken. Die anfangs beschriebene Bildung von Acrylamid ist also ein Spezialfall einer Maillard-Reaktion. Diese läuft auch bei niedrigen Temperaturen ab, dann allerdings sehr langsam. In Wasser gekochte Lebensmittel enthalten ebenfalls Maillard-Produkte, wegen der niedrigeren Temperaturen von maximal 100 °C jedoch in deutlich geringerer Menge. Sogar in kühl gelagerten, rohen Lebensmitteln lassen sich Maillard-Produkte nachweisen. Bei der Verknüpfung von Zuckern mit Aminosäuren im Labor entstehen die gleichen charakteristischen Aromastoffe wie in der Küche. Deshalb benutzt die Lebensmittelindustrie Maillard-Reaktionen, um aus den beiden Grundbausteinen Aromastoffe in großem Maßstab herzustellen. Außer beim Braten von Fleisch spielt die Maillard-Reaktion auch eine Rolle bei der altersbedingten Trübung der Augenlinse, dem Grauen Star.

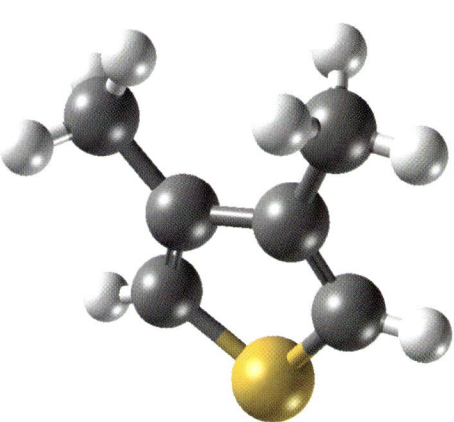

**3,4-Dimethylthiophen** – einer der unzähligen Aromastoffe, die bei der Maillard-Reaktion entstehen können. Eher bekannt dürfte dieses Aroma allerdings unter dem Begriff „gebratene Zwiebeln" bekannt sein (grau: Kohlenstoff-, weiß: Wasserstoff-, gelb: Schwefelatome).

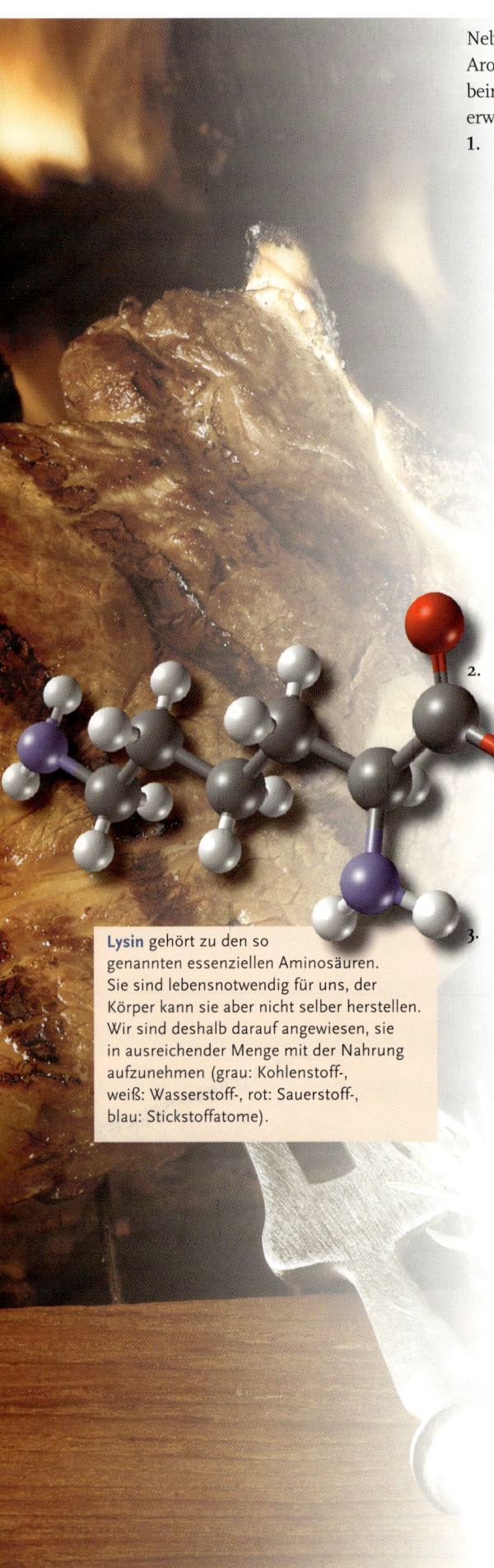

Neben der Bräunung und der Bildung von Aromastoffen hat die Maillard-Reaktion beim Kochen leider auch einige weniger erwünschte Effekte:

1. Maillard-Produkte bilden sich bevorzugt mit der essenziellen Aminosäure Lysin. Unser Körper kann sie nicht selber herstellen, sodass wir Lysin mit der Nahrung aufnehmen müssen. Im Verlauf der Maillard-Reaktion geht dieser wichtige Nahrungsbestandteil verloren, denn die Produkte der Maillard-Reaktionen sind für unsere Verdauungsenzyme unangreifbar. Außerdem kommt es bei starkem Erhitzen von Fleisch zu Quervernetzungen zwischen Proteinen. Diese vernetzten Proteinkomplexe können wir ebenfalls nicht verdauen. Aus diesen Gründen kann dann die Aufnahme essenzieller Aminosäuren vermindert sein, obwohl diese im Ausgangsnahrungsmittel eigentlich in ausreichender Menge vorhanden sind.

2. Bei der Lagerung von Lebensmitteln, insbesondere im getrockneten Zustand, und beim haltbar Machen durch Erhitzen können unerwünschte Fehlaromen entstehen. So lassen sich zum Beispiel deutliche Unterschiede im Geschmack von haltbarer H-Milch und frischer Milch wahrnehmen.

3. Ein häufig diskutierter Punkt ist die Frage, ob gebratene oder gegrillte Lebensmittel mutagen (Erbgut schädigend) oder kanzerogen (Krebs erzeugend) wirken können. Beim starken Erhitzen von organischen Stoffen bilden sich immer auch geringe Mengen von mutagenen Substanzen, wie z.B. Benzpyren und andere polyzyklische Kohlenwasserstoffe, deren kanzerogene Wirkung bereits bewiesen ist. Die tatsächliche Gefährdung des Menschen durch diese Stoffe lässt sich nur schwer abschätzen. Einerseits entstehen diese Verbindungen beim Kochen nur in äußerst geringen Mengen, andererseits könnten sie aber in der Kombination auch völlig neuartige Wirkungen entfalten.

Allerdings – und das ist die gute Nachricht – kann man die Bildung unerwünschter Nebenprodukte beim Backen und Braten weitgehend verhindern, wenn Nahrungsmittel bei der Zubereitung nicht über 180–200 °C erhitzt werden. Wenn man dann noch versucht, die Garzeiten möglichst kurz zu halten, solle man eigentlich auf der sicheren Seite sein.

## Esst mehr Obst und Gemüse

Neben Proteinen und Fett, die in Fleisch und Milchprodukten in ausreichender Menge vorhanden sind, braucht der „Allesfresser" Mensch auch noch Kohlenhydrate. Dazu gehören einerseits die kleinen Einfachzucker wie Traubenzucker (Glucose) oder Fruchtzucker (Fructose). Sie werden auch als Monosaccharide bezeichnet, da sie nur aus jeweils einem Zuckermolekül bestehen. Der Haushaltszucker (Saccharose), den wir gewöhnlich zum Süßen verwenden, besteht aus einem Traubenzucker- und einem Fruchtzuckerbaustein, die zu einem Disaccharid, einem Zweifachzucker, verknüpft sind. Hängt man viele Zuckermoleküle zu langen Ketten aneinander, so lassen sich sehr große Moleküle aufbauen, die so genannten Polysaccharide. Zu ihnen gehören die aus

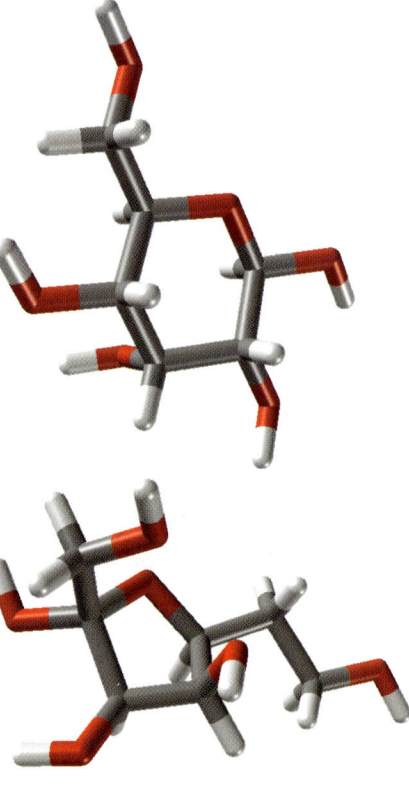

**Lysin** gehört zu den so genannten essenziellen Aminosäuren. Sie sind lebensnotwendig für uns, der Körper kann sie aber nicht selber herstellen. Wir sind deshalb darauf angewiesen, sie in ausreichender Menge mit der Nahrung aufzunehmen (grau: Kohlenstoff-, weiß: Wasserstoff-, rot: Sauerstoff-, blau: Stickstoffatome).

**Glucose und Fructose** oder zu Deutsch: Traubenzucker und Fruchtzucker. Sie sorgen für die schnelle Energieversorgung unseres Körpers. Traubenzucker besteht aus einem sechsgliedrigen Ring, Fruchtzucker enthält einen Fünfring aus Kohlenstoffatomen (grau) und einem Sauerstoffatom (rot) (weiß: Wasserstoffatome).

# Vitamine und wofür wir sie brauchen:

| Fettlösliche Vitamine | Wichtig für | Besonders häufig in | Tagesbedarf |
|---|---|---|---|
| Vitamin A (all-trans-Retinol und 3,4-Dihydroretinol) | Sehen, Wachstum, Entstehung von Spermien, Entwicklung der Plazenta, Entwicklung des Kindes im Mutterleib, Testosteronproduktion | Rinderleber, Eigelb, Karotten | 1,2 mg |
| Vitamin D (Calciferol) | Knochenaufbau | Fisch, Lebertran, Steinpilze, Avocado, Synthese aus Cholesterin im Körper möglich, benötigt Sonnenlicht | 0,01 mg |
| Vitamin E (Tocopherol) | Oxidationsschutz, machen Sauerstoffradikale unschädlich, wichtig für Funktion des neuro-muskulären Systems | Margarine, Olivenöl, Getreide, Nüsse, Gemüse | 4 – 9 mg |
| Vitamin K (Phyllochinon und Menachinon) | Blutgerinnung | Phyllochinon in Blumenkohl, Rosenkohl, Spinat, Bohnen, Erbsen, Pflanzenölen; Menachinon wird von den Darmbakterien synthetisiert | nicht genau bekannt |
| Wasserlösliche Vitamine | | | |
| Vitamin C (Ascorbinsäure) | Radikalfänger, dient als Redoxsystem bei verschiedenen Hydroxylierungen im Stoffwechsel | Paprika, Petersilie, Kiwi, Zitrusfrüchte | 50 mg |
| Vitamin B1 (Thiamin) | Wichtiges Coenzym im Zuckerstoffwechsel | Getreide, Hülsenfrüchte, Hefe, Kartoffeln, Innereien | 0,9 mg |
| Vitamin B2 (Riboflavin) | Coenzym bei Wasserstoff-übertragenden Reaktionen im Stoffwechsel | Milch, Eier, Getreide, Pilze, Leber | 1,3 mg |
| Vitamin B6 (Pyridoxin) | Coenzym bei zahlreichen Gruppen-übertragenden Reaktionen im Aminosäurestoffwechsel | Getreide, Gemüse, Fleisch | 2 mg |
| Vitamin B12 (Cobalamin) | Enthält Kobalt, Übertragung von Methylgruppen, intramolekulare Umlagerungsreaktionen | Fleisch | 0,002 mg |
| Folsäure | Nukleinsäuresynthese, Übertragung von Bausteinen, die ein Kohlenstoffatom enthalten | Leber, Blattgemüse, Eigelb, Nüsse, Hefe | 0,2 mg |
| Biotin | Neusynthese von Zuckern, Biosynthese von Fettsäuren, Abbau von Aminosäuren | Bananen, Grapefruit, Äpfel, Melone, Sojabohnen, Spinat, Hefe, Biosynthese in der Darmflora | nicht bekannt |
| Niacin | Coenzym Wasserstoff-übertragender Enzyme, Auf- und Abbau von Kohlenhydraten, Fettsäuren, Aminosäuren | Vollkorngetreideprodukte, gerösteter Kaffee, Innereien, Fisch | 14,5 mg |
| Pantothensäure | Beteiligt an der Übertragung von Säureresten | Avocado, Bananen, Grapefruit, Orangen | 10 mg |

Der handelsübliche Haushaltszucker, die Saccharose , besteht aus einem Trauben-zuckerbaustein und einem Fruchtzucker-baustein, die zu einem Zweifachzucker verknüpft sind (grau: Kohlenstoff-, weiß: Wasserstoff-, rot: Sauerstoffatome).

**Glycogen** dient bei Mensch und Tier als Speichermolekül für Zucker. Es ist ein Poly-mer, das heißt, es besteht aus einer großen Anzahl gleicher, miteinander verbundener Einzelbausteine. Beim Glycogen ist dieser Baustein Traubenzucker (grau: Kohlenstoff-, weiß: Wasserstoff-, rot: Sauerstoffatome).

Traubenzucker aufgebauten Polyglucosen Cellulose und Stärke in den Pflanzen. Die einfachen Zucker sind wichtige Energie-lieferanten für den Körper, die polymeren Kohlenhydrate dienen als Energiereserve und bei den Pflanzen auch als Baustoffe. Auch im Tierreich kommen Polysaccha-ride vor: So ist das Glycogen auch bei Mensch und Tier der Speicherstoff für Zucker in den Muskeln und der Leber.

Obst und Gemüse enthalten außer den Kohlenhydraten noch etwas für uns absolut Lebenswichtiges, nämlich Vita-mine. Vitamine werden zwar nur in ganz geringen Mengen gebraucht, der tägliche Bedarf liegt zwischen 50 mg (Vitamin C) und 0,002 mg (Vitamin B12). Ein Vitaminmangel je-doch führt zu schweren gesundheitlichen Störungen. Mit Ausnahme von Vitamin B12, das nur im Fleisch vorkommt, sind alle Vitamine in pflanzlichen Nahrungs-mitteln reichlich enthalten.

Vitamine sind so wichtig, dass sie industriell verarbeiteten Lebensmitteln zugesetzt werden. Das dient der Verbes-serung des Nährwertes der Lebensmittel und ist fast immer nötig, um die während der Verarbeitung, zum Beispiel durch Erhitzen, zerstörten Vitamine wieder zu ersetzen. Die Zugabe von Vitamin C kann sogar die Haltbarkeit eines Nahrungsmit-tels erhöhen, da Vitamin C als Radikalfän-ger wirkt und so der allmählichen Oxida-

tion entgegen wirkt. Womit wir bei einem weiteren interessanten Thema wären: den Zusatzstoffen in Lebensmitteln.

## Was wir alles essen

Lebensmittel, die nicht sofort im Urzu-stand an den Verbraucher abgegeben, son-dern industriell weiterverarbeitet werden, enthalten eigentlich immer Zusatzstoffe, die ihre Haltbarkeit erhöhen und Ge-schmack oder Aussehen verbessern. Ne-ben den Konservierungsstoffen können also Geschmacksverstärker, Aromastoffe, Verdickungsmittel, Emulgatoren, Stabi-lisatoren, Farbstoffe und – in Diät- oder Light-Produkten – auch Zuckeraustausch-stoffe enthalten sein. Alle Zusatzstoffe müssen natürlich für den Menschen unschädlich und gut verträglich sein. Trotzdem kann es bei dafür besonders empfänglichen Personen unter Umstän-den zu allergischen Reaktionen kommen. Deshalb sollte darauf geachtet werden, dass ein Zusatzstoff in einem Lebensmit-tel nur dann zum Einsatz kommt, wenn das auch wirklich sinnvoll und notwendig ist. Alle in Deutschland verwendeten Lebensmittelzusatzstoffe müssen eine all-gemeine gesetzliche Zulassung besitzen (Zusatzstoff-Zulassungsverordnung) oder in speziellen Verordnungen für besondere Anwendungsgebiete zugelassen sein. Alle Zusatzstoffe müssen mit der Gattungs-bezeichnung, dem Namen und der soge-nannten E-Nummer deklariert werden. Die E-Nummern gelten überall in Europa. Anhand seiner E-Nummer kann hier ein Zusatzstoff jederzeit identifiziert werden (siehe „Das Wörterbuch der Zusatzstoffe"). Die Inhaltsstoffe in Lebensmitteln unter-liegen strengsten Prüfungen. Schließlich nehmen wir sie jeden Tag zu uns und nicht nur – wie etwa die Medikamente – wenn wir krank sind. Die Chemie trägt dazu bei, neue sichere Produkte zu finden und schädliche Substanzen aufzuspüren (siehe das Beispiel „Acrylamid").

## Immer frisch

Konservierungsstoffe verhindern das Wachstum von Bakterien, Pilzen oder Hefen. Deshalb ist leicht einzusehen, dass ihr Einsatz bei der Herstellung verderbli-cher Lebensmittel durchaus sinnvoll ist, denn der Verzehr verdorbener Nahrung kann zu schweren Vergiftungen führen. So setzen bestimmte Schimmelpilze die äußerst giftigen Aflatoxine frei. Sie sind krebserregend und schädigen außerdem die Leber und das Nervensystem. Auch gefährliche Infektionen mit Bakterien werden mithilfe von Konservierungsstoffen verhindert.

Bei uns werden üblicherweise Sorbinsäure und ihre Salze, Benzoesäure und ihre Salze, p-Hydroxybenzoesäureester oder Ameisensäure als Konservierungsmittel verwendet. Diese Stoffe blockieren wichtige Stoffwechselenzyme von Mikroorganismen oder zerstören deren Zellwand. Die Sorbinsäure wirkt gegen Schimmelpilze in Margarine, Käse, Eigelb, Gemüse, Obsterzeugnissen, Backwaren, Wein, Fisch- und Fleischerzeugnissen. Sie gilt als gesundheitlich unbedenklich und kommt auch in der Natur z.B. in Vogelbeeren vor. Auch die Benzoesäure ist in Beerenfrüchten, Pflaumen und Gewürznelken enthalten. Sie kann bei Allergikern und Asthmatikern Überempfindlichkeitsreaktionen auslösen. Benzoesäure wirkt gegen Bakterien, Hefen und Schimmelpilze, aber nur in sauren Speisen wie Marinaden. p-Hydroxybenzoesäureester werden fast ausschließlich zum Haltbarmachen von Fischkonserven verwendet. Der Körper scheidet sie meist unverändert aus. Ameisensäure schützt vor Bakterien, Schimmelpilzen und Hefen, allerdings nur im sauren Milieu. Deshalb wird sie zu Konservierung von Obstsäften, Sauergemüse oder Fischprodukten genutzt.

Die Sulfite, das sind die Salze der schwefligen Säure, werden ebenfalls zur Konservierung von Lebensmitteln verwendet. Ihr Einsatz beschränkt sich allerdings auf die Herstellung von Obst- und Gemüseprodukten sowie Trockenfrüchten. Eine besondere Rolle spielen sie bei der Weinbereitung. Die Fässer, in denen der Jungwein weiter ausgebaut werden soll, werden mit einer Natriumhydrogensulfit-Lösung oder mit Schwefeldioxid behandelt, um störende Mikroorganismen abzutöten und Schäden durch Sauerstoff während der Reifung auszuschließen. Wenn der Winzer hier zuviel des Guten tut, können sich bei empfindlichen Weintrinkern hinterher Kopfschmerzen einstellen.

Ein weiteres, häufig verwendetes, aber nicht ganz unbedenkliches Konservierungsmittel ist Natriumnitrit, das Salz der salpetrigen Säure. Es ist als Pökelsalz ein klassischer Konservierungsstoff. Mit Nitrit behandelte Fleischprodukte sind vor dem Bakterium *Chlostridium botulinum* geschützt. Dieses Bakterium produziert eines der gefährlichsten Gifte, das Botulinustoxin (siehe Kapitel *„Von Arsen bis Zyankali"*).

Nitrit hat außerdem noch den angenehmen Nebeneffekt, dass es die Braunfärbung des Fleisches beim Lagern verhindert. Es bildet nämlich mit dem Muskelfarbstoff Myoglobin, der sich nach dem Schlachten bald unansehnlich braun verfärbt, stabile leuchtend rote Komplexe. Das Fleisch sieht dadurch immer frisch und appetitlich aus. Die Behandlung von Fleisch- und Wurstwaren mit Nitrit ist allerdings nicht nebenwirkungsfrei: Beim starken Erhitzen von mit Nitrit behandeltem Fleisch bilden sich die erbgutschädigend und krebserzeugend wirkenden Nitrosamine. Da einige Nitrosamine besonders beim Braten und Grillen entstehen, ist der Zusatz von Nitrit zu Grill- und Bratwürstchen nicht mehr erlaubt.

Das Räuchern von Fleisch, Fisch oder Käse gilt nicht nur als natürliches Konservierungsverfahren, sondern sorgt darüber hinaus auch für einen guten Geschmack dieser Nahrungsmittel. Beim Verschwelen des Holzes entstehen Formaldehyd, Acetaldehyd, Methanol und Phenole, die für die Konservierung sorgen. Das sind alles Chemikalien, die sehr kritisch diskutiert werden und nicht unbedenklich sind. Außerdem werden als Nebenprodukte immer auch krebserregende polyzyklische Kohlenwasserstoffe wie Benzpyren freigesetzt.

Die Antioxidantien gehören ebenfalls zu den Konservierungsstoffen. Sie hemmen die Oxidation von Fetten und bewahren so fetthaltige Nahrungsmittel vor dem Ranzigwerden. Bei Kartoffelerzeugnissen und anderen pflanzlichen Produkten verhindern sie durch den Luftsauerstoff bedingte Verfärbungen. Neben den natürlichen Antioxidantien Vitamin C und Vitamin E, Zitronensäure, Weinsäure und Lecithin werden bei einzelnen Produkten auch synthetische Substanzen verwendet. So findet man z.B. Butylhydroxyanisol in Marzipanmassen, Butylhydroxytoluol in Kaugummi, verschiedene Verbindungen

**Schimmelpilze in Nahrungsmitteln** können giftige Stoffe ausscheiden, an denen wir uns den Magen verderben. Konservierungsstoffe wie die abgebildete Sorbinsäure verhindern das Wachstum solcher Mikroorganismen (grau: Kohlenstoff-, weiß: Wasserstoff-, rot: Sauerstoffatome).

der in Galläpfeln vorkommenden Gallussäure in Trockensuppen und Saucen, tiefgefrorenen oder getrockneten Kartoffelprodukten sowie in Knabbergebäck.

Nicht nur als Konservierungs- und Antioxidationsmittel, sondern auch als Säureregulatoren und Stabilisatoren wirken die Phosphate. Sie sind z.B. in Kondensmilch, Schmelzkäse, Fleisch- und Fischerzeugnissen, Backwaren, Backpulver und in größeren Mengen in Cola-Getränken enthalten.

## Immer appetitlich

Auch das Auge isst bekanntlich mit, und gerade Kinder (aber nicht nur die!) erliegen der Verlockung des bunten Angebots von Bonbons, Lutschern und Gummibärchen. Farben in Lebensmitteln haben die Aufgabe, den Speisen ein appetitlicheres Aussehen zu verleihen. Das kann so weit gehen, dass sogar nicht mehr ganz taufrische Nahrungsmittel noch passabel aussehen. Farbstoffe können den Verbraucher also täuschen und sind deshalb umstritten. Außerdem können synthetische Farbstoffe, vor allem die Azofarbstoffe, manchmal Allergien auslösen. Menschen, die an einer Aspirinunverträglichkeit leiden, sind häufig davon betroffen, denn sie reagieren besonders empfindlich auf Azofarbstoffe. Lebensmittel lassen sich auch mit natürlichen oder so genannten naturidentischen, d.h. synthetisch hergestellten natürlichen Farbstoffen, anfärben. So erhalten die grünen Nudeln ihre Farbe vom Chlorophyll in den grünen Blättern des Spinats, die Betaine in roten Beeten verleihen Tomatenketchup das richtige Rot und die Carotinoide, die beispielsweise in Möhren enthalten sind, sorgen für Süßwaren und Getränke in gelben, roten bis hin zu violetten Farbtönen.

Emulsionen sind Mischungen aus Ölen und Wasser, bei denen entweder winzige Öltröpfchen feinst verteilt im Wasser sind (Öl-in-Wasser-Emulsion), oder umgekehrt, Wassertröpfchen im Öl (Wasser-in-Öl-Emulsion). Eine natürlich vorkommende Öl-in-Wasser-Emulsion ist die Milch. Damit Emulsionen wie Holländische Soße oder Mayonnaise nicht in ihre Bestandteile Wasser und Fett zerfallen, werden Emulgatoren zugesetzt. Emulgatoren stabilisieren die kleinen Tröpfchen in der Emulsion, verhindern, dass sie zusammenklumpen und sich von der Emulsion trennen. (Dabei wirken Emulgatoren ähnlich wie die Tenside im Waschmittel, die den eigentlich unlöslichen Schmutz im Wasser gelöst halten. Siehe Kapitel „Saubere Wäsche und sauberes Wasser"). In der Lebensmittelherstellung nimmt man fast nur natürliche oder naturidentische Emulgatoren, die der Körper vollständig abbauen kann. Das sind bestimmte Steroide, d.h. Abkömmlinge des Cholesterins, Mono- und Diacylglycerole, also Verbindungen von Glycerin mit einer oder zwei organischen Säuren, und vor allem das Lecithin. Mit Emulgatoren wird Gebäck locker, die Schokolade bildet keinen Fettreif, Margarine lässt sich streichen, Milchpulver löst sich in Wasser und Kaugummi wird leicht verformbar.

Soßen und Suppen sollen sämig, Pudding und Süßspeisen cremig sein – und auch bleiben. Dafür benötigt man Verdickungsmittel. Es handelt sich dabei um hochmolekulare Substanzen, die meist aus Pflanzensäften (z.B. Pektine, Gummi Arabicum) oder Algen (z.B. Agar Agar) gewonnen werden. Schon in geringer Konzentration binden sie große Mengen Wasser und erhöhen dadurch die Viskosität einer Soße oder bilden in Fruchtgelees und Pudding stabile Gele aus.

## Immer schmackhaft

Jeder, der die chinesische Küche schätzt, kennt das Natriumglutamat, eine Verbindung, die den Eigengeschmack von gesalzenen Speisen wie Fisch- und Fleischgerichten, Gemüse oder Suppen verstärkt. Glutamat besitzt keinen eigenen Geschmack. Es wirkt, indem es die Empfindlichkeit der Geschmackspapillen im Mund erhöht. Nimmt man zuviel Natriumglutamat auf einmal zu sich, so kann man eine Art „Kater" davon bekommen, ein allgemeines Unwohlsein, das aber ein bis zwei Stunden nach dem Essen wieder abklingt.

Viele Lebensmittel, einschließlich einer Reihe von Getränken, erhalten ihren süßen Geschmack nicht vom Zucker, sondern durch den Einsatz von Zuckerersatzstoffen. Ein sicherlich jedem bekanntes Beispiel ist „Coca Cola light". Als Zuckerersatzstoffe bezeichnet man verschiedene Stoffklassen, die anstelle von Zucker zum Süßen verwendet werden. Man unterscheidet dabei zwei große Gruppen, die Süßstoffe und die Zuckeraustauschstoffe.

Bei den Süßstoffen handelt es sich um synthetische und natürliche Ver-

### Das Wörterbuch der Zusatzstoffe

In der Europäischen Union sind zurzeit über 300 Zusatzstoffe für Lebensmittel zugelassen, wobei ständig neue hinzukommen. Sie werden in allen Ländern der EU und zum Teil sogar weltweit verwendet. Inzwischen haben jedoch immer mehr Erwachsene und Kinder gesundheitliche Probleme und können bestimmte Zusatzstoffe nicht vertragen. Andere möchten den Verzehr von Zusatzstoffen aus ethischen oder religiösen Motiven einschränken oder ganz meiden. Es gibt viele Gründe, warum man wissen möchte, welcher Zusatzstoff im Lebensmittel verborgen ist. Dabei hilft das Wörterbuch der Zusatzstoffe des Europäischen Verbraucherzentrums in Kiel, das man unter

**www.evz.de/food/enummern.html**

im Internet findet. Hier kann man sich darüber informieren, hinter welchem Namen oder welcher E-Nummer sich welcher Zusatzstoff verbirgt, ob er im ökologischen Landbau erlaubt ist, ob er tierischen Ursprungs ist oder ob er gentechnisch hergestellt wird.

bindungen mit einem intensiv süßen Geschmack. Im Gegensatz zum Zucker und zu den Zuckeraustauschstoffen werden Süßstoffe vom Körper völlig oder weitgehend unverändert ausgeschieden. Sie haben deshalb keinen oder nur einen vernachlässigbar geringen Nährwert und können daher bei Diäten zur Gewichtsreduzierung verwendet werden. Da sie keinen Zucker enthalten, sind sie auch für Diabetiker geeignet. Außer zum Süßen von Diabetikerlebensmitteln benutzt man Süßstoffe zur Herstellung von Light-Produkten.

Häufig werden verschiedene Süßstoffe bzw. Süßstoff und Zuckeraustauschstoffe gemischt, um den gewünschten Geschmackseindruck zu erzielen. Lebensmittel, die Süßstoffe enthalten, müssen entsprechend gekennzeichnet sein. Aufgrund zahlreicher wissenschaftlicher Untersuchungen weiß man, dass Süßstoffe, obwohl sie zeitweise im Verdacht standen, Krebs zu erregen oder den Hunger (vor allem auf Süßes) zu steigern, nicht gesundheitsschädlich sind. Im Gegensatz zu Zucker begünstigen Süßstoffe auch die Entstehung von Karies nicht.

**Zu den Süßstoffen zählen: Saccharin, Cyclamat, Aspartam, Acesulfam, Thaumatin und Neohesperidin.**

**Saccharin** war der erste Süßstoff, der industriell hergestellt wurde. Es ist 300 – 700 mal süßer als Rohrzucker. In hohen Konzentrationen entsteht ein bitter-metallischer Beigeschmack, deshalb wird es häufig mit Cyclamat, Thaumatin und Zuckeraustauschstoffen kombiniert. Saccharin wird zur Herstellung von Light-Produkten und Diabetikerlebensmitteln ohne Zuckerzusatz verwendet.

**Klein und süß** – eine Süßstofftablette entspricht in ihrer Süßkraft einem ganzen Teelöffel Haushaltszucker.

# Süßstoffe

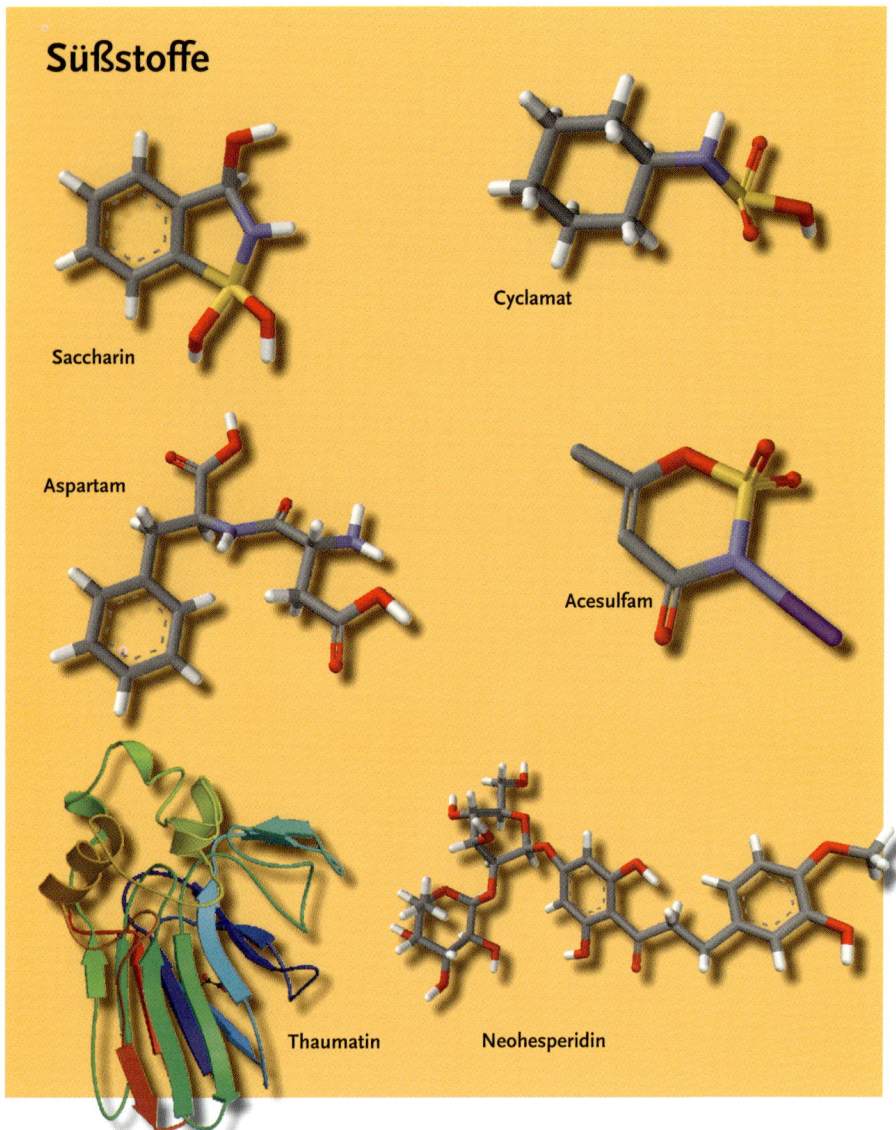

Saccharin

Cyclamat

Aspartam

Acesulfam

Thaumatin

Neohesperidin

**Acesulfam** hat eine ca. 200mal so hohe Süßkraft wie Haushaltszucker. In hoher Konzentration nimmt allerdings die Süßkraft ab, und es kann ein metallischer Beigeschmack entstehen. In der Lebensmittelverarbeitung wird Acesulfam unter anderem für kalorienreduzierte oder ohne Zuckerzusatz hergestellte aromatische Getränke auf Milch- oder Wasserbasis, für Speiseeis, Obstkonserven, Konfitüren, Gelees und Marmeladen sowie Süßigkeiten ohne Zuckerzusatz, Feinkostsalate und alkoholfreies Bier verwendet.

**Aspartam** besteht aus zwei chemisch miteinander verbundenen Aminosäuren (Asparaginsäure und Phenylalanin) und wird im Körper wie ein Eiweiß abgebaut. Deshalb ist es nicht kalorienfrei, sondern liefert ebenso viel Energie wie Eiweiß (ca. 4 kcal/g). Auch höhere Konzentrationen in Lebensmitteln lassen im Gegensatz zu Acesulfam keinen metallischen Beigeschmack entstehen. Allerdings ist Aspartam nicht hitzebeständig und zerfällt bei

Temperaturen über 200 °C. Aus diesem Grunde ist Aspartam zum Kochen und Backen nicht geeignet. In der Lebensmittelverarbeitung wird Aspartam häufig mit Cyclamat kombiniert, vor allem zur Herstellung von kalorienreduzierten Erfrischungsgetränken, Desserts, Milchzubereitungen, Speiseeis, Brotaufstrichen, Senf, Saucen, Obstkonserven und Spirituosen. Menschen, die an der erblichen Erkrankung Phenylketonurie leiden, dürfen Aspartam nicht verwenden, da sie die beim Abbau des Süßstoffs frei werdende Aminosäure Phenylalanin nicht im Stoffwechsel verwerten können. Lebensmittel, die Aspartam enthalten, sind deshalb mit dem Warnhinweis „mit Phenylalanin" versehen.

**Cyclamat** ist der Oberbegriff für Cyclohexansulfamidsäure und deren Natrium- und Kaliumsalze. Sie sind sehr lange lagerfähig und hitzestabil. Deshalb können sie auch zum Kochen und Backen verwendet werden. Die Süßkraft von Cyclamat ist 35–70 mal höher als die von Haushaltszucker. Cyclamat wird zur Geschmacksabrundung und Süßkraftsteigerung häufig mit Saccharin kombiniert. In der Lebensmittelverarbeitung ist Cyclamat für kalorienreduzierte Getränke, Desserts auf der Basis von Eiern, Gebäck und Süßigkeiten ohne Zuckerzusatz zugelassen. Die tägliche Höchstmenge liegt bei 7 mg pro Kilogramm Körpergewicht. Vorsicht bei Kindern, die im Sommer größere Mengen kalorienreduzierter Getränke konsumieren. Sie können sehr leicht den empfohlenen Höchstwert erreichen oder sogar überschreiten!

**Thaumatin** ist ein Eiweiß und wird aus den Samen der in Westafrika wachsenden Pflanze *Thaumatococcus danielli* gewonnen. Wegen der geringen Mengen ist Thaumatin jedoch sehr teuer. Vom menschlichen Körper wird es schnell aufgenommen und, obwohl es eine Eiweißverbindung ist, unverändert mit dem Harn ausgeschieden. Zum Kochen und Backen eignet sich Thaumatin nicht, da es nicht hitzestabil ist. Thaumatin hat eine sehr hohe Süßkraft und wird in nur kleinen Mengen verwendet.

**Neohesperidin** wird durch chemische Synthese aus Flavonoiden hergestellt, z.B. aus den Schalen von Zitrusfrüchten. Verwendet wird Neohesperidin in kalorienreduzierten Getränken auf Wasserbasis, Snacks und Knabbererzeugnissen. Geringe Mengen werden über den Darm aufgenommen, der Kaloriengehalt kann jedoch vernachlässigt werden. Neohesperidin hat einen charakteristischen mentholähnlichen Beigeschmack, der sich schon bei üblicherweise verwendeten Mengen bemerkbar macht. Aus diesem Grund sind der Verwendung dieses Süßstoffes Grenzen gesetzt. Er wird häufig in Kombination mit Aromen oder anderen Süßstoffen eingesetzt.

Bei den Zuckeraustauschstoffen handelt es sich um Kohlenhydrate, die im menschlichen Körper nur einen geringen Anstieg des Blutzucker- und Insulinspiegels verursachen. Deshalb können sie anstelle von Rohrzucker in der Diabetikerdiät eingesetzt werden. Die meisten Zuckeraustauschstoffe gehören zur Gruppe der Zuckeralkohole und haben einen Energiegehalt von ca. 4 kcal/g. Von Diabetikern müssen sie deshalb in die Brennwertberechnung mit einbezogen werden. Die Süßkraft von Zuckeraustauschstoffen beträgt immerhin ca. 40–70 % der Süßkraft von Haushaltszucker. Zuckeraustauschstoffe können von den Bakterien im Mundraum nicht verwertet werden. Man bezeichnet sie deshalb als „zahnfreundliche Produkte" und verwendet sie z.B. in Kaugummis. Einen Nachteil haben sie allerdings: Sie werden vom Dünndarm nicht vollständig aufgenommen, gelangen so teilweise unverändert in den Dickdarm und binden dort Wasser. Das kann, wenn man sie in größeren Mengen konsumiert, zu Blähungen und Durchfall führen. Lebensmittel mit mehr als 10 % Zuckeraustauschstoffen müssen mit dem Hinweis „kann bei übermäßigem Verzehr abführend wirken" versehen sein.

**Bekannte Zuckeraustauschstoffe sind Sorbit, Mannit, Isomalt, Xylit, Maltit und Laktit.**

**Sorbit** ist ein natürliches Zwischenprodukt bei der enzymatischen Umwandlung von Fructose in Glucose im Stoffwechsel. Sorbit kommt in Früchten vor, z.B. in Vogelbeeren und Pflaumen. In der Lebensmitteltechnik wird Sorbit aus Glucose hergestellt und für zuckerfreie oder zuckerreduzierte Süßigkeiten, Diabetikerlebensmittel und Backwaren verwendet. Menschen mit Fructoseintoleranz dürfen Sorbit nicht verwenden, da Sorbit im Körper in Fructose (Fruchtzucker) umgewandelt wird.

**Mannit** kommt in zahlreichen Pflanzen vor, vor allem im Saft der Mannaesche, in Algen und Pilzen. Mannit wird aus Fructose oder Mannose hergestellt,

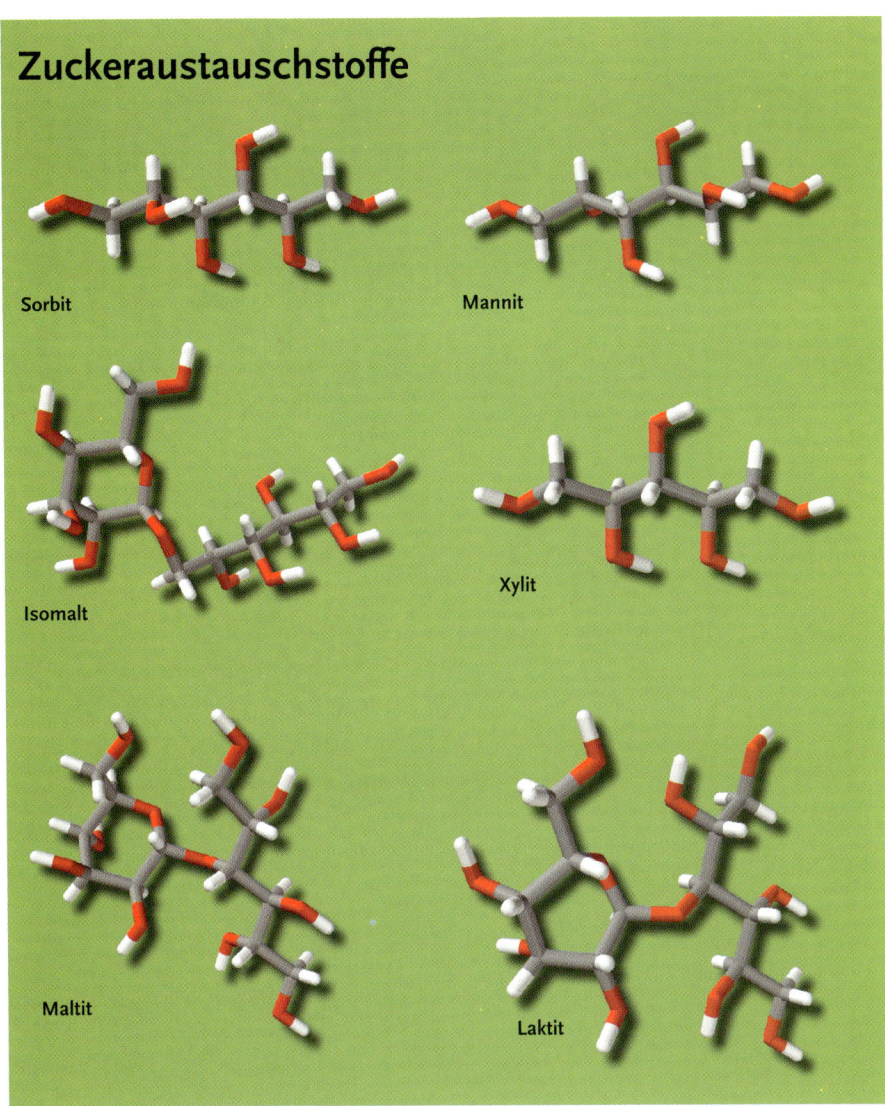

## Zuckeraustauschstoffe

Sorbit

Mannit

Isomalt

Xylit

Maltit

Laktit

und ist oft in Vitamin- und Brausetabletten enthalten. Bei empfindlichen Personen kann Mannit in größeren Mengen Erbrechen auslösen.

**Isomalt** wird durch enzymatische Synthese aus Saccharose erzeugt.

**Maltit** entsteht bei der enzymatischen Verzuckerung von Stärke.

**Laktit** wird auf der Basis von Laktose (Milchzucker) hergestellt.

**Xylit** kommt in vielen Pflanzen vor und entsteht außerdem im menschlichen Körper als Zwischenprodukt im Glucosestoffwechsel. Die Herstellung erfolgt auf chemischem Wege aus Holzzucker (Xylose). Xylit erzeugt auf der Zunge einen Kühleffekt und verstärkt erfrischende Geschmacksrichtungen wie Menthol. Isomalt, Maltit, Laktid und Xylit dienen vor allem zur Herstellung von kalorienreduzierten Lebensmitteln, Desserts, Speiseeis, Marmeladen, Brotaufstrichen, Obstzubereitungen, Kaugummi, Süßigkeiten, Gebäck, Saucen und Senf.

# Essen als Medizin

Essen ist notwendig, Essen ist ein Genuss, und neuerdings soll Essen auch noch unsere Gesundheit verbessern, Zivilisationskrankheiten vorbeugen und das Risiko für bestimmte Krankheiten verringern. Dafür gibt es das so genannte „Functional Food", ein schicker Name für Nahrungsmittel, die dank der Zugabe bestimmter Nährstoffe oder anderer gesundheitsfördernder Zutaten für eine besonders vorteilhafte Ernährung sorgen sollen.

Selbstverständlich soll Functional Food auch den Erhalt eines angemessenen Körpergewichts unterstützen, die Einstellung des Blutzuckerspiegels erleichtern und zur Regulierung der Blutfettwerte beitragen. Unsere körperliche und geistige Leistungsfähigkeit soll zunehmen, das Wohlbefinden steigen, Abwehrkräfte stärker und Altersprozesse langsamer werden, wenn wir diese Produkte zu uns nehmen.

Die meisten Ernährungswissenschaftler sind sich allerdings einig, dass in Industrienationen wie Deutschland bei einer ausgewogenen Ernährung kein Mangel an essenziellen Nährstoffen entsteht. Wer darüber hinaus viel Obst und Gemüse isst, sich also „pflanzenbetont" ernährt, kann verschiedenen Krankheitsrisiken vorbeugen. Für gesunde Menschen sollte die zusätzliche Zufuhr von essenziellen Stoffen oder gesundheitsfördernden Substanzen durch funktionelle Lebensmittel also eigentlich überflüssig sein. Dagegen stehen die sich verändernden Essgewohnheiten hin zu „Fast Food" und „Convenience Food". Die vielgepriesene ausgewogene Ernährung und damit auch die Versorgung mit wichtigen Nährstoffen ist mit diesen Ernährungsvarianten dann nicht mehr gewährleistet. Gerade bei Kindern und Jugendlichen kann dieser Trend deshalb zu einer Fehlernährung und insbesondere in Kombination mit Bewegungsmangel (Computerspiele, Fernseher, Eltern, die ihre Kinder auch auf kurzen Wegen überall mit dem Auto hinfahren) zu erheblichen Gesundheitsstörungen führen. Es scheint daher nur logisch, wenigstens den Nährstoffmangel durch die Zugabe entsprechender Stoffe zu Süßigkeiten, Snacks und Tütensuppen auszugleichen. Funktionelle Lebensmittel haben also sicher ihre Daseinsberechtigung. Allerdings müssen ihr tatsächlicher Nutzen, ihr Wirkmechanismus sowie Fragen zur Dosierung und zu Wechselwirkungen mit anderen Nahrungsbestandteilen auch weiterhin gründlich erforscht werden.

Wie sinnvoll funktionelle Lebensmittel wirklich sind, kann man heute noch nicht sicher beurteilen. Die Zusammenhänge sind zu komplex, und es gibt noch zu wenig gesichertes Wissen. Wer sich nicht verwirren lassen will, sollte für eine ausgewogene, nicht zu kalorienreiche Nahrung mit viel Obst und Gemüse sorgen. Dann ist er bestimmt auf der sicheren Seite.

## Die Stars unter den funktionellen Lebensmitteln

### Omega-3-Fettsäuren

**Fisch fördert die Gesundheit,** denn Fischöl enthält viele Omega-3-Fettsäuren. Das geringe Herzinfarktrisiko von Eskimos machte auf die positive Wirkung dieser Fettsäuren aufmerksam.

Omega-3-Fettsäuren sind langkettige Fettsäuren, die am dritten Atom ihrer Kohlenstoffkette eine Doppelbindung sowie weitere Doppelbindungen im Verlauf der Kette haben. Sie sind also mehrfach ungesättigt. Den Omega-3-Fettsäuren werden günstige Wirkungen auf das Herz-Kreislauf-System, die Blutgerinnung, den Blutfettspiegel und entzündliche Prozesse zugeschrieben. Auf die guten Eigenschaften der Omega-3-Fettsäuren wurde man durch Studien aufmerksam, die zeigten, dass Eskimos ein geringeres Herzinfarktrisiko haben als andere Menschen. Auf den ersten Blick erscheint das merkwürdig, denn die Eskimos essen kaum frisches Obst und Gemüse, aber sehr viel fetten Fisch. Heute weiß man, dass der große Anteil an Omega-3-Fettsäuren in der Ernährung der Eskimos den positiven Effekt ausübt. Denn Fischöl enthält viele Omega-3-Fettsäuren.

Omega-3-Fettsäuren wie Eicosapentaensäure (20 Kohlenstoffatome in der Kette, fünf Doppelbindungen) oder Docosahexaensäure (22 Kohlenstoffatome in der Kette, sechs Doppelbindungen) werden zum Beispiel Brot oder Wurstprodukten zugesetzt.

### Probiotika

Aus der Werbung wohl bekannt sind die probiotischen Milch- und Joghurt-Erzeugnisse. Sie machen inzwischen rund 15 % des Joghurtmarktes in Deutschland aus. Probiotische Lebensmittel enthalten lebende Mikroorganismen – meistens Milchsäurebakterien. Bei regelmäßigem Verzehr sollen sich die Bakterien in der Darmflora ansiedeln und sie dadurch günstig beeinflussen. Auf diese Weise könnten sie die Verdauung fördern und dazu beitragen, wichtige Nahrungsbestandteile besser in den Körper aufzunehmen. Sie sollen darüber hinaus Vitamine bilden, die Abwehrkräfte des Immunsystems in der Darmwand stärken und so möglicherweise das Risiko für Darmkrebs mindern.

### Sekundäre Pflanzenstoffe

Höhere Pflanzen liefern nicht nur grundlegende Nahrungsmittel, sondern bilden darüber hinaus eine Fülle von Substanzen, die in der Industrie und der Technik, in Pharmazie und Medizin zunehmend an Bedeutung gewinnen. Früher betrachtete man sie als Abfallstoffe oder Nebenprodukte des Pflanzenstoffwechsels und bezeichnete sie daher als sekundäre Pflanzenstoffe. Heute wird ihre Bedeutung für das Leben der Pflanzen immer deutlicher. Zu dieser auch als Phytochemicals bezeichneten umfangreichen Gruppe verschiedenster pflanzlicher Inhaltsstoffe gehören zum Beispiel Farbstoffe, Abwehrstoffe gegen Pflanzenkrankheiten und Schädlinge sowie Wachstumsregulatoren. Bekannt sind rund 30.000 Verbindungen unterschiedlichster Struktur, von denen etwa 5.000 bis 10.000 in der menschlichen Nahrung vorkommen. Besonders interessant im Hinblick auf die Entwicklung funktioneller Lebensmittel sind Phytochemikalien mit vermuteter gesundheitsfördernder Wirkung. So werden manchen sekundären Pflanzenstoffen, beispielsweise den Polyphenolen und den Flavonoiden (siehe Kapitel „Macht Rotwein jung und Schokolade schön?"), antikanzerogene und antioxidative Wirkungen zugeschrieben. Außerdem sollen sie zur Entzündungshemmung, Blutdruckregulierung, Cholesterinsenkung und Verdauungsförderung beitragen.

**Probiotische Milch- und Joghurt-Erzeugnisse** enthalten meist Milchsäurebakterien, die sich in unserer Darmflora ansiedeln sollen. Man schreibt ihnen Wirkungen von der Verdauungsförderung bis hin zur Verminderung des Darmkrebsrisikos zu.

**Auch Gingko** enthält viele gesundheitsfördernde Polyphenole. Polyphenole wirken unter anderem entzündungshemmend und krebsvorbeugend.

# Der Natur auf die Sprünge helfen

Seit Tausenden von Jahren treiben die Menschen Ackerbau. Und genauso lange versuchen sie schon, durch Züchtung und Auslese möglichst ertragreiche Pflanzen zu gewinnen. Gleichzeitig haben sie sicher immer alles getan, um den Nutzpflanzen möglichst optimale Bedingungen zu schaffen, indem sie das um die Nährstoffe konkurrierende Unkraut jäteten, die Felder zum Beispiel mit Stallmist düngten und Schädlinge regelmäßig absammelten. Das Prinzip ist heute noch das gleiche, obwohl die Landwirtschaft inzwischen eine High-Tech-Branche geworden ist.

### 12:55 – Schnell einkaufen

*So ein Turbo-Mittagessen hat auch seine Vorzüge. Es ist erst fünf vor Eins und ich kann bis zum Ende der Mittagspause noch schnell meine Einkäufe für das Wochenende erledigen. Der Supermarkt ist ja gleich um die Ecke. Eigentlich hatte ich mir zwar vorgenommen, Obst und Gemüse nur noch im Bioladen zu kaufen, aber dafür bleibt heute wieder mal keine Zeit. Man hört und liest ja soviel über Rückstände von Unkrautvernichtern, Düngemitteln und allen möglichen Chemikalien, die in Nahrungsmitteln enthalten sind. Ob das wirklich alles sein muss?*

## Düngen – eine Wissenschaft für sich

Seit der Mensch Ackerbau betreibt, also seit gut 10.000 Jahren, haben die Landwirte aus Wildpflanzen die Kulturpflanzen gezogen, die unter den Bedingungen des jeweiligen Landes, in dem sie angebaut werden sollen, am besten gedeihen. Nach und nach wurden durch Auslese und Züchtung die für die landwirtschaftliche Nutzung unerwünschten Eigenschaften der Wildpflanzen entfernt, wodurch immer leistungsfähigere Nutzpflanzen entstanden. So konnten Pflanzen kultiviert werden, die seit Jahrzehnten beständig höhere Ernteerträge liefern. Ein großes Problem war auch der Befall mit Schädlingen, die vor Einführung der chemischen Unkrautvernichtungsmittel rund ein Drittel der Nahrungsmittel vernichteten. Ein Bauer aus dem Mittelalter würde sich angesichts der heutigen Landwirtschaft die Augen reiben: Riesige Felder dicht an dicht bestellt mit Getreide, dessen Ähren prall gefüllt sind mit Körnern, der Boden ist nahezu unkrautfrei, und von Schädlingen oder Pilzen gibt es keine Spur. Dafür hat der heutige Landwirt aber auch schon einiges an Chemie investiert. Mehrere Spritzungen mit Unkrautvernichter und Schädlingsbekämpfungsmitteln schützen sein Getreide vor hungrigen Insekten, verhindern Pilzbefall und sorgen dafür, dass benachbarte Pflanzen dem wachsenden Getreide nicht die dringend benötigten Nährstoffe entziehen. Und er tut ein Übriges, indem er seinen Weizen, seinen Mais oder seine Zuckerrüben regelmäßig mit den wichtigen Nährstoffen Stickstoff, Phosphor und Kalium versorgt. Denn so viele Pflanzen auf begrenztem Raum, die so kräftig wachsen, entziehen dem Boden ständig Nährstoffe, die der Landwirt in Form von Düngemitteln nachliefern muss. Außerdem will er das Feld spätestens in der nächsten Saison selbstverständlich wieder genauso erfolgreich bestellen wie in dieser und es nicht etwa, wie sein Vorfahre aus dem Mittelalter, ein Jahr brach liegen lassen, damit sich der Boden wieder erholt.

Die Pflanzen entnehmen dem Boden die unentbehrlichen Elemente Kalium, Calcium, Magnesium, Phosphor, Schwefel und Stickstoff sowie die notwendigen Spurenelemente Eisen, Bor, Zink, Mangan, Kupfer, Molybdän und Chlor. Eisen, Calcium und Schwefel sind in den meisten Böden in ausreichender Menge vorhanden. Nur gelegentlich kommt es zu einer Verarmung des Bodens an Schwefel oder in sehr regenreichen Gebieten an Calcium, da der Kalk aus dem Boden ausgewaschen wird. Den intensiv bebauten Böden fehlt es jedoch fast immer an Stickstoff, Kalium und Phosphor, gelegentlich auch an Magnesium.

Wenn einer der essenziellen Pflanzennährstoffe fehlt, dann treten ganz charakteristische Mangelerscheinungen auf, die auf größeren Anbauflächen natürlich fatal

**Bormangel bei Zuckerrüben** führt zu Ernteverlusten. Die Blätter werden rissig, spröde und verfärben sich. Im fortgeschrittenen Stadium wird der obere Teil des Rübenkörpers grau und geht in Trockenfäule über.

sein können. So führte beispielsweise ein Mangel an dem Spurenelement Bor zu Herz- und Trockenfäule bei Zuckerrüben. Ein Zinkmangel verursachte Schäden im Ananas-Anbau auf Hawaii und zu wenig Molybdän im Boden hatte ungünstige Auswirkungen auf die Weidewirtschaft in Australien. Alle Symptome lassen sich jedoch beheben, wenn man den Pflanzen den fehlenden Nährstoff zur Verfügung stellt. Da die handelsüblichen Dünger meist nur Stickstoff, Phosphor, Kalium, Calcium und Magnesium enthalten, müssen die fehlenden Spurenelemente extra hinzugefügt werden. Das hat auch den Vorteil, dass man Auswahl und Menge der Nährstoffe gezielt an die individuellen Bedürfnisse der Pflanzen am jeweiligen Standort anpassen kann. Eine große Hilfe bei der Auswahl stellt eine chemische Bodenanalyse dar. Sie stellt fest, wieviel von welchen Nährstoffen im Boden enthalten ist und ob es vielleicht ein eher saurer oder ein alkalischer Boden ist. Saure Böden enthalten größere Mengen der beim Abbau von toten Pflanzenresten entstehen Humussäuren, in alkalischen Böden überwiegen Mineralsalze. Den Säuregehalt bestimmt man mit Hilfe des pH-Wertes. Dieser gibt an, wieviele der von den Säuren freigesetzten Wasserstoff-Ionen vorhanden sind. Saure Böden

haben einen pH-Wert zwischen eins und sieben; bei pH-Werten größer sieben bis 14 spricht man von alkalischen Böden.

Um der Bodenmüdigkeit, das heißt der einseitigen Ausnutzung des Bodens durch den Anbau der immer gleichen Pflanzenart, entgegenzuwirken, wurde das System der abwechselnden Fruchtfolgen entwickelt. Dafür baute man zum Beispiel auf ein und demselben Acker im ersten Jahr Klee, im zweiten Jahr Weizen und im dritten Jahr Kartoffeln an. Inzwischen sind die Fruchtfolgen immer komplizierter geworden. So könnte sich ein aktuelles Anbauschema aus der Folge von Kartoffeln, Winterroggen, Runkelrüben, Kleeuntersaat, Rotklee und Winterweizen zusammensetzen.

Wenn man Bohnen oder andere Hülsenfrüchte anbaut, dann kann man den Boden sogar mit Nährstoffen anreichern. Diese Pflanzen, die so genannten Leguminosen oder Schmetterlingsblütler, sind in der Lage, den Stickstoff aus der Luft im Boden zu fixieren. Dabei helfen ihnen winzige Mikroorganismen, die Knöllchenbakterien. Sie besitzen eine Nitrogenase, das ist ein Enzym, mit des-

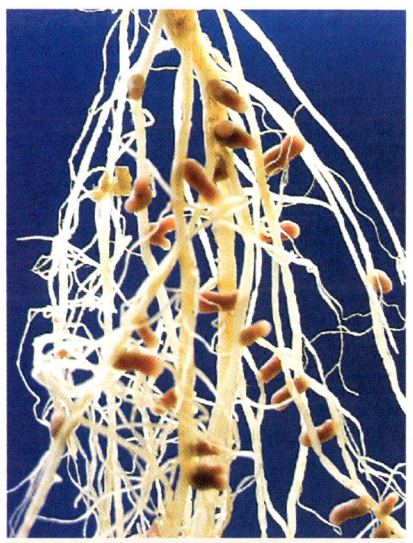

**Knöllchenbakterien** leben auf den Wurzeln von Schmetterlingsblütlern wie Bohnen, Lupinen oder Klee. Sie können den Stickstoff aus der Luft aufnehmen und in ein im Boden lösliches Salz umwandeln. Dadurch wird dieser Stickstoff auch für die Wirtspflanze als Nährstoff zugänglich.

# Justus von Liebig

geboren in Darmstadt am 12. Mai 1803, gestorben in München am 08. Februar 1873 war der bedeutendste deutsche Chemiker des 19. Jahrhunderts. Er legte maßgebliche Grundsteine für eine immer exakter werdende Naturerkenntnis und die Entwicklung der chemischen Wissenschaften zu einer naturwissenschaftlichen Grundlagendisziplin – in einer Zeit, als die Naturwissenschaften, und insbesondere die Chemie, noch weitgehend durch ein unsystematisches, rein empirisches und von der romantisch-naturphilosophischen Schule dominiertes Vorgehen geprägt war.

In einer Vielzahl von Einzeluntersuchungen, die sich mit den unterschiedlichsten Aspekten der Chemie befassten, gelang Liebig die Entdeckung bzw. Darstellung von vielen wichtigen Substanzen. Die von ihm entwickelten Methoden zur Elementaranalyse erlaubten, den Kohlenstoff-, Wasserstoff- und Sauerstoffgehalt organischer Verbindungen quantitativ zu bestimmen. Damit war die exakte Analyse der chemischen Bestandteile einer organischen Substanz und ihrer Mengenverhältnisse möglich.

Richtungweisend waren auch seine Arbeiten zu landwirtschaftlichen Aspekten der Chemie. Liebig erkannte, dass die damals häufigen Missernten auf den Mangel an Mineralsalzen im Boden zurückzuführen waren und dass der Ertrag von der Menge des Nährstoffes abhängt, von dem am wenigsten vorhanden ist. Diese Erkenntnisse hat Liebig in einem berühmt gewordenen Buch „Die organische Chemie in ihrer Anwendung auf Agrikulturchemie und Physiologie" zusammengefasst.

Die praktische Anwendung der Mineralstofftheorie führte zur Vervielfachung der Ernteerträge und linderte die Ernährungsprobleme der Welt bis heute. Unsere Erde – die bei konventioneller Agrarwirtschaft nur etwa 1,5 Milliarden Menschen ernähren könnte – trägt zur Zeit über 6 Milliarden. Das von Liebig entwickelte Superphosphat ist noch heute unser wichtigster Phosphorsäuredünger.

sen Hilfe sie den Stickstoff aus der Luft in ein im Boden lösliches Ammoniumsalz umwandeln können. Davon profitiert die Wirtspflanze, die den Stickstoff praktisch auf einem silbernen Tablett serviert bekommt, und es bleibt immer noch genug übrig, um den Boden mit Stickstoff anzureichern.

Es wäre ein geniales Prinzip, das den Einsatz von Stickstoff im Dünger überflüssig machen würde, wenn man

**Nitrophoska** ist ein Mehrnährstoffdünger. Jedes Korn ist von einer dünnen, abbaubaren Kunststoffhülle umschlossen und enthält gleiche Anteile an Stickstoff, Phosphat und Calcium sowie teilweise auch Magnesium oder Schwefel.

die Knöllchenbakterien dazu bringen könnte, sich auch in den Wurzeln von anderen Nutzpflanzen wie Getreide, Kartoffeln oder Rüben niederzulassen. Die so genannte „Grüne Gentechnik", die gentechnische Anwendungen für die Landwirtschaft entwickelt, hat sich dies als eines ihrer ehrgeizigsten Ziele gesetzt. Leider sind die Wechselwirkungen zwischen den Bakterien und den Wurzeln

der Pflanze so vielfältig und so perfekt auf die beiden Partner zugeschnitten, dass es bisher noch nicht gelungen ist, die Knöllchenbakterien an andere Wirtspflanzen anzupassen.

## Welcher Dünger soll's denn sein?

Der Bauer, der seine Felder düngen will, hat die Qual der Wahl: Nimmt er einen industriell hergestellten Handelsdünger, oder entscheidet er sich für einen „natürlichen" organischen Wirtschaftsdünger, wie Kompost, Mist, Jauche oder Gülle? Zu den in Fabriken hergestellten oder aus Bergwerken gewonnenen Handelsdüngern gehören mineralische, organische und organisch-mineralische Dünger sowie Spezialdünger mit Spurennährstoffen. Die wichtigste Gruppe bilden die auch als Kunstdünger bezeichneten mineralischen Dünger. Dabei unterschiedet man zwischen Volldüngern, die alle drei Komponenten Stickstoff (N), Phosphor (P) und Kalium (K) enthalten, sowie Einzel- und Mehrnährstoffdüngern mit nur jeweils einem oder zwei der Bestandteile. Für besondere Einsatzbereiche gibt es Spezialdünger; das sind meist Volldünger, die noch Zusatzstoffe wie Magnesium und Spurenelemente, aber auch Pflanzenschutzmittel enthalten können. Dazu gehört die bunte Vielfalt an Garten-, Blumen-, Koniferen, Rosen- und Rasendünger, speziellen Düngemitteln für Hydrokulturen oder Teichdünger in der Fischzucht, damit die Fische immer genug pflanzliches Plankton zum Fressen finden. Besonders bequem sind Langzeitdünger. Sie werden hergestellt, indem man die einzelnen Düngerkörnchen mit einer Hülle aus natürlichen Polymeren oder einem abbaubaren Kunststoff umgibt (siehe Kapitel „Zerfall auf Befehl"). Sind sie einmal ausgebracht, dann löst sich die Umhüllung langsam auf, und die Nährstoffe werden über einen längeren Zeitraum hinweg allmählich abgegeben. Handelsdünger enthalten grundsätzlich die gleichen chemischen Bestandteile wie die Wirtschaftsdünger, allerdings in höheren und genau festgelegten Konzentrationen. Sie lassen sich daher exakter dosieren. Darüber hinaus können sie die Widerstandskraft der Pflanzen gegen Krankheiten verbessern. So lässt sich beispielsweise der Mehltaubefall von Weinreben mithilfe einer Kalidüngung erheblich reduzieren. Wirtschaftsdünger dagegen

## Die Väter der Stickstoffdünger

Die Entwicklung der Stickstoffdünger und ihre großtechnische Produktion wäre ohne die Arbeiten zweier bedeutender Chemiker nicht möglich gewesen. Fritz Haber (1868–1934) entwickelte eine katalytische Methode, um ausgehend von den Elementen Stickstoff und Wasserstoff den begehrten Ammoniak – $NH_3$ – herzustellen. Er erhielt dafür 1918 den Nobelpreis für Chemie. Carl Bosch arbeitete die Ammoniaksynthese weiter aus, sodass sie auch großtechnisch durchführbar wurde. Auch Carl Bosch erhielt einen Nobelpreis, 1931 für seine Verdienste um die Entwicklung der Hochdruckverfahren in der Chemie. Das nach den beiden Erfindern benannte Haber-Bosch-Verfahren zur Ammoniakherstellung wird heute noch eingesetzt. Ammoniak ist das Ausgangsprodukt für die Herstellung vieler Düngemittel wie Ammoniumsulfat, Kalkammonsalpeter oder Dünger auf Harnstoff-Basis. Ammoniak wird katalytisch zu Stickstoffoxiden oxidiert und dient so auch als Ausgangsstoff für die Produktion von Salpetersäure und Kunstdüngern auf Nitrat-Basis. Weiterhin geht Ammoniak in die Fabrikation von vielen Kunststoffen und Kunstfasern ein. Beispiele hierfür sind Nylon, Harnstoff-Formaldehyd-Harze, Polyacrylnitril, Melaminharze. Schließlich kommt Ammoniak als Kältemittel zum Einsatz, beispielsweise in Kühlschränken.

**Fritz Haber**

**Carl Bosch**

## Das Blue-Baby-Syndrom

Eine starke Nitratbelastung des Trinkwassers kann für Säuglinge fatale Folgen haben. Im Körper wird Nitrat zunächst zu Nitrit abgebaut. Dieses bindet bevorzugt an das Eisen, das im roten Blutfarbstoff, dem Hämoglobin, enthalten ist. Das Hämoglobin wird dadurch inaktiviert und kann keinen Sauerstoff mehr aufnehmen und aus den Lungen ins Gewebe transportieren. Glücklicherweise kann diese Bindung von Nitrit an das Hämoglobin auch wieder gelöst werden, der Körper besitzt dafür spezielle Enzyme. Ein Erwachsener, der etwa fünf bis sechs Liter Blut besitzt, kann daher einiges an Nitrit vertragen. Der Säugling dagegen hat im Verhältnis zur aufgenommenen Nahrungs- und Flüssigkeitsmenge ein viel geringeres Blutvolumen. Eine Überdosis von Nitrat und dem daraus gebildeten Nitrit belastet seinen Organismus deshalb viel stärker. Wenn 10 % des Hämoglobins durch Nitrit blockiert werden, wird das Gewebe nicht mehr ausreichend mit Sauerstoff versorgt, und die Haut färbt sich blau-grau. Sind mehr als 40 % blockiert, wird der Zustand lebensbedrohlich.

regen das Wachstum von Bodenbakterien an, fördern die Bildung von Humus und haben einen guten Einfluss auf die Bodenbeschaffenheit. Wie so häufig gilt also auch bei der Frage nach dem richtigen Dünger nicht ein „entweder – oder", sondern die sinnvolle Kombination beider Möglichkeiten ist die beste Lösung.

Leider hat die schöne Welt der Düngemittel auch ihre Schattenseiten. Wer nach dem Motto „viel hilft viel" seine Felder mit großen Mengen des Stickstofflieferanten Nitrat behandelt, tut zu viel des Guten: Die Pflanzen können das Überangebot an Nährstoffen nicht aufnehmen, beim nächsten Regen werden die Nitrate, die meist gut wasserlösliche Salze der Salpetersäure sind, ausgewaschen und gelangen in die Flüsse und Seen. Dort düngen sie Algen und Wasserpflanzen und bringen so das Gewässer aus dem Gleichgewicht. Besonders hoch ist die Gefahr der Überdüngung beim Ausbringen von Gülle, die sehr große Mengen an organischen Stickstoffverbindungen enthält. Diese werden von den Bodenbakterien innerhalb kürzester Zeit in Nitrat umgewandelt, das dann vom Regenwasser weggespült wird. Auch der Nitratgehalt des Trinkwassers kann daraufhin ansteigen – sogar so weit, dass der gesetzlich festgelegte Grenzwert von 50 mg Nitrat pro Liter überschritten wird. Das Trinkwasser muss dann bei der Aufbereitung mit großem Aufwand vom Nitrat befreit werden, denn zuviel Nitrat im Trinkwasser kann für Säuglinge gefährlich werden. Weiterhin steht Nitrat im Verdacht, die Bildung der bekanntermaßen krebserregenden Nitrosamine zu begünstigen. Nitrosamine entstehen bei der Reaktion von Nitrat mit Aminen

– also auch mit den Aminogruppen der Proteine in den Nahrungsmitteln (siehe Kapitel *„Chemie in der Küche!?!"*). Nitrosamine sind sehr reaktive Verbindungen. Sie greifen die DNA an, die Erbsubstanz der Zellen. Schäden an der DNA können dazu führen, dass die betroffene Zelle sich unkontrolliert vermehrt und so die Keimzelle für einen bösartigen Tumor bildet. Der Gehalt an Nitrosaminen in den Nahrungsmitteln ist allerdings äußerst gering. Unter normalen Umständen sollten die Abwehrsysteme des Körpers damit fertig werden. Auch Reihenuntersuchungen der Bevölkerung in Regionen mit hohem Nitratgehalt im Trinkwasser oder von Arbeitern in Düngemittelfabriken haben bisher keinen Zusammenhang zwischen hohen Nitratkonzentrationen und gesteigerter Krebshäufigkeit ergeben.

**Düngemittel** müssen mit Sachverstand eingesetzt werden, denn das Motto „viel hilft viel", schadet der Umwelt. Überschüssiger Dünger wird mit dem Regen ausgewaschen und belastet Seen, Flüsse und Grundwasser.

chemischen Keule? Ein Hobbygärtner kann sich solche Überlegungen leisten, für einen Landwirt, der vom Ertrag seiner Felder leben muss, stellen sich diese Fragen erst gar nicht. Selbstverständlich muss er schon vorbeugend alles tun, um seine Ernte vor gefräßigen Insekten zu schützen, einen Befall mit Pilzen zu verhindern und das Wachstum konkurrierender Unkräuter zu unterdrücken.

Insektizide sind keine reine Erfindung der Chemiker in ihren Labors. Da Pflanzen nicht weglaufen können, führen sie einen erbitterten „chemischen Krieg" gegen ihre Fraßfeinde. Deshalb gibt es pflanzliche Naturstoffe, die gegen Insekten wirken, die Bioinsektizide. Dazu gehören Abschreckungsmittel, die so genannten Repellents. Das sind etherische Öle, die sich in manchen Pflanzen, z.B. den Myrthengewächsen, finden, zu denen auch der bekannte Teebaum gehört. Insektengifte wie Pyrethrum, Rotenoide und Alkaloide, z.B. das bekannte Nicotin, kommen in vielen Pflanzen vor; Cumarine sind in Gräsern und Korbblütlern enthalten. Ein aus dem Bakterium *Bacillus thuringensis* isolierter Giftstoff wird ebenfalls vielfältig eingesetzt. Auch zahlreiche Strategien zur Schädlingsbekämpfung mit Hilfe gentechnischer Methoden verwenden dieses Toxin. So wurde beispielsweise in das Erbgut von Maispflanzen die Bauanleitung für das *Bacillus thuringensis*-Gift eingefügt. Die Pflanzen stellten es daraufhin her, als wäre es eines ihrer eigenen Proteine, und waren dadurch vor einem ihrer Hauptschädlinge, der Raupe des Maiszünslers, geschützt. In Deutschland sind diese Verfahren bislang sehr umstritten. Deshalb kommen bei uns noch überwiegend synthetische Insektenvernichtungsmittel zum Einsatz. Der wohl bekannteste, heute noch zugelassene Vertreter ist das E 605 (Parathion). Es gehört zur

**Der Kartoffelkäfer** ist heute in weiten Teilen Europas allgemein verbreitet, obwohl er ursprünglich aus dem entfernten Nordamerika stammt. Er wurde zu Beginn des 20. Jahrhunderts eingeschleppt und ernährt sich von den Blättern der Kartoffelpflanzen. Wegen ihrer großen Vermehrungsrate können Kartoffelkäfer erhebliche Schäden anrichten.

## Kampf den Quälgeistern

Jeder Blumenliebhaber, auch wenn er keinen parkähnlichen Garten, sondern nur einen Balkon oder ein paar Topfpflanzen besitzt, kennt die Verzweiflung, in die ihn winzige Krabbeltiere stürzen können. Mit den besten Vorsätzen, wie „an meine Pflanzen lasse ich nur Wasser und nie einen Tropfen Gift", „Schädlinge werden mechanisch entfernt, sobald sie sich zeigen", „Chemie im Garten ist doch überflüssig", ist man ans Werk gegangen. Jetzt steht man hilflos einer Invasion von Blattläusen, Schildläusen oder Spinnmilben gegenüber. Was tun? Überlässt man das zarte Pflänzchen den gefräßigen Insekten oder greift man – zwar mit schlechtem Gewissen – aber doch zur

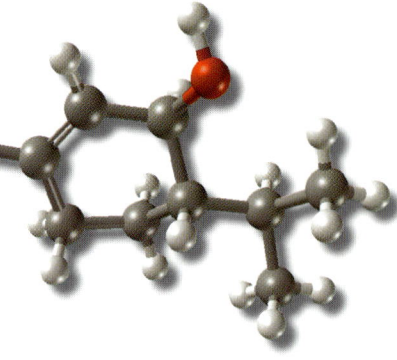

**Kamille oder der sehr in Mode gekommene Teebaum** (Bild links bzw. rechts) enthalten zahlreiche Substanzen, die gegen Bakterien, Pilze oder allgemein entzündungshemmend wirken. Beispiele für solche pflanzlichen Abwehrstoffe sind Furocumarin (Struktur oben) oder Terpinen-4-ol (Struktur rechts), das bis zu 40 % des Teebaumöls ausmacht.

# DDT

DDT wurde 1874 von O. Zeidler erstmals synthetisiert. Seine insektizide Wirkung entdeckte P. Müller jedoch erst 1939. Er erhielt dafür 1948 den Nobelpreis für Medizin. DDT ist für Insekten hochgiftig, Menschen und anderen Warmblütern schadet es dagegen wenig. Deshalb trat es schnell seinen Siegeszug in der medizinischen Hygiene an. Erkrankungen an Malaria, Fleckfieber, Typhus und Cholera konnten durch die wirksame Bekämpfung der die Erreger übertragenden Mücken, Läuse und Fliegen drastisch reduziert werden. Durch das Anti-Malaria-Programm der WHO wurde diese Krankheit in vielen tropischen Ländern sogar beinahe ausgerottet. DDT war jahrzehntelang weltweit das wichtigste Insektizid; 1963 wurden fast 100.000 t, 1974 noch 60.000 t produziert und angewendet. Das Auftreten von Resistenzen bei einigen Insektenarten sowie Berichte, dass DDT bei bestimmten Vogelarten eine Verdünnung der Eierschalen bewirkt, bei Mäusen Leberkrebs auslösen kann und im Fettgewebe von Warmblütern gespeichert wird, sowie die Furcht vor einer Anreicherung von DDT in der Umwelt führten dazu, dass die Produktion und Anwendung von DDT in fast allen Industrie-Ländern verboten wurde. Viele Entwicklungsländer schlossen sich diesen Restriktionen an mit der Folge, dass die Zahl der Malariaerkrankungen wieder stark zunahm. So wurde beispielsweise in Ceylon 1963 die DDT-Bekämpfung eingestellt, in diesem Jahr wurden noch 17 Malaria-Fälle registriert. Danach stieg die Zahl der Malaria-Erkrankungen dann auf 2.500.000 im Jahr 1968. Dies führte dazu, dass viele Entwicklungsländer in den Tropen doch wieder auf DDT zurückgriffen. Da preiswerte und wirksame Alternativen fehlen, wird DDT immer noch in mindestens fünf Ländern produziert (1994–1998 ca. 35.000 t) und in einigen Dutzend Ländern zur Bekämpfung der Malaria-übertragenden Anopheles-Mücke eingesetzt. In Deutschland wurde DDT 1972 verboten.

**Parathion (E 605):** grau: Kohlenstoff-, weiß: Wasserstoff-, rot: Sauerstoff-, blau Stickstoff-, orange: Phosphor-, gelb: Schwefelatome.

Verbindungsklasse der Phosphorsäureester, die in der Regel leicht durch Wasser zersetzt oder biologisch abgebaut werden können. Die Carbamate, z.B. Carbaryl, Carbofuran, Propoxur, wirken nach dem gleichen Prinzip wie die Phosphorsäureester. Sie greifen in die Signalweiterleitung zwischen den Nervenzellen ein und bewirken eine permanente Erregung der Nervenfasern, die schließlich zu Lähmungserscheinungen führt. Sie sind ebenfalls gut abbaubar. Die Wirkung von Phosphorsäureestern und Carbamaten ist aber leider nicht auf Insekten beschränkt; sie wirken auch bei Warmblütern, also auch beim Menschen, schon in geringen Mengen giftig (siehe Kapitel „Von Arsen bis Zyankali"). Es gibt aber für beide Substanzklassen Gegengifte, zum Beispiel das Atropin, ein Alkaloid aus der Tollkirsche, das für sich genommen selber toxisch wirkt.

Die Pyrethroide, z.B. Allethrin, Cyfluthrin und Permethrin, sind synthetische Abkömmlinge der Pyrethrine. Sie wirken schon in deutlich geringeren Mengen als Phosphorsäureester und Carbamate, sind jedoch in der Regel schwerer abbaubar als diese. Pyrethroide wirken bei den Insekten ebenfalls als Nervengifte.

## Nach dem Vorbild der Natur

Bei der Herstellung einer neuen Klasse von Mitteln gegen Pilzbefall, den Strobilurinen, stand die Natur Pate. Strobilurine sind Abwandlungen eines Naturstoffes. Der Pilz *Strobilurus tenacellus*, der von Kiefernzapfen lebt, produziert diese Substanz, um konkurrierende Pilze zu vertreiben, die ihm die Nahrung streitig machen wollen. Die Verbindung ist das perfekte Pilzgift: Sie wirkt nur auf die feindlichen Pilze, aber nicht auf andere Pflanzen und Tiere oder die Mikroorganismen im Boden. Ihre Wirkung beschränkt sich auf den Ort ihrer Entstehung, und sie ist leicht biologisch abbaubar. Leider hat sie einen Nachteil, der ihren Großeinsatz als Pflanzenschutzmittel verhindert: Sie ist nicht sehr stabil, sondern zerfällt bei Belichtung. Deshalb haben Chemiker ihre Struktur so verändert, dass sie im Licht stabil wurde, ihre guten Eigenschaften aber trotzdem erhalten blieben.

Acylharnstoffe hemmen die Synthese des zum Aufbau des Schutzpanzers benötigten Chitins der Insektenlarven. Diese sind dadurch nach der Häutung nicht mehr überlebensfähig. Acylharnstoffe sind für Warmblüter weitgehend ungiftig.

Ein großes Problem ist die Bildung von Resistenzen. Die Wirkung von Insektiziden kann im Laufe der Zeit nachlassen, weil die Insekten einen Entgiftungsmechanismus für den Wirkstoff entwickeln. Das kann so weit gehen, dass ein Mittel völlig wirkungslos wird. Hier kann der Zusatz von Substanzen hilfreich sein, die selbst keine insektizide Wirkung besitzen, die jedoch im Entgiftungsprozess den Abbau des Wirkstoffs hemmen und so dessen Wirkung verlängern. Wenn auch das nicht hilft, bleibt nichts anderes übrig, als neue Wirkstoffe zu entwickeln, die grundlegend anders funktionieren. Das gleiche Phänomen kennt man auch bei den als Arzneimittel verwendeten Antibiotika. Ein weiteres Problem stellt die Störung des ökologischen Gleichgewichtes dar: Schädlinge, die vor dem Einsatz der Insektizide nur von untergeordneter Bedeutung waren, haben plötzlich keine natürlichen Feinde mehr und können sich ungehindert vermehren. Man versucht deshalb, soweit möglich, die Insektengifte durch alternative Verfahren zu ersetzen oder zu ergänzen. Dazu zählt die Verwendung von Sexuallockstoffen der Insekten (Pheromonen), mit denen die Schädlinge in spezielle Fallen gelockt werden (siehe Kapitel „Hauptsache, die Chemie stimmt"). Außerdem kommen Chemikalien, die die Fortpflanzung der Insekten behindern, Repellents, die Insekten abschrecken, oder Insektenhormone, die die Häutung der Larven verhindern, zum Einsatz.

Die „klassischen" Insektenvernichtungsmittel, wie das berühmt-berüchtigte DDT, das biologisch kaum abbaubar ist und sich im Fettgewebe von Mensch und Tier anreichert, Dieldrin, Lindan oder die anorganischen Arsen-Verbindungen spielen heute kaum noch eine Rolle; in Deutschland ist ihre Verwendung verboten. Einzig Lindan ist noch mit Einschränkungen zugelassen. Es wird zur Bekämpfung von Kopfläusen verwendet.

## Dem ist kein Kraut gewachsen

Unkrautvernichter, im Fachjargon als Herbizide bezeichnet, werden zu unterschiedlichen Zeitpunkten eingesetzt: vor der Aussaat, bevor die ersten Blätter an die Oberfläche gelangen, oder danach. Die Unkräuter können das Gift über die Wurzeln aufnehmen (Boden-Herbizide) oder über die grünen oberirdischen Teile der Pflanze (Blatt-Herbizide). Es gibt Unkrautvernichter, die einen totalen Kahlschlag bewirken und alle Pflanzen vernichten. Sie werden verwendet, um z.B. Gleisanlagen, Industriegelände, Wege und Plätze von Unkraut zu befreien. Andere Mittel werden von verholzenden Pflanzen relativ gut vertragen, sind aber für krautige Pflanzen giftig. Sie kommen deshalb vorwiegend im Obst- und Weinbau, auf Plantagen, im Forst, in Baumschulen oder Parkanlagen zum Einsatz. Die größte Bedeutung für die Landwirtschaft haben heutzutage die selektiven Unkrautvernichter. Sie werden von bestimmten Nutzpflanzen gut vertragen, zeigen aber eine hohe Wirksamkeit gegenüber den Unkräutern.

Unkrautvernichter greifen auf verschiedene Weise in die Lebensvorgänge der Pflanze ein. Sie können die Photosynthese hemmen und dadurch die Umwandlung der von der Sonne aufgenommenen Lichtenergie in chemische Energie stören oder den Abbau von Proteinen, Kohlenhydraten oder Fetten blockieren. Die sogenannten Wuchsstoff-Hemmer wirken wie das natürliche Pflanzenhormon Auxin, das das Wachstum der Pflanze anregt. Zweikeimblättrige Unkräuter wachsen sich dann regelrecht zu Tode (zur Erinnerung: die Getreidepflanzen gehören zu den Einkeimblättrigen und reagieren daher anders). Als Mitosehemmer bezeichnete Substanzen verhindern die Zellteilung und damit das Wachstum der Unkräuter. Carotin-Synthese-Hemmer blockieren die Bildung von Carotinoiden, die als Schutzpigment den grünen Blattfarbstoff, das Chlorophyll, vor einer Zerstörung durch Licht und Sauerstoff bewahren. Bei vielen Herbiziden ist der Wirkungsmechanismus aber noch weitgehend unbekannt.

Am Anfang der chemischen Unkrautbekämpfung in der zweiten Hälfte des neunzehnten Jahrhunderts standen die anorganischen Herbizide, wie Eisen(III)-sulfat, Kupfer(II)-sulfat, Schwefelsäure oder Natriumchlorat. Sie wurden in

## In Deutschland zugelassene Unkrautvernichtungsmittel

| Herbizid-Klasse (Beispiele) | Giftwirkung für Mensch und Tier | Abbau im Organismus; Ökologie |
|---|---|---|
| Aryloxyalkansäuren | mäßig giftig bei Aufnahme durch den Mund, als gesundheitsschädlich eingestuft. | Schnelle Ausscheidung, hauptsächlich als unveränderter Wirkstoff. Im Boden mikrobieller Abbau, Nachwirkdauer ca. 6 Wochen. |
| Phosphorhaltige Aminosäuren (Glyphosat) | gering | Schnelle Ausscheidung, praktisch unverändert. Halbwertszeit im Boden ca. 60 Tage, geringe Mobilität. |
| Amide (Alachlor) | gering | Schnelle Umwandlung, sehr geringes Akkumulationspotenzial. |
| Carbamate (Barban) | mäßig | Spaltung durch Wasser. Im Boden mikrobieller Abbau, Nachwirkungszeit 2–3 Monate. |
| Thiocarbamate (Butylat) | gering, giftig für Fische | Rascher Abbau im Stoffwechsel. Im Boden Spaltung durch Wasser, dabei entsteht unter anderem $CO_2$. Nachwirkungszeit ca. 4 Monate. |
| Harnstoff-Derivate (Diuron) | gering | Schneller Abbau im Stoffwechsel. Wirkungsdauer im Boden 4–8 Monate. |
| Sulfonylharnstoffe (Metsulfuron-methyl) | sehr gering | Ausscheidung größtenteils unverändert. Im Boden Spaltung durch Wasser und mikrobieller Abbau, Halbwertszeit 1–4 Wochen. |
| Diphenylether (Bifenox) | sehr gering | Abbau im Stoffwechsel, Ausscheidung über die Leber. Im Boden chemischer und mikrobieller Abbau, Halbwertszeit 18–20 Tage. |
| Triazine (Atrazin) | gering | Nach 24 h sind mehr als 50 % ausgeschieden. Im Boden Abbau durch mikrobielle Spaltung. |
| Triazinone (Metribuzin) | gering | Rascher Abbau im Stoffwechsel. Halbwertszeit unter 50 Tagen. |

## Ackerbau und Viehzucht bei Ameisen

Es ist eine bekannte Tatsache, dass Ameisen regelrechte Herden von Blattläusen halten, die sie regelmäßig melken. Die süß schmeckenden Ausscheidungen der Blattläuse dienen als Futter für die Nachkommen der Ameisen. Es gibt aber auch Ameisen, die Pilze in ihren Bauten kultivieren, von denen sie sich ernähren. Wie alle Monokulturen sind auch diese Pilzgärten von Schädlingen bedroht. Die Ameisenweibchen, die die Gärten pflegen, haben dagegen vorgesorgt. Sie tragen an ihrem Körper große Mengen bestimmter Bakterien der Gattung *Streptomyces*. Diese Einzeller produzieren verschiedene antibiotisch wirkende Verbindungen, die das Wachstum vieler Parasiten hemmen. Mit diesen Antibiotika verhindern die Ameisen offenbar Infektionen ihrer Pilzgärten.

zunehmendem Maß durch organische Verbindungen ersetzt und finden heute nur noch in Spezialfällen oder als Totalherbizide Anwendung. Das erste selektive Unkrautvernichtungsmittel war 2-Methyl-4,6-dinitrophenol, das bereits seit 1892 als Insektengift eingesetzt wurde. Seine herbizide Wirkung hatte man jedoch erst in den 1930er Jahren entdeckt. Die organischen Herbizide gehören zu folgenden Verbindungsklassen: Mineralöle, Phenole, Kohlen- und Thiokohlensäure-Derivate (z.B. Carbamate, Harnstoffe, Sulfonylharnstoffe), Carbonsäuren und Carbonsäure-Derivate, heterocyclische Verbindungen (z.B. Triazole, Pyrazole, Pyridine, Pyridazine, Pyrimidine, Triazine), Dinitroaniline, phosphororganische Verbindungen. Einige davon, z.B. die Carbamate oder die Organophosphate, werden auch als Insektizide verwendet.

Die Entwicklung eines Pflanzenschutzmittels dauert heute im Durchschnitt acht bis 10 Jahre und kostet etwa 150 Millionen Euro. Nur eine von ca. 40.000 in der Forschung synthetisierten Verbindungen landet schließlich im Handel und auf den Feldern. Der Markteinführung eines Pflanzenschutzmittels gehen den Arzneimitteln vergleichbare umfangreiche Testreihen voraus. Neben Versuchen zur Wirkung und Pflanzenverträglichkeit sind dies vor allem Untersuchungen zur Toxizität für Mensch und Tier (Insektizide sollten z.B. möglichst nicht gefährlich für Bienen sein) und zur Umweltverträglichkeit. Ebenso wie die Arzneimittel müssen auch Pflanzenschutzmittel von den entsprechenden Behörden zugelassen werden, bevor sie vermarktet werden dürfen. Auch die Wirkung der Abbauprodukte einer Substanz im Boden muss mit Hilfe umfangreicher Forschungsarbeiten untersucht werden.

Die Mengen an Pflanzenschutzmitteln, die auf den Äckern zum Einsatz kommen, haben sich im Laufe der letzten Jahre deutlich verringert. Mussten ältere Produkte wie Arsen-Verbindungen, Dithiocarbamate, Schwefel oder DDT noch in Mengen bis zu 5 kg pro Hektar dosiert werden, kommt man bei neueren Wirkstoffen wie Deltamethrin oder Chlorsulfuron mit weniger als 100 g pro Hektar aus.

Negative Wirkungen der Pflanzenschutzmittel auf die Bodenlebewesen sind bei richtiger Anwendung nicht zu erwarten. Aber auch die bei einer versehentlichen Überdosierung entstehenden Effekte werden in den meisten Fällen innerhalb weniger Tage oder Wochen wieder ausgeglichen. Auch die Wirkung der Abbauprodukte einer Substanz im Boden muss mithilfe umfangreicher Forschungsarbeiten untersucht werden.

## Grüne Gentechnik

Die Anwendung gentechnischer Methoden in der Landwirtschaft ist in Deutschland eines der nationalen Reizthemen. Dabei bieten sie einige Chancen für einen schonenderen Umgang mit der Natur.

Schon immer haben die Menschen durch Kreuzung und Rückkreuzung, über viele Fehlschläge und misslungene Versuche, Pflanzen gezüchtet, die ihren Ansprüchen besser gerecht wurden. Mit Hilfe gentechnischer Methoden ist es möglich, die Eigenschaften von Pflanzen viel zielgerichteter zu verändern. Dadurch lassen sich zum Beispiel Kulturpflanzen mit gesteigerter Widerstandsfähigkeit gegen Schädlinge züchten. Baut man diese Pflanzen auf den Feldern an, kann man auf den Einsatz größerer Mengen an Insektiziden verzichten und schont so die Umwelt.

Pflanzenschädigende Pilze verursachen enorme Ertragsausfälle in der Landwirtschaft. Deshalb versucht die Gentechnik, durch Übertragung fremder Erbanlagen Pflanzen zu erzeugen, die gegen Pilzinfektionen geschützt sind. Dieser Schutz kommt dadurch zustande, dass die Pflanzen nach dem Einbau des fremden Erbmaterials Stoffe produzieren, die für die Pilze giftig sind. Der Einsatz eines chemisches Fungizids (Pilzgiftes) würde sich damit erübrigen.

Darüber hinaus können gentechnisch veränderte Mikroorganismen zum Abbau umweltbelastender Chemikalien wie Ölverschmutzungen oder zur Entfernung von Schwermetallverunreinigungen eingesetzt werden.

Gegner der Grünen Gentechnik befürchten allerdings, dass mit dem Anbau gentechisch veränderter Pflanzen auf den Feldern unkontrollierbare Risiken verbunden sein könnten. So wäre es theoretisch denkbar, dass die eingebauten fremden Erbanlagen auf benachbarte Pflanzen übertragen werden. Insbesondere der Übergang einer erhöhten Widerstandskraft gegen ein bestimmtes Herbizid von einer Nutzpflanze auf ein Unkraut könnte die Entstehung von „Superunkräutern" zur Folge haben, gegen die kein Mittel mehr hilft.

**Mit gentechnischen Methoden** kann man die Eigenschaften von Pflanzen gezielt verändern. Beispielsweise wäre es sehr vorteilhaft, Nutzpflanzen wie Mais gegen ihre Schädlinge resistent zu machen, so dass man auf Insektizide verzichten könnte. Gentechnisch veränderte Pflanzen werden intensiv untersucht, bevor man sie – wie im Bild – in freier Natur anbauen darf.

# Mobilität dank vier Rädern

Des Deutschen liebstes Kind soll ja angeblich das Auto sein. Was für den einen Statussymbol oder Hobby ist, ist für den anderen unverzichtbar im Beruf. Viele neue und umweltschonende Entwicklungen rund ums Auto sind mit der Chemie verbunden – Airbag, Rostschutz und Abgas-Katalysator sind nur einige davon.

## 14:15 – Feierabend

*Jetzt muss ich aber Feierabend machen, sonst komme ich nicht mehr rechtzeitig zum Zahnarzt. Ist ja wirklich noch ein bisschen früh heute, aber mein Überstundenkonto weist zum Glück ein dickes Plus auf. Hoffentlich bin ich auf dem Heimweg nicht so lange unterwegs, Freitag nachmittags ist ja auf den Straßen immer die Hölle los. Wo hat sich dieser blöde Autoschlüssel schon wieder versteckt? Tanken muss ich unterwegs auch noch, meine Rostlaube ist halt kein Dreiliterauto, leider. Verbraucht dieses „Auto der Zukunft" nicht auch deshalb so wenig Sprit, weil es zum größtem Teil aus Kunststoff besteht und deshalb extrem leicht ist?*

**Aus einem Guss** – Bei einem Armaturenbrett lassen sich alle Vorteile der Kunststoffe nutzen: Formgebung, Funktionalität, Aussehen und Haltbarkeit. Kostengünstiger geht es nicht.

Wenn Chemiker ins Auto steigen, müssten sie sich wie zu Hause fühlen. Rundum Chemie. Stellt man dem Nichtfachmann die Frage, warum so viel Chemie im Auto steckt, lautet die Antwort meist: „Weil Kunststoff leichter als Metall ist." Das ist nicht falsch, aber dennoch nur die halbe Wahrheit. Der Siegeszug des Kunststoffs im Automobil hat einen plausiblen Grund: die funktionsgerechte Formgebung des Materials. Für das gesamte Armaturenbrett mit all seinen Strukturen wird beispielsweise eine einzige Spritzgussform hergestellt, und allein mit dieser kann schon die Massenproduktion beginnen. Keine Nacharbeitung, keine Lackierung, nichts – das Teil kann so wie es aus der Produktion kommt direkt ins Automobil eingebaut werden. Diese revolutionäre Fertigungstechnik hat die Kosten so weit gesenkt, dass das Auto ein Massenkonsumgut werden konnte. Bei all diesen Vorteilen ist es kein Wunder, dass in den Fahrzeugen je nach Typ gut um die 100 Kilogramm Kunststoff verarbeitet sind.

Apropos Massengut. Auf den deutschen Straßen fahren ca. 42 Millionen Personenfahrzeuge. Weltweit sollen es bald 700 Millionen sein. Das Auto ist so begehrt, weil es uns etwas schenkt, was es in dieser Form noch niemals in der Menschheitsgeschichte gab: die individuelle freie Mobilität. Die Bewegungsfreiheit hat bei den Menschen einen Stellenwert wie kaum eine andere Freiheit. Jedenfalls lässt die Statistik diesen Schluss zu. Jeder Deutsche ist durchschnittlich 83 Minuten pro Tag unterwegs und legt dabei 39 Kilometer zurück, aufgeteilt in 3,8 Wegstrecken. Im Jahr kommen so 14.000 Kilometer zusammen, d.h. in drei Jahren fährt jeder Deutsche einmal um die Erde. Und das Erstaunliche dabei ist: 80 Prozent des Wegs werden hinter dem eigenen Lenkrad bewältigt.

Das hat zwangsläufig Konsequenzen für den Ölverbrauch. Wenn man alle Transportmittel berücksichtigt, wird rund die Hälfte der Erdölförderung für die Bewegung von Mensch und Gütern verbraucht. Bei der Notwendigkeit, den Energieverbrauch zu senken, lohnt es sich also durchaus, an dieser Stelle anzusetzen. Das beginnt schon bei der Fertigung der Fahrzeuge. Jedes Kilogramm Masse, das beschleunigt werden muss, schluckt Energie in Form von Kraftstoff.

Deshalb ist jedes Kilogramm Kunststoff nicht nur ein Fertigungsvorteil, sondern auch ein Beitrag zum Sparen von Energie und – das ist genauso wichtig – bedeutet weniger Schadstoffemission. Dieser Aspekt hat zum Beispiel auch die Autolackierung revolutioniert. Früher wurden Lösungsmittel-Lacke verwendet. Heute bestehen die Autolacke weitgehend aus Farbpigmenten und Wasser. Die Emission von flüchtigen Lösungsmitteln in die Umwelt beim Lackieren ist praktisch kein Problem mehr. Und wie jeder auf den Straßen bemerken kann: Die Lackierungen halten auch viel länger als früher, als manche Autos bereits in den Prospekten zu rosten begannen.

Suchen wir weiter nach Einsparungsmöglichkeiten. Jeder Autofahrer weiß, dass ein Kaltstart viel Sprit verbraucht. Die Statistik wiederum hat aber herausgefunden, dass bei der Hälfte der Autofahrten weniger als zehn Kilometer zurückgelegt werden. Man fährt kurz mal in die Stadt zum Einkaufen oder abends ins Theater. Wenn der Motor bei den Zwischenstops warm bliebe, könnte viel Kraftstoff eingespart werden. Aus diesem Grund werden zunehmend Isoliermaterialien eingesetzt, damit es „unter der Motorhaube" nicht so schnell abkühlt. Ein Warmstart verursacht deutlich weniger schädliche Abgase, weil die Verbrennung des Kraftstoffs besser verläuft. Dadurch wird auch der Geldbeutel weniger belastet, da geringere

Mengen an Sprit verbraucht werden, und schließlich wird auch noch der Motor geschont, d.h. seine Lebensdauer verlängert und somit Rohstoffe gespart.

Dass darüber hinaus auch nach anderen Antriebsaggregaten für das Automobil gesucht und geforscht wird, ist im Kapitel über Brennstoffzellen beschrieben. So lange jedoch der klassische Motor in den meisten Autos eingebaut ist, sollte man über dessen Beeinflussbarkeit in Bezug auf den Spritverbrauch Bescheid wissen. Natürlich ist der Fahrstil die wichtigste „Stellschraube" für umweltbewusstes Fahren. Aber auch der/die vernünftigste Fahrer/in kann den Ablauf der Kraftstoffverbrennung nicht beeinflussen. Mit chemischen Hilfsmitteln ist das jedoch durchaus möglich. Bestimmte Oligomere aus Isobuten, das sind Makromoleküle aus einigen wenigen Isobuten-Einheiten, wirken schon in geringen Mengen – ein Fingerhut voll pro Tankfüllung – bei der Vergasung während der Spritverbrennung wie Waschmittel für die Ventile. Diese bleiben sauber, schließen somit dicht, und der Kraftstoffverbrauch sinkt durch die Zusatzmittel um bis zu vier Prozent. Auf die Lebenszeit des Wagens und auf die Zahl der Autos bezogen, ist das ein nicht zu unterschätzender Faktor für den Umweltschutz. Das Gleiche gilt natürlich auch für den Abgaskatalysator. Bei Neuentwicklungen rund ums Auto mithilfe der Chemie standen nicht nur

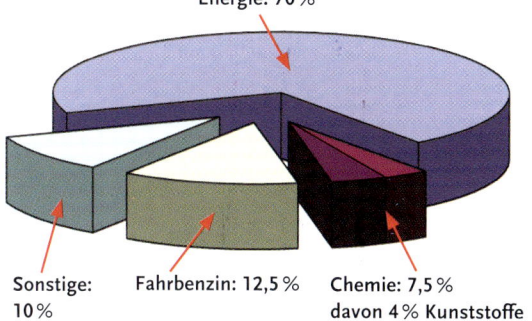

Energie: 70 %

Sonstige: 10 %

Fahrbenzin: 12,5 %

Chemie: 7,5 % davon 4 % Kunststoffe

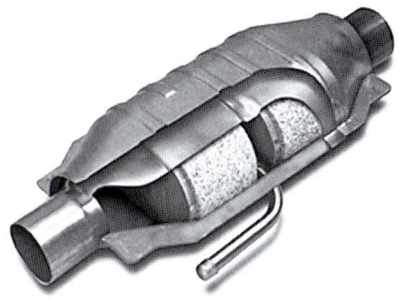

**Leben retten** – Für die Sicherheit im Auto hat es unter anderem zwei Innovationen gegeben, an denen die Chemie wesentlich beteiligt war: die Sicherheitsgurte aus Kunstfasern und Airbags. Bei diesen setzen Azide blitzschnell die Gase frei, die den Sicherheitssack aus Kunststoffgewebe füllen.

**Chemie und Auto** – Werden Reifen und Straßenbelag als System betrachtet, kann die Chemie viel für die Optimierung tun. Umweltschutz, Sicherheit und Kosten profitieren davon zugleich.

Umweltaspekte im Fokus, auch der Schutz der Insassen des Wagens ist in den letzten Jahrzehnten entscheidend verbessert worden. So haben Sicherheitsgurte aus reißfesten Geweben, Airbags auf Basis von Azidzündern und neuartige Bremsflüssigkeiten eine erfreuliche Wirkung gehabt: Seit Mitte der siebziger Jahre ist die Zahl der tödlichen Verkehrsunfälle um 70 Prozent zurückgegangen.

Abschließend noch ein Blick durch „die Chemiebrille" weg vom Auto, hin zur Straße: Die Asphaltstraße hat eine merkwürdige Geschichte. Ab Mitte des 19. Jahrhunderts wurden in den Städten Gaswerke errichtet. Das so genannte

Stadtgas diente zur Beleuchtung, zum Heizen und zum Kochen. Es entstand durch trockene Destillation von Steinkohle; Nebenprodukte waren der gut verwertbare Koks und der übel riechende Teer. Dieser wurde nochmals destilliert, und die Produkte davon – Benzol, Toluol, Anilin, Naphthalin und Anthracen – fanden in den aufblühenden „Teerfarben"-Fabriken Absatz (siehe Kapitel „Farbstoffe"). Aber was zum Teufel sollte man mit den Destillationsrückständen machen? Die Lösung dieses Problems kam so überraschend wie unerwartet. Die aufstrebende Automobil-Industrie war auf gute Straßen angewiesen. Mischte man den heißflüssigen Teer mit Kies und Sand, erstarrte die Masse zu einer fast idealen Straßendecke, dem Asphalt. Heute finden die Rückstände der Erdöl-Destillation (siehe Kapitel „Schwarzes Gold") immer noch die gleiche Verwendung. Aber auch in dieser archaisch anmutenden Prozedur vermuteten die Chemiker Verbesserungspotenzial. Schon beim Beton hatte sich gezeigt, dass geringe Zusätze von so genannten Fließhilfsmitteln die Qualität des Materials sprunghaft verbessern können. Warum sollte das nicht auch beim Asphalt möglich sein? So wurden tatsächlich Produkte gefunden, die die Eigenschaften der Straßendecke den Witterungsverhältnissen anpassen. Im Sommer bei höheren Temperaturen bleibt sie steifer, im Winter bei Minusgraden flexibler. Hoffen wir, dass bei der nächsten fälligen Ausbesserung der Straße diese Produkte schon zum Einsatz kommen.

# Weinende Bäume und der Gott des Feuers

**Kunststoffe haben eigentlich schon eine sehr lange Karriere hinter sich. Den ersten „Kunststoff" gab es bereits im 11. Jahrhundert bei den Ureinwohnern Südamerikas: Naturkautschuk. Heute sind Kunststoffe Massenware und maßgeschneidertes Hightech-Produkt – und der Vielfalt scheinen keine Grenzen gesetzt zu sein.**

Wie alles anfing: Südamerikanische Indianer ritzten Bäume der Gattung *Hevea brasiliensis* an und fingen den austretenden weißen Saft auf, das Latex. Dieser wurde zu einer braunen Masse verkocht, aus der die Menschen damals schon die ersten Regenklamotten und Sportgeräte fertigten: Wasserdichte Umhänge und Bälle. Übrigens stammt der Name „Kautschuk" noch aus dieser Zeit. Das Wort leitet sich ab von caa-o-chu, was so viel wie „weinende Bäume" bedeutet.

Diese ersten Kautschuke waren nicht besonders gebrauchsfreundlich: Im Winter hart und spröde, in der Sommerhitze zäh, klebrig und alles andere als formbeständig. Erst eine geniale Erfindung von Charles Goodyear machte aus diesen enttäuschenden Klumpen das, was wir als „Gummi" kennen. Nach Jahren besessenen Tüftelns half ein Zufall ihm auf die Sprünge, als ihm ein Stück Kautschuk, das er mit Schwefel gemischt hatte, auf die heiße Herdplatte fiel: Die Geburtsstunde der Vulkanisation (benannt nach Vulkan, dem römischen Feuergott). Kautschuk ist ein Polymer, das heißt es besteht aus langen Molekülketten. Werden diese Ketten zusammen mit Schwefel erhitzt, so verbinden die Schwefelatome die ansonsten völlig ungeordneten Ketten untereinander und zwingen sie in eine halbwegs parallele Anordnung. Diese quervernetzte Matrix kann nun bei höheren Temperaturen nicht mehr zerfließen, bleibt aber bei Kälte flexibel. Hohe Schwefelmengen führen zu Hartgummi, geringe zu einem sehr elastischen Weichgummi. Mit der Autoreifenfirma Goodyear hatte der Erfinder übrigens nichts zu tun; sie wurde erst lange nach seinem Tod gegründet und ihm zu Ehren so genannt.

Als die Nachfrage nach Kautschuk Anfang des 20. Jahrhunderts anstieg, reichte die Menge an Naturkautschuk nicht mehr aus. So arbeitete man erstmals an einem synthetischen Ersatz. Naturkautschuk besteht aus Isopreneinheiten. Isopren ist ein Kohlenwasserstoff mit einer Kette aus vier Kohlenstoffatomen, Kohlenstoff Nummer eins und Nummer zwei sind durch eine Doppelbindung verknüpft, Nummer zwei und drei durch eine Einfachbindung, Nummer drei und vier wieder durch eine Doppelbindung. Kohlenstoff Nummer zwei trägt zusätzlich eine Methylgruppe ($CH_3$). Isopren ist damit nicht anderes als ein Butadien-Molekül mit einer zusätzlichen Methylgruppe. So lag es nahe, Versuche mit dem technisch gut zugänglichen Butadien zu machen. Mit „Buna" gelang ein erster Durchbruch.

**Buna versus Naturkautschuk** – Dieses Mal haben die Chemiker die Nase vorn und das bessere Material für Autoreifen hergestellt.

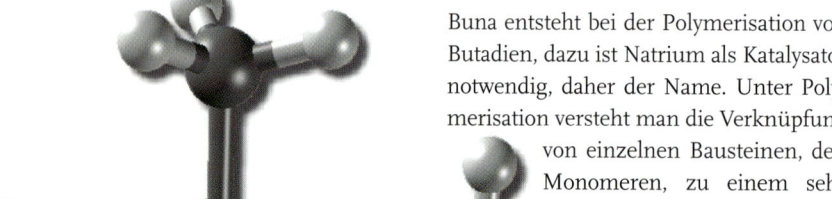

**Isopren**

**Perbunan** ist ein künstlicher Kautschuk, der auch heute noch für Öl-, Benzin- und Fett-beständige Dichtungen, Manschetten, Membranen, Schuhsohlen, Fördergurte, Schläuche, Walzen, Reibbeläge und Handschuhe eingesetzt wird.

Buna entsteht bei der Polymerisation von Butadien, dazu ist Natrium als Katalysator notwendig, daher der Name. Unter Polymerisation versteht man die Verknüpfung von einzelnen Bausteinen, den Monomeren, zu einem sehr großen Molekül. Um 1930 kommen dann Buna S und Buna N (später Perbunan N genannt) auf den Markt. Dies sind Mischpolymerisate, die entstehen, wenn Butadien und Styrol bzw. Butadien und Acrylnitril gemeinsam polymerisiert werden.

Ein anderer Vorläufer heutiger Kunststoffe ist Cellulosenitrat, das Mitte des 19. Jahrhunderts als Ersatz für Elfenbein entdeckt wurde. Ungünstigerweise ist das Material nicht nur brennbar, sondern sogar explosiv, was zu manch unliebsamen Vorkommnissen führte: Ein heftiger Zusammenprall zweier Billardkugeln aus Cellulosenitrat konnte mitunter zu einer kleinen Explosion führen. Erst als man auf die Idee kam, dem Material unter hohem Druck Kampfer zuzusetzen, entstand ein brauchbarer neuer Werkstoff: Celluloid. Erste Produkte waren Zahnersatz, verschiedene Haushaltsartikel – und Celluloid war die Basis für fotografische Filme, der Stoff, aus dem man Hollywood-Träume machte.

Der erste wirklich vollsynthetische Kunststoff war Bakelit, ein Kunstharz, das durch Reaktion von Phenol und Formaldehyd zu quervernetzten Poly-

**Aus Bakelit** wurde dieses nostalgisch anmutende Radiogehäuse hergestellt.

mer-Ketten entsteht. 1909 startete die Produktion der Phenolharze, steife, feste, isolierende Materialien, die damals als Gehäuse und Bauteile elektrischer Geräte Einsatz fanden.

1935 kam die Ära der Kunstfasern mit Nylon so richtig in Gang (siehe Kapitel *„Versponnenes"*). Etwa zur gleichen Zeit wurden die Kunststoffe Polyethylen, Polystyrol, Polymethylmethacrylat (Plexiglas) und Polyvinylchlorid (PVC) erfunden.

### Die Vielfältigen

Inzwischen gibt es eine unüberschaubar große Zahl an Kunststoffen (siehe Kapitel *„Für jede Kunst ein Stoff"*). Die Eigenschaften eines Kunststoffs können über verschiedene Faktoren breit variiert werden. Was entscheidet über das Eigenschaftsprofil eines Kunststoffs?

- die verwendeten Monomere
- Einbau von Comonomeren
- die Kettenlänge
- die Kettenanordnung (linear, verzweigt, vernetzt)
- zugefügte Additive
- Mischung mit anderen Polymeren

Kunststoffe sind Polymere, die aus reaktiven Bausteinen, den Monomeren, aufgebaut sind. Natürlich spielt es eine entscheidende Rolle, welche Monomere man auswählt. Viele Bezeichnungen für Kunststoffe wie Polyester, Polyamid, Polyurethan oder Polycarbonat sagen übrigens im Grunde nichts über deren einzelne Bausteine aus. Der Name gibt hier nur Auskunft darüber, wie diese untereinander verknüpft sind. Nehmen wir als Beispiel Polycarbonate. Letztlich besagt der Ausdruck lediglich, dass dieses Polymer formal ein Polyester der Kohlensäure ist. Chemisch zugänglich sind sie

## Additive

Additive sind Zusätze, die die Eigenschaften von Kunststoffen ganz wesentlich beeinflussen. Das Zusetzen der Additive wird in der Kunststoffindustrie als Compoundieren bezeichnet. Neben den Farbstoffen und Pigmenten sind die bekanntesten Additive:

**Flammschutzmittel** vermindern die Entflammbarkeit und Brennbarkeit von Kunststoffen. Einige Beispiele: Organische Chlor- oder Bromverbindungen hemmen den Brennprozess in der Gasphase. Phosphorverbindungen sorgen für eine flammhemmende Verkohlung der Substanzoberfläche. Aluminiumhydroxid gibt bei 220 °C Wasser ab und kühlt dabei die Brennzone. Borverbindungen schmelzen und überziehen den Gegenstand mit einer glasartigen Schicht.

**Weichmacher** bewirken eine Art Quellung des Kunststoffs und sorgen dafür, dass das Material auch bei niedrigeren Temperaturen flexibel bleibt, statt sich spröde zu verhalten. Wichtige Weichmacher sind Phthalate, Adipate, Phosphorsäureester, Citrate, Epoxide.

**Füllstoffe** dienen zum einen dem Strecken der Kunststoffmengen und senken damit den Preis. Andere Füllstoffe haben eine spezielle Funktion, weil sie die Härte, Festigkeit, Elastizität und Dehnbarkeit von Elastomeren verändern können. Talk, Ton, Kieselerde, Calciumsulfat, Calciumcarbonat, Ruß und Glasfasern zählen zu den gebräuchlichen Füllstoffen. Kohlenstofffasern können Kunststoffe zäher als Stahl machen, sodass solche Produkte im Flugzeugbau wie im Hochleistungssport Einsatz finden.

**Stabilisatoren** schützen Kunststoffe vor Alterung durch Wärme, Sauerstoff oder UV-Licht. Zu den Stabilisatoren zählen vor allem Antioxidationsmittel und UV-Absorber.

z.B. durch die Umsetzung von Dialkoholen (Kohlenstoffverbindungen mit zwei OH-Gruppen) mit Kohlensäureestern. Letztlich sind der Experimentierlust keine Grenzen gesetzt, welchen Dialkohol und welchen Kohlensäureester man auswählt. Die technisch bedeutsamsten Polycarbonate basieren auf dem Dialkohol Bisphenol A (4,4'-Dihydroxy-diphenyl-dimethylmethan) und dem Kohlensäureester Diphenylcarbonat (siehe Kapitel „Mikro-Landschaft im Laserlicht").

## Molekulare Bauklötzchen

Interessante neue Materialien entstehen auch durch eine gemeinsame Polymerisation von verschiedenen monomeren Bausteinen zu den so genannten Copolymeren. Dabei können die Bausteine statistisch verteilt sein oder alternierend „aufgefädelt" werden (...ABABABAB...). Es ist sogar möglich, Gradienten zu erzeugen, das heißt ein Kettenende ist reich an Baustein A, das andere ist reich an Baustein B. Eine andere Variante sind die so genannten Block-Copolymere: Ganze Blöcke aus vielen A-Bausteinen werden mit Blöcken aus vielen B-Bausteinen verknüpft. Besonders interessant sind außerdem die Pfropf-Copolymere. Auf bereits vorgebildete Polymerketten aus A-Bausteinen werden nachträglich Seitenketten aus B-Bausteinen „aufgepfropft". Pfropfungen werden beispielsweise durchgeführt, um die Kompatibilität eines Polymeren mit einem anderen Kunststoff zu verbessern, die Wasserfestigkeit zu erhöhen oder das Griffverhalten zu variieren.

## Ketten knüpfen

Während früher vor allem an immer wieder neuen, spezielleren, exotischeren Monomeren geforscht wurde, konzentriert man sich heute eher darauf, die Eigenschaften der gängigen Kunststoffklassen zu verbessern und zu variieren. Mit Hilfe moderner Katalysatoren (beispielsweise die Metallocen-Katalysatoren bei der Polymerisation von Olefinen) und über die Wahl der Reaktionsbedingungen kann die Kettenlänge – und damit die Eigenschaften des Kunststoffs wie Steife, Härte und Zähigkeit – heute sehr gezielt eingestellt werden. Vor allem bekommt man dann in vielen Fällen eine sehr einheitlich Kettenlänge hin. Moderne Katalysatoren machen beim Ver-

knüpfen der Bausteine zu Polymerketten seltener den Fehler, den Kettenaufbau verfrüht abzubrechen. Dadurch sind im fertigen Produkt weniger kurze Schnipsel enthalten, die so beweglich sind, dass sie in der Wärme leicht „ausschwitzen" können. Der typische Geruch von neuen Autos sowie das Geschmier, das sich bei der ersten Sommerhitze an der Windschutzscheibe niederschlägt, geht auf das Konto solcher Schnipsel sowie austretender Additive, die sich z.B. aus dem Armaturenbrett freischaufeln. Heute erwarten die Automobilhersteller, dass dieses Fogging genannte Phänomen bei den eingesetzten Kunststoffen tunlichst unterbleibt.

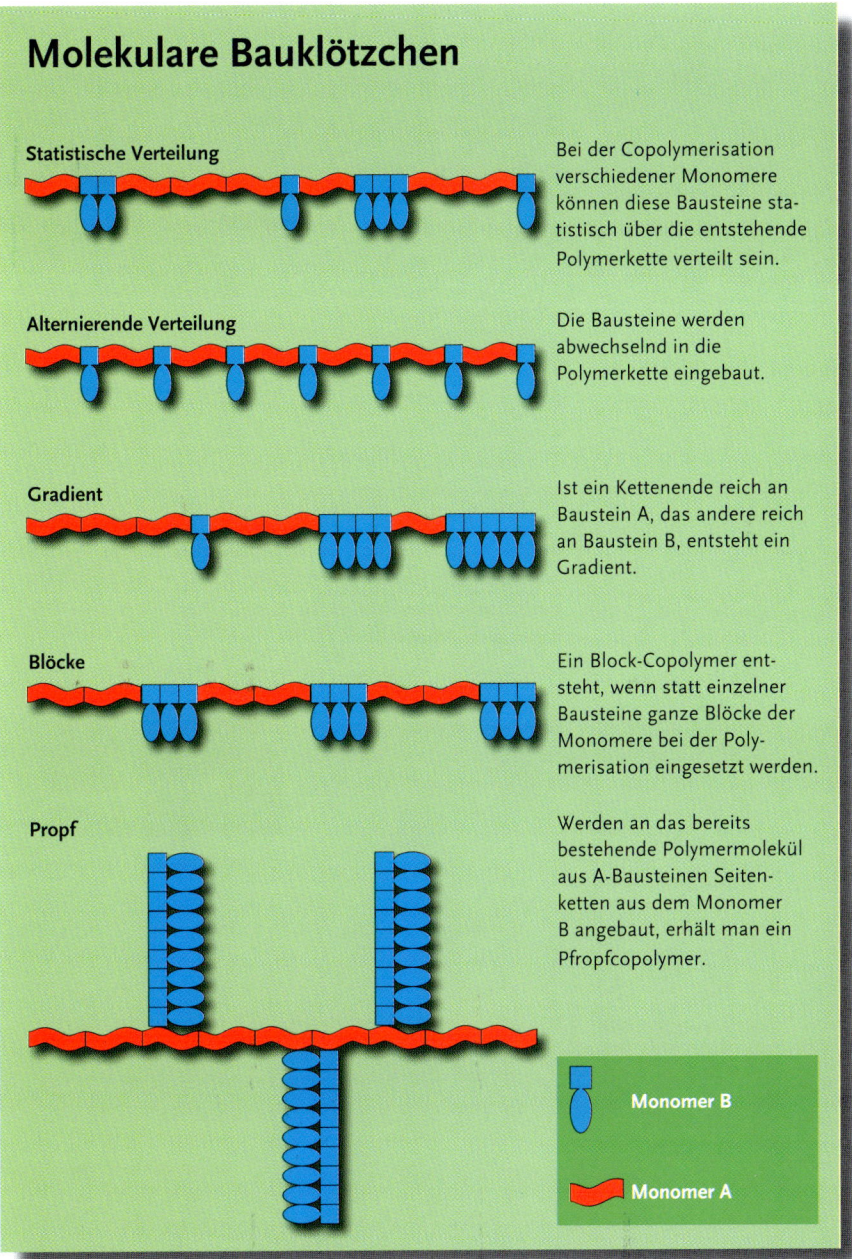

## Molekulare Bauklötzchen

**Statistische Verteilung**
Bei der Copolymerisation verschiedener Monomere können diese Bausteine statistisch über die entstehende Polymerkette verteilt sein.

**Alternierende Verteilung**
Die Bausteine werden abwechselnd in die Polymerkette eingebaut.

**Gradient**
Ist ein Kettenende reich an Baustein A, das andere reich an Baustein B, entsteht ein Gradient.

**Blöcke**
Ein Block-Copolymer entsteht, wenn statt einzelner Bausteine ganze Blöcke der Monomere bei der Polymerisation eingesetzt werden.

**Propf**
Werden an das bereits bestehende Polymermolekül aus A-Bausteinen Seitenketten aus dem Monomer B angebaut, erhält man ein Pfropfcopolymer.

Monomer B

Monomer A

# Verarbeiten von Kunststoffen

**Spritzgießen.**
Wichtigstes Verfahren zur Herstellung geformter Kunststoff-
teile wie Becher, Spielzeuge, Gehäuse. Die zu verarbeitende
Kunststoffmasse wird aufgeschmolzen und unter Druck in
eine Gussform eingespritzt. Hier erstarrt die Schmelze durch
Abkühlen (im Fall von Duroplasten und Kautschuk erstarrt die
Masse durch Aushärten, d.h. Vernetzen der Polymerketten).

**Schäumen.**

Herstellverfahren für Schaumkunststoffe. Der Schäumvorgang
wird meist durch Erhitzen ausgelöst, wobei niedrig siedende
Monomere oder zugesetzte Lösungsmittel verdampfen. Al-
ternativ werden zugesetzte Treibmittel dazu gebracht, unter
Freisetzung von Gasen zu zerfallen. Bei Polyurethan-Schaum-
stoffen kann das Treibgas auch während der chemischen
Reaktion entstehen. Wenn die Masse in Anwesenheit von
Gasblasen polymerisiert, entsteht ein Kunststoff mit einer
Poren- oder Zellstruktur.

**Warmformen.**
Umformen von Thermoplasten, die durch Erwärmen erweicht
wurden. Durch mechanischen oder pneumatischen Druck
wird eine erwärmte Kunststofftafel in die gewünschte Form
gebracht, die sie nach dem Abkühlen und Erstarren dann
beibehält.

**Extrudieren. Strangpressen.**

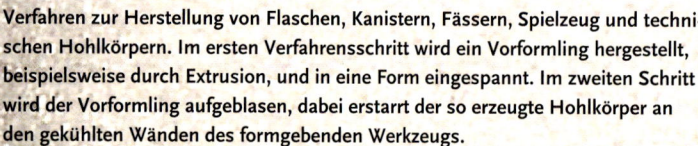

Verfahren zur Herstellung von Rohren, Drähten, Profilen,
Schläuchen und Vorformlingen sowie wichtigstes Verfahren zur Vorbereitung von Formmassen vor einer Weiterverarbeitung. Über einen Trichter wird ein Kunststoff-
granulat aufgegeben und gelangt in einen Schaft, in dem
sich eine oder mehrere lange schraubenförmige Wendeln,
die so genannten Schnecken, drehen. Die Kunststoffmasse kann beim Durchgang durch den Schneckenschaft
verdichtet, gemischt, plastifiziert, mit Additiven versehen, homogenisiert, geschmolzen, entgast, begast oder
chemisch umgesetzt werden. Am hinteren Ende ist eine Düse, aus der die fertige Formmasse
kontinuierlich herausgepresst wird.

**Blasformen.**
Verfahren zur Herstellung von Flaschen, Kanistern, Fässern, Spielzeug und technischen Hohlkörpern. Im ersten Verfahrensschritt wird ein Vorformling hergestellt,
beispielsweise durch Extrusion, und in eine Form eingespannt. Im zweiten Schritt
wird der Vorformling aufgeblasen, dabei erstarrt der so erzeugte Hohlkörper an
den gekühlten Wänden des formgebenden Werkzeugs.

**Folienblasen.**
Verfahren zur Herstellung von Schlauchfolien. Die Kunststoffmasse wird durch einen ringförmigen Spalt extrudiert und durch
Ausblasen aufgeweitet. So können Schlauchumfänge bis zu 16 m
hergestellt werden.

Neben der Kettenlänge spielt auch die Form der Kette eine Rolle. Lineare Polymere haben keine Seitenketten, verzweigte Polymere tragen kurze oder lange Seitenketten an einer Hauptkette, die mehr oder weniger regelmäßig an-geordnet sein können. Sind die einzel-nen Ketten untereinander verbunden, spricht man von einer Vernetzung. Die Vernetzung kann weit- oder engmaschig erfolgen.

## Blendende Aussichten für Blends

Immer mehr geht man auch dazu über, zwei oder mehrere verschiedene polyme-re Rohstoffe als Mischung zu verarbei-ten; dabei entstehen die so genannten Blends. Sie sind etwa vergleichbar mit den Legierungen der Metalle, die auch ganz andere Eigenschaften haben als die reinen Metalle.

Die große Stärke der Blend-Technik: Mit der „richtigen Mischung" können hochleistungsfähige Kunststoffe mit maßgeschneiderten Eigenschaften er-zeugt werden, die dem Anwender oft gleichzeitig Kostenvorteile bieten können. Ihr Eigenschaftsprofil ist dem der Aus-gangspolymere im allgemeinen deutlich überlegen.

A propos Mischungen: Nicht zuletzt spielen die zugesetzten Additive, wie Weichmacher, Füllstoffe oder Stabilisa-toren, eine ganz erhebliche Rolle für die Eigenschaften des fertigen Produkts.

## Universalisten und Spezialisten

So kommt es, dass heute irgendwie fast jeder Kunststofftypus fast alles kann, zu-mindest im Prinzip oder in Kombination mit den richtigen Partnern. Eine Zuord-nung bestimmter Anwendungsgebiete, Eigenschaften oder eines bestimmten Aussehens zu einem Kunststofftypus ist so gut wie unmöglich. Viele Kunststoffe lassen sich sowohl zu kompakten Form-teilen als auch zu leichten Schäumen, zu Folien und zu Fasern verarbeiten. Unter den verschiedenen Kunststofftypen hat daher ein heftiger Verdrängungswett-bewerb eingesetzt. Andererseits ist es möglich geworden, auch für immer speziellere neue Anforderungen einen passenden Kunststoff regelrecht zurecht zu schneidern (siehe Kapitel „Ein Fall für Spezialisten").

Hier nun Kurzporträts der wichtigsten Kunststofftypen.

## Der Marktführer: Polyethylen (PE)

Der mengenmäßige Spitzenreiter unter den Kunststoffen ist Polyethylen, das Polymerisationsprodukt von Ethylen. Ethylen ist der eigentlich veraltete Name für Ethen, das einfachste Alken (Olefin). Es besteht aus zwei Kohlenstoff- und vier Wasserstoffatomen, wobei die beiden Kohlenstoffe über eine Doppelbindung verknüpft sind. Diese Doppelbindung wird genutzt, um die einzelnen Moleküle miteinander zu Ketten zu verbinden. Dabei unterscheidet man insbesondere zwischen HDPE (high density polyethylene) und LDPE (low density polyethylene). HDPE entsteht durch Polymerisation von Ethylen bei niedrigem Druck, LDPE wird unter hohem Druck hergestellt. Die spezifischen Bedingungen bei der Polymerisation führen dazu, dass LDPE vor allem aus stark verzweigten Molekülketten besteht, HDPE ist dagegen ein Polymer aus langen unverzweigten Ketten. Lineare Polymerketten lassen sich im Feststoff dichter aneinander legen, als das bei verzweigten Ketten geht. Daher kommt es, dass das verzweigte LDPE eine viel geringere Dichte hat als das unverzweigte HDPE.

Und dann gibt es noch das LLDPE (linear low density polyethylene), ein spezielles unverzweigtes Polyethylen mit niedriger Dichte. Wie HDPE wird es bei der Niederdruckpolymerisation erzeugt, aber das Polyethylen wird hier in Gegenwart von 1-Olefinen (Kohlenwasserstoffen mit einer Doppelbindung zwischen den ersten beiden Kohlenstoffatomen) polymerisiert. Zum Einbau der Olefinmoleküle in die Polymerketten werden nur die beiden durch die Doppelbindung verknüpften Kohlenstoffatome (wie beim Ethylen) gebraucht. Die restlichen Kohlenstoffatome des Olefins ragen seitlich aus der Kette heraus. So entstehen Polymerketten mit definierten sehr kurzen Verzweigungen. Über die Menge und die Molekülgröße des eingesetzten 1-Olefins lassen sich die Eigenschaften dieses Kunststoffes breit und sehr gezielt variieren. Die Länge und Anzahl der Seitenketten beeinflusst vor allem die Dichte und die Neigung des Kunststoffes, kristalline Bereiche auszubilden. Alle PE-Typen lassen sich ohne Umweltbelastungen – abgesehen vom Kohlendioxidausstoß – verbrennen.

## Der Buhmann: Polyvinylchlorid (PVC)

Auch aus der chlorierten Variante von Ethen, Vinylchlorid (nach moderner Nomenklatur Chlorethen), lässt sich ein Polymer herstellen. Es besteht wie Polyethylen aus langen Kohlenwasserstoff-Ketten; dabei trägt jedes zweite Kohlenstoffatom aber ein Chlor- statt ein Wasserstoffatom. Dieses Polyvinylchlorid, abgekürzt als PVC, zeigt sehr gute Verarbeitungs- und Gebrauchseigenschaften. Es ist zäh, kratzfest, unzerbrechlich, sehr schwer entflammbar, langlebig und lässt sich durch Additive sehr flexibel machen. In der Herstellung ist es einer der billigsten Kunststoffe. PVC war weit verbreitet in Form von Getränkeflaschen, Blutbeuteln, Kathetern, Ummantelungen von elektrischen Leitungen, Wasserleitungen und -behältern, Fensterrahmen, Schmutzfängern, Fußbodenbelägen, Gartenmöbeln, Zäunen, Folien, Kunstleder, Schläuchen, Schuhsohlen und vielen anderen Dingen mehr.

**Typische Produkte aus PE:** Kanister, Eimer, Gartenmöbel, Blumenkästen, aber auch Flaschen, Folien und vieles andere mehr.

## Kunststoffverpackung zum Aufsprühen

Beim Transport von neuen Autos können schnell Lackschäden entstehen, wenn die Fahrzeuge keinen ordentlichen Schutzanzug verpasst kriegen. Bisher wurden die Autos dazu meist in eine Wachsbeschichtung gehüllt oder mit Klebefolie bezogen. Nachteil: Das Aufbringen der Klebefolie ist langwierig und arbeitsintensiv, das Wachsen bringt Unmengen an Abwasser und Lösungsmittelabfällen mit sich. Für die Autoindustrie wurde inzwischen ein Verfahren entwickelt, das beides vermeidet. Die Fahrzeugteile werden gleich nach der Lackierung mit einem Kunststoff in flüssiger Form besprüht, das geht sehr präzise und automatisch. Bei dem Sprüh-Kunststoff handelt es sich um eine wässrige Polyester-Polyurethan-Dispersion (d.h. winzige Kunststoffpartikel sind fein in Wasser verteilt). Durch Trocknen und eine zehnminütige Hohlraumkonservierung bei 80 °C wird das Wasser entzogen, und die Kunststoffpartikel verbinden sich zu einer einheitlichen Folie. Sie schützt den Lack nicht erst beim Transport, sondern bereits beim Zusammenbau der Einzelteile in der Montage. Bevor der Händler seinem Kunden den neuen fahrbaren Untersatz übereignet, pellt er die Schutzschicht einfach ab.

# Plastik-Verpackungen – so schlecht wie ihr Ruf?

Nur ca. 25 % aller hergestellten Kunststoffe werden zu Verpackungszwecken eingesetzt. Die anderen 75 % gehen in langlebige Güter, sei es im Bauwesen, im Maschinenbau, im Automobilbau, in der Elektro- und Elektronikindustrie und in vielen anderen Bereichen. Kunststoffe machen zudem weniger als 10 % der gesamten Hausmüllmenge aus. Dennoch stecken die Kunststoffverpackungen fast die ganzen Prügel ein, die eine vielfach kunststofffeindliche Öffentlichkeit austeilt. Insbesondere die Lebensmittelverpackungen sitzen auf der Anklagebank. Verpackungen haben die Aufgabe, Produkte während des Transportes und der Lagerzeit bis zum eigentlichen Ge- oder Verbrauch vor Schäden zu schützen. Laut Schätzungen sollen in unterentwickelten Ländern mehr als ein Drittel der erzeugten Lebensmittel während Lagerung und Transport verderben, weil sie nicht angemessen verpackt werden.

Schnell sind trotzdem Pauschalurteile gefällt, eines davon heißt nach wie vor: Plastikverpackungen sind ein Frevel. Wirklich? Und welche Verpackung ist dann die Richtige? Das kann man nicht pauschal beantworten, sondern muss sich die Alternativen von Fall zu Fall genau ansehen. Eine Verpackung muss einiges leisten. Sie muss das zu verpackende Produkt sauber und frisch halten, sollte möglichst wenig Volumen und Gewicht mit sich bringen, dabei ökonomisch vorteilhaft sein, und sie darf die Umwelt nicht über die Maßen belasten. Gerade bei diesem letzten Punkt darf nicht nur an das „Müllproblem" gedacht werden, sondern man muss den Weg einer Verpackung sozusagen von der Wiege bis zur Bahre betrachten, also eine umfassende „Öko-Bilanz" für alle Alternativen erstellen. Dazu zählen auch Kriterien wie Rohstoff- und Energieverbrauch bei der Herstellung, Energieverbrauch und Schadstoffausstoß beim Transport der leeren, der befüllten und der nach Gebrauch wiederum leeren Verpackungen. Im Falle der Verpackung für ein Milchmixgetränk ging beispielsweise der Kunststoffbecher als klarer Sieger einer umfassenden „Ökoeffizienz-Analyse" hervor (siehe auch Kapitel „Alles Müll – oder was?").

Seit vielen Jahren steht PVC aber unter Beschuss. Die Vorwürfe lauten: Der Rohstoff Vinylchlorid ist krebserzeugend und kontaminiert Nahrungsmittel, die darin eingepackt sind. Beim Verbrennen entstehen Dioxine (siehe Kapitel „Von Arsen bis Zyankali"). Bei der Herstellung von Vinylchlorid braucht man das giftige Gas Chlor. Weitere Vorwürfe gelten den in PVC enthaltenen Additiven, vor allem den Weichmachern, die im Verdacht stehen, Krebs zu erzeugen.

Strenge Sicherheitsvorkehrungen machen heute Prozesse, die Chlor einsetzen, sehr sicher. PVC selber enthält keinerlei ungebundenes Chlor und kann deshalb auch kein Chlor ausdünsten. Verbesserte Verfahren konnten den Gehalt des Polymers an nicht abreagiertem Vinylchlorid auf ein verschwindend geringes Niveau senken. Von diesen winzigen Mengen verdampft dann ein Großteil bei der Verarbeitung des PVC, sodass in den Endprodukten letztlich so gut wie gar kein Vinylchlorid mehr enthalten ist. Wenn PVC verbrennt, können in der Tat Dioxine entstehen. Wie Untersuchungen ergeben haben, sind diese Mengen sehr gering – und auch nicht höher als etwa beim Verbrennen anderer Materialien, beispielsweise von Holz.

PVC ist spröde, erst die Weichmacher machen es geschmeidig und Weich-PVC zu einem brauchbaren Werkstoff. Weichmacher können bis zu 50 % des Gewichtes der fertigen Produkte ausmachen. Fetthaltige Lebensmittel können Weichmacher aus Folien aufnehmen. Die am weitesten verbreiteten Weichmacher gehören zur Klasse der Phthalate. Phthalate sind Ester der Phtalsäure, die aus einem Benzolring besteht, an dem zwei Carbonsäuregruppen hängen. Bestimmte Phthalate sind heute für medizinische Artikel und Lebensmittelanwendungen zugelassen. Hier besteht keinerlei akute Vergiftungsgefahr. Ob Phthalate in der Langzeitwirkung krebserregend sind, ist umstritten. Tierversuche verwenden im Allgemeinen unrealistisch hohe Dosen und sind auch nur bedingt auf den Menschen übertragbar. Neuere Weichmacher enthalten zudem keine aromatischen Verbindungen mehr.

PVC enthält Stabilisatoren, die verhindern, dass sich das Produkt beim Erhitzen zersetzt. Eine Reihe von Stabilisatoren enthält Schwermetalle. Diese sind heute für Spielzeug, medizinische und Lebensmittelanwendungen gar nicht mehr erlaubt. Schwermetallhaltige Stoffe waren früher ein Problem bei der Müllverbrennung. Heutige Müllverbrennungsanlagen filtern schwermetallhaltige Flugstäube aus der Abluft. Zusammen mit den belasteten Schlacken werden diese als Sondermüll gesondert behandelt. Schätzungen zufolge macht PVC außerdem nur etwa 1 % der gesamten Hausmüllmenge aus.

Dass PVC immer noch so schlecht beurteilt wird, hat wohl vor allem historische Gründe, die nicht von der Hand zu weisen sind. Heute scheint aber gesichert, dass nach modernen Verfahren hergestelltes PVC die Umwelt oder den Verbraucher nicht mehr belastet als andere Kunststoffe auch. Vor allem im Bausektor ist PVC nicht zu ersetzen. So sind PVC-Wasserrohre aller Art Metallrohren deutlich überlegen.

## Der Aufsteiger: Polypropylen (PP)

Bei der Polymerisation von Propen (historische Bezeichnung Propylen; ein Kohlenwasserstoff mit drei Kohlenstoffatomen, von denen zwei über eine Doppelbindung verknüpft sind) entsteht Polypropylen. PP ist ein sehr hartes, wärmebeständiges Polymer; vor allem ist es sehr kostengünstig. Früher insbesondere für billige Massenprodukte verwendet, ist das Material seit

**PVC-Abflussrohre** sind Metallrohren deutlich überlegen.

einiger Zeit schwer im Kommen – auch für hochwertigere Anwendungen, für die bisher eher teure Spezialkunststoffe verwendet werden mussten. Hintergrund dieses zweiten Frühlings ist das dritte Kohlenstoffatom von Propen, das über die Einfachbindung angeknüpft ist. Bei der Polymerisation kann ein Propen-Molekül so angebaut werden, dass dieses Stummelchen entweder auf die linke oder die rechte Seite der entstehenden Polymerkette ragt. Mit modernen Katalysatoren lassen sich die Moleküle dagegen so in Reih und Glied bringen, dass die Stummel entweder alle auf der selben Seite landen (isotaktisches PP) oder alternierend eins-rechts-eins-links angeordnet sind (syndiotaktisches PP). Bei der Polymerisation an den früheren klassischen Ziegler-Natta-Katalysatoren – Ziegler und Natta erhielten den Nobelpreis – entstand dagegen ein Gemisch aus Ketten mit rein statistisch angeordneten Stummeln (ataktisches PP), isotaktischen und syndiotaktischen Ketten, das sich nur extrem mühsam trennen ließ.

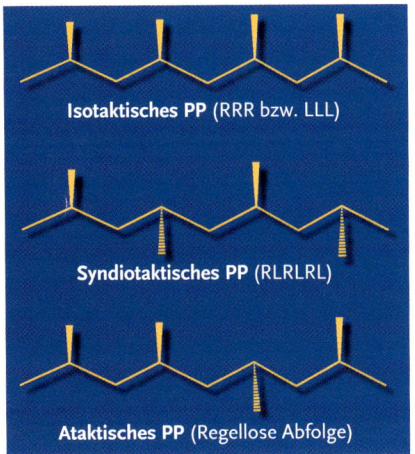

Isotaktisches PP (RRR bzw. LLL)

Syndiotaktisches PP (RLRLRL)

Ataktisches PP (Regellose Abfolge)

Die Ketten des isotaktischen Polypropylens ordnen sich bevorzugt parallel zueinander an. Das macht diesen Kunststoff ausgesprochen steif und verleiht ihm einen hohen Schmelzpunkt. So ist diese PP-Form beispielsweise als Material für Stoßfänger und Verkleidungen für den Autoinnenraum geeignet. Der syndiotaktische Verwandte dagegen verhält sich ganz anders. Seine Ketten neigen offenbar zum Verknäueln. Vetter Zickzack ist daher weniger steif und hart, dafür aber viel zäher und transparenter: das ideale Material für besonders reißfeste Folien. Mittlerweile gibt es bereits Katalysatoren, die noch kompliziertere Strickmuster beherrschen und uns weitere PP-Sorten mit neuen Eigenschaften bescheren werden.

**Typische Anwendungen für PP:** Verpackungen, hochbeanspruchte technische Teile, etwa im Apparatebau, Rohrleitungen für Gase und Flüssigkeiten, elektrische Haushaltsgeräte wie Wasch- und Spülmaschinen, Damenschuhabsätze, Koffer, Folien, Beschichtungen von Papier, Fasern, Filamente, Folienbändchen und Spinnvliese für Teppiche, Nadelfilze, Bezugs- und Dekorstoffe, technische Gewebe, Seile, Taue, Filter, Netze, Bindegarne, Kunstrasen, Hygienevliese, im Bausektor als Asbestersatz, weitere Anwendungen im Automobilbereich.

## Der Teamplayer: Polystyrol

Polystyrol entsteht bei der Polymerisation von Styrol (Phenylethen, ein aromatischer Kohlenstoffsechsring, der eine Ethengruppe trägt). Die Polymerisation läuft vom Prinzip wie bei Ethen zu PE: Die beiden Kohlenstoffatome der Ethengruppe nutzen ihre Doppelbindung, um eine Brücke zum nächsten Baustein zu knüpfen. Wie Perlen auf der Schnur stehen die Phenylringe dann seitlich von der Kette ab. Populär wurde das Polymer vor allem unter dem Markennamen „Styropor", ein treibmittelhaltiges Polystyrol, das zu einem schaumartigen Material expandiert werden kann. Daneben gibt es eine ungeschäumte Variante. Sie ist glasklar, steif und ziemlich spröde. Durch Copolymerisation und Mischen mit anderen Polymeren (Blends) entstehen Kunststoffe, die zäher und damit schlagfester sind.

**Typische Produkte:** Die Schäume werden vor allem als Verpackungs- und Isoliermaterial, z.B. von Hochbauten, Tiefkühlräumen, Lagerhallen, Kühlwagons und Kühlschiffen verwendet und zu Schwimmwesten, Rettungsringen und Dekorationsartikeln verarbeitet. Ungeschäumt steckt Polystyrol in Dingen wie Platten, Folien, Gehäuseteilen für elektrische und elektronische Geräte, etwa Fernseher, Fotoapparate und Küchengeräte. Auch Schaugläser, Leuchten, Einweggeschirr, Kleiderbügel, Kleinmöbel, Spielsachen und Dia-Rähmchen können aus diesem Material gefertigt werden.

**Isotaktisches Polypropylen** ist ein ausgesprochen steifer Kunststoff, der beispielsweise als Material für Stoßfänger und Autoinnenraum-Verkleidungen eingesetzt wird.

**Styropor und Neopor,** der silbergraue „Bruder" des weißen Styropors, sind bekannte Polystyrol-Schaumstoffe, die vor allem als Dämmstoffe eine wichtige Rolle spielen. Aus der ungeschäumten Polystyrol-Variante können beispielsweise glasklare Einwegbecher hergestellt werden.

**ABS** steht hier nicht für Antiblockiersystem, sondern für Acrylnitril/Butadien/Styrol-Copolymere, eine Kunststoffklasse, die in vielen Sport- und Freizeitartikeln steckt.

**Aus Polycarbonat** sind nicht nur CDs und DVDs, sondern auch manch modernes Handy.

**PET** ist das Material der Wahl für Kunststoff-Mehrwegflaschen.

Unter den **Styrol-Copolymeren,** im Englischen manchmal auch „Styrenics" genannt, fasst man im Allgemeinen drei Typen zusammen: Acrylnitril/Butadien/Styrol-Copolymere (ABS), Acrylnitril/Styrol/Acrylester-Copolymere (ASA) und Styrol/Acrylnitril-Copolymere (SAN). Der technisch bedeutendste Typus ist ABS. Unter den ABS versteht man eine Gruppe von Polymer-Blends, in diesem Fall Mischungen aus zwei verschiedenen Polymeren. Die eine Mischkomponente ist ein Copolymer aus den Monomeren Acrylnitril und Styrol. Dieses steife und gut wärmeformbare Copolymer bildet eine kontinuierliche Phase aus. In diese Matrix ist die andere Mischkomponente in Form von kautschukartigen, elastischen Inselchen eingelagert. Diese Inselchen bestehen aus Polymeren und Copolymeren des 1,3-Butadiens. Ergebnis ist ein sehr zäher Kunststofftyp, der auch bei höheren Temperaturen gut in Form bleibt. Über eine Variation der Mengenverhältnisse der Monomere (Acrylnitril, Styrol, Butadien) ist das Eigenschaftsspektrum von Kunststoffen auf ABS-Basis breit beeinflussbar.

„Styrenics" werden als Konstruktionswerkstoffe zur Herstellung hochwertiger technischer Teile für den Automobilbau eingesetzt, zur Herstellung von Haushaltsartikeln, Elektro- und Elektronikartikeln, Büromaschinen, Möbeln, Rohren, Verpackungsfolien, hochwertigen Verpackungen für Pharmaka und Kosmetika, Sport- und Freizeitartikeln, Spielzeug sowie für Medizintechnikprodukte.

Styrol-Copolymere werden aber auch gerne noch mit weiteren Komponenten gemischt. Blends aus ABS und Polycarbonat (PC) etwa verdanken dem PC-Anteil die hohe Zähigkeit bei Raumtemperatur und die Wärmeformbeständigkeit. Der ABS-Part bringt eine hohe Widerstandsfähigkeit gegenüber Spannungsrissen mit und sorgt dafür, dass das Material sich gut verarbeiten lässt. Im Sandwichverfahren hergestellte KFZ-Instrumententafeln werden beispielsweise von einer Grundstruktur aus dem robusten Blend getragen. Trotz sehr geringer Wandstärken müssen diese großen Teile hochbelastbar sein, da sie als Aufprallzone wichtige Funktionen für den Insassenschutz wahrnehmen. Die Materialeigenschaften der PC-ABS-Blends lassen sich auch an die immer weiter reduzierten Wandstärken der Gehäuseteile von Bildschirmen und Laptops anpassen.

### Der Scheiben-Spezialist: Polycarbonat (PC)

Polycarbonate können von der Art der Verknüpfung her als Polyester der Kohlensäure und aliphatischen oder aromatischen Dialkoholen (Verbindungen mit zwei OH-Gruppen) betrachtet werden. Die eingesetzten Monomere können dabei verschieden sein (siehe Kapitel „Mikro-Landschaft im Laserlicht"). Wichtige Anwendungsfelder sind CDs und DVDs, bruchfeste Brillengläser, transparente Scheiben für den Baubereich, Gewächshäuser, Wintergärten, Computergehäuse, Gehäuse für medizintechnische Geräte, Gehäuse für Handys, Autoscheinwerfer-Streuscheiben, großvolumige Wasserflaschen.

### Der Flaschengeist: Polyethylenterephthalat (PET)

Aus Ethylenglycol und Terephthalsäure (1,2-Ethandiol bzw. 1,4 Benzoldicarbonsäure) entsteht PET, ein Polyester, der sehr fest, steif und gegenüber vielen Chemikalien gut beständig ist. Durch einen Einbau sperriger Bausteine (z.B. 1,4-Cyclohexandimethanol) kann seine Kristallinität herabgesetzt werden. So entstehen transparente, zähe Werkstoffe, die nicht so rasch verschleißen. Um speziellen Anforderungen gerecht zu werden, wird PET auch in Form von Blends, etwa mit Polycarbonaten, verarbeitet.

Vor allem die heutigen Mehrweg-Kunststoff-Flaschen sind aus PET, das Material wird aber auch zu Folien und Fasern verarbeitet. Teile für Gerätebau, Haushaltsgeräte, Folien für Tonträger und fotografische Schichten sowie Lebensmittelverpackungen sind Produktbeispiele.

### Der Chemie-Baukasten: Polyurethane (PUR)

Polyurethane sind die Spezialisten unter den Kunststoffen und dennoch die universellsten. Ein Widerspruch in sich? Nein, denn ob Fasern, Harze, Lacke, Klebstoffe, weiche oder feste Elastomere, Hart- oder Weichschaumstoff – die verschiedensten Materialtypen können durch geschickte Wahl der PUR-Rohstoffsysteme hergestellt werden. Und diese Polyurethan-Systeme lassen sich gezielt für ganz bestimmte Aufgaben maßschneidern. Seine unvergleichliche Vielseitigkeit ist auch der Grund für den unaufhaltsamen Aufstiegs dieses „Baukasten"-Polymers.

Unter der Stoffklasse der Polyurethane ist eine ganze Palette sehr verschiedener linearer, verzweigter und vernetzter Polymere zusammengefasst. Eines haben sie aber alle gemeinsam: Polyurethane entstehen durch die Verknüpfung von zwei Baustein-Typen: Baustein Nummer eins ist ein Dialkohol, also eine Verbindung mit einer Alkohol-Gruppe (–OH) an beiden Enden, Baustein Nummer zwei ist ein Diisocyanat, ein Stoff mit einer Isocyanat-Gruppe (–N=C=O) an beiden Enden. Isocyanat-Gruppen reagieren sehr gerne mit Alkoholen. So entstehen lange Molekülketten. Welchen Dialkohol und welches Diisocyanat man einsetzt, ist dabei sehr variabel. Viele eignen sich für die Reaktion, der bei Bedarf auch mit geeigneten Katalysatoren auf die Sprünge geholfen werden kann. Eine wahre Wundertüte öffnet sich dem spielfreudigen Erfinder.

Das ist aber noch nicht alles. Bei Zugabe von Wasser oder etwas Säure zum Reaktionssystem reagiert ein Teil der Isocyanat-Gruppen unter Abspaltung von Kohlendioxid. Gasblasen entstehen, die aus dem Polymer einen Schaum machen. Mit Hilfe von Emulgatoren und Stabilisatoren lassen sich diese Blasen sehr stabil in der entstehenden Masse halten. Alternativ können die PUR-Systeme auch mit zugesetzten Treibmitteln zum Schäumen gebracht werden. Die Weichschäume gehen vor allem in die Herstellung von Matratzen, Möbelpolstern und Autositzen. Hartschäume sind ein sehr gutes Isoliermaterial für den Bausektor (Niedrigenergie-Häuser) und die Kälteisolierung (z.B. Kühlschränke).

Eine andere Idee bestand darin, statt kurzkettiger Dialkohole vorgefertigte lange Polymerketten mit zwei Alkohol-Endgruppen einzusetzen. Mit Hilfe von Diisocyanaten werden diese Einheiten dann quervernetzt. Der Vernetzungsgrad bestimmt, ob das resultierende Material eher fest (stark vernetzt) oder eher weich ausfällt (wenig vernetzt). Werden Polymerketten gewählt, die zum Kristallisieren neigen, erhält man steifere Werkstoffe.

Und noch etwas ist anders bei den Polyurethanen im Vergleich zu den gängigen thermoplastischen Massenkunststoffen: Während der „normale" Kunststoff als fertiger Kunststoff zum Verarbeiter kommt, der ihn dann erweicht oder aufschmilzt, liefert die chemische Industrie im Falle der Polyurethane die Ausgangskomponenten, die eigentliche Reaktion zum Polymer findet jedoch während der Verarbeitung statt. Ausgeklügelte Mischtechniken machen es möglich, dass die Komponenten erst in der Form abreagieren. Da die Ausgangsstoffe flüssig sind, wird so auch der hinterste Winkel von sehr flachen, filigranen Formen erreicht. So lassen sich beispielsweise großformatige, aber dünne Gehäuseteile herstellen, z.B. für Sonnenbänke.

Die hohe Variabilität der Eigenschaften innerhalb einer Kunststoffklasse erleichtert übrigens auch das Recycling. Der Stoßfänger eines Autos beispielsweise kann komplett aus PUR gefertigt werden: Die äußere Hülle besteht aus einer harten PUR-Schale, die dann mit einem steifen PUR-Schaum ausgefüllt wird, der später bei einem eventuellen Aufprall die Stoßenergie aufnimmt. So ein Bauteil kann direkt dem Recycling zugeführt werden, ohne dass verschiedene Kunststofftypen mühsam voneinander getrennt werden müssen.

**Typische Produkte aus PUR:** Matratzen, Polster, Klebstoffe, Dichtungsmassen, Schuhsohlen, Gehäuse elektrischer Geräte, Dämmplatten, hochwertige, teilweise wasserbasierende Lacke, Pulverlacke, Regenbekleidung, Gelfüllung moderner Fahrradsättel, Stoßstangen, Skischuhe, Implantate wie künstliche Herzklappen.

Und was ist nun das erwähnte Zeug in den modernen Fahrradsätteln? Technogel nennt sich dieser Stoff aus dem Grenzbereich zwischen fest und flüssig. Wird Druck auf ihn ausgeübt, weicht er diesem aus wie ein roher Pizza-Teig. Lässt die verformende Kraft jedoch nach, nimmt er seine ursprünglichen Gestalt wieder ein. Sein Geheimnis ist ein flexibles Polymergeflecht. Es enthält viele kleine Kettenmoleküle, die beweglich genug sind, um sich wie eine Flüssigkeit zu verhalten, aber dennoch so fest in die Polymermatrix eingebunden sind, dass sie nicht darin wandern können. Auf Weichmacher kann verzichtet werden – das Gel kann daher auch nicht spröde werden.

PUR – Auf Polyurethanen sitzt und liegt es sich gut.

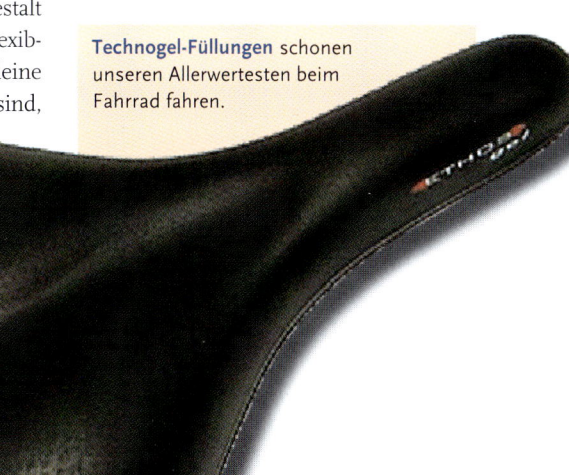

**Technogel-Füllungen** schonen unseren Allerwertesten beim Fahrrad fahren.

# Macht Rotwein jung und Schokolade schön?

**Mal verteufelt, mal verklärt, auf jeden Fall heiß geliebt: Genussmitteln wie Rotwein, Schokolade oder Tee wurden im Laufe der Zeit die verschiedensten guten oder schlechten (Neben-)Wirkungen angedichtet. Die moderne Chemie fängt nun an, unseren Leckereien ihre erstaunlichen Geheimnisse nach und nach zu entlocken.**

**14:37 – Endlich ...**

*Uff, endlich zu Hause. Heute ist aber auch wirklich ein furchtbar hektischer Tag. Ich habe das Gefühl, ich bin seit dem Aufstehen nur im Laufschritt unterwegs. Dafür habe ich aber meine Wochenendeinkäufe schon hinter mir und muss nur noch die Wohnung auf Vordermann bringen. Aber egal wie es hier aussieht, jetzt brauche ich erst mal eine kleine Auszeit. Eine Tasse Kaffee wäre das Richtige, der weckt die Lebensgeister. Und dazu ein Stückchen Schokolade – nein, heute besser zwei. Man gönnt sich ja sonst nichts.*

Polyphenole im Rotwein – ein neuer Weinpanscher-Skandal? Nein, im Gegenteil: Was sich so nach giftigen Verunreinigungen anhört, ist es, was dem edlen Tröpfchen nicht nur sein charakteristisches herbes Aroma, den „zusammenziehenden" Geschmack verleiht, Polyphenole sind es auch, die dessen neuerdings wieder so guten Ruf als wahrer Gesundheitstrank begründet haben: Sie sollen allerlei Krankheiten vorbeugen, vor allem Herzkrankheiten und Atherosklerose. Wein als Arzneimittel, das gab es in früheren Zeiten bereits. Offenbar nicht völlig zu Unrecht.

Polyphenole bilden eine fast unüberschaubar große Substanzgruppe, zu der allen voran Gerb- und Farbstoffe vieler Früchte und Gemüse zählen, wie die Tannine und Flavonoide. Viele dieser Verbindungen haben bereits Einzug in die Medizin gehalten, und das Potenzial ist bei weitem nicht ausgeschöpft. Chemiker entdecken immer wieder neue Mitglieder der Familie und immer neue positive Wirkungen.

Die Polyphenole im Wein sind Antioxidantien, sie fangen die berüchtigten freien Radikale ab (siehe Kapitel „*Wieviel Chemie steckt im Menschen?*"). Reaktive Sauerstoffspezies können im Organismus radikalische Reaktionen auslösen und verschiedene Zellbestandteile schädigen. Werden die so genannten Low Density Lipoproteins – als schädliche LDL-Fette oder die schädliche Cholesterin-Form bekannt – angegriffen, können sich die veränderten Fettmoleküle an den Wänden der Blutgefäße ablagern. Radikalfänger vom Polyphenol-Typus reagieren mit den hochreaktiven freien Radikalen, die während einer radikalischen Reaktion auftreten. Dabei entstehen Polyphenol-Radikale, die aber

**Tannine und Flavanoide** zählen zu den Polyphenolen, die in Früchten und Gemüse als Gerb- und Farbstoffe vorkommen. Die Formel zeigt Catechin (grau: Kohlenstoff-, weiß: Wasserstoff-, rot: Sauerstoffatome).

viel zu reaktionsträge sind, um sich an einer Fortpflanzung der Reaktion zu beteiligen – der Radikal-Teufelskreis wird durchbrochen. Auf diese Weise schützen Polyphenole die Lipoproteine und beugen der gefürchteten „Arterienverkalkung" vor.

## Ein Gläschen in Ehren

Und dann gibt es im Rotwein noch spezielle Polyphenole, die sehr spezifisch wirken: Quercetin und trans-Resveratrol etwa mindern die Neigung von Thrombozyten, zu Blutgerinnseln zu verklumpen – und senken damit das Thrombose-Risiko. Genau das bewirkt übrigens auch Aspirin (siehe Kapitel „Mit Chemie gegen Krankheiten"), wenn es in niedriger Dosis als Vorbeugung gegen Herzinfarkt verschrieben wird. Quercetin und trans-Resveratrol aus Rotwein sorgen außerdem dafür, dass weniger gefäßverengende Thromboxane im Körper produziert werden, und sie regen die Innenschicht der Schlagadern an, mehr gefäßentspannendes Stickstoffmonoxid (NO, siehe Kapitel „Hauptsache die Chemie stimmt") freizusetzen. Die Organe werden besser durchblutet.

Im Laborversuch hemmt trans-Resveratrol zudem das Krebswachstums. Es vermindert die Gefäßneubildung in Tumoren und fördert die Selbstzerstörung (Apoptose) von Tumorzellen. Kürzlich wurde in Rotwein eine weitere Verbindung ausgemacht, die Antitumorwirkung haben könnte: Acutissimin, ein Molekül mit einem Flavonoid und einem Tannin-Anteil. Erstmals wurde der Stoff in der Eichenart Quercus acutissima gefunden, von der er seinen Namen hat. Was Acutissimin so attraktiv macht, ist seine hemmende Wirkung auf das Enzym DNA-Topoisomerase II, die ein wichtiger Angriffspunkt bei der Krebstherapie ist. Acutissimin hemmt das Enzym 250mal stärker als das klinisch verwendete Antitumormittel Etoposid.

Wie kommen Acutissimin und andere Flavanoid-Tannin-Hybride eigentlich in den Rotwein? Die Polyphenole des Rotweins stammen großenteils aus den Kernen und der Haut der Trauben, nicht so Acutissimin. In Trauben kommt diese Stoffklasse nicht vor. Chemiker sind der Frage nachgegangen und zum Ergebnis gekommen: Die Reifung in Eichenfässern macht's! Der Traubensaft bringt

# Geliebte braune Brühe

Ein Morgen ohne Kaffee? Für viele Menschen kaum vorstellbar. Damit unser Lieblingsgetränk, das wir dampfend an unsere Lippen führen, auch schmeckt, wie es soll, muss die Chemie stimmen. Nach der Ernte werden die geschälten, getrockneten, polierten Kaffeebohnen in rotierenden Trommeln geröstet, erst bei diesem Schritt entwickelt sich das geschätzte Aroma. Rösttemperatur und Röstdauer müssen streng kontrolliert werden, damit die chemischen Veränderungen ablaufen, die der Bohne am Ende des Prozesses ihr gewohntes dunkelbraunes Aussehen und ihr Aroma verleihen.

Der Bräunungsgrad wird dem Geschmack der Kunden angepasst. In südeuropäischen Ländern bevorzugt man beispielsweise einen stärker gerösteten Kaffee als im Norden.

Besonders wichtig für die Qualität des Kaffees sind seine Gerbstoffe, die den Säuregehalt bestimmen. Der bittere Anteil des Kaffeearomas entsteht durch Diterpenglycogene, die sich beim Rösten zum Teil in Terpene (Terpene sind formal aus mehreren Isopreneinheiten aufgebaute Naturstoffe; Isopren = 2-Methyl-1,3-butadien) und Naphthaline (Grundgerüst sind zwei miteinander verschmolzene aromatische Kohlenstoff-Sechsringe) umsetzen. Die flüchtigen Bestandteile des Kaffees – weit über tausend verschiedene Verbindungen sind bekannt – entstehen zum größten Teil erst beim Rösten. Es handelt sich dabei vorwiegend um Furan- und Pyrrol-Verbindungen (Ringsysteme aus vier Kohlenstoffatomen und einem Sauerstoff- bzw. Stickstoffatom).

Und was wäre der Kaffee ohne Koffein... Dieses Alkaloid ist die am weitesten verbreitete psychostimulierende Substanz. (Ein großes Glas Cola enthält übrigens etwa genauso viel Koffein wie eine Tasse Kaffee, manche Energydrinks sogar deutlich mehr.) Koffein steht sogar auf der schwarzen Liste der Dopingmittel, da es die Leistungsfähigkeit bei Ausdauersportarten ankurbeln kann. Und es hilft auf die Sprünge, wenn die intellektuelle Leistungsfähigkeit durch Müdigkeit oder Langeweile beeinträchtigt wurde. Aber Vorsicht: Bei manchen Menschen scheint sich tatsächlich eine individuelle drogenähnliche Koffeinsucht entwickeln zu können.

**Koffein**

Auch das Kaffeebrühen – der Chemiker würde es Extraktion nennen – ist eine kleine Wissenschaft für sich. Das Kaffeearoma entfaltet sich am besten, wenn die frisch gemahlenen Bohnen bei 95 bis 98 °C überbrüht werden. Höhere Temperaturen lassen den Säuregehalt rasant ansteigen, kühleres Wasser extrahiert das Koffein und die enthaltenen Aromastoffe nicht in ausreichendem Maße. Moderne Kaffeevollautomaten arbeiten bei Temperaturen um 93 °C und einem Druck von etwa 15 bar. Eine in Skandinavien und in der Türkei verbreitete Zubereitungsvariante besteht darin, das Kaffeepulver direkt in Wasser aufzukochen. Neueren Erkenntnissen zufolge scheint der Genuss dieses Kaffees allerdings den Cholesterinspiegel zu erhöhen, da durch das Aufkochen bestimmte ungünstige fettartige Substanzen des Kaffees, die sonst im Filter verbleiben, mit herausgelöst werden. Wer auf seinen Cholesterinspiegel achten muss, sollte außerdem Kaffee meiden, der längere Zeit auf der Heizplatte warm gehalten wurde. Denn dabei scheinen sich harmlose Inhaltsstoffe in ungesunde umzuwandeln. Es sind also nicht nur geschmackliche Gründe, die für frisch aufgebrühten Kaffee sprechen...

**Kaffeevollautomaten** erhitzen das Wasser auf 92–94 °C und pressen es in der Brüheinheit mit 15 bar Druck ca. 30 Sekunden lang durch den Kaffee. So entfaltet sich das volle Kaffeearoma mit einer Haube aus satter, weicher Crema.

Extrakte aus Rotwein sind eine Alternative. Und nun die schlechte Nachricht: Damit wird nur ein Teil des Potenzials von Rotwein ausgeschöpft und vermutlich weniger als die Hälfte des erreichbaren Gesamtnutzens. Denn auch der „Geist" des Weins scheint am Schutz vor Herz-Kreislauf-Erkrankungen beteiligt zu sein. Außerdem soll Alkohol das Immunsystem stimulieren.

Also was denn nun, ist Alkohol gut oder schlecht? Wie bereits Paracelsus erkannt hatte, ist es die Dosis, die aus einer Medizin ein Gift macht. So scheinen zwei Gläschen Wein am Tag, am besten zum Essen genossen, der Gesundheit durchaus zuträglich zu sein. Als Faustregel gilt heute, dass ein Alkohol-Pegel von 0,3 Promille nicht überschritten werden sollte. Wer aber nicht Maß halten kann, tut sich nichts Gutes: Größere Mengen oder häufiger mal ein Vollrausch kehren die positive Wirkung rasch wieder um, von den verheerenden Wirkungen des Alkoholismus oder unter Alkohol-Einfluss gebauter Unfälle ganz zu schweigen.

**Eichenfässer** geben während der Reifung Stoffe an den Wein ab, die nicht nur einen Teil seines Aromas ausmachen, sondern auch einen positiven Einfluss auf unsere Gesundheit haben können.

die flavonoiden Vorstufen Catechin und Epicatechin mit. Während der Lagerung extrahiert die alkoholische Flüssigkeit dann ein ganzes Bouquet an Substanzen aus dem Holz der Eichenfässer, darunter auch das für die Bildung von Acutissimin benötigte Tannin.

Die gute Nachricht für Abstinenzler: Sie können von den Rotweinpolyphenolen auch ohne Alkohol profitieren. Größere Mengen roter Traubensaft oder

## Abwarten und Tee trinken

Rotwein oder Traubensaft sind im Übrigen nicht die einzigen durstlöschenden Polyphenolquellen: Auch schwarzer und grüner Tee enthalten ganz beträchtliche Mengen an Polyphenolen. In Laborversuchen zeigten Teegetränke deutlich höhere antioxidative Wirkungen als die meisten Früchte- und Gemüsearten.

Sowohl schwarzer als auch grüner Tee stammen von der Pflanze *Camellia sinensis*. Grüner Tee wird aus angetrockneten frischen Blättern hergestellt, die man vor dem Rollen mit Wasserdampf oder durch Rösten vorbehandelt. In Blättern, die sofort gerollt oder geschnitten werden, setzt die enzymatische Fermentierung ein, und man erhält schwarzen Tee. Daneben gibt es noch den halbfermentierten Oolong-Tee, ein „Zwischending" zwischen grünem und schwarzem Tee.

Genau wie Grüntee enthält Oolong beträchtliche Mengen an Catechinen.

**Tee** wird aus den Blättern der Pflanzengattung *Camellia* gewonnen. Je nachdem, ob die Teeblätter fermentiert werden oder nicht, entsteht schwarzer oder grüner Tee.

Ein ganzes Spektrum an positiven Wirkungen wird diesen Flavonoiden zugeschrieben: Diversen Laborversuchen und Studien zu Folge sollen Catechine (aber auch andere Polyphenole) das Immunsystem stimulieren, blutdruck- und blutzuckersenkend, entzündungshemmend, anticancerogen, antiviral und antimikrobiell wirken. Beispielsweise sollen sie das Wachstum des Magengeschwür-Verursachers *Helicobacter pylori* hemmen und bestimmte virale Enzyme hemmen, die auch bei der Infektion mit HIV und Herpes eine Rolle spielen. Nicht immer lässt sich die Wirkung einer konkreten Verbindung allein zuordnen: Die verschiedenen Catechine im Grüntee scheinen nicht nur additiv, sondern auch synergistisch zu wirken.

Im schwarzen Tee finden sich nur geringe Mengen an Catechinen. Während der Fermentation reagieren Catechine nämlich zu höheren Polyphenolen weiter, darunter Theaflavinen und Thearubigenen. Theaflavine sollen unter anderem Karies vorbeugen: Sie inhibieren das Enzym Glycosyltransferase, das Streptokokken zur Bildung von Plaques benötigen. Zudem enthält Tee Fluoride, was gut für die Zähne ist.

### Grün, schwarz oder rot?

Ist die grüne Variante wirklich – wie oft behauptet – gesünder als die schwarze? Nicht unbedingt. Tatsache ist, dass Grüntee wesentlich intensiver untersucht wurde als Schwarztee. In vergleichenden Studien ergaben sich einerseits ähnliche Wirkspektren, andererseits doch auch deutliche Unterschiede. Grüntee senkt die Triglycerid-Konzentration (Teil der Blutfettwerte) im Plasma beispielsweise deutlicher als Schwarztee, die Theaflavine des Schwarztees beeinflussen die Verdauungsenzyme stärker als die Grüntee-Catechine. Besonders erstaunlich ist der Befund, dass sich die Grüntee-Catechine bevorzugt in den lipophilen (fettfreundlichen) Körperbereichen anreichern, die Polyphenole des Schwarztees dagegen in den hydrophilen (wasserfreundlichen).

Also: Beide Gebräue trinken, um von beiden Effekten zu profitieren! Und um den Geschmacksnerven eine Abwechslung zu bieten, vielleicht auch das eine oder andere Tässchen südafrikanischen Rooibos-(Rotbusch-)Tees, der zwar keine Theaflavine und nur Spuren von Catechinen enthält, dafür aber einen hohen Gehalt an anderen Polyphenolen der Flavonoid-Familie vorzuweisen hat. Der schmackhafte rötliche Aufguss, der in letzter Zeit sehr in Mode gekommen ist, scheint ebenso positive Wirkungen zu haben wie die traditionellen Tees.

### Das hören Naschkatzen gern

Gute Nachricht auch für Schleckermäuler: Recht hohe Mengen an Flavonoiden sind auch in Schokolade enthalten. Eine halbe Tafel Zartbitter soll sogar so wirksam sein wie sechs Äpfel oder zwei Gläser Rotwein. Aber Achtung! In Milchschokolade ist dieser Effekt schon wesentlich geringer, weiße Schokolade ist völlig wirkungslos. Denn die Flavonoide stammen aus dem Kakao, von dem helle Schokolade weniger enthält. Dazu kommt ein ungünstiger Effekt der Milch. Flavonoide verklumpen mit Milch-Proteinen und werden dann vom Körper wesentlich schlechter aufgenommen.

**Moorbad war gestern:** Heute badet man in flüssiger Schokolade!

onen heißhungrigst sehnen. Bei den Azteken und auch eine Zeitlang in Europa galt Schokolode – damals noch ausschließlich in der Form von Getränken zubereitet – sogar als Aphrodisiakum. Kein Wunder, dass die braune Flüssigkeit auch das Lieblingsgetränk von Casanova war.

Sucht- und Glückspotenzial der Schokolade sind unter Wissenschaftlern umstritten. Einige „verdächtige" Inhaltsstoffe wurden indes ausgemacht. Da ist zunächst Phenylethylamin, ein körpereigener Botenstoff, der ähnlich aufgebaut ist wie ein Amphetamin. Er wird freigesetzt, wenn wir verliebt sind, bei Depressionen ist der Phenyethylamin-Pegel dagegen niedrig. Das Liebesamin, das auch in Schokolade steckt, stimuliert die Ausschüttung von Dopaminen, körpereigener „Rauschmittel" (siehe Kapitel *„Hauptsache die Chemie stimmt"*). Der Blut-Glucosespiegel steigt, der Blutdruck steigt, Gefühle von Wohlbefinden und Wachheit stellen sich ein, die Stimmung steigt. Aha?!?! Der Haken bei dieser Erkenntnis: Die Mengen in Schokolade sollen viel zu gering sein, um uns Glücksgefühle zu verschaffen, und im Übrigen soll das Phenylethylamin im Verdauungstrakt längst abgebaut worden sein, bevor es überhaupt wirken kann.

Dann sind da noch die Alkaloide Koffein und Theobromin. Koffein ist nur in sehr geringer Dosis vorhanden. Die Theobromin-Konzentration ist deutlich höher, die stimulierende Wirkung von Theobromin entspricht aber nur etwa einem Zehntel des Muntermacher-Effekts seines Vetters Koffein – und das reicht nicht als Erklärung. Andererseits sind die Wirkungen von Theobromin im Einzelnen noch kaum untersucht. Der Stoff hebt jedenfalls die Pulsfrequenz und soll bei Entzug Kopfweh verursachen können. Anderen Theorien zufolge sollen sich die Wirkungen von Koffein und Theobromin der Schokolade addieren, vielleicht gar potenzieren, und gemeinsam stärker als beispielsweise Tee stimulieren. Dazu kommt ein weiterer Inhaltsstoff, das Gewebshormon Tyramin, das blutdrucksteigernd wirkt und ein Zusammenziehen von Butgefäßen auslöst (was bei empfindlichen Personen übrigens Migräneattacken verursachen kann).

Nicht zu vergessen der Zucker an sich, von dem Schokolade ja jede Menge enthält: Zucker treibt den Insulin-Spiegel rasch in die Höhe, rasch fällt er dann auch wieder ab. Das führt zur Ausschüttung

Auch die äußere Anwendung wird neuerdings propagiert. Badete Kleopatra noch in Eselsmilch, empfehlen einige der heutigen Schönheitsapostel das Bad in Schokolade. Die Theorie dahinter stützt sich ebenfalls auf die Antioxidationswirkung der Kakao-Polyphenole. Sie sollen vor freien Radikalen schützen, die der Hautalterung Vorschub leisten. Dass diese Behandlung etwas bringt, bezweifeln Wissenschaftler allerdings. Aber Schokolade ist neuerdings wieder schick – und wer sich als menschliches Praliné wohl fühlt, sieht vielleicht nach dem Bad in der braunen Masse (und dem Abduschen) einfach entspannter aus – und damit gleich deutlich besser.

## Verzehrende Leidenschaft

„Schokoholiker" würden schwören: Ihre knackige braune Lieblingsleckerei macht süchtig. Tatsächlich? Immerhin scheint ein Stück schmelzender Schokolade auf der Zunge vielen Gemütern starke Glücksgefühle zu verschaffen, nach denen sie sich besonders in Frust- und Stress-Situati-

von Adrenalin und Kortison und soll den Spiegel des Gute-Laune-Hormons Serotonin anheben. Bei fehlender Sonne im Herbst oder Winter, bei Depressionen und bei Frauen kurz vor der Menstruation produziert der Körper weniger Serotonin, Süßigkeiten können diesen Mangel möglicherweise ausgleichen. Das erklärt zwar durchaus, warum es Frauen mehr als Männer nach der Näscherei gelüstet und warum unterm Weihnachtsbaum Pralinés liegen, sollte aber gleichermaßen für jedweden anderen Süßkram gelten, der das gleiche Suchtpotenzial wie Schokolade entfalten müsste.

## Schoko statt Hasch?

Eine neue Erklärung bot sich an, als Anandamid in Schokolade gefunden wurde. Anandamid ist ein körpereigener Neurotransmitter, der an die Cannabinoid-Rezeptoren des Hirns andockt – und ähnlich wirkt wie die Cannabinoide in Marihuana (siehe Kapitel „Hände weg von Hasch und Co!"). Aber auch diese Erklärung hinkt, denn mal wieder ist die Menge eigentlich viel zu gering: Man müsste schon pfundweise Schokolade verdrücken, um eine auch nur annähernd vergleichbare Wirkung wie beim Haschkonsum zu spüren – da wäre es einem längst speiübel ... Zudem wird Anandamid wesentlich rascher abgebaut als Cannabinoide. Aber noch zwei weitere Vertreter derselben Verbindungsklasse wie Anandamid (un-

gesättigte N-Acyletanolamine) stecken in Schokolade. Wissenschaftler haben herausgefunden, dass diese den Abbau von Anandamid im Hirn deutlich verzögern. So könnten sie dessen Wirkung verstärken: Euphorie.

Vielleicht findet sich die Erklärung für die süchtig machenden Glücksgefühle der Schokolade nicht in einem einzelnen Stoff begründet, sondern wird durch ein Zusammenwirken all dieser verschiedenen Komponenten hervorgerufen. Und auch wenn keine konkreten pharmakologischen Wirkungen nachzuweisen sind, halten einige Wissenschaftler es für möglich, dass durch Schoko-Naschen bestimmte Belohnungsmechanismen im Hirn aktiviert werden.

Aber wer weiß, vielleicht sind es ja doch nur die sinnlichen Eigenschaften der richtigen Mengenverhältnisse von Fett und Zucker, kombiniert mit beliebten Aromastoffen wie Vanille und das schmelzende Gefühl auf der Zunge, was Naschkatzen beglückt und ein bisschen süchtig machen kann. Und wem beim Lesen jetzt schon das Wasser im Munde zusammenläuft, der sollte an die Polyphenole und deren positive Wirkungen denken und sich ein Riegelchen Zartbitter gönnen. Aber bevor er sich dem Schoko-Exzess hemmungslos hingibt, sollte er sich rechtzeitig daran erinnern, dass Schokolade eine Kalorienbombe und kein sinnvoller Ersatz für eine vollwertige Mahlzeit ist. Eine 100-g-Tafel liefert etwa 520 Kilokalorien.

# Saubere Wäsche und sauberes Wasser –

## was wir von modernen Waschmitteln erwarten

Unsere Urgroßmütter mussten dem Schmutz in ihren Kleidern noch mit Seife, Waschbrett und viel Muskelkraft zu Leibe rücken. Wir dagegen können uns entspannt zurücklehnen und ein gutes Buch lesen – oder schreiben –, während die Waschmaschine ihre Arbeit tut. Das verdanken wir nicht allein den Technikern, die unsere elektrischen Haushaltshilfen konstruieren, sondern genauso auch den Chemikern, die immer effektivere Waschmittel entwickeln. Aber damit sind wir noch lange nicht zufrieden: Unsere Waschmittel sollen auch die Umwelt möglichst wenig belasten.

**15:00 – Klar Schiff!**

*So, jetzt geht es mir besser. Aber hier sieht es wirklich aus, als hätte eine Bombe eingeschlagen. Erstaunlich, wieviel Unordnung ein einziger Mensch im Laufe eines Tages produzieren kann. Also: Ärmel hochkrempeln und an die Arbeit. Eigentlich sollte ich auch mal wieder gründlich ausmisten. Ich habe einfach zuviel Kram, von dem ich mich nicht trennen mag. Aber nicht heute. Jetzt muss ich erst mal damit beginnen, den Wäscheberg abzubauen und die Waschmaschine zu füttern. Sonst geht mir am Wochenende noch die Unterwäsche aus.*

## Am Anfang war die Seife

Seife ist die mit Abstand älteste von Menschen hergestellte waschaktive Substanz. Seit etwa 5000 Jahren wird Seife aus natürlichen Fetten und Ölen durch Sieden mit Alkalien, heutzutage meist Natron- und Kalilauge, früher war es Asche, hergestellt.

In großtechnischen Anlagen werden die freien Fettsäuren mit den Laugen umgesetzt. Seifen sind also Salze der Fettsäuren, wobei die Natriumseifen fest sind (Kernseife) und als Haushalts- und Feinseife sowie Seifenspäne oder -flocken vielfältigen Einsatz finden. Die Kaliseifen sind pastös (Schmierseife) bis flüssig (Flüssigseife) und werden vor allem für Haushaltsreinigungsmittel und Rasierseife verwendet. Die Eigenschaften der Seife hängen wie bei allen Tensiden

(siehe ABC der Waschmittelbestandteile, Teil 3) sehr stark von der Länge ihres molekularen Kohlenstoffgerüstes und damit entscheidend von der Natur des Ausgangsfettes ab. Die kurzkettigen Seifen vom Kokos- und Palmkerntyp besitzen hohe Waschkraft, bilden leicht Schaum und lösen sich selbst in kaltem Salzwasser gut auf. Sie sind allerdings relativ aggressiv gegenüber der Haut. Die gesättigten, langkettigen Talgseifen lösen sich dagegen erst beim Erwärmen und reagieren sehr empfindlich auf die Wasserhärte, d.h. den Kalkgehalt des Wassers. Sie sind aber gut hautverträglich. Deshalb werden je nach gewünschtem Anwendungszweck die Seifeneigenschaften durch Mischen verschiedener Fettrohstoffe optimiert.

Seife besitzt zwar gegenüber Textilien eine gute Reinigungskraft. Vor allem die langkettigen Seifen aber werden in hartem, Calcium-haltigem Wasser als Kalkseifen ausgefällt, die sich auch auf der Wäsche niederschlagen. Deshalb muss Seife bei kalkhaltigem Wasser unbedingt mit einem Enthärter kombiniert werden.

Der Abbau von Seife in den Abwässern erfolgt relativ schnell und vollständig; das ist unter Umweltschutzaspekten durchaus vorteilhaft.

Die genannten Eigenschaften, insbesondere die recht einfache Herstellung in nur einem Reaktionsschritt vom nachwachsenden Rohstoff zum fertigen Tensid, haben die Seife zum bevorzugten Tensid von „alternativen Waschmittelherstellern" werden lassen, getreu dem Motto „Reinigen mit sanfter Chemie". Waschmittel auf reiner Seifenbasis sind sehr gut geeignet, um leicht verschmutzte Kleidungsstücke zu reinigen. Bei stärkerem Schmutz (Hand- und Heimwerker, im Freien spielende Kinder etc.) ist ihre Waschkraft allerdings nicht ausreichend. Deshalb gibt es Haushalte, die zwei verschiedene Waschmittel benutzen: Die sanfte Öko-Variante für alles, was nur leicht verschmutzt ist, und für die wirklich schmutzigen Sachen die „Chemie-Seife" – die natürlich genauso biologisch abbaubar sein muss.

Gleichgültig ob alternativ oder konventionell, Waschmittel werden von allen Haushaltschemikalien am häufigsten und in der größten Menge benutzt. Sie bilden daher eine der Hauptquellen für die Abwasserbelastung aus Privathaushalten. Dazu kommt der Strom- und Wasserverbrauch der Waschmaschine und eventuell noch beim Trocknen im Wäschetrockner. Wäschewaschen ist also im Hinblick auf die Umwelt immer ein Kompromiss. Aber seien wir ehrlich: Wer möchte schon auf täglich frische Strümpfe und saubere Leibwäsche verzichten oder ein verschwitztes Oberhemd gerne noch ein zweites oder gar drittes Mal anziehen?

# ABC
## der Waschmittelbestandteile
## (Teil 1)

**Alkalien** wie Natrium- oder Kaliumcarbonat wirken dadurch, dass sie die negative Ladung von Oberflächen verstärken und so eine gegenseitige Abstoßung von Schmutz und Gewebe bewirken.

**Bleichmittel** können zum Bleichen von Textilien oder Zellstoff eingesetzt werden. Grundlage des Bleichvorgangs ist bei allen modernen Bleichmitteln die Freisetzung von hochreaktivem, atomarem Sauerstoff, der mit den unerwünschten Farbstoffen der Flecken, aber auch mit empfindlichen Textilfarben Verbindungen eingeht. Da sie sehr reaktiv sind, werden sie nicht direkt, sondern in Form von Aktivchlor- oder Aktivsauerstoffverbindungen zugesetzt.

**Aktivchlorverbindungen,** meist Natriumhypochlorit, werden heute nur noch in der gewerblichen Wäscherei und in industriellen Bleichprozessen (z.B. Papierindustrie) angewendet. Für Privathaushalte hat die Chlorbleiche wegen der höheren Umweltbelastung kaum noch Bedeutung.

Bei der Sauerstoffbleiche sind Wasserstoffperoxid oder Peressigsäure die eigentlichen Bleichmittel. Sie sind aber instabil und können dem Waschmittel daher nicht direkt zugegeben werden. Statt dessen verwendet man Natriumperborat oder Natriumpercarbonat. Diese Substanzen erreichen aber erst ab 60°C die volle Bleichwirkung.

**Bleichaktivatoren** haben selbst keine Reinigungswirkung. Sie reagieren bei niedrigen Temperaturen unterhalb 60 °C mit den Bleichmitteln Natriumperborat und Natriumpercarbonat. Dabei entstehen Persäuren, die dann als Bleichmittel wirken. Hinter dem aus der Werbung bekannten TAED-System verbirgt sich der wichtigste Bleichaktivator **T**etra**a**cetyl**e**thyl**e**ndiamin.

**Carboxymethylcellulose** dient als Vergrauungsinhibitor und soll verhindern, dass Schmutzpartikel, die bereits von der Faser abgelöst wurden und nun in der Waschlauge schwimmen, sich als Grauschleier wieder auf der Wäsche niederlassen. Carboxymethylcellulose wirkt nur bei Textilien aus Cellulosefasern. Für andere Faserarten benötigt man wiederum spezielle Vergrauungsinhibitoren. Diese lagern sich an den Stoff an, sodass der Schmutz sich der Faser nicht mehr nähern kann. Dafür müssen sie natürlich so fest an das Gewebe binden, dass sie im Wasser nicht abgespült werden können.

**Duftstoffe** dienen zur Parfümierung von Kosmetika, Wasch- und Reinigungsmitteln, Hygieneartickeln und vielem mehr. Mit Duftstoffen wird der häufig unangenehme Eigengeruch der Produkte kaschiert, beim Waschen z.B. der der Waschlauge. Als Duftstoffe werden natürliche ätherische Öle oder synthetische Produkte verwendet.

Duftstoffe in Kosmetika können Unverträglichkeitsreaktionen auslösen. Einige Komponenten auf der Basis synthetischer Moschusriechstoffe reichern sich in der Nahrungskette der Wasserlebewesen an. Sie dürfen deshalb nicht mehr verwendet werden.

**Enthärter** sind chemische Substanzen, die die härtebildenden Calcium- und Magnesiumionen des Wassers binden können. Sie schaffen damit die Voraussetzung für optimal ablaufende Wasch- und Reinigungsprozesse, denn viele Tenside – insbesondere die Seife – bilden mit dem im kalkhaltigen Wasser enthaltenen Calcium und Magnesium unlösliche Kalkseifen. Dies führt zu hässlichen Ablagerungen auf der Wäsche und hemmt die Waschkraft der Tenside.

Bis in die 1980er Jahre wurden in Waschmitteln überwiegend Phosphate als Enthärter eingesetzt, die jedoch zur Überdüngung vieler Gewässer beitrugen (siehe Phosphate). Heute werden vor allem Schichtsilicate (z.B. Natrium-Schichtsilicat mit dem Handelsnamen SKS-6) und Natriumaluminiumsilicat (Zeolith A, Sasil) als Gerüststoffe eingesetzt. Sie wirken als Ionenaustauscher, das heißt, sie binden die für die Wasserhärte verantwortlichen Calcium- und Magnesiumionen (siehe Ionenaustauscher, Schichtsilicate und Zeolith A).

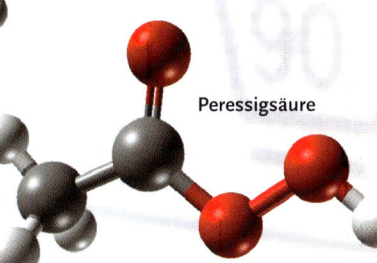

TAED

Wasserstoffperoxid

Peressigsäure

**Tenside** sind synthetische waschaktive Substanzen. Sie bestehen aus einem wasserliebenden (hydrophilen) Kopf und einem wasserfeindlichen (hydrophoben) Schwanz. Sie lagern sich mit ihrem hydrophoben Ende so an die Schmutzpartikel an, dass ihre hydrophilen Köpfe zum Wasser gerichtet sind. Auf diese Weise halten sie die Schmutzteilchen im Wasser gelöst, so dass diese sich nicht wieder auf der Wäsche absetzen können. Schaum entsteht, wenn Luft in eine Hülle aus Tensidschichten eingeschlossen wird, zwischen denen sich ein dünner Wasserfilm befindet.

## Was ist drin im Waschmittel?

Das erste Markenwaschmittel, das 1887 in Deutschland auf den Markt kam, enthielt noch gar keine Seife. Es bestand aus Natriumcarbonat und Natriumsilicat. Natriumcarbonat reagiert in wässriger Lösung alkalisch (deshalb sprechen wir von der Waschlauge) und bewirkt eine negative Aufladung der Oberflächen von Fasern und Schmutzpartikeln. Gleiche Ladungen stoßen sich bekanntlich ab, so dass der Schmutz nicht mehr am Gewebe haftet. Natriumsilicat bindet das für die Wasserhärte (siehe „Was bedeutet eigent-

lich hartes Wasser?") verantwortlichen Calcium- und Magnesiumionen, die in Form von Mineralsalzen im Wasser gelöst sind. Dies verbessert auch die Wirkung der Seife, die die Hausfrau zusätzlich zum Waschmittel verwenden konnte. Das erste Waschmittel, das auch Seife enthielt, erschien erst 1907 auf dem deutschen Markt. Neben Seife und Natriumcarbonat enthielt es noch zwei weitere Bestandteile, nämlich Natrium*per*borat und Natrium-*sili*cat, von denen sich auch sein Name Persil ableitete.

Die nächste Innovation auf dem Gebiet der Waschmittelchemie war 1933 die Erfindung synthetischer waschaktiver Substanzen, der Tenside. Tenside sind ket-

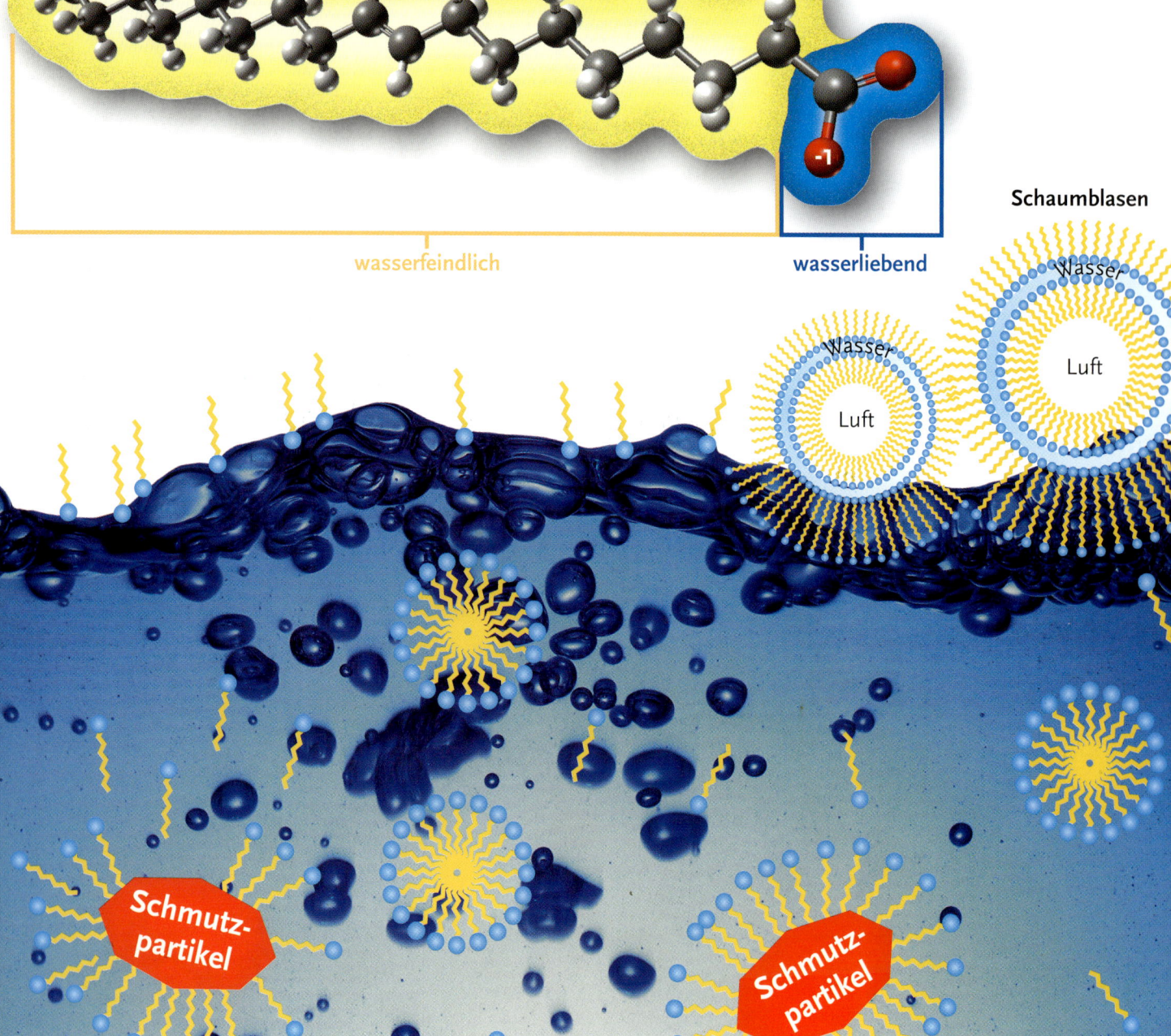

wasserfeindlich · wasserliebend

**Schaumblasen**

tenförmige, manchmal auch verzweigte Moleküle, die aus einem wasserliebenden (hydrophilen) und einem wasserabweisenden (hydrophoben) Teil bestehen. Sie besitzen deshalb beide Eigenschaften; man nennt sie daher amphiphil (beides liebend). Amphiphile Moleküle haben die besondere Eigenschaft, dass sie wasserabstoßende unlösliche Stoffe (zum Beispiel viele Schmutzpartikel) im Wasser gelöst halten können. Sie spielen deshalb beim Waschen eine entscheidende Rolle. Tenside unterscheiden sich in ihrem wasserliebenden Teil: Sie können neutral sein, dann spricht man von nichtionischen Tensiden, negativ (anionische Tenside – zu dieser Klasse gehört auch die Seife) oder positiv geladen sein (kationischen Tenside). Beim Waschen haben die Tenside zwei wichtige Aufgaben: Sie vermitteln den Kontakt zwischen der Waschlauge und den Kleidungsstücken und lösen so die wasserfeindlichen Schmutzpartikel von den Fasern ab. Anionische Tenside lösen zwar den Schmutz beim Waschen sehr gut, sie sind aber – wie die Seifen auch – empfindlich gegenüber der Wasserhärte. Nichtionische Tenside erreichen schon bei niedrigen Temperaturen und vor allem bei synthetischen Fasern eine gute Waschwirkung. Sie sind weniger härteempfindlich als die anionischen Tenside. Kationische Tenside finden hauptsächlich in Weichspülern Verwendung. Mit Rücksicht auf den Gewässerschutz ist es in Deutschland seit 1959 gesetzlich vorgeschrieben, dass alle Tenside, die in Waschmitteln zum Einsatz kommen, zu mindestens 80 % biologisch abbaubar sein müssen. Inzwischen sind die meisten in Waschmitteln verwendeten Tenside sogar zu über 90 % abbaubar.

Im Laufe der Zeit kamen zusätzlich zu den Tensiden immer mehr Inhaltsstoffe dazu, die zunächst die Wascheigenschaften der Mittel verbessern, sie für den Einsatz in der Waschmaschine geeignet machen und schließlich auch ihre Umweltverträglichkeit erhöhen sollten. Moderne Waschmittel enthalten deshalb eine umfangreiche Mixtur von Chemikalien (auch die Seife ist eine Chemikalie!), die auf die geplante Verwendung abgestimmt ist. Direkte Waschwirkung haben neben den Tensiden die Enzyme, Bleichmittel und Gerüststoffe, die so genanten Builder. Zu ihnen gehören Alkalien sowie Komplexbildner und Ionenaustauscher zum Enthärten des Wassers. Andere Hilfsstoffe

# ABC
## der Waschmittelbestandteile
## (Teil 2)

**Enzyme** im Waschmittel bauen Schmutzstoffe wie Eiweiß, Fett und Stärke ab, indem sie sie spalten. Da Enzyme Biokatalysatoren sind, die sich während der Umsetzung selbst nicht verändern, reichen geringe Mengen als Waschmittelbestandteile aus.

In Waschmitteln finden sich vor allem drei Typen von Enzymen: Amylase baut stärkehaltige Flecken ab, z. B. Kakao. Proteasen spalten Proteine wie Eiweiß, Eigelb oder Blut. Lipasen vertilgen fettigen Schmutz, z.B. Butter und Öl. Schließlich gibt es noch die Cellulasen, die nicht der Reinigung dienen, sondern der Faserkosmetik: Sie knabbern feinste Cellulosefäserchen ab und bewirken dadurch, dass das Gewebe wieder glatt und griffig wird. Das funktioniert natürlich nur bei Cellulosefasern wie Baumwolle. Die Waschmitteln zugesetzten Enzyme sind meist maßgeschneiderte, in Mikroorganismen gentechnisch produzierte Erzeugnisse.

Auch die Wirkung eines alten Hausmittels, der Gallseife, beruht in erster Linie auf Enzymen. Sie wird aus der Leber von Rindern und Schweinen gewonnen und enthält Enzyme, die bei der Verdauung der Tiere eine Rolle spielen, aber eben auch zum Abbau von Flecken auf Textilien geeignet sind.

**Gerüststoffe**, auch als Builder bezeichnet, sind wichtige Inhaltsstoffe in Wasch- und Reinigungsmitteln, die die Wasserhärte mindern, Tenside bei ihrer Reinigungsaufgabe unterstützen und Kalkablagerungen auf den Textilien und in der Waschmaschine verhindern.

**Ionenaustauscher** sind Substanzen, die aus Wasser bestimmte gelöste Inhaltsstoffe herauslösen und andere Stoffe an das Wasser abgeben. Ionenaustauscher kommen in Geschirrspülmaschinen, Wasserenthärtungsanlagen oder Wasserfiltern zum Einsatz. Man verwendet dafür Patronen, die mit kleinen Kunststoffkügelchen gefüllt sind, an deren Oberfläche der Ionenaustausch stattfindet. So werden z.B. bei der Entfernung von Wasserhärte die Calcium- und Magnesiumionen an den Kunststoffkügelchen festgehalten und gleichzeitig Natriumionen an das Wasser abgegeben. Die Ionenaustauscher müssen regeneriert werden, wenn ihre Austauschkapazität erschöpft ist, d.h. wenn alle Bindungsstellen mit Calcium- oder Magnesiumionen besetzt sind. Bei Wasserenthärtungsanlagen wird z.B. mit Natriumchloridlösung gespült. In Waschmittteln dient die unlösliche Silicatverbindung Zeolith A als Ionenaustauscher.

Ionenaustauscher sind wasserunlöslich. Das bedeutet beim Waschen, dass sie als Hilfsstoffe einen Zubringer, einen so genannten Komplexbildner, benötigen, der die Härtebildner des Wassers aufnimmt und zu den Ionenaustauschern transportiert. Für diesen

Zweck hat sich Citrat, das Salz der Zitronensäure, durchgesetzt. Dieses Molekül kommt auch im menschlichen Stoffwechsel vor und ist weder gesundheitsschädlich noch umweltbelastend.

**Optische Aufheller** (Weißtöner, Weißmacher) sind in Vollwaschmitteln enthaltene, kompliziert aufgebaute organische Verbindungen, die sich an die Oberfläche der Textilfasern anlagern. Sie absorbieren ultraviolettes Licht, welches das menschliche Auge nicht wahrnimmt, und senden statt dessen längerwelliges blaues Licht aus. Dieses blaue Licht gleicht einen leichten Gelbstich der Wäsche aus, sie leuchtet strahlend weiß. Es ist bisher nicht erwiesen, aber optische Aufheller stehen im Verdacht, dass sie bei intensivem Hautkontakt mit der Wäsche zu Hautproblemen wie Kontaktallergien führen können.

**Phosphate** sind Salze der Phosphorsäure. Sie sind wichtige Nährstoffe für Pflanzen und Tiere. Phosphate haben deshalb eine besondere Bedeutung als Düngemittel in der Landwirtschaft. Weitere Einsatzgebiete sind die Lebensmittelindustrie (z.B. Backpulver, Schmelzsalze), die Färberei, die Metallverarbeitung und die Papierherstellung. Als Gerüststoff in Wasch- und Reinigungsmitteln werden Phosphate aufgrund ihrer gewässerschädigenden Wirkung – außer in Maschinenspülmitteln – kaum noch verwendet.

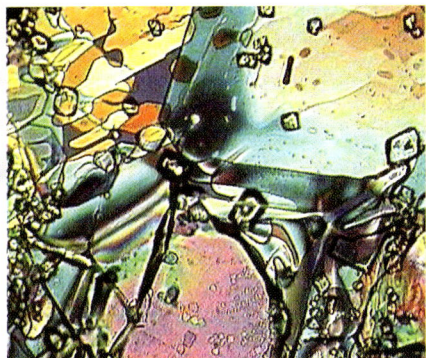

**Phosphatkristall** im polarisierten Licht.

Gewässer wurden durch Phosphate überdüngt, sodass Flüsse und Seen „umkippten", d.h. die übermäßige Nährstoffanreicherung regte die Algenproduktion an. Die bei extremem Algenwachstum auch massenhaft absterbenden Algen mussten unter Sauerstoffverbrauch abgebaut werden, dadurch entstand ein starkes Sauerstoffdefizit im Wasser. Die Pflanzenreste begannen zu verfaulen, dabei bildeten sich giftige Stoffe wie Schwefelwasserstoff, Ammoniak und Methan. Das Gewässer war für Pflanzen und Tiere unbewohnbar geworden. Aus diesem Grund sind Phosphate in Waschmitteln inzwischen verboten.

**Moderne Waschmittel** werden immer ergiebiger. Die Waschkraft, insbesondere der Kompaktwaschmittel, ist so hoch, dass immer kleinere Mengen an Waschpulver ausreichen, um meterlange Wäschleinen zu bestücken.

wie optische Aufheller oder Schaumregulatoren verbessern zwar die Wirkung des Waschmittels, sind aber selber nicht waschaktiv.

## Universalisten und Spezialisten

Man unterscheidet heute Universal- und Spezialwaschmittel. Zu den Universalwaschmitteln gehören pulverförmige und flüssige Vollwaschmittel. Die Bezeichnung Universalwaschmittel macht deutlich, dass diese Waschmittel für alle Textilien, Temperaturen und Waschverfahren verwendet werden können. Besonders geeignet sind sie für stark verschmutzte Wäsche, die im Temperaturbereich von 60 bis 95 °C gewaschen wird. Heutzutage haben sich im Vergleich zu früher die Bedingungen bezüglich Verschmutzungsgrad der Wäsche (weniger verschmutzt) und Material der Textilien (weniger Weiß- oder Kochwäsche, mehr Synthetikfasern) geändert. Der Anteil an Buntwäsche ist stark gestiegen.

Vollwaschmittel enthalten Bleichmittel und optische Aufheller, welche die Farben der bunten Kleidungsstücke verändern können und auch die Umwelt zusätzlich belasten. Deshalb sollte man für diese Textilien ein Spezialwaschmittel für bunte Wäsche verwenden.

Fein- oder Buntwaschmittel sind für Waschtemperaturen von 30 °C bis 60 °C und für die Handwäsche geeignet. Da heutzutage überwiegend farbige und pflegeleichte Textilien getragen werden, hat die Bedeutung dieser Spezialwaschmittel auf dem Markt zugenommen. Bunt- oder Colorwaschmittel enthalten keine Bleichmittel oder optischen Aufheller. Zur Schonung der Farben und Fasern besitzen diese Waschmittel mildere waschaktive Bestandteile, die die Textilien mehr schonen.

Flüssigwaschmittel enthalten keine Bleichmittel, aber einen hohen Anteil an Tensiden. Als Gerüststoff zur Bindung der Wasserhärte wird Seife verwendet. Zur Vermeidung von Kalkseifenablagerungen in Textilien und der Waschmaschine müssen außerdem nichtionische Tenside zugesetzt werden. Die Tensidbelastung des Abwassers ist daher bei Verwendung von Flüssigwaschmitteln höher als bei der Anwendung von Pulvern.

Kompaktwaschmittel sind Waschmittelkonzentrate in Pulverform. Durch ein verändertes Herstellungsverfahren ist es möglich, mit weniger Luft zwischen den einzelnen Waschmittelkörnchen auszukommen. Außerdem kann durch eine neue Rezeptur auf Natriumsulfat (Glaubersalz), das der Verbesserung der Rieselfähigkeit des Waschpulvers dient, verzichtet werden. Damit kann bei gleicher Waschkraft der Inhalt verringert

## Was bedeutet eigentlich „hartes Wasser"?

Die Wasserhärte gibt den Gehalt von Calcium und Magnesium an, die im Wasser als Mineralsalze gelöst sind. Sind sie in großer Menge vorhanden, machen sie das Wasser hart. Gemessen wird die Wasserhärte in Millimol Calcium und Magnesium pro Liter (mmol/l). Diese Einheit ersetzt die veraltete Angabe in „Grad deutscher Härte" (°dH).
(1°dH entspricht 0,18 mmol/l.)

Je nach Wasserhärte definiert man vier Härtebereiche :

- Härtebereich 1 (weich)      ▶ bis 1,3 mmol/l
- Härtebereich 2 (mittelhart)   ▶ 1,3 bis 2,5 mmol/l
- Härtebereich 3 (hart)        ▶ 2,5 bis 3,8 mmol/l
- Härtebereich 4 (sehr hart)   ▶ über 3,8 mmol/l

und die Verpackung verkleinert werden. Kompaktwaschmittel gibt es als Voll- und als Feinwaschmittel. Mit diesen Waschmitteln ist es bei vernünftiger Dosierung möglich, zu einer mengenmäßigen Entlastung des Abwassers beizutragen.

## Immer weniger für immer mehr

Damit in Zukunft noch mehr Wäsche mit noch weniger Waschpulver gewaschen werden kann, suchen Waschmittelforscher ständig nach neuen Lösungen. So wurden Tenside entwickelt, die kaum noch schäumen und dadurch in der Waschmaschine effizienter arbeiten. Außerdem gelang es, die Löslichkeit der Waschmittel-Bestandteile weiter zu verbessern – eine Voraussetzung für gute Wirkung bei niedrigen Temperaturen. Die Waschmittel tragen so dazu bei, den Wasser- und Energieverbrauch der Waschmaschine zu senken.

Neuartige Polymere, die dem Waschmittel in geringen Mengen zugesetzt werden, steigern die Leistung der Tenside um ein Vielfaches und verringern so ebenfalls den Waschmittelverbrauch.

## Andere Länder, andere Sitten

In den sich entwickelnden Ländern, z.B. in Asien, Lateinamerika oder Afrika, wird noch überwiegend mit der Hand gewaschen. Nur etwa 5 % der Haushalte dort besitzen eine Waschmaschine. Wo es diese nicht gibt, müssen die Waschmittel gut schäumen, denn es gilt die Devise: „Nur wenn es ordentlich schäumt, wird die Wäsche auch richtig sauber". In den zu 99 % mit Waschmaschinen versehenen Haushalten der Industriestaaten ist Schaum überhaupt nicht gefragt, im Gegenteil, er würde stören. Aber auch Europäer, Amerikaner und Japaner unterscheiden sich in ihrem Waschverhalten. In Europa wird mit der höchsten Temperatur gewaschen, fast alle Maschinen verfügen über eine eigene Heizung. In den USA wird die Waschmaschine in der Regel an die zentrale Warmwasserversorgung des Hauses angeschlossen. In Japan dagegen ist Waschen mit kaltem Wasser üblich. Die Amerikaner verbrauchen für eine Ladung Wäsche im Durchschnitt fast doppelt so viel Wasser wie die Europäer, die Japaner sogar das Dreifache. Dementsprechend unterscheiden sich die Rezepturen für Waschmittel in den verschiedenen Regionen der Welt.

# ABC
## der Waschmittelbestandteile
## (Teil 3)

**Phosphonate** werden in der Technik als Korrosionsinhibitoren, zur Brauchwasserbehandlung und als Stabilisatoren für Peroxide eingesetzt. Peroxid-Stabilisatoren findet man in geringen Mengen in Waschmitteln, die Bleichmittel enthalten. Sie binden Schwermetalle aus dem Wäscheschmutz und dem Wasser, damit die Wirksamkeit von Bleichmitteln nicht gestört und die Textilfasern nicht durch unkontrollierte Freisetzung von Sauerstoff geschädigt werden. Phosphonate sind biologisch nicht leicht abbaubar. Sie binden auch im Gewässer die Schwermetalle. Durch Lichteinwirkung zersetzen sie sich langsam.

**Polycarboxylate** sind wasserlösliche Polymere überwiegend auf der Basis von Acrylsäure. Polycarboxylate mit großer molarer Masse werden bei der Trinkwasseraufbereitung, der Abwasserbehandlung und der Phosphat-Fällung als Hilfsmittel zur Flockung eingesetzt. Eine gegensätzliche Wirkung, nämlich die Verhinderung der Ausflockung, zeigen Polycarboxylate in Kombination mit Zeolith A als Gerüststoff in Waschmitteln. Hier verhindern sie die Wiederablagerung von Schmutz. Sie verbleiben im Klärschlamm und haben keine nachteilige Wirkung auf die Umwelt.

Vernetzte Polycarboxylate mit sehr hoher molarer Masse werden als so genannte Superabsorber bei der Herstellung verschiedener Hygieneprodukte (z.B. Windeln) eingesetzt.

**Schaumregulatoren** benötigt man vor allem in Flüssig- und Gelwaschmitteln sowie in Weichspülern. Sie verhindern das Überschäumen der Waschlauge und den damit verbundenen Verlust an waschaktiven Substanzen (von der Überschwemmung in der Waschküche ganz zu schweigen). Schaum ist nichts anderes als eine Ansammlung von Seifenblasen, d.h. Luftblasen, die von einer zweilagigen Tensidhülle umgeben werden, in deren Mitte sich ein dünner Wasserfilm befindet. Deshalb sind Stoffe, die sich in den Tensidfilm einlagern können, wirksame Schaumbremsen. Als Schaumregulatoren dienen Silikonöle oder Seifen, die jedoch in hartem Wasser leicht unlösliche Kalkseifen bilden können.

**Schichtsilicate** sind so genannte multifunktionelle Builder (Gerüststoffe). Ihr Härtebindevermögen steigt mit der Temperatur an. Sie machen die Waschlauge stärker alkalisch als Zeolithe, Citrate oder Polyphosphate. Deshalb können bei ihrer Verwendung die Waschalkalien reduziert werden. Darüber hinaus steigern sie die Bleichwirkung von Perborat oder Percarbonat, sind sehr gut löslich und haben keine nachteiligen Wirkungen auf die Umwelt.

**Stellmittel** verbessern die Rieselfähigkeit des Waschpulvers. Es lässt sich dann besser dosieren und verklumpt nicht so leicht. Das gängigste Stellmittel ist Natriumsulfat. In Kompaktwaschmitteln ist die Rezeptur so verändert, dass keine Stellmittel mehr notwendig sind.

**Tenside** sind die eigentlich waschaktiven oder grenzflächenaktiven Substanzen in Wasch- und Reinigungsmitteln, aber auch in Körperpflegemitteln wie Duschgelen oder Shampoos. Sie werden synthetisch aus Erdöl und Pflanzenölen hergestellt. Tenside setzen die Oberflächenspannung des Wassers herab, so dass sich der Schmutz besser entfernen lässt, und sorgen dafür, dass die Schmutzpartikel in der Waschlauge gelöst bleiben und sich nicht wieder auf den Textilien absetzen. Das wohl bekannteste Tensid ist die Seife, die aus tierischen oder pflanzlichen Rohstoffen hergestellt wird. Seifen haben allerdings den Nachteil, das sich ihre Waschwirkung in hartem Wasser stark verringert. Sie bilden dann unlösliche Kalkseifen, die sich auf Wäschestücken ablagern und sie grau und steif machen. Daher werden Seifen in modernen Waschmitteln nicht mehr verwendet. Ein weiterer Nachteil von Seifen ist, dass sie stark alkalisch wirken, was empfindliche Fasern wie Wolle schädigen kann.

**Verfärbungsinhibitoren** umhüllen Farbpartikel, die sich in der Waschlauge befinden und verhindern dadurch, dass diese sich auf den Fasern absetzen und sie so verfärben.

**Zeolith A** ist ein wasserunlösliches, synthetisches Natriumaluminiumsilicat (Handelsname: Sasil). Zeolith A dient als Gerüststoff in Waschmitteln. Durch Ionenaustausch bindet Zeolith A die Härtebildner des Wassers und erreicht damit eine Senkung des Wasserhärtegrades. Zeolith führt nicht zur Überdüngung der Gewässer und kann in mechanisch-biologischen Kläranlagen zu 95% abgeschieden werden.

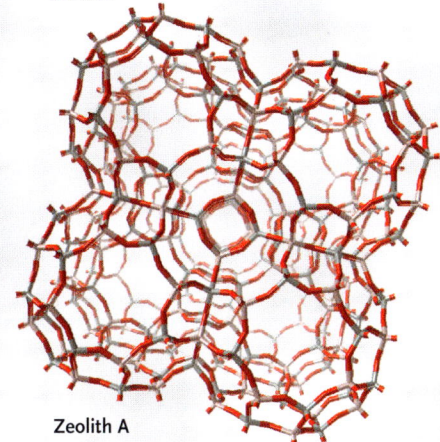

**Zeolith A**

# Zerfall auf Befehl

War die Industrie bisher bestrebt, dem Slogan „unsere Kunststoffe halten ewig" gerecht zu werden, hat inzwischen ein gewisser Paradigmenwechsel eingesetzt: Haltbarkeit ist nicht mehr überall oberstes Prinzip. Bereits beim Design eines neues Produktes muss sich ein zukünftiger Produzent heute darüber Gedanken machen, was nach der Nutzung damit passieren soll. Für bestimmte Anwendungsfelder könnte die Kompostierung eine attraktive Alternative sein, um nicht mehr gebrauchte Kunststoffe zu entsorgen.

### 16:10 – Ärger in der Biotonne

*Na bitte, es sieht doch wieder ganz manierlich aus bei mir. Was, es ist schon zehn nach vier? Da muss ich mich aber auf den Weg machen. Sonst kann ich am Ende noch den Rest des Nachmittags im Wartezimmer meines Zahnarztes verbringen. Den Müll nehme ich auch gleich mit runter, dann ist er weg.*

*Igitt, die Biotonne sieht ja eklig aus, schon wieder diese Maden, jeden Sommer dasselbe. Kann denn nicht mal jemand eine Plastiktüte erfinden, die man schön dicht zuknoten kann und die trotzdem rückstandslos verrottet? Das wäre mal ein echter Fortschritt!*

Welche Herausforderung für Chemiker! Unter den normalen Lager- und Gebrauchsbedingungen sollen die Kunststoffe stabil bleiben – nach Gebrauch aber in den Kompost wandern und dort rasch, rückstandsfrei und umweltneutral zerfallen. Und natürlich müssen die kompostierbaren Kunststoffe in ihren Verarbeitungs- und Gebrauchseigenschaften konventionellen Kunststoffen ebenbürtig sein. Genau diejenigen Eigenschaften, die eine gute Verarbeitbarkeit bei einem Kunststoff ausmachen, etwa möglichst lange Molekülketten, stehen dem biologischen Abbau diametral entgegen.

Ein Kunststoff ist ein Polymer: Er besteht aus langen kettenförmigen Molekülen, die aus sich wiederholenden Bausteinen aufgebaut sind (siehe Kapitel *„Für jede Kunst ein Stoff"* sowie *„Weinende Bäume und der Gott des Feuers"*). Ein schönes Sortiment an Polymeren hat auch Mutter Natur zu bieten: Stärke und Cellulose beispielsweise sind Ketten aus Zuckermolekülen. Leider sind diese natürlichen Materialien nur sehr begrenzt

zu tauglichen Gebrauchsgegenständen zu verarbeiten. Eine chemische Modifizierung oder die Zumischung synthetischer Bestandteile kann helfen; in der Regel wird dabei aber die gute Abbaubarkeit wieder zunichte gemacht. Übrigens sind alte Vorurteile heute widerlegt: Die Herkunft des Polymers – natürlich oder synthetisch – hat nichts mit der Eigenschaft der biologischen Abbaubarkeit zu tun. Einzig und allein entscheidend ist der charakteristische molekulare Aufbau der Substanz.

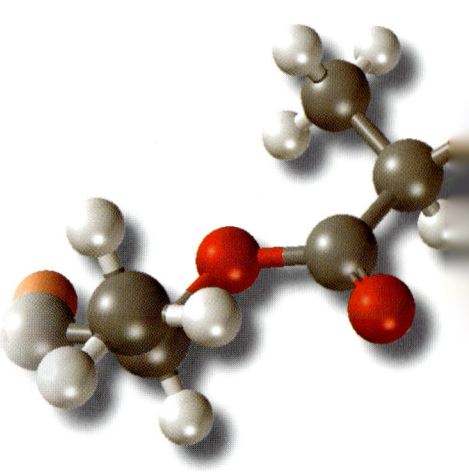

## Ein gefundenes Fressen

Was entscheidet eigentlich, ob ein Material bioabbaubar ist? Erstens muss die Bindung, mit der die einzelnen Bausteine (Monomere) zur Polymerkette verknüpft sind, für die Pilze und Bakterien im Kompost oder in der Erde spaltbar sein. Zweitens muss diese Bindung für die „Spaltwerkzeuge" der Mikroorganismen, bestimmte Enzyme, auch gut zugänglich sein. Ein Beispiel: Cellulose kann von Mikroorganismen sehr gut angeknabbert werden. Wird sie mit Essigsäure so umgesetzt, dass etwa eine Acetat-Gruppe an jeden Baustein gekuppelt wird, lässt die Abbaubarkeit bereits nach. Bei drei Acetatgruppen pro Baustein (Cellulosetriacetat, ein Kunststoff, der zur Herstellung von Fotofilmen genutzt wird) ist es völlig vorbei mit dem biologischen Abbau. Die Enzyme kommen nicht mehr richtig an die Bindung heran.

Drittens müssen auch die Spaltprodukte, also die einzelnen Bausteine des Polymers, eine verwertbare und verträgliche Mahlzeit für die mikroskopischen Schleckermäulchen sein. Wenn alles stimmt, bleibt von den weggeworfenen Plastikbechern und Mülltüten am Ende nur Kohlendioxid, Wasser und Zellmasse der lebenden und abgestorbenen Mikroorganismen, die so genannte Biomasse, über.

Eine ganze Reihe von Produkten auf der Basis nachwachsender Rohstoffe sowie synthetischer Komponenten ist mittlerweile auf den Markt gekommen. Zu den Polymeren auf der Basis von Naturstoffen zählen Polyhydroxyalkanoate (siehe „Nicht voreilig urteilen"), Zellglas (Cellulosehydrat, „Cellophan"), Celluloseacetate, Polymilchsäure (ein Polyester

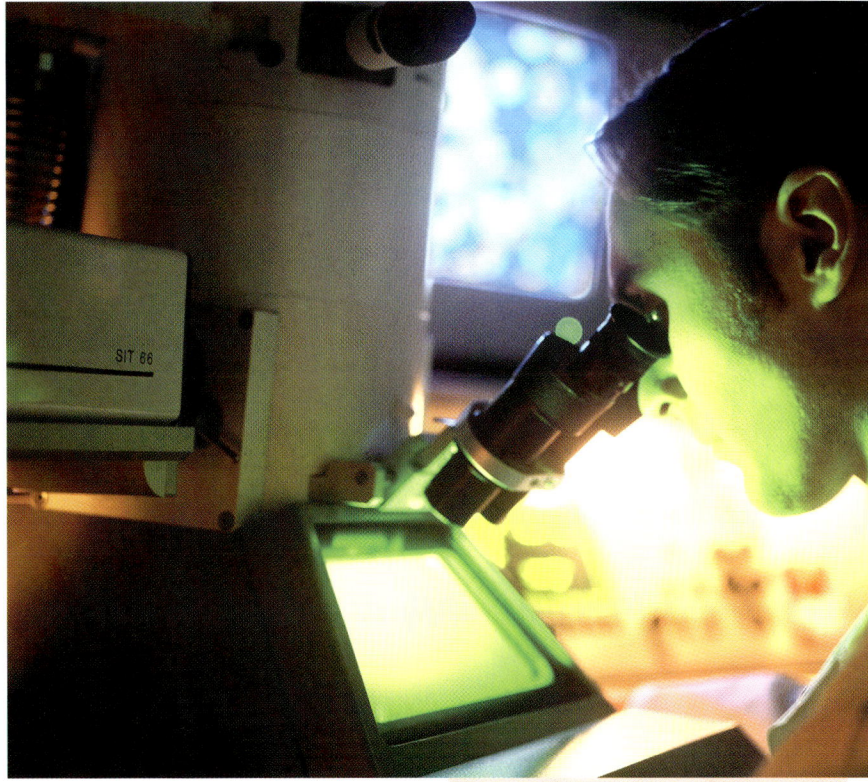

**Die Eigenschaften von Kunststoffen** lassen sich ganz gezielt durch ihre molekulare Gestalt einstellen. Welche übermolekularen Strukturen sich ausbilden, lässt sich sehr gut mit Hilfe der Elektronenmikroskopie untersuchen – wie in einem solchen Transmissionselektronenmikroskop mit grün leuchtendem Fluoreszenzbildschirm.

auf Basis der Milchsäure, das als resorbierbares chirurgisches Nahtmaterial bekannt ist) und Stärkeblends (Mischungen von Stärke mit anderen Stoffen). Zu den vollsynthetischen Produkten, die biologisch abgebaut werden, zählen Polycaprolacton, Polybutylensuccinat und „Ecoflex", ein gemischter Polyester aus aliphatischen und aromatischen Monomeren. Die Aliphaten (kettenförmige Kohlenwasserstoffe) sorgen dabei für eine ausreichend gute Abbaubarkeit. Die Aromaten (zyklische Kohlenwasserstoffe mit Doppelbindungen) erhöhen die Kristallinität des Polymers und verbessern so die Verarbeitungs- und Gebrauchseigenschaften. Unterm Strich weist dieser

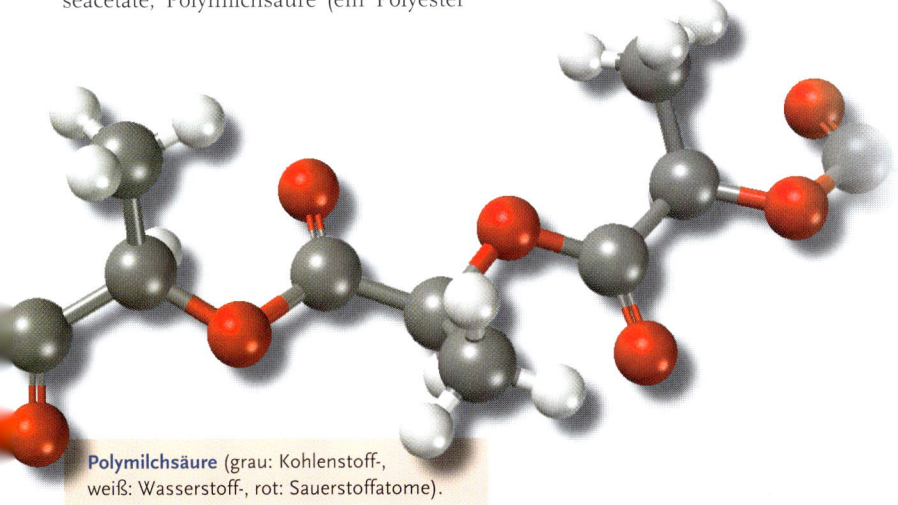

**Polymilchsäure** (grau: Kohlenstoff-, weiß: Wasserstoff-, rot: Sauerstoffatome).

**Eine italienische Supermarktkette** setzt seit 2003 Schalen aus Polymilchsäure für ihre Feinkosttheken ein.

## Nicht voreilig urteilen

Kunststoff Materialeigenschaften auf, die denen von Polyethylen ähnlich sind.

Ökonomisch vertretbar ist ein Umstieg auf kompostierbare Kunststoffe allerdings nur in bestimmten Anwendungsfeldern, in denen die Abbaubarkeit einen wirklichen Zusatznutzen bringt. Wegen der bisher geringen Produktmengen und der relativ teuren Ausgangsmaterialien ist der Preis der kompostfähigen Kunststoffe bisher ansonsten nicht konkurrenzfähig. Und was vielleicht verwundern mag: In einigen Fällen sprechen auch vergleichende Ökobilanzen ganz klar gegen die vermeintlich „grüne" Lösung (siehe „Nicht voreilig urteilen"). Häufig ist die thermische Verwertung, also die Verbrennung des Kunststoff-Abfalls, nach wie vor die sinnvollste Lösung (siehe Kapitel „Alles Müll – oder was?")

Wo also finden sich interessante Anwendungsfelder? Kompostierbare Müllbeutel könnten die getrennte Sammlung von Biomüll für Privathaushalte erleichtern. Das gerade in heißen Sommern auftretende Hygieneproblem (Schimmelbildung, Maden) ließe sich lindern, wenn der Abfall in geschlossenen Beuteln in die Tonne käme. Kompostierbare Lebensmittelverpackungen wären sinnvoll. Zusammen mit den Essensresten könnten sie auf den Komposthaufen wandern. Besonders bei Großveranstaltungen bringt bioabbaubares Einweggeschirr und -besteck Vorteile: Es gibt keine Scherben und kein Hygiene-Problem durch unzureichendes Abspülen, wie bei „normalem" Geschirr; das aufwändige, teure Reinigen und Recyclen oder Entsorgen von verschmutztem „konventionellem" Plastikgeschirr entfällt. Interessante Anwendungen gibt

es auch im Agrarbereich: Abbaubare Pflanztöpfe können zusammen mit dem Wurzelballen in die Erde gegeben werden, wo sie langsam verrotten, abbaubare Mulchfolien kann der Bauer einfach unterpflügen – das ist kostengünstiger, als die Folien mühsam wieder einzusammeln.

**Bei Großveranstaltungen** sind Mehrwegsysteme oft nicht effizient einzusetzen. Geschirr aus bioabbaubaren Kunststoffen, die zusammen mit den Essensresten kompostiert werden, sind eine praktische und sinnvolle Alternative. Oben: Mulchfolien aus abbaubaren Kunststoffen können später einfach untergepflügt werden.

## Harte Prüfung

Bereits in den achtziger Jahren waren Materialien als biologisch abbaubar deklariert worden, die sich auf den Komposthaufen als Mogelpackung entpuppten. Damit sich so etwas nicht wiederholt, sind heute strenge Tests vorgeschrieben, die die Kandidaten erfolgreich absolvieren müssen, um als abbaubarer Kunststoff zu gelten.

Wie stellt man aber den Abbau fest? Mikroorganismen verstoffwechseln den Kohlenstoff des Kunststoffes zu Kohlendioxid und Biomasse. Dabei verbrauchen sie Sauerstoff. Sowohl den Sauerstoff-Verbrauch als auch die Freisetzung von Kohlendioxid kann man in Laborversuchen mit Bakterienkulturen, die den Kunststoff zu fressen bekommen, messen. Außerdem ist es kein Problem, die Menge an gelöstem anorganisch und organisch gebundenem Kohlenstoff zu bestimmen. Auf diese Weise erhält man eine so genannte Kohlenstoffbilanz, die zeigt, wo der Kohlenstoff aus dem Polymer abgeblieben ist. Zu guter Letzt muss der Kunststoff auf einer realen Kompostieranlage beweisen, dass er auch unter diesen Bedingungen in einem vorgeschriebenen Zeitraum verrottet – und dass der entstandene Kompost das Wachstum von Pflanzen fördert und nicht beeinträchtigt.

kompostierbar

Kunststoffteile mit diesem Logo haben harte DIN-Tests erfolgreich absolviert und dürfen sich zu Recht vollständig bioabbaubar nennen.

Ob überhaupt – und wenn ja, welche kompostierbaren Kunststoffe eigentlich in die Biotonne gegeben werden dürfen, darüber gibt die Gesetzeslage allerdings keine klare Auskunft. Die entsprechenden Formulierungen in der Bioabfall- und der Verpackungsverordnung lassen unterschiedliche Interpretationen zu. Diese Unsicherheit und der höhere Preis tragen mit dazu bei, dass die neuen Werkstoffe von den Verarbeitern nur zögerlich aufgenommen werden.

## Kunststoffe für Brunnenwasser

Biologisch abbaubare Polymere können auch jenseits des Kompostierungsgedankens gute Dienste leisten. So arbeiten Forscher der Universitäten Stuttgart und Karlsruhe an einer Einfachtechnologie zur Trinkwasseraufbereitung. Ein Schritt ist dabei die Entfernung von Nitrat durch Mikroorganismen. Damit sie diese Aufgabe auch erfüllen können, werden sie mit wasserunlöslichen, bioabbaubaren Polymeren als Kohlenstoffquelle versorgt. Als besonders geeignet hat sich beispielsweise Polycaprolacton erwiesen. Gleichzeitig bindet der Kunststoff organische Schadstoffe wie Pestizide. Polycaprolacton kann einfach immer wieder als Pulver zudosiert werden, daher wäre dieses Wasseraufbereitungs-Verfahren für einfache Brunnentechniken in der Dritten Welt sehr gut geeignet.

## Polymere Killer

Ganz das Gegenteil der mikrobenfreundlichen abbaubaren Kunststoffe soll eine andere Klasse neuartiger Polymere bewirken: Mikroorganismen abtöten. Bakterien, Pilze, Algen, Hefen sind unsere Helfer in vielen Bereichen des Lebens: Sie sind bei der Produktion von Nahrungs- und Genussmitteln beteiligt, wie Joghurt und Käse, Wein und Bier, und sie helfen bei der biotechnologischen Produktion von Wirkstoffen und anderen Chemikalien. Aber sie können auch anders: Holz anfressen und in Lacke eindringen, Wände schimmeln lassen, Lebensmittel verderben und in Cremetöpfchen nisten. So können sie schwerwiegende Erkrankungen oder Allergien auslösen sowie große materielle Schäden anrichten. Viele Gegenstände werden deswegen mit Bioziden behandelt, die oft auch für höhere Organismen toxisch sind, wie eine Reihe von Holzschutzmitteln oder die als gefährliche Umweltgifte in Verruf geratenen Triphenylzinn-haltigen Antifouling-Anstrichstoffe für Schiffsrümpfe.

Ein neues Konzept basiert auf Polymeren, die Keime töten. Der Wirkmechanismus beruht auf der elektrostatischen Ladung der Polymere: Gelangen Mikroben auf die Oberfläche, werden deren Ionenkanäle lahm gelegt – und damit ihr ganzer Stoffwechsel: Nach einer halben Stunde sollen fast alle Keime abgetötet sein. Dabei wird das Polymer nicht „verbraucht", sondern bleibt unverändert zurück. Und da es wasserunlöslich ist, soll es so gut wie gar nicht in die Umwelt gelangen. Für Menschen und andere höhere Lebewesen soll es zudem harmlos sein. Die Polymere mit der Lizenz zum Töten könnten Lacken, Farben, Holzschutzmitteln und Kunststoffen als Additive beigegeben werden und diese so vor einer Besiedlung mit Mikroorganismen schützen. Auch eine Anwendung in Operationssälen wäre vorstellbar.

# Alles Müll – oder was?

**Was haben Life Style, Mülltrennung, Selbstbedienung und Verpackungstechnik miteinander zu tun? Auf den ersten Blick nichts, auf den zweiten immer noch nichts. Kaum zu glauben, aber der Schlüssel zum Rätsel sind Kunststoffe!**

Jetzt wird es Zeit, klar Schiff in der Küche zu machen. Wie heißt es so schön im zweiten Hauptsatz der Thermodynamik: Die Entropie nimmt zu. Weniger vornehm ausgedrückt bedeutet es: Das Chaos wächst, wenn nichts dagegen getan wird. Also auf geht's! Früher hat man sich das leicht gemacht: Mülleimer auf und alles hinein. Das ist heute nicht mehr akzeptabel. Inzwischen ist uns die Mülltrennung in Fleisch und Blut übergegangen. Einfach ist es mit den Pfandflaschen, die müssen warten, bis sie beim nächsten Einkauf abgegeben werden. Aber was ist mit den Saft- und Milchkartons, den Tetrapacks, und sonstigen Kunststoff-Verpackungen? Sowohl sie als auch die Metalle kommen in den meisten Gemeinden in die jeweiligen Wertstoffsäcke. Ob das Sinn macht?

**Getränkekästen aus Kunststoff** – in Verbindung mit PET-Flaschen ein Leichtgewicht!

Selbstbedienung. Denkt man eine Weile darüber nach, ist das Ergebnis durchaus plausibel. Kaufhäuser, Supermärkte oder Fast-Food-Restaurants mit ihren Konsumgewohnheiten, alles wäre ohne das Konzept der Selbstbedienung unvorstellbar. Ganz zu schweigen auch von den heutigen Hygienestandards und dem Verfallsdatum auf Lebensmitteln, auf die der Kunde nicht mehr verzichten würde. Und warum war das alles möglich? Hier stößt man wieder auf das Phänomen der verborgenen Innovationen der Chemie. Vielfältige Kunststoffe haben die Verpackungstechnik revolutioniert. Für jedes Problem konnte eine maßgeschneiderte Lösung bereitgestellt werden. Ob das nun Frischhaltefolien oder Plastiktüten sind, beschichtete Saftkartons oder Bierkisten; selbst in der Pappe für Eierschachteln steckt jede Menge Bindemittel auf Basis von Kunststoffen.

Doch zurück zur Entsorgung. Restmüll und Wertstoffe zu trennen, ist durchaus sinnvoll. Aber lässt sich aus

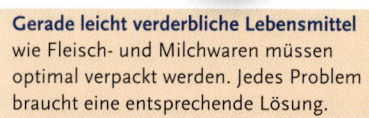

**Gerade leicht verderbliche Lebensmittel** wie Fleisch- und Milchwaren müssen optimal verpackt werden. Jedes Problem braucht eine entsprechende Lösung. Fleisch würde ohne durchsichtige Folie in der Kühltruhe liegen bleiben. Wie wenig ist uns bewusst, dass ohne die Vielfalt an Verpackungsmöglichkeiten das Konzept der Selbstbedienung nicht entstanden wäre.

Zunächst ein Blick in die Vergangenheit. Unsere Eltern hatten doch früher diese Müllprobleme nicht. Was hat sich also geändert? Soziologen haben in den USA vor ein paar Jahren eine Umfrage durchgeführt, welche Innovation aus den letzten fünfzig Jahren den Lebensstil am stärksten beeinflusst hat. Heraus kam – auf den ersten Blick verblüffend – die

verschmutztem Kunststoffmüll wirklich etwas recyceln? Leider ist eine solche stoffliche Wiederverwertung ökologisch wie auch ökonomisch wenig sinnvoll. Die Energiegewinnung durch Verbrennen von Kunststoffmüll ist momentan die sinnvollste Verwertung. Man muss sich dabei vor Augen führen, dass es doch allemal besser ist, das Erdöl zunächst in Form von Kunststoff-Produkten zu nutzen, anstatt es gleich – wie beim Heizöl – im Ofen zu verfeuern. Kunststoffabfall als festes Erdöl zu betrachten, setzt sich langsam als vernünftigster Verwertungsweg durch.

Die ökologische Diskussion ist zwar immer wieder recht unsachlich geführt worden, aber sie war notwendig. Entscheidungen zu treffen, bevor alle Fakten erhoben und zu Ende gedacht worden sind, ist in der Regel nicht weise. Heutzutage steht für die Beurteilung ein objektives Instrument zur Verfügung: die Ökoeffizienz-Analyse. Dieser Begriff klingt so kompliziert, wie das Verfahren tatsächlich ist. Dabei werden alle Aspekte im Lebenslauf eines Verpackungsmaterials aus Kunststoff berücksichtigt. Das gilt natürlich auch für andere Produkte. Erst wenn die einzelnen alternativen Produkte ebenfalls einer Ökoeffizienz-Analyse unterzogen worden sind, können objektive Entscheidungen gefällt werden, welches Produkt unter wirt-

schaftlichen und Umweltgesichtspunkten das beste ist. Bei Papier werden beispielsweise der Verbrauch von Holz und der Herstellprozess einbezogen; bei der Mehrwegflasche aus Glas muss auch das Einsammeln vor dem erneuten Einsatz und die sterile Reinigung vor dem Wiederbefüllen mit berücksichtigt werden, um nur zwei Beispiele herauszugreifen.

Vergleicht man die Verpackungsalternativen bei Milchmixgetränken, d.h. die Verwendung von Glasflaschen, Verbundkartons und Kunststoffbechern, ergibt sich etwas Interessantes. Berücksichtigt man sowohl die ökologische Gesamtbelastung als auch die Kosten, schneidet der Kunststoffbecher am besten ab. Chemiker haben dies intuitiv geahnt, doch bei der Ökoeffizienz-Analyse zeigt es sich nun auch objektiv: Kunststoffe sind verdammt gute Verpackungsmittel.

Nun aber zurück an die Arbeit in der Küche: Der Müll wird nach bestem Wissen und Gewissen getrennt. Jedes Teil kommt in seinen dafür bestimmten Müllsack oder -eimer. Und woraus bestehen diese? Aus Kunststoff natürlich, und das ist ja auch objektiv die beste Alternative...

**Der gelbe Sack** – Ob die Mülltrennung ökologisch sinnvoll ist oder nicht – sie hat sich durchgesetzt, selbst wenn der Plastikmüll als Brennstoff verkauft wird.

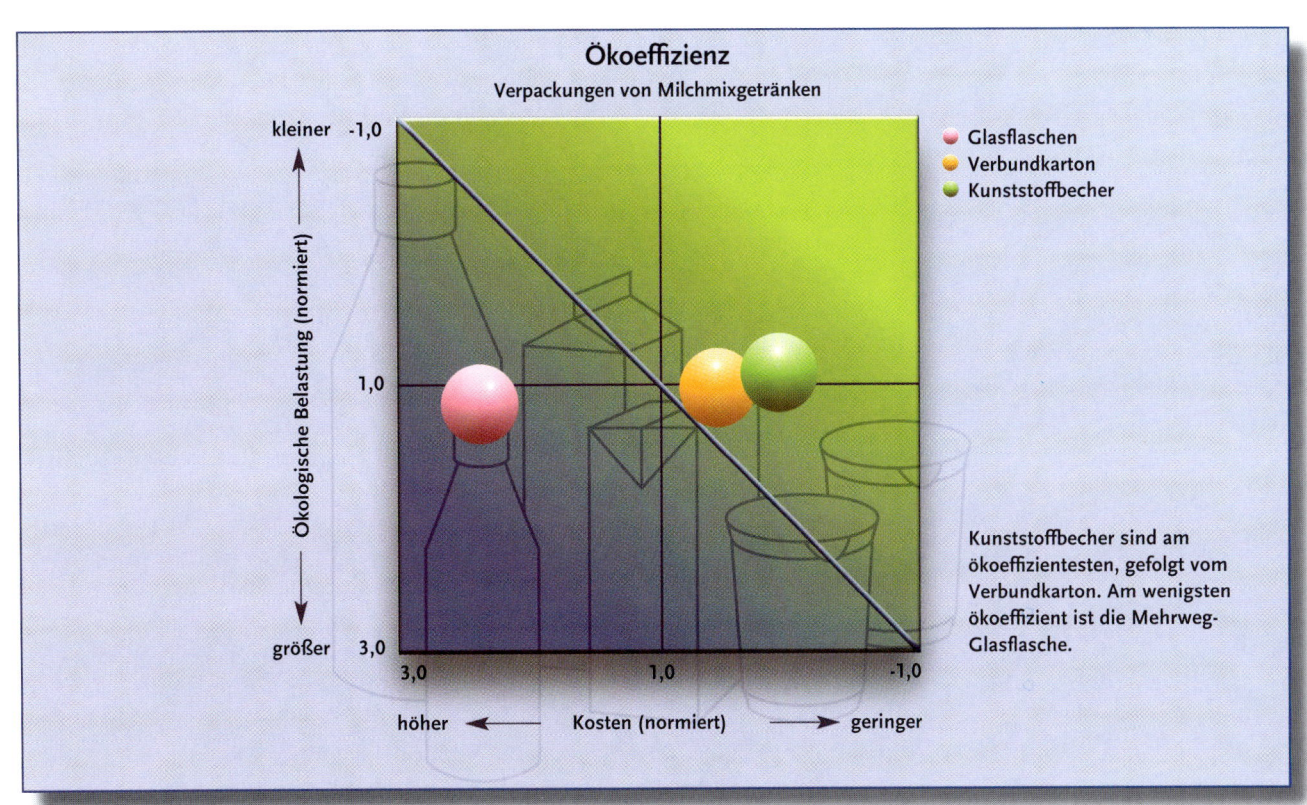

# Von **A**rsen bis **Z**yankali

## Ein kleines Who-is-who der Gifte

**Nützlich oder giftig ist im Prinzip nur eine Frage der Dosis, wie Paracelsus bereits im 16. Jahrhundert erkannte. Gifte im engeren Sinne sind Stoffe, die schon in relativ kleinen Mengen im Organismus zu Funktionsstörungen führen. Die Natur hat ein riesiges Arsenal solcher Stoffe zu bieten. Der Mensch versucht sie zu meiden, nutzt sie zuweilen als Medikament und Genussmittel oder missbraucht sie als Droge und um missliebige Zeitgenossen ins Jenseits zu befördern. Die Chemie fügt zwar diesem Gifte-Sammelsurium weitere, nicht natürlich vorkommende Gifte hinzu. Andererseits hilft sie, solche Toxine nachzuweisen und ihre Struktur aufzuklären. Häufig sind Toxine Ausgangspunkt für die Entwicklung von neuen Medikamenten.**

### 16:30 – Der Mörder ist ...

*Das Wartezimmer ist ja gar nicht so voll wie ich dachte. Nur zwei Leute sitzen schon da. Da kann ich ja mal in einer dieser Zeitschriften blättern, die man nur beim Zahnarzt oder beim Friseur bekommt. Allerdings interessieren mich die Berichte über Lieben und Leben gekrönter Häupter nicht so sehr. Das hier ist schon eher was für mich: Die Geschichte einer Frau, die drei Ehemänner mithilfe eines nicht nachweisbaren Giftes um die Ecke gebracht hat. Was könnte das wohl gewesen sein?*

Im Grunde kann jede Substanz giftig wirken – es kommt nur auf die Mengen an, die man zu sich nimmt. Selbst das harmlose Kochsalz, das wir Tag für Tag auf fades Kantinenessen streuen, kann einem Menschen schweren Schaden zufügen, wenn es in Mengen von 2 bis 5 Gramm pro Kilogramm Körpergewicht eingenommen wird! Andere Stoffe sind in geringer Dosierung lebenserhaltende Arzneimittel, in etwas höherer Dosierung aber tödlich wirkende Gifte. Zu diesen Substanzen zählt beispielsweise das bekannte Herzmedikament Digitalis. Ähnlich verhält es sich bei allen Cytostatika, den Medikamenten, die gegen Krebs eingesetzt werden. Sie sind letztlich Zellgifte, die dadurch wirksam sind, dass die rasch wachsenden Tumorzellen empfindlicher reagieren als gesundes Gewebe: Die Tumorzellen sterben ab, das gesunde Gewebe überlebt (siehe Kapitel *Das Prinzip der Chemotherapie*).

Der Wirkungsmechanismus der einzelnen Gifte kann sehr unterschiedlich sein. So kann etwa die Zellstruktur zerstört werden, oder wichtige Enzyme und damit lebenswichtige physiologische Prozesse werden blockiert. Manche Gifte werden als Gase oder Dämpfe eingeatmet, andere müssen verschluckt werden, um im Körper zu wirken. Besonders tückisch sind Kontaktgifte, bei denen bereits der Kontakt mit der Haut ausreicht, um zu schweren, bisweilen tödlich verlaufenden Vergiftungen zu führen. Vorsicht ist hier bei einigen Pflanzenschutzmitteln, insbesondere bestimmten Insektiziden geboten. Neben den Giften, die von außen in den Körper gelangen, gibt es aber auch solche, die beim Stoffwechsel im Körper erst erzeugt werden.

Die Giftigkeit einer Verbindung wird im allgemeinen als so genannte letale Dosis angegeben: Der $LD_{50}$-Wert bezeichnet diejenige Dosis, nach deren Verabreichung die Hälfte der Versuchstiere (meist Ratten oder Mäuse) stirbt. Diese Werte sind jedoch nur bedingt von Tierart zu Tierart oder auf den Menschen zu übertragen. Und sie berücksichtigen auch nicht die bleibenden, oft sehr ernsthaften Schäden an Organen oder andere Langzeitwirkungen eines Gifts. Kaum jemand ist sich bewußt, dass giftige Substanzen biologischen Ursprungs im Wettbewerb der Giftigkeit die Substanzen aus dem Chemielabor um Größenordnungen schlagen.

Toxine aus Bakterien oder anderen Mikroorganismen, aus Tieren und Pflanzen sind vielfach die Angriffs- und Verteidigungswaffen dieser Lebewesen. Diese Gifte sind Moleküle, die sich passgenau und sehr selektiv in die Bindungstaschen wichtiger Enzyme setzen und diese damit blockieren. Winzige Mengen reichen aus, um Fraßfeinde abzuschrecken, Beutetiere zu lähmen oder lästige Konkurrenten fernzuhalten – und sogar, um menschliche Wesen ins Jenseits zu befördern. Vor diesem Hintergrund erscheint die weit verbreitete Ansicht, ein Medikament sei ganz harmlos, wenn es ein pflanzliches Präparat ist, geradezu grotesk. Naturstoffe können physiologisch sehr wirksame Substanzen sein, das gilt besonders für die Gifte. In hoher Verdünnung lassen sie sich allerdings auch als Medikamente einsetzen. Ob sie „harmlos" für den Menschen sind oder aber nicht, hat nur etwas mit den Wirkungen und Nebenwirkungen eben jenes konkreten Stoffes oder Stoffgemisches sowie dessen Dosierung zu tun, nicht aber mit seiner Herkunft. Gifte können genauso gut aus einer Pflanze wie aus der „Retorte" stammen.

Die modernen chemischen Analytikverfahren sind in der Lage, Gifte zu identifizieren und so den Ursachen von Gesundheitsstörungen, die beispielsweise auf einer Vergiftung beruhen, auf die Spur zu kommen – wenn danach gesucht wird. Daher ist es bei Obduktionen heute meist kein großes Problem, das todbringende Toxin zu entlarven. Schlechte Zeiten für Giftmörder und Krimiautoren… Dass wir die genaue Struktur so vieler natürlicher Gifte kennen und damit einen Anhaltspunkt für ihren Wirkmechanismus und die Grundlage für die Entwicklung von Gegenmitteln haben, verdanken wir ebenfalls den ausgeklügelten analytischen Verfahren. Und mit ihrer Hilfe werden auch immer wieder neue giftige Verbindungen in Pflanzen, Tieren und Mikroorganismen entdeckt. Somit sind die chemischen Analysenmethoden ein verlässlicher Schutz vor Giften.

## „Hitliste" der toxischen Verbindungen

| Lethale Dosis LD$_{50}$ [µg/kg], Maus | Gift | Vorkommen | Verbindungsklasse |
|---|---|---|---|
| 0,0003 – 0,00003 | Botulinumtoxin („Botox") | Bakterium | Protein |
| 0,001 – 0,0001 | Tetanus-Toxin | Bakterium | Protein |
| 0,019 | β-Bungaro-Toxin | Schlange | Protein |
| 0,05 | Maitotoxin | Dinoflagellum (Alge) | Polyketid |
| 0,10 | Ricin | Christuspalme (Rizinus) | Glycoprotein |
| 0,35 | Ciguatoxin | Dinoflagellum (Alge) | Polyketid |
| 0,45 | Palytoxin | Koralle | Polyketid |
| 2,0 | Taipoxin | Schlange | Glycoprotein |
| 2,0 | Batrachotoxin | Pfeilgift-Frosch | Steroid-Alkaloid |
| 10 | Tetrodotoxin | Kugelfisch | Saccharidderivat |
| 22 (Ratte) | 2,3,7,8-TCDD („Dioxin") | synthetisch | Dioxin |
| 230 | L-(+)-Muscarin | Fliegenpilz | Alkaloid |
| 300 | α-Amanitin | Grüner Knollenblätterpilz | Bicyclisches Octapeptid |
| 300 | Nicotin | Tabakpflanze | Alkaloid |
| 750 (Katze) | Strychnin | Brechnuss | Alkaloid |
| 1.050 | Penitrem A | Schimmelpilz | Polyzyklisches Indolderivat |
| 1.700 | Aflatoxin B$_1$ | Schimmelpilz | Difuran-Cumarinderivat |
| 3.600 (Ratte) | Parathion („E605") | synthetisch | Phosphorsäureester |
| 10.000 (Ratte) | Kaliumcyanid („Zyankali") | synthetisch bittere Mandeln und bestimmte Obstkerne enthalten Blausäure-freisetzende Verbindungen | KCN |
| 15.100 | Arsenoxid („Arsenik") | aus Erzen | As$_2$O$_3$ |
| 25.000 (Ratte) | Cumarin | Straphantus (tropischer Schlingstrauch) | Digitalisglycosid |
| 33.200 | Curare | Tropische Pflanze | Alkaloid |
| 400.000 | Atropin | Tollkirsche | Alkaloid |

Natürlich gibt es neben den giftigen Naturstoffen auch giftige synthetische Substanzen. Diese können zu den organischen und anorganische Verbindungen zählen, aber auch reine Elemente können giftig sein, wie Chlor oder Quecksilber, das früher in allen Thermometern verwendet wurde. Von diesen nicht natürlich vorkommenden Stoffen schaffen es jedoch nur wenige in die Top-Twenty-Liste der giftigsten Substanzen. Trotzdem können sie natürlich sehr schädliche Umweltgifte sein. Hier nun Kurzporträts einiger natürlicher und anthropogener, mehr oder minder toxischer „Gift-Klassiker".

## ABC der berüchtigtsten Gift-Klassiker

**Arsen** ist „der" Klassiker unter den Mordgiften, bekannt aus zahlreichen Agatha-Christie-Romanen und Filmen à la „Arsen und Spitzenhäubchen", dessen Regisseur, Frank Capra, übrigens Chemiker war. Wenn von „Arsen" die Rede ist, handelt es sich meist um Arsenik, Arsen(III)oxid, mit dem auch Gustave Flaubert seine Madame Bovary ihrem (literarischen) Leben ein Ende setzen ließ. Dafür müssen mit 60 bis 120 mg relativ hohe Dosen aufgenommen werden. Das geruch- und geschmacklose weiße Pulver, das sich gut in Alkoholika löst, ist heute keinem Giftmörder mehr anzuraten, da es mit den Methoden der modernen Analytik problemlos nachgewiesen werden kann – aufgrund seiner Anreicherung in Nägeln und Haaren selbst noch nach Jahrzehnten an exhumierten Leichen. Als Spurenelement kommt Arsen überall in der Umwelt vor, in Erzen, in Meerwasser und organisch gebunden in Lebewesen. Arsen galt eine Zeitlang als Kandidat für die Reihe der lebenswichtigen Spurenelemente. Allerdings stellte sich heraus, dass der eigentliche Wohltäter das Element Selen ist. Da im Arsenik in der Regel etwas Selen enthalten ist, zeigten geringe Gaben des Giftes paradoxerweise eine gesundheitsfördernde Wirkung. Eine chronische Vergiftung mit Arsen äußert sich durch Hauttumore, Lähmungserscheinungen, Kopfschmerzen, Konzentrationsstörungen und Erschöpfung.

Früher wurde Arsen nicht nur als tödliches Gift verwendet, sondern auch, in geringeren Mengen, als „Schönheitsmittel" und zur Leistungssteigerung, da es kreislaufanregend wirkt. Das von Paul Ehrlich entwickelte arsenhaltige Syphilis-Mittel Salvarsan war das erste systematisch gesuchte Antibiotikum. Im fortgeschrittenen Stadium der Schlafkrankheit wird auch heute teilweise noch die arsenhaltige Substanz Melarsoprol verabreicht.

**Blei:** Häufiger als die akute ist die schleichende Bleivergiftung, wenn kleinere Mengen des Metalls über einen längeren Zeitraum aufgenommen werden. Blei schädigt vor allem das Nervensystem, die Nieren und beim Erwachsenen auch das Herz-Kreislauf-System. Weil es sich in Knochen einlagert, ist auch das blutbildende System betroffen. Müdigkeit, Appetitlosigkeit, Kopfschmerzen, Hautblässe oder Muskelschmerzen sind Symptome der Vergiftung. Meist werden Blei und Bleisalze über Nahrungsmittel oder das Trinkwasser aufgenommen. Bleirohre und bleihaltige Glasuren von Keramikgefäßen sind dabei oft die Schuldigen. Aber auch Autoabgase bringen Blei in die Atmosphäre. Durch Einführung von bleifreiem Benzins ist die Umweltbelastung durch Blei stark zurückgegangen. Spekulationen zufolge soll die Aufkonzentrierung von Traubensaft in Bleigefäßen beim Untergang des römischen Imperiums eine Rolle gespielt haben.

**Botulinumtoxin** ist das stärkste bekannte Gift. Bereits etwa 0,0001 mg sind für den Menschen tödlich. Die Beschwerden nach einer Lebensmittelvergiftung, die auf das Konto des Bakteriums *Clostridium botulinum* geht, beruhen auf der Hemmung der Signalübertragung zwischen Nerven und Muskeln und äußern sich als Lähmungen. Die Lähmung der Atemmuskulatur führt unbehandelt zum Erstickungstod. Seit Einführung eines Gegengiftes ist die Sterblichkeit bei Lebensmittelvergiftungen, die früher bei bis zu 90 % lag, deutlich zurückgegangen. In ca. 90 % aller Botulismusfälle waren selbstgemachte Konserven die Toxinquelle. Die beste Vorbeugung besteht darin, aufgetriebene Konserven und Gläser mit undichtem Deckel wegzuwerfen. Durch Kochen wird Botulinumtoxin innerhalb von Sekunden

**Arsenik** oder Arsenoxid ist der „Klassiker" aus Literatur und Film. In der Gasphase liegt es in Form von $As_4O_6$-Molekülen vor (lila: Arsen-, rot: Sauerstoffatome).

zerstört. Anders als bei Erwachsenen sind die Sporen der Clostridien für Säuglinge sehr gefährlich, da sich die Bakterien im kindlichen Darm vermehren und Toxine freisetzen. Die Schnuller von Babys zur Beruhigung in Honig zu tunken, sollte ein Tabu sein, da Honig oft deutliche Mengen an Sporen enthält. Es wird spekuliert, dass einige Fälle des so genannten plötzlichen Kindstodes durch Botulismus verursacht sind.

Als Medikament hilft – sehr stark verdünntes – Botulinumtoxin Patienten mit übermäßiger Schweißproduktion, auch bei bestimmten krankhaften Muskelkontraktionen wird es verabreicht. Man kann es kaum glauben, aber neuerdings ist das Gift – nun fast zärtlich „Botox" genannt – schwer in Mode gekommen: zum Glätten von Falten. Injektionen in Stirn und Hals sorgen dafür, dass Nervenimpulse blockiert und der Muskel nicht mehr wie gewohnt angespannt werden kann, während Fühlen oder Tasten nicht eingeschränkt sind. So kann die Stirn nicht mehr aktiv in Falten gelegt werden, und die Gesichtspartie wirkt glatter. Auch wenn die Wirkung nur einige Monate anhält, die Dauer reicht allemal, um attraktiv und photogen zur Oscar-Preisverleihung in Hollywood zu erscheinen. So meldeten 2003 die Medien, dass einige Schauspieler sehr unglücklich, da unverjüngt, vor dem jährlichen Event waren, da ihren Schönheitschirurgen der Vorrat an Botox ausgegangen war.

**Cadmium** behindert die Reparatur von DNA-Schäden in der Zelle und kann so Krebs erzeugen. Cadmium reichert sich in der Leber und in den Nieren an und kann sie schwer schädigen. Cadmiumverbindungen finden sich vor allem in Batterien und gelben Farbpigmenten. Sie werden erfolgreich beim Korrosionsschutz eingesetzt. Batterien der neueren Generationen enthalten kein Cadmium mehr. Umweltprobleme ergeben sich bei der unsachgemäßen Entsorgung cadmiumhaltiger Abfälle. Vor allem Innereien von Wild sowie wild wachsende Pilze, Leinsamen und Sonnenblumenkerne können belastet sein.

**Chlor:** Als Chlorid (z.B. in Kochsalz) spielt es eine lebenswichtige Rolle für den Wasser- und Mineralhaushalt des Körpers. Elementares Chlor dagegen, ein gelb-grü-

nes, stechend riechendes Gas, kann auf Menschen tödlich wirken. Chlor wird als Bleichmittel (heute meist in Form von Chlorbleiche, Hypochlorit) für Papier und Textilien verwendet. Um die Vermehrung infektiöser Keime zu unterbinden, werden die meisten Frei- und Hallenbäder chloriert, d.h. mit Hypochlorit desinfiziert. Das Trinkwasser wird dagegen in Deutschland üblicherweise nicht mehr chloriert. Achtung: Werden Hypochlorite, die in manchen Putzmitteln enthalten sind, zusammen mit Essigreinigern oder anderen Entkalkern verwendet, kann giftiges Chlorgas freigesetzt werden. Ist das Chlor chemisch gebunden, wie in Polyvinylchlorid (PVC, siehe Kapitel *„Weinende Bäume und der Gott des Feuers"*), kann es nur durch Verbrennung freigesetzt werden, und dann auch nur als harmloses Chlorid. Bei unvollständigen Verbrennungen können aus chlorhaltigen Verbindungen allerdings die giftigen Chlordioxine entstehen.

Im ersten Weltkrieg wurde Chlor als Giftgas missbraucht und forderte viele Tausend Menschenleben. Der Einsatz von Chlor als Kampfstoff durch die Deutschen 1915 läutete den Beginn des grauenhaften Gaskriegs ein (siehe Seite 139).

**Curare** ist eine Sammelbezeichnung für Pfeilgifte von Indianern in Südamerika, die bei der Jagd mit Blasrohren benutzt werden. Die Verbindungen zählen zu den Alkaloiden. Alkaloide sind vorwiegend in Pflanzen vorkommende Naturstoffe, deren charakteristisches Strukturelement ein oder mehrere Stickstoffheterocyclen sind – Kohlenstoffringe, die ein oder mehrere Stickstoffatome enthalten. Curare lähmt die Muskulatur der Beutetiere, die einsetzende Atemlähmung führt dann rasch zum Tod. Das Fleisch der Tiere ist dennoch essbar, da Curare, das über den Magen-Darm-Trakt aufgenommen wird, erst in höherer Dosierung giftig ist. Im Operationssaal ist es – in hoher Verdünnung – segensreich: Die Patienten werden damit so „ruhig gestellt", dass keine Muskelreflexe den Chirurgen bei der Arbeit stören.

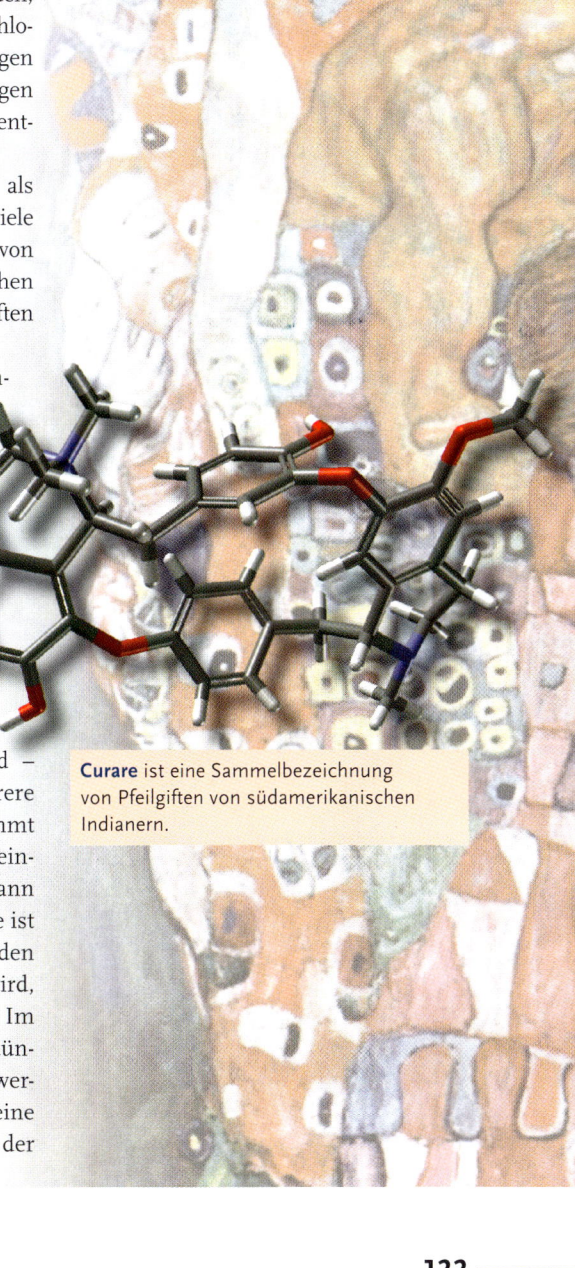

**Curare** ist eine Sammelbezeichnung von Pfeilgiften von südamerikanischen Indianern.

# Dioxin – das Supergift?

Unter der Bezeichnung Dioxine werden mehrere Dutzend unterschiedlicher chemischer Substanzen zusammengefasst. Viele davon sind harmlos, siebzehn gelten als besonders gefährlich, etwa „das" Dioxin, auch „Seveso-Gift" genannt (2,3,7,8-Tetrachlordibenzo-p-dioxin, TCDD), das durch einen Giftunfall 1976 im italienischen Seveso der breiten Öffentlichkeit bekannt wurde. Viele Menschen erlitten Hautverätzungen und erkrankten an Chlorakne. Auffallend war, dass viele Tiere starben, während die betroffenen Menschen „nur" Vergiftungen zeigten. Es stellte sich heraus, dass die meisten Tiere auf Dioxine wesentlich empfindlicher reagieren als Menschen. Auch zwischen verschiedenen Tierarten gibt es Unterschiede. So sind Mäuse um den Faktor 1000 empfindlicher als Ratten. Entsprechend problematisch ist die Interpretation der Ergebnisse toxikologischer Studien an Tieren, wenn es um deren Übertragbarkeit auf den Menschen geht.

Warum ist der Mensch so viel robuster gegenüber Dioxinen? Letztlich sind geringe Mengen an Dioxinen seit jeher ein natürlicher Bestandteil der Umwelt, da sie bei jedem Waldbrand und jedem Buschfeuer freigesetzt werden. Menschen aber waren Dioxinen schon seit urgeschichtlichen Zeiten besonders stark ausgesetzt, wenn sie Feuer in schlecht belüfteten Höhlen und Hütten machten. Und so wird spekuliert, dass im Laufe der Evolution eine gewisse Unempfindlichkeit entstanden ist. Bei archäologischen Ausgrabungen wurde übrigens entdeckt, dass die Bauern der schottischen Küstenregionen ihre Felder vor Jahrhunderten mit dioxinhaltiger Asche düngten. Diese dioxinbelastete Asche entstand beim Verheizen des in dieser Gegend sehr kochsalzhaltigen Torfs.

TCDD gilt dennoch als Spitzenreiter unter den Giften, die der Mensch in die Umwelt bringt. Im Vergleich zu den natürlichen „Supergiften" ist es zwar um Größenordnungen weniger toxisch, aber es wird im Gegensatz zu diesen nur sehr langsam abgebaut. Der Eintrag von Dioxinen in die Umwelt muss daher weiter zurückgedrängt werden. Durch strenge Kontrollen der Emissionen von Chemiefabriken, der Prozessoptimierung von Müllverbrennungsanlagen und Filter, die belastete Stäube effektiv aus der Abluft herausfiltern, konnte die Dioxinbelastung in Deutschland und anderen Industrienationen in den letzten Jahren bereits deutlich gesenkt werden. In den vergangen zehn Jahren soll sich die Dioxinkonzentration in der Muttermilch halbiert haben. Dass trotz dieser Tendenz immer wieder neue Horrormeldungen über verseuchte Produkte und kontaminierte Areale auftauchen, liegt aber nicht nur an skandalösen Unfällen und technischen Defekten, sondern teilweise auch daran, dass die chemischen Analysenverfahren heute ganz einfach um Größenordnungen empfindlicher sind als noch vor einigen Jahren.

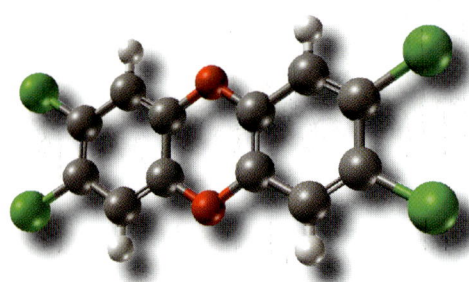

**Dioxin** beschreibt eine ganze Verbindungsklasse. Der bekannteste Vertreter, TCDD, ist hier dargestellt (grau: Kohlenstoff-, weiß: Wasserstoff-, rot: Sauerstoff-, grün: Chloratome).

**Dioxin:** Unter Dioxin versteht man normalerweise eine Verbindung aus der Gruppe der Dioxine, die mit TCDD abgekürzt wird (siehe Kasten) und eine der giftigsten nichtnatürlichen Substanzen ist. In höheren Konzentrationen, wie sie bereits bei Chemieunfällen aufgetreten sind, löst TCDD Chlorakne aus. Ob mit Dioxin belastete Lebensmittel tatsächlich eine Gesundheitsgefährdung für Menschen darstellen oder nicht, scheint immer noch umstritten zu sein. Unumstritten ist dagegen, dass viele Tiere deutlich empfindlicher auf TCDD reagieren als offenbar der Mensch und dass die Verbindung nur sehr langsam im Organismus und in der Umwelt abgebaut wird. Bereits diese Argumente reichen aus, um die Freisetzung weiter rigoros zu minimieren und die vorgeschriebenen strengen Kontrollen aufrecht zu erhalten.

**E 605** (Parathion) ist ein als Insektizid genutzter Phosphorsäureester, der im Freien relativ rasch abgebaut wird. Wie viele andere Phosphorsäureester hemmt E 605 das Enzym Acetylcholinesterase und wirkt bei Insekten sehr stark, ist leider aber auch für Menschen ein Nervengift (siehe Kasten). Die Verbindung ist heute nicht mehr zugelassen, da sie als zu gefährlich eingestuft wurde. Weniger die Unfälle beim Ausbringen des Insektizids als sein Missbrauch als Gift bei vielen Mord- und Selbstmordversuchen hat dem Namen E 605 einen makabren Bekanntheitsgrad verschafft.

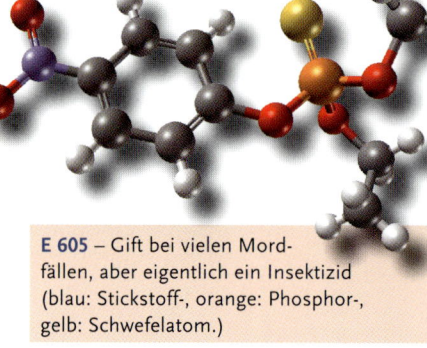

**E 605** – Gift bei vielen Mordfällen, aber eigentlich ein Insektizid (blau: Stickstoff-, orange: Phosphor-, gelb: Schwefelatom.)

**Kohlenmonoxid** (CO): Wenn der Mörder im Krimi das betäubte Opfer in die Garage legt und den Motor startet, dann wissen wir, was die Stunde geschlagen hat: Tod durch Kohlenmonoxid-Vergiftung. Auch Gasbrenner und Heizgeräte können zu lebensgefährlichen Unfällen führen, wenn die Lüftungen verstopft sind und die Verbrennung dadurch unvollständig abläuft. Größere Mengen CO in der Atemluft machen sich zunächst als Benommenheit, Schwindel und Kopfschmerzen bemerkbar. Kohlenmonoxid bindet an das Hämoglobin der roten Blutkörperchen und hemmt so den lebensnotwendigen Sauerstofftransport im Körper. Die Bindung von CO an eine der insgesamt vier Hämgruppen im Hämoglobin erhöht die Sauerstoffaffinität der drei anderen Häm-Gruppen in diesem Hämoglobinmolekül, das heißt der Sauerstoff wird fester gebunden als normalerweise. Dadurch kann dieser Sauerstoff schlechter in das Gewebe abgegeben werden. Sind 50 % des Hämoglobins blockiert, was bereits bei 1 % CO in der Luft nach einer Weile passiert, kann das Blut überhaupt keinen Sauerstoff mehr freisetzen.

Winzigste Mengen CO erfüllen dagegen im Körper eine wichtige Aufgabe, nämlich die eines Botenstoffs (siehe Kapitel *„Hauptsache die Chemie stimmt – wie Moleküle im Körper miteinander sprechen"*).

**Nicotin**
ist das Alkaloid
aus Tabak.

**Nicotin:** Das Alkaloid aus Tabak erfreut sich bei Rauchern großer Beliebtheit, da es geistig anregend und emotional entspannend wirkt (siehe Kapitel *„Glühende Leidenschaft für qualmende Schlote"*). Beim Verschlucken ist es jedoch ein starkes Gift. Eine Zigarette enthält genügend Gift, um ein kleines Kind zu töten. Noch problematischer sind Zigarettenkippen, da das dort angereicherte Nicotin im Magen-Darm-Trakt besonders leicht herausgelöst wird. Besonders gefährlich sind Kippen, die in einen Getränkerest geworfen wurden, wenn ein Kind ihn austrinkt. Nicotin ahmt die Wirkung des Neurotransmitters Acetylcholin nach, wird aber langsamer abgebaut und blockiert in größerer Dosierung die Übertragung der Nervenreize. Erste Anzeichen sind Übelkeit, Benommenheit und Krämpfe. Der Tod kommt sehr rasch durch Atemlähmung.

**Ozon:** Anders als die Sauerstoffmoleküle in unserer Atemluft, die aus zwei Atomen bestehen ($O_2$), setzt sich Ozon ($O_3$) aus drei Sauerstoffatomen zusammen und besitzt damit völlig andere chemische und physikalische Eigenschaften. Während das Ozon in der Stratosphäre nützlich und wichtig ist, muss das bodennahe Ozon als Umweltgift angesehen werden. Luftschadstoffe, allen voran Stickoxide, sind Hauptschuldige: Unter der Wirkung starker UV-Strahlung, also bei sonnigem Sommerwetter, zerfällt Stickstoffdioxid (das vor allem aus dem Straßenverkehr stammt) in Stickstoffmonoxid und atomaren Sauerstoff, der

mit den Sauerstoffmolekülen der Luft Ozon bildet. Dank geregelter Katalysatoren und schadstoffarmer Dieselmotoren in Autos ging die Ozonbelastung in Deutschland während der letzten Jahre erheblich zurück.

Als starkes Oxidationsmittel schädigt Ozon alle Organismen. Beim Menschen gelangt es in die Lunge und reizt dort die Schleimhäute. Atembeschwerden, Kopfschmerzen, Schleimhautreizungen wie Tränen- und Hustenreiz und vermehrte Asthmaanfälle sind typische Beschwerden. Ozonempfindliche Menschen reagieren bereits bei Konzentrationen ab 100 µg pro m³ Luft. Laut deutschem Sommersmog-Gesetz gilt ab 240 µg Ozon pro m³ Luft für Fahrzeuge ohne Katalysator Fahrverbot. In Industrie und Technik wird Ozon beispielsweise zum Bleichen von Ölen, Fetten, Wachs, Papier, synthetischen Fasern, Zellstoff und Textilien eingesetzt, es dient als Luftaufbereitungs- und Desinfektionsmittel in Brauhäusern und Kühlräumen, reinigt und entgiftet Abwässer und ersetzt seit einiger Zeit in zunehmendem Maße Chlor bei der Aufbereitung von Trinkwasser und der Entkeimung von Schwimmbädern.

**Ozon** – in der Stratosphäre ein Schutzschild, in Bodennähe ein Umweltgift.

**Kohlenmonoxid** – klein, aber oho! Im Krimi das Gift der Wahl bei vorgetäuschten Selbstmorden mit Autoabgasen.

## Acetylcholinesterase-Hemmstoffe

Die Weiterleitung elektrischer Impulse von einem Nerv zu einem anderen oder zu Muskelzellen erfolgt über Synapsen (siehe Kapitel *„Hauptsache die Chemie stimmt – wie Moleküle im Körper miteinander sprechen"*). Ein Nervenimpuls löst die Ausschüttung von Transmittersubstanzen wie Acetylcholin an der Synapse aus. Diese wandern durch einen Spalt zur anderen Seite der Synapse, wo sich der Muskel befindet. Hier binden sie an Rezeptoren und lösen so wieder einen elektrischen Impuls aus. Anschließend wird das Acetylcholin sofort durch die Acetylcholinesterase abgebaut. Bestimmte Insektizide wie E 605 sowie Kampfstoffe wie Sarin, Soman, Tabun und VX-Gas (siehe Kapitel *„Kampfstoffe"*) hemmen dieses Enzym. Starke Kopfschmerzen, Erbrechen und Durchfälle, Müdigkeit und Krampfanfälle sind Folge einer Vergiftung, die im fortgeschrittenen Stadium in Bewusstlosigkeit und Tod durch Atemlähmung oder Kreislaufkollaps mündet. ABC-Schutzanzüge und -masken bieten einen gewissen Schutz, sind aber auch für gut trainierte Personen nur einige Stunden zu (er)tragen. Die Soldaten der NATO sind bei gefährdeten Einsätzen mit einem selber in den Oberschenkel zu injizierenden Gegenmittel ausgerüstet. Es enthält Atropin und Obidoximchlorid. Atropin, ein Gift aus Nachtschattengewächsen wie der Tollkirsche, ist ein Gegenspieler des Acetylcholins. Da Acetylcholin bei der Vergiftung nicht mehr abgebaut wird, muss seine Wirkung neutralisiert werden. Atropin verdrängt Acetylcholin von seinen Rezeptoren, ohne aber einen elektrischen Impuls auszulösen. Obidoximchlorid kann die Funktionsfähigkeit der Acetylcholinesterase wieder herstellen. Bei Sarin und VX hilft es gut, bei Tabun oder Soman ist es jedoch kaum bis gar nicht wirksam.

Spätwirkungen von Nerven-Kampfstoffen sind weitgehend unerforscht. Es wird diskutiert, ob das in den Medien auch als „Golfkriegssyndrom" bezeichnete, recht diffuse Beschwerdebild, über das zahlreiche US-Soldaten klagen, durch den Kontakt mit Nervengiften ausgelöst sein könnte. Beim Bombardement eines großen Munitionslagers im Süden des Iraks durch die US-Luftwaffe soll dort gelagertes Sarin in die Atmosphäre freigesetzt worden sein, dem die Soldaten ausgesetzt gewesen sein könnten.

**Quecksilber** ist flüssig und bildet stabile Kügelchen. Die Dämpfe sind sehr giftig.

Theophrastus Philippus Aureolus Bombastus von Paracelsus (1493–1541)

Körper, wo es rasch in die Blutbahn eintritt. Durch Reaktion mit Thiol-Gruppen (Schwefelwasserstoffgruppen, —SH) von Enzymen kann es diese lahm legen.

Paracelsus (1493–1541) mischte Quecksilber oder Quecksilberoxid in Form von Salben, um damit Syphilis zu behandeln. Seit etwa 150 Jahren wird Quecksilber in Form von Amalgamen zur Zahnbehandlung genutzt, ein sehr leicht zu verarbeitendes, kostengünstiges und äußerst haltbares Material, das inzwischen jedoch in Verruf geraten ist (siehe auch Kapitel *„Ein Fall für die Spezialisten"*). Ob zu Recht oder zu Unrecht, ist nach wie vor umstritten. Amalgame sind Legierungen des Quecksilbers mit anderen Metallen. In der Dentaltechnik werden im allgemeinen Amalgame mit Zinn, Kupfer und Silber eingesetzt, die sehr korrosionsbeständig sind und normalerweise auch bei großflächigen Plomben nur einen Bruchteil der mittleren täglichen Belastung durch Nahrung und Atemluft freisetzen. Fakt ist jedoch, dass sowohl beim Legen einer frischen Amalgamfüllung als auch beim Herausbohren einer alten Füllung giftiges Quecksilber in Spuren freigesetzt wird. Zudem können einige Menschen eine Allergie entwickeln.

**Rizin** wurde durch den so genannten Regenschirmmord bekannt, den Anschlag auf den bulgarischen Schriftsteller und Dissidenten Georgi Markov 1978, der in London im Exil lebte. Tatwaffe war ein Regenschirm mit einer Abschussvorrichtung in der Stange. Damit schossen die Täter eine ca. 2 mm große durchbohrte, mit Rizin gefüllte Metallkugel unter die Haut des Opfers, das nicht mehr als einen kleinen Piekser spürte. Aus dem Depot gelangte das Gift kontinuierlich in Markovs Organismus. Viel zu spät, um sein Leben zu retten, wurde die Ursache seiner Beschwerden erkannt. Rizin ist ein Eiweiß aus dem Samen der Rizinuspflanze, das zur Gruppe der Lektine zählt. Eine der beiden Rizin-Untereinheiten bindet an Zuckermoleküle der Zelloberflächen und bewirkt die Aufnahme in die Zelle. Die andere hemmt dann die Proteinbiosynthese der Zelle. Bereits 0,5 mg Rizin sollen für eine Person mit 70 kg Körpergewicht tödlich wirken. Eigentlich das ideale Mordgift: Rizin kann oral, durch Einatmen oder wie beim Regenschirmmord mit einer Injektion zugeführt werden. Ein Gegen-

**Quecksilber** kann beispielsweise über die Müllverbrennung und die Verhüttung in die Umwelt gelangen. Besonders gefährlich sind Quecksilberdämpfe: Wenn beispielsweise ein mit Quecksilber gefülltes Fieberthermometer auf dem Boden zerbricht, gelangen die Quecksilberkügelchen in winzige Bodenritzen. Der Körper kann so jahrelang regelmäßig den giftigen Dämpfen ausgesetzt sein. Eine chronische Quecksilbervergiftung äußert sich in Müdigkeit, Kopf- und Gliederschmerzen, Zahnfleisch- und Mundschleimhaut-Entzündungen, einem dunklen Rand am Zahnfleisch, Zittern, Verfall und Schwäche der Gedächtnisleistungen sowie Störungen des zentralen Nervensystems. Nicht nur elementares Quecksilber, auch Quecksilberverbindungen sind giftig. Bei den anorganischen Quecksilbersalzen entscheidet vor allem die Löslichkeit darüber, wie toxisch die Verbindung ist. Generell sind Salze, in denen zweifach positiv geladene Quecksilberionen enthalten sind, giftiger als die anorganischen Verbindungen des einwertigen Quecksilbers. Besonders gefährlich sind organische Quecksilberverbindungen wie Methylquecksilber ($H_3C–Hg^+$). Sie entstehen unter anderem bei der Methylierung von Quecksilber(II)salzen durch Mikroorganismen. Über die Nahrungskette gelangt Methylquecksilber in den menschlichen

Die Samen der Rizinuspflanze enthalten Rizin, gegen das es kein Gegenmittel gibt.

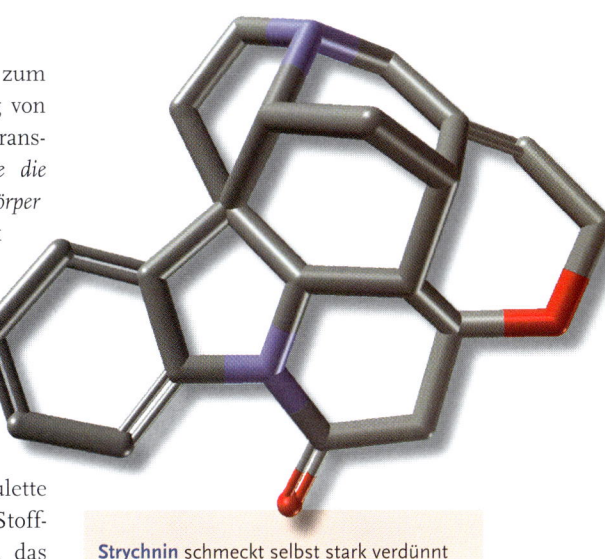

Strychnin schmeckt selbst stark verdünnt extrem bitter. Es löst schwere Krämpfe aus.

mittel gibt es nicht – und sofern nicht gezielt danach gesucht wird, ist eine Vergiftung mit Rizin nicht einfach zu diagnostizieren. Der Tod tritt als Folge eines allgemeinen Organ- und Kreislaufversagens ein. Vorsicht: In einer Reihe von Ländern, besonders in Nordafrika, werden die Samen der Rizinuspflanze als sehr dekorativer Teil von Schmuckgegenständen angeboten. Für Kinder, die diese Samen in den Mund nehmen, kann das tödlich enden!

Es gibt Überlegungen, Rizin an Antikörper zu binden, die sich gegen bestimmte Tumorzellen richten. Nachdem der mit Rizin beladene Antikörper an die Krebszelle angedockt hat, könnte Rizin die Tumorzelle abtöten.

**Strychnin** ist ein Alkaloid der Brechnuss, das noch in geringer Verdünnung extrem bitter schmeckt. Es wirkt ähnlich wie das Tetanus-Toxin und erzeugt schwere Krampfanfälle. In geringer Dosierung wurde es früher als Stärkungsmittel und Gegengift gegen Barbiturat-Vergiftungen und Curare genutzt. Da es den Muskel- und Gefäßtonus erhöht und das Atemzentrum anregt, wurde es auch als Dopingmittel missbraucht.

**Tetanus-Toxin** ist das Gift, das von den Erregern des Wundstarrkrampfs, dem Stäbchenbakterium *Clostridium tetani*, freigesetzt wird und zu schmerzhafter krampfartiger Muskelstarre führt, die in schweren Fällen tödlich endet. Die Infektion erfolgt meist durch Verunreinigungen von Wunden mit Erde, die Clostridien-Sporen enthält. Das Toxin wandert von der Infektionsstelle entlang der Nerven zum Rückenmark, wo es die Freisetzung von bestimmten hemmenden Neurotransmittern (siehe Kapitel „Hauptsache die Chemie stimmt – wie Moleküle im Körper miteinander sprechen“) blockiert. Dank breit genutzter Schutzimpfungen muss eine Tetanus-Infektion uns heute kaum noch Sorgen bereiten.

**Tetrodotoxin** ist das Gift, das den Verzehr des berühmt-berüchtigten Kugelfisches Fugu zuweilen zum russischen Roulette werden lässt. Tetrodotoxin ist das Stoffwechselprodukt eines Bakteriums, das über die Nahrungskette in den Kugelfisch, aber auch bestimmte Salamander, Frösche und Schnecken gelangt. In vielen Teilen der Welt wird der Fugu als Delikatesse angesehen. Angeblich erzeugen die geringen Mengen des Gifts in richtig zubereitetem Fugu – wozu offenbar nur besonders ausgebildete und erfahrene Köche in der Lage sind – ein angenehmes Kribbeln, ein Wärmegefühl und Euphorie. Höhere Dosen führen zu völliger Bewegunsunfähigkeit, Bewusstlosigkeit, vermindertem Herzschlag und kaum wahrnehmbarer Atmung. Es soll schon vorgekommen sein, dass Vergiftete bereits für klinisch tot erklärt wurden – und bei der Autopsie oder gar auf dem Weg zum Grab wieder zu sich kamen. Angeblich soll das Gift, das die Natriumkanäle der Nervenzellen blockiert, auch beim Zombi-Kult der Karibik eine Rolle spielen.

Eine größere Bedeutung als Tetrodotoxin haben bei Fischvergiftungen allerdings **Maitotoxin** und **Ciguatoxin** aus der Alge *Gambierdiscus toxicus*. Über den Verzehr von Korallenfischen gelangen die Stoffe in den Organismus und rufen eine Fischvergiftung hervor, an der vor allem in tropischen Gegeden jährlich ca. 20.000 Menschen erkranken. Maitotoxin ist nicht nur die giftigste nichtpeptidische Verbindung, sondern auch der Naturstoff mit dem höchsten Molekulargewicht. Die Verbindung konnte im Labor „nachgekocht“ werden. Damit war der Beweis erbracht, dass im Prinzip jedes in der Natur vorkommende Molekül mit den Methoden der modernen Chemie hergestellt werden kann.

**Tetrodoxin** führte schon zu manchem kulinarischen Todesfall. Eine Vergiftung durch Kugelfische können nur sehr erfahrene und speziell ausgebildete Köche umgehen. Kugelfische zählen zu den Delikatessen in Asien.

**Thallium-Salze** wurden früher als Rattengift und als Enthaarungsmittel eingesetzt. Leider hält der menschliche Körper giftige Thalliumionen für die lebenswichtigen Kaliumionen. Einige Enzyme binden Thallium fester als Kalium, was deren Funktion stört. Zudem blockieren Thalliumionen SH-Gruppen von Enzymen. Die Symptome sind Lethargie, Blackouts und allgemeine Schwäche. Die Wirkung setzt erst nach einigen Tagen ein und lässt sich leicht mit einigen Krankheiten verwechseln – was die farb- und geschmacklosen, leicht wasserlöslichen Salze zu einem geeigneten Mordgift machte. Aber: Selbst in der Asche Verstorbener verraten sich Spuren von Thallium durch ihr charakteristisches grünes Licht, das sie bei der Atomspektroskopie aussenden. Gut, dass Thalliumverbindungen zumindest in den meisten westlichen Ländern inzwischen verboten sind. Anders im Irak, wo Thallium gegen Regimegegner verwendet wurde, etwa gegen zwei 1992 in Ungnade gefallene Offiziere, die gerade noch rechtzeitig entkommen und in London erfolgreich behandelt werden konnten. Als bestes Gegenmittel hat sich Berliner Blau, die Farbe blauer Tinte erwiesen: Das in diesem Komplex enthaltene Kalium wird gegen Thallium ausgetauscht.

**Zyankali** (Kaliumcyanid, KCN) ist das bekannteste Cyanid. Im Magen setzt es unter Einfluss der Magensäure Blausäure (Cyanwasserstoff, HCN) frei, eine sehr giftige und schnellwirkende Substanz. Cyanide kommen in Mandeln und zahlreichen Kernen vor, etwa von Äpfeln, Aprikosen und Kirschen. Die Einnahme von nur 5 bis 10 Bittermandeln kann für ein Kind bereits tödlich enden. Auch Tabakrauch enthält teilweise erhebliche Blausäurekonzentrationen. Mit dem dreiwertigen Eisen der zellulären Atmungsenzyme gehen Cyanidionen eine Komplexbindung ein, blockieren die Atemkette und führen so zur Erstickung auf zellulärer Ebene. Da Blausäure intensiv nach Bittermandeln riecht, ist dieses Gift relativ leicht zu bemerken – zumindest für die Hälfte der Bevölkerung. Den anderen 50 Prozent fehlt dagegen das Gen, um den charakteristischen Bittermandelgeruch wahrzunehmen.

Da viele Kunststoffe beim Verbrennen Blausäure freisetzen, können auch Wohnungsbrände zu tödlichen Blausäurevergiftungen führen. Dabei gilt als Faustformel, dass von den bei Bränden entstehenden giftigen Gasen rund 1/3 Kohlendioxid/Kohlenmonoxid, 1/3 Rauchgase und 1/3 Blausäure sind. Vor allem in der metallverarbeitenden und chemischen Industrie und bei der Schädlingsbekämpfung wird mit Cyaniden gearbeitet. Strenge Vorsichtsmaßnahmen sind dabei unabdingbar. Eine grauenvolle Rolle spielte die Blausäure bei den Vergasungen in den Konzentrationslagern des „Dritten Reichs". Das als „Zyklon B" bezeichnete Gift, eigentlich ein blausäurehaltiges Schädlingsbekämpfungsmittel, wurde benutzt, um unzählige Menschen in den Gaskammern zahlreicher Konzentrationslager grausam zu ermorden.

# Fritz Haber und der Sündenfall

Der Einsatz von Giftgas als Waffe wird häufig als der „Sündenfall" der Chemie bezeichnet, so wie es der Abwurf der Atombombe für die Physik darstellt. Eine tragische Rolle spielte dabei Fritz Haber. Dieser 1868 in Breslau geborene geniale Chemiker hatte 1905 die katalytische Vereinigung von Wasserstoff und Stickstoff unter hohem Druck und hoher Temperatur entdeckt. Zusammen mit Carl Bosch gelang die technische Synthese von Ammoniak 1913 in der Badischen Anilin- und Sodafabrik (BASF). 1911 wurde Fritz Haber die Leitung des Kaiser-Wilhelm-Instituts für Physikalische Chemie in Berlin übertragen. Er war ein glühender Patriot. Als die Fronten im Ersten Weltkrieg sich zu verlustreichen Stellungskriegen verfestigten, hatte er die Idee, durch den Einsatz von Chlor Schneisen in die gegnerischen Linien zu schlagen. Am 25. April 1915 leitete er den ersten Gasangriff mit Chlor im Frontabschnitt bei Ypern. Damit waren Dämme gebrochen. Auf beiden Seiten der Kriegsparteien wurden danach immer wieder Gifte wie Chlor, Phosgen und Senfgas eingesetzt. Kriegsentscheidend waren diese menschenverachtenden Einsätze nicht, aber sie gaben diesem Krieg eine weitere Dimension der Unmenschlichkeit.

Fritz Haber

1918 entschied sich das Nobel-Komitee, Fritz Haber für die Entdeckung der Ammoniak-Synthese mit dem Nobel-Preis für Chemie auszuzeichnen. Ohne den Stickstoff-Dünger wäre die wachsende Menschheit in unvorstellbare Hungersnöte geraten (siehe Kapitel „Der Natur auf die Sprünge helfen").

Im Vertrag von Versailles wurde Deutschland zu hohen Reparationszahlungen verpflichtet. Der Patriot Fritz Haber verfolgte daher die Idee, Gold aus dem Meerwasser zu gewinnen. Erste Analysen ließen Hoffnung aufkommen. Bei einer Expedition stellten sich die Laborergebnisse jedoch als Fehler heraus. Fritz Haber war bitter enttäuscht, nachdem es ihm doch schon gelungen war, „Gold" (Ammoniak) aus der Luft zu gewinnen. Seine bitterste Stunde kam allerdings, als 1933 die Nazis die Macht übernahmen. Unter unwürdigen Umständen wurde ihm die Leitung des Kaiser-Wilhelm-Institutes entzogen, weil er Jude war. Tief enttäuscht emigrierte er in die Schweiz, wo er im Januar 1934 in Basel starb.

In keiner anderen Person der Wissenschaftsgeschichte hat sich die Janusköpfigkeit des Fortschritts und die Zwiespältigkeit von blindem Patriotismus so tragisch vereint wie in Fritz Haber.

# Ein trauriges Kapitel:

# Kampfstoffe

Erstmals wurde am 24. Mai des Jahres 1983 vom US-Verteidigungsministerium bekannt gegeben, dass auch in der Bundesrepublik Deutschland chemische Waffen lagern. Diese wurden nach der Wiedervereinigung über den Seehafen Bremen/Bremerhaven auf die Pazifik-Inseln Johnston transportiert und dort vernichtet. Deutschland ist dem Internationalen Abkommen gegen Chemiewaffen beigetreten und wird durch internationale Kommissionen regelmäßig inspiziert. Die Gesellschaft Deutscher Chemiker verpflichtet in ihrem Verhaltens-Kodex ihre Mitglieder dazu, nicht an Chemiewaffen zu arbeiten. Das Gleiche gilt für den Verband der Chemischen Industrie Deutschlands.

Der letzte bekannte Einsatz von Giftgasen in einer kriegerischen Auseinandersetzung zwischen Staaten fand zwischen 1984 und 1988 im Iran-Irak-Krieg mit vielen Tausenden von Toten statt.

Senfgas (Lost, Gelbkreuz, 2,2-Dichlordiethylsulfid) ist eine sehr giftige, relativ leicht herzustellende Substanz, die im 1. Weltkrieg eingesetzt wurde. Der Name „Gelbkreuz" stammt wie alle Kreuz-Bezeichnungen von der farblichen Kennzeichnung der Kampfstoff-Munition. Eine große Gefahr bilden aktuell alte, allmählich durchgerostete Senfgasgranaten auf dem Grund der Ostsee, die hin und wieder in die Netze der Fischer geraten und zu Vergiftungen führen können. In neuerer Zeit ist vor allem der Einsatz von Senfgas 1988 gegen die kurdische Bevölkerung im Norden des Iraks in schrecklicher Erinnerung. Senfgas dringt über die Atemwege und die Haut in den Organismus ein und lähmt zahlreiche Lebensfunktionen. Außerdem schädigt es die menschliche Erbsubstanz DNA und hemmt die Zellteilung. Diese Eigenschaft versucht man übrigens seit einiger Zeit als Basis für Medikamente ähnlicher Struktur in der Krebstherapie zu nutzen.

Senfgas wird auch Lost oder Gelbkreuz genannt (grau: Kohlenstoff-, weiß: Wasserstoff-, gelb: Schwefel-, grün: Chloratome).

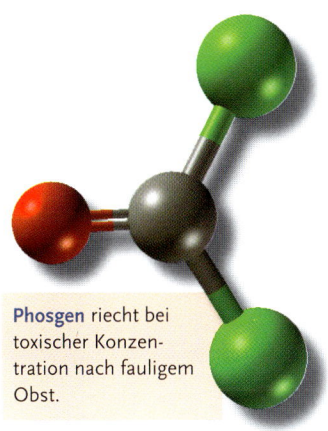

Phosgen riecht bei toxischer Konzentration nach fauligem Obst.

Phosgen (Grünkreuz, Carbonylchlorid) reagiert mit dem Wasser der Lunge zu ätzender Salzsäure und Kohlendioxid. Außerdem wird eine Reihe von Stoffwechselenzymen blockiert. Phosgen wird in der chemischen Industrie – natürlich unter äußersten Vorsichtsmaßnahmen – vor allem in der Kunststoffherstellung (Polyurethane) verwendet. Vorsicht ist bei Wohnungs- und Industriebränden angesagt: Das Gas kann bei der Verbrennung von chlorhaltigen Kunststoffen entstehen. Der Missbrauch als Kampfgas hatte verheerende Folgen: Man schätzt, dass etwa 80 % aller Gastoten des 1. Weltkriegs auf das Konto von Phosgen gehen. Phosgen hat übrigens nichts mit dem Element Phosphor zu tun, auch wenn der Name der Verbindung danach klingen mag. Phosgen ist zu seinem Namen gekommen, da es unter anderem bei der Belichtung eines Gasgemisches aus Kohlenmonoxid und Chlor entsteht: griechisch *phos* = Licht und *genes* = verursacht, verursachend.

Sarin, Soman und Tabun, wurden während des 2. Weltkriegs in Deutschland entwickelt und hergestellt, jedoch nie eingesetzt. Alle drei sind Phosphorsäureester und wirken als starke Nervengifte, wenn sie über die Atemwege oder die Haut aufgenommen werden, indem sie das Enzym Acetylcholinesterase hemmen (siehe Seite 135). Sarin (Fluorphosphonsäuremethylisopropylester) erlangte traurige Bekanntheit, als es 1995 in der Tokioter U-Bahn von Angehörigen der AUM-Sekte versprüht wurde. Im Irak wurden hunderte Tonnen Sarin nach dem Golfkrieg von den UN-Inspektoren aufgefunden und vernichtet.

Die so genannten VX-Kampfstoffe wurden um 1950 unabhängig voneinander in den USA und in Schweden entdeckt. Die USA begannen kurz danach die systematische Erforschung dieser Art von neuen chemischen Kampfstoffen.

Im Jahr 1955 wurde der erste V-Kampfstoff, das Amiton, synthetisiert. Später wurden die noch giftigeren Alkoxyalkylphosphorylthiocholine entdeckt, deren bekanntester Vertreter das VX-Gas ist. Diese Stoffe wirken ebenfalls als Acetylcholinesterase-Hemmer, sind aber um ein Vielfaches giftiger und bleiben länger auf der Haut haften. Es bilden sich besonders stabile Bindungen mit Enzymen, die zu einer verlängerten Wirkung führen. Mit Medikamenten ist eine solche Vergiftung nur sehr schwierig zu behandeln.

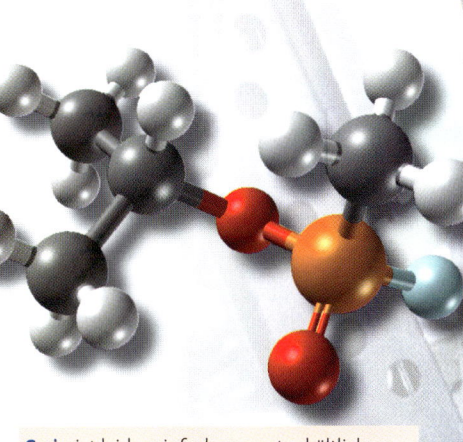

Sarin ist leider einfach aus gut erhältlichen Substanzen herstellbar (rot: Sauerstoff-, orange: Phosphor-, türkis: Fluoratome).

| Kampfstoff | $LD_{50}$ bei Kontakt auf der Haut[1] (Mensch, geschätzt) | $LCt_{50}$ bei Einatmen[2] (Mensch, geschätzt) |
|---|---|---|
| Tabun | 4000 mg | 200 mg |
| Sarin | 1700 mg | 100 mg |
| Soman | 300 mg | 100 mg |
| VX | 10 mg | 50 mg |

1) Lethale Dosis: Die angegebene Menge ist bei Hautkontakt für die Hälfte der betroffenen Menschen tödlich. Werte sind grobe Schätzungen.

2) Lethale Konzentration: Bei X Milligramm pro Kubikmeter Luft und einer Minute Aufenthalt ist die angegebene Menge für die Hälfte der betroffenen Menschen tödlich. Werte sind grobe Schätzungen.

Fentanyl und Halothan waren unschuldige Pharmaka – jedenfalls bis Oktober 2002, als russische Sondereinheiten die Geiselnahme durch tschetschenische Terroristen in einem Theater in Moskau unter dem Einsatz von Gas beendeten. Bei der Befreiungsaktion starben 129 der 830 Geiseln an den Folgen einer Gasvergiftung. Nach Aussagen offizieller russischer Stellen wurde auch Fentanyl eingesetzt. Ob daneben Halothan eingesetzt wurde, ist umstritten. Das Opioid Fentanyl wird als Schmerzpflaster bei chronischen Schmerzen und als Narkosemittel verwendet. Halothan ($F_3C$-CHClBr) ist ein Narkosemittel, das heute so gut wie gar nicht mehr verwendet wird. Eine gefährliche Nebenwirkung von Fentanyl und Halothan ist eine herabgesetzte Ansprechbarkeit des Atemzentrums (Atemdepression), die unbehandelt zu einer Atemlähmung führen kann.

# Spurensuche mit Chemie

**Das perfekte Verbrechen gibt es nicht. Irgendeine Spur hinterlässt der Täter eigentlich immer. Ausgeklügelte Analyseverfahren helfen, diese aufzuspüren und auszuwerten. Hier nur einige wenige Beispiele...**

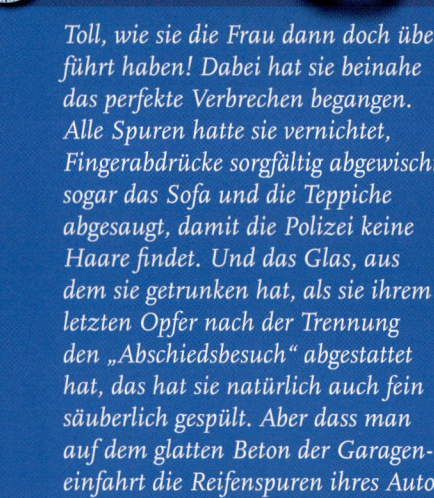

### 16:40 – Überführt!

*Toll, wie sie die Frau dann doch überführt haben! Dabei hat sie beinahe das perfekte Verbrechen begangen. Alle Spuren hatte sie vernichtet, Fingerabdrücke sorgfältig abgewischt, sogar das Sofa und die Teppiche abgesaugt, damit die Polizei keine Haare findet. Und das Glas, aus dem sie getrunken hat, als sie ihrem letzten Opfer nach der Trennung den „Abschiedsbesuch" abgestattet hat, das hat sie natürlich auch fein säuberlich gespült. Aber dass man auf dem glatten Beton der Garageneinfahrt die Reifenspuren ihres Autos finden würde, damit konnte sie nicht rechnen.*

## Verräterische Fingerabdrücke

Wie unvorsichtig, einen Fingerabdruck zu hinterlassen! Ein frischer Fingerabdruck ist eine Ansammlung aus winzigsten Tröpfchen, die hauptsächlich aus Schweiß bestehen. Was nach dem Eintrocknen haften bleibt, sind zwar nur ein bisschen Natriumchlorid sowie winzige Mengen von Aminosäuren, Harnstoff, Ammoniak und Talg, aber das reicht oft genug, um den Täter zu entlarven. Um Fingerabdrücke sichtbar zu machen – das kennen wir alle aus dem Krimi – wird ein feines Pulver mit einem Pinsel auf die verdächtigen Oberflächen aufgetragen. Durch eine elektrostatische Aufladung der Probe kann die Haftung des Pulvers noch verbessert werden. Wo die Pinseltechniken versagen, hilft die Laserlumineszenz: Durch Bestrahlung mit einem Laser wird der Fingerabdruck zum Fluoreszieren gebracht, d.h. im Laserlicht leuchtet er. Was dabei leuchtet, sind Substanzen, mit denen wir täglich zu tun haben und die in Spuren an der Haut haften bleiben, wie Cremes, Seife, Motorenöl, Farben, Tinte. Außerdem fluoreszieren bestimmte natürliche Absonderungen der Haut. Zur Verbesserung der Laseranregung kann der Fingerabdruck mit der Chemikalie Fluoram besprüht werden. Das Reagenz reagiert mit stabilen, normalerweise nichtleuchtenden Aminosäuren des Fingerabdrucks zu neuen fluoreszierenden Verbindungen. Sogar bis zu zehn Jahre alte Fingerabdrücke lassen sich so auf Buchseiten und alten Dokumenten reanimieren. Was man dabei sieht, sind nicht nur die Rillen der Fingerkuppen, sondern

sogar ein Porenmuster der Haut, das die Identifizierung verbessert.

Außer den beschriebenen gibt es noch zahlreiche weitere Methoden, um Fingerabdrücke ans Licht zu bringen, die je nach Art der Oberfläche, auf der der Fingerabdruck vermutet wird, eingesetzt werden. Mit einer speziellen Ioddampf-Technik beispielsweise kann sogar auf der Haut von Mordopfern bis zu 105 Stunden nach deren Tod noch nach Fingerabdrücken des Täters gefahndet werden. Der Dampf wird über einen kleinen Teil des toten Körpers geblasen und reagiert mit dem Wasser, das die Fingerabdrücke hinterlassen haben. Dann wird eine dünne Silberfolie auf den Bereich aufgedrückt, in der der Fingerabdruck erscheint, und das Muster so auf dem Metall gespeichert.

## Verräterische Fußabdrücke und Reifenspuren

Klar, einen Abdruck in Gartenerde oder in matschigem Boden zu finden und zu identifizieren, das ist kein Kunststück. Aber auch unauffälligere Fußabdrücke kann man sichtbar machen und mit den Schuhsohlen eines Verdächtigen vergleichen. Abdrücke auf dem Teppich etwa. Auf vielen Teppichen erzeugt das Laufen eine elektrostatische Aufladung der Oberfläche. Winzige Kunststoffkügelchen, die auf dem Teppich verstreut werden, werden von Partien des Teppichs angezogen, die von einer Bewegung der Schuhe aufgeladen wurden. Die kleinen Kugeln aus einem für diese Aufgabe

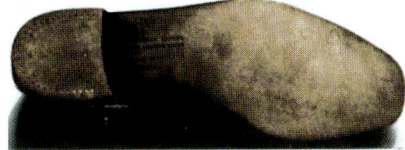

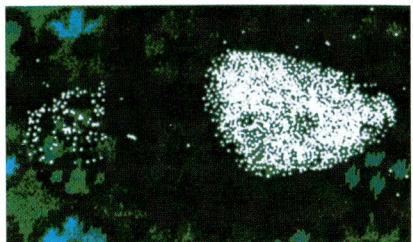

optimierten Polymer zeigen sogar Wirbel- und Linienmuster neuer Schuhe sowie die Abnutzungserscheinungen an älteren Exemplaren an.

Mit dem Auto zum Ort des Verbrechens gefahren? Auch das kann sehr verräterisch sein, denn auch für Reifenabdrücke gibt es besondere Tricks, die sogar funktionieren, wenn diese nicht ganz offensichtlich in den Boden eingedrückt sind: Ein nur sehr schwacher Reifenabdruck, z.B. auf einer harten Betonoberfläche, kann durch Besprühen mit einem speziellen Lack sichtbar gemacht werden. Dieser Lack besteht aus einer Lösung von Polyvinylacetat in Ethylacetat. In den Gummipartikeln, die der Reifen auf dem Beton zurückgelassen hat, steckt – zunächst verborgen – fluoreszierendes Material wie Weichmacher. Das Ethylacetat treibt diese an die Oberfläche der Gummirückstände. Beim Verdunsten des Ethylacetats werden diese dann auf der Oberfläche der Rückstände fixiert und können im UV-Licht angesehen und ausgewertet werden. Der Lack verhindert das Verblassen der Abdrücke.

## Verräterischer Schmauch

Jeder Krimi-Freund weiß, was den Schützen „todsicher" verrät: Schmauchspuren an seinen Händen. Beim Abfeuern einer Schusswaffe setzen sich mikroskopisch feine Partikel des Pulvergemisches auf der Haut des Täters fest, die Schmauchpartikel. Aber wie macht man sie sichtbar? Früher wurden die Proben mit einem flüssigen Paraffin, einem wachsartigen Gemisch von gesättigten Kohlenwasserstoffen, von den Händen abgenommen

(daher die Bezeichnung Paraffintest) und die Wachskopie dann mit Diphenylamin (zwei Benzolringe, die über eine Aminogruppe verbunden sind, $C_6H_5-NH-C_6H_5$) in Schwefelsäure behandelt. Nitratpartikel aus der Munition zeigen sich als tiefblaue Flecken. Heute greift der Ermittler zum Klebestreifen, um eine Probe von der Haut des Verdächtigen abzunehmen. Unter dem Rasterelektronenmikroskop sind die Schmauchpartikel zu sehen – und mit einer geeigneten Software können sie sogar automatisch mit bekannten Proben verglichen werden. Auch die Elementzusammensetzung lässt sich bestimmen, etwa durch eine Röntgenfluoreszenzanalyse. Dabei wird die Probe durch energiereiche Bestrahlung dazu angeregt, eine Röntgenstrahlung abzugeben. Diese ist für jedes chemische Element ganz charakteristisch. Anhand von Größe und Struktur der Schmauchpartikelchen sowie chemischer Zusammensetzung von Bestandteilen aus dem Pulvergemisch und dem Zündhütchen lassen sich Rückschlüsse auf die verwendete Munition und damit die Waffe ziehen. Bei konventioneller Munition

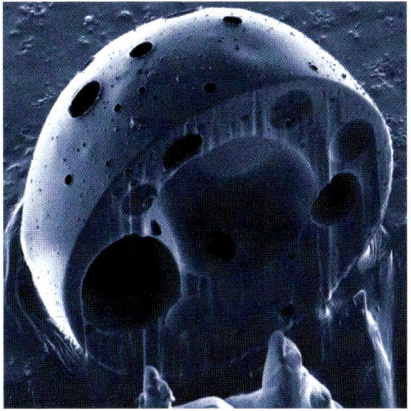

sind meist Blei, Barium und Antimon in den Schmauchpartikeln enthalten; eine neue Munition enthält dagegen Titan und Zink. Inzwischen ist es sogar möglich, die Partikelchen mit einem fokussierten Ionenstrahl regelrecht aufzuschneiden und einen Blick ins Innere zu bekommen.

Um die Herkunft von Waffen (oder auch anderen Gegenständen) zu verschleiern, feilen Verbrecher zuweilen die Seriennummern ab. Das reicht aber nicht immer aus, denn auch wenn oberflächlich nichts mehr zu sehen ist, ist unter dem bearbeiteten Bereich immer noch eine

# Gene lügen nicht

Für Krimifans ist es eine Binsenweisheit: Auch die Verbrecherjagd profitiert von der Gentechnik. Jeder Mensch ist genetisch einzigartig, selbst die Erbanlagen eineiiger Zwillinge sind nicht zu 100 % identisch, sondern unterscheiden sich geringfügig. Das liegt daran, dass während ihres ganzen Lebens, also auch schon während der Schwangerschaft, auf jeden von ihnen unterschiedliche Umwelteinflüsse einwirken. Das Erbgut eines Menschen ist also genauso unverwechselbar wie ein Fingerabdruck. Eine Erbgutanalyse wird deshalb auch als genetischer Fingerabdruck bezeichnet.

Ob es darum geht, die Identität von Lebenden oder Toten festzustellen, menschliche und tierische Leichenteile voneinander zu unterscheiden oder sie einander richtig zuzuordnen, eine Analyse der Erbsubstanz DNA ist einfach unschlagbar. Sie klärt Vaterschafts- und Verwandtschaftsfragen eindeutig, hilft Sexual- oder Gewaltverbrecher dingfest zu machen. Auch bei einem Dopingverdacht lassen sich mit Hilfe einer Genanalyse die Urinproben ihrem Spender eindeutig zuordnen. Eine umfassende DNA-Analyse kann heute dazu beitragen, einen Tatverdächtigen mit Sicherheit zu überführen oder seine Unschuld zu beweisen. Insbesondere ein Verfahren der Gentechnologie hat die rechtsmedizinischen Untersuchungen revolutioniert: die Polymerasekettenreaktion – kurz PCR. Mit dieser Methode der Gentechnik lässt sich, ausgehend von minimalen Mengen, die DNA in einer Probe nahezu beliebig vervielfältigen. Damit ist auch äußerst knappes Probenmaterial kein Problem mehr. Einzelne Haare auf dem Boden, eingetrockneter Speichel an einer Zigarettenkippe oder einzelne Hautschüppchen unter den Fingernägeln des Opfers können zu schlagenden Beweisen werden.

Die Verbrecherjagd ist allerdings nur ein Nebenschauplatz für die praktische Anwendung der PCR. Ihr Haupteinsatzgebiet liegt in der medizinischen Diagnostik, wenn es beispielsweise darum geht, Krankheitserreger nachzuweisen. Auch in der biologisch-chemischen Grundlagenforschung ist die PCR zu einem unverzichtbaren Hilfsmittel geworden. Sie unterstützt außerdem die Erforschung der Verwandtschaftsbeziehungen von Lebewesen, die längst ausgestorben sind und von denen nur noch einige fossile Knochenfunde vorhanden sind.

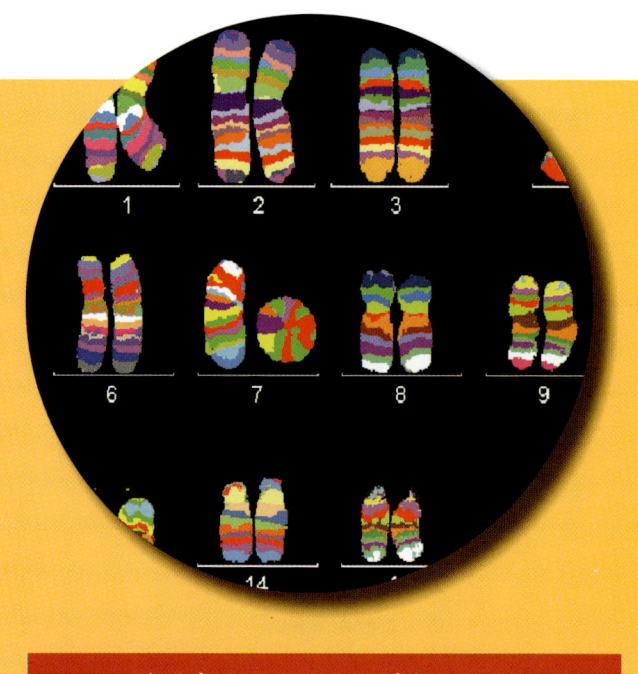

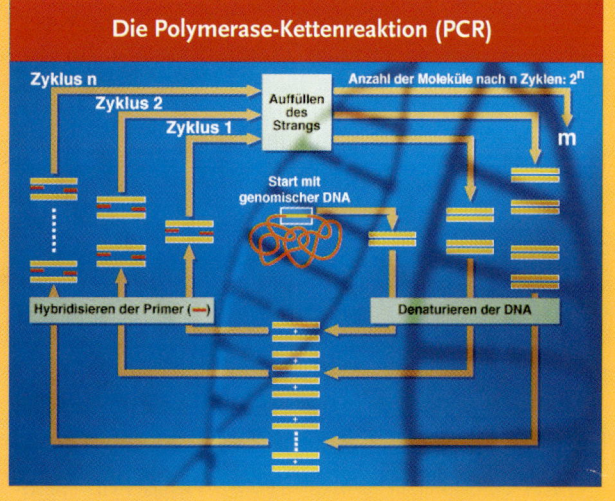

**Die Polymerase-Kettenreaktion (PCR)**

Zyklus n

Zyklus 2

Zyklus 1

Auffüllen des Strangs

Anzahl der Moleküle nach n Zyklen: $2^n$

m

Start mit genomischer DNA

Hybridisieren der Primer (—)

Denaturieren der DNA

---

gewisse plastische Verformung des Metalls vorhanden, die beispielsweise durch Ätzen stärker abgetragen wird als die Umgebung, sodass die Kennzeichnung wieder sichtbar gemacht werden kann.

## Verräterische Bruchstückchen

Bei Einbrüchen oder Autounfällen mit Fahrerflucht ist die Untersuchung kleinster Glasscherben und Lackreste aufschlussreich. Per Mikroröntgenfluoreszenz-Analyse kann die Elementzusammensetzung beispielsweise eines winzigen Lacksplitters bestimmt werden. Ein Vergleich mit bekannten Proben macht es möglich, etwa das Fabrikat des Lacks und seine Farbe – und damit manchmal gleich die Automarke zu identifizieren. Ähnliches gilt auch für Gläser. Sie enthalten Beimengungen unterschiedlicher Chemikalien und können ebenfalls mit bekannten Proben verglichen werden.

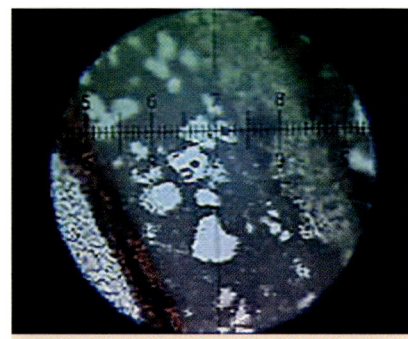

**Querschnitt eines Lacksplitters**

## Verräterische Haare

Während das Haar wächst, nimmt es die Chemikalien auf, die sich gerade im Körper befinden, und speichert sie. Das Haar wächst etwa 1,25 cm pro Monat. Schulterlanges Haar lässt beispielweise Rückschlüsse auf den Drogenkonsum der letzten zwei Jahre zu. Kokain, Heroin oder Marihuana (wie aus den Medien gut bekannt) lassen sich übrigens nicht nur in Kopfhaar, sondern auch in anderer Körperbehaarung nachweisen. Und so funktioniert es: Die Haare werden in einzelne Teile zerschnitten, die jeweils verschiedene Zeitabschnitte repräsentieren, und die Substanzen mittels Säuren oder Basen herausgelöst. Die Analyse erfolgt per Immunoassay (siehe Kapitel *„Immer kleiner, immer schneller, immer weniger“*). Dazu gibt man die Probe auf spezielle, auf einem Träger fixierte Antikörper, die die nachzuweisende Substanz erkennen und daran binden. Anschließend wird ein radioaktiver oder fluoreszierender Marker zugegeben, der nur an nicht „besetzte" Antikörper bindet. Je weniger Radioaktivität oder Fluoreszenz die Probe dann zeigt, desto mehr Drogen konsumierte der Besitzer des Haarbüschels im betrachteten Zeitraum. 0,1 bis 1 Millionstel Milligramm pro Milligramm Haar können noch nachgewiesen werden!

Alternativ können die aus aus den Haaren herausgelösten Verbindungen per Gaschromatographie/Massenspektrometrie (GC/MS) untersucht werden. Diese Technik wird auch verwendet, um die meisten Blut- und Urinproben von Sportlern auf Dopingmittel zu durchforsten. Die Probe wird in einen Gaschromatographen eingespritzt, wo sie zunächst verdampft wird. Dieses Gas wird auf die Wanderschaft durch ein haarfeines bis millimeterdickes, meterlanges Rohr geschickt. Auf Grund von Wechselwirkungen mit

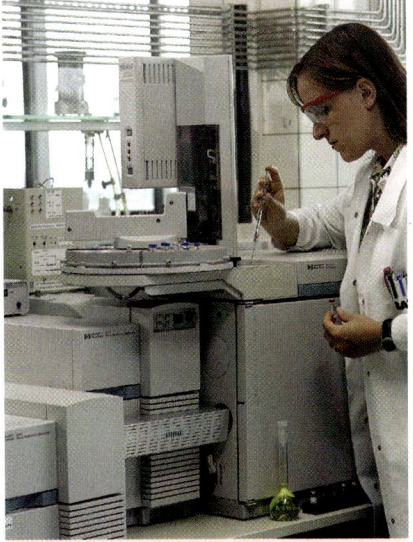

GC/MS ist die Abkürzung einer enorm leistungsfähigen Analysenmethode. Probengemische werden zuerst im Gaschromatographen (GC) aufgetrennt und die einzelnen Gemischfraktionen nacheinander im Massenspektrometer (MS) „identifiziert".

dem enthaltenen festen Material oder der Innenbeschichtung dieser Kapillare oder Säule (wie sie aus traditionellen Gründen immer noch genannt wird) brauchen die verschiedenen Bestandteile der Probe unterschiedlich lange, bis sie am anderen Ende wieder herauskommen. Wie lange die Verbindungen und ihre speziellen Abbauprodukte bei definierten Bedingungen in der Säule festgehalten werden, ist für die eingenommenen Mittel ganz charakteristisch. So entsteht ein Chromatogramm,

das eine Art Fingerabdruck dieser Stoffe enthält und mit Standards verglichen werden kann. Für eine noch detailliertere oder genauere Untersuchung werden die hinten aus der Säule kommenden Gase in ein Massenspektrometer weitergeleitet, mit dem die Verbindungen anhand ihrer molekularen Massen identifiziert werden können. Auf diese Weise lässt sich so ziemlich alles nachweisen, was sich der Dopingsünder zur Leistungssteigerung eingeworfen hat.

Auch lange Jahre nach dem Tod kann etwa bei einer Exhumierung durch eine Haaranalyse festgestellt werden, ob und womit ein Opfer vergiftet wurde. So stellte sich beispielsweise über hundert Jahren nach Napoleons Tod heraus, dass er offenbar einer Arsenvergiftung zum Opfer gefallen sein könnte. Ob das vorsätzlich geschah, ist allerdings nicht mehr zu rekonstruieren. Der Täter könnte auch ein spezieller Schimmelpilz gewesen sein, der aus den damals sehr beliebten grünen, arsenhaltigen Farbstoffen der feuchten Tapeten flüchtige Arsenverbindungen freisetzte.

## Verräterisches Papier

Echt oder nicht? Der Chemiker kann diese Frage oft genug beantworten. Bei gefälschten oder „überarbeiteten" Dokumenten kommt man dem Täter zum Beispiel auf die Spur, indem man die verwendete Tinte oder den Toner analysiert, der aus Fotokopierer oder Laserdrucker stammt.

Die Farbstoffe, die für die Herstellung von Tinten benutzt werden, haben sich über die Zeit verändert. Ihre Zusammensetzung lässt sich sogar recht einfach mit der Dünnschichtchromatographie ermitteln. Eine Probe der Tinte wird vom Papier abgekratzt und in einem Lösungsmittel aufgelöst. Dann gibt man ein Tröpfchen der Flüssigkeit auf eine dünne Platte, die mit Kieselgel beschichtet ist. Das Kieselgel besteht aus mikroskopisch kleinen Kügelchen. Nun wird die Platte mit ihrer unteren Kante in ein Lösungsmittel gestellt. Durch die Kapillarkräfte der Kieselgelschicht saugt sich das Lösungsmittel langsam in der Platte nach oben. (Kapillarkräfte kennt jeder von der Blutuntersuchung beim Arzt: Der Doktor piekst uns in den Finger und hält ein feines Glasröhrchen

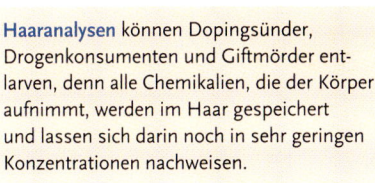

Haaranalysen können Dopingsünder, Drogenkonsumenten und Giftmörder entlarven, denn alle Chemikalien, die der Körper aufnimmt, werden im Haar gespeichert und lassen sich darin noch in sehr geringen Konzentrationen nachweisen.

REM-Aufnahmen der Oberflächenmorphologie von Trockentoner bei Druckfixierung (links) und Wärmefixierung (rechts).

**Wiederhergestellte Zeichen auf einer Waffe:** Durch chemisches Ätzen ist die Nummer wieder zu erkennen.

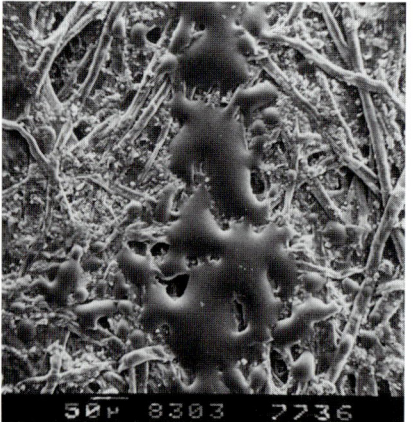

in den austretenden Blutstropfen. Das Blut kriecht dann in diesem Röhrchen empor. Eine Flüssigkeit steigt in einer Kapillare auf, wenn die Anziehungskraft zwischen den Molekülen der Flüssigkeit und der Röhrchenwand größer ist als zwischen den Flüssigkeitsmolekülen untereinander.) Beim Eindringen des Lösungsmittels in das Kieselgel der Chromatographieplatte wird der Tintenfleck mitgenommen. Aber nicht gleichmäßig. Die verschiedenen Bestandteile der Tinte werden verschieden schnell mitgeschleppt und bilden nach einer Weile ein ganz charakteristisches Fleckenmuster auf der Platte. So kann festgestellt werden, welche Tinte benutzt wurde. Ist sie identisch mit der Tinte auf einem anderen Dokument? Gab es diesen Tintentypus überhaupt schon zu der Zeit, aus der das Dokument angeblich stammen soll?

Toner ist im Prinzip nicht viel anderes als trockene, pulverförmige Tinte, die beim Drucken oder Kopieren durch elektrostatische Anziehung auf das Papier gebracht und dort fixiert wird. Der Toner wird durch Einschluss von Kohlenstoffruß in Kunststoff hergestellt. Dabei schwankt die Rezeptur von Hersteller zu Hersteller. Spektroskopische Methoden geben Aufschluss darüber, was für eine Art Toner verwendet wurde. Mit der Infrarotspektroskopie lassen sich beispielsweise bestimmte Atomgruppierungen organischer Moleküle sehr gut identifizieren. Verschiedene Verbindungen haben ihre charakteristischen Spektren. Die Art der Fixierung erzeugt zudem unterschiedliche Spuren auf der Papieroberfläche und an den Rändern der Buchstaben, die unter einem Rasterelektronenmikroskop gut erkannt werden.

Auch das benutzte Papier kann Schwindler entlarven: Im Laufe der Zeit haben sich die Zusammensetzung und die Herstellverfahren von Papier stark geändert. Ein angeblich antikes Dokument auf einem modernen Papier – das ist dann wohl ein klarer Fall. Spezielle Papiersorten nachzumachen, ist extrem aufwändig, wenn nicht gar unmöglich.

## Verräterische Duftnoten

Papier kann aber auch noch auf andere Art verräterisch sein: Papier ist faserig und bindet sehr gut flüchtige Duftmoleküle aus der Luft. Aus Papier, das mit einem Verbrechen im Zusammenhang steht, z.B. Erpresserbriefe, können die Gerüche mit einem Gasstrom herausgezogen werden, der dann durch GC/MS oder in einer „elektronischen Nase" analysiert wird.

Eine elektronische Nase arbeitet mit Sensoren, die die chemische Information der Duftmoleküle in elektrische Impulse umwandeln. Es gibt verschiedene Typen von Sensoren: Halbleitersensoren beispielsweise ändern ihren elektrischen Leitwert durch den Kontakt mit einem Geruchsmolekül. Herzstück einer solchen elektronischen Nase ist eine Anordnung vieler unterschiedlich beschichteter Sensoren, die auf unterschiedliche Gase reagieren. Filterschichten können die Selektivität dieser Sensoren für einzelne Gase weiter erhöhen. Die Reaktionen der Sensor-Anordnung werden als Muster aufgefasst und von einem Computer mit Hilfe einer Mustererkennung ausgewertet. Nach dem Prinzip der elektronischen Nase funktionieren auch Riechdetektoren, die in Flugzeugen Sprengstoffe feststellen sollen.

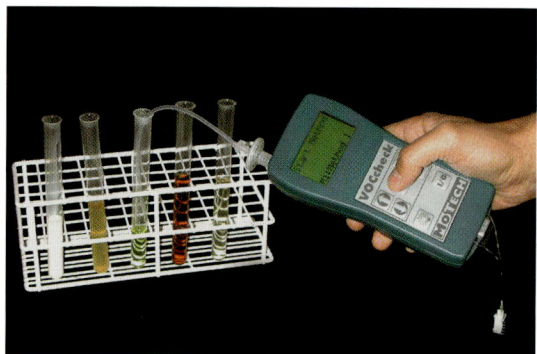

**Elektronische Nase:** Die Sonde saugt eine Geruchsprobe ein, und das Gerät analysiert die Zusammensetzung und vergleicht sie mit gespeicherten Referenzwerten.

# Echt oder gefälscht?

Als Vinland-Karte wird eine berühmte – und umstrittene – Weltkarte bezeichnet. Sie wäre die früheste Karte, die die Küste Nordamerikas darstellt. Neben Afrika, Asien und Europa zeigt die Karte drei Inseln im Nordatlantik mit den Namen „Isoland Ibernica" (Island), „Grouelanda" (Grönland) und Vinland. Dieses Vinland könnte durchaus als Neufundland identifiziert werden. Dass die Wikinger Amerika, genauer Neufundland, erreichten, ist zwischenzeitlich archäologisch gesichert.

Die Karte lässt sich jedoch nur bis 1957 zu einem Buchhändler aus Barcelona zurückverfolgen. Durch eine anonyme Stiftung kam die Karte 1959 in den Besitz der Yale Universität. Ihr Wert wird heute auf 18 Millionen US-Dollar geschätzt. Wenn sie denn echt ist.

Die Karte ist zweifelsfrei auf altem Pergament gezeichnet, Untersuchungen mit der Radiocarbon-Methode datieren es auf etwa 1434. Anhand des Verhältnisses der Kohlenstoffisotope C14 zu C12 lässt sich das Alter von Proben biologischen Ursprungs – wie Cellulose-Fasern, die Rohstoffe eines Papiers, oder Tierhäuten, aus denen Pergament gefertigt wurde – recht genau datieren. Die Radiocarbon-Methode beruht darauf, dass die kosmische Höhenstrahlung Kernreaktionen in der Atmosphäre auslöst, in deren Verlauf das Stickstoffisotop N14 in C14 umgewandelt wird. In der Atmosphäre herrscht dadurch ein zwar gewissen Schwankungen unterworfenes, aber dennoch relativ konstantes Verhältnis zwischen Kohlendioxid mit C14 und Kohlendioxid mit C12, beides wird von Pflanzen bei der Photosynthese ständig aufgenommen und in Biomaterial umgewandelt. In der lebenden Pflanze bleibt das Verhältnis der Kohlenstoffisotope dasselbe wie in der Atmosphäre. Stirbt die Pflanze, hört sie auf, C14 aufzunehmen. Das enthaltene C14 zerfällt unter Aussendung von ß-Strahlen mit einer Halbwertszeit von 5730 Jahren wieder zu N14. Das heißt, nach dieser Zeit ist die Hälfte des in der Pflanze enthaltenen C14 zerfallen. Damit ändert sich auch das Verhältnis zum stabilen Isotop C12. Das Gleiche gilt für Tiere, die – gegebenenfalls über den Umweg einer längeren Nahrungskette – die Pflanzen fressen.

Aber auch wenn das Pergament authentisch ist – an den Zeichnungen auf der Karte bestehen Zweifel. Die chemischen und spektrometrischen Analysen der Tinte weisen als Spurenbestandteil das Titandioxid Anatas nach, das aber vor 1923 nicht verwendet wurde. Nun gibt es neuere Erkenntnisse: In einzelnen Klöstern soll sehr wohl schon im 15. Jahrhundert eine bestimmte Rezeptur für Eisengallustinte (siehe Kapitel „*Chemie macht müde Krieger munter*") benutzt worden sein, durch die Spuren von Titan in die Tinte gelangen können. So enthalten bestimmte eisenhaltige Erze reichlich Titan. Bei der Herstellung der Tinte könnte aus den mit Eisensalzen eingeschleppten Titanverbindungen Anatas entstanden sein.

Nachdem die Vinlandkarte der Mehrheit der Fachwelt über Jahrzehnte als Fälschung galt, ist die Kontroverse nun wieder voll entbrannt.

# Ein Fall für die
# Spezialisten

Spezielle Anwendungen erfordern spezielle Materialien und Materialsysteme. Chemiker tüfteln an immer wieder neuen Ideen, wie auch die anspruchsvollsten Anforderungen zu erfüllen sind. Hier ein kleines Potpourri an neuen und klassischen High-tech-Polymersystemen.

### High-tech in den Zähnen

Viele Patienten lehnen inzwischen Amalgam als Material für Zahnfüllungen ab. Zu groß scheint ihnen die Belastung durch freigesetztes Quecksilber. Neben den klassischen Goldfüllungen ist inzwischen eine Reihe anderer Materialien im Einsatz. Besonders verlockend an den neuartigen Füllungen: Sie können farblich so angepasst werden, dass sie von den natürlichen Zähnen nicht zu unterscheiden sind. Der optimale Ersatz ist bisher allerdings noch nicht gefunden worden, jedes der neuen Materialien hat seine speziellen Nachteile. Gängig sind mittlerweile vor allem Komposite, Verbundmaterialien aus Kunststoff und keramischen oder glasartigen Teilchen. Ihr besonderer Nachteil: Sie schrumpfen beim Aushärten, sodass sich zwischen Zahn und Füllung ein Spalt bilden kann, der ein beliebter Angriffspunkt für „Karius und Baktus" ist. Durch die Kaubewegungen reiben sich die Materialien zudem mit der Zeit ab.

Ein neuer Kunststoff könnte vielleicht für Abhilfe sorgen. Kunststoffe sind Polymere, das heißt lange Molekülketten, die aus einzelnen wiederholten Bausteinen, den Monomeren, bestehen (siehe Kapitel *„Weinende Bäume und der Gott des Feuers"*). Das neue Monomer ist ein so genanntes Siloran, ein ringförmiges siliziumhaltiges Molekül. Komposite auf Polysiloran-Basis sollen deutlich weniger schrumpfen. Eine andere Variante sind die so genannten Ormocere, bei denen sich die monomeren Einheiten schon zu anorganisch-organi-

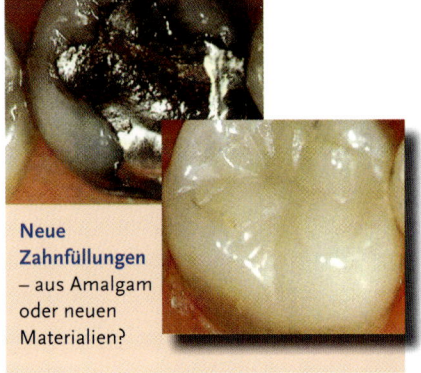

**Neue Zahnfüllungen** – aus Amalgam oder neuen Materialien?

schen Verbundpolymeren zusammengefunden haben, bevor der Zahnarzt sie verwendet. Im Mund reagieren die Verbindungen dann weiter miteinander und härten dabei aus. Eine Verbesserung könnte auch aus der Verwendung von anderen keramischen Komposit-Bestandteilen resultieren: anorganischen Partikeln, die wesentlich kleiner sind als herkömmliche, so genannte Nanopartikel (siehe Kapitel *„Klein, kleiner, nano"*). Solche Verbundmaterialien sollen besonders fest und abriebresistent sein.

Statt Brücken und losem Zahnersatz setzen Zahnärzte heute immer häufiger Implantate ein. Diese müssen fest im Kiefer verankert werden und dürfen nicht als Fremdstoff erkannt und vom Körper abgestoßen werden. Als künstliche Zahnwurzel dient meist das Metall Titan, das vom Körper recht gut vertragen wird. Ein Biopolymer soll helfen, dass diese Implantate künftig schneller und dauerhafter einwachsen als bisher: Die Titan-Pfeiler werden mit Kollagen beschichtet. Kollagen

**16:47 – Zahnarzttermin**

*Oh, ich bin schon dran? Das ging ja wirklich überraschend schnell. Hoffentlich wird es keine zu lange Sitzung, schließlich habe ich heute abend noch eine Verabredung. Nein, glücklicherweise kriege ich nur eine provisorische Füllung, der gereizte Nerv soll sich erst mal beruhigen. Eine alte Blombe ist herausgefallen, weil sich darunter neue Karies gebildet hat. Aber es ist nur wenig und geht noch nicht sehr tief, ich brauche also keine Krone, eine ganz normale Füllung reicht. Das wäre sonst auch ein teurer Spaß geworden. Ausgerechnet in diesem Jahr, wo ich eine große Reise geplant habe.*

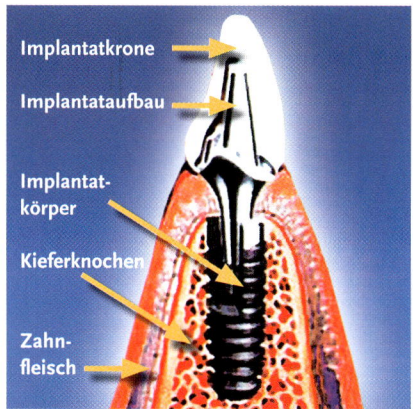

Implantatkrone
Implantataufbau
Implantat-körper
Kieferknochen
Zahn-fleisch

**Implantat** – die künstliche Zahnwurzel besteht meist aus Titan. Eine Beschichtung mit Biopolymeren kann das Einwachsen fördern.

ist der Hauptbestandteil der organischen Knochensubstanz und des Bindegewebes. Eine Mineralisierung des Kollagens soll zu möglichst knochenähnlichen Beschichtungen führen. Zusätzlich sollen Peptide (Eiweißmoleküle) angedockt werden, die spezifisch an Zellen binden. Andere Forscher schlagen eine Beschichtung aus einem anderen Biopolymer vor, einer modifizierten Polyhydroxybuttersäure, die von bestimmten Bakterien produziert wird und biotechnologisch gewonnen werden kann.

## Elektrisch leitende Kunststoffe

Von der Medizintechnik nun zu einem ganz anderen, „elektrisierenden" Thema: Bei den Stichwörtern Kunststoff und elektrischer Strom denkt man meist automatisch an Dinge wie Kabelummantelungen oder Computer-Gehäuse. Dass Kunststoffe grundsätzlich Isolatoren sind, ist ein Vorurteil. Bereits vor etwa dreißig Jahren wurde entdeckt, dass bestimmte Polymere den Strom zu leiten vermögen. Polythiophene sind einer der wichtigsten industriell genutzten leitfähigen Kunststofftypen. Es handelt sich dabei um lange Ketten, die als Bauelement Fünfringe aus vier Kohlenstoffatomen und einem Schwefelatom enthalten. Die Polymere müssen dann noch mit Fremdatomen dotiert werden, etwa Brom oder Iod, damit sie den Strom ausreichend leiten. Ist der Weg frei für eine „Kunststoff-Elektronik"?

Auch wenn die erste Euphorie schon lange einer gewissen Ernüchterung gewichen ist, so ist doch der Traum von falt- oder gar aufrollbaren Laptops, Tapeten-Fernsehern oder kostengünstigen Wegwerf-Chips, etwa für „intelligente"

Etiketten, die an der Supermarktkasse die Preise einfach rüberfunken, ohne dass man die Waren auspacken muss, nicht vom Tisch. Erste Prototypen von flachen Folien-Batterien auf Polymer-Basis, organischen Leuchtdioden, Chips, Lasern und Solarzellen existieren bereits. Dennoch – es sind längst nicht alle Probleme hinsichtlich Materialeigenschaften und Fertigung gelöst. Die gängigen Herstellverfahren für leitfähige Kunststoffe kranken daran, dass es in Anwesenheit der benötigten Katalysatoren oder Polymerisations-Starter nicht möglich ist, exakt definierte, hochgeordnete Polymer-Strukturen zu erhalten.

Ein Beispiel für eine neue Methode zur Herstellung hochgeordneter Polymere vom Polythiophen-Typ ist eine ganz erstaunliche „Festkörperreaktion": Die Morphologie des Ausgangsmaterials, also der Monomere, bleibt dabei während der Polymerisation erhalten. Leichtes Erhitzen und ein paar Stunden Abwarten genügt, um die farblosen Monomer-Kristalle in ein blauschwarzes,

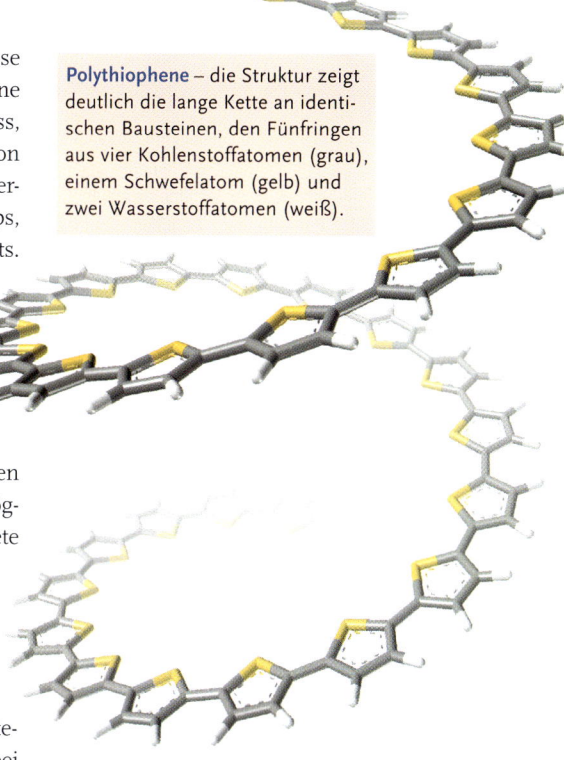

**Polythiophene** – die Struktur zeigt deutlich die lange Kette an identischen Bausteinen, den Fünfringen aus vier Kohlenstoffatomen (grau), einem Schwefelatom (gelb) und zwei Wasserstoffatomen (weiß).

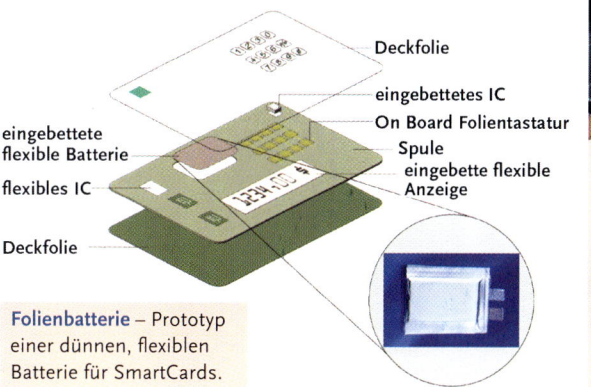

Deckfolie
eingebettetes IC
On Board Folientastatur
Spule
eingebette flexible Anzeige
eingebettete flexible Batterie
flexibles IC
Deckfolie

**Folienbatterie** – Prototyp einer dünnen, flexiblen Batterie für SmartCards.

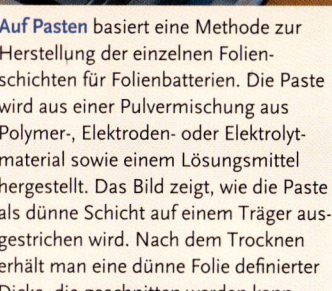

**Auf Pasten** basiert eine Methode zur Herstellung der einzelnen Folienschichten für Folienbatterien. Die Paste wird aus einer Pulvermischung aus Polymer-, Elektroden- oder Elektrolytmaterial sowie einem Lösungsmittel hergestellt. Das Bild zeigt, wie die Paste als dünne Schicht auf einem Träger ausgestrichen wird. Nach dem Trocknen erhält man eine dünne Folie definierter Dicke, die geschnitten werden kann.

gut leitendes Polymer von metallischem Glanz zu verwandeln. Geheimnis sind zwei Bromatome, die an jedem Monomer hängen. Sie sorgen dafür, dass sich die einzelnen Bausteine miteinander zu langen Ketten verknüpfen. Die dabei frei werdenden Bromatome bleiben innerhalb des Polymers gebunden und bilden dann gleich die für die elektrische Leitfähigkeit so wichtige Dotierung des Kunststoffes. Auf recht einfache Weise könnte man so hauchdünne, sehr stabile leitfähige Polythiophen-Filme auf nichtleitende Träger aufbringen, etwa zur Herstellung vollständig organischer Leuchtdioden.

Kunststofffilme, die leuchten, wenn Strom durchfließt, wären nämlich ideale Bausteine für Anzeigeelemente. Rot, grün und blau leuchtende Versionen gibt es be-

Stromableiter
Elektrode 1
Elektrolyt
Elektrode 2
Stromableiter

**Folientechnologie** – Die dünnen flexiblen Folien werden zusammengefügt und am Ende mit einer metallisierten Kunststoff-Folie versiegelt. Fertig ist die Zelle. Sie ist nur 0,5 bis 1 Millimeter dick und in der Fläche anpassbar. Die flexiblen Zellen lassen sich beliebig formen, rollen, stapeln und so platzsparend dem Design moderner Mobilkommunikationsgeräte anpassen.

reits, sie stecken auch schon in manchen Displays von Autoradios und Mobiltelefonen. Sie strahlen heller als ein normaler Bildschirm, brauchen sehr wenig Energie und lassen sich kostengünstiger produzieren. Im Gegensatz zu Flüssigkristallanzeigen sind sie aus jedem Winkel gut zu erkennen. Da sie auch sehr großflächig aufgetragen werden können, wären sie genau das Richtige für Anzeige- und Werbetafeln – wenn sie denn stabil genug wären. Eine weitere Hürde sind die unflexiblen Verdrahtungen. Auf der Rückseite aufgedruckte elektronische Schaltkreise aus leitfähigen Kunststoffen könnten den Durchbruch für den aufrollbaren Fernseher für unterwegs oder die Tageszeitung aus dem Handy bedeuten.

## Kunststoffe mit Erinnerungsvermögen

Es hat gerumst, der Kotflügel ist eingedellt. Ein neuer ist fällig. Wäre es nicht schön, die Delle könnte – schwupps – einfach wieder verschwinden? Derartige „intelligente" Materialien sind bereits in der Entwicklung. Formgedächtnispolymere, so heißt das Zauberwort: Nach einer unerwünschten Deformation, wie der Delle im Kotflügel, „erinnern" sich diese Kunststoffe an ihre ursprüngliche Form. Erwärmen hilft ihrem „Gedächtnis" dabei auf die Sprünge – die Delle könnte einfach weggeföhnt werden.

Kunststoffe mit Formgedächtnis besitzen nämlich neben ihrer aktuellen konkreten Gestalt noch eine gespeicherte, permanente Gestalt. Nachdem diese mit konventionellen Verarbeitungsverfahren hergestellt wurde, wird dem Material durch geschicktes Erwärmen, Verformen und anschließendes Abkühlen eine zweite, temporäre Form aufgeprägt. Diese behält der Kunststoff so lange, bis die permanente Form durch einen vordefinierten äußeren Reiz wieder abgerufen wird. Das Geheimnis der schlauen Kunststoffe ist ihre mit aufschmelzbaren Schaltsegmenten versehene molekulare Netzwerkstruktur. Durch eine Temperaturerhöhung kann die „Umschaltung" aktiviert werden: Die auskristallisierten Schaltsegmente

**Das dünnste flexible Aktiv-Matrix-Display der Welt.** Die ultradünne Basisschicht mit Dünnfilmtransistoren aus organischen Materialien wurde von Philips entwickelt. Die Vorderseite besteht aus elektronischer Tinte von E-Ink.

**Formgedächtnispolymere** – Die aktuelle Gestalt des Kunststoffs (Würfel, oben) ist nur eine vorübergehende Form. Erhitzen von Raumtemperatur auf 70 °C „erinnert" den Kunststoff an seine ursprüngliche, permanente Gestalt (aufgeklappter Würfel, unten). Trotz der drastischen Deformation an den Kanten des Würfels nimmt der Kunststoff diese gespeicherte Form von selber wieder ein. Das hier gezeigte Material wurde gezielt für biomedizinische Anwendungen entwickelt.

schmelzen auf, und das Material nimmt seine ursprüngliche Gestalt wieder ein. Bei dem Kotflügel hat man es zunächst nur mit einer Form zu tun: der unbeschädigten Ursprungsform. Durch den Aufprall entsteht eine temporäre Form, die sich durch Erwärmen wieder in die Ursprungsform zurückverwandelt – der Kunststoff hat sich selbst repariert.

Besonders interessante Anwendungen kommen aber aus einer ganz anderen Richtung, und damit sind wir wieder bei der Medizintechnik. Derartige Materialien kommen wie gerufen für die Knopfloch-Chirurgie, die schonende Operationstechnik der Zukunft. Denkbar sind großvolumige Implantate, die in komprimiertem Zustand minimal invasiv in den Körper eingeführt werden und sich im Folgenden an ihre Ursprungsform erinnern. Die Materialien lassen sich zudem – wenn es sinnvoll erscheint – auch vollständig bioabbaubar gestalten, verschwinden also über kurz oder lang aus dem Körper.

## Kontrollierte Freisetzung

Bleiben wir noch etwas im Medizin-Bereich. Die Wirksamkeit eines Arzneistoffes kann ganz entscheidend von der richtigen Beschichtung der Pillen und Pulverteilchen abhängen. Ausgeklügelte Beschichtungen ermöglichen beispielsweise, dass die Wirkstoffe zeitlich verzögert oder erst an ihrem Zielort im Organismus freigesetzt werden. Forscher arbeiten an der Entwicklung neuer, besonders „intelligenter" Systeme, die so etwas leisten könnten. Ein Beispiel ist ein hauchdünner schichtartig aufgebauter Film mit eingebautem Selbstzerstörungsmechanismus. Der Film basiert auf der elektrostatischen Anziehungskraft zwischen alternierenden Schichten aus einem negativ geladenen (anionischen) Biopolymer, etwa Desoxyribonucleinsäure (DNA) und einem positiv geladenen (kationischen) synthetischen Polymer. Der entscheidende Kniff: Auf die äußerste Schicht wird eine weitere Schicht elektrostatisch aufgetragen. Sie besteht aus einem Enzym, das DNA in kleine Bruchstücke aufspaltet. In dieser gebundenen Form ist das Enzym zunächst inaktiv. Die Selbstauflösung des Films wird ausgelöst, wenn er mit einer Lösung in Berührung kommt, die Calcium- und Magnesium-Ionen enthält. Die Ionen sättigen die negativen Ladungen des angelagerten Enzyms ab und heben so die elektrostatische

Anziehung zu der darunter liegenden synthetischen Polymerschicht auf, das Enzym wird frei. Gleichzeitig aktivieren und stabilisieren die Ionen das Enzym. Nun ist es voll funktionstüchtig und beginnt, die DNA-Schichten nach und nach zu zerschneiden. Die DNA-Schnipsel lösen sich ab und bilden nunmehr lösliche Komplexe mit dem synthetischen Polymer. Und so zerfällt der Schichtaufbau langsam, aber sicher. Die einzelnen Komponenten einer nach diesem Prinzip aufgebauten Pharmaka-Beschichtung könnten so aufeinander abgestimmt werden, dass erst die physiologischen Bedingungen, die im Zielorgan herrschen, die Auflösung der Schicht triggern.

## Harte Schale – füllbarer Kern

Aus der Werbung für Kosmetika kennen wir sie, Liposomen, kleine Fettkügelchen, die ihre Fracht tief in innere Hautschichten schleusen. Neben Liposomen gibt es eine ganze Reihe anderer nanoskopischer Kapselsysteme für verschiedenste Anwendungsbereiche. Nano-Kapseln vom Liposom-Typ bestehen aus vielen einzelnen Untereinheiten, die sich zu einer Hohlkugel zusammenlagern. Bei einem Wechsel der äußeren Bedingungen können diese Gebilde jedoch zerfallen. Kapseln aus fest verknüpften Bausteinen sind zwar stabil, ihre Synthese gestaltet sich aber meist recht aufwändig. Eine interessante Alternative sind so genannte Colloidosomen, winzige, sehr robuste elastische Schalen aus miteinander verbackenen Kunststoff-Mikrokügelchen. Der Name Colloidosomen stammt daher, dass die Kapseln aus kolloidalen Kügelchen entstehen. Kolloide sind in einer Flüssigkeit feinst verteilte Feststoff-Partikel.

Recht einfach herzustellen ist eine neuartige Kapsel-Klasse: Forscher polymerisieren Silicium-Kohlenstoff-Verbindungen zu Nano-Partikeln aus langen, quervernetzten Ketten. Dabei entstehen Partikel mit einem interessanten Aufbau: Außen haben sie eine feste hydrophobe (wasserabweisende, fettfreundliche) Schale, innen herrscht ein hydrophiles (wasserfreundliches) Milieu. So können sie mit hydrophilen Stoffen beladen werden, sind selber aber in organischen Lösungsmitteln löslich. Solche Kapseln wären in der Lage, polare pharmazeutische oder kosmetische Wirkstoffe durch die Haut oder durch Zellmembranen zu schleusen

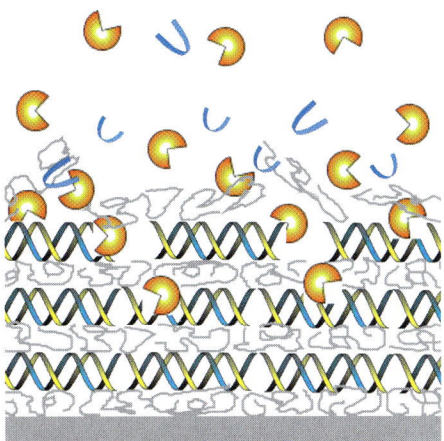

**„Intelligente Beschichtungen"** von Arzneimitteln, die eine kontrollierte Freisetzung des Wirkstoffes direkt am Wirkort ermöglichen, sind natürlich wünschenswert. Eine Beschichtung aus einem Bio- und einem synthetischen Polymer, die sich von selbst zum richtigen Zeitpunkt auflöst, wurde vor kurzem entwickelt.

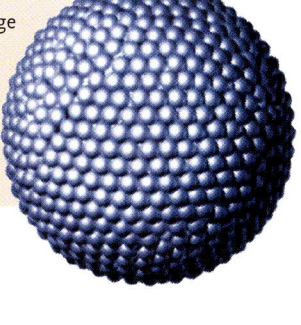

**Liposomen** sind winzige runde Kapseln aus Lipiden (fettartigen Molekülen, aus denen auch unsere Zellmembranen aufgebaut sind).

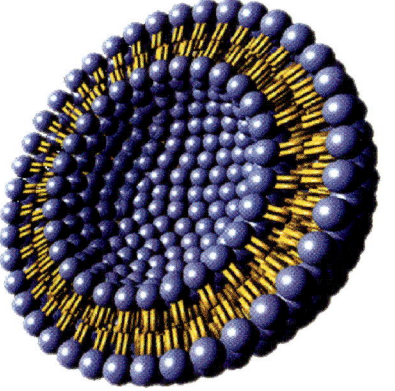

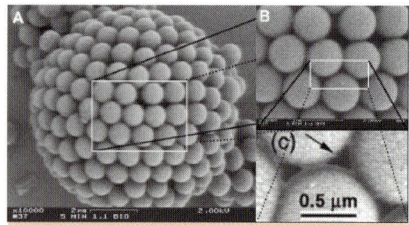

**Colloidosomen** – Mikroskopisch kleine Kapseln von etwa 10 μm (1Mikrometer = ein Tausendstel Millimeter) Durchmesser entstehen durch die Zusammenlagerung von Kunststoffkügelchen aus Polystyrol mit einem Durchmesser von 0,9 μm. Durch kurzes Erhitzen bei 105 °C verbacken die Minikugeln zu einer robusten elastischen Schale. Auch wenn Kugeln dicht gepackt werden, bleiben winzige Zwischenräume frei. Sie sorgen für die notwendige Porosität der Kapseln.

**Die Viskosität des Löschwassers** verändert das Löschmitteladditiv Firesorb. Die mit Wasser gefüllten Gelteilchen haften direkt auf dem Brandgut und entfalten dort ihre Kühlwirkung. Bedrohte Brandobjekte werden effektiv vor dem Feuer abgeschirmt, wodurch die Ausbreitung des Feuers eingeschränkt wird.

und zeitverzögert freizusetzen. Eine andere Anwendung wäre die Verkapselung von Farbstoffen etwa in Autolacken oder Tintenstrahldruckern, um sie vor Umwelteinflüssen zu schützen; sonst nicht lösliche Farbstoffklassen könnten für neue Lacksysteme zugänglich gemacht werden. Wobei wir wieder bei der Technik angelangt wären.

## Die Super-Sauger

Nach all den so neuen, noch in den Kinderschuhen steckenden Polymer-Produkten wollen wir uns abschließend noch Beispielen für „Klassiker" unter den Spezialisten zuwenden. Schauen wir uns einmal an, in was die Popos unserer Kleinsten stecken, damit sie nicht im Nassen sitzen. Richtig, auch Babypos stecken in Polymeren. Ein babysittender, von nassen Windeln genervter Opa war es, der den Anstoß zur Entwicklung supersaugfähiger Materialien gab. Denn er war nicht nur Opa, sondern gleichzeitig Leiter der Forschungsabteilung der Firma Procter & Gamble, einem der größten Hersteller von Wasch-, Reinigungs- und Körperpflegemitteln sowie Zellstoffprodukten. Der saugfähige Kern heutiger Windel besteht in erster Linie aus so genannten Superabsorbern, das sind kleine Körnchen aus dem Kunststoff Polyacrylat. Kommt dieses Netzwerk aus Polyacrylketten mit Wasser in Konktakt, saugt es dieses begierig auf und lässt es – anders als der zunächst verwendete Zellstoff – auch unter Druck nicht mehr los. Der Grund ist, dass das Polymernetz nicht nur aufquillt, sondern das Wasser dabei physikalisch-chemisch fixiert. Auch wenn Baby also auf der ordentlich gefüllten Windel herumhopst, kann die Flüssigkeit nicht wieder herausgequetscht werden, Baby bleibt trocken.

Das gleiche Material dient übrigens auch als Feuerlöscher. Löschwasser bildet zusammen mit dem Superabsorber ein feuerhemmendes Gel, das die Glut effektiv kühlt und erstickt. So wird weniger Wasser verbraucht, und beim Löschen werden entsprechend weniger Schäden angerichtet als beim Einsatz von Wasser oder Schaum.

## Kugelsichere Westen

Auch schon ein Klassiker, aber immer wieder sehr erstaunlich ist der Stoff, der Pistolenkugeln standhält: der Kunststoff Kevlar.

Bekannteste Anwendung sind wohl die kugelsicheren Westen, die Polizisten nicht nur in vielen Krimis schützen. Aber auch als Auskleidung des Turbinenraums von Flugzeugen ist der Stoff im Einsatz, um den Schaden zu begrenzen, den ein abreißendes Turbinenblatt verursachen könnte. Das Polymer besteht aus langen Ketten von Benzolringen, die über Amidgruppen (ähnlich denen in Proteinen) miteinander verknüpft sind. Die regelmäßige Struktur verleiht dem Polymer seine erstaunliche Festigkeit: Während die Ketten in den meisten Kunstfasern zufällig verteilt und teilweise völlig miteinander verknäult vorliegen, sieht das bei Kevlar ganz anders aus. Zwischen den einzelnen Ketten bestehen derart starke Anziehungskräfte, dass sie sich parallel zueinander ausrichten. So entstehen ebene Schichten, die eng und fest gestapelt sind.

Kevlar ist – abgesehen von reiner Schwefelsäure – gegen fast jede Chemikalie beständig, weitgehend feuerfest – und dabei flexibel und leicht. Wird der Kunststoff zu Fasern versponnen und mit

**Kevlar** verleiht Kajaks eine hohe Festigkeit und macht sie zudem zu einem „Leichtgewicht".

Wärme behandelt, wird er sogar noch fester. Der ideale Stoff also für kugelsichere Westen, Raumanzüge und Schutzhandschuhe. Ein wirklich extremer Kunststoff, ist er doch fünfmal so fest wie Stahl und dabei elastischer als Kohlefasern!

Kevlar wird heute auch in Sportgeräten wie Angelruten, Tennisschlägern, Kajaks, Skiern und Laufschuhen verarbeitet – und als Teil von Verbundwerkstoffen. Verbundwerkstoffe sind Werkstoffe, die unterschiedliche Materialien miteinander kombinieren. Ihre chemischen und physikalischen Eigenschaften übertreffen die der Einzelkomponenten. So hat Kevlar wohl schon so manchen Rennfahrer vor schwereren Verletzungen bewahrt, denn in Formel-1-Rennwagen wird die Überlebenszelle des Fahrers mit Kevlar-Verbundwerkstoffen geschützt.

# Klein, kleiner, nano

**Sie sind klein, sehr seeeehr klein sogar, aber sie haben es in sich: Nanopartikel sind die Materialien der Zukunft. Ihr Geheimnis: Sie haben völlig andere Stoffeigenschaften als Teilchen, die man mit bloßem Auge oder unter einem gewöhnlichen Mikroskop noch erkennen kann. Diese speziellen Eigenschaften lassen sich für vielfältige technische und medizinische Anwendungen nutzen.**

0.1 μm

Und es kommt doch auf die Größe an. Nicht nur die Art der enthaltenen Atome entscheidet über die physikalisch-chemischen Eigenschaften eines Feststoffes, sondern auch die Teilchengröße! Momentan kommen die Kleinsten ganz groß raus: Nanopartikel. Eine kleine Blattlaus, ja selbst ein Bakterium ist dagegen ein wahrer Gigant, denn Nanopartikel sind nur einige Nanometer (von griechisch *nanos* = Zwerg) groß. 1 nm ist der milliardste Teil eines Meters.

## Gruß aus der Supermini-Welt

Aber warum haben Nanopartikel so völlig andere mechanische, optische, elektrische und magnetische Eigenschaften als ihre „normalgroßen" Brüder? Viele Stoffeigenschaften eines Feststoffes sind nicht mehr zu beobachten, wenn man ein einzelnes Atom betrachtet, sondern treten erst in einem größeren Atomverband auf. So ist beispielsweise die Magnetisierung eines Eisenstabes bei einem einzelnen Atom nicht nachvollziehbar. Nanopartikel bestehen nur aus relativ wenigen Atomen, dadurch nehmen sie eine Art Zwischenstellung zwischen dem einzelnen Atom oder Molekül und einem „normalen" Feststoff ein – deutlich abweichende Eigenschaften sind die Folge.

Außerdem haben die Nanoteilchen eine enorm große Oberfläche im Verhältnis zu ihrem Volumen. Während das Volumen eines kugelförmigen Körpers in der dritten Potenz vom Radius abhängt (Volumen = $4/3\ \pi\ r^3$), folgt die Oberfläche einer Kugel nur der zweiten Potenz (Oberfläche = $4\ \pi\ r^2$). Das bedeutet, dass mit abnehmendem Teilchendurchmesser das Teilchenvolumen viel rascher kleiner wird als die Teilchenoberfläche (siehe auch Kapitel *„Chemie für die Schönheit"*). Nun haben aber Atome an der Oberfläche eines Feststoffpartikels eine geringere Anzahl nächster Nachbarn als ihre Kollegen im Inneren eines Teilchens. Dadurch weisen sie eine höhere chemische Reaktivität oder katalytische Aktivität auf als ihre Kollegen im Innern. Ein Winzling von 20 nm Durchmesser hat grob geschätzt schon 10 % Oberflächenatome, ein 1-nm-Teilchen besteht gar zu 99 % aus Oberflächenatomen! Kein Wunder, dass deren Eigenschaftsprofil das Verhalten der „Zwerglein" ganz erheblich beeinflusst.

**Elektronenmikroskopische Aufnahme von Bariumsulfat-Nanopartikeln** – Wassertröpfchen von weniger als 0,2 μm Durchmesser, die feinst in einer Ölphase verteilt und von einer Haut aus Tensiden und geladenen Polymermolekülen umgeben sind, können als „Nano-Reaktionsgefäße" für die Herstellung von Nanoteilchen dienen. Dazu mischt man zwei derartige Wasser-in-Öl-Mikroemulsionen, wobei eine Sorte Wassertröpfchen beispielsweise gelöstes Bariumchlorid und die andere Sorte gelöstes Natriumsulfat enthält. Kommen die beiden Tröpfchensorten in Kontakt, bilden sich Tröpfchenansammlungen, die beide Reaktionspartner enthalten. Wenn die Reaktionspartner miteinander reagieren, entsteht Bariumsulfat, das nicht löslich ist. In den Tröpfchen kristallisieren Bariumsulfat-Nanopartikel von 2 nm Durchmesser aus.

238 nm  248 nm  267 nm  272 nm  300 nm

**Einfluss des Abstands der Nanoteilchen auf die Farbe** – Die Lichtstreuung an Nanopartikeln hängt nicht nur von der Größe der Nanoteilchen ab, sondern auch von deren Abstand zueinander. Bei mit einem Polymer ummantelten Nanoteilchen entscheidet die Dicke der Schale über den Abstand der Nanoteilchen untereinander. Mit abnehmender Größe des Kern-Schale-Teilchens nimmt der Abstand zwischen den Nanoteilchen ab – die Farbe wandert bei senkrechtem Beobachtungswinkel vom roten bis hin zum blauen Bereich. Da die Proben im Bild gebogen sind, erkennt man außerdem oben und unten den winkelabhängigen Farbeindruck: Die gleiche Fläche erscheint je nach Beobachtungswinkel beispielsweise in einem leuchtenden Rot oder in einem strahlenden Grün.

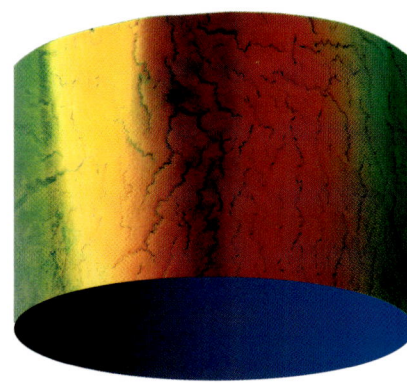

**Farbwechsel mit dem Betrachtungswinkel** – Der Film aus Polymer-ummantelten Nanopartikeln ist senkrecht von oben betrachtet rot. Wird der Film gebogen, verschiebt sich die Farbe bei zunehmend schrägem Betrachtungswinkel von rot nach grün. Das Geheimnis: Der scheinbare Abstand zweier Teilchen wird geringer, je schräger der Betrachtungswinkel ist. Die Wellenlänge des gestreuten Lichts richtet sich nach genau diesem scheinbaren Abstand. Damit wird die Wellenlänge des gestreuten Lichts mit zunehmend schrägem Betrachtungswinkel kürzer, und der Farbeindruck verschiebt sich von rot über gelb nach grün.

## Zwerge im Licht

Der Brechungsindex von Nanoteilchen kann deutlich vom Gewohnten abweichen. Der Brechungsindex ist ein Maß dafür, wie stark ein Lichtstrahl abgelenkt wird, wenn er aus einem Medium in ein anderes eintritt. Unterschiede im Brechungsindex sind beispielsweise die Ursache für die Schlieren, die man sieht, wenn man zwei Flüssigkeiten unterschiedlicher Dichte mischt wie Apfelsaft und Wasser. Bei Zwergteilchen kann der Brechungsindex extrem hohe oder extrem niedrige Werte annehmen. Polymere haben meist Brechungsindices zwischen 1,3 und 1,7 – für bestimmte optische Anwendungen wie in Solarzellen oder besonders leistungsfähigen Polymer-Faseroptiken wünscht man sich aber Polymer-Materialien, die deutlich höhere Unterschiede in ihren Brechungsindices aufweisen. So muss die Faser einer Faseroptik aus unterschiedlichen Materialien aufgebaut werden: Der Brechungsindex des Kerns ist größer als der des Mantelmaterials. Nach Eintritt in den Kern kann ein Lichtstrahl dann durch Totalreflexion am Mantelmaterial weitergeleitet werden. Nanoverbundsysteme aus Polymer oder Gelatine mit winzigen Goldteilchen ergeben Materialien mit Brechungsindices zwischen 0,2 und 0,4. Umgekehrt ergeben eingemischte Bleisulfidwinzlinge Brechungsindices bis zu 4,6.

Nanoteilchen sind auch prima Sonnenschutzmittel für Mensch (siehe Kapitel *„Chemie für die Schönheit"*) und Material. Titandioxid-Partikel beispielsweise wirken transparent, weil sie so klein sind, aber die UV-Absorption des Materials bleibt trotzdem erhalten. Kunststoffe lassen sich gut durch solche Nano-Lacksysteme schützen, z.B. Autos mit Kunststoffkarosserie. Auch Holz kann dauerhaft vor dem Ausbleichen bewahrt werden. Während organische Lichtschutzmittel nach einiger Zeit tief ins Holz oder an die Oberfläche wandern, bleiben die anorganischen Winzlinge dagegen in ihrer Matrix.

Im Bereich der Farben und Lacke bieten Nano-Partikel aber weit mehr als nur Schutz: Völlig neue Farbtöne werden aufgrund einer Spektralverschiebung möglich. Denn die eingesetzten Zwerge wandeln einen Teil des UV-Lichtes in sichtbares Licht um. So erzielt man besonders leuchtende Farbtöne, die mit reiner Absorption gar nicht zugänglich sind. Noch auffälliger sind die so genannten Flip-Flop-Lacke: Je nach Betrachtungswinkel entsteht ein anderer Farbeindruck. In die Beschichtungssysteme sind transparente Titandioxid-Partikel eingelagert, die das Licht der unterschiedlichen Wellenlängen verschieden stark streuen. Durch ebenfalls eingelagerte Aluminium-Flitter, die als kleine Spiegel wirken, ergeben sich so vom Betrachtungswinkel abhängige Farbeffekte. Welche Farbe hat so ein Auto nun? Je nach Lichteinfall kann ein Speziallack beispielsweise von blau über silber bis zu gelb changieren.

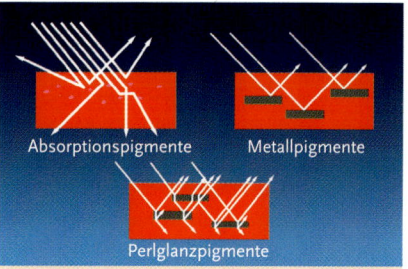

Absorptionspigmente  Metallpigmente

Perlglanzpigmente

**Absorptionspigmente** (links oben) sind Farbpigmente, die bestimmte Wellenlängen des auffallenden Lichts absorbieren. Durch ihre unregelmäßige Form und Lichtabsorption zeigen sie in alle Blickrichtungen nur eine Farbe und keinen Glanz.
**Metallpigmente** (rechts oben) bestehen aus kleinen Aluminium-, Kupfer/Zink- oder Goldplättchen und haben einen hohen Oberflächenglanz.
**Perlglanzpigmente** (unten) basieren auf dem Mineral Glimmer, Bismutoxidchlorid oder Guanin, die von einer Titandioxidschicht überzogen und halbtransparent sind. An den Grenzschichten wird das Licht mehrfach reflektiert, wodurch ein Tiefenglanz wie bei einer natürlichen Perle entsteht.

Andere Perlglanzpigmente für Autolacke und die Kosmetik bestehen aus Glimmer-Nanopartikeln, die mit nanometerdünnen Schichten aus Titan- und Eisenoxid überzogen werden. Dabei entscheidet dann die Filmdicke über die

**Nanokristalliner Hydroxylapatit** soll porösen Zahnschmelz reparieren.

Farbe. Werden mehrere Schichten aufgetragen, entstehen wiederum Flip-Flop-Effekte.

## Strahlendes Lächeln

Weiße Zähne, wer möchte die nicht haben. Zahnschmelz besteht hauptsächlich aus dem Phosphatmineral Hydroxylapatit, einer ausgesprochen harten Substanz. Trotzdem ist das Material empfindlich gegen die in Zahncremes enthaltenen Schleifmittel, die die Zähne von Belägen und Verfärbungen freischmirgeln. Zahnschmelz kann poröser werden und auch Sprünge bekommen. Nanokristalliner Hydroxylapatit soll jetzt helfen, diese Schäden zu reparieren. In Form von Zahnpasta auf die Zähne gebracht, sollen sich die Nanopartikel auf der Zahnoberfläche in einem Selbstorganistionsprozess zu einem geschlossenen Film zusammenfinden und so den Zahnschmelz wieder aufbauen.

## Magnetische Zwerge im Dienste der Gesundheit

Giftstoffe, wie beispielsweise eine Überdosis Partydrogen, müssen in bestimmten Fällen durch eine aufwändige Blutwäsche (Dialyse) aus dem Körper entfernt werden. Zukünftig könnte vielleicht ein Magnet die Dialysemembranen ersetzen. Und das soll so gehen: Magnetische Nanoteilchen werden mit bestimmten Proteinen bestückt, die die giftigen Moleküle erkennen und fest daran binden. Diese

Nanomagneten werden in den Blutkreislauf injiziert. Dann wird das Blut aus dem Körper geleitet und passiert einen Magneten. Dieser zieht die magnetischen Teilchen an und scheidet sie in einem Behälter ab. Das entgiftete Blut wird wieder in den Körper zurückgeleitet. Die Nanoteilchen sind klein genug, um ungehindert durch Blutgefäße zu schwimmen, aber zu groß, um wie Salze und Moleküle von den Nieren herausgefiltert zu werden. In fünf Jahren erhofft man sich die Zulassung der US-Arzneimittelbehörde.

Magnetismus ist auch der Schlüssel zu einer anderen medizinischen Anwendung von „Nanos". Nanopartikel aus Eisenoxid werden mit einem „Mantel" aus bestimmten Proteinen versehen, die dafür sorgen, dass sie Tumorzellen erkennen und selektiv in diese eindringen. Die Partikel werden direkt in den Tumor injiziert und der Patient einem magnetischen Wechselfeld ausgesetzt. Nun kommen die Eisen-Nanopartikel ins Spiel: Sie wirken wie winzige Antennen und werden in dem Wechselfeld pro Sekunde mehrere hunderttausend Mal magnetisch umgepolt. Dabei heizen sie sich auf – und überwärmen auf diese Weise die Tumorzellen, die das nicht gut verkraften und absterben. Diese Therapie könnte Hilfe bei bisher unheilbaren Tumoren wie speziellen tödlichen Hirntumoren bringen. An der Berliner Charité läuft die klinische Erprobung.

## Vom Labor in den Alltag

Das sind nur einige Beispiele. Die Nanowelt ist noch voller Überraschungen. Schon ist man dabei, Nanoröhrchen und Nanokugeln herzustellen (siehe auch Kapitel „Von Fußbällen, Hörnern und Zwiebeln"). Nanodrähte haben überraschende Eigenschaften. In der Grundlagenforschung wird intensiv an vielen Problemen gearbeitet, aber die Beispiele haben gezeigt, dass Nanopartikel bereits unseren Alltag erreicht haben. Das ist etwas Besonderes an dieser Forschungsrichtung. Ergebnisse aus dem Labor können ganz schnell praktische Anwendung finden.

## Bedrohliche Zwerge?

Diese rasche Umsetzung in die Praxis hat aber auch ihre Schattenseiten: Kritiker bemängeln, dass noch zu wenig über die Risiken bekannt sei, die von Nanoteilchen und der Nanotechnologie (siehe Kapitel „Molekulare Träumereien") ausgehen. Horrorszenarien aus der Kontrolle geratener, sich selbst vermehrender Nanomaschinen, die durch ihren Ressourcenverbrauch oder auf andere Weise zu einer Gefahr für das Ökosystem und den Menschen werden, sind aus wissenschaftlicher Sicht auch mit größter Phantasie auf absehbare Zeit nicht vorstellbar. Ernst zu nehmen sind dagegen Bedenken, dass nanometergroße Teilchen, die tatsächlich seit etwa zwanzig Jahren vermehrt in der Atemluft zu finden sind, gesundheitliche Probleme verursachen könnten. Quellen für diese Belastung sind beispielsweise mit Platinlegierungen bedampfte Autokatalysatoren sowie Antikratz-, Antireflex- und Antihaft-Oberflächen, die teilweise ebenfalls auf der Beschichtung mit Nanopartikeln beruhen. Die Nanopartikel werden vom Lungengewebe aufgenommen, offenbar aber nicht wie die etwas größeren Mikropartikel sofort von Fresszellen eliminiert. So könnten sie über die Blutbahn in die Leber und die Milz gelangen, wo sie bei zu hoher Konzentration Entzündungen hervorrufen.

Machen Nanopartikel also krank? Bislang findet man kaum wissenschaftliche Arbeiten in den renommierten Fachzeitschriften, die die Toxizität der Nanopartikel belegen. Für eindeutig unbedenklich hält man inzwischen die aus reinem Kohlenstoff bestehenden Fullerene und Nanoröhrchen (siehe Kapitel „Von Fußbällen, Hörnern und Zwiebeln"), die eine wichtige Rolle bei der Herstellung von elektronischen oder mechanischen Nanobauteilen spielen werden. Aufgrund ihrer nadelartigen Struktur standen sie im Verdacht, das „Asbest" des 21. Jahrhunderts zu werden. Entwarnung auch für das ebenfalls stark im Rampenlicht der Kritiker stehende Titandioxid in Sonnencremes (siehe Kapitel „Chemie für die Schönheit"): Es lässt sich kaum inhalieren. Elektronenmikroskopische Untersuchungen haben zudem gezeigt, dass diese Nanopartikel nicht in die Haut eindringen.

Im Bereich des Arbeitsschutzes besteht das Problem, dass normale Atemschutzmasken für Nanoteilchen viel zu grob sind. Letztlich gibt es keine praktikablen Filter, die fein genug wären, um die Nanoteilchen zu stoppen und trotzdem genug Sauerstoff durchlassen.

In England soll in Kürze eine große Studie zur Gefährlichkeit von Nanopartikeln starten. Auch in Deutschland stehen ähnliche Untersuchungen etwa des Bundesforschungsministeriums und des Büros für Technikfolgen-Abschätzung beim Deutschen Bundestag vor dem Abschluss.

# Der Natur auf die Finger geschaut

Nanoteilchen schließen mit ihren Größendimensionen im Bereich von wenigen Nanometern (Millionsten Millimetern) die Lücke zwischen der Welt der Moleküle auf der einen und den makroskopischen Materialien auf der anderen Seite. Während Eigenschaften wie biologische Wirksamkeit, Geruch, Geschmack, Farbe, Reaktionsbereitschaft auf die Merkmale von einzelnen Molekülen zurückzuführen sind, wird die Beschaffenheit von Materialien wie Härte, Zähigkeit, Flexibilität oder ihr Verhalten gegenüber Wasser von Molekülverbänden und Strukturen im Nanometerbereich bestimmt. In der Nanowelt lassen sich über die Teilchengröße ganz neue Eigenschaften von Materialien erzeugen. Dazu hätten die Wissenschaftler die Nanoteilchen und ihre Organisation aber gar nicht erst erfinden müssen. Es gibt sie in der Natur nämlich schon lange (siehe Kapitel „Chemie für die Schönheit"). Ein Beispiel dafür ist die Lotusblume. Ihre Blätter sind immer sauber, denn sie verfügt über einen eingebauten Selbstreinigungsmechanismus, den man Lotuseffekt nennt, weil man ihn bei der Lotusblume zuerst entdeckt hat. Er kommt aber auch bei anderen tropischen Pflanzen vor. Die Ursache für den Lotuseffekt ist das extrem wasserabweisende Verhalten der Blattoberfläche, die so genannte Superhydrophobie. Die Wassertropfen bilden runde Perlen und rollen schon bei geringer Neigung vom Blatt ab, wobei sie Schmutzpartikel wie Staub oder Ruß mit aufnehmen und entfernen. Dadurch bleibt die Blattoberfläche sauber und ist nach einem Regenschauer sofort trocken.

**Die Lotuspflanze** ist Namensgeberin für einen Selbstreinigungsmechanismus, den Lotuseffekt. Die extrem wasserabweisende Oberfläche ihrer Blätter sorgt dafür, dass Wassertropfen runde Kugeln bilden, die vom Blatt abrollen und dabei allen Schmutz entfernen.

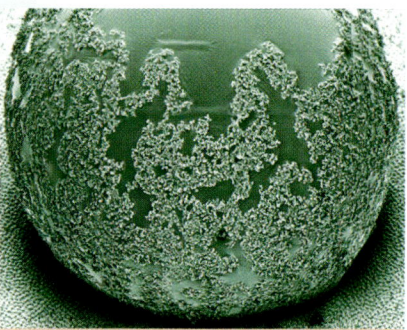

**Wassertropfen auf einem Lotusblatt** bilden runde Perlen, die Schmutzpartikel aufnehmen und beim Abrollen entfernen. Die Tropfen rollen schon bei geringer Neigung oder einem leichten Lufthauch vom Blatt ab. Auf dem Bild erkennt man nicht nur die Schmutzpartikel an der Außenseite des Wassertropfens, sondern auch die mikrostrukturierte Oberfläche des Blattes (siehe auch Abbildung auf der nächsten Seite).

Aber wie kommt es zu diesen außergewöhnlichen Eigenschaften der Lotusblätter? Unter dem Mikroskop erkennt man verschiedene aufeinander aufbauende Schichten. Die Außenhaut der Blätter hat kleine Noppen, die 5–10 Mikrometer hoch und 10–15 Mikrometer voneinander entfernt sind (1 Mikrometer entspricht 1 Tausendstel Millimeter). Diese Noppen sind ihrerseits von einer feinen Nanostruktur aus Wachskristallen mit Durchmessern von zirka 100 Nanometern überzogen. Sie bestehen aus einer Mischung verschiedener wasserabweisender (hydrophober) Pflanzenwachse. Auch abgestorbene, ja sogar getrocknete Blätter der Lotus-Pflanze zeigen den Lotuseffekt. Er ist also kein biologisches, sondern ein physikalisch-chemisches Phänomen und lässt sich mit physikalisch-chemischen Größen beschreiben. Entscheidend ist vor allem der Kontaktwinkel zwischen der Blattoberfläche und der Oberfläche des Wassertropfens.

**Nie wieder Autowaschen?** Eine traumhafte Vorstellung, die durchaus Wirklichkeit werden könnte. Vorausgesetzt dass es gelingt, haltbare Autolacke herzustellen, die den Selbstreinigungseffekt der Lotusblume imitieren.

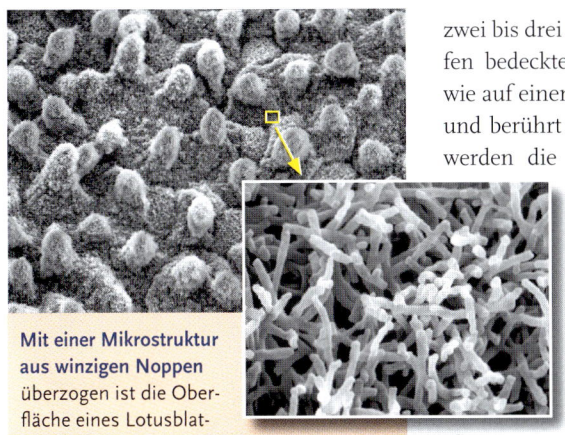

**Mit einer Mikrostruktur aus winzigen Noppen** überzogen ist die Oberfläche eines Lotusblattes, wie die mikroskopische Aufnahme zeigt. Diese 5 bis 10 Mikrometer hohen Noppen sind ihrerseits von einer feinen Nanostruktur aus Wachskristallen umhüllt, die bei weiterer Vergrößerung deutlich zu erkennen ist. Der Durchmesser dieser Kristalle beträgt etwa 100 Nanometer.

Er ist ein Maß für die Benetzbarkeit des Blattes mit Wasser. Auf gut benetzbaren, wasserliebenden (hydrophilen) Oberflächen breitet sich der Wassertropfen weit aus, der Kontaktwinkel ist sehr klein. Schwer benetzbare Oberflächen zeichnen

zwei bis drei Prozent der vom Wassertropfen bedeckten Fläche. Der Tropfen liegt wie auf einem Nagelbett aus Wachsstiften und berührt nur deren Spitzen. Dadurch werden die Anziehungskräfte zwischen dem Wasser und dem Untergrund verringert, die Wassertropfen nehmen eine kugelförmige Gestalt an. Bei geringstem Neigungswinkel rollen sie dann von der Oberflächen ab und nehmen die Schmutzpartikel mit. Auf glatten wasserabweisenden Oberflächen können die Tropfen nicht rollen, sondern nur gleiten. Dabei rutschen sie über den Schmutz hinweg, ohne ihn zu entfernen.

Bis wir allerdings so weit sind, dass wir Fenster nicht mehr putzen und Autos nicht mehr in die Waschstraße fahren müssen, hat die Forschung noch einen weiten Weg vor sich. Es gibt zwar schon Ansätze, durch geschickte Kombination von Nanopartikeln mit stark hydrophoben Polymeren wie Polypropylen, Polyethylen oder technischen Wachsen superhydrophobe Materialien und Beschichtungen herzustellen, aber noch sind längst nicht alle Schwierigkeiten gelöst. Wässrige Lösungen, die Tenside enthalten, können auch superhydrophobe Oberflächen benetzen, da die Tenside die Oberflächenspannung des Wassers stark herabsetzen. Auch öl- und fetthaltiger Schmutz wird nur schwer entfernt. Öle können unter Umständen sogar in die Nanostrukturen eindringen und sie damit wirkungslos machen. Die Nanostrukturen sind auch mechanisch noch wenig stabil, die Schichten können leicht abgerieben oder zerkratzt werden. Aber die Forscher arbeiten schon kräftig an der Entwicklung robuster selbstreinigender Materialien. Eine experimentierfreudiges Unternehmen hat auch schon die ersten Lacke nach diesem Prinzip auf den Markt gebracht. Das Beispiel des Lotuseffekts zeigt auf eindrucksvolle Weise, wie die Kenntnisse der physikalischen und chemischen Zusammenhänge in der Nanowelt die Entwicklung von neuen Materialien mit besseren Eigenschaften beeinflussen können.

**Der Kontaktwinkel Θ** zwischen der Oberfläche eines Wassertropfens und einer Festkörperoberfläche liefert ein Maß für deren Benetzbarkeit mit Wasser. Schwer benetzbare, stark wasserabweisende Oberflächen haben einen großen Kontaktwinkel.

sich durch große Kontaktwinkel aus. Glatte Oberflächen können nach heutigem Wissen maximale Kontaktwinkel von zirka 120 Grad gegenüber Wasser erreichen, wenn sie aus extrem hydrophoben Materialien bestehen. Im Mikro- oder Nanobereich strukturierte Materialien erreichen dagegen Kontaktwinkel von bis zu 170 Grad. Dabei ist es wichtig, die Angriffsfläche für den Wassertropfen so gering wie möglich zu halten. Bei der Lotus-Pflanze beträgt die tatsächliche Kontaktfläche nur

**Die Beschaffenheit der Oberfläche** ist für den Selbstreinigungseffekt verantwortlich. Auf einer glatten Oberfläche breitet sich ein Wassertropfen aus und rutscht über die Schmutzpartikel hinweg, ohne sie aufzunehmen. Besitzt die Oberfläche dagegen Strukturen im Nanometerbereich, so bilden sich kugelförmige Tropfen, die Schmutzteilchen anlagern und beim Abrollen entfernen.

**Glatte Oberfläche**

**Nanostrukturierte Oberfläche**

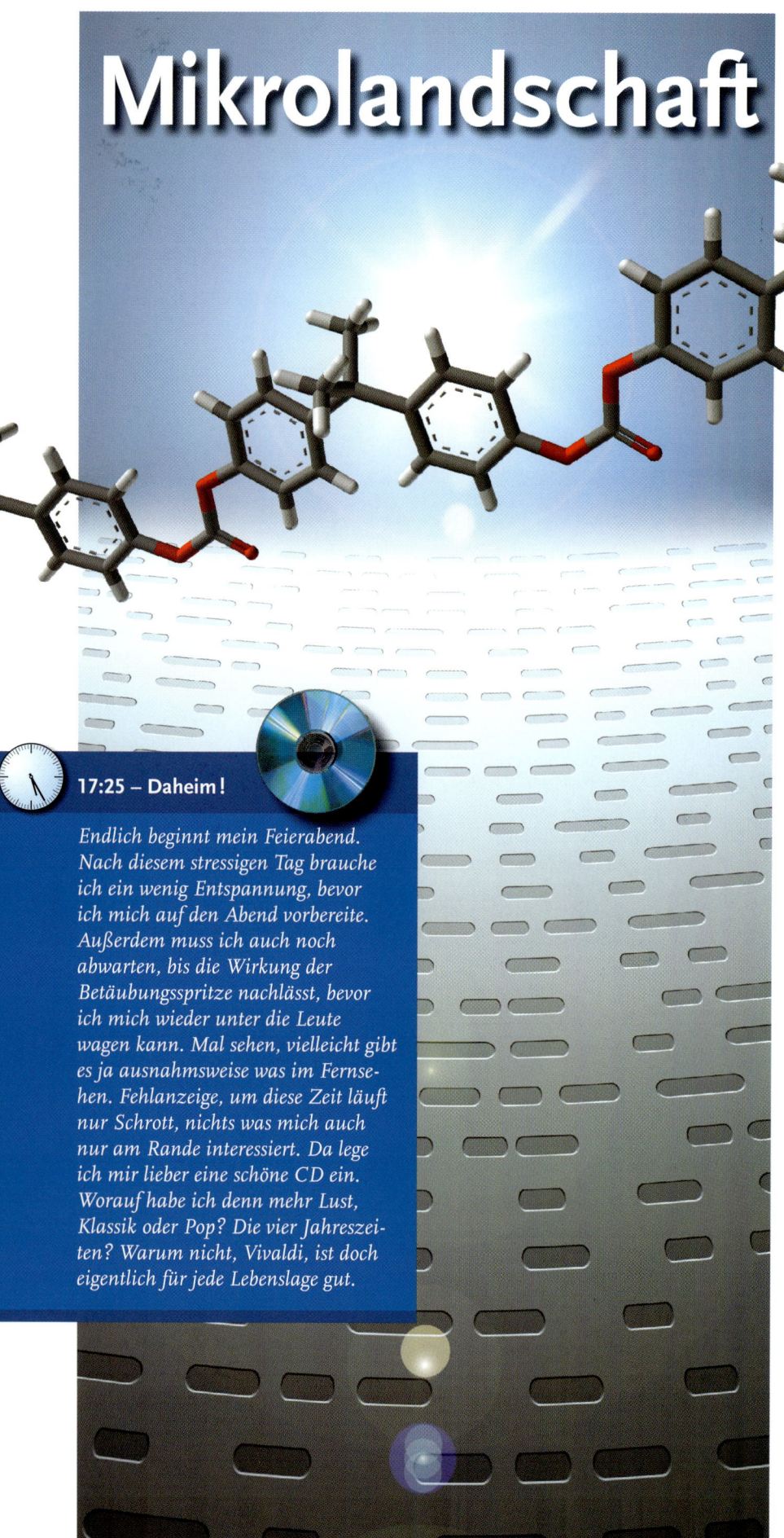

# Mikrolandschaft im Laserlicht

**17:25 – Daheim!**

*Endlich beginnt mein Feierabend. Nach diesem stressigen Tag brauche ich ein wenig Entspannung, bevor ich mich auf den Abend vorbereite. Außerdem muss ich auch noch abwarten, bis die Wirkung der Betäubungsspritze nachlässt, bevor ich mich wieder unter die Leute wagen kann. Mal sehen, vielleicht gibt es ja ausnahmsweise was im Fernsehen. Fehlanzeige, um diese Zeit läuft nur Schrott, nichts was mich auch nur am Rande interessiert. Da lege ich mir lieber eine schöne CD ein. Worauf habe ich denn mehr Lust, Klassik oder Pop? Die vier Jahreszeiten? Warum nicht, Vivaldi, ist doch eigentlich für jede Lebenslage gut.*

Eine winzig kleine Hügelland-schaft, umhüllt von silbrigem Glanz – was sich anhört wie der Schauplatz für ein Märchen von Elfen und Zwergen, ist der Ort, an dem Musik, Filme und Daten abgespeichert sind. Aber wie kommen die Töne, Bilder und Informationen eigentlich auf die handlichen flachen Scheiben, die wir tagaus tagein in unsere Computer, CD- oder DVD-Spieler schieben? Hauptakteure sind ein Laser und ein durchsichtiger High-Tech-Kunststoff. Der gleiche Kunststoff übrigens, der so manches prominente Bauwerk überdacht...

Noch bis Anfang der 1980er Jahre war es eigentlich unvorstellbar, dass Musiklieb-haber ohne ihre bis dahin heiß geliebten schwarzen Vinylscheiben auskommen könnten; von Tonbändern und Musik-kassetten hatten sie nie besonders viel ge-halten. Zu dieser Zeit begann der rasante Siegeszug der „Silberlinge". Inzwischen wollen wir – bis auf einige Nostalgiker vielleicht – den rausch- und knisterfreien Digitalsound der kleinen Scheiben nicht mehr missen.

650 Megabyte Speichervolumen hat-ten die ersten CD-Scheiben, genug für Musik in Langspielplatten-Länge. Dabei sollte es nicht lange bleiben. Und was so prima für die Konservierung von Tönen klappte, sollte sich auch schnell als Spei-cher der Wahl für andere Arten von Infor-mationen entpuppen: Mit der Digital Ver-satile Disc (DVD) wurde schon längst die

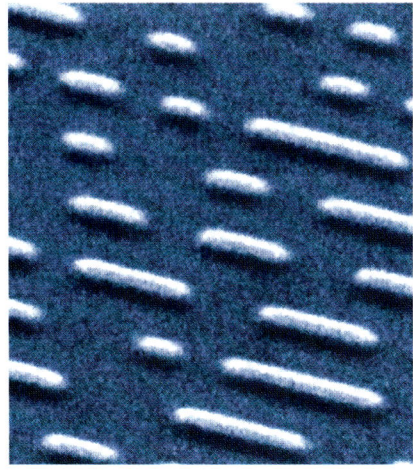

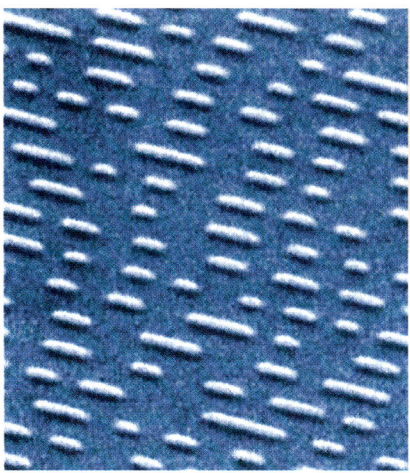

nächste Scheiben-Generation eingeleitet. Sie speichert gleichzeitig Musik, Filme, Spiele und Daten und sieht zwar aus wie eine CD, hat es aber in sich: 4,7 Gigabyte Speicherplatz – das entspricht 1,7 Millionen beschriebenen DIN-A4-Seiten oder 135 Minuten Film-Spieldauer.

Aber wie kommen die Töne, Bilder und andere Daten eigentlich auf die kleinen glänzenden Scheiben?

Das Prinzip der Datenspeicherung ist bei CD und DVD gleich: Die digitalisierten Analog-Informationen werden in Form mikroskopisch kleiner Kuhlen in einer hochtransparenten Scheibe aus dem Kunststoff Polycarbonat codiert.

**Beschreiben eines mit Photolack beschichteten Glasmasters.**

## Digitale Berg- und Talfahrt

Am Anfang steht das Premastering, bei dem die analogen Daten, wie Bilder und Töne, digitalisiert und in ein spezielles Datenformat übertragen werden. Mit einer „Laserschreibmaschine" wird diese Information auf eine Glasscheibe aufgebracht, die eine aufgedampfte hauchdünne Lackschicht trägt. Der Laserstrahl schaltet sich dem digitalen „Takt" folgend an und ab und erzeugt auf der fotoemp-

findlichen Lackschicht ein Mikro-Muster aus belichteten und unbelichteten Stellen. Die belichteten Stellen verändern sich chemisch und werden beim anschließenden Ätzen ausgewaschen. Übrig bleibt eine Landschaft aus Erhöhungen („Lands") und Vertiefungen („Pits"). Der so erzeugte „Glasmaster" ist allerdings alles andere als stabil. Daher wird ein Negativ erstellt, indem man einen Abdruck nimmt: Flüssiges Metall, meist Nickel, wird auf den Glasmaster aufgebracht. Daraus wird dann wieder ein Metall-Positiv angefertigt, bevor das eigentliche Presswerkzeug, der Stamper, hergestellt werden kann.

Nun folgt die Serienherstellung der CDs im Spritzprägeverfahren, das landläufig als „Pressen" bezeichnet wird. Dazu wird ein spezieller transparenter Kunststoff, Polycarbonat, in einer Spritzgießmaschine zu einer fließfähigen Masse geschmolzen. Eine genau dosierte Kunststoffmenge wird in einem „Schuss" in ein Werkzeug mit dem Stamper eingespritzt. Der Stamper presst dabei das winzige Berg-und-Tal-Muster in die Masse.

Beim Abkühlen der 1,2 Millimeter dicken CD-Scheibe bleibt diese digitale Schrift erhalten. Im Vergleich zur CD sind die „Buchstaben" bei der DVD noch ein Stückchen kleiner geworden und enger zusammengerückt. Außerdem besteht die DVD statt aus einer aus zwei miteinander verklebten 0,6 Millimeter dünnen Polycarbonat-Scheiben. In einem Vakuum-Beschichtungsverfahren wird dann – egal, ob CD oder DVD – eine etwa 40 Nanometer dünne Aluminiumschicht auf die Platte aufgebracht. Eine weitere Schicht aus einem speziellen Lack schützt die empfindliche Metallschicht. Zum Schluss wird noch das Label aufgedruckt – fertig ist die CD oder DVD.

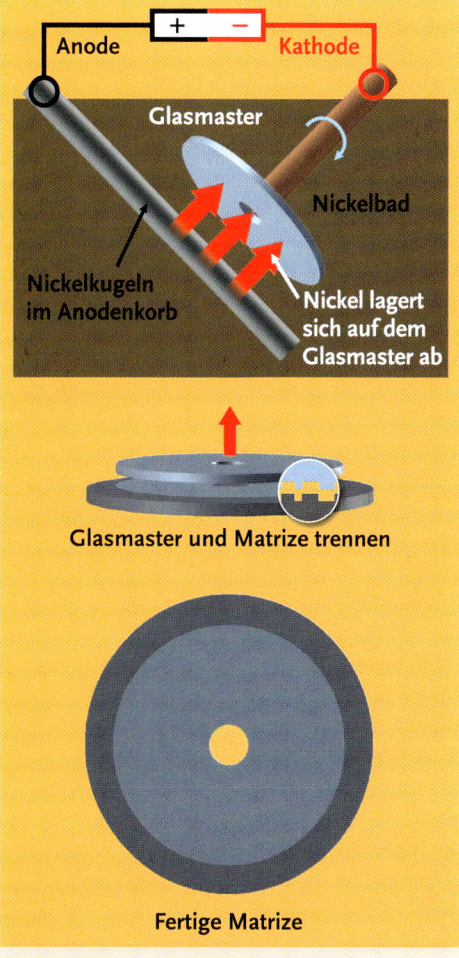

**Vom Glasmaster zur Matrize** – Da der Glasmaster nicht stabil genug ist, um mit ihm direkt die CDs oder DVDs herzustellen, fertigt man als Vorlage zum Pressen eine Matrize an. Dazu wird der Glasmaster in ein Nickelbad getaucht und weiterverarbeitet.

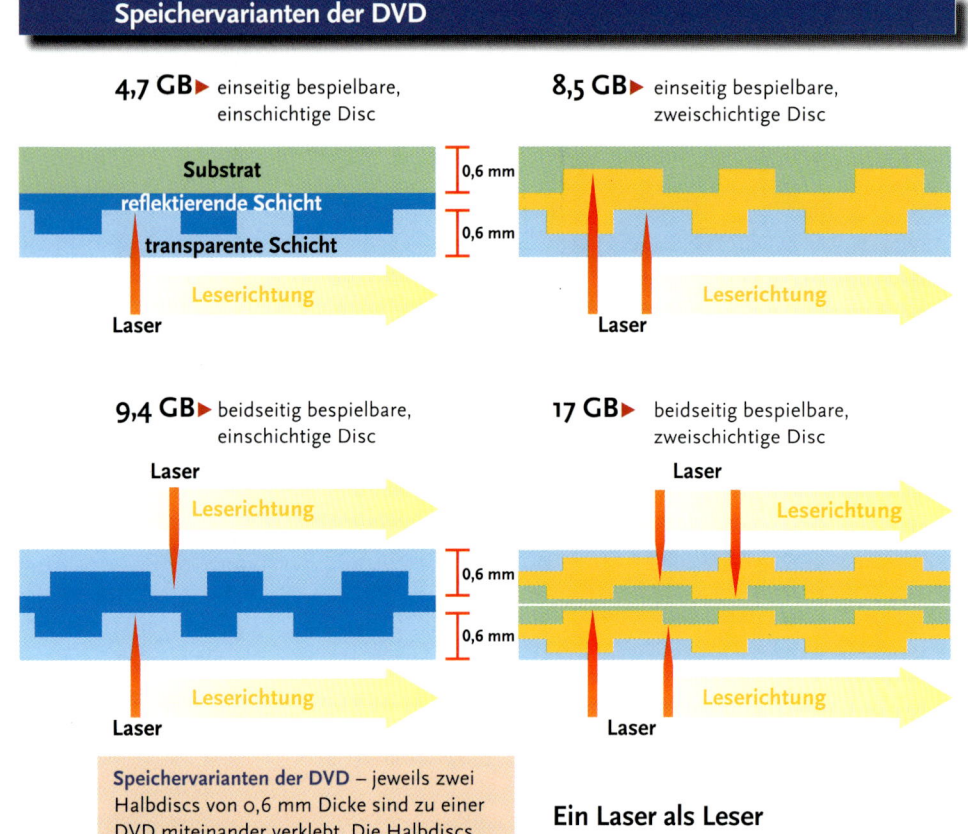

## Speichervarianten der DVD

**4,7 GB▶** einseitig bespielbare, einschichtige Disc

Substrat — 0,6 mm
reflektierende Schicht
transparente Schicht — 0,6 mm
Leserichtung
Laser

**8,5 GB▶** einseitig bespielbare, zweischichtige Disc

Leserichtung
Laser

**9,4 GB▶** beidseitig bespielbare, einschichtige Disc

Laser
Leserichtung
0,6 mm
0,6 mm
Leserichtung
Laser

**17 GB▶** beidseitig bespielbare, zweischichtige Disc

Laser
Leserichtung
Leserichtung
Laser

**Speichervarianten der DVD** – jeweils zwei Halbdiscs von 0,6 mm Dicke sind zu einer DVD miteinander verklebt. Die Halbdiscs können einschichtig oder zweischichtig sein.

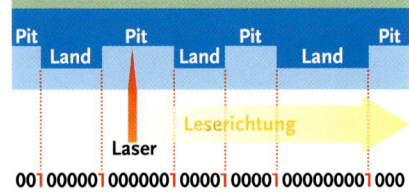

Pit — Land — Pit — Land — Pit — Land — Pit
Leserichtung
Laser
001 000001 000000 1 00001 00001 000000001 000

**Welt aus Nullen und Einsen** – kaum zu glauben, dass unsere moderne Informationsgesellschaft auf nur zwei Zahlen basiert.

## Ein Laser als Leser

Beim Ablesen der gespeicherten Informationen tastet der Laserstrahl des CD- oder DVD-Players oder des CD-ROM-Laufwerks die eingeprägten Tiefen und Höhen von der Plattenunterseite ab. Er folgt dabei einer Spur, die sich spiralförmig von innen nach außen windet. Der Laser durchdringt die durchsichtige Scheibe, wird an der Metallschicht reflektiert und trifft auf eine Fotodiode, die das Signal „hell" registriert – und als digitale „Nullen" interpretiert. Ein „Berghang", also der Übergang zwischen einem Pit und einem Land, streut dagegen das Licht. Die Fotodiode registriert das Signal „dunkel" – eine digitale „Eins" wird gelesen. Die kleineren Dimensionen der DVD erfordern einen Laser mit einer geringeren Wellenlänge im Vergleich zur CD (635 Nanometer für die DVD, 780 Nanometer für die CD). Ein schärfer fokussierter Strahl ist nötig, um die kleineren und dichter gepackten Berge und Täler klar zu unterscheiden. Darum die Zwei-Schicht-Struktur der DVD: So ist die Entfernung zur reflektierenden Aluminiumschicht geringer, und eine feinere Fokussierung wird möglich.

Neben dem ersten DVD-Format wurden bereits weitere entwickelt: Auch die zweiten Plattenhälfte der DVD, die zunächst nur der Stabilität diente, lässt sich nutzen: 8,5 Gigabyte Speichervermögen (ca. drei Millionen Schreibmaschinenseiten oder über vier Stunden Video) werden zugänglich. Die Silberscheibe muss dabei nicht einmal umgedreht werden, da der Laserstrahl seine Brennweite automatisch der zweiten Ebene anpasst. Und sogar die Rückseiten beider DVD-Halbscheiben können genutzt werden: 17 Gigabyte werden auf diese Weise untergebracht.

CD-R und DVD-R genannte Formate kann man selber mit Daten beschreiben (brennen). Die entsprechenden Rohlinge sind nicht mit Aluminium, sondern mit Silber (früher Gold) beschichtet, das das Laserlicht noch besser reflektiert. Ihren schillernden Look verleihen den Scheiben üblicherweise Azo-, Cyanin- oder Phthalocyanin-Farbstoffe, Verbindungsklassen, die beispielsweise auch in der Farbfotografie eine Rolle spielen. Beim Schreibvorgang brennt ein starker Laserstrahl winzige Löcher in diese fotoempfindliche grüne oder blaue Farbschicht. Der Wechsel zwischen reflektierenden und nichtreflektierenden Bereichen wird beim Ablesen als „hell" und „dunkel" interpretiert.

## Chaos sorgt für Ordnung

Wieder beschreibbare Formate sind auf dem Weg, Magnetband-Musikkassetten und Videobänder abzulösen. Die CD-RW und DVD-RW sind bis zu tausend Mal wiederbeschreibbar. Sie arbeiten mit dem Wechsel zwischen Ordnung und Chaos: Die transparente Scheibe ist hier mit einem so genannten Phase-Change-Material beschichtet. Es handelt sich dabei um eine sandwichartige Schicht aus Metallen der Gruppe der Seltenen Erden sowie Silber, Indium, Antimon und Tellur. Auf der jungfräulichen CD nimmt das Material eine geordnete Kristallstruktur ein. Beim Beschreiben schmilzt der Laser den Kristall entlang einer vorgegebenen Rille punktuell auf. Beim raschen Abkühlen wird die ungeordnete, glasartige (amorphe) Schmelze „eingefroren". Im Gegensatz zu den kristallinen reflektieren die amorphen Zonen das Laserlicht nicht. Wiederum entstehen Spuren mit aufeinanderfolgenden ablesbaren „hellen" und „dunklen" Stellen. Beim Löschvorgang erhitzt der Laser das Material bis kurz unterhalb des Schmelzpunktes, und die Abkühlung erfolgt langsamer. Dabei hat das Material genug Zeit, wieder zu kristallisieren.

## Zunkunftsmusik

- **Ketten in Reih und Glied**
  Mit fotoadressierbaren Polymeren beschichtet sollen die Polycarbonatscheiben bald 30 Gigabyte Speicherplatz offerieren. Ein polarisierter Laserstrahl richtet beim Speichervorgang die ungeordneten Seitenketten eines Spezialpolymers dauerhaft aus; mit einem schwächeren Laserstrahl kann diese Information später wieder abgetastet werden. Über die Intensität des Lichtstrahls sollen dabei sogar gezielt unterschiedliche Ordnungsgrade der Seitenketten erreicht werden.

- **Auf dem Weg zu Terabytes**
  Gar bis zu 1000 Gigabyte (1 Terabyte) Speicherplatz soll die „holografische" CD bieten. Informationen sollen als zweidimensionale Datenseiten aus winzigen hellen und dunklen Feldern gespeichert werden. Allerdings hinkt der Vergleich zu einem holografischen Bild, das in Abhängigkeit vom Blickwinkel verschiedene Perspektiven des abgebildeten Objektes zeigt: Bei der Holo-CD wird mit jeder Winkeländerung des eingestrahlten Lichtes eine ganz neue Datenseite angelegt.

- **Klebrige Speicher**
  Eine Rolle Tesa-Film als Speicherplatz für 10 Gigabyte? Absurde Idee!?! Was zunächst tatsächlich einfach ein Jux sein sollte, entpuppte sich als geniale Idee: Tesa-Film besteht aus Polypropylen, einem Kunststoff, der bei Belichtung mit einem fokussierten Laserstrahl seinen Brechungsindex ändert. So lassen sich Daten wie bei einer CD in Form von mikroskopischen Punktmustern auf das Material übertragen. Da sich ein Laser mit einer Tiefenschärfe von wenigen Mikrometern fokussieren lässt, können sogar einzelne Schichten gezielt beschrieben werden, ohne dass die Rolle abgewickelt werden muss. Beim Ablesen werden Unterschiede der Reflexion registriert. Das geht bisher allerdings „nur" durch maximal zwanzig Schichten hindurch – was aber allemal für zwei bis drei Gigabyte reicht. Vielleicht kommen ja bald unsere Urlaubsbilder von der Tesa-Rolle, denn das System eignet sich besonders da, wo Speicherplatz knapp und teuer ist, wie in Digitalkameras. Tesa entwickelte den Klebespeicher inzwischen so weit, dass er zur Produktverfolgung und zum Fälschungsschutz für Markenprodukte eingesetzt werden kann: Ein Quadratmillimeter Tesa bietet Speicherplatz für ein Kilobyte, Platz genug für ein winziges Hologramm, das komplexere Informationen speichert als die herkömmlichen Barcodes.

**Hätten Sie's gewußt?** – Die Länge der spiralförmigen Spur einer CD beträgt etwa 6,4 Kilometer! Würde man eine CD und ihre Spuren maßstäblich um den Faktor 100 vergrößern (also von 12 Zentimeter auf 120 Meter), wären die Spuren trotzdem nur ungefähr 0,5 mm breit.

## Kleine Kompassnadeln machen Musik

Ein anderes Prinzip wird vornehmlich bei den Silberlingen im Kleinformat, den MiniDiscs, zur Datenspeicherung verwendet: Die Beschichtung besteht hier aus einem magnetischen Material. Gängig sind keramische Materialien aus Terbium – einem Metall aus der Gruppe der Seltenen Erden – Eisen, Sauerstoff und Cobalt. Während der Aufnahme fährt der Laser wiederum vorgegebene Rillen ab und erwärmt sie Punkt für Punkt. Durch die Wärme werden die winzigen „Elementarmagneten" so beweglich, dass die Schicht hier ihre magnetische Ordnung verliert. Der Magnetkopf des Aufnahmegeräts richtet die Elementarmagneten innerhalb des erwärmten Punktes neu aus. Löschen und Neubeschreiben geht daher im selben Arbeitsgang. Beim anschließenden Abkühlen wird die neue magnetische Ordnung „eingefroren". Die Ausrichtung „Nord" oder „Süd" codiert dann für 0 und 1: Wenn beim Ablesen ein – schwächerer – Laserstrahl über die verschieden magnetisierten Zonen streicht, wird die Schwingungsebene (Polarisierung) der Lichtwelle verändert.

## An der Rezeptur gedreht

Polycarbonat wird in seiner Funktion als Datenträger und Teil des optischen Systems eine Menge abverlangt: Das Material muss nicht nur sehr gut lichtdurchlässig sein und die eingeprägten digitalen Informationen exakt abbilden, es muss

auch unter extremen Randbedingungen die Form wahren. Denn auch im Hochsommer möchte der Autofahrer zum Beispiel Musik hören – wenn im Bereich der Armaturentafel durchaus mal 80 °C auftreten – ohne dass sich seine Lieblings-CD verzieht. Produktweiterentwicklungen sind nur möglich, wenn auch die Eigenschaften des Polymerträgers verbessert werden. Durch entsprechendes Feintuning der Rezeptur konnten etwa die Zykluszeiten für die Herstellung einer CD von anfänglich über 20 Sekunden auf unter 3,5 Sekunden gedrückt werden. Für jede Erhöhung des Speichervolumens muss vor allem die Reinheit des Materials weiter erhöht werden. Denn jedes noch so

**Tesa-Film** – nicht nur zum Kleben, sondern auch Datenträger der Zukunft?

kleine Partikelchen lenkt den Laserstrahl ab und verursacht einen Fehler auf dem Silberling. Die Produktion der Scheiben erfolgt daher im Reinraum. Eintretende Luft wird akribisch gefiltert, um möglichst jedes Staubkörnchen fernzuhalten. Je kleiner die Pits werden und je enger sie zusammenrücken, desto störanfälliger werden die Scheiben.

## Von kleinen und großen Scheiben

Polycarbonat ist aber nicht gleich Polycarbonat. Es handelt sich bei dieser Bezeichnung lediglich um eine Sammelbezeichnung der Verbindungsklasse: Polycarbonate können von der Art der Verknüpfung her als Polyester der Kohlensäure und aliphatischen oder aromatischen Di-Alkoholen (Verbindungen mit zwei OH-Gruppen) betrachet werden. Die einzelnen Bausteine, die eingesetzt werden, heißen Monomere und können sehr verschiedenen sein. Je nach den Bedingungen bei der Polymerisation – der Verknüpfungsreaktion der Bausteine – können außerdem die Ketten des entstehenden Polymers verschieden lang ausfallen. Und dann gibt es noch eine ganze Palette an Zusatzstoffen, die das Eigenschaftsprofil der Polycarbonate stark beeinflussen (siehe Kapitel „Weinende Bäume und der Gott des Feuers").

Und so ist es eigentlich kein Wunder, dass die kleinen runden flachen Scheiben bei weitem nicht die einzigen Scheiben sind, die man aus Polycarbonat machen kann. Dieser Kunststoff ist auch Material der Wahl für Architekten, wenn es um transparente, leicht und luftig wirkende Dachkonstruktionen geht. Trotzdem eine seltsame Anmutung, dass der gleiche Kunststoff-Typ, aus dem CDs bestehen, auch eine ganze Reihe prominenter Bauwerke überdacht, zum Beispiel den Busbahnhof in Campobasso, den Marco-Polo-Flughafen in Venedig, den Eurostar-Bahnhof in Brüssel. Die Therme Erding in der Nähe von München hat ein Cabrio-Kuppeldach aus Polycarbonat. Und Fußballfans müssen dank Polycarbonat nicht im Regen stehen: Die Südtribüne des Ulrich-Haberland-Stadions in Leverkusen erhielt 1997 ein gewölbtes Dach.

## Der Himmel in Sicht

Ist eine transparente Dachkonstruktion zu planen, gilt der erste Gedanke natürlich

**Gesundes Thermalwasser und exotisches Urlaubsflair** gehen in der Therme Erding eine optisch ansprechende Verbindung ein. Das Kuppeldach aus Polycarbonat macht einen guten Teil des südländischen Eindrucks aus, lässt viel Licht ins Innere und kann bei warmem Wetter geöffnet werden.

**In Italien** in den Abruzzen warten Busreisende unter dem Dach des Busbahnhofs von Campobasso. Auch wenn keiner gerne auf den Bus wartet, so schützt das Dach nicht nur, sondern lässt den Wartenden staunend die vielen gebogenen Polycarbonat-Dachplatten bewundern.

**Auch Fußballfans** können auf der Tribüne des Rhein Energie Stadions Köln die Vorzüge einer Polycarbonat-Dachkonstruktion genießen. Sie wurde bei der Sanierung des Stadions eingebaut und schützt Fußballfreunde vor unliebsamen Witterungseinflüssen.

dem Klassiker Glas. Schnell stößt man jedoch, gerade bei ungewöhnlichen, filigranen Entwürfen, an die Grenzen des Machbaren. Verschiebungen aus Kunststoff sind im Gegensatz zu Glas ein wahres Fliegengewicht, sie sind gut formbar und setzen der Phantasie des Architekten recht wenig Grenzen. Im Vergleich zu bruchsicherem Glas derselben Stärke ist die Schlagzähigkeit – ein Maß für die Bruchsicherheit – von Polycarbonat gar 250mal höher. Gegenüber der Konkurrenz Acrylglas ist es deutlich elastischer und daher besonders gefragt, wenn Tonnengewölbe oder Kuppeldächer geplant sind. Es kann auch dann problemlos eingesetzt werden, wenn mit höheren Torsionsbewegungen des Unterbaus zu rechnen ist. Diese Eigenschaftskombination macht das Material sogar sicher genug für Dachkonstruktionen in Erdbebengebieten.

## Clevere Beschichtungen

Den richtigen Pfiff erhalten die Kunststoffscheiben aber erst durch die trickreichen Ausrüstungen und High-tech-Beschichtungen, die viele Wunscheigenschaften erfüllen, die das Polymer per se nicht hat: UV-Stabilität und Witterungsbeständigkeit werden durch eine Schicht realisiert, die einen UV-Absorber enthält und das Polycarbonat so gegen Vergilbung schützt. Unabdingbar für bleibende Schönheit ist meist eine Kratzfest-Aus-

rüstung. Auch Wasserflecken sind etwas Hässliches. Und besonders widerlich ist es, wenn einem bei feuchter Witterung Kondenswasser von oben in den Kragen tropft. Eine so genannte „no-drop"-Schicht verhindert beides: Anders als die wasserabweisende Kunststoff-Oberfläche ist die Beschichtung „wasserfreundlich". Kondensiertes Wasser rollt sich nicht zu Tröpfchen zusammen, sondern zerfließt zu einem dünnen Film. Die Scheibe beschlägt nicht. Neuerdings gibt es auch klimatisch „anpassungsfähige" Beschichtungen. Sie verhindern eine Backofenatmosphäre, indem sie an sonnigen Tagen die Wärmestrahlung reflektieren.

## Sichere Sache

Schalterräume von Banken oder Nachtschalter von Tankstellen mit Kunststoffscheiben statt Panzerglas schützen? Auch das geht heute! Spezielle Sicherheitsverscheibungen aus Polycarbonat besitzen trotz ihres erstaunlich geringen Gewichtes eine durchbruchhemmende bzw. durchschusshemmende Wirkung. Geheimnis ihrer extremen Stabilität ist ein lamellarer Aufbau aus abwechselnden Polycarbonatschichten und Zwischenlagen aus Polyurethan, einem anderen Kunststoff. So werden Qualitäten erreicht, die sogar automatischen Handfeuerwaffen standhalten.

### A propos Scheiben: Was ist eigentlich...

**...  Glas?**
Unter einem Glas im weiteren Sinne versteht man eine feste Schmelze, also eine Schmelze, die ohne Kristallisation erstarrt ist. Unter Glas im engeren Sinne versteht man „Fensterglas". Es besteht aus Natrium-, Calcium- und Siliciumdioxid und wird durch Zusammenschmelzen von Quarzsand, Soda und Kreide oder Kalkstein hergestellt.

**...  Jenaer Glas?**
Dieses auch „Duran" genannte Glas besteht aus Siliciumdioxid, Aluminium-, Bor-, Natrium-, Barium-, Calcium- und Magnesiumoxid. Das Boroxid verringert die Empfindlichkeit des Glases gegenüber raschem Erhitzen und Abkühlen und macht es widerstandsfähiger gegenüber Säuren. Das Aluminiumoxid macht das Glas weniger spröde und vermindert so die Gefahr des Entglasens (Auskristallisierens).

**...  Bleikristallglas?**
Ein Glas aus Kaliumoxid, Bleioxid und Siliciumdioxid. Dank seiner hohen Lichtbrechung wird es gern für geschliffene Gegenstände verwendet. Ein besonders bleihaltiges Glas, das außerdem Borsäure enthält, ist Strass, der in seinem Lichtbrechungsvermögen dem Diamanten nahe kommt und vor allem zu Modeschmuck verarbeitet wird.

**...  Quarzglas?**
Sehr widerstandsfähiges Glas aus reinem Quarzsand, das für technische Geräte eingesetzt wird. Da es im Gegensatz zu „normalem" Glas UV-Licht durchlässt, werden Prismen, Küvetten und andere optische Bauteile häufig aus Quarzglas hergestellt.

**...  Plexiglas?**
Acrylglas, transparenter Kunststoff aus Polymethacrylaten, der in vielen Anwendungen als Glasersatz genutzt wird.

**...  Verbundglas?**
Glasschichten, die mit einer Kunststofffolie zusammen geklebt sind. Diese bindet die Glassplitter, damit sie bei einem Zerbrechen nicht herumfliegen können. Heutige PKW-Windschutz- und Heckscheiben bestehen aus Verbundglas.

**...  Panzerglas?**
Verbundgläser aus mindestens drei Lagen und mit mehr als 20 mm Dicke, die einem Maschinengewehrschuss standhalten können.

# Und was sonst noch so aus Polycarbonat ist

Bruchfeste Brillengläser · Gewächshäuser · Wintergärten · Computergehäuse · Gehäuse für medizintechnische Geräte · Gehäuse für Handys · Autoscheinwerfer-Streuscheiben · PKW-Front-, Heck- und Seitenscheiben · Großvolumige Wasserflaschen für Water-Cooler · Dialysemembranen · Gefäße für Blutproben · Zentrifugensysteme zur Trennung von Blutbestandteilen · Bauteile für Herz-Lungen-Maschinen · Druckhebel von Pulver-Inhalatoren · Ampullen von nadelfreien Injektionssystemen ...

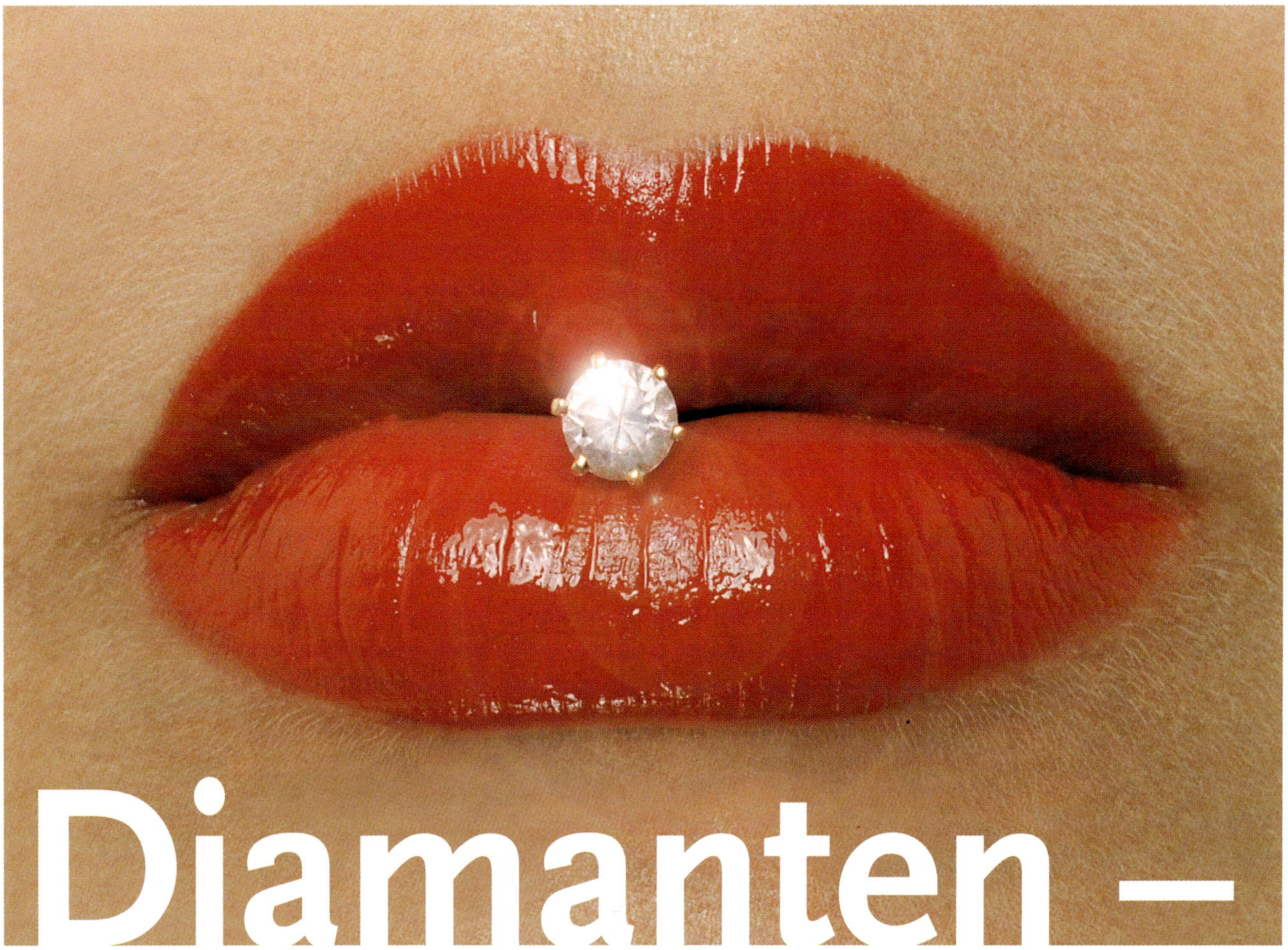

# Diamanten –

## nicht nur a girl's best friend

... auch Techniker mögen die Glitzersteinchen, die dank ihrer besonderen Härte sowie interessanter thermischer und optoelektronischer Eigenschaften in viele Bereiche Einzug gehalten haben. Für technische Anwendungen werden im Allgemeinen keine natürlichen, sondern synthetische Diamanten eingesetzt.

**18:35 – Zeit zu leben**

*Endlich fühle ich mich wieder wie ein Mensch und kann mich auf meine Verabredung heute Abend freuen. Was ziehe ich bloß an? Es darf nicht zu schlicht sein, denn das Restaurant, in dem ich mich mit meinem neuen Freund verabredet habe, gehört zu der etwas besseren Sorte. Aber zu sehr aufdonnern mag ich mich auch nicht. Mein Lieblingskleid ist leider gerade in der Reinigung, aber dieses hier ist auch ganz nett, und die Farbe steht mir wirklich gut. Jetzt kommt die große Preisfrage: Welche Klunker soll ich dazu tragen? Lieber Modeschmuck mit künstlichen Glitzersteinchen oder meinen echten kleinen Diamanten? Ich glaube, heute ist mir mehr nach edlem Understatement als nach auffallendem Funkeln und Glitzern zumute. So, nur noch das Make-up ein bisschen auffrischen und schon kann es losgehen.*

Der Diamant – kristallklarer, funkelnder Stein, Inbegriff von Kostbarkeit und Luxus, sein Feuer wärmt die Herzen der Damenwelt mehr als jeder andere Edelstein. Was ist das Geheimnis seiner Magie?

Da ist vor allem die hohe Lichtbrechung, die dem Diamanten sein besonderes Feuer verleiht. Durch den richtigen Schliff kommt es voll zur Geltung. Dabei wird die Oberfläche mit Diamantpulver so geschliffen, dass möglichst viel vom einfallenden Licht reflektiert wird und die Farbenstreuung möglichst hohe Werte erreicht. Heute erfreut sich der Brillantschliff der größten Beliebtheit. An den vielen Facetten des Brillanten, wie ein geschliffener Diamant auch genannt

wird, wird Licht unterschiedlicher Wellenlänge – und damit unterschiedlicher Farbe – unterschiedlich stark reflektiert.

Die Qualität eines Brillanten wird durch die „vier großen c" bestimmt: colour (Farbe), clarity (Reinheit), cut (Schliff) und carat (Karat, Gewicht). Die Farbe der Steine variiert von blauweiß über verschiedene Weißtöne bis zu gelblichen Farbtönen. Am seltensten – und damit wertvollsten – sind die rein weißen Töne. Durch geringe Beimengungen anderer Elemente können Diamanten auch gelb, rot, braun, blau, violett oder grün aussehen, ja sogar tiefschwarz als so genannte Carbonados. Die Reinheit wird von der Zahl und Größe der Einschlüsse bestimmt. Ein „lupenreiner" Brillant darf unter zehnfacher Lupenvergrößerung keine erkennbaren Einschlüsse zeigen. Das Gewicht der edlen Steinchen wird in Karat angegeben. Die Bezeichnung leitet sich vom arabischen „qirat", dem Samen des Johannisbrotbaumes, ab. Diese Kernchen wurden damals zum Wiegen von Edelsteinen und Gold benutzt, da sie ein sehr konstantes Gewicht haben. Heute ist ein Karat einfach als 0,2 Gramm definiert.

## Aus dem Erdschlund hochgeschossen und vom Himmel gefallen

Wie Diamanten vor mehreren Milliarden Jahren auf der Erde entstanden sind, ist noch nicht vollständig geklärt. Das trichterartige Begleitgestein der Fundstätten lässt auf Kamine lange zurück liegender Vulkanausbrüche schließen, bei denen gashaltige Magmen vom Erdmantel bis zur Erdoberfläche Schlote formten und dann erstarrten. Bei der Abkühlung kristallisierten zunächst Diamanten aus, danach das begleitende Gestein, der Kimberlit. Es wird angenommen, dass in diesen Kimberlit-Schmelzen im Bereich hoher Drücke und Temperaturen durch chemische Reaktionen zwischen verschiedenen Gesteinsarten Kohlenstoff

in Form von Diamant entstand. Aber Diamanten sind auch Himmelsboten: In Eisen-Kohlenstoff-Meteoriten finden sich vorwiegend winzig kleine Diamanten, die möglicherweise im Verlauf von Supernova-Explosionen entstanden sind.

## Diamonds are forever...

Selbst direkt in Kimberlit-Schloten ist die Diamant-Konzentration äußerst gering. Für 5 g Diamanten (25 Karat) muss eine Tonne Gestein bearbeitet werden! Und von diesen 5 g sind im Schnitt gerade einmal 20 Prozent gut genug für die Verwendung als Schmuck. Kein Wunder, dass die Glitzersteinchen derart teuer sind. Solange man Diamanten nicht ins Feuer wirft, wo sie rückstandslos zu Kohlendioxid verbrennen, bleibt ihre Schön-

**Kimberlit-Schlot im südlichen Afrika** – Mag die Entstehung der Diamanten noch teilweise im Dunkeln liegen, so weiß man doch sehr genau, wo sie auf der Erdoberfläche vorkommen: In Kimberlit, einem Gestein, das nach der südafrikanischen Stadt Kimberley benannt ist, wo es im Jahre 1880 erstmals bestimmt wurde. Wie jede andere Gesteinsart auf der Erdoberfläche wurden auch diese Krater von Wasser, Wind, Eis oder Chemikalien in der Atmosphäre angegriffen. Dadurch werden sie abgeflacht und abgetragen, und es entsteht der so genannte yellow ground (gelbe Erde). Dabei handelt es sich um verwitterten Kimberlit, in dem die ersten Diamanten aus primären Vorkommen in Südafrika gefunden wurden. Den darunter befindlichen nicht verwitterten Kimberlit, blue ground (blaues Gestein), erkannte man erst später als diamantführend.

**Diamantfördernde Länder** finden sich vor allem in Afrika, aber auch Brasilien, Russland, China und Australien gehörten in der jüngsten Vergangenheit zu den wichtigen Förderländern. Diamantvorkommen gibt es in Venezuela, Guayana, Brasilien, Guinea, Sierra Leone, Liberia, Elfenbeinküste, Ghana, Zentralafrikanische Republik, Zaire, Tansania, Angola, Südafrika, Botswana, Namibia, Lesotho, China, Indonesien, Australien, Russland und Indien.

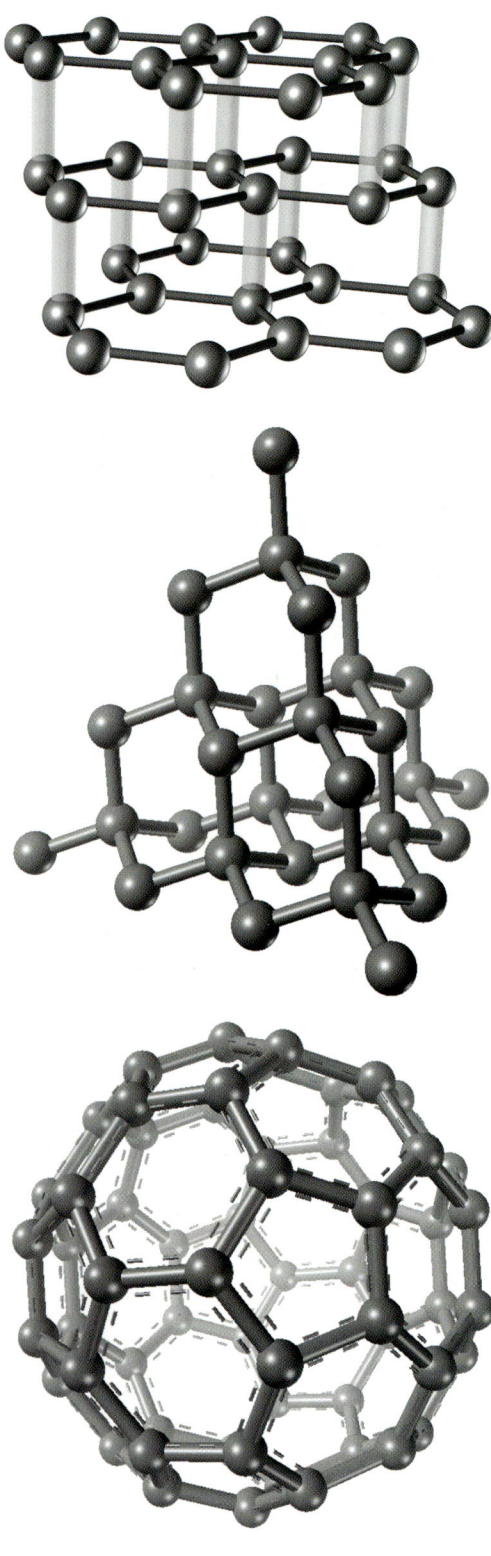

heit dann aber auf ewig erhalten. Weder Sand noch Staub, der vorwiegend aus Quarzpartikelchen besteht, können ihrem Funkeln Abbruch tun: Der Diamant ist das härteste heute bekannte Material.

Eigentlich schwer vorstellbar, dass Diamanten aus nichts anderem als aus Kohlenstoff bestehen – dem Stoff, den wir sonst als Ruß kennen und den wir als Bleistift-Minen in Form von Graphit in unseren Federmäppchen herumtragen. Dieses weiche, schwarze oder graue Zeug soll aus den gleichen Atomen aufgebaut sein wie der megaharte, durchsichtige, bildschöne Schmuckstein? Der Grund für die so unterschiedlichen Eigenschaften ist die völlig andere Anordnung und Verknüpfung der Kohlenstoffatome in den verschiedenen Erscheinungsformen dieses Elements.

Graphit ist aus einzelnen, zweidimensionalen Schichten aus Kohlenstoffsechsringen aufgebaut. Diese Schichten können gegeneinander gleiten, sodass die Bleistiftmine (früher bestanden die Minen tatsächlich aus Blei) beim Reiben über die Papieroberfläche einen Abrieb hinterlässt. Auch als Schmierstoff, z.B. für Motorradketten, ist Graphit geeignet. Ruß besteht ebenfalls aus Graphit-Sechsring-Schichten, die hier jedoch konzentrisch zu kleinen Partikeln geballt sind. Ruß wird vor allem als Füllstoff für Autoreifen und andere Gummiartikel verwendet. Nobelpreisgekrönt wurde gar die Entdeckung einer neuen Kohlenstoff-Erscheinungsform zum Ende des 20. Jahrhunderts, den so genannten Fullerenen (siehe Kapitel „Von Fußbällen, Hörnern und Zwiebeln"). Das berühmteste Fulleren, $C_{60}$, ist ein ballförmiges Molekül, dessen Kohlenstoff-Fünf- und Sechsringe genauso angeordnet sind wie die fünf- und sechseckigen Bestandteile eines Fußballs. Der Aufbau von Diamanten ist dagegen völlig anders: Statt mit je drei Nachbarn – wie bei den Graphitschichten – sind die Kohlenstoffatome hier mit vier ihrer Nachbarn verknüpft. Die vier „Bindungsarme" weisen jeweils in die vier Ecken eines Tetraeders. So entsteht ein dreidimensionales Kristallgitter, das außerordentlich stabil ist und dem Diamanten seine Härte verleiht.

## Herzlich, aber hart

Als Härte bezeichnet man den Widerstand, den ein Feststoff dem Eindringen

eines anderen Feststoffes entgegensetzt. Für Mineralien wird die „Mohssche Härteskala" herangezogen. Nach dieser Definition hat ein Mineral eine geringere Härte als ein anderes, wenn es von diesem geritzt werden kann. Diamant nimmt in dieser „Ritzordnung" den obersten Platz ein mit einem Härtegrad von 10. Anders als bei Kristallgittern aus positiv und negativ geladenen Ionen, wie beim Steinsalz (NaCl), die lediglich durch elektrostatische Anziehungskräfte zusammengehalten werden, bestehen zwischen den Kohlenstoffatomen im Diamant definierte, raumgerichtete chemische Bindungen. So gesehen ist ein Diamant ein einziges Riesenmolekül. Chemische Bindungen sind Elektronenpaare, die zu beiden Atomen gleichzeitig gehören. Will man den Diamanten spalten, müssen diese Elektronenpaare getrennt werden, was sehr hohe Energien erfordert.

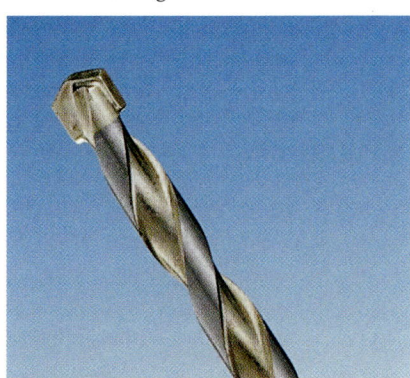

**Widia-Bohrer** sind eine Alternative zu Bohrkernen aus Diamant. Widia ist ein Kurzwort aus **„wie Dia**mant". Die Werkstoffgruppe besteht aus ca. 94 % Wolframcarbid und ca. 6 % Cobalt, manchmal wird auch Titan-, Niob- und Tantalcarbid zugemischt.

Sehr harte, hochschmelzende Verbindungen entstehen auch, wenn Elemente mit kleinem Atomradius, wie Kohlenstoff, Bor oder Stickstoff, in ein Metallgitter eingelagert werden. Besonders hart, fast so hart wie Diamant, ist ein solcher Werkstoff aus Wolframcarbid und Cobalt. Derartige Werkstoffe können den Diamanten jedoch nicht ganz ersetzen. Er bleibt ein essenzielles Schleif-, Bohr- und Schneidmittel. Daneben kommt dem Diamanten auch eine Bedeutung in der Optik als Sichtfenster, beispielsweise für Hochdruckzellen, oder als Halbleiter-Detektor für harte UV-Strahlung zu. In Zukunft könnten Diamaten auch eine wichtige Rolle als Halbleiter für die schnelle Hochtemperatur-Elektronik spielen.

**Die Bindung macht's** — Das Bild oben zeigt drei übereinander gestapelte Sechsringschichten von Graphit, in denen die Kohlenstoffatome drei Bindungspartner haben. Drei Kohlenstoffatom-Nachbarn haben auch die Kohlenstoffatome in den Sechs- und Fünfringen des ballförmigen Fullerens $C_{60}$ (Bild unten). Die besondere Härte des Diamanten resultiert aus der Verknüpfung mit vier Bindungspartnern. Die Kohlenstofftetraeder bilden ein dreidimensionales Gitter, wobei das mittlere Bild einen Ausschnitt aus dem Gitter zeigt.

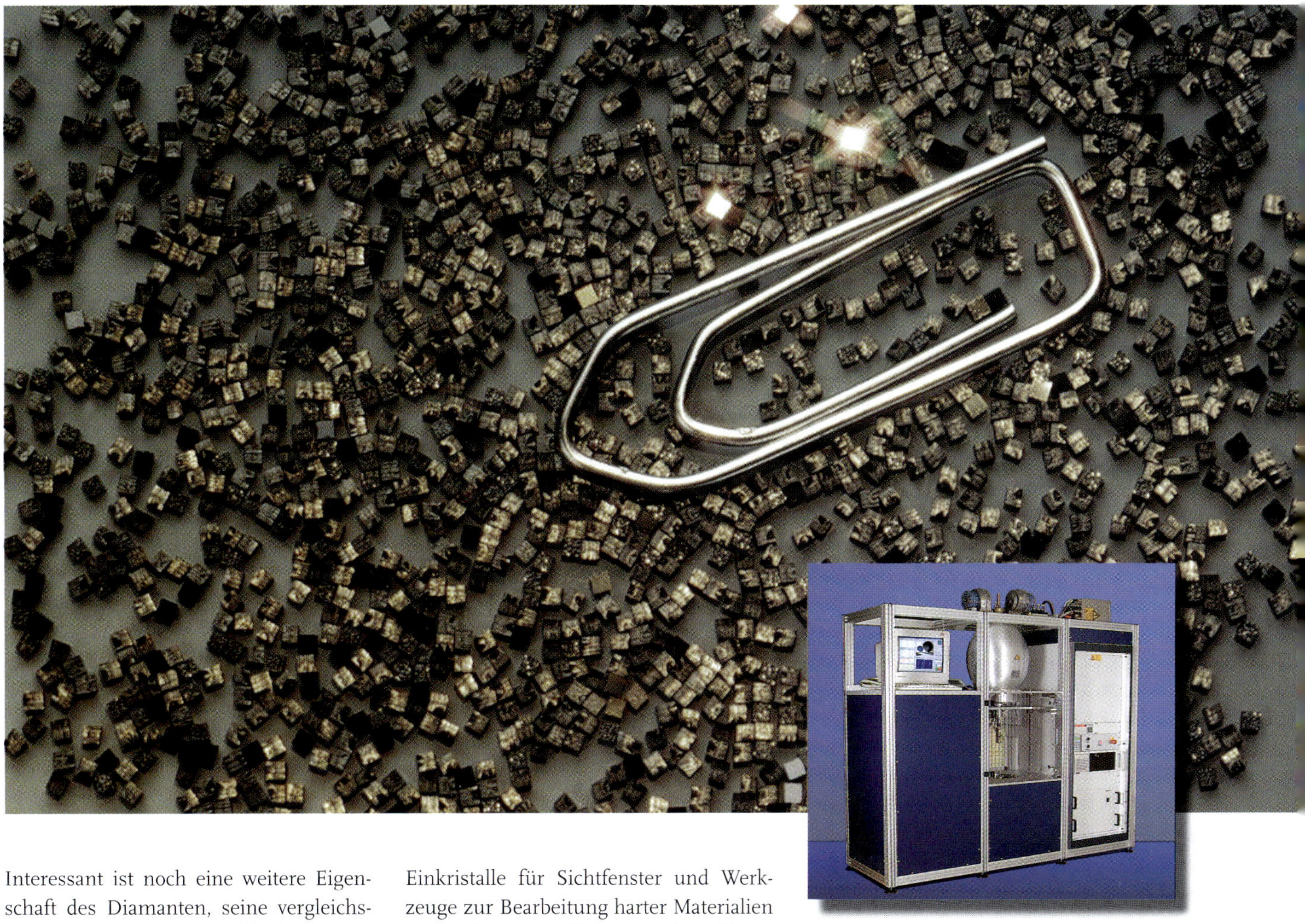

Interessant ist noch eine weitere Eigenschaft des Diamanten, seine vergleichsweise hohe Wärmeleitfähigkeit. Ein Stoff, der sich gleichzeitig als elektrischer Isolator und zur Kühlung von Halbleiterbauelementen einsetzen lässt, wird in der Technik gebraucht: Schon heutige Computerchips geben eine Wärmeleistung von etwa 20 Watt pro Quadratzentimeter ab. In Zukunft könnten bis zu 100 Watt anfallen, die sehr effektiv abgeführt werden müssen, sonst bleibt das Halbleiterbauteil nicht besonders lange intakt. Eine Kühlung um etwa 10 °C verdoppelt bereits dessen Lebensdauer. Erste kommerzielle Anwendungen als „Kühlmittel" haben Diamanten bei Laserdioden gefunden. Wird bei der Diamant-Züchtung Kohlenstoff verwendet, bei dem die Konzentration des Isotops C-13 von natürlichen 1 % auf 0,1 % gesenkt wurde, erhöht sich die Wärmeleitfähigkeit übrigens nochmals um 50 %.

## Steinchen aus der Retorte

Entsprechend der technischen Anwendungen ergeben sich zwei Linien, die bei der Herstellung künstlicher Diamanten verfolgt werden: die Züchtung großer Einkristalle für Sichtfenster und Werkzeuge zur Bearbeitung harter Materialien sowie die Herstellung von kristallinen Schichten für die Halbleiterindustrie und die Beschichtung von Werkzeugen.

Industrielle Verfahren zur Herstellung von Diamanten basieren auf der Umwandlung von Graphit in Diamant bei extrem hohen Drücken und Temperaturen (ca. 1,4 kbar und bis zu 1400 °C). So unglaublich es klingt, aber bei Raumtemperatur ist Diamant keine stabile Verbindung. Die Umwandlung in Graphit, die stabile Form des Kohlenstoffs, geht aber so unendlich langsam von Statten, dass dies über geologische Zeiträume hinweg nicht ins Gewicht fällt. Bei der Kristallherstellung reicht es daher aus, die Diamanten abzukühlen, bevor wieder Normaldruck herrscht. Im technischen Maßstab werden Diamanten aus gesättigten Lösungen metallischer Schmelzen von Elementen der Eisengruppe gezüchtet. Dazu wird zwischen eine Graphitschicht und einen Kristallkeim eine Schicht Metallpulver eingebracht, die bei hohen Temperaturen die „katalytisch" aktive Zone bildet, und das Ganze zwischen zwei Wolframcarbid-Stempeln komprimiert. Innerhalb von Tagen oder Wochen

**Künstliche Diamanten,** die mit Hilfe des Verfahrens der Abscheidung aus der Gasphase hergestellt werden. – Im Bild oben ist eine Vielzahl von synthetisch hergestellten Diamantenwürfeln zu sehen, die als Schmuckapplikationen bei hochwertigen Textilien verwendet werden. Der im mittleren Bild zu sehende Apparat ist ein Mikrowellen-Plasma-Reaktor des Fraunhofer-Instituts IAF, mit dem man künstliche Diamanten produzieren kann. Im unteren Bild sieht man Scheiben aus Diamant. Die blaue Farbe resultiert aus der gewollten Einlagerungen des Elements Bor, die durchsichtige Scheibe ist von extrem hoher Diamantreinheit, die dunkle eine mit mechanischen Mitteln polierte, die leicht goldfarben schimmernde dagegen eine unpolierte Diamantscheibe.

# Lauter edle Steinchen

**Smaragd** – ein Beryll, der aufgrund seines Gehalts an Chromoxid tiefgrün gefärbt ist. Der größte Smaragd hat 2680 Karat, heißt „Salbentopf" und wurde im 17. Jahrhundert geschnitten. Heute wird er im Kunsthistorischen Museum in Wien ausgestellt. (Ein Beryll besteht aus Beryllium-, Aluminium- und Siliciumdioxid. Seine Struktur wird aus gestapelten Sechserringen gebildet, in den so entstehenden Kanälen finden sich oft zusätzliche Ionen.)

**Aquamarin** – Beryll, der durch Spuren von Eisenionen meerwasserblau gefärbt ist.

**Rubin** – Eine Unterart von Korund (Aluminiumoxid), die durch das eingebaute Chrom-III-oxid tiefrot gefärbt ist. Verwendung in Rubin-Lasern.

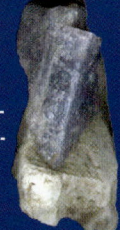

**Saphir** – Meist tiefblauer Korund, dessen Farbe durch Eisen-II- und Titanionen hervorgerufen wird. Verunreinigungen mit Eisen-III können gelbe bis grüne, mit Vanadium violette und mit Chrom rosa Färbungen erzeugen. Saphire kommen wesentlich häufiger vor als die verwandten Rubine. Einer der größten Saphire von 2302 Karat wurde zu einer Skulptur geschliffen, die den Kopf von Abraham Lincoln darstellt. Bemerkenswert ist auch ein großer australischer mehrfarbiger Saphir von 2015 Karat in den Farben blau, gelb und orange.

**Amethyst** – Stein aus Quarz (Siliciumdioxid), dessen intensive violette Farbe auf Spuren von Eisen beruht. Erhitzt man Amethyst auf ca. 500 °C, färbt er sich gelb und wird dann als Citrin, Madeiratopas oder Goldtopas gehandelt. Bei Bestrahlung mit intensivem UV-Licht kehrt die violette Farbe wieder zurück.

**Opal** – Eingetrocknete, oft stark verunreinigte Kieselgele. Farblose, milchigweiße, aber auch schwarze Steine, oft durch Beimengungen gefärbt, charakteristisch ist ein buntes Farbenspiel (Opalisieren); durchsichtig bis undurchsichtig. Das Farbenspiel kommt durch Beugung, Brechung, Streuung und Reflexion des einfallenden Lichtes an winzigen Kieselgel-Kügelchen und dazwischen liegenden Hohlräumen zustande. Rote bis bernsteinfarbene Steine werden als Feueropal bezeichnet.

**Bernstein** – Erstarrte Harze von Nadelhölzern.

**Zirkonia** – Künstliche Diamant-Nachahmung aus Zirkoniumoxid.

**Strass** – Schmucksteine aus Glas.

bilden sich mit den heutigen optimierten Verfahren Diamanten bis zu 7 Karat und 9 mm Durchmesser, die in ihren mechanischen und optischen Eigenschaften sogar den besten natürlichen Diamanten überlegen sind.

Vergleichsweise bescheiden machen sich da die 500 °C einer potenziellen neuen Methode, die auch sonst ohne besonders aufwändige Schritte auskommt: In einem Autoklaven, einem Hochdruckapparat, werden Magnesiumcarbonat ($MgCO_3$) und metallisches Natrium erhitzt. Bei diesen Temperaturen zersetzt sich $MgCO_3$ zu Magnesiumoxid (MgO) und Kohlendioxid ($CO_2$), und im Autoklaven baut sich ein hoher Druck auf. Bei der anschließenden Reaktion von Natrium mit $CO_2$ entstehen Natriumcarbonat ($Na_2CO_3$) und elementarer Kohlenstoff – in Form von Graphit und Diamant. Aus dem entstehenden Produktgemisch lassen sich Diamant-Körnchen von bis zu 0,5 mm Durchmesser isolieren.

Auch der Beschuss von Graphit mit Elektronen im Hochvakuum wandelt Graphit in Diamant um. Dabei bilden sich zunächst rundliche, zwiebelartige Graphitschichten. Die Stöße der aufprallenden Elektronen „verschieben" die Kohlenstoffatome aus ihren Positionen, die daraufhin Bindungen zu Atomen aus Nachbarschichten eingehen, bis die Zwiebelchen zu Diamant-Kugeln vernetzt sind. Diese Methode ist allerdings nur für die Diamantherstellung im Labormaßstab geeignet.

## Hingehauchte Diamanten

Diamanten können auch aus der Gasphase abgeschieden werden, ähnlich wie sich Wasserdampf beim Kochen als Wassertröpfchen am kälteren Topfdeckel niederschlagen. Die heute bekannten Verfahren beruhen auf dem chemischen Transport von Kohlenstoff in einer Wasserstoffatmosphäre. Bei ungefähr 2000 °C spalten sich Wasserstoffmoleküle ($H_2$) in zwei einzelne Wasserstoff-Atome, die Graphit angreifen und über noch nicht ganz geklärte Reaktionspfade Kohlenwasserstoffe bilden. Scheiden diese sich an einer etwas kühleren Oberfläche ab, spalten sie den Wasserstoff wieder ab und hinterlassen eine dünne Schicht aus Kohlenstoffatomen in Diamantstruktur. Gleichzeitig verändert der Angriff des Wasserstoffs die Struktur des Graphits: Die Schichten werden aufgeweitet, wellen sich und knüpfen Bindungen zu Nachbarschichten. So entsteht wiederum eine Diamantstruktur. Da der Wasserstoff diese Diamantstrukturschichten wesentlich schlechter aufzulösen vermag, wird weiter bevorzugt Graphit angegriffen, d.h. die in Diamant umgewandelten Bereiche bleiben übrig.

Von besonderem Interesse für die Beschichtung von Silicium-Halbleiterstrukturen ist eine relativ kostengünstige Methode, bei der ein kohlenstoffhaltiges Gas wie Methan in einer Wasserstoff-Atmosphäre an einer Wendel aus Wolframdraht oberhalb 2000 °C zersetzt wird. Beim Abscheiden auf einer etwas kühleren Oberfläche spalten die Zersetzungs-Produkte Wasserstoff ab, und eine Diamantschicht entsteht.

Besonders rasch geht es mit einem photothermischen Verfahren: Compu-tergesteuerte Pulsfolgen von UV- und IR-Lasern bringen Kohlendioxid-Moleküle derart ins Schwingen und Rotieren, dass sie auseinanderbrechen. Der Kohlenstoff scheidet sich auf 50 °C warmen Oberflächen als Diamant ab. Schon vierzig Sekunden später bedeckt eine 20 bis 40 μm dicke Diamantschicht beispielsweise ein Schneidwerkzeug, das auf diese Weise vergütet wird.

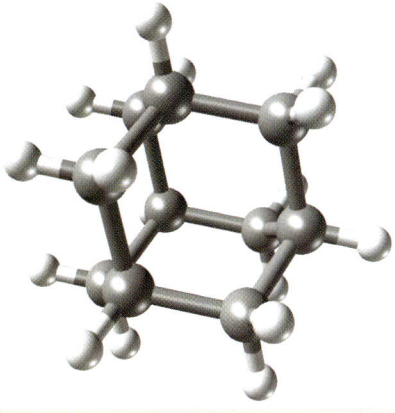

**Nur zehn Kohlenstoffatome groß** – Adamantan, die kleinstmögliche Diamant-Teilstruktur (grau: Kohlenstoff-, weiß: Wasserstoffatome).

## Mini-Diamanten in Öl

Auch wenn sie mit ihren bescheidenen $10^{-20}$ Karat nicht als Juwelen für die Freundin geeignet sind, zählen sie letztlich zu den Diamanten: Diamondoide, ungewöhnliche Kohlenwasserstoffe, deren käfigartig angeordnete Kohlenstoffatome einem Ausschnitt aus der Kristallstruktur von Diamant entsprechen. Solche winzige Nano-Diamanten wurden vor kurzem in Rohöl gefunden. Der einfachste Diamondoid heißt Adamantan und besteht aus zehn Kohlenstoffatomen, die genau einer einzelnen „Zelle" der Diamant-Struktur entsprechen. An den Ecken sind die Kohlenstoff-Käfige mit Wasserstoffatomen abgesättigt. Über zwanzig höhere, d.h. aus mehr als zehn Atomen bestehende, Diamondoide konnten bereits identifiziert werden.

Juweliere werden sich für Diamondoide zwar nicht begeistern können, Wissenschaftler sind dagegen fasziniert von den Nano-Diamanten, die nicht nur die Struktur mit ihren großen Vettern gemein haben, sondern auch deren außergewöhnliche Festigkeit und Stabilität. Gleichzeitig bieten die verschieden aufgebauten Moleküle eine enorme Strukturvielfalt. Diamondoide gelten als ideale Bausteine für die Nanotechnologie. Auch pharmakologische Anwendungen sind denkbar. Erdöl ist die bisher einzige bekannte Quelle für die Nano-Steinchen. Wie sie dort entstanden sind, ist noch unbekannt. Der Reaktionsweg, auf dem sie gebildet wurden, könnte aber im Prinzip zu noch größeren Diamondoiden geführt haben – bis hin zu mikrokristallinen Diamanten.

**Kondensation** – Diamantkeime, wie sie zu Beginn des Schichtwachstums gebildet werden.

**Oberfläche einer polykristallinen Diamantschicht**

## A propos Kohlenstoff: Was ist eigentlich...

... **Kohle?**
Aus Pflanzenmaterial in Zeiträumen von Jahrmillionen entstandenes Produkt, das als Brennstoff genutzt wird. Steinkohle enthält einen geringeren Anteil an flüchtigen Bestandteilen und Wasser als Braunkohle und somit einen höheren Heizwert. Chemisch gesehen sind Kohlen komplizierte, schwer zu analysierende Gemische aus organischen Verbindungen, die Kohlenstoff, Wasserstoff, Sauerstoff, Stickstoff und Schwefel enthalten, sowie Mineralbestandteilen, die eine Vielzahl von chemischen Elementen in Spuren enthalten.

... **Holzkohle?**
Entsteht, wenn trockenes Holz unter Luftabschluss erhitzt wird. Sie lässt sich recht leicht entzünden und brennt dann ohne Flamme weiter, da die flammenbildenden Gase bei der Verkohlung bereits entwichen sind. Außer für Grillparties wird Holzkohle für verschiedene industrielle Prozesse eingesetzt. Sie dient der Herstellung von Aktivkohle – und wer gerne malt, kennt sie als Zeichenkohle.

... **Koks?**
Wird durch Verkokung von Kohle hergestellt. Dabei wird die Kohle unter Luftabschluss stark erhitzt. Früher lieferten Gasfabriken als Nebenprodukt bei der Herstellung von Leuchtgas Koks, das vor allem in Zentralheizungen und Kesselanlagen verbrannt wurde. Heute wird Koks meist nur noch in der Industrie verwendet.

... **Aktivkohle?**
Kohlenstoff-Strukturen aus kleinsten Graphit-Kristallen und amorphem (nichtkristallinem) Kohlenstoff mit poröser Struktur. Sie dient als Adsorbens zur Entfernung unerfreulicher Gerüche und schädlicher Stoffe aus Abgasen und Abwässern. Manchmal müssen wir sie auch schlucken: So genannte Kohletabletten nehmen bei Vergiftungen und Durchfallerkrankungen Giftstoffe im Magen-Darm-Trakt auf. Auch in Zigarettenfiltern steckt Aktivkohle.

# Von Fußbällen, Hörnern und Zwiebeln

Elementarer Kohlenstoff, das ist entweder Graphit oder Diamant – dachte man jedenfalls noch vor etwa zwanzig Jahren. Inzwischen weiß man: Kohlenstoff, das sind auch fußballförmige Fullerene, winzige Röhrchen und andere Gebilde. Die Euphorie war groß, den sonderbaren Materialien wurden in der Folge wahre Wunderdinge zugetraut. Großen Erwartungen folgen meist große Enttäuschungen, so auch hier. Darüber sollte man aber die durchaus realistischen und umsetzbaren Ideen, was man mit den wundersamen Kohlenstoff-Modifikationen anfangen könnte, nicht aus den Augen verlieren.

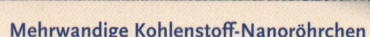

**Mehrwandige Kohlenstoff-Nanoröhrchen**

Im Diamant bilden die Kohlenstoffatome ein festgefügtes dreidimensionales Gitter. Graphit besteht aus gestapelten Schichten sechseckiger Kohlenstoffwaben (siehe Kapitel *"Diamanten – nicht nur a girl's best friend"*). Sonst noch was? Laut etwas älteren Chemie-Lehrbüchern nein, denn das sind die zwei einzigen stabilen Modifikationen des elementaren Kohlenstoffs. Aber die Lehrbücher mussten umgeschrieben werden, seit Harold Kroto, Richard Smalley und Robert Curl 1985 eine völlig unerwartete Entdeckung machten, für die sie 1996 mit dem Nobelpreis augezeichnet wurden.

Seltsame Gebilde aus 60 Kohlenstoffatomen waren es, die die Wissenschaftler da entdeckt hatten. Übrigens auf der Suche nach etwas ganz anderem, denn der Anstoß zu den Forschungen kam aus der Astrophysik. Die Forscher wollten eigentlich nur die Atmosphäre kohlenstoffhaltiger Sterne nachahmen.

## Fußbälle im Ruß

Wie kann so ein Häufchen aus 60 Kohlenstoffatomen aufgebaut sein? Es sind fast kugelrunde Käfige aus 12 Fünfecken und 20 Sechsecken – genau so ist auch ein Fußball aufgebaut. Aus geometrischen Gründen ist es weder möglich, allein aus Sechsecken noch allein aus Fünfecken größere räumliche Gebilde zu konstruieren. In Kombination aber funktioniert es. Dieses Bauprinzip erinnerte die Entdecker an die Attraktion der Expo 1967 in Montreal, den US-Pavillon, eine riesige Kuppel aus Sechs- und Fünfecken, die der Architekt Buckminster Fuller entworfen hatte. Und so tauften sie das ulkige Kohlenstoffgebilde „Buckminsterfulleren".

Der deutsche Forscher Wolfgang Krätschmer und sein amerikanischer Kollege Donald Huffmann entdeckten kurz

**Bauwerk als Namensgeber:** Der US-Pavillon auf der Expo 1967 in Montreal, entworfen vom Architekten Buckminster Fuller, besteht aus Sechs- und Fünfecken – das gleiche Bauprinzip wie bei den käfigartigen Kohlenstoffkügelchen, die damit ihren Namen hatten: „Buckminsterfullerene".

**Mein Freund der Ball ist rund...** – aber ist er auch aus Leder...?
Die Anordnung der Fünf- und Sechsecke bei einem Fußball sind identisch mit der Anordnung der Fünf- und Sechsringe eines Fullerens.

darauf in Heidelberg eine sehr simple Methode zur Herstellung von Fullerenen: die Verdampfung von Graphit im Lichtbogenofen bei 3000 °C. Im entstehenden Ruß sind etwa 20 % Fullerene enthalten. Aber das sind nicht nur die fußballförmigen Moleküle. Es gibt weitere stabile Varianten aus Fünf- und Sechsecken, relativ häufig entsteht beispielsweise ein rugbyballförmiges Gebilde aus 70 Kohlenstoffatomen. Es dauerte nicht lange, und ein ganzer Zoo von diesen „Buckyballs" genannten Molekülen wurde entdeckt. Man könnte den Hohlraum der kugeligen Gebilde nutzen und Atome oder Moleküle darin „einsperren". Da die Bällchen Doppelbindungen enthalten, lassen sich außerdem relativ einfach weitere Atome oder funktionelle Gruppen andocken – man erhoffte sich den Aufbruch zu völlig neuen chemischen Horizonten von diesem dreidimensionalen „Super-Kohlenstoff". Der Euphorie ist inzwischen eine ziemliche Ernüchterung gefolgt. Viele hochfliegende Erwartungen, die man in die Fußbällchen und ihre Verwandten gelegt hatte, haben sich nicht so erfüllt, wie man sich das vorgestellt hatte. So wurde weder etwas aus den erwarteten Superschmierstoffen, noch konnten aus Fullerenen bahnbrechende neue Medikamente entwickelt werden. Aber man sollte das Kind nicht mit dem Bade ausschütten.

Das Fußballfulleren könnte beispielsweise als Bestandteil von Photovoltaik-Systemen helfen, Solarzellen auf Kunststoffbasis effektiver zu machen. Eine photoempfindliche Kunststofffolie absorbiert einfallende Lichtquanten, wobei die Elektronen des Kunststoffs in einen angeregten Zustand versetzt werden und sich vom Molekül lösen können. Dieser getrennte Zustand muss aber lange genug aufrecht erhalten werden, damit die erzeugten Ladungsträger (das Elektron und das „Loch", das es hinterlassen hat) effektiv

genug von einer angrenzenden Elektrode abgezogen werden können (siehe Kapitel „Sonnige Aussichten"). Fullerene, die in die Kunststoff-Folie eingebettet sind, können diese freigesetzten Elektronen aufnehmen, stabilisieren und so die Trennung der Ladungsträger länger aufrecht erhalten.

Seit die Fullerene entdeckt wurden, hat man sich intensiv mit bisher unbekannten Kohlenstoff-Modifikationen befasst. Inzwischen wurde ein ganzes Kaleidoskop an verwandten Materialien synthetisiert. Von den einzigartigen chemischen und physikalischen Eigenschaften dieser Nanoröhren, Nanokugeln, Nanobündel und zwiebelförmigen Kohlenstoff-Modifikationen darf man sich durchaus viele interessante neue Anwendungen erhoffen (siehe Kapitel „Klein, kleiner, nano"). Entsprechend intensiv wird an diesem Zweig der Nanowelt-Forschung gearbeitet.

## Nanoröhrchen

1991 entdeckten Forscher bei ihren Arbeiten an Fullerenen zufällig etwas Neues: winzige Röhrchen aus Kohlenstoff mit Durchmessern von nur etwa 1 nm oder 1 Millionstel Millimeter, aber er-

**Für die Halbleitertechnologie** ist die Verwendung von Nanoröhren als elektronische Schaltelemente auf molekularer Ebene ein reizvoller Ansatz. Die Abbildung zeigt einen Transistor, der aus einem einzigen halbleitenden Nanoröhrchen konstruiert wurde. (Das Nanoröhrchen ist der durch die Pfeile markierte haarfeine Strich.) Inzwischen gelang sogar der Aufbau von ersten logischen Schaltkreisen.

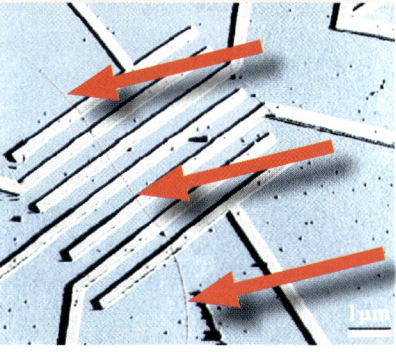

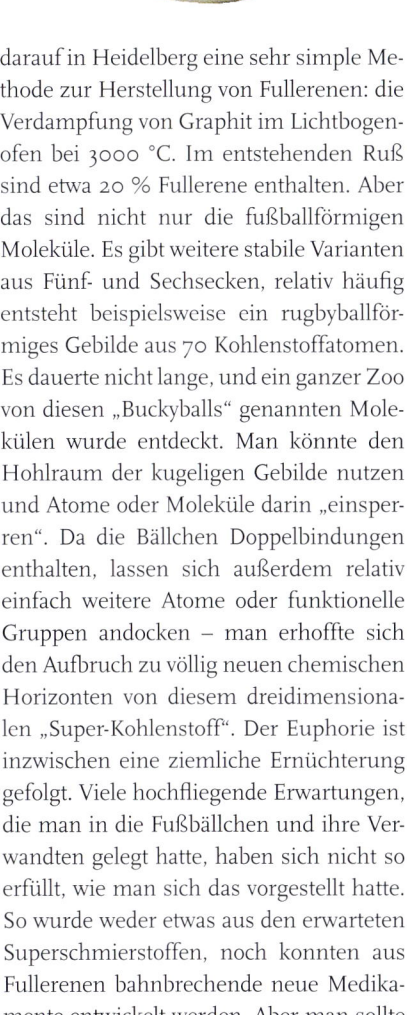

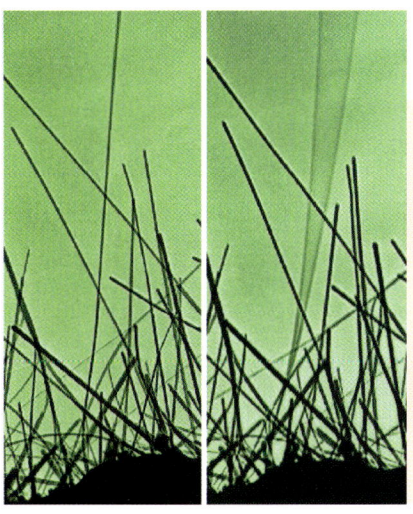

**Kohlenstoffnanoröhrchen als Nanowaage** – Durch Anlegen von Wechselspannung können einzelne Nanoröhrchen zum Schwingen angeregt werden: Die lange Röhre in der Mitte zunächst in Ruhe (links), dann in Schwingung (rechts). Wenn ein Objekt auf die Röhre gegeben wird, ändert sich wie bei einer Feder die Frequenz der Wechselspannung, die sie zum Schwingen bringt. Anhand der Frequenzänderung können Rückschlüsse auf die Masse des Objekts gezogen werden. So lassen sich winzigste Objekte, beispielsweise Viren, wiegen.

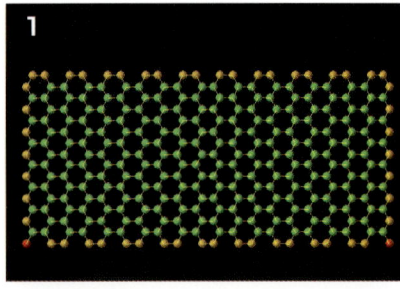

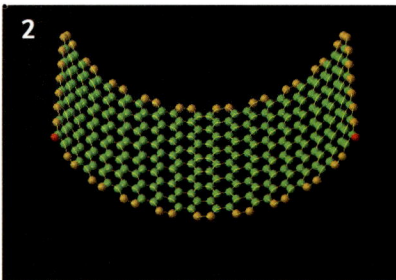

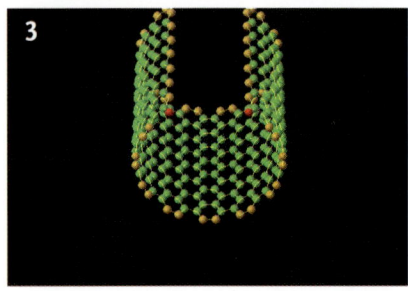

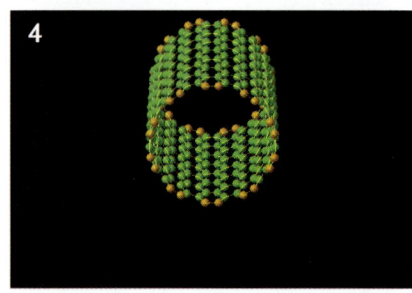

**Kohlenstoff-Nanoröhrchen** kann man sich im Prinzip als eine aufgerollte Lage Graphit vorstellen.

staunlichen Längen bis in den Zentimeterbereich! Diese Nanoröhrchen bestehen aus sechseckigen Waben wie eine Graphitschicht, besitzen die erstaunliche Festigkeit von Diamant und sind bis etwa 2800 °C stabil. Unvergleichlich druckfest und zugfest sind diese Fasern. Diskutiert wird der Einsatz dieser wundersamen Materialien als Füllstoff, der Kunststoffe noch fester und dabei leichter macht als in bisherigen Verbundmaterialien. Filter, Katalysatormatrizen, Nano-Drähte und andere elektronische Bauteile könnte man daraus machen – oder Speichermedien etwa für Wasserstoff in Brennstoffzellensystemen (siehe Kapitel „*Effektive Elektronenernte*").

Auch das Entwicklungsziel Flachbildschirm steht im Raum. Auf elektrisch leitende Trägerfolien kann ein richtiger „Wald" aus Zehntausenden senkrecht aufragender Nanoröhrchen wachsen, die einen Durchmesser von 10 nm haben und 1000 nm lang sind. Wird eine Spannung angelegt zwischen dem Träger und einer gegenüber platzierten Elektrode, sprühen die Elektronen regelrecht aus den Spitzen der Röhrchen. Leitet man diese auf einen mit Leuchtstoffen beschichteten Schirm, ließe sich – wie beim konventionellen Kathodenstrahlröhrensystem – ein Fernsehbild erzeugen. Wenn – ja wenn einzelne Areale sich separat ansteuern ließen und die Röhrchen höhere Lebensdauern hätten. Aber bis man so weit ist, kann es noch viele Jahre dauern und wird noch ein Menge Forscherschweiß fließen.

Wird eine Spannung von nur 1 Volt an Kohlenstoff-Nanoröhrchen angelegt, dehnen sie sich um bis zu ein Prozent aus. Solche als Aktoren bezeichnete Materialien werden benötigt, um elektronische Steuerbefehle in eine mechanische Kraft umzusetzen, beispielsweise für mikromechanische Greifer und Scheren für die minimal-invasive Chirurgie – oder für die Konstruktion eines künstlichen Muskels.

## Nanohörner

Platin ist ein wichtiges Katalysatorelement, das beispielsweise in Form katalytischer Elektroden Reaktionen in Brennstoffzellen (siehe Kapitel „*Effek-*

## Erbsen in der Schote

Die technische Welt wird immer kleiner, irgendwann wird die Minituarisierung von Chips in Größenordnungen vorgedrungen sein, in denen man mit einzelnen Atomen arbeiten muss. Als Bausteine für die Nano-Elektronik von morgen werden molekulare Arrangements als heiße Kandidaten gehandelt, die wie nanometergroße Erbsenschoten aussehen: Kohlenstoffnanoröhren, die mit kugelförmigen Fullerenmolekülen gefüllt sind. Die Fullerene selber beherbergen Metallatome in ihrem Hohlraum. Auf diese Weise erhält man vereinzelte Metallatome, die aber fein säuberlich in einer Reihe sortiert sind.

Mit einem hochauflösenden Elektronenmikroskop lassen sich die Fullerene in den Nanoröhren gut erkennen. Und da hat man Interessantes entdeckt: hopsende Bewegungen, die die Fulleren-„Erbsen" in den „Schoten" ausführen – ein wahrer Rock and Roll! Zunächst kann man konstatieren, dass sich die Erbsen seitlich bewegen. Sind die Schoten nur teilweise gefüllt, hüpfen die Erbsen abrupt, unregelmäßig und unabhängig voneinander hin und her. In komplett gefüllten Schoten fällt die Bewegung der dicht an dicht hockenden Erbsen langsamer und kontinuierlicher aus – und die ganze Reihe bewegt sich kollektiv!

Sogar die Metallatome sind elektronenmikroskopisch im Fulleren auszumachen, sie befinden sich nicht im Zentrum des Fullerenhohlraums, sondern „kleben" fest an einer Stelle der „Hülle". Daher kann man auch Rotationsbewegungen ausmachen: Die Fullerene springen von einer Position in eine andere, verharren, werfen sich herum in die nächste – rasch, abrupt und unregelmäßig. Inwieweit sich diese Bewegungen technisch nutzen lassen könnten, muss noch eruiert werden.

lung und wird aus Ethylbenzol gewonnen, indem der Verbindung zwei Wasserstoffatome entfernt werden. Oxidative Dehydrierung nennt man dieses Verfahren. Katalysatoren aus Kohlenstoff sind dabei allgemein recht effektiv – ganz besonders aber die kleinen Zwiebeln. Diese erzielen deutlich höhere Styrol-Ausbeuten als die heute industriell angewendeten Katalysatoren und als alle anderen untersuchten Kohlenstoff-Modifikationen. Eine zukünftige technische Anwendung scheint denkbar. Die Zwiebelstruktur löst sich während der Reaktion übrigens auf. Grund ist die Anlagerung von Sauerstoff an die Oberfläche des Materials. Diese Sauerstoffzentren scheinen die eigentlichen aktiven Zentren des Katalysators zu sein – der Katalysator wird dadurch allmählich verbraucht.

*tive Elektronenernte"*) auf die Sprünge hilft. Da Platin ein teures Material ist, möchte man sparsam damit umgehen. Statt massiver Platinelektroden werden beispielsweise sehr kleine Platin-Partikel auf poröse Graphitelektroden als Träger aufgebracht. Mit Kohlenstoff-Nanohörnern funktioniert das Prinzip aber noch besser. In dieser wie winzige Schultüten geformten Kohlenstoff-Modifikation verteilt sich Platin wunderbar fein: In den „Tüten" lagern sich viel kleinere Platin-Teilchen ab als in den gängigen porösen Graphitelektroden.

## Nanozwiebeln

Was soll man sich unter „Kohlenstoff-Zwiebeln" vorstellen? Es sind Kohlenstoff-Partikelchen von einigen Millionstel Millimetern Durchmesser. Die Partikel sind aus mehreren geschlossenen Schalen aus Kohlenstoffatomen aufgebaut. Und wie bei einer richtigen Zwiebel wird dabei eine Schale von der nächsten umschlossen. Der Aufbau der einzelnen Schalen entspricht der Anordnung, die die Kohlenstoffatome in Graphit-Schichten einnehmen. Diese nahezu perfekte graphitische Struktur der „Zwiebeln"steht wegen der Krümmung der Schalen unter Spannung – und verspricht interessante katalytische Eigenschaften.

Beispielsweise für die Synthese von Styrol. Styrol ist ein sehr wichtiges Ausgangsmaterial für die Kunststoffherstel-

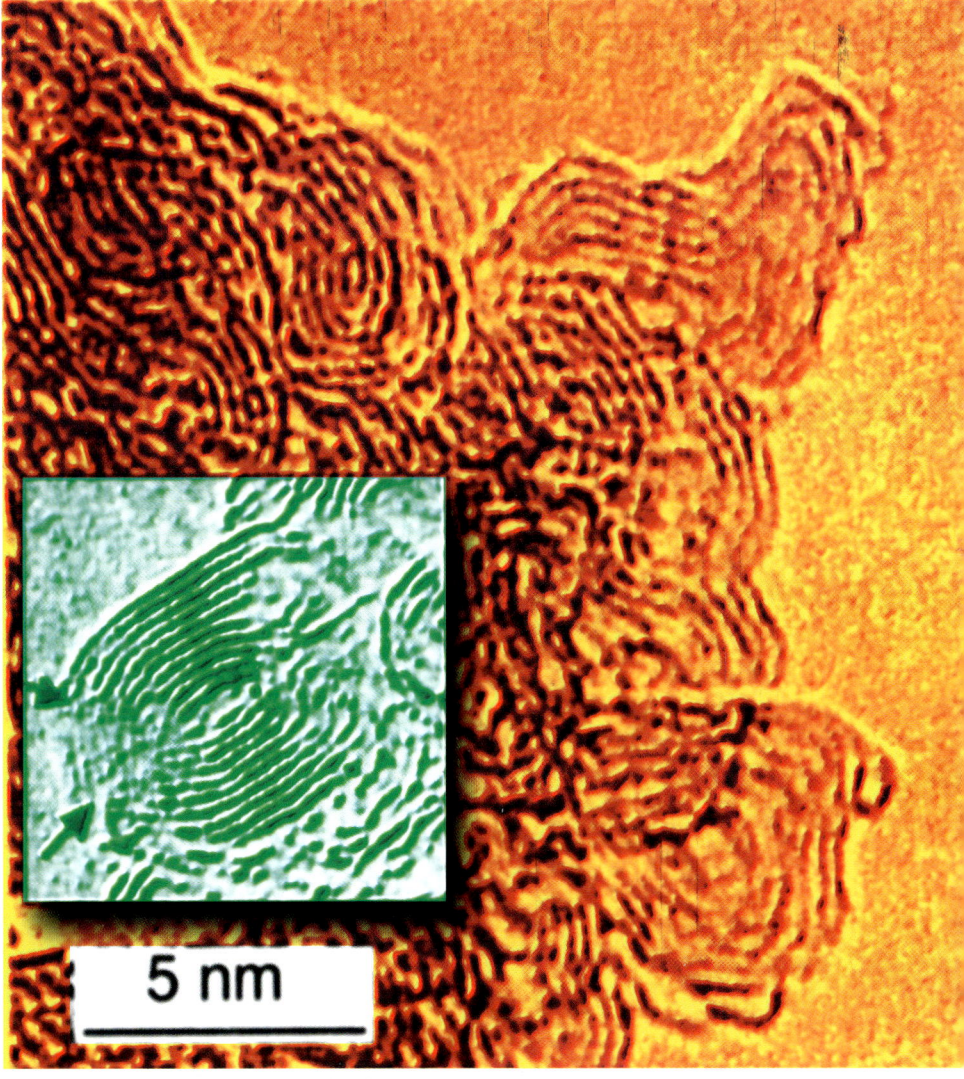

5 nm

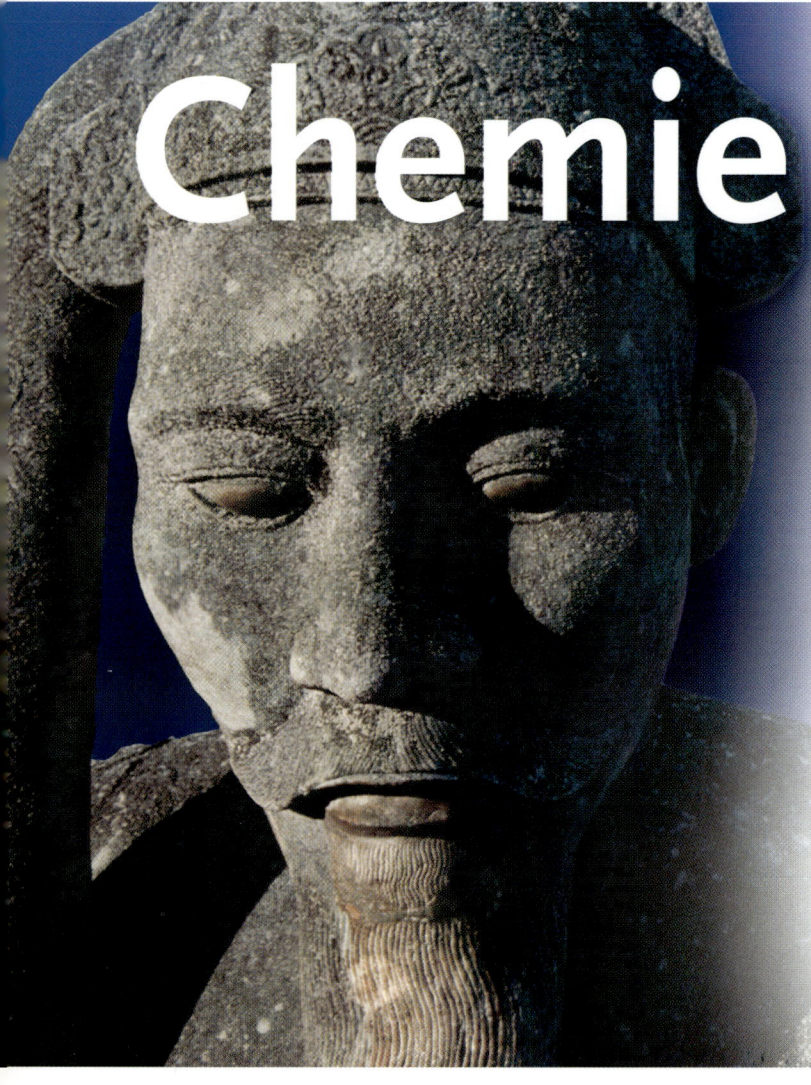

# Chemie macht müde Krieger munter

Sie gilt als bisher größter archäologischer Fund: die chinesische Terrakotta-Armee aus dem Grabmal des 210 v. Chr. verstorbenen ersten chinesischen Kaisers Qin Shihuangdi. Nach 2200 Jahren im feuchten Erdreich verlieren die ursprünglich bunten, lebensecht bemalten Figuren jedoch bald nach der Ausgrabung ihre Farben. Die Festigung der Farbmassen erwies sich als ungewöhnlich schwierig, etablierte Methoden scheiterten. Chemiker mussten ein neues, maßgeschneidertes Verfahren entwickeln. Aber auch weniger spektakuläre Rettungsaktionen wie die Konservierung alter Buchbestände und Kunstwerke sind ohne das Know-how der modernen Chemie chancenlos.

**19:37 – Verpasst!**

*Jetzt ist mir diese U-Bahn doch gerade vor der Nase weggefahren! Na, macht nichts, die nächste kommt ja in fünf Minuten. Aber ich mag es einfach nicht, wenn ich auf diesen ungemütlichen Bahnsteigen herumstehen muss. Was hängt denn da für ein Plakat? Die Ausstellung in der Kunsthalle ist wegen des großen Andrangs nochmals um 14 Tage verlängert worden. Dann sollte ich sie mir vielleicht doch noch anschauen. Ich könnte ja am Sonntag hingehen, da habe ich noch nichts vor.*

Bei Brunnenbauarbeiten in Lintong, 30 km östlich von der Provinzhauptstadt Xi'an, wurden 1974 Terrakottafragmente entdeckt – die ersten Teile der chinesischen Terrakotta-Armee. Allein in den jetzigen Ausgrabungsstätten werden 7000 bis 8000 Einzelfiguren vermutet, weitere, Ende 2002 entdeckte Fundstätten sollen die bekannten sogar erheblich übertreffen. Inzwischen sind mehr als 1500 der lebensgroßen Krieger ausgegraben. Auch Tiere und komplette Streitwagen mit Pferden sind unter den Funden. Leider ist die wunderschöne Bemalung dieses archäologischen Schatzes nicht haltbar. Die Lackgrundierung reißt, löst sich ab, rollt sich zusammen und fällt ab, sobald die relative Luftfeuchtigkeit unter 84 % sinkt. Damit geht natürlich auch die darüber liegende farbige Pigmentschicht verloren, und was übrig bleibt, sind nur noch Rohlinge. Die Restauratoren standen vor einer riesigen Herausforderung, denn konventionelle Verfahren zur Festigung von Farbmassen konnten das Ablösen der Schichten nicht stoppen.

## Farben ade?

Schnell war klar, dass das besondere Schicksal der Tonkrieger mit Schuld an dem Dilemma hatte: Bald nach dem Tod von Qin Shihuangdi waren bei Aufständen nicht nur die Waffen der Tonkrieger geraubt worden, sondern auch die holzverstrebte unterirdische Anlage in Brand gesteckt worden. Die Decke stürzte ein und begrub die Figuren unter der darüber aufgeschütteten Löß-Lehm-Schicht. Die Vorschädigung durch die Hitze während des Brandes und die mehr als 2000 Jahre in einem wassergesättigten Lößboden hinterließen natürlich ihre Spuren. Kein Wunder, dass die Lackgrundierung Schaden litt.

Hauptbestandteil der Grundierung ist der so genannte Qi-Lack, der aus dem Saft des Lackbaumes gewonnen wird und wahrscheinlich Zusätze wie Reiskleister enthielt, wie Analysen ergaben. Beim Aushärten an der Luft vernetzen die Bestandteile unter Einwirkung eines Enzyms zu einer glatten braunschwarzen

Lackschicht, die unseren Phenol-Harzen ähnelt. Pech für die Restauratoren: Qi-Lack ist weder in Wasser noch in einem organischen Lösungsmittel löslich. Dazu kommt die besonders feine Porenstruktur des wassergesättigten Lacks. Die sonst zur Stabilisierung von Farbfassungen üblichen Polymere können nicht eindringen.

## Eine Spezialbehandlung für Tonkrieger

Heinz Langhals, der 2002 während eines Forschungsaufenthalts am Bingmayong-Museum in China mit der Problematik konfrontiert wurde, war schnell klar: Ein völlig neues Verfahren musste her. Die Methode, die der Chemiker und sein Team an der Universität München entwickelte, basiert auf Hydroxyethyl-methacrylat (HEMA), einem gängigen Monomer (Baustein) bei der Kunststoff-Herstellung. Es ist wasserlöslich, sodass es direkt auf die ausgegrabenen, noch feuchten Terrakotta-Fragmente aufgetra-

gen werden kann. Anschließend muss es ausgehärtet werden; dabei vernetzen die Monomere zu einem Polymer, das den Lack stabilisiert.

Allerdings erwies sich auch der Härtungsprozess als problematisch, denn gängige ionische Polymerisationsverfahren sind wegen des hohen Wassergehaltes des Materials nicht anwendbar. Auch eine Härtung mit UV-Strahlen funktioniert nicht, da der Lack lichtundurchlässig ist. Als Ausweg blieb die Härtung durch Bestrahlung mit Elektronenstrahlen (β-Strahlen) aus einem Elektronenbeschleuniger. Sie gehen glatt durch die Lackschicht hindurch und werden an der Terrakotta gestoppt. So soll es auch sein, denn auf diese Weise setzt die Vernetzung an der für das Haftvermögen wichtigen Terrakotta-Lack-Grenzschicht verstärkt ein und schreitet in Richtung Oberfläche fort. An der Grenze zur umgebenden Luft wird die Reaktion dann durch Sauerstoff gestoppt. Dadurch wird die Oberfläche nicht glänzend – was den naturgetreuen Eindruck der Tonkrieger

**Die Terrakotta-Armee** ist Teil einer riesigen Grabanlage in China. Die Bauarbeiten haben nach heutigem Wissen 246 v. Chr. begonnen, etwa 38 Jahre gedauert und zum Höhepunkt der Bautätigkeit etwa 700.000 Menschen beschäftigt. Die Grabanlage ist das einzige Kulturdenkmal Chinas, das auf der Liste des Weltkulturerbes der UNESCO steht.

sehr stören würde. Wenn die Elektronen an der Terrakotta abgebremst werden, wird ihre Energie frei, in Form von Röntgenstrahlung. Dieser Nebeneffekt ist eine feine Sache, denn diese so genannte Röntgenbremsstrahlung tötet Mikroorganismen und Pilze in den Fragmenten ab, die den Lack langsam anfressen könnten.

Das gehärtete Polymer ist ausgesprochen beständig, und die Farbpigmente werden durch die Behandlung nicht beeinträchtigt. Das maßgeschneiderte Verfahren verspricht, die Methode der Wahl für eine dauerhafte Konservierung der Farbfassungen der Terrakotta-Armee zu werden. Fragment für Fragment können die Scherben gefestigt und dann wie ein 3-D-Puzzle zusammengesetzt werden. Eine mühsame, aber lohnende Arbeit!

## Rettung für Bücher

Viel Arbeit erwartet Restauratoren auch an anderer Stelle, etwa in Bibliotheken und Archiven, wo Abertausende von Büchern ein trauriges Schicksal erleiden werden, wenn sich niemand ihrer annimmt.

Es ist immer spektakulär, wenn Bücher und andere papierne Schriftstücke von Feuer oder Flutkatastrophen zerstört werden. Einen insgesamt weitaus bedeutsameren Schaden richtet aber der permanente, schleichende Zerfall wertvoller alter Druckwerke durch darin hausende Insekten und Mikroorganismen, säurehaltiges Papier, aggressive Tinten und ungünstige Umwelteinflüsse an. Braun, brüchig und wie angefressen sehen solche Bücher aus. Diese Schäden gilt es zu stoppen und – wo bereits fortgeschritten – so weit wie möglich wieder auszubessern. Die moderne Chemie leistet dabei wichtige Dienste, angefangen bei der Analyse der genauen Zusammensetzung der verwendeten Materialien wie Papier, Tinte und Druckfarben. Die zentralen Fragen lauten: Was geht chemisch beim Abbauprozess vor sich, der die Schriftstücke zerstört hat oder bedroht? Und wie ist er zu stoppen? Eine geplante Konservierungs- oder Restaurierungsstrategie kann und muss zuvor im Labor simuliert werden, damit es später keine bösen Überraschungen gibt.

## Angenagt vom Zahn der Zeit

Größter Albtraum von Bibliothekaren ist der Papierabbau durch Säure, die herstellungsbedingt in Papier des neunzehnten

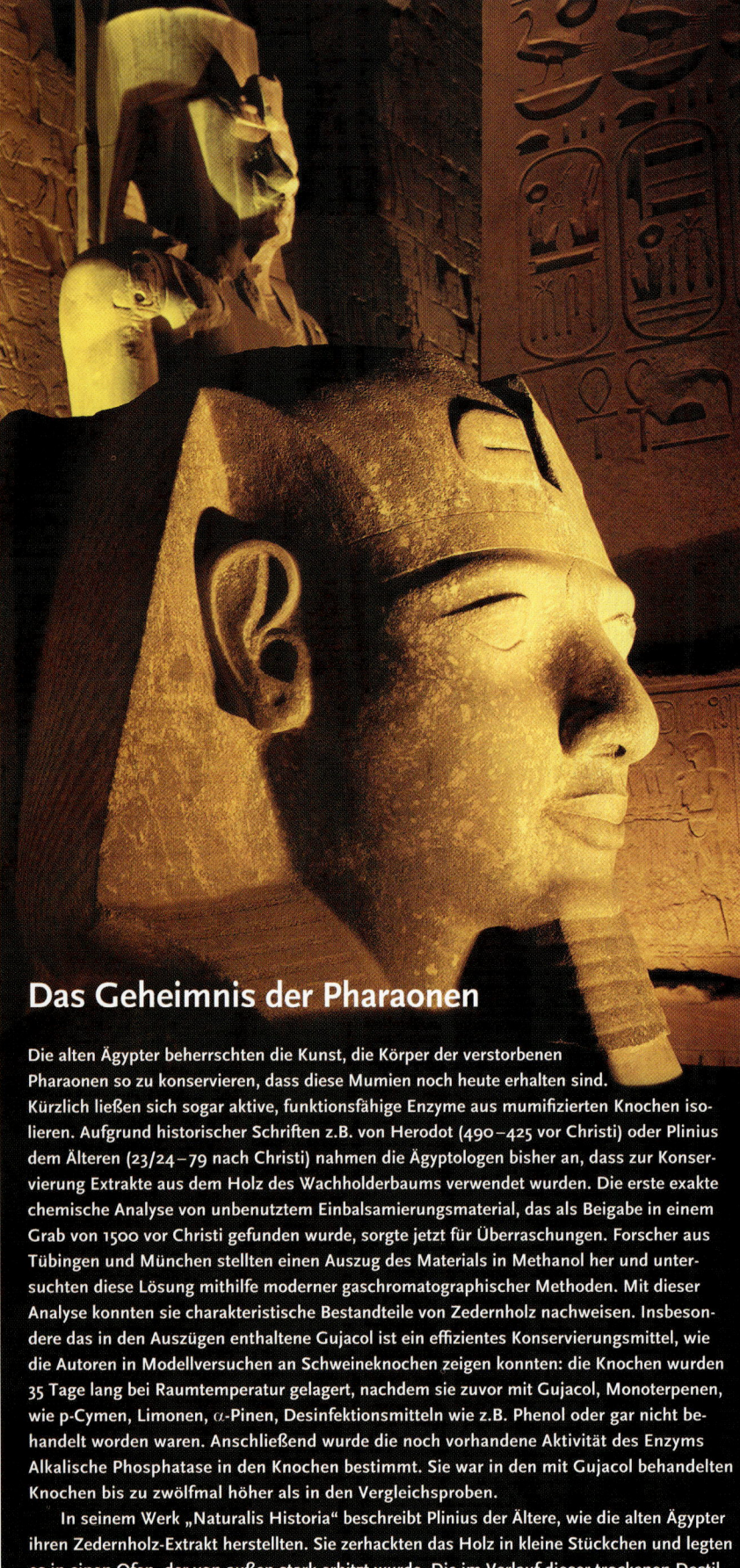

## Das Geheimnis der Pharaonen

Die alten Ägypter beherrschten die Kunst, die Körper der verstorbenen Pharaonen so zu konservieren, dass diese Mumien noch heute erhalten sind. Kürzlich ließen sich sogar aktive, funktionsfähige Enzyme aus mumifizierten Knochen isolieren. Aufgrund historischer Schriften z.B. von Herodot (490–425 vor Christi) oder Plinius dem Älteren (23/24–79 nach Christi) nahmen die Ägyptologen bisher an, dass zur Konservierung Extrakte aus dem Holz des Wachholderbaums verwendet wurden. Die erste exakte chemische Analyse von unbenutztem Einbalsamierungsmaterial, das als Beigabe in einem Grab von 1500 vor Christi gefunden wurde, sorgte jetzt für Überraschungen. Forscher aus Tübingen und München stellten einen Auszug des Materials in Methanol her und untersuchten diese Lösung mithilfe moderner gaschromatographischer Methoden. Mit dieser Analyse konnten sie charakteristische Bestandteile von Zedernholz nachweisen. Insbesondere das in den Auszügen enthaltene Gujacol ist ein effizientes Konservierungsmittel, wie die Autoren in Modellversuchen an Schweineknochen zeigen konnten: die Knochen wurden 35 Tage lang bei Raumtemperatur gelagert, nachdem sie zuvor mit Gujacol, Monoterpenen, wie p-Cymen, Limonen, $\alpha$-Pinen, Desinfektionsmitteln wie z.B. Phenol oder gar nicht behandelt worden waren. Anschließend wurde die noch vorhandene Aktivität des Enzyms Alkalische Phosphatase in den Knochen bestimmt. Sie war in den mit Gujacol behandelten Knochen bis zu zwölfmal höher als in den Vergleichsproben.

In seinem Werk „Naturalis Historia" beschreibt Plinius der Ältere, wie die alten Ägypter ihren Zedernholz-Extrakt herstellten. Sie zerhackten das Holz in kleine Stückchen und legten es in einen Ofen, der von außen stark erhitzt wurde. Die im Verlauf dieser trockenen Destillation aus dem Zedernholz austretende Flüssigkeit fingen sie auf und verwendeten sie zur Einbalsamierung ihrer Toten.

und zwanzigsten Jahrhunderts enthalten ist. Beim Papier des Mittelalters wurde den Textilfasern nach dem Trocknen ein Leim aus ausgekochten Knochen beigegeben. Ein solches Papier ist alkalisch – und bei geeigneter Lagerung fast unbegrenzt haltbar. Mitte des neunzehnten Jahrhunderts entdeckte man dann Holz als Rohstoff und führte die Harz-Alaun-Leimung ein. Da Alaun (Aluminiumsulfat) schwach sauer reagiert, spalten die Protonen nach und nach die langen Celluloseketten des Papierrohstoffs Holz in Bruchstücke. Säurehaltiges Papier wird langsam aber sicher braun und brüchig und zerfällt schließlich zu Staub. Dieser Prozess lässt sich nur durch Entsäuern stoppen. Dazu wird das betroffene Schriftstück oder Druckwerk meist mit einer wässrigen Lösung von Calcium- und Magnesiumhydrogencarbonat neutralisiert. Mittlerweile wurde auch eine Reihe von anderen Konservierungsmethoden entwickelt.

Schlimm wirkt sich auch der Tintenfraß aus, der vor allem seit der breiten Verwendung von Eisengallustinte im siebzehnten Jahrhundert an Schriftstücken nagt. Bekanntes Beispiel sind Notenblätter von Johann Sebastian Bach. Regelrechte Löcher haben die dicken Viertelnoten hier in das Papier gefressen. Zu den Ausgangsstoffen zur Herstellung von Eisengallustinte, aber auch anderer Tinten, gehörte Eisensulfat (Eisenvitriol). In Verbindung mit Luftsauerstoff wird das Eisenion oxidiert, das dann mit der Gerbsäure der Tinte einen schwarzen, unlöslichen Eisengallatkomplex bildet. Aber nicht alles Eisenvitriol reagiert ab. Im Laufe der Zeit kann noch in der Tinte enthaltenes Eisenvitriol mit Sauerstoff und Wasser aus der Luft reagieren. Dabei entsteht Schwefelsäure. Die Eisenionen im Eisenvitriol katalysieren außerdem die Bildung von freien Peroxid-Radikalen. Radikale und Säure spalten die langkettigen Moleküle der Papierfasern (Cellulose und Kollagen) zu kurzen Kettenbruchstücken und verändern so die mechanischen Eigenschaften des Papiers. Einzelne Buchstaben, ja sogar ganze Worte oder Zeilen können herausbrechen. Abhilfe schaffen eine Entsäuerung und die Behandlung mit Phytaten, Verbindungen, die in vielen Pflanzen vorkommen und dort der Speicherung von Phosphat dienen. Die Phytate schließen Eisenionen in einer Komplexverbindung ein. Ein Teil des komplexierten Eisens wird bei der Behandlung herausgewaschen, der verbleibende Anteil ist in dieser Form unschädlich.

Problem bei vielen der notwendigen Nassbehandlungen ist, dass Farben und Stempel auslaufen können. Hier hat sich die Fixierung mit Cyclododekan, einem ringförmigen Kohlenwasserstoff aus zwölf Kohlenstoffatomen, als Methode der Wahl erwiesen. Der wasserabweisende Stoff wird als wachsartige Schmelze aufgetragen. Später verflüchtigt sich die Schutzschicht wieder – rückstandsfrei. Eine Alternative sind Komplexbildner, die die Farben in einem wasserunlöslichen Komplex binden und so fixieren. Selbst das Wässern von handgezeichneten, kolorierten Karten ist dann ohne Auslaufen der Farben möglich.

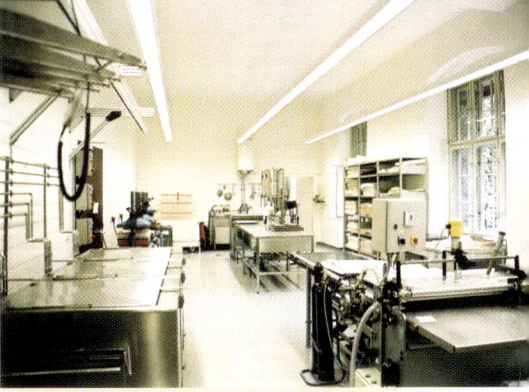

**Blick in eine Restaurierungswerkstatt.**

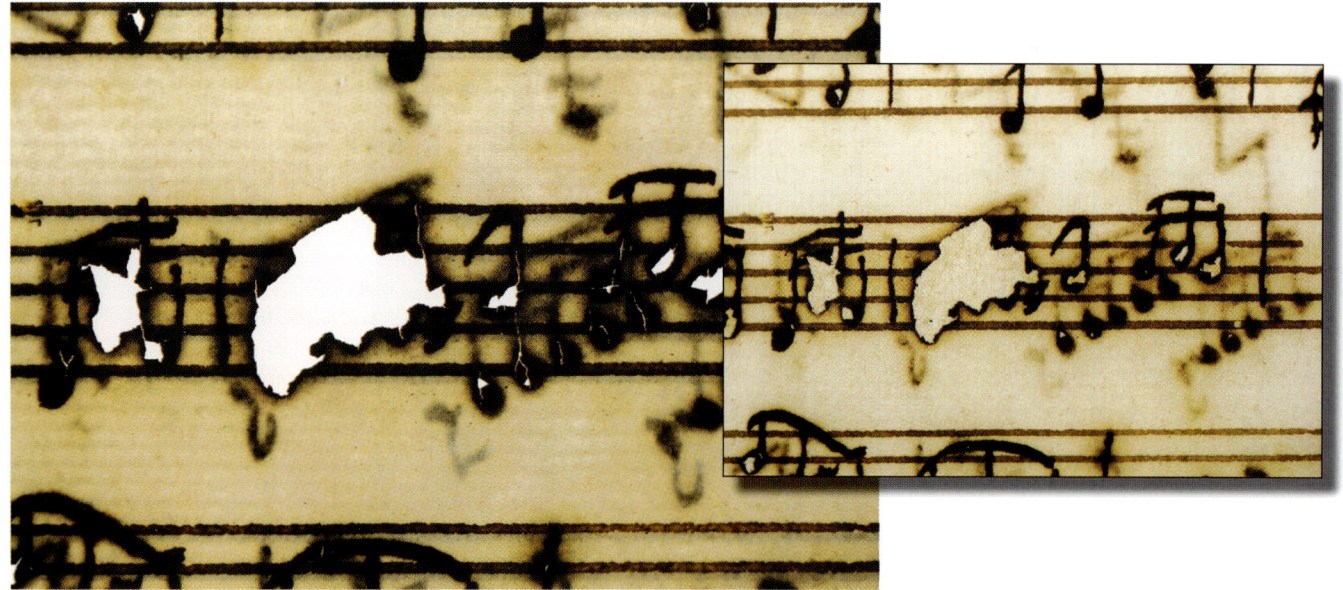

**Weihnachtsoratorium von Johann Sebastian Bach** – Ausbrüche im Notenschriftbild durch Tintenfraß.

**Kleines Bild:** Nach der Restaurierung durch manuelles Papierspalten.

**Der Brotkäfer** *(Stegobium paniceum)* ist der Allesfresser unter den Vorratsschädlingen, weil er ein großes Spektrum pflanzlicher und tierischer Produkte befällt. Neben Backwaren verzehrt er auch Suppenwürfel, Schokolade, Tiernahrung, Trockenfisch, und sogar Chiligewürz ist vor ihm nicht sicher. Außerdem werden Verpackungsmaterialien wie Papier oder Pappe zerfressen, so dass er auch vor alten Druckwerken nicht Halt macht. Er ist rostbraun gefärbt und wird bis zu 3 mm lang. Die erwachsenen Käfer werden 1–2 Monate alt.

## Papier spalten

Besonders übel zugerichtete, aber wertvolle Exemplare lassen sich oft durch das Papierspaltverfahren restaurieren. Das ist aufwändig und teuer und geht nur Blatt für Blatt, ist hinterher dafür aber praktisch nicht zu sehen. Um fehlende Stellen in einem Dokument auszubessern, wird die Seite beim so genannten Anfasern durch neu geschöpftes Papier ergänzt und dann beidseitig mit gelatinebeschichteten Trägerpapieren belegt. Ganz vorsichtig wird nun das hauchdünne Blatt gespalten. Vorder- und Rückseite hängen nur noch an einem schmalen Rand zusammen und werden auseinandergeklappt. Dazwischen wird ein stützendes Kernblatt eingefügt. Nach dem Zusammenfügen muss die Gelatine spurlos wieder entfernt werden. Dazu nimmt man Gelatineabbauende Enzyme. Leider lassen sich diese nicht vollständig wieder herunterwaschen, und so kann ihre Aktivität noch jahrelang erhalten bleiben. Im trockenen Zustand passiert zwar nichts, doch bei Feuchtigkeit wird das Papier abgebaut. Eine neu entwickelte Methode arbeitet mit Enzymen, die auf sehr haltbares Polyestermaterial aufgebracht und dort chemisch fest gebunden wurden. So können sie nicht am Papier haften bleiben.

## Bewohner loswerden

Bakterien, Schimmelpilzen und Insekten, die in den wertvollen Druckwerken hausen, kann man durch Bestrahlung mit Gamma-Strahlen, Einfrieren und Begasen mit Ethylenoxid zu Leibe rücken.

Diese Prozeduren sind jedoch nicht für alle Materialien geeignet. Ledereinbände etwa vertragen die Ethylenoxid-Behandlung gar nicht gut. In vielen Fällen ist auch Sauerstoffentzug eine wirksame Waffe gegen Parasiten. Dazu werden die Objekte längere Zeit in einer Atmosphäre aus Stickstoff oder Argon gehalten oder in Gegenwart eines Sauerstoff-Absorbers gasdicht in Folien eingeschweißt.

Um die Bücher auch langfristig frei von Schimmel und Insekten zu halten, können sie in gasdichten Vitrinen mit einem speziellen Sauerstoff-Adsorber ausgestellt werden. Der Absorber ist ein Säckchen mit feinem, leicht schwefelhaltigem, mit Salz überzogenem Eisenpulver. Das Eisen bindet den Sauerstoff, dabei entstehen Eisenoxide, also Rost. Besonders gut funktioniert das in feuchter, salzhaltiger Atmosphäre, daher der Überzug aus Salz. Als Wasservorrat dient ein Zeolith (ein Tonmineral), der eine gesättigte Kochsalzlösung enthält. Ein 10 x 10 cm großes Säckchen kann den Sauerstoff von 10 Liter Luft aufnehmen und den Sauerstoffgehalt auf unter 0,01 % absenken, wenn der Behälter absolut luftdicht verschlossen ist. Alternativ gibt es Absorber, die ungesättigte organische Komponenten zum Binden von Sauerstoff, Kieselgur, Polyethylen, gelöschten Kalk (Calciumhydroxid) und Aktivkohle enthalten. Diese Variante nimmt gleichzeitig die Luftfeuchtigkeit und Luftschadstoffe wie Schwefel- und Stickoxide auf – für ein langes Leben von Büchern und anderen Kunstgegenständen.

# Nanoteilchen für Fresken

Wenn Michelangelo und seine Zeitgenossen das geahnt hätten... Ihre Technik, Farben direkt auf den feuchten Putz einer Wand aufzutragen, schien damals genial, die Farbpigmente hafteten wunderbar. Der Putz bestand im allgemeinen aus Sand und gebranntem Kalk (Calciumoxid, CaO), der sich bei Kontakt mit Wasser zu gelöschtem Kalk (Calciumhydroxid, Ca(OH)$_2$) umsetzt. Beim Trocknen reagiert gelöschter Kalk mit dem Kohlendioxid der Luft zu Calciumcarbonat (CaCO$_3$), einer Verbindung von gipsartiger Konsistenz, die die Farbe fest bindet. Aber leider nicht für immer: Heute bröckelt und blättert die oberste Schicht all der herrlichen Fresken langsam ab.

Hilfe für die mittelalterlichen Fresken kommt nun von Forschern aus Florenz. Mit einer Art Nano-Klebstoff aus Kalk pappen sie die Farbschichten wieder fest an die Wand. Das Fresko „Gli Angeli Musicanti" in der Florentiner Kathedrale Santa Maria del Fiore, das Santi di Tito im sechzehnten Jahrhundert malte, konnten sie so bereits retten. Weitere Kandidaten werden sicherlich bald folgen. Und das geht so: In Alkohol gelöste Calciumhydroxid-Kriställchen werden auf die abblätternden Schichten aufgetragen. Wenn der Alkohol verdunstet, nehmen die Kristalle Wasser und Kohlendioxid auf, reagieren zu Calciumcarbonat und wachsen mit dem Calciumcarbonat der Farbschicht und des Verputzes zusammen. Mit gewöhnlichen Kalk-Kristallen funktioniert das allerdings nicht. Die sind viel zu groß, um tief genug in die Ritzen der Farbschicht einzudringen. Das können nur Nanopartikel (siehe Kapitel „Klein, kleiner, nano"). Die plättchenförmigen Winzlinge der florentiner Forscher sind mit ihren 100 bis 250 Nanometern Durchmesser zudem leicht genug, um nicht aus der Lösung auszufallen, eine Unart, zu der „normales" Calciumhydroxid neigt. Klein und flach wie die „Nanos" sind, können sie außerdem effizienter Wasser aufnehmen, was die Umwandlung zu Calciumcarbonat erleichtert.

## Zartfühlende Behandlung für Gemälde

Wertvolle Gemälde können übermalt oder durch einen vergilbten oder fleckigen Firnis, wie die oberste Schutzschicht genannt wird, verunstaltet sein. Beim dann notwendigen Ablösen des Firnis mit den üblichen organischen Reinigungsmitteln besteht immer die Gefahr, die darunter liegende Farbschicht zu ruinieren. An der Universität Tübingen wurde ein Verfahren entwickelt, das schonender mit den Kunstwerken umgeht. Gealterte Ölfirnisse, so die Erkenntnis, sind chemisch gesehen eine Art Polyester und lassen sich durch eine stark alkalische Behandlung in kleine wasserlösliche Bruchstücke spalten. Als Base verwenden die Tübinger Rubidiumhydroxid, das in einem hochmolekularen Polyethylenglycol gelöst wird. Diese langen Polymerketten bestehen aus einer sich wiederholenden Folge von je zwei Kohlenstoff- und einem Sauerstoffatom, ein Aufbau, der dem von Kronenethern ähnelt. Und ähnlich wie bei Kronenethern nehmen mehrere Sauerstoffatome der Polyethylenglycol-Kette die Rubidiumionen fest in die Zange. Diese Komplexe sind zu groß, um in tiefer liegende Malschichten einzudringen. So erfolgt der Abbau des Firnis langsam und von der Oberfläche her. Da die Flüssigkeit außerdem sehr zähflüssig ist und sich die entstehenden kleineren Bruchstücke darin nur langsam fortbewegen, kann der Restaurator das Abtragen der Schicht durch langsames oder schnelles Bewegen der Reaktionslösung steuern, etwa durch Abrollen mit Wattestäbchen oder mit einem Spachtel.

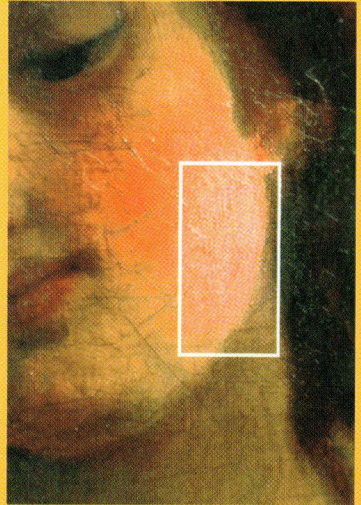

Firnisabnahme von einem Ölgemälde aus dem 17. Jahrhundert mit der kronenetherartigen Verbindung Rubidiumhydroxid/ Polyethylenglycol. Die mikroskopische Kontrolle des gereinigten Bereichs ergab keine erkennbare Änderung auf der Maloberfläche.

# Hauptsache die Chemie stimmt

## – wie Moleküle im Körper miteinander sprechen

Wie sagt das Gehirn der Hand, dass sie nach einem Gegenstand greifen soll, den die Augen auf dem Tisch liegen sehen? Woran merken wir, dass wir hungrig, müde, schlecht oder gut gelaunt sind? Woher wissen die Zellen, die darauf spezialisiert sind, Krankheitserreger abzuwehren, dass ein fremder Mikroorganismus in den Körper eingedrungen ist, und wie finden sie den Weg dorthin? Schon diese wenigen Beispiele machen deutlich, wie notwendig ein körpereigenes Informationsnetz für Menschen, Tiere und auch Pflanzen ist. Die Lebewesen nutzen für diesen Zweck die Chemie: Spezialisierte Botenstoffe wirken als Träger der Information, als Antennen dienen Eiweißmoleküle, die so genannten Rezeptoren.

**20:03 – Herzklopfen**

*Wie gut, ich bin fast auf die Minute pünktlich. Hoffentlich ist er auch schon da. Ja, da drüben steht er, an der Bar. Meine Güte, dieser Mann sieht einfach umwerfend gut aus. Jetzt kennen wir uns doch schon eine ganze Weile, trotzdem bin ich immer noch jedesmal aufgeregt, wenn ich ihn wiedertreffe. Ich kriege ja richtig weiche Knie. Das ist mir doch schon ewig nicht mehr passiert, dass es mich so erwischt hat. Jetzt hat er mich gesehen und kommt mir entgegen. Wenn er mich weiter so anlächelt, dann spielen bald meine sämtlichen Hormone verrückt.*

## Kommandozentrale Gehirn

Zwischen den Nervenzellen im Gehirn sowie zwischen den Nervenzellen und den Muskelzellen in den Gliedmaßen werden Botschaften mit rasanter Geschwindigkeit übermittelt. Sprichwörtlich mit Gedankenschnelle reagieren wir, wenn wir einen Gegenstand, der uns im Weg liegt, sehen und fast im gleichen Augenblick den Fuß heben, um nicht darüber zu stolpern. Dabei muss die Meldung „da liegt was" zunächst vom Auge ans Gehirn gelangen und dort in den Befehl übersetzt werden „Fuß heben". Dieser wiederum muss (bei einem durchschnittlich großen Menschen über eine mehr als einen Meter lange Nervenfaser) an die Empfänger, die Muskeln im Fuß, weitergegeben werden. Das Signal wandert in der Nervenzelle zunächst als kleiner elektrischer Impuls die Nervenfaser entlang, bis es am Ende der Faser ankommt, dort wo sie auf die nachgeschaltete Nervenzelle trifft, an die das Signal übermittelt werden soll. An dieser Stelle, sie heißt Synapse, treten die beiden Zellen aber nicht direkt miteinander in Kontakt, sondern sie nähern sich einander nur so weit, dass sie sich gerade eben nicht berühren, sondern dass noch ein winziger Zwischenraum zwischen ihnen frei bleibt. Diesen Zwischenraum nennt man synaptischen Spalt. An der Synapse enthält die Nervenendigung der Zelle, die das Signal weitergeben will, kleine Speicherbläschen, die mit dem für die Informationsübertragung benötigten Botenstoff, zum Beispiel dem Neurotransmitter Acetylcholin, gefüllt sind. Sobald das elektrische Signal in der Nervenzelle die Synapse erreicht, öffnen sich die Speicherbläschen, und der Botenstoff wird in den synaptischen Spalt abgegeben. Dort trifft er auf die Signalempfänger an der Außenseite der zweiten Zelle, die Rezeptoren.

Sobald ein Acetylcholinmolekül an den Rezeptor bindet, verändert dieser seine Form. Diese minimale Bewegung wird in der zweiten Zelle registriert und in ein neues elektrisches Signal umgewandelt, das zur nächsten Synapse weitergeleitet wird. Die Nerven sollen natürlich nicht für den Rest ihres Lebens in diesem Erregungsstadium bleiben, sondern möglichst bald in den Ruhezustand zurückkehren, damit sie neue Reize aufnehmen und verarbeiten können. Das Signal muss also auch wieder abgeschaltet werden. Dafür gibt es im synaptischen Spalt ein Enzym, das für diese Aufgabe spezialisiert ist. Es heißt Acetylcholinesterase und wirkt wie eine molekulare Schere, die das Acetylcholin in zwei Teile „zerschneidet", Essigsäure und Cholin. Sie fallen vom Rezeptor ab, der sich daraufhin in seinen Ausgangszustand zurück bewegt und sofort das nächste Botenstoffmolekül in Empfang nehmen kann. So können an der Synapse ankommende elektrische Signale mit hoher Geschwindigkeit weitergeleitet werden.

Viele Nervengifte, insbesondere die organischen Phosphate, die früher als wirksame Insektizide (heute nicht mehr zugelassen) oder Nervengase für die chemische Kriegsführung hergestellt wurden, sind deshalb so gefährlich, weil sie die Acetylcholinesterase angreifen und ausschalten (siehe Kapitel „Kampfstoffe"). Es kommt zu Krämpfen und Lähmungen der Muskulatur, die, sobald sie auf den Atemapparat übergreifen, tödlich enden.

Acetylcholin überträgt nicht nur Signale von einer Nervenzelle zur nächsten, sondern vermittelt auch die Informationsübertragung vom Nerv an den Muskel. Außerdem spielt Acetylcholin eine entscheidende Rolle für Lernprozesse und das Gedächtnis. Wird das Zusammenspiel zwischen dem Neurotransmitter Acetylcholin, dem Enzym, das ihn inaktiviert, der Acetylcholinesterase, und dem Acetylcholinrezeptor als Signalempfänger gestört, entstehen Krankheiten wie Parkinson oder Alzheimer. Menschen, die an der Alzheimerschen Demenz erkrankt sind, leiden unter schwersten Gedächtnisstörungen und Persönlichkeitsveränderungen. Sie erkennen ihre eigenen Kinder nicht mehr, wissen nicht mehr, wie sie heißen, und vergessen sogar, dass sie eigentlich das vor ihnen auf einem Teller stehende Mittages-

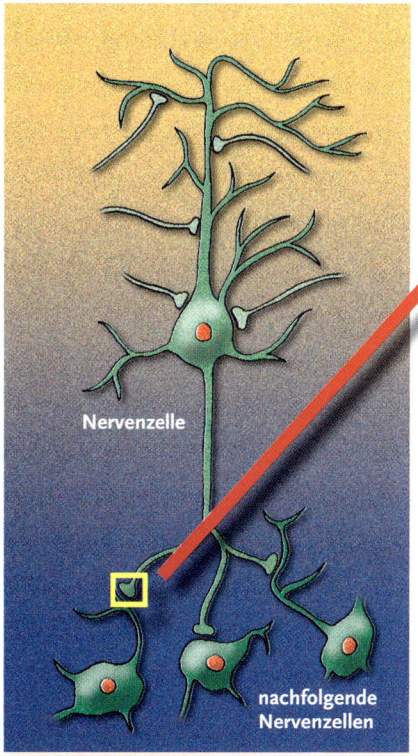

Nervenzelle

nachfolgende Nervenzellen

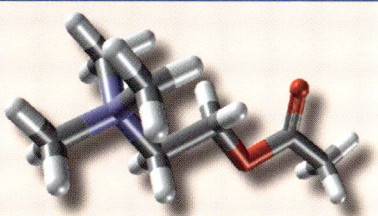

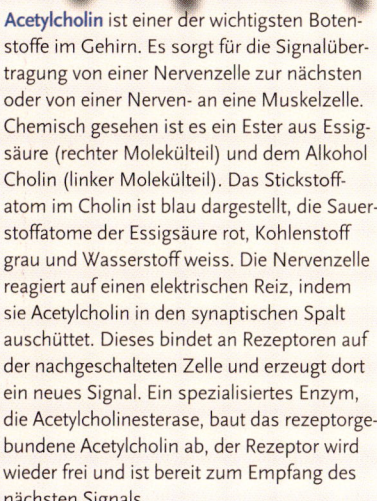

**Acetylcholin** ist einer der wichtigsten Botenstoffe im Gehirn. Es sorgt für die Signalübertragung von einer Nervenzelle zur nächsten oder von einer Nerven- an eine Muskelzelle. Chemisch gesehen ist es ein Ester aus Essigsäure (rechter Molekülteil) und dem Alkohol Cholin (linker Molekülteil). Das Stickstoffatom im Cholin ist blau dargestellt, die Sauerstoffatome der Essigsäure rot, Kohlenstoff grau und Wasserstoff weiss. Die Nervenzelle reagiert auf einen elektrischen Reiz, indem sie Acetylcholin in den synaptischen Spalt auschüttet. Dieses bindet an Rezeptoren auf der nachgeschalteten Zelle und erzeugt dort ein neues Signal. Ein spezialisiertes Enzym, die Acetylcholinesterase, baut das rezeptorgebundene Acetylcholin ab, der Rezeptor wird wieder frei und ist bereit zum Empfang des nächsten Signals.

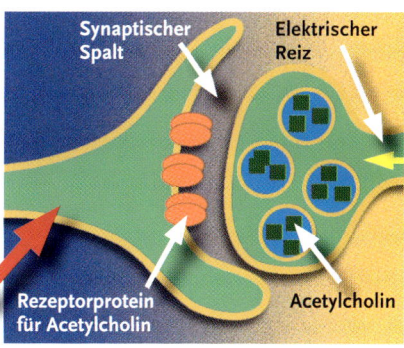

Synaptischer Spalt

Elektrischer Reiz

Rezeptorprotein für Acetylcholin

Acetylcholin

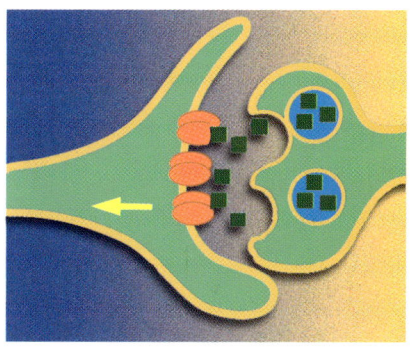

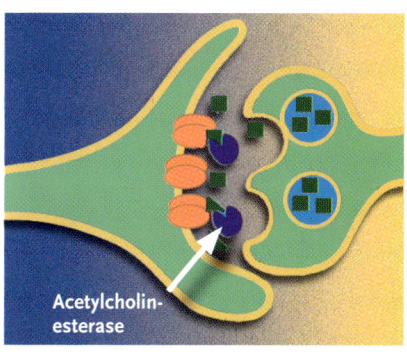

Acetylcholinesterase

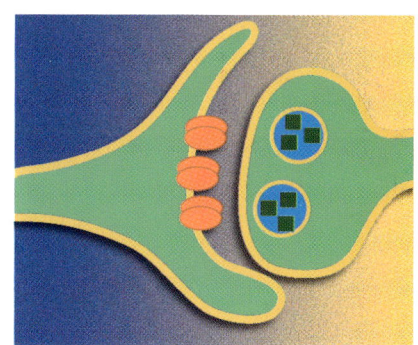

sen verzehren wollten. Bisher gibt es noch keine wirksame Behandlungsmöglichkeit. Im Frühstadium der Erkrankung kann jedoch ein Medikament eine Linderung der Symptome bewirken, das Galanthamin, ein Alkaloid aus Schneeglöckchen.

Neben dem Acetylcholin gibt es noch zahlreiche andere Botenstoffe im Gehirn. Jeder von ihnen hat seine Spezialaufgabe zu erfüllen und besitzt dafür einen eigenen Rezeptor und ein eigenes Enzym, das seine Wirkung wieder ausschaltet.

Galanthamin, ein in Schneeglöckchen enthaltener Naturstoff, wird als erstes wirksames Medikament zur Behandlung der Alzheimerschen Erkrankung im Frühstadium eingesetzt. Es besteht aus miteinander verbundenen Kohlenstoffringen (grau), die Stickstoff (blau) und Sauerstoff (rot) enthalten. Wasserstoffatome sind weiß dargestellt.

# Ein kleines Molekül sorgt für Überraschungen

Stickstoffmonoxid – NO – kennt man gewöhnlich als einen Bestandteil von Autoabgasen, der an der Entstehung von saurem Regen und der damit verbundenen Umweltverschmutzung beteiligt ist. NO ist ein farbloses giftiges Gas. Das Molekül besitzt ein ungepaartes Elektron, ist also ein hochreaktives, sogenanntes freies Radikal. Deshalb hat es normalerweise nur eine Lebensdauer von wenigen Bruchteilen einer Sekunde, denn es reagiert sofort mit fast jedem anderen Molekül, mit dem es zusammentrifft. Die Entdecker in den 70iger Jahren des zwanzigsten Jahrhunderts konnten es anfangs selbst kaum glauben, dass unser Körper NO als Botenstoff nutzt. NO hilft bei der Zerstörung von Krankheitserregern und Krebszellen, stärkt das Gedächtnis und dient der Muskelentspannung. NO wird von Zellen an der Innenseite der Blutgefäße, die röhrenförmige Muskeln sind, freigesetzt und entspannt die benachbarten Regionen. Dadurch sinkt der Blutdruck ab. Diese Wirkung macht man sich bei der Behandlung von Angina-Pectoris-Anfällen mit Nitroglycerin zunutze. Dieses Medikament, vor langer Zeit durch Zufall entdeckt, setzt im Körper NO frei, die Adern, auch die verengten Herzkranzgefäße erweitern sich, und sauerstoffhaltiges Blut kann wieder ungehindert das Herz versorgen. Da NO als Gas giftig und viel zu reaktiv ist, kann man es nicht direkt einsetzen, sondern muss den Umweg über Verbindungen einschlagen, die im Körper NO freisetzen.

NO spielt außerdem eine Rolle beim Schutz unseres Organismus vor unerwünschten Eindringlingen. Spezialisierte Blutzellen, die so genannten Granulozyten, zerstören eingedrungene Bakterien oder entartete Zellen mithilfe einer tödlichen Dosis NO. Wird während einer Infektion zuviel NO produziert, kann es bedingt durch den extremen Blutdruckabfall zu einer lebensgefährlichen Komplikation kommen, dem septischen Schock, bei dem das Herz-Kreislauf-System zusammenbricht und die Nieren versagen.

Das bekannte Potenzmittel Viagra greift in den Wirkungskreis des Botenstoffes NO ein. Bei sexueller Stimulation löst ein Nervensignal die Bildung von NO in den Blutgefäßen des Penis aus. Dieses NO bewirkt eine Entspannung und Erweiterung der Gefäße, Blut strömt in die Schwellkörper ein, es kommt zur Erektion. Sildenafil, der Wirkstoff von Viagra, unterstützt die Wirkung von NO, indem es ein Enzym namens Phosphodiesterase hemmt. Die Phosphodiesterase agiert als Gegenspieler von NO und hebt dessen Wirkung auf, indem sie dafür sorgt, dass sich die Blutgefäße wieder zusammenziehen. Dadurch wird das Blut aus den Schwellkörpern gedrückt, der Penis erschlafft. Für Männer mit Herzbeschwerden, die bereits Medikamente einnehmen, die Nitrate enthalten (Nitrolingual) oder NO freisetzen (Nitroprussid-Natrium), sollte Viagra tabu sein: Die Kombination der Wirkstoffe läßt den Blutdruck so dramatisch abfallen, dass Herz und Kreislauf versagen – mit möglicherweise tödlichen Folgen.

## GABA – das natürliche Beruhigungsmittel

Acetylcholin sorgt dafür, dass äußere Reize von einer Nervenzelle zur nächsten weitergegeben werden. Um aber nicht irgendwann im Chaos massiver Reizüberflutung zu versinken, benötigt der Organismus einen Gegenspieler, der für die notwendige Entspannung und das Abschalten von Signalen zuständig ist. Ein solches körpereigenes Beruhigungsmittel ist die Gamma-Amino-Buttersäure GABA. GABA ist der wichtigste hemmende Neurotransmitter im Gehirn. Das bedeutet, dass GABA die Übertragung von Signalen an den Synapsen blockiert und damit als Schalter wirkt.

Die Pharmaindustrie hat die beruhigenden Wirkungen von GABA natürlich längst als therapeutisches Prinzip genutzt. So gibt es eine Reihe von Medikamenten, die in das Geschehen um den GABA-Rezeptor eingreifen und z.B. die Wirkung des Botenstoffes imitieren. Dazu gehören viele Tranquilizer und Schlafmittel, unter anderem auch das gut bekannte Valium. Auch Alkohol greift an den GABA-Bindungsstellen im Gehirn an; dies erklärt seine beruhigende Wirkung. Das GABA-System ist außerdem an der Bewegungsbildung im Großhirn beteiligt. Mit zunehmendem Alkoholkonsum wird es immer stärker gehemmt, sodass die Bewegungen eines Betrunkenen immer langsamer, immer weniger koordiniert und schließlich unkontrolliert werden.

GABA, die Gamma-Amino-Buttersäure, ist der Botenstoff, der die Erregung der Nervenzellen dämpft und die Signalweitergabe unterbricht. Viele Schlaf- und Beruhigungsmittel wirken, indem sie in das molekulare Geschehen um GABA und seinen Rezeptor eingreifen. So auch das bekannte Valium.

## Die körpereigenen Stimmungsmacher

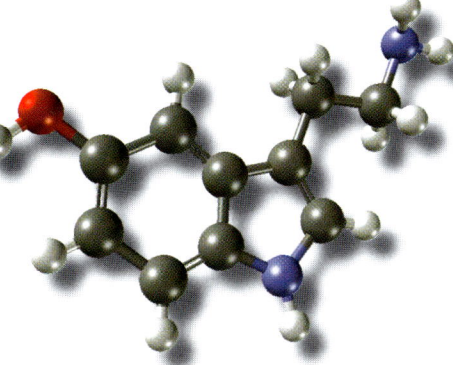

**Serotonin**, eine Verbindung, deren Grundgerüst aus einem Sechsring aus Kohlenstoff (grau) und einem Fünfring mit einem Stickstoffatom (blau) besteht, ist als Botenstoff im Gehirn für die Einstellung unserer Stimmungslage zuständig. Wenn viel Serotonin freigesetzt wird, haben wir gute Laune.

Serotonin ist der chemische Botenstoff in unserem Gehirn, der eine zentrale Rolle für Gedächtnis und Aufmerksamkeit, Appetit, Schlafrhythmus, Schmerzkontrolle und sexuelle Lust spielt. Größere Mengen von Serotonin in unserem Gehirn stellen unser Stimmungsbarometer höher und bewirken, dass wir uns besser fühlen. Auf diesem Mechanismus beruht auch die Wirkung der Substanz Fluoxetin, die als Medikament gegen Depressionen verwendet wird. Es ist der Wirkstoff der beliebten Stimmungsaufheller Prozac (USA) und Fluctin (Deutschland). Fluoxetin verhindert, dass einmal freigesetztes Serotonin von den Nervenzellen schnell wieder aufgenommen wird. Dadurch bleibt der hohe Serotoninspiegel im Gehirn über längere Zeit erhalten und damit auch die gute Laune. Die Lifestyle-Droge Prozac vermittelt dem Konsumenten das Gefühl größerer Spannkraft und Lebensfreude. Damit droht ihm allerdings die Gefahr eines „Serotonin-Syndroms", das durch zu hohe Serotoninspiegel verursacht wird. Die typischen Symptome sind Aggressivität, Zittern, Krämpfe und Störungen des Leberstoffwechsels. Prozac reduziert außerdem das sexuelle Verlangen. Das führt dazu, dass manch einer sich genötigt sieht, zusätzlich ein weiteres „Lifestyle-Medikament" einzunehmen: das potenzfördernde Viagra.

Auch die Endorphine sind körpereigene Substanzen, die unser Wohlbefinden beeinflussen. Sie werden bei starken Schmerzen ausgeschüttet, bei Überlas-

tung und bei Glückserlebnissen. Auch bei sportlichen Leistungen werden ab einer gewissen Belastungsgrenze vermehrt Endorphine gebildet. Sie sind der Grund dafür, dass manche Jogger nach ihrer täglichen Runde regelrecht süchtig werden. Im Gehirn gibt es spezielle Rezeptoren für die Endorphine. Es hat sich herausgestellt, dass dort auch harte Drogen wie Heroin oder Morphium binden können (siehe Kapitel „Hände weg von Hasch & Co!"). Deshalb haben diese Drogen ein so gefährliches Suchtpotenzial. Neuesten Erkenntnissen zufolge spielen die Endorphine auch eine Rolle beim Placebo-Effekt von Schmerzmitteln: Menschen, denen man ein unwirksames Mittel, ein Placebo, verabreicht, während man sie gleichzeitig davon überzeugt, dass es sich dabei um ein hochwirksames Schmerzmittel handelt, empfinden Schmerzen als weniger unangenehm. Der Glaube an das angeblich gute Medikament bewirkt, dass mehr Endorphine produziert werden, an ihre Rezeptoren binden und so die Schmerzempfindung drosseln.

## Botenstoffe überall

Aber nicht nur im Gehirn, sondern auch im restlichen Körper gibt es chemische Botenstoffe. Am bekanntesten ist sicher die große Gruppe der Hormone. Sie werden zum Teil ebenfalls in bestimmten Hirnregionen gebildet, aber auch in anderen Geweben wie der Schilddrüse, der Bauchspeicheldrüse, den Keimdrüsen oder der Nebennierenrinde. Mit dem Blut werden sie im ganzen Körper verteilt und können an den unterschied-

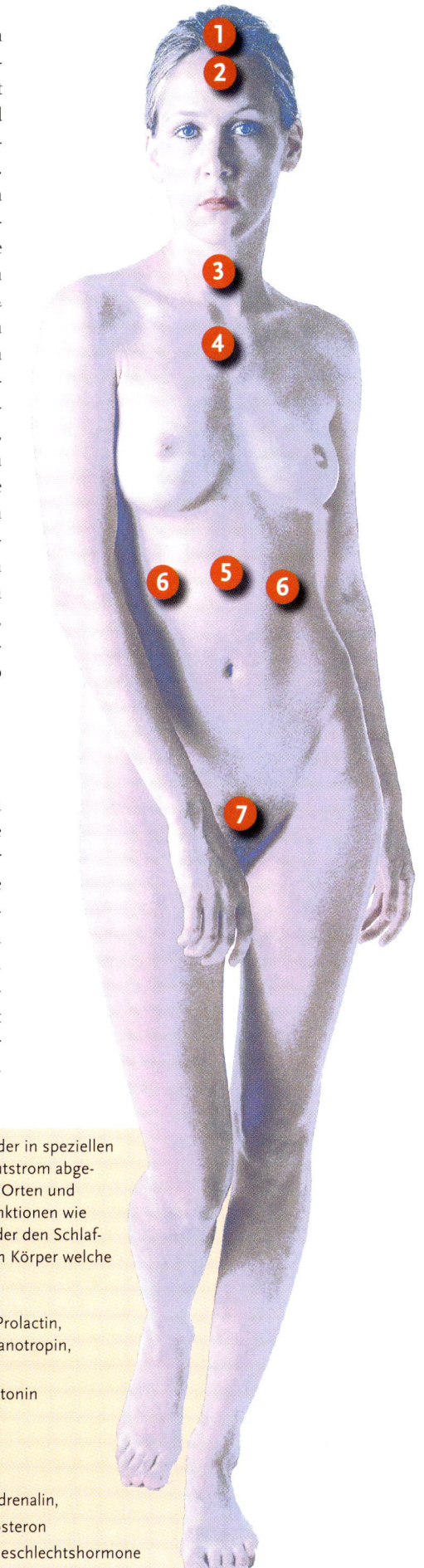

**Hormone sind Botenstoffe,** die im Gehirn oder in speziellen Drüsen im Körper produziert und in den Blutstrom abgegeben werden. Sie wirken an verschiedenen Orten und regulieren die unterschiedlichsten Körperfunktionen wie Blutdruck, Wachstum, Sexualentwicklung oder den Schlaf-Wach-Rhythmus. Die Abbildung zeigt, wo im Körper welche Hormone gebildet werden.

| | | |
|---|---|---|
| **1** | **Hypophyse** | – Somatotropin, Prolactin, Lipotropin, Melanotropin, Oxytocin |
| **2** | **Zirbeldrüse** | – Serotonin, Melatonin |
| **3** | **Schilddrüse** | – Thyroxin |
| **4** | **Thymusdrüse** | – Thymushormon |
| **5** | **Bauchspeicheldrüse** | – Insulin |
| **6** | **Nebennierenrinde** | – Adrenalin, Noradrenalin, Cortisol, Corticosteron |
| **7** | **Keimdrüsen** | – weibl./männl. Geschlechtshormone |

teilen von Sekunden Informationen übermitteln.

So vielfältig wie ihre Aufgaben im Körper sind, so unterschiedlich ist auch der chemische Aufbau von Hormonen. Sie können große Proteine, also Eiweißmoleküle sein, aber auch kleine, aus wenigen Aminosäuren zusammengesetzte Peptide. Die so genannten Steroidhormone leiten ihre Struktur vom Cholesterin ab, einem Bestandteil der Gallenflüssigkeit, dessen Grundgerüst aus drei Ringen mit je sechs Kohlenstoffatomen und einem Ring mit fünf Kohlenstoffatomen besteht. Außerdem gibt es auch Hormone, die aus der Aminosäure Tyrosin entstehen, z.B. das Schilddrüsenhormone Thyroxin oder das Nebennierenhormon Adrenalin, das in Stresssituationen ausgeschüttet wird.

Die Hormone, die im Gehirn gebildet werden, sind fast alle Peptide oder Proteine: Sie sind die grauen Eminenzen, die als übergeordnete Instanzen die Hormonproduktion in den anderen Körpergeweben steuern. Hormone beeinflussen die Sexualentwicklung, den weiblichen Zyklus und den Ablauf einer Schwangerschaft, sie regeln das Wachstum des Körpers und den Muskelaufbau. Sie senken oder erhöhen den Blutdruck, fördern die Aufnahme oder Ausscheidung von Wasser über die Nieren.

Der Hormongehalt im Blut schwankt stark. Er kann sich im Jahresrhythmus (z.B. Testosteron beim Mann), im Monatsrhythmus (z.B. Östrogen bei der Frau), im Tagesrhythmus (z.B. Cortisol) oder sogar im Stundenrhythmus (z.B. follikelstimulierendes Hormon, das eine zentrale Rolle im weiblichen Menstruationszyklus spielt und beim Mann die Bildung von Spermien positiv beeinflusst) ändern. Hormone haben eine starke Wirkung, deshalb sind sie immer nur in äußerst geringen Konzentrationen im Blut vorhanden. Enzyme bauen die Hormone rasch ab. Auf diese Weise steuert der Körper Dauer und Intensität ihrer Wirkung.

Keine echten Hormone, aber Botenstoffe mit hormonähnlicher Wirkung sind die Prostaglandine. Sie leiten ihre Struktur von einer ungesättigten Fettsäure ab, der Prostansäure. Sie kommen in fast allen Körpergeweben vor und haben dort sehr vielfältige Wirkungen. Prostaglandine spielen unter anderem eine Rolle bei Fieber, Schmerzen und Entzündungsprozessen.

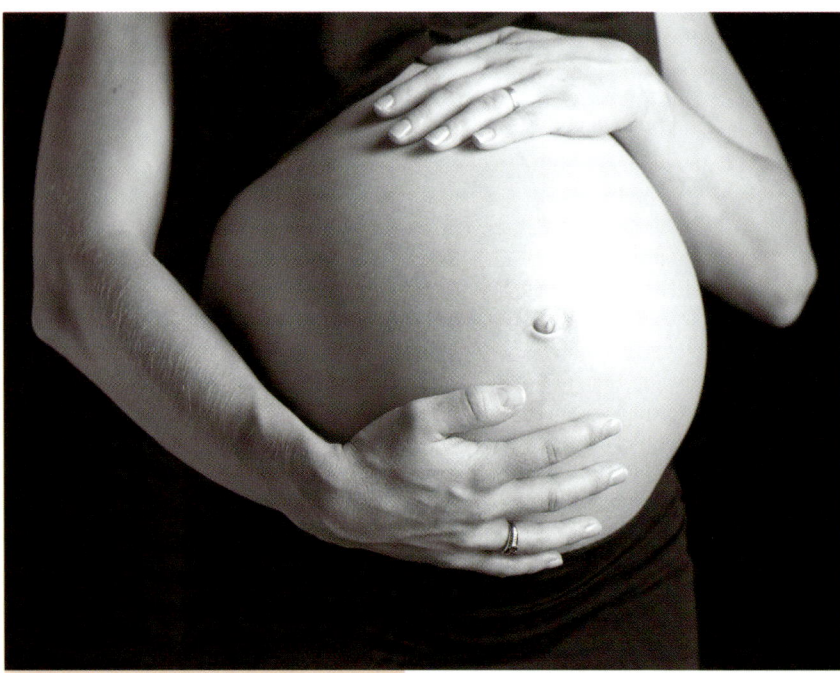

**Hormone** steuern viele Prozesse in unserem Körper, darunter den Ablauf von Schwangerschaften, den Menstruationszyklus und die Sexualentwicklung.

lichsten Stellen ihre Wirkung entfalten. Wenn sie ihr Ziel erreicht haben, binden sie dort an spezielle Hormonrezeptoren und ändern so die Aktivitäten des Zielorgans bzw. der Zielzelle. So bewirkt zum Beispiel das von der Bauchspeicheldrüse abgegebenen Insulin, dass die Muskelzellen Traubenzucker aus dem Blut aufnehmen, in das Speichermolekül Glycogen umwandeln und in dieser Form im Innern der Zelle lagern. Auf diese Weise reguliert Insulin den Blutzuckerspiegel. Die Hormone brauchen viele Minuten oder sogar Stunden, um ihre Wirkung zu entfalten, während Nerven in Bruch-

## Auch Pflanzen brauchen Hormone

Bei den Pflanzenhormonen handelt es sich um eine chemisch verschiedenartige Gruppe organischer Verbindungen, die eine Reihe grundlegender pflanzlicher Wachstumsprozesse beeinflussen. Der Ort ihrer Wirksamkeit ist ebenfalls räumlich vom Syntheseort entfernt. Wie tierische Hormone wirken auch Pflanzenhormone in kleinsten Mengen. Ihr Wirkungsspektrum ist jedoch wesentlich umfangreicher als das der tierischen Hormone, sodass an der Steuerung der meisten Entwicklungsprozesse bei Pflanzen mehrere Hormone zusammenarbeiten. Sie steuern zum Beispiel die Bildung von Wurzeln, stimulieren die Zellteilung und das Längenwachstum, hemmen den Blattfall, setzen die Blütenbildung in Gang und fördern die Fruchtreife. Ebenso überraschend wie berühmt ist Ethylen als Reifungshormon bei Pflanzen. Reifende Äpfel geben es an ihre Umgebung ab. Das kann man leicht demonstrieren, indem man unreife Tomaten oder Bananen mit ihnen in dieselbe Obstschale legt. Innerhalb kürzester Zeit werden sie reif.

## Das Stresshormon

In Situationen, in denen wir unter großer seelischer oder körperlicher Belastung stehen, wird die Ausschüttung von Adrenalin aus dem Nebennierenmark stark erhöht. Adrenalin ist zugleich Hormon und Neurotransmitter: Es wird von Gewebezellen im Nebennierenmark an den Blutstrom abgegeben, andererseits aber auch von den Zellen des vegetativen Nervensystems freigesetzt, das wir mit unserem Willen nicht beeinflussen können. Dort bindet es auch an spezielle adrenerge Rezeptoren und steigert dadurch die Pulsfrequenz, erhöht die Leistung des Herzens und den Blutdruck, fördert den Sauerstoffverbrauch und die Mobilisierung der Zuckerreserven. Der Körper wird in Alarmbereitschaft versetzt. Wenn der Stress allerdings zum Dauerzustand wird, kommt es zu zahlreichen Schäden im Körper.

## Die innere Uhr

Das Hormon Melatonin reguliert die biologische Uhr des Menschen. Es wird in Abhängigkeit von den Lichtverhältnissen in der Zirbeldrüse im Gehirn produziert, ins Blut abgegeben und informiert so den gesamten Körper über die aktuelle Tageszeit. Die Melatoninproduktion erfolgt hauptsächlich während der Dunkelheit. Tagsüber wird kaum Melatonin gebildet. Aufgrund der unterschiedlichen Lichtverhältnisse während der Jahreszeiten ergibt sich so neben der täglichen auch eine jährliche Rhythmik. Im Winter wird Melatonin über einen längeren Zeitraum produziert und ins Blut abgegeben als im Sommer. Man vermutet, dass Melatonin auch an der Entstehung der Frühjahrsmüdigkeit beteiligt ist. Die Tage werden zwar schon länger, aber die Melatoninproduktion ist noch auf Winter eingestellt, sodass wir tagsüber häufiger müde sind.

Auch über die gesamte Lebensspanne eines Menschen verändert sich der Melatoninhaushalt. Bei Säuglingen bis etwa zum 3. Lebensmonat wird kaum Melatonin gebildet, ihre Schlaf- und Wachphasen zeigen deshalb noch keinen geregelten Tag/Nachtrhythmus – sehr zum Leidwesen der jungen Eltern. Erst wenn die Melatoninmengen langsam ansteigen, entwickelt sich allmählich ein normaler Tagesrhythmus. Zwischen dem 1. und 3. Lebensjahr werden die höchsten Melatoninkonzentrationen erreicht, deshalb schlafen Kleinkinder in diesem Alter meist noch sehr viel. Ältere Menschen bilden nachts nicht mehr so viel Melatonin wie junge Menschen. Das ist wahrscheinlich einer der Gründe für ihre häufigeren Klagen über Schlafstörungen. Bei jungen Menschen beobachtet man einen etwa 12-fachen Anstieg der Melatoninwerte in der Nacht, während der Anstieg beim alten Menschen nur etwa drei mal so hoch ist wie am Tag.

Melatonin wird bei bestimmten chronischen Schlafstörungen als Schlafmittel verwendet. Auch bei Menschen, die nach langen Flugreisen unter einem Jet-Lag leiden und nicht einschlafen können, kann es helfen, die innere Uhr wieder richtig einzustellen.

Melatonin ist unsere „biologische Uhr", die unserem Körper die Tageszeit meldet. Viele nehmen das Hormon nach Übersee-Reisen ein, damit sich der Körper schneller auf die Zeitverschiebung einstellt. Hätte das der junge Chemiker doch getan...

## Der Jungbrunnen

Dehydroepiandrosteron (DHEA) ist ein Steroid-Hormon, das, ausgehend vom Cholesterin in den Nebennieren, im Gehirn und in der Haut produziert wird. DHEA ist ein „Mittlerhormon", das die Grundbausteine für andere Hormone liefert – unter anderem auch für die Produk-

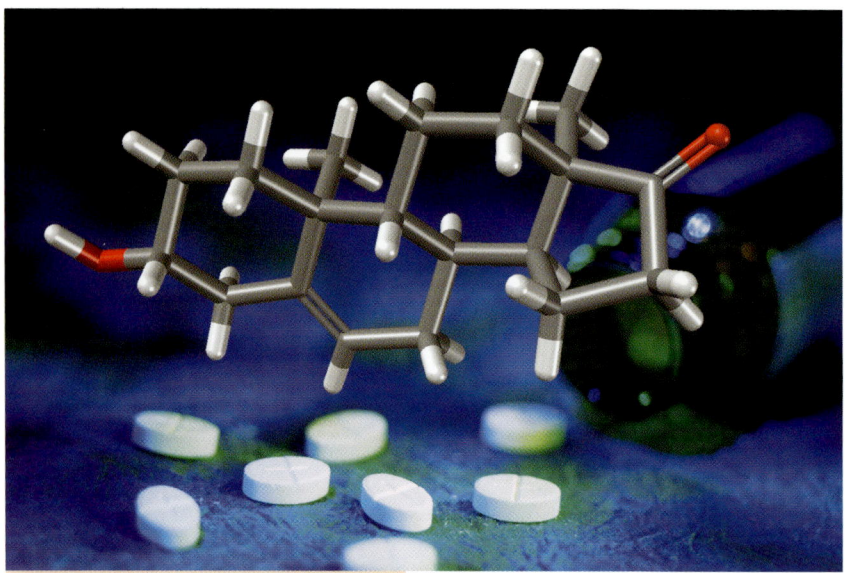

DHEA ist ein Hormon, das Grundbausteine für andere Hormone liefert, beispielsweise bei der Produktion der Geschlechtshormone. Manche schreiben ihm die Eigenschaften eines Jungbrunnens zu; das muss jedoch erst noch bewiesen werden.

nach. Einige Versuchsergebnisse deuten darauf hin, dass DHEA einen wirksamen Schutz vor Herz-Kreislaufstörungen bieten könnte, da es den Cholesterinspiegel senkt und die Gerinnungsfähigkeit des Blutes positiv beeinflusst. Weitere Untersuchungen haben außerdem ergeben, dass DHEA das Gedächtnis verbessert, das Immunsystem leistungsfähiger macht, den Abbau von Körperfett ankurbelt und die Libido steigert. Es wird deshalb von manchen Menschen als Wundermittel zum Erhalt der Jugend angesehen und zu diesem Zweck auch eingenommen.

tion von männlichem und weiblichem Geschlechtshormon. Etwa ab dem 40. Lebensjahr nimmt die DHEA-Produktion im Körper ab, was bei Frauen zur allmählichen Einstellung der Östrogenproduktion und zum Einsetzen der Wechseljahre führt. Bei Männern gilt Entsprechendes für die Testosteronproduktion. Bei verminderter Testosteronproduktion wird wiederum weniger DHEA gebildet. Diese niedrigen DHEA-Werte führen zu einem erhöhten Cholesterinspiegel mit den damit verbundenen Folgen und Risiken. Auch die Belastbarkeit bei Stress lässt mit abnehmender DHEA-Produktion

## Chemische Botenstoffe zur Abwehr von Krankheiten

Auch die Zellen unseres Immunsystems benutzen chemische Botenstoffe, um miteinander zu kommunizieren. Sie produzieren bei Bedarf Eiweißverbindungen, die Entzündungsreaktionen wie die Entstehung von Fieber in Gang setzen. Die Interferone etwa steuern die Aktivität und Funktion bestimmter Untergruppen von Immunzellen und hindern Viren an der Vermehrung. Der so genannte Tumor-Nekrose-Faktor regelt die Zerstörung entarteter Zellen und verhindert so die Entstehung von Tumoren. Um die Fresszellen des Immunsystems, die eingedrungene Krankheitserreger aufnehmen und vernichten, an einen Entzündungsherd zu locken, gibt es einen so genannten chemotaktischen Faktor, der vom entzündeten Gewebe produziert wird. Direkt an der entzündeten Stelle ist die Konzentration des chemotaktischen Faktors am größten, mit zunehmender Entfernung nimmt sie ab. Die Fresszellen in der Umgebung können dieses Konzentrationsgefälle wahrnehmen und sich in Richtung zunehmender Faktormenge auf den Entzündungsherd zu bewegen. Dort versuchen sie, die krankmachenden Eindringlinge zu bekämpfen. Bei entzündeten Wunden kann man sie sogar sehen: Eiter besteht aus großen Mengen dieser Immunzellen, die zu den weißen Blutkörperchen gehören.

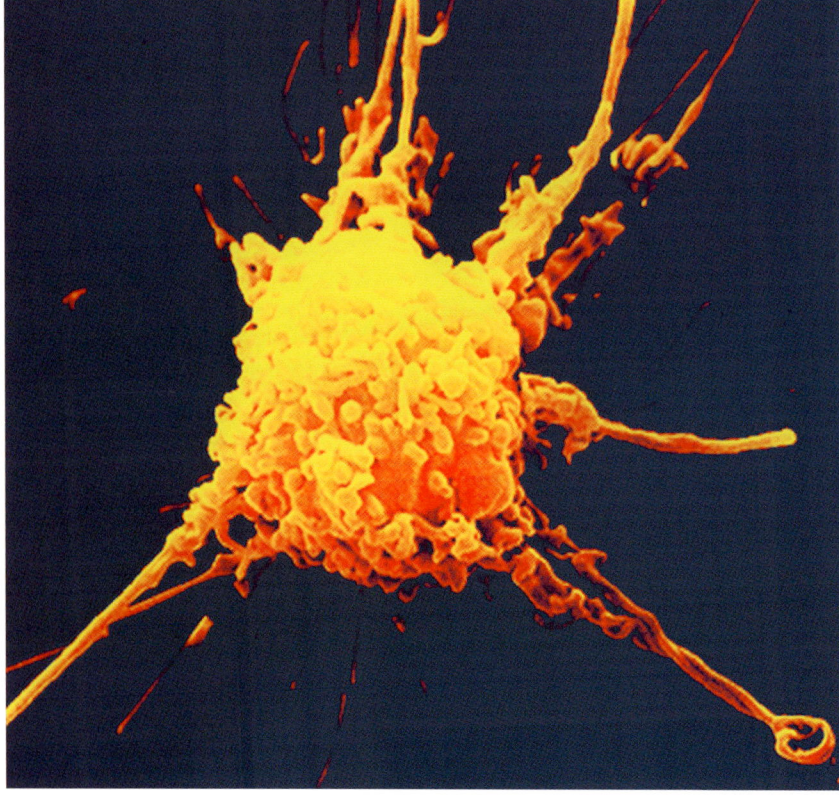

Makrophagen sind Zellen der körpereigenen Immunabwehr. Sie sind in der Lage, eingedrungene Krankheitserreger aufzunehmen, zu verdauen und so unschädlich zu machen. Deshalb werden sie auch als Fresszellen bezeichnet.

## Chemische Liebesbriefe

Auch Insekten kommunizieren mithilfe von chemischen Botenstoffen, den Phero-monen. Pheromone sind Sexuallockstoffe, das heißt Moleküle, die zwei Partner über größere Entfernungen hinweg zusammenführen. So braucht zum Beispiel ein fortpflanzungsbereites Mückenweibchen nur wenige Moleküle eines bestimmten Pheromons an die Umgebung abzugeben. Sobald diese von den Rezeptoren eines möglichen Partners in der Nähe aufgefangen werden, locken sie ihn nicht nur an, sondern stimulieren gleichzeitig seine Fortpflan-zungsbereitschaft und setzen das dafür notwendige Verhallten in Gang. Die Wirkung der Pheromone ist so durchschlagend, dass sie in der Schädlings-bekämpfung als Lockstoffe in den so genannten Pheromonfallen eingesetzt werden. Als Alternative werden viele Pheromon-Köder ausgelegt. Die Lockstof-fe aus den verschiedensten Ecken verwirren die Männchen so sehr, das sie das richtige Weibchen nicht mehr finden.

**Die Abstoßung eines neuen Organs** durch das körpereigene Abwehrsystem ist die am meisten gefürchtete Komplikation bei einer Organtransplantation. CO kann anscheinend dazu beitragen, diese Reaktion zu unterdrücken. Seine mögliche Verwendung als Medikament wird deshalb intensiv erforscht.

## Noch ein Gift als Medizin

Möglicherweise kann auch das giftige Gas Kohlen-monoxid – CO – ähnlich wie NO als Signalübertrà-ger im Körper wirken. Neuere Forschungsergebnis-se deuten darauf hin, dass CO im Herz-Kreislauf-System eine Rolle spielt. Es kann dazu beitragen, Abstoßungsreaktionen nach Organtransplantatio-nen zu unterdrücken und Schäden zu lindern, die durch eine Unterbrechung der Blutzufuhr zu einem Organ oder Gewebe entstanden sind. Der Versuch, CO als Medikament zu nutzen, ist also durchaus naheliegend. Dafür benötigt man allerdings – eben-so wie beim NO – Verbindungen, die CO erst im Körper freisetzen. Erste Ansätze dafür haben englische Wissenschaftler entwickelt. Sie stellten Carbonylkomplexe mit Metallen her. Dabei grup-pieren sich CO-Moleküle und verschiedene weitere Liganden um ein zentrales Metallatom (Ruthenium oder Eisen).

Die Ruthenium-Komplexe setzen in Gegenwart von Myoglobin, einem Protein, das am Sauerstoff-Transport in Muskeln beteiligt ist, sehr rasch CO frei. Im Tierversuch zeigten sie unter anderem eine gefäßerweiternde Wir-kung und eine deutliche Verlängerung der Lebensdauer nach Herztransplan-tationen. Bemerkenswert war auch ein spezieller Eisen-Komplex, der CO nicht auf Myoglobin überträgt, aber dennoch gefäßerweiternd wirkt. Das CO scheint hier direkt in der Zelle frei gesetzt zu werden, womit sich die Möglichkeit eröffnet, CO direkt ins Gewebe zu transportieren.

Das Auftreten von so kleinen Molekülen, wie NO und CO als örtlich begrenzt wirkende Botenstoffe war eine große Überraschung für die medizinische Forschung. Bis heute ist nicht ab-zusehen, welche Möglichkeiten sich noch daraus ergeben werden.

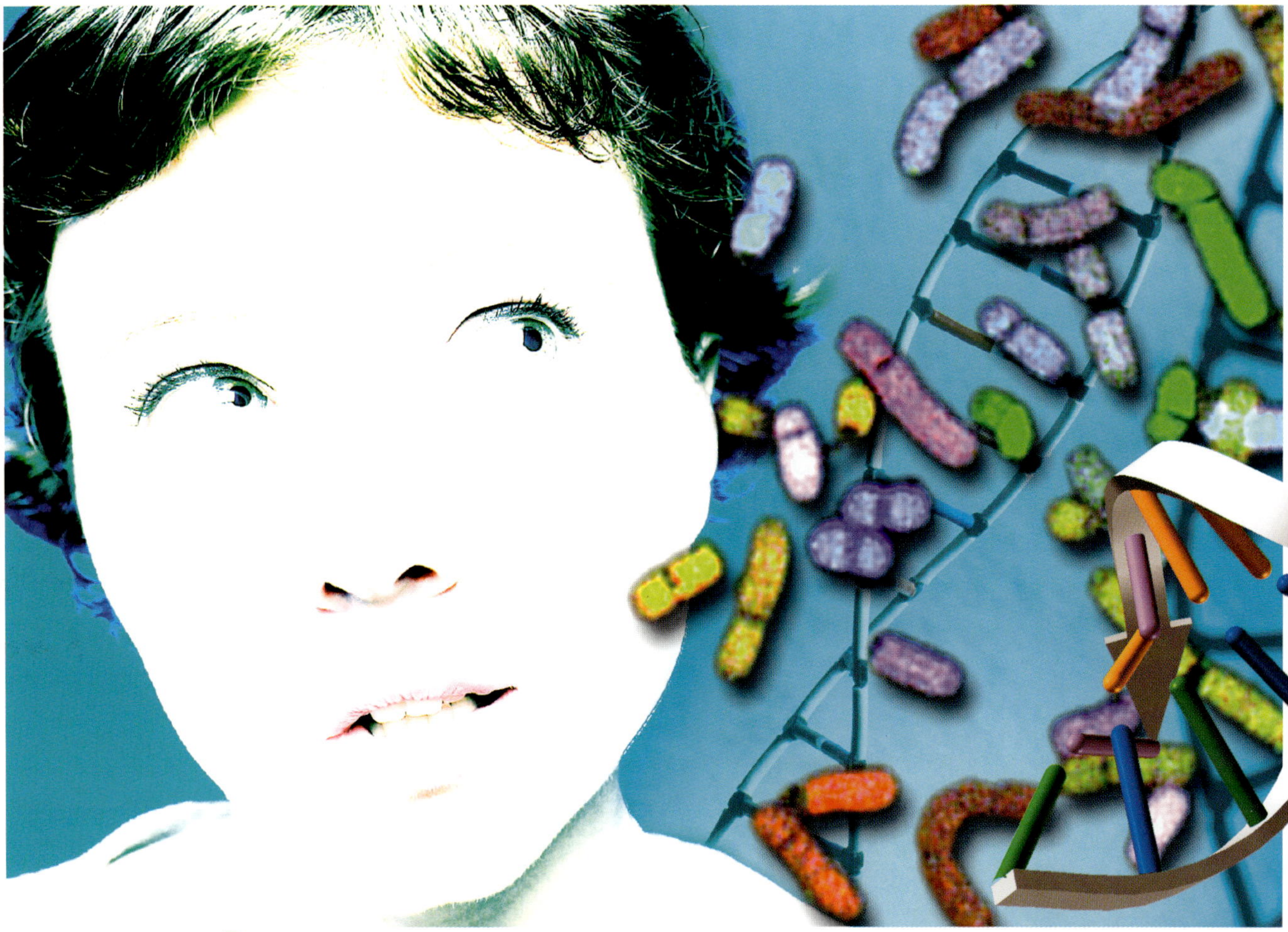

# Wir kennen unsere Gene
## – kennen wir uns damit besser?

**20:20 – Mensch sein**

*Ach, es geht doch nichts über ein tiefschürfendes Gespräch, um sich näher zu kommen. Was macht den Mensch zum Menschen? Ist es nur die Chemie unserer Gene, die uns steuert, oder gibt es noch andere Einflüsse? Über diese Fragen könnte man viele Abende lang philosophieren. Vor allem, wenn man einen so attraktiven und klugen Gesprächspartner hat. Aber ich muss besser aufpassen, vor lauter Begeisterung habe ich gerade gar nicht mehr richtig zugehört.*

Mit der vollständigen Entschlüsselung des menschlichen Erbguts hat die Wissenschaft einen bedeutenden Meilenstein erreicht. Es zeigt sich aber immer deutlicher, dass man so zwar eine Fülle von Einzelinformationen über die Biochemie des Menschen in Händen hat, das große umfassende Bild fehlt jedoch immer noch. Selbst wenn man alle chemischen Bausteine kennt, aus denen ein Organismus besteht, so ist man damit noch lange nicht in der Lage, daraus ein funktionierendes Lebewesen zusammenzusetzen. Die Realität hat die euphorischen Hoffnungen der Genomforscher eingeholt. Was haben wir in den gut 25 Jahren, seit es Gentechnik und Genomforschung gibt, wirklich gelernt, und was können wir mit diesem Wissen tatsächlich anfangen?

Wie Teile eines Puzzlespiels liegen die Rohdaten des kompletten menschlichen Genoms vor, das heißt alle menschlichen Erbanlagen und damit der vollständige Bauplan des Menschen sind bekannt. Jetzt ist es nur noch eine Frage der Zeit, bis alle „Buchstaben" dieser Bauanleitung richtig sortiert und den entsprechenden „Wörtern", den Genen, zugeordnet sein werden.

Aber je mehr Ergebnisse die Genomforschung produziert, umso deutlicher wird eine Tatsache: Die großen Hoffnungen, zur Entwicklung neuer Therapieformen oder neuer Medikamente mithilfe der Kenntnis der Gene zu kommen, haben sich noch nicht in dem Maße wie erwartet erfüllt. Die genaue Analyse der Erbsubstanz DNA (von engl. desoxyribonucleic acid) kann zwar die Suche nach neuen Zielstrukturen

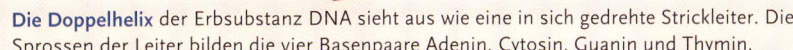

**Die Doppelhelix** der Erbsubstanz DNA sieht aus wie eine in sich gedrehte Strickleiter. Die Sprossen der Leiter bilden die vier Basenpaare Adenin, Cytosin, Guanin und Thymin.

für Medikamente beschleunigen, und in der Diagnostik ist sie zum unverzichtbaren Hilfsmittel geworden, aber entscheidende Fragen bleiben weiterhin offen: Jede einzelne Zelle enthält den vollständigen genetischen Bauplan für den ganzen Organismus, setzt aber immer nur einen Teil dieser Anweisungen um und entwickelt sich zu einer spezialisierten Körperzelle. Was unterscheidet also eine Nervenzelle von einer Muskel- oder einer Hautzelle, obwohl sie alle dasselbe Genom aufweisen? Warum entartet eine harmlose Leberzelle plötzlich und bildet einen bösartigen Tumor? Warum bricht die Funktion der Immunzellen, deren Aufgabe die Abwehr von in den Körper eingedrungenen Krankheitserregern ist, zusammen, wenn sie von bestimmten Viren wie dem AIDS-Erreger befallen werden? Was passiert in unseren Zellen, wenn wir älter werden? Diese grundlegenden Fragen lassen sich mithilfe einer Genomanalyse nicht erschöpfend beantworten. Die Information der Gene bildet das Archiv, die Sammlung aller möglichen Eigenschaften und Fähigkeiten einer Zelle. Was davon tatsächlich umgesetzt wird, das heißt, welche Gene aktiv sind und dafür sorgen, dass die ihnen entsprechenden Produkte auch gebildet werden, erfährt man erst durch eine Analyse eben dieser Produkte, der Proteine. Proteine werden auch als Eiweiße bezeichnet. Sie bewältigen die vielfältigsten Aufgaben überall im Körper: Enzyme katalysieren die unterschiedlichen Stoffwechselreaktionen. Strukturproteine wie Kollagen bilden den Hauptanteil von Haut, Blutgefäßen, Sehnen und Knorpeln. Transportproteine besorgen den Stofftransport, so das Hämoglobin, das als Sauerstoffträger im Körper dient. Antikörper helfen bei der Abwehr von Krankheitserregern, Rezeptoren vermitteln Botschaften aus

der Umgebung in das Zellinnere... – die Liste ließe sich beliebig lang fortsetzen. Aus den ca. 25.000–30.000 Genen einer menschlichen Zelle lassen sich mehr als 10 Millionen Proteine ableiten. Deshalb ist eine Analyse des Proteoms einer Zelle, d.h. der Gesamtheit aller Proteine oder Eiweißmoleküle, die diese Zelle zu einem bestimmten Zeitpunkt produziert, ein wesentlich komplizierteres Problem als eine Analyse der entsprechenden Gene. Sie liefert aber noch mehr Informationen. Im Gegensatz zum statischen Genom, das in jeder Körperzelle gleich ist, verändert sich das Proteom dynamisch: Nach einer gehaltvollen Mahlzeit verhalten sich

**Die dicke Raupe und der zarte duftige Schmetterling** – unterschiedlicher können zwei Lebewesen kaum sein – trotzdem ist ihr Genom identisch. In den Körperzellen der Tiere sind jedoch verschiedene Gene aktiv, sodass andere Proteine hergestellt werden und ihre Aktivität entfalten. Die Proteome, d.h. die Proteinausstattung, von Raupe und Schmetterling unterscheiden sich also, wie man sieht, erheblich.

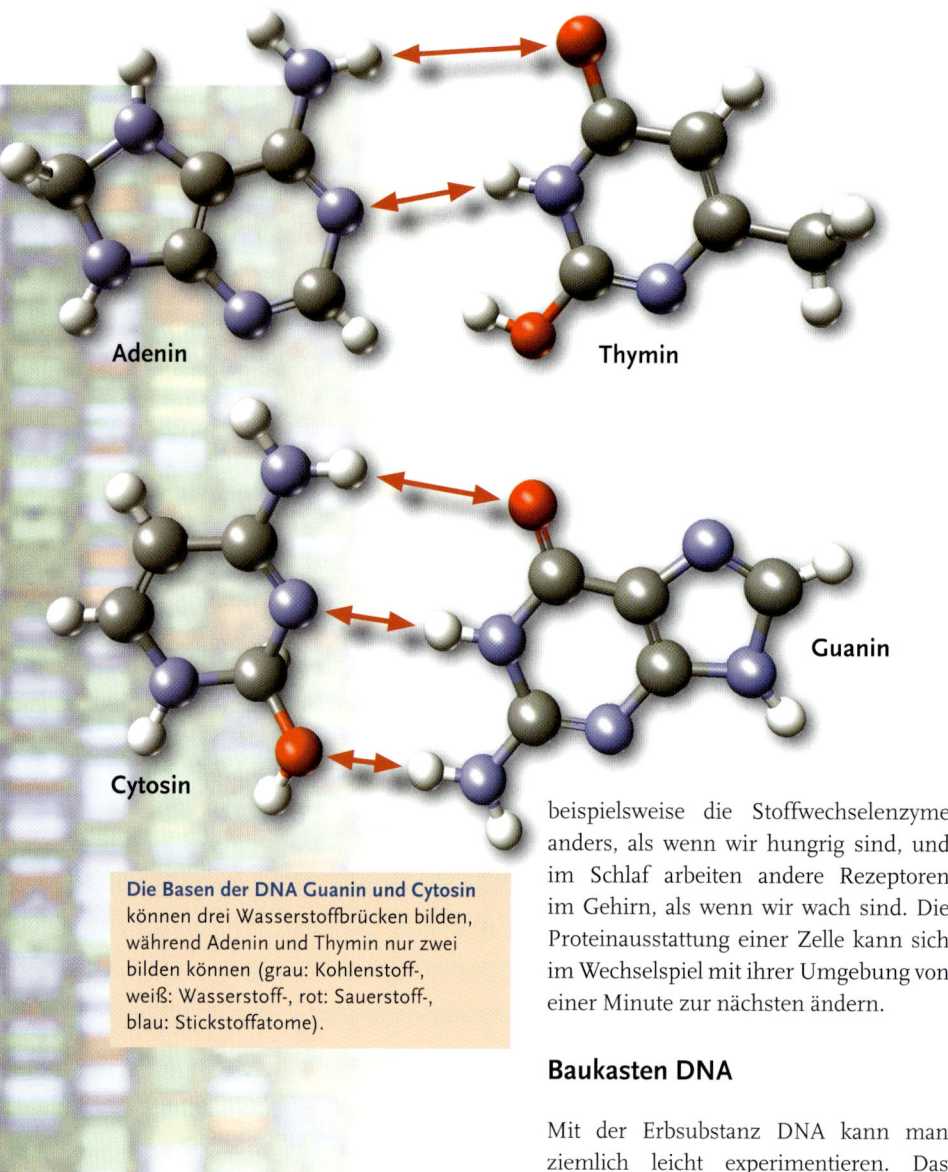

Adenin

Thymin

Cytosin

Guanin

**Die Basen der DNA Guanin und Cytosin** können drei Wasserstoffbrücken bilden, während Adenin und Thymin nur zwei bilden können (grau: Kohlenstoff-, weiß: Wasserstoff-, rot: Sauerstoff-, blau: Stickstoffatome).

beispielsweise die Stoffwechselenzyme anders, als wenn wir hungrig sind, und im Schlaf arbeiten andere Rezeptoren im Gehirn, als wenn wir wach sind. Die Proteinausstattung einer Zelle kann sich im Wechselspiel mit ihrer Umgebung von einer Minute zur nächsten ändern.

## Baukasten DNA

Mit der Erbsubstanz DNA kann man ziemlich leicht experimentieren. Das liegt an ihrem eigentlich recht simplen Konstruktionsprinzip, das lediglich vier unterschiedliche Elemente verwendet, und den darauf begründeten, besonderen chemischen Eigenschaften. Ein DNA-"Molekül" sieht aus wie eine lange, in sich gedrehte Strickleiter. Zwei Ketten, die aus

abwechselnd einem Zucker- und einem Phosphatbaustein aufgebaut sind, bilden die beiden Seile der Strickleiter, an denen die Sprossen befestigt sind. Diese bestehen aus je einem Paar der Nucleobasen Adenin (A) und Cytosin (C) bzw. Guanin (G) und Thymin (T). Jede der Basen ist mit einem der beiden Seile fest verknüpft, während sie mit der benachbarten Base eine ganz besondere chemische Bindung eingeht: die Wasserstoffbrücke. Sie entsteht dadurch, dass sich zwei Atome aus den benachbarten Basen jeweils ein Wasserstoff-Atom teilen. Es ist an eine der Basen fest gebunden, während es von der Nachbarin nur eine schwache Anziehungskraft erfährt. Aus diesem Grunde können Wasserstoffbrücken, die die Sprossen der DNA-Strickleiter zusammenhalten, relativ leicht wieder aufgebrochen werden. Im Reagenzglas reicht es, die Temperatur zu erhöhen, in der biologischen Umgebung der Zelle sind dafür bestimmte Enzyme zuständig. Der besondere Clou bei den Basen der DNA ist es, dass Guanin und Cytosin drei Wasserstoffbrücken bilden können, Adenin und Thymin jedoch nur zwei. Deshalb entstehen immer nur zwei verschiedene Paare, entweder aus A und T oder G und C.

Wenn man also die Wasserstoffbrücken in der DNA-Strickleiter zerstört, erhält man zwei Hälften, die sich zueinander verhalten wie Positiv und Negativ bei der Fotografie. Man kann aus einem einzelnen halben Strang also ganz einfach die fehlende Hälfte rekonstruieren, indem man die jeweils passende Base ergänzt. Genau das geschieht bei der Vermehrung der Zellen, der Zellteilung: Spezialisierte Enzyme winden den DNA-Doppelstrang auf und bauen die jeweils fehlende Hälfte an, sodass jede der beiden Tochterzellen ein komplettes DNA-Molekül erbt, das eine exakte Kopie der DNA aus der ursprünglichen Zelle ist. Da ein einzelnes DNA-Molekül aus mehreren Tausend solcher Basenpaare besteht, kommt es bei diesem Kopiervorgang gelegentlich zu Fehlern. Aber auch dafür hat die Natur vorgesorgt und geeignete Reparaturmechanismen erfunden. Diese arbeiten mit Enzymen, die die DNA-Strickleiter an ganz bestimmten Stellen komplett durchschneiden können, den so genannten Restriktionsenzymen, und anderen, die DNA-Bruchstücke wieder zusammenfügen oder aus Einzelbausteinen längere Abschnitte aufbauen können. Alle diese

## Ein chemischer Schalter für Pflanzen

Jeder Gärtner weiss, dass eine ausgedehnte Kälteperiode im Winter bei vielen Pflanzen für eine üppige Blüte im Frühling sorgt. Auch bei Nutzpflanzen spielt dieser Effekt eine Rolle, manche Getreidesorten müssen vor Beginn des Winters eingesät werden, da sie nur nach einer ausreichend langen Kälteperiode ordentliche Erträge liefern. Die molekularen Grundlagen für diesen als Vernalisation bezeichneten Vorgang liefert ein chemisches Wechselspiel zwischen Genen und Proteinen. Im Spätsommer und Herbst produziert die Pflanze ein spezielles Protein, das die Blüte unterdrückt. Erst wenn es im Winter für längere Zeit kalt ist, werden zwei Gene aktiv, deren Produkte das Gen für dieses Anti-Blüten-Protein außer Betrieb setzen. Sie bewirken chemische Veränderungen an den Aminosäuren eines sogenannten Histonproteins, das die DNA des Gens für das Anti-Blüten-Protein stabilisiert. Diese chemischen Veränderungen schalten das Gen für das Anti-Blüten-Protein aus, es wird kein Anti-Blüten-Protein mehr produziert, und die Pflanze kann, sobald es wieder wärmer wird, neue Blüten bilden.

# Ein Gen fürs Gedächtnis:

Ein schlechteres Gedächtnis ist zum Teil angeboren: Wissenschaftler haben herausgefunden, dass Menschen mit einer Mutation im Gen für einen bestimmten Rezeptor im Gehirn, die den Austausch einer einzigen Aminosäure bewirkt, weniger gut auf den entsprechenden Botenstoff reagieren. Die betroffenen Personen zeigten in einem Gedächtnistest eine deutlich schwächere Leistung, während sie in anderen Intelligenztests vergleichbar gut abschnitten. Trotzdem kann man das Gedächtnis auch sehr gut trainieren.

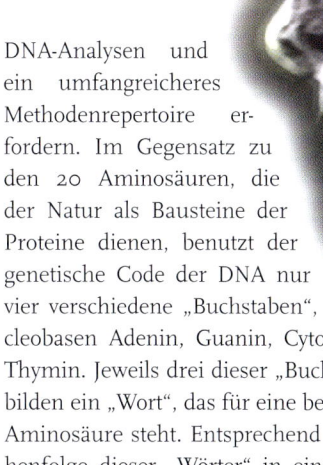

Reaktionen laufen nicht nur in der Zelle, sondern unter geeigneten Bedingungen auch im Reagenzglas ab. Die Genforscher haben damit einen Werkzeugkasten zur Hand, mit dem sie DNA-Moleküle nach Maß basteln, vervielfältigen oder in Einzelteile zerlegen und so analysieren können. Die Reihenfolge der Basen A, T, G und C in der DNA ist die universelle „Schrift", mit der unsere Erbanlagen und die aller anderen Lebewesen auf dieser Erde aufgeschrieben sind. Die Kombination von enzymatischen und chemischen Methoden lieferte schließlich die Voraussetzung zur automatischen Analyse großer Mengen an DNA-Sequenzen und ermöglichte damit die ehrgeizigen Genomsequenzierungsprojekte, die ihren Höhepunkt in der Entschlüsselung der drei Milliarden Basenpaare des menschlichen Genoms fanden.

## Proteine unter der Lupe

Die Proteinforschung hat eine wesentlich ältere Tradition als die Genomforschung. Schon Mitte des neunzehnten Jahrhunderts wurden die ersten Proteine kristallisiert und untersucht, aber erst 1953 entschlüsselten Watson und Crick in einem Geniestreich die Struktur der Erbsubstanz DNA. Trotzdem konnte die Proteinforschung lange nicht mit den spektakulären Erfolgen der DNA-Analytik Schritt halten. Das liegt daran, dass Proteinanalysen wesentlich schwieriger sind als

DNA-Analysen und ein umfangreicheres Methodenrepertoire erfordern. Im Gegensatz zu den 20 Aminosäuren, die der Natur als Bausteine der Proteine dienen, benutzt der genetische Code der DNA nur vier verschiedene „Buchstaben", die Nucleobasen Adenin, Guanin, Cytosin und Thymin. Jeweils drei dieser „Buchstaben" bilden ein „Wort", das für eine bestimmte Aminosäure steht. Entsprechend der Reihenfolge dieser „Wörter" in einem Gen können mehr als 1000 Aminosäuren zu langen Ketten aneinander gehängt werden, die sich zu dreidimensionalen Riesenmolekülen anordnen, den Proteinen. Zur Analyse eines Gens muss man also nur die vier verschiedenen Buchstaben des Gen-Alphabets lesen, bei der Proteinanalyse dagegen zwanzig verschiedene

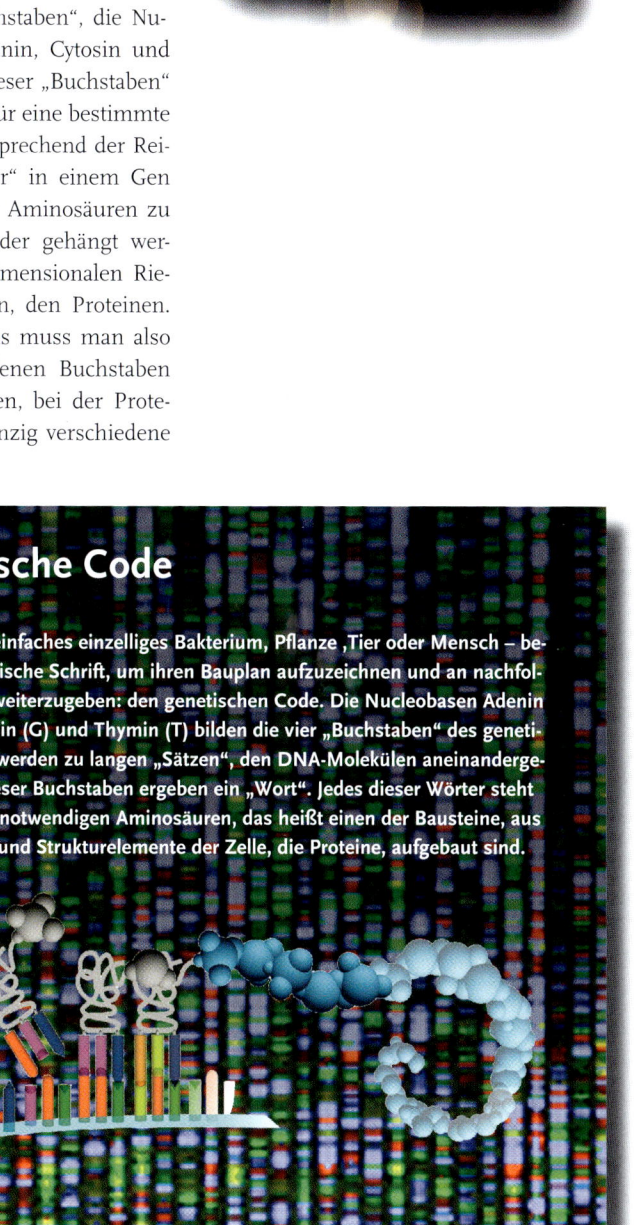

## Der genetische Code

Alle Lebewesen – ob einfaches einzelliges Bakterium, Pflanze ,Tier oder Mensch – benutzen dieselbe chemische Schrift, um ihren Bauplan aufzuzeichnen und an nachfolgende Generationen weiterzugeben: den genetischen Code. Die Nucleobasen Adenin (A), Cytosin (C), Guanin (G) und Thymin (T) bilden die vier „Buchstaben" des genetischen Alphabets. Sie werden zu langen „Sätzen", den DNA-Molekülen aneinandergehängt. Jeweils drei dieser Buchstaben ergeben ein „Wort". Jedes dieser Wörter steht für eine der 20 lebensnotwendigen Aminosäuren, das heißt einen der Bausteine, aus denen die Funktions- und Strukturelemente der Zelle, die Proteine, aufgebaut sind.

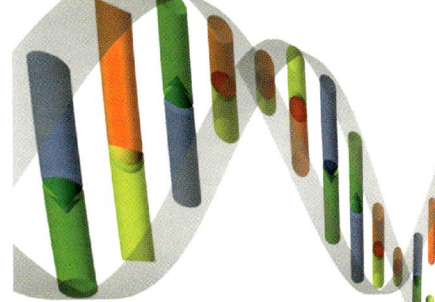

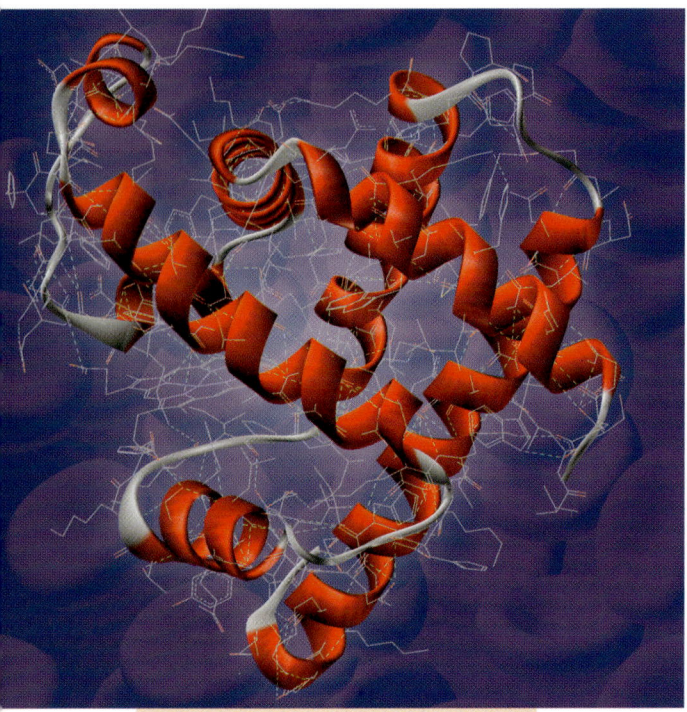

Hämoglobin ist das Transportprotein für Sauerstoff im Blut.

Sichelzellenanämie ist eine Erbkrankheit, die durch das Vertauschen einer einzigen Aminosäure im Proteinmolekül des Hämoglobins verursacht wird. Die roten Blutkörperchen nehmen dann eine sichelförmige Gestalt an.

Aminosäure-Bausteine unterscheiden können. Proteine sind darüber hinaus meist auch noch chemisch verändert. Sie können z.B. mit Zucker- oder Phosphatresten verknüpft sein, Metallionen und andere kleinere Moleküle binden oder aus mehreren Untereinheiten bestehen. Die Bestimmung der Struktur von Proteinen – sowohl die Ermittlung der Aneinanderreihung der Aminosäuren und ihrer räumlichen Anordnung als auch die Analyse der chemischen Veränderungen – gestaltet sich deshalb wesentlich schwieriger als eine Untersuchung der entsprechenden Gene. Sie liefert aber erst die wesentlichen Informationen, die für das lebendige Geschehen in einer Zelle von entscheidender Bedeutung sind.

Der Erste, der die komplette Aminosäureabfolge eines Proteins entschlüsselte, war der spätere Nobelpreisträger Frederick Sanger. Ihm gelang 1953 die Aufklärung der Struktur des Rinderinsulins, indem er das Protein durch Einwirkung von Säure spaltete, die erhaltenen Bruchstücke mit einem Farbstoff (Sangersches Reagenz) markierte und die darin enthaltenen Aminosäuren identifizierte. Pehr Edman legte den Grundstein zur Kon-

struktion einer automatischen Sequenziermaschine, indem er ein Verfahren zum schrittweisen Abbau der Aminosäurekette von einem Ende her entwickelte. Diese Methode lässt sich immerhin automatisieren, sie ist aber arbeitsintensiv und anfällig für Fehler. Mit zunehmender Anzahl an Reaktionsschritten wird sie immer unzuverlässiger, sodass meist nur die ersten ca. 20 Bausteine eines Proteins mit Sicherheit bestimmt werden können.

Kein Wunder also, dass ein großer Teil der Wissenschaftler sich im Zuge der Weiterentwicklung der DNA-Analytik bediente, es war einfacher und damit zunächst ein effizienteres Verfahren. Schließlich lässt sich mithilfe des genetischen Codes aus der DNA-Sequenz die Reihenfolge der Aminosäuren im Protein ableiten – nur die Information über chemische Veränderungen eines Proteinmoleküls ist im Genom leider nicht enthalten. Erst mit der Einführung massenspektrometrischer Methoden in die Proteinanalytik begann das Bild sich langsam zu wandeln, und die Sequenzierung von Proteinen mithilfe der Massenspektrometrie konnte sich zu einem etablierten Verfahren zur Untersuchung von Proteinen entwickeln.

Im Massenspektrometer werden – z.B. durch Einwirkung von Laserstrahlen oder eine hohe elektrische Spannung – aus einem Proteinmolekül geladene Bruchstücke erzeugt. Diese fliegen – ähnlich wie Parfümtröpfchen aus einem Zerstäuber – durch ein elektromagnetisches Feld und werden dort entsprechend ihrer Masse im Verhältnis zur Ladung abgelenkt. Dadurch entsteht eine für jedes individuelle Protein charakteristische Verteilung der Masse-/Ladungs-Verhältnisse. Das Verteilungsmuster dieser Werte erlaubt eine eindeutige Bestimmung der Masse des Moleküls. Daran lässt sich auch erkennen, ob das Protein chemisch verändert wurde und z.B. Methylgruppen, Phosphat- oder Zuckerreste gebunden hat.

Die langen kettenförmige Moleküle der Proteine ordnen sich nicht einfach zufällig im Raum an, sondern bilden ganz bestimmte, festgelegte dreidimensionale Strukturen. Diese Raumstruktur ist von entscheidender Bedeutung dafür, dass das betreffende Protein seine Aufgabe im Körper korrekt erfüllen kann. Mithilfe einer Durchleuchtung mit Röntgenstrahlen lassen sich Abbilder der räumlichen Struktur eines Proteins gewinnen – vorausgesetzt, man ist in

In der modernen Proteomanalytik werden mehrere Tausend Proteine aus einer Zelle oder einem Gewebe in einem Polyacrylamidgel zunächst anhand ihrer Ladung und dann entsprechend ihres Molekulargewichtes aufgetrennt. Diese leistungsfähige Technik wird als zweidimensionale Gelelektrophorese bezeichnet. Die Proteine werden angefärbt, die einzelnen „Spots" ausgeschnitten und im Massenspektrometer (kleines Bild) analysiert. Dies erledigt ein Roboter, damit in möglichst kurzer Zeit möglichst viele Proben analysiert werden können (Hochdurchsatzverfahren).

der Lage, das Protein zu kristallisieren. 1953 konnte Max Perutz als Erster die Struktur des Hämoglobins mit niedriger Auflösung bestimmen, 1968 folgte die hochaufgelöste Struktur. Hämoglobin ist das Transportprotein für Sauerstoff im Blut, ohne das keine Atmung möglich wäre. Es kommt in den roten Blutkörperchen vor und macht bei einem gesunden Menschen etwa ein Drittel des Trockengewichtes dieser Zellen aus. Wegen seiner auffälligen roten Farbe, seiner Häufigkeit und der Leichtigkeit, mit der man es gewinnen kann, war es schon in den Anfängen der Proteinforschung ein beliebtes „Versuchskaninchen": Bereits 1849 konnte es zum ersten Mal kristallisiert werden. Am Beispiel des Hämoglobins wurde erkannt, dass eine Mutation im Gen, die zum Austausch einer einzigen Aminosäure im Proteinmolekül führt, der Auslöser für eine Erbkrankheit sein kann. Im Falle des Hämoglobins ist das die Sichelzellenanämie.

## Gentechnisch hergestellte Medikamente

Die Erbsubstanz (DNA) eines jeden Lebewesens – ob primitiver Einzeller, Dinosaurier oder Mensch – besteht aus den gleichen vier Bausteinen. Die Reihenfolge dieser vier Buchstaben bildet den genetischen Code. Die Gene sind aber nur die Bauanleitung für die Materialien, aus denen unser Körper besteht: Die Proteine, die unsere Haare oder Fingernägel bilden, solche, die bei der Vernichtung eingedrungener Krankheitserreger helfen oder die Nahrungsaufnahme unterstützen. Verändert sich die Buchstabenreihenfolge der Gene, dann werden fehlerhafte Proteine erzeugt, die ihre Aufgaben nur unzureichend oder gar nicht mehr erfüllen können. Das kann so weit gehen, dass das betreffende Protein überhaupt nicht mehr hergestellt wird. So fehlt beispielsweise den Bluterkranken das Gen für den Faktor VIII, ein Protein, das eine wichtige Rolle bei der Blutgerinnung spielt. Die betroffenen Patienten können deshalb schon bei einer Bagatellverletzung verbluten. Vor der Einführung der Gentechnik bekamen diese Patienten Faktor VIII, der aus Blutspenden gewonnen wurde. Ein besonders tragisches Beispiel für das damit verbundene hohe Infektionsrisiko waren die HIV-Infektionen der Bluter über verseuchte Blutpräparate in den 1980er Jahren. Mit Hilfe der Gentechnik wurde es möglich, auf menschliche Blutpräparate zu verzichten und reinen Faktor VIII als eines der ersten menschlichen Proteine in Bakterien herzustellen. Das allererste gentechnisch hergestellte Produkt war menschliches Insulin zur Behandlung der Zuckerkrankheit. In-

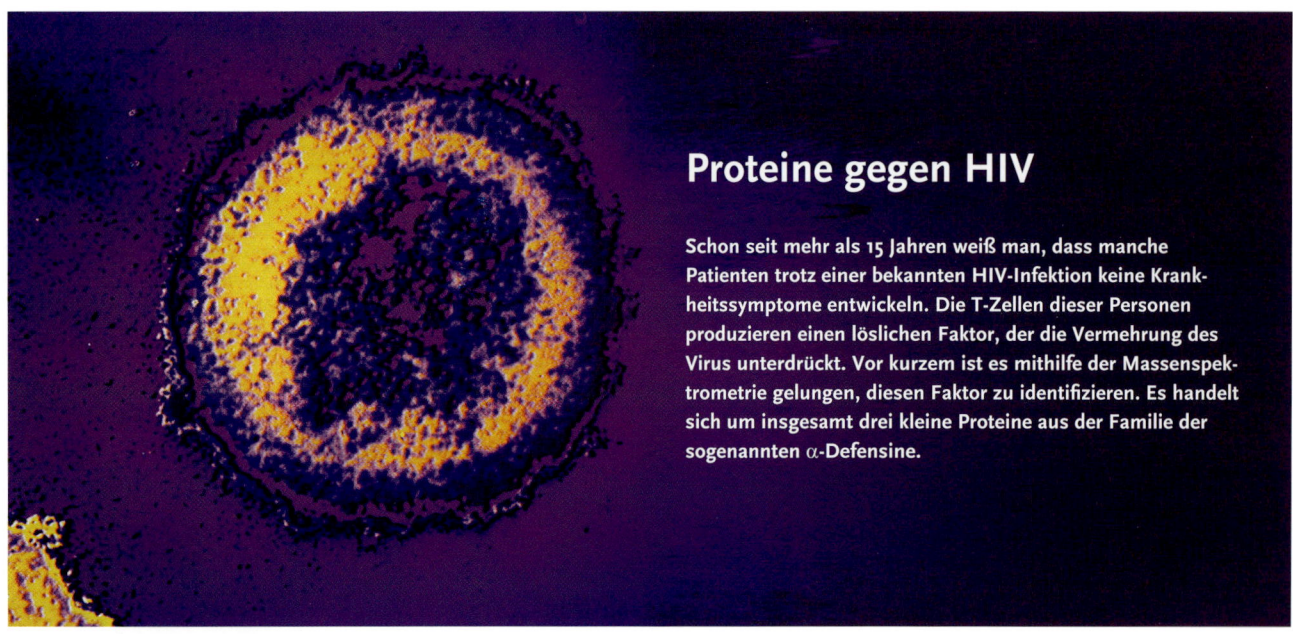

## Proteine gegen HIV

Schon seit mehr als 15 Jahren weiß man, dass manche Patienten trotz einer bekannten HIV-Infektion keine Krankheitssymptome entwickeln. Die T-Zellen dieser Personen produzieren einen löslichen Faktor, der die Vermehrung des Virus unterdrückt. Vor kurzem ist es mithilfe der Massenspektrometrie gelungen, diesen Faktor zu identifizieren. Es handelt sich um insgesamt drei kleine Proteine aus der Familie der sogenannten α-Defensine.

**Geschmacksache:** Manche Menschen schmecken das bittere Aroma der Chemikalie Phenylthiocarbamid (PTC), andere nicht – eine Tatsache, die schon seit Jahrzehnten bekannt ist. Dass diese Fähigkeit eine genetische Komponente hat, weiß man auch schon länger, es gibt ganze Familien von „Schmeckern" oder „Nicht-Schmeckern". Inzwischen wurde auch das Gen für den PTC-Geschmackssinn auf dem Chromosom 7 gefunden. Ein Austausch von Basen an drei bestimmten Stellen des Gens bewirkt solche Veränderungen in der Aminosäurezusammensetzung des zugehörigen Proteins, dass die betroffenen Personen den bitteren Geschmack entweder nur noch schwach oder gar nicht mehr wahrnehmen.

zwischen sind zahlreiche gentechnisch erzeugte Wirkstoffe bereits als Arzneimittel zugelassen, darunter Hormone für die Fruchtbarkeitsbehandlung und Interferon zur Therapie bei Krebs oder Multipler Sklerose.

## Gentherapie

Da Proteine im Magen-Darm-Trakt verdaut und dadurch unwirksam gemacht werden, verabreicht man sie in Form von Spritzen oder Infusionen. Das bedeutet für die Patienten ein Leben lang, unter Umständen sogar mehrmals täglich, Injektionen, was auf die Dauer sehr belastend ist. Deshalb wäre eine Gentherapie ein enormer Fortschritt, in deren Verlauf das Gen für das fehlende Protein in die Körperzellen des Patienten eingebaut

wird, sodass sie in der Lage wären, den lebenswichtigen Faktor selber zu produzieren. Klinische Versuche mit Gentherapien werden bereits durchgeführt – mit wechselndem Erfolg. Das größte Hindernis besteht zur Zeit noch darin, geeignete Transportvehikel – so genannte Vektoren – für das Therapie-Gen zu finden. Bisher verwendet man abgewandelte und dadurch harmlose Viren. Dennoch bestehen für manche Patienten gewisse Gefahren. Gelegentlich kommt es vor, dass die DNA des Vektors in das Genom des Patienten eingebaut wird. Dadurch können lebenswichtige Gene beschädigt werden, was dem Kranken mehr schadet als nützt. Solche Hürden müssen erst überwunden werden, bevor die Gentherapie zu einem Standardwerkzeug der modernen Medizin werden kann.

## Klonen

Das Klonen, gegen das in der Bevölkerung große Vorbehalte bestehen, ist im strengen Sinne kein biochemisches Verfahren, sondern eine biologische Methode. Es bietet eine Möglichkeit, Menschen, die anders keine Kinder bekommen können, zu einem blutsverwandten Nachkommen zu verhelfen. Beim Klonen wird einer befruchteten Spendereizelle der Zellkern entfernt und durch den Kern einer erwachsenen Körperzelle ersetzt. Nach Einsetzen der geklonten Zelle in den Uterus einer Leihmutter steuern die Gene dieser Körperzelle dann die weitere Entwicklung des Embryos. Das Schaf „Dolly", das 1997 auf diese Weise das

Licht der Welt erblickte, beweist, dass die Technik zwar funktioniert – allerdings lassen die Ergebnisse noch sehr zu wünschen übrig. „Dolly" war ein Glücksfall, einer aus mehreren hundert Versuchen, der Erfolg hatte. Auch die seitdem durchgeführten Experimente mit Kälbern, Ziegen oder Mäusen zeigen ähnliche Resultate: Die meisten der geklonten Zellen hatten so schwere Schäden, dass sie nicht lebensfähig waren. Selbst die tatsächlich ausgetragenen lebenden Tiere haben häufig gesundheitliche Probleme. Auch „Dolly" ist inzwischen im Alter von fünf Jahren an den Folgen einer ungewöhnlich früh aufgetretenen rheumatischen Arthritis gestorben. Deshalb ist auch das therapeutische Klonen, das „nur" auf die Herstellung eines bestimmten Gewebes oder Organs z.B. für eine Transplantation abzielt, technisch noch lange nicht reif für die Anwendung beim Menschen.

Selbst wenn die technischen Schwierigkeiten irgendwann behoben sein sollten, durch Klonen kann man keine „Menschen nach Maß" erzeugen, denn

Eigenschaften wie Intelligenz, Schönheit oder Charakterstärke lassen sich nicht auf ein einzelnes Gen zurückführen. Sie sind – wie die Ergebnisse des Humangenomprojektes zeigen – die Folge des komplexen Zusammenspiels vieler Gene und ihrer Produkte mit der Umwelt. Selbst wenn es möglich wäre, z.B. einen Einstein-Klon heranwachsen zu lassen, würde er sich in der heutigen Welt völlig anders entwickeln als der „richtige" Albert Einstein am Anfang des zwanzigsten Jahrhunderts. Neben der genetischen Veranlagung spielen Einflüsse aus der Umgebung eine große Rolle bei der körperlichen, geistigen und seelischen Entwicklung eines Menschen.

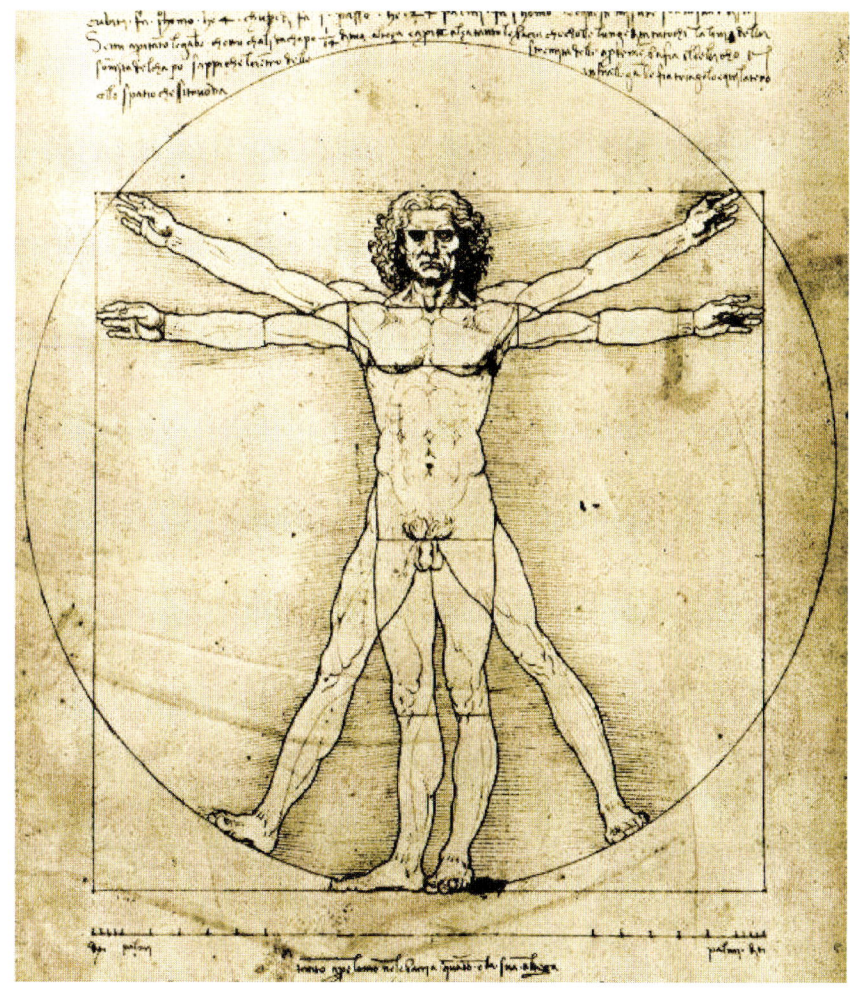

## Was macht den Mensch zum Menschen?

Schon in den siebziger Jahren des zwanzigsten Jahrhunderts stellten Wissenschaftler fest, dass der genetische Unterschied zwischen Mensch und Schimpanse nur ca. 1–2 % beträgt. Jetzt, mit der Kenntnis des kompletten menschlichen Genoms, lässt sich feststellen, welche Gene uns „menschlich" machen. Erste Schritte in diese Richtung hat ein internationales Team von Wissenschaftlern bereits unternommen. Sie erstellten eine vergleichende Karte von Schimpansen- und menschlichen Gensequenzen. Dabei entdeckten sie mehrere interessante Positionen, insbesondere zwei größere Gruppen von Genen, die ausschließlich im menschlichen Erbgut vorkommen. Eine Analyse der Funktionen dieser Gene könnte Erkenntnisse über besondere menschliche Eigenschaften liefern.

# Hände weg von Hasch & Co!

**Schaut man sich auf Deutschlands Schulhöfen um, so stellt man eines fest: Hanf ist in. Aber bedauerlicherweise nicht etwa als politisch korrekter, nachwachsender Rohstoff für Papier oder Textilien. Haschisch ist im Trend, ein Inhaltsstoff der Hanfpflanze, der wegen seiner berauschenden Wirkung geschätzt wird. Leider sind die Nebenwirkungen, die Haschisch hat, ziemlich uncool: Es beeinträchtigt das Konzentrationsvermögen, stört die Lernfähigkeit und die Persönlichkeitsentwicklung, kurz gesagt: Hasch macht dumm.**

## 20:30 – Grenzerfahrung

*Ich glaube, ich hätte doch lieber einen Tomatensaft als Aperitif trinken sollen und nicht diesen starken Cocktail. Mir steigt der Alkohol schon in den Kopf, und ich fange an, blödsinniges Zeug zu reden. Scheint ja wahr zu sein, dass Frauen weniger Alkohol vertragen als Männer. Aber ich muss aufpassen, dass ich nicht ständig anfange zu kichern. Er hält mich ja sonst noch für ein total dummes Huhn! Hoffentlich kommt bald das Essen, das macht mich wieder nüchterner.*

Die berauschende Wirkung von Haschisch, dem getrocknete Harz der Hanfpflanze, und Marihuana, einem Gemisch aus den getrockneten Blättern und Blüten, ist schon seit Jahrhunderten bekannt. Hasch macht high, aber warum? Wie alle Rauschmittel beeinflusst auch Haschisch die Kommunikation zwischen Nervenzellen. Dabei greifen sie in erster Linie an den Kontaktstellen zwischen zwei Nervenzellen, den Synapsen, an. An diesen Kontaktstellen berühren sich die Ausläufer der Nervenzellen nicht, sondern nähern sich nur bis auf einen winzigen Spalt aneinander an. In diesen synaptischen Spalt gibt die erste, aktive Zelle einen Botenstoff ab, der durch diesen Zwischenraum zur zweiten, nachgeschalteten Zelle wandert

(siehe Kapitel *„Hauptsache, die Chemie stimmt"*). Hier bindet der Botenstoff an ganz spezifische Empfängermoleküle, die so genannten Rezeptoren, und gibt auf diese Weise das empfangene Signal an die zweite Zelle weiter. Drogen greifen in diese Abläufe ein, indem sie die natürlichen Botenstoffe der Nervenzellen, die Neurotransmitter, verdrängen oder ihre Rezeptoren blockieren. Das klappt, weil sie den körpereigenen Substanzen chemisch meist sehr ähnlich sehen. Drogen bewirken also chemische Veränderungen im Gehirn und entfalten auf diese Weise ihre bewusstseinsverändernde Wirkung.

Die wirksame Substanz im Haschisch heißt Tetrahydrocannabinol (THC). Für diese Verbindung gibt es im menschlichen

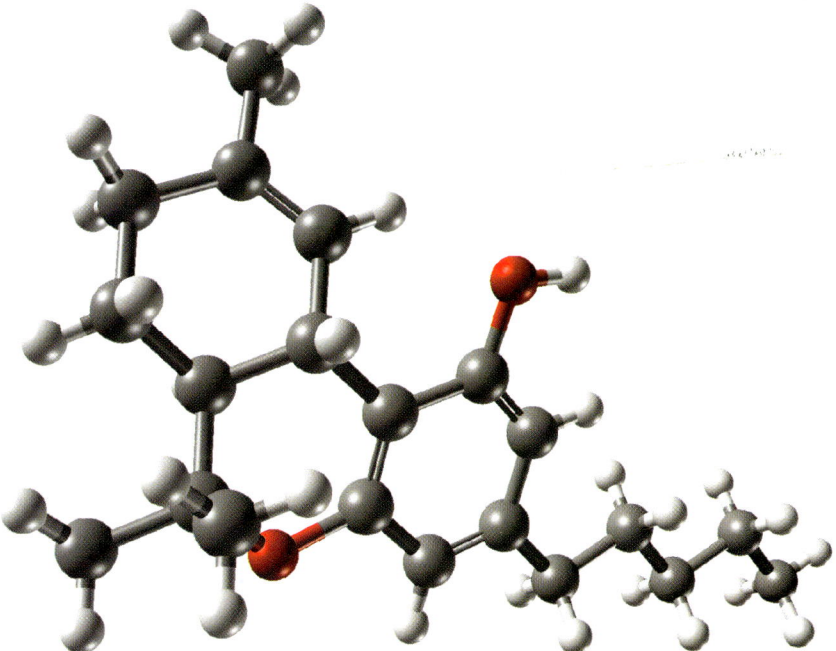

Gehirn einen speziellen körpereigenen Rezeptor. Er befindet sich in der Zellmembran der Nervenzellen, bindet THC und vermittelt so die charakteristischen psychischen Wirkungen der Substanz. Die Natur hat diesen Rezeptor natürlich nicht erfunden, damit wir uns fröhlich mit Haschisch zudröhnen können, sondern es gibt ein körpereigenes Molekül, das für seine Wirkung diesen Rezeptor braucht. Der Name der Verbindung, Anandamid, ist von dem Sanskrit-Wort „Ananda" abgeleitet, das Glückseligkeit bedeutet. Anandamid ist aus Bausteinen zusammengesetzt, die normalerweise in der Zellmembran vorkommen. Es ist chemisch mit Verbindungen verwandt, die bei entzündlichen Prozessen eine Rolle spielen. Besonders viele Rezeptoren dieser Art befinden sich im Hippocampus. Gerade diese Region im Gehirn ist besonders wichtig für Gedächtnis und Lernvorgänge.

Die Wirkung von Haschisch kann individuell sehr verschieden sein. Abhängig von der Dosis reichen die Effekte von Entspanntheit, über eine gehobene Stimmung bis hin zu starken Glücksgefühlen, Euphorie und Halluzinationen. Sinneswahrnehmungen verändern sich: Farben leuchten intensiver, Töne klingen voller, Geschmack und Gerüche können überwältigend sein. Zusammenhanglose Gedankenfetzen blitzen auf, man hält sich für besonders intelligent und geistreich. Das ist allerdings ein Trugschluss, denn das Gegenteil ist der Fall. Die Konzentrationsfähigkeit sinkt, und das Kurzzeitgedächtnis lässt nach. Schon geringe Mengen an Cannabis, ein anderer Name für das Rauschgift in der Hanfpflanze, beeinträchtigen das Leseverständnis, verhindern die Aufnahme und das Behalten neuer Sachverhalte. Die Fähigkeit zur sinnvollen Kommunikation mit anderen ist stark eingeschränkt. Daneben hat THC aber auch unmittelbare körperliche Wirkungen: Das Herz schlägt schneller, die Bronchien werden weiter und der Augeninnendruck fällt ab. Außerdem kann Cannabis Heißhungerattacken auslösen, insbesondere wenn der Rausch nachlässt. Bei regelmäßigem Konsum kommt es zu einem Gewöhnungseffekt. Ein Mensch, der gewohnheitsmäßig Haschisch raucht, braucht bis zu 500 mg THC, um die gleiche Wirkung zu erzielen, die beim nicht Gewöhnten bereits nach 5 mg eintritt. Ständiger Haschisch-Konsum hat aber noch andere unangenehme Folgen. Er

führt zu Passivität, Antriebsschwäche und Depressionen. Es kommt zu Verwirrtheit und insbesondere bei jüngeren Leuten zwischen 12 und 25 Jahren, deren Gehirn noch in der Entwicklung begriffen ist, zu seelischen Entwicklungsstörungen und Veränderungen bei der Persönlichkeitsbildung. Cannabis verursacht darüber hinaus auch körperliche Schäden, z.B. am Zentralnervensystem, die insbesondere die Koordination der Bewegungen betreffen, an der Lunge oder den Keimdrüsen. Hier ist vor allem die reduzierte Spermienproduktion bei Männern bedenklich. Bei schwangeren Frauen wird auch das ungeborene Kind im Mutterleib mit betroffen. Nach starkem Hasch-Konsum sind Entzugssymptome wie Übelkeit, Erbrechen, Schwitzen und Zittern beschrieben worden. Alles deutet

**Tetrahydrocannabinol** heißt der berauschende Inhaltsstoff der Hanfpflanze, aus der die Rauschgifte Haschisch und Marihuana gewonnen werden. Haschisch ist das getrocknete Harz der Hanfpflanze, bei Marihuana handelt es sich um die getrockneten Blätter und Blüten. Tetrahydrocannabinol ähnelt in seiner Struktur einem körpereigenen Botenstoff, für den der Körper spezielle Antennen besitzt. Diese kann das Tetrahydrocannabinol benutzen, um seine berauschende Wirkung auszuüben.

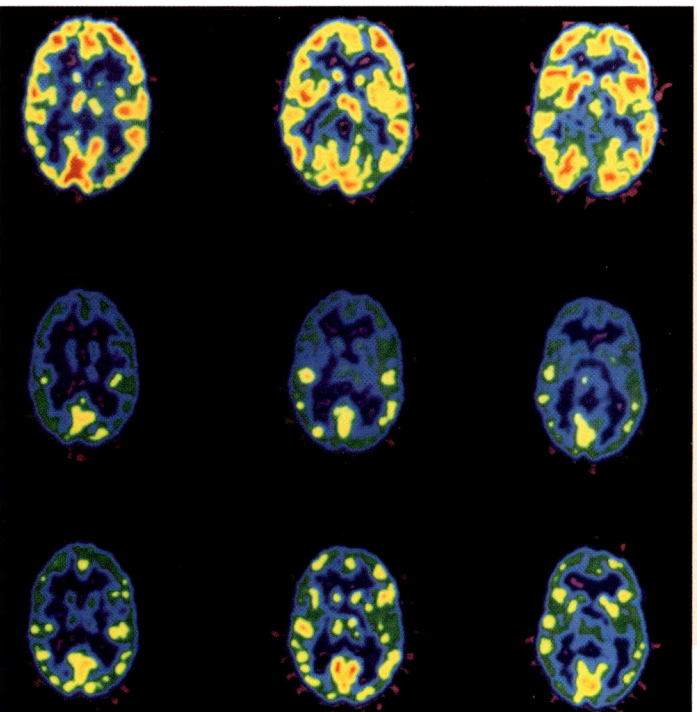

**Diese computergestützte Darstellung** zeigt, wie sich der Missbrauch von Amphetaminen im Gehirn bemerkbar macht. Dort befinden sich Rezeptoren für bestimmte chemische Botenstoffe. Die Menge dieser Rezeptoren ist im Bild mit Farben codiert: Rot bedeutet viele Rezeptoren, grün und gelb wenige. Personen, die Amphetamine konsumieren, besitzen sehr viel weniger von diesen Rezeptoren als Personen, die das nicht tun (oberste Reihe). Sie können deshalb auch weniger gut auf den dazugehörigen körpereigenen Botenstoff reagieren.

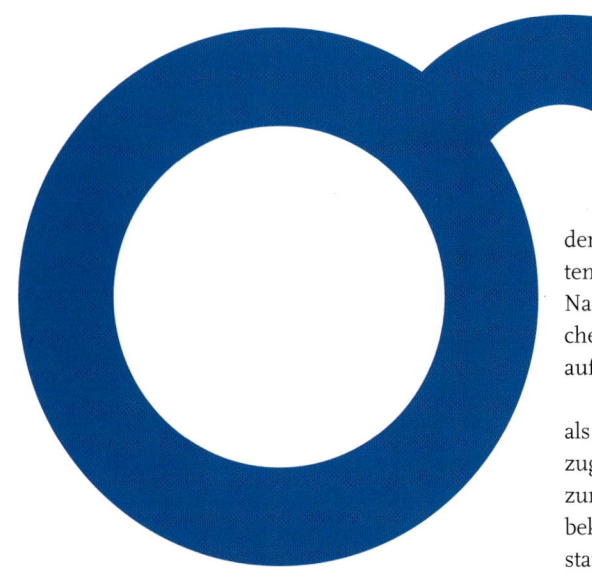

darauf hin, dass die Droge ein nicht unerhebliches Suchtpotenzial besitzt. THC wird sehr leicht ins Fettgewebe eingelagert. Bei der Freisetzung des im Fett gespeicherten THC kann daher ein so genannter Nachrausch (Flashback) auch noch Wochen nach dem letzten Drogenkonsum auftreten.

In Deutschland ist Haschisch weder als Genussmittel noch als Medikament zugelassen. Das ist in anderen Ländern, zum Beispiel in Amerika, anders. Dort bekämpft man mit THC-Tabletten die starke Übelkeit von Krebspatienten während der Chemotherapie. Auch bei AIDS-Patienten nutzt man in den USA die Appetit-fördernde Wirkung, um der oft dramatischen Abmagerung dieser Patienten entgegenzuwirken. Neuere Untersuchungen zeigen, dass auch Patienten mit multipler Sklerose von den schmerzstillenden, krampflösenden und entzündungshemmenden Wirkungen der Droge profitieren könnten. Unter anderem deshalb, aber auch, um das Problem der Beschaffungskriminalität aus der Welt zu schaffen, gibt es bei uns immer wieder Bestrebungen, Haschisch zu legalisieren. Häufig wird dazu das Argument herangezogen, dass der Genuss von Alkohol und Nicotin ja auch legal sei, obwohl beide gesundheitliche Schäden verursachen können (siehe Kapitel *„Macht Rotwein jung und Schokolade schön"* und *„Glühende Leidenschaft für qualmende Schlote")*. Insbesondere der Alkohol ist ebenfalls eine gefährliche Droge, die ein großes Suchtpotential besitzt, und die ganze Existenz eines Süchtigen vernichten kann. Viele – aber bei weitem nicht alle – erwachsenen Menschen sind trotzdem einigermaßen in der Lage, mit dem Alkohol maßvoll umzugehen. Bei Jugendlichen sieht das allerdings anders aus. Aus Selbstüberschätzung oder um andern zu imponieren, geraten sie leichter in Alkoholexzesse, die bis hin zu lebensbedrohlichen Vergiftungen führen können. Auch die berüchtigten Alcopops, die wie Limo schmecken, aber einiges an Alkohol enthalten, werden in ihrer Wirkung häufig unterschätzt. Der süße Geschmack lässt den Alkoholgehalt vergessen und birgt damit die Gefahr, dass zu viel und zu schnell getrunken wird. Wer denkt schon daran, dass Alcopops mit 5–6 % mehr Alkohol enthalten als Bier. Kinder und Jugendliche reagieren besonders empfindlich auf Alkohol. Wegen ihres geringeren Körpergewichtes steigt der Alkoholgehalt im Blut stärker an. Auch das für den Alkoholabbau zuständige Enzym kann vom Körper, der sich in der Entwicklung befindet, noch nicht in genügender Menge produziert werden. Darüber hinaus beschleunigen Zucker und Kohlensäure die Aufnahme von Alkohol ins Blut, man ist schneller betrunken.

**Maßvoller Umgang mit Alkohol** ist für viele Menschen kein Problem. Das trifft aber bei weitem nicht auf alle zu. Auch Alkohol ist eine gefährliche Droge, die ein hohes Suchtpotenzial aufweist.

Anders als beim Alkohol droht bei Cannabis noch eine weitere Gefahr: Es gilt als Einstiegsdroge für harte Drogen wie Morphin und Heroin. Auch hier sind gerade Jugendliche und junge Erwachsene besonders gefährdet, da sie nicht selten unter starkem Gruppenzwang stehen. Man geht heute davon aus, dass in der Altersgruppe zwischen 12 und 25 Jahren bereits jeder vierte deutsche Jugendliche Erfahrungen mit Marihuana oder Haschisch gemacht hat. Um gerade Kinder und Jugendliche zu schützen, ist es gerechtfertigt, wie bei den Opiaten auch, eine deutliche Unterscheidung treffen. Die Verwendung von THC als Medikament kann man zulassen, dem Missbrauch von Haschisch als Genussmittel sollte weiterhin ein Riegel vorgeschoben bleiben.

**Zeugungsunfähigkeit durch Haschisch.** – Die Droge beeinträchtigt die Fruchtbarkeit. Insbesondere Männer haben darunter zu leiden, denn die Spermienproduktion wird gedrosselt, sodass Haschkonsum bis zur Zeugungsunfähigkeit führen kann.

**Tetrahydrocannabinol** wird wegen seiner entzündungshemmenden, schmerzstillenden und krampflösenden Wirkung auch als Medikament eingesetzt. Allerdings nur im Ausland, in Deutschland ist es nicht zugelassen.

## In Morpheus Armen

Der Gebrauch von Mohn als Schlaf- und Rauschmittel reicht bis in die Anfänge unserer frühen Kulturgeschichte zurück. Schon in den über vier Jahrtausende alten Pfahlbauten an einigen Schweizer Seen fand man Kapseln und Samen des Schlafmohns. 6000 Jahre alte sumerische Keilschriften beschreiben die berauschende Wirkung des Mohns, der auch als „Pflanze der Freuden" bezeichnet wurde. Wahrscheinlich waren die alten Ägypter die ersten, die Mohn kultivierten. Von dort konnte er sich über Kleinasien, die Mittelmeerländer, Persien, Indien und China ausbreiten. Zu Plinius' Zeiten wurde in Kleinasien und Ägypten Mohn

**Blüte des Schlafmohns**

zur Opiumgewinnung angebaut. Er konstatiert um 50 n. Chr.: „Opium erregt nicht nur den Schlaf, sondern kann, in größeren Mengen genommen, selbst den Tod nach sich ziehen." Die Griechen haben Morpheus, den Gott des Schlafes und der Träume, mit einer Mohnkapsel abgebildet. Von seinem Namen leitet sich auch die Bezeichnung Morphium oder Morphin für den wichtigsten Wirkstoff des Opiums ab. Die Griechen gaben der milchigen Flüssigkeit, die aus der angeritzten Mohnkapsel austritt, ihren auch bei uns üblichen Namen Opium (von *opos*: Saft). Mit der Verbreitung des Tabakrauchens entwickelte man auch rauchbare Zubereitungen von Opium – vorher wurde es meist gegessen oder mit Säften vermischt getrunken. Beim Rauchen werden die Wirkstoffe schnell über die Lunge aufgenommen, wodurch auch die gewünschten Wirkungen rasch eintreten. Ein Raucher kann jederzeit mit dem Einatmen der Droge aufhören, wenn er die Anzeichen einer Überdosierung spürt. Der Opiumesser dagegen konnte das einmal geschluckte Opium bei einer

drohenden Vergiftung nicht so einfach wieder los werden. Im 19. Jahrhundert hatte das Opium Europa längst erobert. In Apotheken wurden kleine Portionen zum Verzehr verkauft; um 1840 gab es in Paris zahlreiche Rauchsalons.

Opium enthält eine ganze Reihe verschiedener Substanzen, darunter die Alkaloide Morphin und Narcotin. 1805 isolierte der deutsche Apotheker Friedrich Wilhelm Sertürner als Erster den Hauptwirkstoff des Opiums, das Morphin, in reiner Form. Als wenig später die Injektionsspritze erfunden wurde, musste man kein Opium mehr schlucken oder rauchen, sondern konnte den reinen Wirkstoff in Wasser gelöst direkt in die Blutbahn injizieren. Im deutsch-französischen Krieg 1870/71 verabreichte man verwundeten Soldaten zur Schmerzlinderung Morphin und machte sie damit süchtig. Als das Suchtauslösende Potenzial des Morphiums einmal erkannt war, wurde nach Alternativen gesucht. Dabei entdeckte man das Heroin, eine chemisch veränderte Form von Morphin, die sich aus Morphin und Essigsäure zusammensetzt. Man glaubte, endlich eine Substanz mit größerer schmerzhemmender Wirkung, aber ohne Suchtpotenzial gefunden zu haben. So wurde Heroin (das Schmerzmittel für die Heroen) anfänglich sogar zur Morphin-Entwöhnung eingesetzt. Weiterhin wurde es gelegentlich bei schwerem Reizhusten und auch zur Therapie der Tuberkulose verschrieben. Es stellte sich aber bald heraus, dass Heroin sogar noch stärker wirkt als Morphin. Die beiden zusätzlichen Acetylgruppen erhöhen seine Fettlöslichkeit, sodass es noch schneller vom Gehirn aufgenommen werden kann. Die Euphorie stellt sich damit praktisch sofort ein. Ansonsten wirkt Heroin genauso wie Morphin, in das es im Körper umgewandelt wird.

Die größte Gefahr liegt wohl in der unmittelbar (schon beim ersten „Schuss", der ersten Injektion) eintretenden körperlichen und seelischen Abhängigkeit. Heroin wirkt auf das Zentralnervensystem. Angst- und Schmerzgefühle werden blockiert, Sinneswahrnehmungen verblassen. Langzeitfolgen des Missbrauchs von Heroin sind Persönlichkeitsabbau,

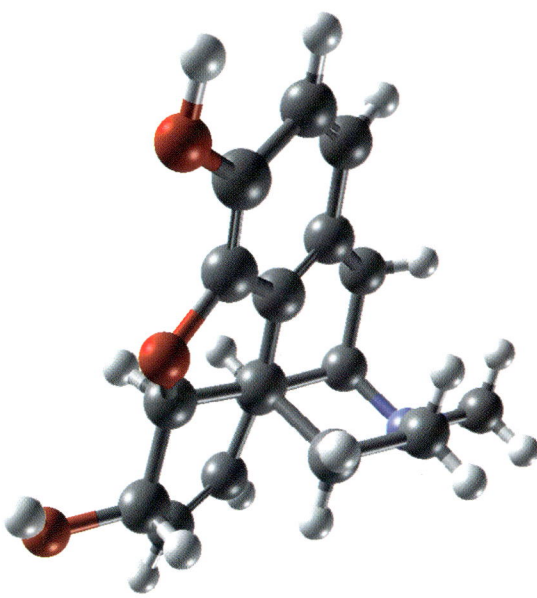

**Das Alkaloid Morphin** ist der wichtigste Wirkstoff im Opium. Es ist eines der stärksten Schmerzmittel. Wegen seiner Sucht-erzeugenden Wirkung wird es jedoch nur bei extremen Schmerzen eingesetzt, wie sie beispielsweise im Endstadium von Krebserkrankungen auftreten.

**Rohopium** ist der getrocknete Saft aus der Samenkapsel des Schlafmohns. Man gewinnt es, indem man die Kapsel einritzt, sodass die Mohnmilch herausquillt. An der Luft färbt sie sich braun und trocknet ein. Opium enthält über 20 verschiedene Alkaloide. Hauptbestandteil ist das Morphin.

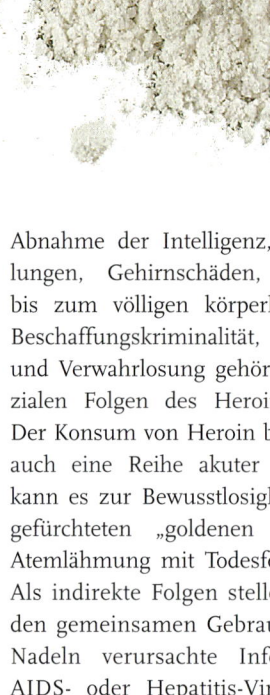

**Heroin** kommt als mehr oder weniger reine Substanz auf den schwarzen Markt. Schon ein einziger „Schuss", eine einzige Injektion von Heroin, kann die körperliche und seelische Abhängigkeit auslösen.

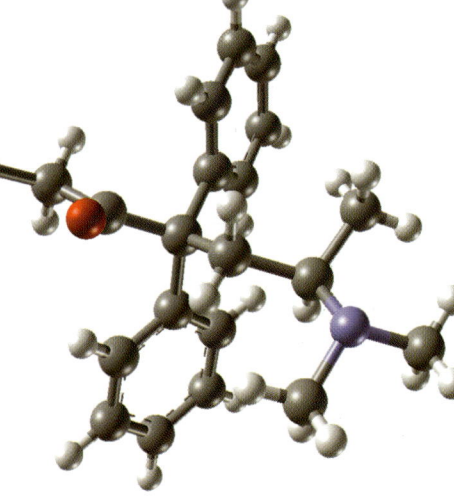

**Methadon** – Um den Entzug zu erleichtern, wird häufig Methadon als Ersatz für Heroin angeboten. Allerdings kann Methadon ebenfalls süchtig machen. Die Behandlung mit Methadon hilft jedoch beim Ausstieg aus der Beschaffungskriminalität und verbessert damit die soziale Situation des Abhängigen.

Abnahme der Intelligenz, Wahnvorstellungen, Gehirnschäden, Abmagerung bis zum völligen körperlichen Verfall. Beschaffungskriminalität, Prostitution und Verwahrlosung gehören zu den sozialen Folgen des Heroinmissbrauchs. Der Konsum von Heroin birgt allerdings auch eine Reihe akuter Gefahren. So kann es zur Bewusstlosigkeit und beim gefürchteten „goldenen Schuss" zur Atemlähmung mit Todesfolge kommen. Als indirekte Folgen stellen sich durch den gemeinsamen Gebrauch infizierter Nadeln verursachte Infektionen mit AIDS- oder Hepatitis-Viren, Lähmungen, Venenthrombosen, Hautabszesse oder Lungeninfektionen ein. Die Zusammensetzung des auf dem Schwarzmarkt illegal erhältlichen Heroins kann sehr stark schwanken. Häufig werden Zucker, Koffein oder Paracetamol, ein schmerzstillendes Medikament, beigemischt. Überdosierungen und giftige Beimengungen führen daher oft zu Todesfällen. Gegen die Drogenabhängigkeit hilft nur eine Entziehungskur, die sowohl körperlich als auch seelisch sehr belastend und sehr langwierig ist. Außerdem werden Junkies häufig rückfällig, wenn sie in ihre alte Umgebung zurückkehren. Deshalb werden Entziehungskuren oft durch Medikamente wie Methadon unterstützt. Methadon ist wie Morphin ein starkes Schmerzmittel und übertrifft dieses noch in seiner Wirksamkeit. Es kann ebenfalls süchtig machen, sodass die Heroin-Abhängigkeit oft nur gegen eine Methadon-Abhängigkeit eingetauscht wird. Allerdings kann die kontrollierte Abgabe von Methadon durch einen Arzt beim Ausstieg aus der Beschaffungskriminalität helfen, und so die soziale Situation des Drogenabhängigen stabilisieren. Dadurch steigen die Chancen, den endgültigen Ab-

sprung aus der Drogenabhängigkeit zu schaffen.

In der Medizin verwendet man Morphin zur Linderung starker Schmerzzustände, wie sie zum Beispiel im Endstadium von Krebserkrankungen auftreten. Dem Infarktpatienten nimmt Morphin nicht nur den Schmerz, sondern auch das „Vernichtungsgefühl" und die Todesangst. Bei höheren Dosen kommt es zu einem narkoseähnlichen Zustand.

Die außergewöhnliche Wirkung von Morphin beim Menschen hat einen Grund: Auf den Nervenzellen im Gehirn, im Dünndarm, aber auch in einigen anderen Organen gibt es spezielle Rezeptoren, an die Opiate andocken. Ihr eigentlicher Bindungspartner ist natürlich nicht das Morphin aus dem Schlafmohn, sondern körpereigene Substanzen mit Morphinähnlicher Wirkung, die so genannten Endorphine (von endogene Morphine). Endorphine sind Peptide, das heißt sie bestehen aus kurzen Ketten von miteinander verknüpften Aminosäuren. Sie sind Botenstoffe eines körpereigenen Systems zur Schmerzlinderung in Stress- und Gefahrensituationen.

Leider haben sich die Hoffnungen, man könne die Endorphine als natürliche Schmerzmittel einsetzen, nicht erfüllt. Zum einen können die Peptide bei intravenöser Anwendung nicht ins Gehirn gelangen, man müsste sie also direkt dort

**Endorphine** sind körpereigene Substanzen mit morphinähnlicher Wirkung. Es gibt vier Klassen von Endorphinen. Das Bild zeigt Kristalle des Alpha-Endorphins, die durch ein Mikroskop fotografiert wurden.

injizieren. Außerdem besteht bei den Endorphinen ebenfalls die Gefahr, dass sie in höheren Dosen zur Abhängigkeit führen. Diesen Effekt kann man gelegentlich bei

Sportlern beobachten: Als Reaktion auf die starke körperliche Belastung produziert der Körper so große Mengen an Endorphinen, dass die für den Abbau zuständigen körpereigenen Enzyme sie nicht mehr schnell genug abbauen können. Dadurch kommt es zu einer Überdosierung der Endorphine, d.h. der Sportler wird süchtig nach seinem täglichen Training.

## Betäubender Schnee

Das auch als Schnee oder Koks bezeichnete Kokain wirkt örtlich betäubend und wurde wegen dieser Wirkung 1884 zum ersten Mal bei einer Operation verwendet. Es hat bekanntermaßen auch eine suchterzeugende Wirkung. Deshalb wird es heute nur noch gelegentlich als Lokalanästhetikum in der Augenheilkunde angewandt. Es war die Leitsubstanz für die Entwicklung der heute noch verwendeten Lokalanästhetika Lidocain und Procain.

Kokain ist eine „alte" Droge. Schon vor über tausend Jahren kauten die Ureinwohner Südamerikas die Blätter des Coca-Strauches, um Hunger und Erschöpfung zu unterdrücken. Ein Coca-Bissen besteht aus den mit etwas gebranntem Kalk oder Pflanzenasche vermischten Coca-Blättern, deren Blattrippen zuvor entfernt wurden. Beim Kauen wird das Kokain teilweise in das nicht suchterregende Ecgonin umgewandelt, das ähnlich anregend wirkt wie Kaffee.

**Die Blätter des Coca-Strauches** kauten die Ureinwohner Südamerikas schon vor über tausend Jahren, um Hungergefühle zu unterdrücken und Müdigkeit nicht wahrzunehmen.

Kokain ist – aus welchen Gründen auch immer – zur Modedroge für die „Beautiful People" geworden, Schauspieler, Popstars, Fußballtrainer und Fernseh-

helden sind mit der Droge in Verbindung gebracht worden. Vielleicht sind diese Menschen insbesondere für einen Aspekt der Wirkung anfällig: Kokain steigert das Selbstvertrauen. Der Kokser fühlt sich stark, leistungsfähig, intelligent, energiegeladen und glaubt, dass er die ganze Welt unter Kontrolle hat. Er ermüdet nicht und verspürt keinen Hunger mehr. Der Gebrauch von Kokain führt „nur" zu einer psychischen Abhängigkeit, eine körperliche Gewöhnung tritt nicht ein, sodass es beim Absetzen der Droge auch nicht zu körperlichen Entzugserscheinungen kommt. Allerdings kann die psychische Abhängigkeit so stark werden, dass der Süchtige überhöhte Mengen an Kokain einnimmt. Dadurch kann es zu schweren Vergiftungen bis hin zum Tod durch Herz- und Atemlähmung kommen. Besonders gefährlich ist die Einnahme von „Crack", das schon bei seltenem Gebrauch zur seelischen Abhängigkeit führen kann. Kokain liegt üblicherweise als Kokain-Hydrochlorid vor. Crack ist die freie Base, die entsteht, wenn man Kokain in Wasser löst, mit Backpulver vermischt und dann erhitzt. Das wasserunlösliche Crack schwimmt auf der Oberfläche und kann abgeschöpft werden. Es wirkt wesentlich stärker, weil es schneller in das Gehirn übertreten kann. Außerdem wird Crack geraucht und nicht geschnupft, das beschleunigt ebenfalls die Wirkung, weil es über die große Oberfläche der Lunge rasch aufgenommen wird.

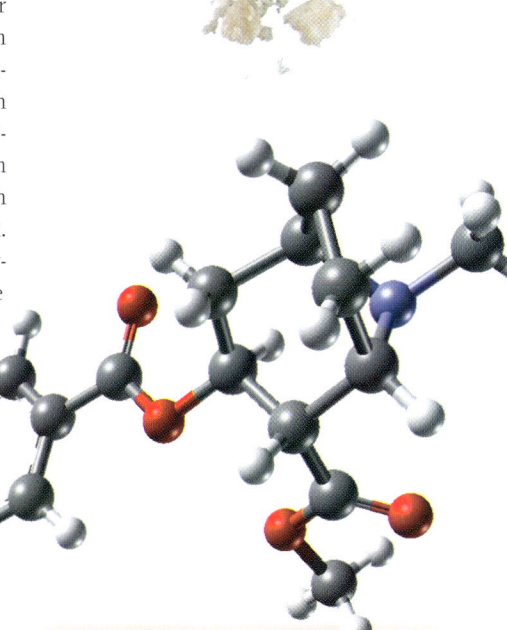

**Kokain und Crack** erzeugen zwar keine körperliche, aber eine starke seelische Abhängigkeit. Crack entsteht beim Erhitzen von Kokain mit Backpulver und Wasser und hat eine wesentlich stärkere Wirkung, weil es schneller ins Gehirn übertreten kann. Während Kokain geschnupft wird, wird Crack in speziellen Pfeifen geraucht.

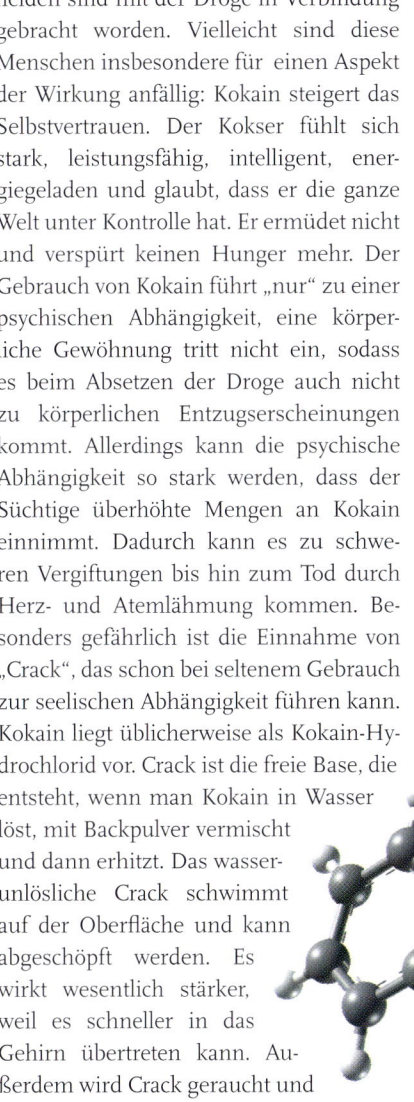

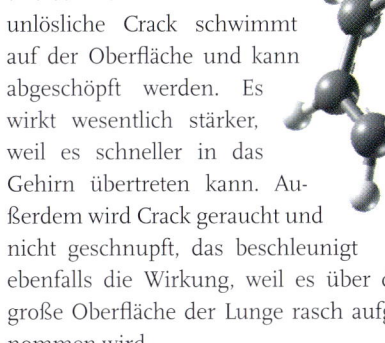

**Kokain** kommt als weißes Pulver in den Handel. Es steigert das Selbstbewusstsein, erzeugt Glücksgefühle und Halluzinationen.

## Pillen für die Party

Der Konsum von Ecstasy ist vor allem in der Party- bzw. Technoszene weit verbreitet. Der Begriff „Ecstasy" wird insbesondere für die drei Amphetamine 3,4-Methylendioxy-N-methylamphetamin – MDMA, 3,4-Methylendioxy-N-ethylamphetamin – MDEA, und 3,4-Methylendioxyamphetamin gebraucht, wobei MDMA der Hauptbestandteil ist. Ecstasy gehört zu den illegalen Drogen und wird überwiegend in Pillenform angeboten. In Ecstasy-Pillen sind in der Regel verschiedene wirksame und unwirksame Substanzen gemischt. Das Gefährliche daran ist, dass man niemals weiß, was genau in welcher Dosierung enthalten ist. Ecstasy hat zwar gewisse typische Wirkungen, aber auch die Atmosphäre der unmittelbaren Umgebung und die aktuelle Stimmung und Erwartung des Konsumenten spielen eine Rolle. Zu den als angenehm empfundenen Auswirkungen des Ecstasykonsums gehören u.a. das Empfinden von Glücks- und Liebesgefühlen, das Gefühl von Entspannung und der Nähe zu anderen Menschen und ein gesteigertes Körperempfinden, man fühlt sich wach und aktiv. Ecstasy erzeugt aber auch Wirkungen, die unangenehm bis gefährlich sein können, wie Schwindelgefühle, Übelkeit, Herzrasen, massive Angstzustände, Kreislaufkollaps, Nieren- und Leberversagen bis hin zum Tod. Darüber hinaus haben Studien ergeben, dass auch schon geringe Mengen Ecstasy eine schädigende Wirkung auf die Nervenzellen des Gehirns haben und dazu führen können, dass die Denk- und Merkfähigkeit spürbar sinkt. Wie alle Amphetamine stimuliert Ecstasy die Nervenzellen, die auf die Neurotransmitter Dopamin und Adrenalin reagieren. Die stark anregende Wirkung erschöpft die Körperreserven und löst Psychosen bis hin zur Schizophrenie aus. Ecstasy wirkt außerdem auch auf den Serotonin-Haushalt der Nervenzellen (siehe Kapitel *„Hauptsache die Chemie stimmt"*). Ecstasy bewirkt eine Ausschüttung von Serotonin an den Synapsen, die zur vollständigen Entleerung der Serotoninspeicher in den Nervenzellen führen kann. Dadurch kommt es zu einer starken Stimulation der Serotonin-Rezeptoren, die ursächlich für die angenehmen Empfindungen und Glücksgefühle ist. Das rezeptorgebundene Serotonin wird langsam von körpereigenen Enzymen abgebaut, der Rausch lässt nach. Da die Serotoninspeicher der Nervenzelle dann aber völlig entleert sind, sinkt der Serotoninspiegel unter die normalerweise vorhandenen Werte. Die Folge davon: Wieder nüchtern fühlt sich der Ecstasy-Konsument schlechter als vorher, er wird depressiv oder sogar aggressiv. Auch eine erneute Dosis Ecstasy hilft nicht weiter, denn es kann mehrere Tage dauern, bis die Serotoninspeicher wieder bis zu ihrem Normalwert gefüllt sind.

## Drogen, die verrückt machen

**LSD** erzeugt fantastische Visionen und Bilder in intensiven Farben. LSD produziert aber nicht nur angenehme Illusionen, sondern kann auch regelrechte Horrortrips auslösen, mit Angstzuständen, die bis zum Selbstmord führen können.

LSD ist die Abkürzung für Lysergsäurediethylamid, das stärkste bekannte Halluzinogen. Ein Millionstel Gramm reicht für einen „Trip", einen LDS-Rausch. Außer Halluzinationen bewirkt LSD eine Verstärkung aller Sinnesreize, insbesondere Farben und Licht wirken besonders intensiv und leuchtend. Es scheint außerdem die Filterfunktionen des Gehirns zu beeinträchtigen, so dass es zu einer unkontrollierten Reizüberflutung kommt. Auch die Qualität der Wahrnehmung ändert sich, so werden zum Beispiel Bilder als Töne empfunden oder Gerüche als Tastempfindungen beschrieben. Der Berauschte hat den Eindruck, dass er seinen Körper verlassen kann, „neben sich steht" und sich selbst beobachtet. LSD ist also eine Substanz, die einen normalen gesunden Erwachsenen in einen schizophrenen Psychopathen verwandeln kann. Deshalb wurde LSD nach seiner Entdeckung 1943 zunächst zur Erzeugung von Modellpsychosen in der psychiatrischen Forschung genutzt.

Ein LSD-Rausch dauert zwischen vier und zwölf Stunden. Gelegentlich kommt es zu einem so genannten Flash Back, bei dem Wochen oder Monate nach dem letzten LSD-Konsum die Symptome des Rausches spontan wieder auftreten. Diese Flash Backs können nach Sekunden vorbei sein, aber auch über Stunden anhalten. LSD erzeugt nicht nur angenehme Illusionen, sondern kann auch schreckliche Horrortrips auslösen, mit Panikattacken, die bis zum Selbstmord führen.

Ähnliche psychische Effekte wie LSD hat das Mescalin, ein Alkaloid aus dem mexikanischen Peyote-Kaktus. Mescalin ist eines der ältesten bekannten Halluzinogene, die mexikanischen Indianer haben es schon vor Jahrhunderten bei magischen

**Der Peyote-Kaktus** enthält das Alkaloid Mescalin. Es wird von mexikanischen Indianern seit Jahrhunderten bei religiösen Zeremonien verwendet. Mescalin soll den Priestern Offenbarungen verschaffen und ihnen den Kontakt mit der jenseitigen Welt erleichtern. Seine Wirkung gleicht der von LSD.

und religiösen Zeremonien eingesetzt. Mescalin lähmt das zentrale Nervensystem, in höheren Dosen (>400 mg) erzeugt es Blutdruckabfall, Herzrhythmusstörungen mit stark verlangsamtem Herzschlag, Atemdepression und eine Erweiterung der Blutgefäße. In hohen Konzentrationen ruft es eine fortschreitende Lähmung hervor. Die bekanntesten Wirkungen von Mescalin (in Dosen von 100–200 mg) sind jedoch die Erzeugung farbiger, visueller Halluzinationen, die Veränderung der Sinneseindrücke, des Denkens, der Urteilsfähigkeit, der Gefühle bis hin zur Bewusstseinsspaltung. Es wirkt pupillenerweiternd, auch bei hellem Licht findet keine Verengung mehr statt, weshalb die mexikanische Indianer nur nachts Peyotl zu sich nahmen. Mescalin ist schwach giftig.

# Ein bisschen Statistik zum Drogenmissbrauch in Deutschland

## Tabak:

16,7 Millionen Menschen in Deutschland rauchen (9,5 Mio. Männer und 7,2 Mio. Frauen). 7 Prozent davon sind weniger als 15 Jahre alt. Besorgniserregend ist der zunehmende Anteil an jugendlichen Rauchern und rauchenden Frauen. Ein besonders ernst zu nehmendes Problem dieser Entwicklung ist die Zunahme von Lungenkrebs, sie beträgt im Mittel 3,5 % pro Jahr. 1998 starben 9.000 Frauen an dieser hauptsächlich auf das Rauchen zurückzuführenden Erkrankung.

Bei den Jugendlichen sind ein Viertel ständige Raucherinnen und Raucher, mit etwa gleich vielen Mädchen und Jungen. Jährlich sterben in Deutschland mindestens 110 000 Menschen vorzeitig an den Folgen des Tabakkonsums

## Alkohol:

90 % aller Bundesbürger haben Erfahrungen mit Alkohol, rund ein Drittel trinkt regelmäßig, ein kleinerer Teil täglich. Insgesamt gibt es über 9 Mio. Menschen mit gravierenden Alkoholproblemen, davon 1,6 Mio. mit einer Alkoholabhängigkeit, von denen sich noch immer nur ein kleiner Teil in einer Behandlung befindet. Über 42.000 alkoholbedingte Todesfälle sind jährlich zu beklagen. Die Behandlung beginnt meist zu spät, in der Regel erst 5 bis 10 Jahre nach Beginn einer Abhängigkeit.

## Medikamente:

Arzneimittelmissbrauch ist ein weit verbreitetes gesellschaftliches Problem, das häufig zur Abhängigkeit führt. 6–8 % aller verordneten Arzneimittel haben das Potenzial, eine Abhängigkeit zu erzeugen. Die Zahl der Medikamentenabhängigen ist beachtlich: 1,5 Mio. Menschen sind davon betroffen, davon sind zwei Drittel Frauen. Insbesondere Schlaf- und Beruhigungsmittel, Lifestyledrogen (Appetitzügler, Anabolika) und Schmerzmittel werden zu sorglos eingenommen und oft missbräuchlich verwendet. Besondere Aufmerksamkeit verdient der hohe Arzneimittelkonsum von Frauen und älteren Menschen. Auch die Verschreibung von Schmerzmitteln oder Methylphenidat (Ritalin, zur Behandlung des Zappelphilipp-Syndroms) an Kinder und Jugendliche ist in den letzten Jahren stark angestiegen.

## Opiate

Es gibt in Deutschland schätzungsweise 150.000 Menschen, die von Heroin und anderen Opiaten abhängig sind. Im Jahr 2002 ist die Zahl der Todesfälle, die auf den Konsum illegaler Drogen zurückzuführen sind, auf 1513 gesunken; im Jahr 2000 wurden noch 2030 und im Jahr 2001 noch 1835 Drogentote gezählt. Das ist auch der Bereitstellung und zunehmenden Akzeptanz von Drogenkonsumräumen zu verdanken. Dort können Opiatabhängige ihr Suchtmittel unter ärztlicher Aufsicht zu sich nehmen, die Versorgung für den Notfall ist sofort einsatzbereit. Zwischen 1995 und 2001 gab es 2,1 Mio. Konsumvorgänge. Für den gleichen Zeitraum sind insgesamt 5.426 Notfälle dokumentiert, die ohne sofortige Hilfe möglicherweise tödlich verlaufen wären.

## Cannabis

Cannabis ist die illegalen Droge mit den meisten Konsumenten. Über ein Viertel aller Jugendlichen hat damit Erfahrungen. Rund zwei Millionen vor allem junge Menschen konsumieren regelmäßig Cannabis, rund zweihunderttausend sind davon abhängig.

## Partydrogen und Kokain

In der Party- und Technoszene ist die Häufigkeit von Cannabis- und Ecstasykonsum nahezu zehnmal so hoch wie in der gleichen Altersgruppe außerhalb dieser Szene. Rund eine halbe Million hauptsächlich junger Menschen konsumieren so genannte „Partydrogen", wie Ecstasy, zumeist in Mischung mit anderen illegalen Suchtmitteln wie Cannabis und Kokain, aber auch mit legalen wie Alkohol.

300.000 Menschen konsumieren regelmäßig Kokain oder Crack. In einigen größeren Städten nimmt der Crackmissbrauch zu.

Frühzeitige Aufklärung, insbesondere von Kindern und Jugendlichen, ist eine wichtige Maßnahme, um dem Drogenproblem entgegenzutreten. Angesichts der vielen tragischen Lebensläufe von Süchtigen ist ein Verharmlosen der Gefahren unverantwortlich.

Allen Warnungen zum Trotz: Rauchen ist nach wie vor schwer in Mode. Wer der Sucht nach den Alkaloiden der Tabakpflanzen adieu sagen will, kann sich durch Nicotinpflaster helfen lassen – Wegbereiter einer modernen Darreichungsform von Arzneistoffen.

# Glühende Leidenschaft

## für qualmende Schlote

Das Genussmittel belastet den menschlichen Körper mit toxischen Chemikalien wie Kohlenmonoxid, Ammoniak, Stickoxiden, Blausäure, Schwefelwasserstoff, Kohlenwasserstoffen, hochgiftigen Alkaloiden, Methanol, Phenolen, Nitrosaminen, Formaldehyd, Benzpyren, den Schwermetallen Arsen, Cadmium, Chrom und Vanadium sowie dem radioaktiven Isotop Polonium-120. Es gilt als krebserregend und Verursacher von Gefäßerkrankungen. Und so ein Produkt nehmen tatsächlich Millionen von Menschen regelmäßig freiwillig zu sich? Wieso ist ein solch giftiges Zeug überhaupt auf dem Markt zugelassen? Heute neu erfunden, würde es die Marktzulassung wohl auch gar nicht erhalten. Aber wir reden hier nicht von einem Neuprodukt, sondern von etwas, das bereits seit langem Tradition hat und gesellschaftlich akzeptiert ist: Zigarren, Zigaretten, Zigarillos und Pfeifentabak. Studien zufolge sollen etwa 70 % der Männer und 35 % der Frauen weltweit dem blauen Dunst verfallen sein.

Beim Zug an der Zigarette entstehen in der Glut Temperatur von ungefähr 900 °C. Unter den Bedingungen in der Glutzone werden die Tabak-Bestandteile pyrolysiert (thermisch zersetzt), und gasförmige Verbindungen entstehen. Etwas hinter der Glut liegt die so genannte Destillationszone. Hier treibt freigesetzter Wasserdampf aus dem Tabak weitere Verbindungen in die Gasphase, vor allem das Nicotin. Der Rauch selber ist eine Mischung aus gasförmigen Verbindungen und winzigen, fein verteilten Flüssigkeitströpfchen (ein „Aerosol"), die beim Abkühlen im hinteren Bereich der Zigarette entsteht. In kälteren Zonen schlägt sich ein Teil des Destillates nieder und wird erneut freigesetzt, wenn die Glutzone weiterwandert. Je näher sie dem Mundstück der Zigarette kommt, desto schadstoffhaltiger wird dadurch der

Rauch. In der Zeitspanne, in der der Raucher nicht an der Zigarette zieht, qualmt der Glimmstängel weiter. Dieser Rauch hat wegen der niedrigeren Temperaturen eine andere Zusammensetzung. Manche der toxischen Substanzen, etwa die krebserzeugenden Nitrosamine, sind in diesem Qualm, dem auch das nichtrauchende Gegenüber ausgesetzt ist, sogar höher konzentriert als im Inhalat des Rauchers.

## Geliebtes Gift

Was ist so schön am Rauchen, dass so viele Menschen wider besseres Wissen ihrem eigenen Körper und ihren passivrauchenden Mitmenschen ein solches Schadstoffbouquet zumuten? Ein Lungenzug befördert das Nicotin aus der Tabakware innerhalb von 8 Sekunden ins Gehirn. Kurze Zeit später hat es jeden noch so entlegenen Winkel des Körpers erreicht. Nicotin ahmt die Wirkung des wichtigen Nervenbotenstoffes Acetylcholin nach. In geringen Mengen wirkt Nicotin anregend, da es wie Acetylcholin elektrische Signale an Knotenpunkten (Synapsen) zwischen den Nerven weiterleitet. Da es aber langsamer abgebaut wird als der natürliche Botenstoff Acetylcholin, blockieren größere Mengen Nicotin die Rezeptoren der Synapsen und somit die Erregungsübertragung der Nerven,

wirken also beruhigend. Der besondere Reiz des Rauchens scheint für viele darin zu liegen, dass Nicotin gleichzeitig geistig anregend und emotional entspannend wirkt. Nicotin hebt die Laune, erhöht die Konzentrationsfähigkeit und baut Stress ab. Die erste Zigarette am Tag erhöht den Puls um bis zu 20 Schläge pro Minute. Der Blutdruck steigt, da sich die Gefäße verengen. Die Hauttemperatur sinkt, da die feinen Blutgefäße schlechter durchblutet werden. Adrenalin und Noradrenalin werden ausgeschüttet und entfalten ihre anregende Wirkung. Der Blutzuckerspiegel steigt an, wodurch Hungergefühle gedämpft werden.

Das alles mag angenehm und von Fall zu Fall auch hilfreich sein, aber langfristig oder in größerer Dosis genossen ist Nicotin alles andere als gesund: Nicotin gehört zu den Alkaloiden, ist ein Gift und kann insbesondere bei kleinen Kindern zu lebensbedrohenden Vergiftungen führen (siehe Kapitel *„Von Arsen bis Zyankali"*). Es ist die Blockierung der Reizübertragung, die bei einer Vergiftung letztendlich zu Kreislaufkollaps und Atemlähmung führen kann. Erste Anzeichen einer leichten Vergiftung sind Schwindel, Übelkeit und Erbrechen, Nebenwirkungen, die so mancher als seine ersten Erfahrungen mit den Glimmstängeln in Erinnerung haben

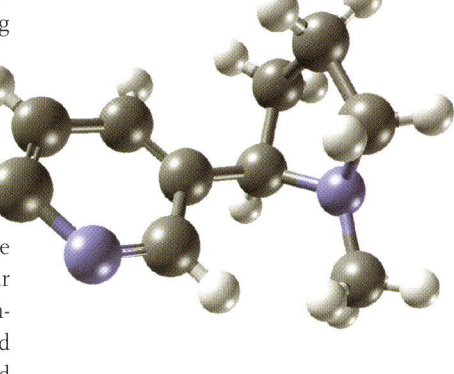

**Ein Nicotinmolekül** besteht aus einem ebenen Sechsring (linker Molekülteil) sowie einem leicht gewellten Fünfring (rechter Molekülteil). Die blauen Zentren entsprechen Stickstoffatomen, die grauen Kohlenstoffatomen und die weißen Wasserstoffatomen. Der Name Nicotin geht auf den französischen Diplomaten Jean Nicot (1530–1600) zurück, der Tabak aus Amerika nach Europa einführte.

# Was weiß man über die Wirkung von Nicotin am Gehirn?

Nach neurochemischen Untersuchungen scheint Nicotin dopaminergische Leitungen zu aktivieren, die vom ventralen Tegmentum zur Großhirnrinde und zum limbischen System* ziehen (blau dargestellt; eine Hirnhälfte ist dabei von der Mitte aus gesehen gedacht). Eine Freisetzung des Stoffes Dopamin kann mit einem angenehmen Gefühl einhergehen. Es besteht dann der Wunsch nach Wiederholung. Zusätzliche Nicotin-Wirkungen: Vermehrte Zirkulation von Noradrenalin, Adrenalin; vermehrte Freisetzung von Vasopressin, β-Endorphin, Adrenocorticotropem Hormon, Cortisol; verkürzte Reaktionszeit, gehobene Stimmung, verminderte Anspannung, verminderte Muskel-Anspannung.

*) Das limbische System ist eine Ansammlung komplizierter Strukturen in der Mitte des Gehirns, die den Hirnstamm wie ein Saum (*lat.: limbus*) umgeben. Schmerzfasern gelangen auch in das limbische System, wo die Schmerzinformation mit unbewußten oder emotionellen Inhalten vermischt wird. Wichtige Strukturen sind in dem Bild links farbig dargestellt: Der Hippocampus spielt eine zentrale Rolle bei der Bildung und Verarbeitung von Erinnerungen. Der Hypothalamus kontrolliert u.a. die Hypophyse und damit die Hormonlage des Körpers. Die Amygdala (Mandelkern) ist für die Stabilisierung der Gemütslage, für Aggression und Sozialverhalten die entscheidende Schaltstelle im Gehirn.

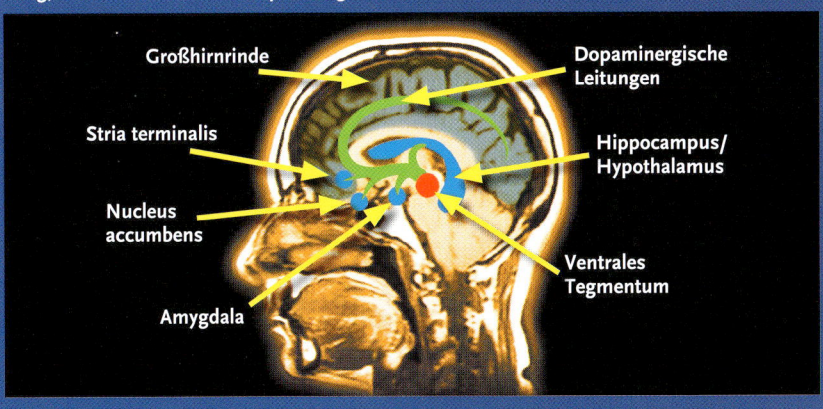

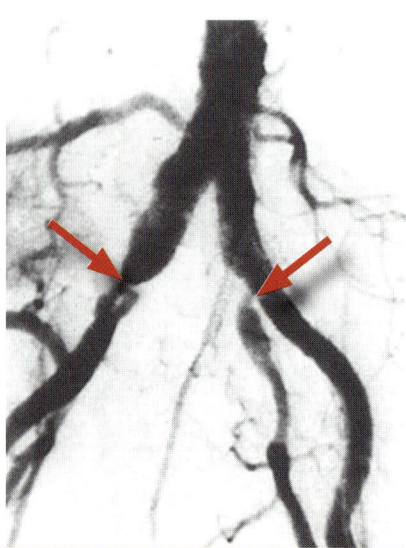

**Engpässe in den Adern**, die den Blutfluss behindern, sind deutlich an den im Bild markierten Stellen zu sehen. Die arterielle Verschlusskrankheit der Beine ist eine der häufigsten Gefäßerkrankungen; 30.000–35.000 Beine müssen jährlich in Deutschland wegen Durchblutungsstörungen amputiert werden. Männer sind deutlich häufiger betroffen als Frauen.

mag. Außerdem verändert Nicotin den Fettstoffwechsel und erhöht den Gehalt an freien Fettsäuren und Cholesterin im Blut, was langfristig das Risiko für Arteriosklerose erhöht. Starke Raucher können ein „Raucherbein" bekommen, eine schwere Durchblutungsstörung der Beine, die sogar eine Amputation zur Folge haben kann. Nicotin fördert die Entstehung von Magen- und Zwölffingerdarmgeschwüren. Besonders gefährdet sind außerdem ungeborene Babies, wenn die Mutter raucht, da das Nicotin in den Blutkreislauf den Kindes gelangt.

Aber Nicotin ist lange nicht der einzige Verantwortliche für negative Begleiterscheinungen des Rauchens. Da ist beispielsweise Kohlenmonoxid zu nennen, das bis zu 5 % des Zigarettenrauchs ausmachen kann. Starke Raucher legen bis zu 15 % ihres Hämoglobins damit lahm, das dann nicht mehr zum Sauerstofftransport zur Verfügung steht. Mattigkeit, Kurzatmigkeit und Herzklopfen sowie eine Einschränkung der Sehschärfe können die Folge sein.

Besonders schlimm wirkt sich Tabakrauch durch den enthaltenen Teer aus, der sich in den Lungen niederschlägt. Er führt zu Schleimhautveränderungen und chronischen Entzündungen von Kehlkopf, Rachen und Bronchien, ständigem Hustenreiz und Lungenemphysemen. Zudem sind im Tabakrauch Hunderte von Substanzen enthalten, die krebserzeugend oder krebsfördernd sind.

## Eine Sucht?

Nicotin verschafft dem Raucher angenehme Empfindungen, die nachlassen, wenn das Nicotin abgebaut wird. Entsprechend meldet sich das Bedürfnis nach der nächsten Zigarette, bei Gewohnheitsrauchern meist nach ein bis zwei Stunden. Der Gewöhnungseffekt kommt durch eine Vermehrung der Rezeptoren für Nicotin zustande und macht so eine immer höhere Dosis nötig, um denselben Effekt zu erzielen. Ob es sich um eine „klassische" physische Sucht oder „nur" um eine psychische Abhängigkeit handelt, war lange umstritten; eigentlich eine seltsam anmutende Diskussion. Jüngere Untersuchungen sprechen jedenfalls dafür, dass Nicotin wie andere Drogen auch im Hirn das so genannte „Belohnungssystem" anspricht, das daraufhin Dopamin ausschüttet. Die damit verbundenen angenehmen Gefühle vermisst der Süchtige beim Entzug.

## Pflaster gegen Laster

Hilfe beim Abgewöhnen versprechen Nicotinpflaster. Sie halten den Nicotin-Spiegel des Blutes konstant, das Bedürfnis nach der Zigarette sinkt. Positiver Nebeneffekt: Der durch das Nicotin veränderte Stoffwechsel kann sich langsam wieder normalisieren. Der zukünftige Nichtraucher bekommt keine Naschanfälle und keinen Zuwachs an Körpergewicht, was sonst beim Qualmentzug häufig beklagt wird. Für Schwangere ist das Pflaster natürlich nicht geeignet, da dem Körper – und damit dem Ungeborenen – ja weiter schädliches Nicotin zugeführt wird.

Im Pflaster sorgt ein ausgeklügelter Schicht-für-Schicht-Aufbau für eine kontrollierte Wirkstoffaufnahme durch die Haut. Die äußerste Abdeckschicht des Pflasters besteht aus einem Kunststoff, z.B. einem Polyester, der innen mit einem Film aus Aluminium beschichtet ist. Diese Kombischicht sorgt dafür, dass das Nicotin weder verdampft noch beim Duschen ausgewaschen wird. Darunter befindet sich das Wirkstoffreservoir. Es besteht aus einem Streifchen Kunstseide

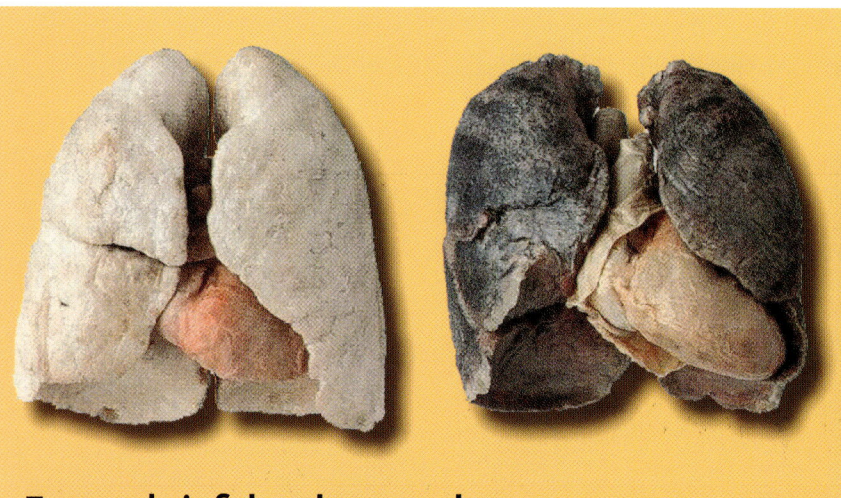

# Erstmal tief durchatmen!

**Bilder sagen mehr als tausend Worte. Das linke Bild zeigt eine Nichtraucherlunge, das rechte eine Raucherlunge. Deutlich sind die schweren Schäden, die ein langjähriger Zigaretten- oder Tabakkonsum bewirkt, zu erkennen. „Raucherlunge" ist eine umgangssprachliche Bezeichnung für eine länger bestehende Erkrankung der Atemwege, meist eine Kombination aus chronischer Bronchitis und einer Verengung der Bronchien sowie als Folge davon einer Überblähung der Lungenbläschen. Alle diese Faktoren beeinträchtigen die körperliche Leistungsfähigkeit stark und können im späteren Stadium der Krankheit – meist durch zusätzliche Infektionen – zu lebensbedrohlichen Zuständen führen.**

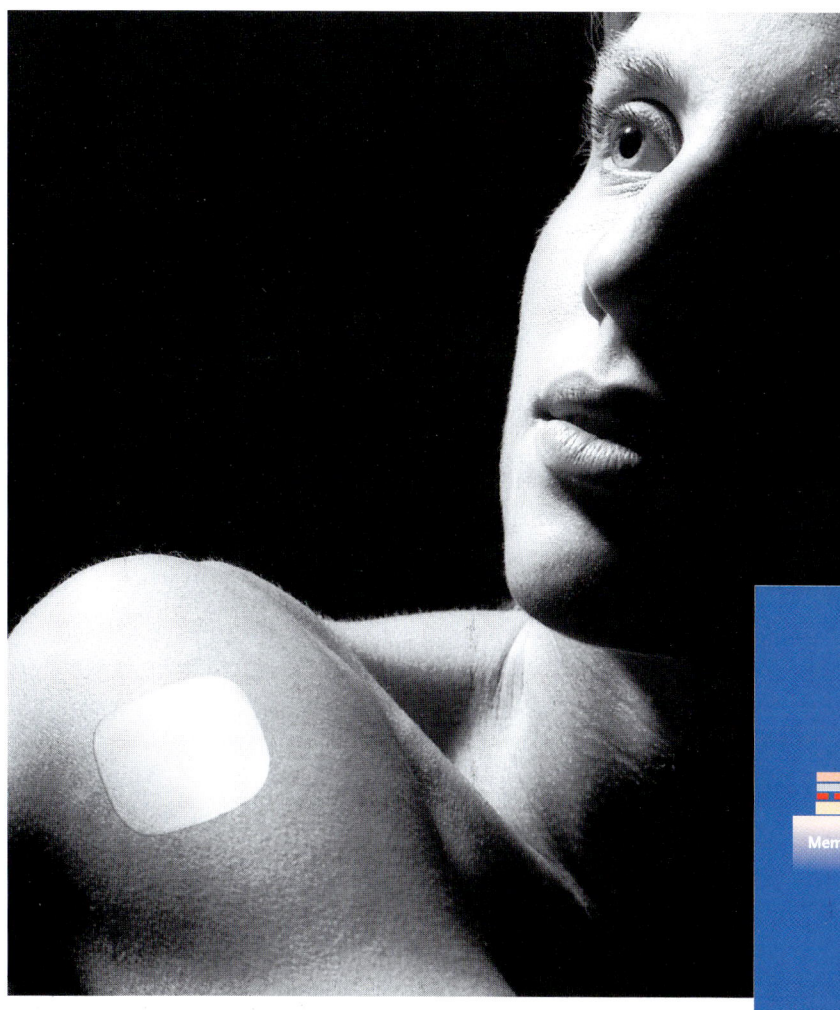

**Membrangesteuertes TTS***

Abdeckfolie

Aluminium-schicht

Wirkstoffreservoir

Membran    Hautoberfläche    Adhäsivschicht

**Matrixgesteuertes TTS***

Stützschicht

Polster

Abdeckfolie

Wirkstoffreservoir mit Polymermatrix

Adhäsivschicht    Hautoberfläche    Adhäsivschicht

**Mikroreservoirsystem**

Schaumschicht

Abdeckfolie

Polymermatrix

Adhäsivschicht    Hautoberfläche    Adhäsivschicht

*TTS: Trandermales therapeutisches System

oder Baumwolle, das mit Nicotin getränkt ist. Von der Haut ist der Wirkstoff durch eine Kunststoff-Membran getrennt, die durch einen speziellen Kunststoff-Haftkleber auf der Haut klebt. Die Membran sorgt dafür, dass der Wirkstoff nur ganz allmählich, sehr gleichmäßig und genau in der gewünschten Dosierung freigesetzt wird. Wie schnell wieviel abgegeben wird, hängt zum einen von der Wirkstoffkonzentration im Reservoir ab, zum anderen von der Membran: dem Durchmesser der winzigen Poren, der Schichtdicke und den chemischen Eigenschaften des Materials.

Auch andere pharmakologische Wirkstoffe können heute schon als Pflaster verabreicht werden, beispielsweise schmerzlindernde Medikamente in Form von Schmerzpflastern, Hormonpflaster zur Verhütung oder zur Linderung bestimmter Beschwerden während der Wechseljahre. Zu dem oben beschriebenen Aufbau des Pflasters gibt es inzwischen Alternativen, die ohne Membranen auskommen. Die Membran ist nämlich der Schwachpunkt der Membranpflaster:

Wird sie verletzt, kann Wirkstoff unkontrolliert in viel zu hoher Menge austreten. Diese Gefahr besteht bei matrixbasierten Pflastern nicht. Die einzelnen Wirkstoff-Moleküle sind hier direkt in eine Kunststoff-Matrix eingebettet. Als Material sind dafür beispielsweise spezielle Polyacrylate oder maßgeschneiderte Polymere auf Silikon- und Kautschukbasis geeignet. Noch ausgeklügelter sind die so genannten Mikroreservoirsysteme. Hier wird der Wirkstoff zunächst in mikroskopisch kleine Kapseln eingeschlossen und diese dann wiederum in eine Polymermatrix eingebettet. Von dieser Technik ist es nur noch ein kleiner Schritt zu den Liposomen, winzigen Kügelchen mit Doppelschichten aus Fettsäure-Molekülen als Hüllen; im Inneren befinden sich diverse Stoffe, die der Haut gut tun. Kein Wunder, dass die Liposomen in der Kosmetik eine steile Karriere gemacht haben.

**Nicotinpflaster** sind seit mehreren Jahren erhältlich, in vielen Ländern auch rezeptfrei. Im Gegensatz zu den rund 800.000 Zigarettenautomaten an öffentlichen Plätzen sind Nicotinpflaster, -kaugummis und -sprays nur in Apotheken zu kaufen. Diese Produkte sollen Rauchern helfen, sich von ihrer Sucht zu befreien. Wichtig dabei ist die exakte Dosierung und Zuführung des Nicotins, die bei vielen Pflastern über eine durchlässige Membran gewährleistet wird.

# Immer kleiner, immer schneller, immer weniger

**Ob es darum geht, die Konzentration bestimmter Substanzen im Blut zu bestimmen, die Anwesenheit von Krankheitserregern im Körper nachzuweisen, krankes Gewebe von gesundem zu unterscheiden oder eine hochspezialisierte Gendiagnostik durchzuführen, stets ist Chemie mit im Spiel. Moderne Methoden machen die Diagnostik immer effizienter. Das heißt, die Probenmengen dürfen immer kleiner sein, die Analysen werden immer schneller durchgeführt und können immer geringere Substanzmengen nachweisen.**

**Der Arzt um 1479** musste sich bei der Suche nach einer Krankheitsursache noch auf seine sieben Sinne, insbesondere den Geschmacks- und den Geruchssinn verlassen. Heutzutage stehen den Medizinern ganz andere Werkzeuge zur Verfügung.

Die Zeiten, als die Ärzte eine Urinprobe noch anhand ihrer Farbe, ihres Geruches und vor allem ihres Geschmacks beurteilten, sind zum Glück vorbei. Heute gibt es sowohl für Routineuntersuchungen als auch für die Diagnostik von Spezialfällen standardisierte Verfahren. Deren Ergebnisse liefern exakte Werte, die in den klinischen Labors überall auf der Welt vergleichbar sind. Mithilfe einer Blutprobe und/oder einer Urinprobe und den richtigen chemischen Hilfsmitteln lassen sich innerhalb kürzester Zeit wertvolle Informationen zur

Diagnose, über den Krankheitsverlauf sowie den Erfolg einer möglicherweise eingeleiteten Therapie gewinnen.

Eine Funktion des Blutes besteht darin, die Atemgase Sauerstoff und Kohlendioxid, Nährstoffe wie Zucker und Fette, Stoffwechselprodukte und körpereigene Wirkstoffe zu transportieren. Bestimmte Blutzellen und lösliche Abwehrfaktoren sind für den Widerstand gegen eingedrungene Krankheitserreger und Fremdsubstanzen verantwortlich. Ein Netzwerk aus spezialisierten Proteinen sorgt für die Blutgerinnung, um kleine Gefäßschäden wieder zu reparieren und so Blutverluste zu verhindern.

Zu den zellulären Elementen im Blut gehören die roten Blutkörperchen (sie transportieren Sauerstoff und Kohlendioxid), die weißen Blutkörperchen (das sind die verschiedenen Zellen der Immunabwehr) und die Blutplättchen (sie aktivieren die Blutgerinnung). Die Blutflüssigkeit, das Plasma, enthält Lipide wie Triglyceride, Cholesterin, Phospholipide, freie Fettsäuren (Blutfette), Glucose (Blutzucker), stickstoffhaltige Stoffwechselendprodukte wie Harnstoff, Kreatinin, Harnsäure und freie Aminosäuren sowie anorganische Bestandteile. Dies sind überwiegend die Natriumsalze von Chlorid (Kochsalz), Hydrogencarbonat oder Phosphat. In ge-

### 21:50 – Ein Glas zuviel?

*Das Essen war köstlich, aber jetzt haben wir doch beide den Wunsch nach mehr Zweisamkeit. Ich freue mich schon auf ein letztes Glas Wein bei mir zu Hause und ein bisschen Kuscheln auf dem Sofa …oder mehr… Er ist ein angenehmer Fahrer, er fährt ganz ruhig und ohne Hektik. Ganz anders als so viele Männer, die auf eine niedrigere Entwicklungsstufe zurückfallen, sobald sie am Steuer eines Autos sitzen. Was sind denn das für Lichter da vorne? Eine Polizeikontrolle, die Alkoholtests durchführt? Nach dem Cocktail, den ich vor dem Essen getrunken habe, und dem schweren Rotwein zum Hauptgericht würde ich für mich die Hand nicht ins Feuer legen. Aber mein Begleiter ist konsequent beim Wasser geblieben und kann der Alkoholkontrolle gelassen ins Auge sehen.*

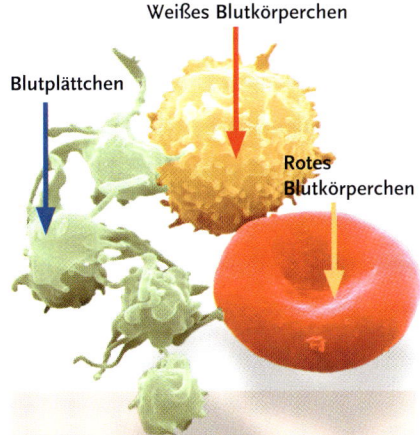

Weißes Blutkörperchen

Blutplättchen

Rotes Blutkörperchen

**Blut** ist ein ganz besonderer Saft. In der Blutflüssigkeit, dem Plasma, befinden sich außer einem Gemisch von Proteinen, Fetten, Zuckern, stickstoffhaltigen Stoffwechselprodukten und verschiedenen Salzen auch zelluläre Bestandteile: Die roten Blutkörperchen, die den Transport von Sauerstoff und Kohlendioxid besorgen, die weißen Blutkörperchen, die für die Abwehr von Krankheitserregern zuständig sind, sowie die Blutplättchen, die bei der Blutgerinnung eine Rolle spielen.

ringeren Mengen kommen auch Kalium-, Calcium- und Magnesiumsalze vor. Darüber hinaus ist im Blutplasma ein komplexes Gemisch aus vielen verschiedenen Proteinen enthalten.

Vor einer Analyse des Blutplasmas entfernt man in den meisten Fällen das Schlüsselprotein der Blutgerinnung, das Fibrinogen, damit die Untersuchungen nicht durch Gerinnungsprozesse gestört werden. Blutplasma ohne Fibrinogen heißt Blutserum.

## Proteine unter Strom

Mithilfe eines analytischen Verfahrens, das als Elektrophorese bezeichnet wird,

lassen sich die Plasmaproteine aus dem Blutserum auftrennen. Es zeigen sich fünf Hauptgruppen: die Albumine und die Immunglobuline der Klassen $\alpha_1$, $\alpha_2$, $\beta$ und $\gamma$. Die Immunglobuline werden auch als Antikörper bezeichnet, sie sind wichtige Helfer bei der Abwehr eingedrungener Krankheitserreger. Für die Elektrophorese trägt man eine Serumprobe auf einen Streifen aus Papier oder einem gelartigen Kunststoff (Polyacrylamid) auf. Dieser wird mit einer Salzlösung getränkt, die z.B. Hydrogencarbonat oder Phosphat enthält, und über eine Brücke waagerecht so aufgespannt, dass die beiden Enden in je ein Gefäß eintauchen, in dem sich die gleiche Salzlösung befindet. In jedem Gefäß ist eine Elektrode angebracht, an die nun eine Spannung zwischen 100 und 400 Volt angelegt wird. Proteine sind wegen der in wässriger Lösung unterschiedlich geladenen Seitenketten der Aminosäuren, aus denen sie bestehen, ebenfalls geladen. Unter dem Einfluss einer elektrischen Spannung wandern sie, entsprechend dieser elektrischen Ladung mit unterschiedlicher Geschwindigkeit auf die Elektroden zu. Nach einer Weile wird der Strom ausgeschaltet und damit die Elektrophorese gestoppt. Wenn man nun die Proteine mit einem geeigneten Farbstoff anfärbt, dann sieht man ein ganz charakteristisches Verteilungsmuster und kann die Proteinmengen in den einzelnen Gruppen genau bestimmen. Dadurch erhält man bereits wichtige Informationen über eine mögliche Krankheitsursache.

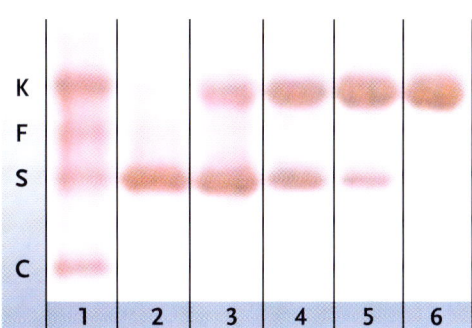

**Krankheitsbilder** –
Die obenstehende Abbildung macht deutlich, wie sich verschiedene Krankheitsbilder mithilfe einer Elektrophorese unterscheiden lassen. Sie zeigt einen Elektrophoreseträger, in dem die Proteine nach der Elektrophorese mit einem roten Farbstoff angefärbt wurden. Die roten Streifen (Banden) zeigen, an welchen Stellen sich bestimmte Proteine angesammelt haben. Es wurden Blutproben von verschiedenen Patienten untersucht, die an unterschiedlichen Formen einer Thalassämie leiden, einer Störung der Bildung des roten Blutfarbstoffes Hämoglobin. Sie besitzen kein normales Hämoglobin, sondern ein krankhaft verändertes. Hämoglobin ist das Protein in unserem Körper, das für den Transport von Sauerstoff aus der Lunge in die jeweiligen Körpergewebe zuständig ist.

**Bahn 1** ist die Kontrolle, sie enthält vier verschieden Typen von Hämoglobin: das normale Hb A (Bande K)sowie die krankhaften Formen HbF (Bande F), HbS (Bande S, Sichelzellen-Hämoglobin) und HbC (Bande C).

**Bahn 2** zeigt die Probe eines Patienten, der an einer Sichelzellenanämie (siehe Seiten 188 ff) leidet und überhaupt kein normales HbA besitzt.

**Bahn 3** stammt von einem Pateinten mit einer Beta-Thalassämie. Er besitzt deutlich mehr HbS als HbA, das – in geringeren Mengen als normal – ebenfalls vorhanden ist.

**Bahn 4** gehört zu der Probe eines Patienten mit einer Sichelzellanämie, der aber außerdem auch das normale HbA in etwa vergleichbarer Menge wie HbS besitzt.

**Bahn 5** stammt von einem Patienten mit einer Alpha-Thalassämie. Er besitzt HbS und HbA, wobei das HbA in deutlich größerer Menge vorliegt.

**Bahn 6** zeigt eine normale Blutprobe mit nur einer starken Bande an der Position des normalen HbA.

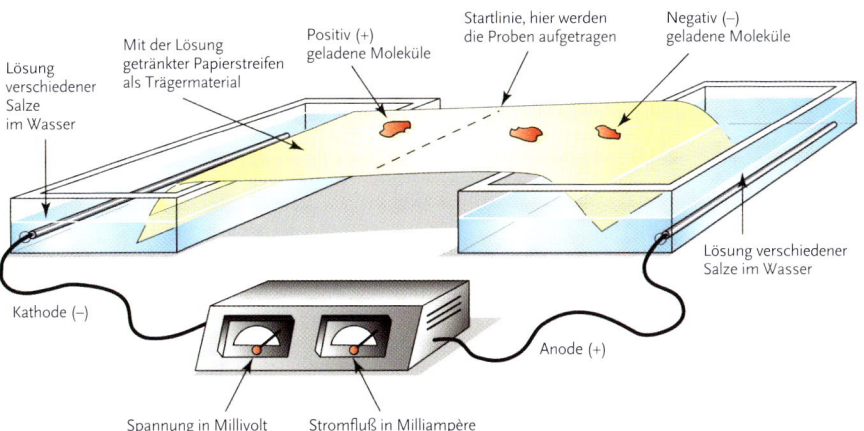

Lösung verschiedener Salze im Wasser

Mit der Lösung getränkter Papierstreifen als Trägermaterial

Positiv (+) geladene Moleküle

Startlinie, hier werden die Proben aufgetragen

Negativ (–) geladene Moleküle

Lösung verschiedener Salze im Wasser

Kathode (–)

Anode (+)

Spannung in Millivolt

Stromfluß in Milliampère

**Prinzip der Elektrophorese.** Eine proteinhaltige Probenlösung wird auf den Trägerstreifen aufgetragen. Nach Anlegen einer Spannung in den beiden Lösungsmittelreservoiren bewegen sich die geladenen Proteine in Abhängigkeit von ihrer Ladung auf die beiden elektrischen Pole zu. Negativ geladene Proteine wandern zum Plus-Pol (Anode), positiv geladene zum Minus-Pol (Kathode). Je mehr Ladungen ein Protein trägt, umso schneller bewegt es sich in die jeweilige Richtung.

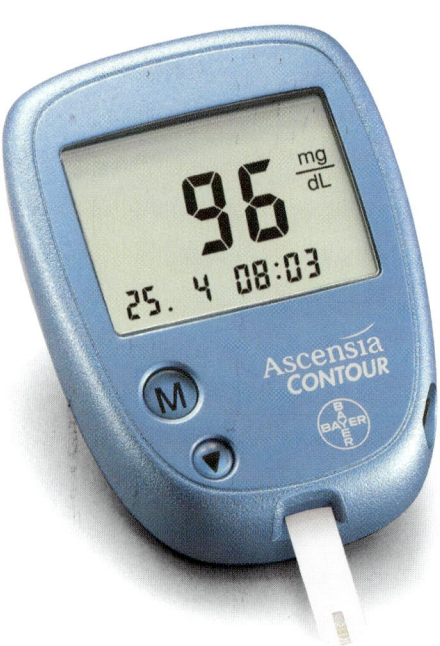

**Insulin** ist das Hormon, das den Menschen fehlt, die an der Zuckerkrankheit leiden. Ihr Körper produziert zu wenig davon, sodass die Blutzuckerwerte in bedenkliche Höhen ansteigen. Sie müssen sich deshalb – oft mehrmals täglich – Insulin spritzen.

**Diabetiker** müssen regelmäßig ihre Blutzuckerwerte bestimmen. Dafür gibt es inzwischen handliche, leicht zu bedienende Geräte, wie das oben abgebildete.

## Süßes Blut

Unser Blut enthält immer gewisse Mengen an Traubenzucker (Glucose), damit die notwendige Versorgung der Muskeln und vor allen Dingen des Gehirns sichergestellt ist. Der Körper muss diesen Blutzuckerspiegel auf einen festgelegten Sollwert einstellen, auch wenn nach einer reichhaltigen Mahlzeit viel Zucker in die Blutbahn übertritt oder im Gegenteil, dann wenn wir so richtig ausgehungert sind, und der Zucker im Blut schnell abgebaut wird. Dafür gibt es einen speziellen körpereigenen Botenstoff, das Insulin. Wenn der Blutzuckerspiegel steigt, schüttet der Körper Insulin aus. Dieses setzt die Stoffwechselvorgänge in Gang, die notwendig sind, um den Traubenzucker abzubauen oder ihn aus dem Blut in die Leberzellen zu transportieren und dort zu speichern. Mit dem dann wieder sinkenden Blutzuckerspiegel wird auch die Insulinproduktion gedrosselt. Bei Menschen, die an der Zuckerkrankheit (Diabetes mellitus) leiden, funktioniert dieser Regelkreis nicht. Sie produzieren zu wenig Insulin, sodass ihre Blutzuckerwerte in gefährliche Höhen klettern. Deshalb müssen sie meist mehrmals täglich Insulin spritzen, um die fehlenden Mengen zu ersetzen. Die sind natürlich bei jedem Zuckerkranken unterschiedlich. Damit der Arzt weiß, wieviel Insulin ein Patient wirklich braucht, muss er regelmäßig dessen Blutzuckerspiegel bestimmen. Dazu benutzt er einen Test, der mit Enzymen arbeitet, die die chemischen Nachweisreaktionen ausführen. Da die für die Blutzuckerbestimmung verwendeten Enzyme nur mit dem Traubenzucker reagieren und mit keiner der zahlreichen anderen Substanzen, die außerdem in der Blutprobe enthalten sind, ist der Test sehr empfindlich und hochspezifisch. Für die Analyse wird Traubenzucker also mit Hilfe einer Glucoseoxidase, einem Enzym,

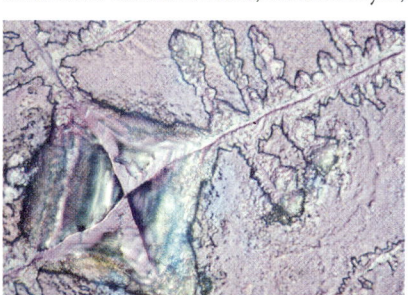

**Insulinkristalle** – Auch Proteine und Peptide können kristallisieren. Die Abbildung zeigt Kristalle des Peptidhormons Insulin, das für die Regulation des Blutzuckerspiegels wichtig ist.

das Traubenzucker oxidiert, abgebaut. Dabei entsteht Wasserstoffperoxid. Dieses Wasserstoffperoxid wird in einer zweiten enzymatischen Reaktion mit Hilfe einer Peroxidase, einem Peroxid-spaltenden Enzym, in Wasser umgewandelt. Den dafür benötigten Wasserstoff liefert eine Verbindung, die während der Reaktion ihre Farbe ändert. Zunächst ist sie farblos, nach der Wasserstoffübertragung ist sie blau. Die Intensität der Farbe ist ein Maß dafür, wieviel Wasserstoffperoxid zersetzt wurde. Damit weiß man dann natürlich auch, wieviel Zucker in der Blutprobe war, denn aus dem Zucker ist das Wasserstoffperoxid schließlich entstanden.

## Die Farbe entscheidet

Ein kranker Mensch, der mit hohem Fieber und anderen offensichtlichen Anzeichen einer Infektion mit Bakterien ins Krankenhaus kommt, braucht meist ein Antibiotikum, ein Medikament das Bakterien abtötet oder zumindest ihr Wachstum stark bremst. Leider gibt es eine ganze Menge verschiedener Bakterien, die nicht alle auf das gleiche Antibiotikum ansprechen. Deshalb sollte man – wenn möglich

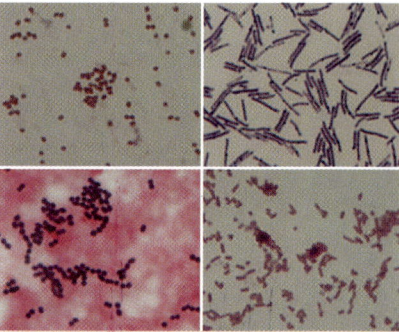

**Erscheinungsformen von Bakterien** in der Gramfärbung. Kokken und Stäbchen jeweils als grampositive (blau) und gramnegative Varianten.

– erst feststellen, mit welcher Mikrobe der Kranke infiziert ist, damit man ihm gleich das richtige Medikament geben kann. Einen ersten Anhaltspunkt dafür liefert die Gramfärbung. Alle Bakterien lassen sich in eine von zwei Gruppen einteilen: Grampositive, die mit dem Farbstoffcocktail der Gramfärbung blau angefärbt werden, und Gram-negative Bakterien, bei denen das nicht passiert. Die Gram-negativen Bakterien besitzen nämlich eine zusätzliche Aussenhülle aus hochmolekularen Zuckerverbindungen, die verhindert, dass der Farbstoff in die Bakterienzelle eindringen kann. Mithilfe der Gramfärbung kann man also bestimmte Familien von Bakterien von vornherein ausschließen. Will man allerdings ganz genau wissen, mit welchem Bösewicht man es zu tun hat, muss man andere Methoden anwenden. Dafür gibt es zwei Möglichkeiten: Entweder man angelt mit einer Genprobe nach der Erbsubstanz des Erregers, oder man fischt mit Antikörpern nach ihm. Antikörper sind die Boten- und Erkennungsmoleküle des körpereigenen Systems zur Abwehr von Krankheitserregern (Immunsystem). Sie erkennen krank machende Eindringlinge und binden an ihre Oberfläche. Damit signalisieren sie den Fresszellen und Killerzellen des Immunsystems: „Hier ist ein Feind, den ihr vernichten müsst!"

## Fishing for Proteins

Ein Antikörper erkennt immer nur genau eine ganz bestimmte Struktur. Ein Antikörper gegen den Scharlacherreger bindet also nicht an ein Tuberkulosebazillus oder ein Schnupfenvirus. Die Tatsache, dass Antikörper so wählerisch sind, macht man sich für eine Testmethode zunutze, die heute in der medizinischen Diagnostik weit verbreitet ist: den ELISA. Dies ist die Abkürzung für Enzyme Linked Immunosorbent Assay, zu deutsch: Enzym-gekoppelter Immunabsorptionstest. Der Test ist hochempfindlich, deshalb braucht man nur äußerst geringe Mengen von z.B. einer Blutprobe, um ihn durchzuführen, ein einziger Tropfen genügt. Diesen Tropfen füllt man für die weitere Untersuchung in ein winziges Plastikschälchen, das sich auf einer so genannten Mikrotiterplatte befindet, einem kleinen Tablett, das auf einer Fläche, die etwa so groß ist wie eine Postkarte, insgesamt 96 solcher Töpfchen enthält. Damit lassen sich 96 Proben gleichzeitig untersuchen.

Bevor man die Serumprobe in eine der Vertiefungen der Mikrotiterplatte tropft, wird die Plastikoberfläche mit einem Antikörper beschichtet, der ein Protein des Krankheitserregers, den man nachweisen möchte, erkennt. Das geht ganz einfach: Man gibt eine Lösung, die den Antikörper enthält, in die Schälchen der Mikrotiterplatte. Der Antikörper haftet dann an der Plastikoberfläche fest. Man nennt das Adsorption. Das passiert immer, wenn proteinhaltige Lösungen mit Plastik in Berührung kommen. Die überstehende Flüssigkeit wird nun entfernt und durch die Blutprobe ersetzt. Die Bestandteile des

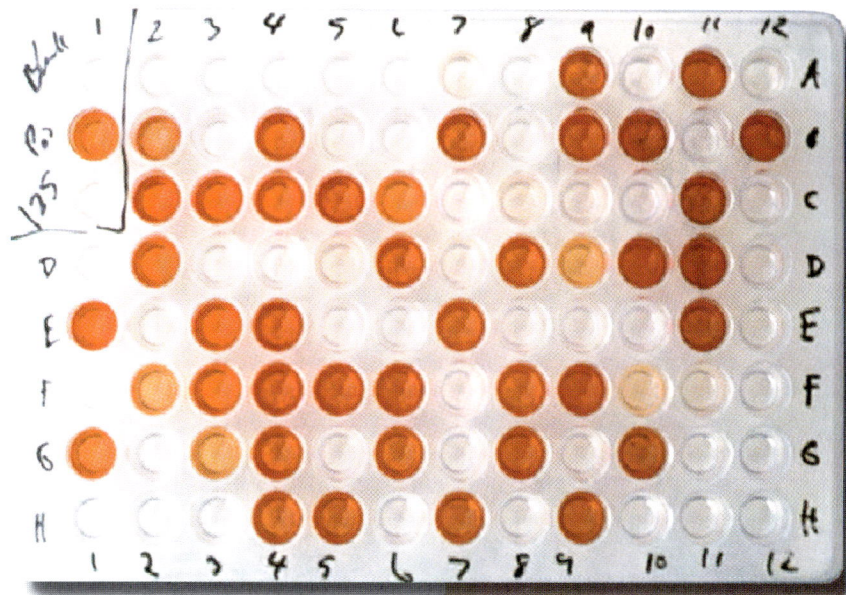

Krankheitserregers, die der Antikörper erkennt – meist sind es Proteine, die der Erreger auf seiner Außenhaut trägt –, werden fest gebunden. Alles andere schwimmt weiter in der Lösung und kann mit dieser entfernt und verworfen werden. Jetzt kommt eine neue Lösung dazu, die einen zweiten Antikörper enthält. Er bindet ebenfalls an die Proteine des Krankheitserregers, allerdings an einer anderen Stelle. Außerdem bringt dieser Antikörper noch etwas mit: Er ist nämlich mit einem Molekül des Enzyms Peroxidase fest verbunden. Es entsteht also eine Art Sandwich: Die unterste Lage bildet die Plastik-

**Mikrotiterplatten** bieten auf der Fläche von der Größe einer Postkarte Platz für 96 Reaktionsgefäße, in denen entsprechend viele diagnostische Tests gleichzeitig durchgeführt werden können. Die leuchtend rote Farbe zeigt ein positives Testergebnis an, zum Beispiel das Vorhandensein eines bestimmten Krankheitserregers in größeren Mengen. Proben, die nur eine schwache Rotfärbung zeigen, enthalten nur geringe Mengen. Mithilfe eines geeigneten Messgerätes, einem Photometer, der die Farbintensität messen kann, lassen sich die Ergebnisse auch quantifizieren.

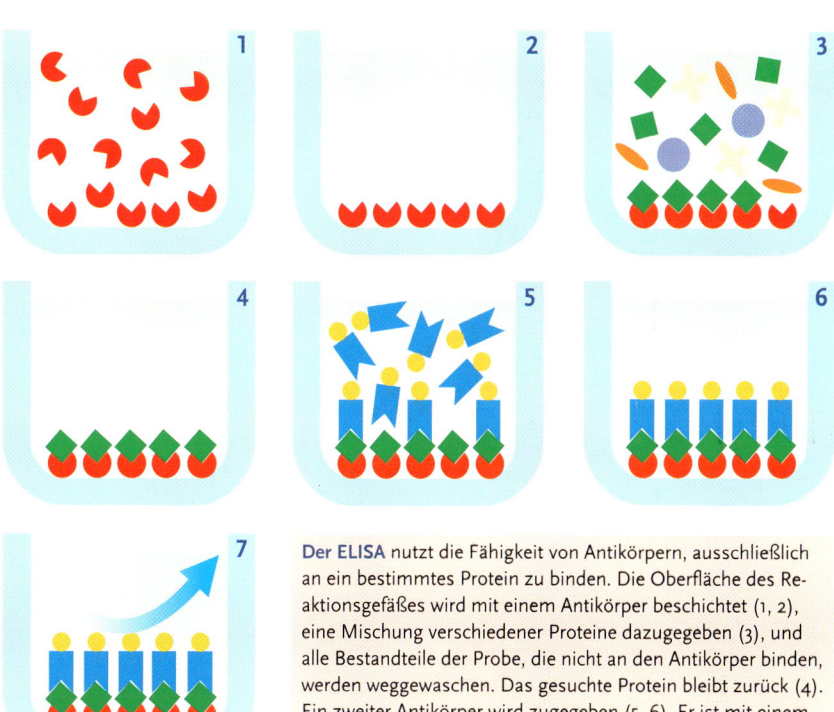

**Der ELISA** nutzt die Fähigkeit von Antikörpern, ausschließlich an ein bestimmtes Protein zu binden. Die Oberfläche des Reaktionsgefäßes wird mit einem Antikörper beschichtet (1, 2), eine Mischung verschiedener Proteine dazugegeben (3), und alle Bestandteile der Probe, die nicht an den Antikörper binden, werden weggewaschen. Das gesuchte Protein bleibt zurück (4). Ein zweiter Antikörper wird zugegeben (5, 6). Er ist mit einem Enzym verknüpft, das eine Farbänderung der Probe bewirkt (7).

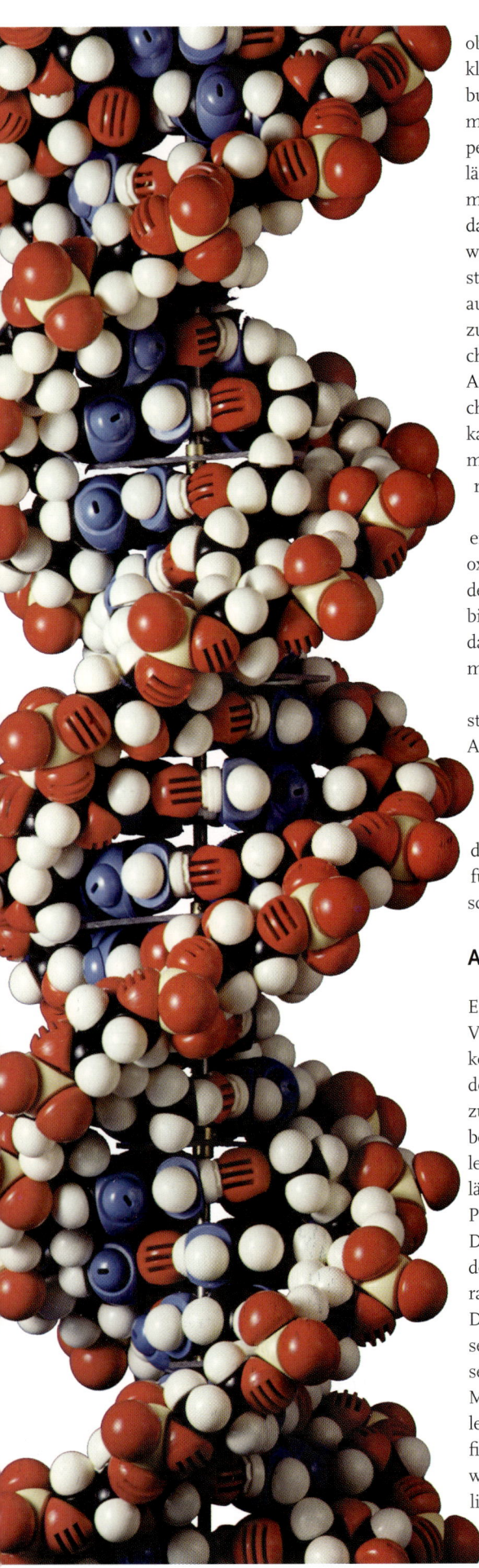

oberfläche der Mikrotiterplatte, daran klebt der erste Antikörper. An diesen gebunden ist das Protein des Mikroorganismus und daran haftet der zweite Antikörper mit der Peroxidase. Diese Peroxidase lässt man nun wie beim Blutzuckertest mit einem farblosen Substrat reagieren, das dabei in ein farbiges Produkt umgewandelt wird. Wieder kann man die Farbstoffmenge genau bestimmen und daraus auf die Menge der gebundene Proteine zurückrechnen. Wenn man in die Schälchen auf der Mikrotiterplatte verschiedene Antikörper gibt, die gegen unterschiedliche Krankheitserreger gerichtet sind, so kann man feststellen, ob der Patient nur mit einem oder mit mehreren Mikroorganismen infiziert ist.

Der ELISA-Test ist außerordentlich empfindlich. Das liegt daran, dass die Peroxidase wie ein Verstärker wirkt. Während der Antikörper nur an ein einziges Protein bindet, kann das an ihn gekoppelte Peroxidase-Molekül mehrere hundert Farbstoffmoleküle verarbeiten.

ELISAs kann man mit allen Substanzen durchführen, gegen die man Antikörper erzeugen kann, also mit fast allen Proteinen und anderen größeren Molekülen. Sie sind daher sehr flexibel. Außerdem sind sie schnell und einfach durchzuführen. Deshalb haben sie sich für viele Anwendungen in der medizinischen Diagnostik durchgesetzt.

## Angeln im Genpool

Eine weitere Möglichkeit, Bakterien oder Viren im Blut oder anderen Körperflüssigkeiten nachzuweisen, besteht darin, nach dem Erbmaterial der Krankheitserreger zu fahnden. Die Erbsubstanz DNA ist ja bekanntlich ein strickleiterähnliches Molekül, das sich in zwei Hälften zerlegen lässt, die sich zueinander verhalten wie Positiv und Negativ (siehe Kapitel „Gene"). Die Reihenfolge der einzelnen Bausteine der DNA ist für jeden Organismus charakteristisch, sie stellt seinen Bauplan dar. Da die Genforscher in den letzten Jahren sehr fleißig gewesen sind, kennen wir diese Reihenfolge beim Menschen, bei der Maus, bei Fruchtfliegen und auch bei vielen Mikroorganismen. Außerdem haben findige Chemiker Methoden entwickelt, wie man aus den Einzelbausteinen „künstliche" DNA-Moleküle basteln kann. Die Verfahren sind inzwischen so weit ausgearbeitet, dass man dazu überhaupt

keinen Chemiker mehr braucht, sondern einer Maschine, einem DNA-Syntheseautomaten, die Arbeit überlassen kann. Will man also einen Mikroorganismus in einer Probe nachweisen, so macht man Folgendes: Man stellt eine sogenannte DNA-Sonde her, ein Molekül das nur aus wenigen (etwa 20–40) DNA-Bausteinen besteht, deren Reihenfolge genau der eines Abschnittes aus der DNA des Krankheitserregers gleicht. Damit man die Sonde später wiederfinden kann, verknüpft man sie mit einem fluoreszierenden Farbstoff, der auch in geringen Mengen noch nachweisbar ist. Die in der zu analysierenden Probe enthaltene DNA wird isoliert und auf einen festen Träger aufgetragen. Anschließend gibt man die markierte Sonde in einem geeigneten Lösungsmittel dazu und lässt das Ganze bei erhöhter Temperatur aufeinander einwirken. Dabei trennen sich die DNA-Hälften und finden sich mit den passenden Sondenmolekülen zu neuen Paaren zusammen. Diese kann man anhand des Farbstoffes, der an einen der Partner gebunden ist, erkennen. Wenn der gesuchte DNA-Abschnitt in der Probe nicht vorhanden ist, können keine Sondenmoleküle haften bleiben, die Färbung bleibt aus. Auch diese Tests sind sehr empfindlich und vor allem sehr spezifisch: Die DNA-Sonde bindet nämlich immer nur an ihr Gegenstück und kann dieses so unter Tausenden von anderen DNA-Molekülen erkennen.

## Das Labor in der Westentasche

Wissenschaftler von der Harvard-Universität in den USA haben ein tragbares HIV-Diagnostiklabor entwickelt. Es ist einfach, arbeitet zuverlässig und relativ kostengünstig, sodass es auch für Entwicklungsländer erschwinglich sein dürfte und dort die medizinische Versorgung verbessern könnte.

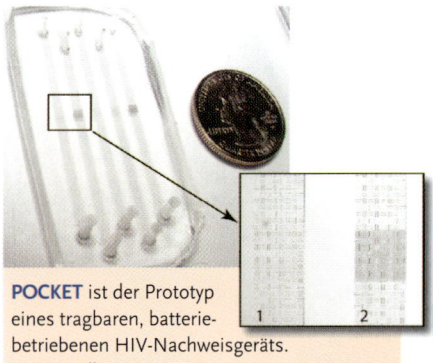

**POCKET** ist der Prototyp eines tragbaren, batteriebetriebenen HIV-Nachweisgeräts.
**1:** Kontrollserum; **2:** HIV-1 Positiv-Serum.

Das Gerät wird von einer Batterie angetrieben und braucht keine extra Stromversorgung. Es besteht aus einem Diagnose-Chip für einen Immuntest nach dem Prinzip des ELISA und einem einfachen Detektor.

Der Immuntest – im Prototyp ein HIV-Nachweis – läuft in den nur ca. 2 mm breiten Kanälchen des Chips ab. In jeden Kanal wird eine Blutprobe gegeben. Auf der Wanderung durch den Kanal erreicht sie einen Streifen, auf dem Proteinstücke des HI-Virus fixiert sind. Enthält die Blutprobe Antikörper gegen HIV, erkennen diese die Proteinstücke und binden fest daran. Um die gebundenen Anti-HIV-Antikörper zu markieren, wird anschließend ein zweiter Antikörper durch die Kanäle geschickt. Er erkennt die Anti-HIV-Antikörper und bleibt daran haften. An diesen Markierungsantikörper wurden zuvor winzige Goldkügelchen gekuppelt. Im nächsten Schritt gibt man eine Flüssigkeit dazu, die Silbernitrat und ein Oxidationsmittel enthält. Überall dort, wo die goldenen Markierungen gebunden sind, katalysiert das Gold die Oxidation der Silberionen zu metallischem Silber, das sich an den Wänden des Kanälchens niederschlägt. Da das Silber die weitere Oxidation von Silberionen seinerseits ebenfalls beschleunigt, wird der Effekt noch verstärkt. Nun kommt der Detektor ins Spiel: Eine kleine rote Laserdiode strahlt Licht durch die Kanälchen. Auf der anderen Seite des Chips registriert ein integrierter Schaltkreis mit einer Photodiode, wie stark das Licht durch die Silberschicht geschwächt wird. So lässt sich die Menge an HIV-Antikörpern im Blut exakt bestimmen – genauso präzise wie mit normalen Labormethoden, aber um Vieles schneller.

## Das Labor in der Streichholzschachtel

Unteruchungen zur Gendiagnostik werden häufig mit so genannten DNA-Microarrays durchgeführt. DNA-Arrays stellt man her, indem man DNA-Moleküle mit genau festgelegter Abfolge der Einzelbausteine an einen festen Träger, etwa eine Nylon-Membran oder eine Glasoberfläche, koppelt. Auf diese Oberfläche gibt man die Probe, die man untersuchen möchte, nachdem man vorher alle in ihr enthaltenen Nukleinsäuremoleküle mit

## Wie funktioniert eigentlich ein Alkoholtest?

Die Bestimmung von Alkohol in der Atemluft – so die offizielle Bezeichnung für das Röhrchen in das man pusten muss, wenn die Polizei feststellen will, ob man etwa zu viele Promille im Blut hat, beruht auf einer Redoxreaktion, das heißt einer Kombination aus einer Reaktion, in der ein Partner Sauerstoff abgibt – er wird reduziert – während der andere Sauerstoff aufnimmt – er wird oxidiert. In den Teströhrchen für den Alkoholnachweis befinden sich farbige Chromverbindungen. Kommt der Alkohol aus der Atemluft mit ihnen in Kontakt, so wird er zu Acetaldehyd oxidiert. Gleichzeitig werden die Chromverbindungen reduziert und verändern dabei ihre Farbe.

einem Farbstoff markiert hat. Moleküle in der Probe, die auf dem Array ihr Gegenstück finden, bleiben dort hängen, während alle anderen Sequenzen wieder abgewaschen werden. Die Stellen, an denen die markierte DNA haftet, erkennt man an der farbigen Markierung.

Ein deutsches Unternehmen hat einen Reaktionsträger entwickelt, der nur etwa 2 x 2 cm groß ist und in den kleinen Kanälen auf seiner Oberfläche praktisch ein ganzes Labor beherbergt. Von einem Computer gesteuert werden dort unter Verwendung moderner Schutzgruppenchemie die DNA-Bausteine Adenin, Guanin, Cytosin und Thymin so lange aneinander gereiht, bis an jeder Position in den Mikrokanälen die gewünschte DNA-Sequenz vollständig aufgebaut ist. So können bis zu 48.000 Oligonukleotide mit einer Länge von bis zu 60 Einzelbausteinen hergestellt werden. Diese werden dann wie am Anfang beschrieben mit Farbstoffmarkierten DNA-Abschnitten versetzt und die Bindung der DNA anhand der gebundenen Farbstoffmoleküle detektiert. Für solche Experimente verwendet man heutzutage meist Fluoreszenzfarbstoffe, die Licht einer bestimmten Wellenlänge aussenden und dadurch schon in äußerst geringen Mengen erkennbar sind.

Die Molekularbiologie nutzt mit großem Erfolg eine Kombination von Enzymchemie, Mikrotechnik, computergesteuerter Automatisierung und Auswertung. In all diesen Bereichen ist die Entwicklung neuer Methoden noch immer in vollem Gange, und es sind weiterhin große Fortschritte zu erwarten.

**Labor in der Streichholzschachtel** – Auf diesem gläsernen Reaktionsträger, der etwas größer ist als eine Briefmarke, ist praktisch ein ganzes Labor untergebracht. In den haarfeinen Kanälen auf der Glasoberfläche können unter Verwendung äußerst geringer Flüssigkeitsmengen chemische Synthesen durchgeführt werden.

# Für jede Kunst ein Stoff

Steinzeit, Bronzezeit, Eisenzeit – unser heutiges Zeitalter könnte man vielleicht am treffendsten als Kunststoffzeit titulieren. Erst bejubelt, dann verteufelt, inzwischen eher sachlich betrachtet haben Kunststoffe eine wechselvolle Geschichte hinter sich. Heute steckt fast überall irgend ein Kunststoff drin, ohne Kunststoffe würde wohl nicht mehr viel funktionieren in unserer westlichen Zivilisation. Kein Drucker, kein Telefon, kein Computer, keine Einweg-Spritze, kaum ein Spielzeug oder Sportgerät kommt ohne die langen Molekülketten aus. Die Eigenschaften der modernen Polymere werden immer häufiger von den Chemikern ganz gezielt für bestimmte Einsatzgebiete maßgeschneidert.

### 22:30 – Zeit für's Bett!

*Das letzte Glas Wein haben wir zwar noch gar nicht ganz leer getrunken, aber ich glaube, jetzt werden wir den Schauplatz unserer weiteren Aktivitäten vom Wohnzimmer ins Schlafzimmer verlegen. Wie schön, dass ich mein Bett heute nachmittag noch frisch überzogen habe! In der Nachttischschublade liegen genügend Kondome. Es ist doch gut zu wissen, dass keiner von uns beiden unter einer Latex-Allergie leidet.*

Die fünfziger und sechziger Jahre, Zeit des Wirtschaftswunders – „Plastik" kommt schwer in Mode. Pastellfarbene Nierentische, kreischbunte Regenmäntel, Plastikgeschirr, all das ist schick. In den siebziger und achtziger Jahren werden Kunststoffe dann als umweltfeindlich, hässlich und ungesund geschmäht, allen voran die verhasste Plastiktüte. Inzwischen haben sich die emotionalen Wogen geglättet, Kunststoffe sind „normal" und ein Teil unserer Zivilisation geworden und werden differenzierter beurteilt. Kunststoffe sind heute nicht mehr nur billige Massenprodukte, sondern auch maßgeschneiderte High-tech-Werkstoffe, Spezialisten für heute und morgen (siehe Kapitel *„Weinende Bäume und der Gott des Feuers"* sowie *„Ein Fall für die Spezialisten"*). Kunststoffe sind leicht, bunt, korrodieren nicht, sind chemikalienresistent, zerbrechen nicht so leicht, verrotten nicht, rosten nicht, sind schmutzabweisend und verschleißfest.

## Ständige Begleiter

Heute haben wir uns so an die Bequemlichkeit und die neuen Möglichkeiten gewöhnt, die Kunststoffe bieten, dass wir sie in unserem Umfeld eigentlich kaum noch bewusst wahrnehmen. Kunststoffe begleiten uns durch den ganzen Tag: Nach dem Aufwachen ein Blick auf den Radiowecker: Das Gehäuse ist aus Kunststoff. Im Bad nehmen wir die Zahnbürste in die Hand, quetschen das Duschgel aus der Flasche, föhnen uns die Haare – und jedes Mal haben wir dabei Kunststoff in der Hand. Ein Griff in den Kleiderschrank und schon hüllen wir uns ganz oder teilweise in Kunstfasern (siehe Kapitel *„Versponnenes"*). Die Kaffeemaschine, die uns mit dem Morgenkaffe versorgt, klar, aus Kunststoff, aber auch die Innenbeschichtung des Milchkartons, die Tüte mit dem Müsli und der Becher, der den Joghurt frisch hält. Schuhe anziehen, bei vielen sind nicht nur die Sohlen aus Kunststoff, zur Tür raus und ins Auto.

## Die Leichtigkeit des Seins

Da begrüßen uns Kunststoffe beispielsweise in Form von Armaturenbrett, Sitzbezug, Innenverkleidung, Schiebedach, Heckleuchten sowie diversen Teilen unter der Motorhaube, etwa beim Ansaugsystem, bei vielen Abdeckungen, beim Thermostatgehäuse oder Batteriegehäuse. Kunststoffe sparen Gewicht ein. Deshalb ersetzt die Autoindustrie, wo es geht, schweres Metall durch leichte Kunststoffe: Seit 1965 ging der Anteil von Eisen und Stahl, der in einem Auto steckt, von 76 % auf etwa 60 % zurück. Der Kunststoffanteil stieg parallel von 2 auf 15 %. Hört sich nicht dramatisch an, aber wenn ein Auto nur 100 kg leichter ist, lassen sich während eines durchschnittlichen „Autolebens" insgesamt rund 700 Liter Sprit einsparen. Hochgerechnet auf alle Autos kommt schon so einiges zusammen (siehe Kapitel „Mobilität dank vier Rädern").

Sonnenbrille auf – klar die Brillengläser sind aus Kunststoff, sonst wäre die Brille ja nicht so schön leicht und splittersicher – und starten. Schon rollen die Räder los, die Reifen sind übrigens aus Kautschuk, einem engen Verwandten und Vorfahren unserer sonstigen heutigen Kunststoffe (siehe Kapitel „Weinende Bäume und der Gott des Feuers"). An fast jedem

Arbeitsplatz warten Computer, Drucker, Kuli, robuste Schreibtischoberflächen auf uns – und die sind weitgehend aus Kunststoffen. Auch unser Telefon und das Handy, Kunststoff, was sonst (siehe Kapitel „Ein Fall für die Spezialisten").

Später im Supermarkt: Die leichtgewichtigen, bruchsicheren Getränkeflaschen, die ausgeklügelten Folien-Verpackungen, die Lebensmittel frisch halten, die beschichteten Pappkartons von Tiefkühlkost, die das Durchweichen verhindern, die Innenbeschichtung von Konserven, die eine Korrosion des Metalls und damit das Verderben des Inhalts verhindert, wir ahnen es: alles Kunststoffe. Zum Schluss alle Einkäufe

in die praktische Plastiktüte, die man hinterher noch als Müllbeutel verwenden kann, und ab nach Hause.

Zeit für den Freizeit-Sport, Walkman umgeschnallt und Kopfhörer auf, auch diese Dinge sind aus Kunststoff, genauso wie die eingelegte CD oder Kassette (siehe Kapitel „Mikro-Landschaft im Laserlicht"). Und ob Sportschuhe, Inliner, Snowboard, Skier und Skischuhe, Gymnastikmatten, Golfbälle, Kanus, superschnelle Rennbobs, der bequeme Gel-Fahrrad-Sattel oder das elastische Band beim Bungee-Jumping – an Kunststoffen kommen wir beim Sport wohl nicht vorbei. Kaum ein Spitzensportler, der auf die High-tech-Materialien seiner Sportgeräte verzichten könnte, ohne sofort seine Rekorde zu verlieren. Man denke nur an einen Stabhochspringer: Welch enorme Belastung muss so ein Stab aushalten – er darf nicht brechen und muss extrem elastisch sein. Es gibt Kunststoffe, die das leisten.

# Kunststoff, Polymer, Plastik (Teil 1)

**Kunststoffe.**
Makromolekulare, ganz oder teilweise durch Synthese entstandene organische Materialien, die als Werkstoffe verwendet werden.

**Polymere.**
1. Rohstoffe zur Herstellung von Kunststoffen.
2. Im Sprachgebrauch teilweise als Synonym für Kunststoffe gebraucht.
3. Lange kettenförmige Moleküle, die aus einzelnen Bausteinen (Monomeren) aufgebaut sind. Natürliche Polymere sind z.B. Eiweißmoleküle und DNA, Träger der Erbinformation.

**Plastik.**
Früher Synonym für Kunststoff, als Abgrenzung gegenüber den spröden „Kunstharzen". Im allgemeinen Sprachgebrauch wird Plastik heute vor allem für niederpreisige Massenartikel aus Kunststoff verwendet, während man bei den hochwertigeren Produkten eher von „Kunststoffen" spricht.

**Plaste.**
In der ehemaligen DDR übliche Bezeichnung für Kunststoffe.

**Plastics.**
Englischer Ausdruck, der dem deutschen Begriff Kunststoffe entspricht.

**Duroplaste und Thermoplaste.**
Polymerketten können auch untereinander verknüpft werden. Derartige quervernetzte Materialien werden beim Erwärmen nicht mehr weich, daher nennt man sie Duroplaste (von lat. durus = hart). Nichtvernetzte Ketten dagegen erweichen, wenn man sie erwärmt; sie werden als Thermoplaste bezeichnet.

**Elastomere.**
Nur schwach quervernetzte Polymere bilden ein weitmaschiges Netzwerk, das sich leicht um mindestens das Doppelte seiner Ausgangslänge dehnen lässt. Synonym für Weichgummi.

**Kautschuk.**
Heute Gattungsbezeichnung für makromolekulare Stoffe, die bei Raumtemperatur weitgehend amorph (nichtkristallin) und weitmaschig verschlauft sind und zu Gummi vernetzt werden können. Im unvernetzten Zustand gehört Kautschuk zu den Thermoplasten, bei steigenden Temperaturen erweicht das Material, und seine Elastizität geht zurück.

**Weichgummi.**
Vulkanisierter Kautschuk mit geringem Schwefelgehalt, der elastisch und dehnbar ist.

**Hartgummi.**
Vulkanisierter Kautschuk mit hohem Schwefelgehalt, die freien Molekülketten sind durch Schwefelbrücken engmaschig vernetzt. Hartgummi hat eine lederartige bis harte Konsistenz.

# Kunststoff, Polymer, Plastik (Teil 2)

**Gummi.**

1. Das Gummi: Harze aus bestimmten an der Luft erhärtenden Pflanzensäften, z.B. Gummi arabicum aus dem Saft tropischer Akazienarten, als Klebe- und Bindemittel verwendet.
2. Der Gummi: Vulkanisierter Natur- oder Synthesekautschuk (siehe Kapitel „*Weinende Bäume und der Gott des Feuers*"). Vulkanisieren ist eine Methode zum Quervernetzen von Polymeren zu einem dreidimensionalen Netzwerk. Kautschuk wird im Allgemeinen durch Schwefelmoleküle vernetzt, die Brücken zwischen den einzelnen Polymerketten bilden.

**Schaumgummi.**

Ohne Treibmittel hergestellter vulkanisierter Latex-Schaum auf der Basis von natürlichem oder synthetischem Kautschuk.

**Schaumstoffe.**

Werkstoffe mit zelliger Struktur. Die Zellen können in sich geschlossene oder offene untereinander in Verbindung stehende Hohlräume sein. Man unterscheidet zwischen Hartschaum und Weichschaum.

**Kaltschaum.**

Weichschaumstoff aus Polyurethanen. Da die Reaktionskomponenten sehr reaktiv sind, ist im Gegensatz zum Heißschaum (ebenfalls ein Polyurethan-System, aber aus anderen Reaktanden) kein Nachheizen erforderlich, um in kurzer Reaktionszeit optimale mechanische Eigenschaften zu erhalten.

**Latex.**

1. Ursprünglich: Der Milchsaft Kautschukliefernder Pflanzen.
2. Heute: Bezeichnung für alle derartigen Emulsionen fein verteilter Tröpfchen oder Partikelchen von natürlichem oder synthetischem Kautschuk in einer Flüssigkeit. Latex wird als Bindemittel für Dispersionsfarben („Latexfarben") und zur Herstellung von Tauchartikeln, Gummifäden und Schaumgummi genutzt.
3. Bezeichnung für Materialien, die aus Latex hergestellt wurden. Für Latex-Produkte wird der Saft durch Verdampfung oder Zentrifugierung eingedickt und mit Ammoniak stabilisiert. Durch Vulkanisierung wird aus Kautschuk Gummi. Latex kann in aufgeschäumter Form für Matratzen und Schwämme verwendet werden, aber auch in Form von sehr dünnen Filmen für Kondome, Handschuhe oder Luftballons.

**Dämmstoffe** sorgen dafür, dass wir nur unser Haus heizen und nicht die Umgebung. Sie sind eine der Grundvoraussetzungen für energiesparendes Heizen.

Wichtige Helfer sind Kunststoffe auch in der Medizin: Hygienische Einwegspritzen und Einmalhandschuhe, flexible Katheter und Infusionsschläuche, Blutbeutel und leicht zu reinigende Gehäuse von Geräten wären ohne Kunststoffe nicht denkbar.

## Auf den dritten Blick

Nicht alle Kunststoffe sind aber so auf den ersten oder zweiten Blick zu sehen. Dass uns auch an ungemütlichen Winterabenden in unserer Behausung nicht fröstelt und die Heizkostenabrechnung trotzdem keine Albträume bereitet, verdanken wir Kunststoffen. Die zur Dämmung verwendeten Schaumplatten lassen im Vergleich zu den meisten anderen Dämmstoffen wesentlich weniger Wärme einfach durch die Wand verschwinden. Ohne solche Kunststoff-Isolierung ist auch das Zukunftskonzept des so genannten Passivhauses nicht realisierbar. Es soll so gut wie keine Heizenergie verbrauchen und trotzdem immer wohlig warm sein.

Eine ausgesprochen gute Isolierung braucht auch unser Kühlschrank, soll er nicht zum Stromfresser werden. Und wenn wir schon mal in der Küche sind: Die Oberfläche der Arbeitsplatte, die aussieht wie Holz oder Marmor, ist im allgemeinen ebenfalls aus Kunststoff, sonst wäre sie auch nicht so robust, hitzebeständig und kratzfest. Ähnliches gilt für die Küchenfronten. Eine Kunstharz-Dekorfolie wird z.B. mit wässrigen

Dispersionsklebstoffen auf Kunststoffbasis dauerhaft auf eine Sperrholzplatte geklebt. Dispersionsklebstoffe bestehen aus fein in Wasser verteilten Polymerteilchen. Wenn das Wasser verdunstet, binden die Polymerteilchen unter Bildung eines Klebstofffilms ab. Auch bei anderen Möbeln sieht das Furnier oft nur aus wie Holz, ist in Wirklichkeit aber ein Kunststofflaminat. Solche Oberflächen sind strapazierfähiger, leichter zu reinigen und werden auch nicht wie Echtholz von der Sonne ausgebleicht.

Und auch was aussieht wie Rauputz, muss heute nicht mehr unbedingt Rauputz sein. Es könnte sich dabei auch um eine Kunststoffmasse handeln. Der Verputz geht fix – ohne Müll, Staub- und Geruchsbelästigung, der künstlerischen Gestaltung sind kaum Grenzen gesetzt. Und wenn man ihn nicht mehr mag oder umzieht, lässt sich dieser Verputz sogar nahezu rückstandsfrei wieder entfernen.

Vielleicht reiht sich auch die Lackierung unseres Computer-Gehäuses in unsere Betrachtung ein: Bunte Lackierungen auf der Basis des Kunststoffs Polyurethan (siehe Kapitel „Weinende Bäume und der Gott des Feuers") verleihen modernen elektronischen Geräten das gewisse Etwas, etwa einen effektvollen Metalliclook. Und angenehm griffig liegt das Handy in der Hand, während wir unsere SMS abrufen – dank der so genannten Soft-feel-Lackierungen, die für eine warme, samtige Oberfläche sorgen. Härte und Elastizität dieser wasserbasierten Lacke sind in breiten Bereichen individuell einstellbar. Egal, ob man sich zum Beantworten der Nachrichten auf einen Stuhl, einen Sessel oder ein Sofa setzt, solange es sich nicht um ein original-antikes Stück handelt, ist das Polstermaterial garantiert ein Kunststoff. Und auch der Bezug, der nach Leder aussieht, könnte durchaus aus Kunststoff bestehen.

Zum Ausklang des Tages schnell noch ein Bad nehmen. Das Stichwort Kunststoff-Badewanne mag bei manchem die unerfreuliche Assoziation eines schmucklosen Badezimmers in einem billigen Hotel auslösen. Inzwischen haben sie sich aber auch einen festen Platz am oberen Ende der Qualitäts-Skala erobert: im Wellness-Bereich. Körpergerecht geformte Badewannen und Whirlpools in Phantasieformen, die mit schön glänzenden, hautsympatischen Kunststoff-Oberflächen versehen sind, liegen im Aufwärtstrend.

## Gut gepolstert

Zeit fürs Bett und eine erholsame Nacht auf Kunststoff: Hochwertige moderne Matratzen bestehen vor allem aus Latex oder aus Kaltschaum (ein Schaum auf der Basis des Kunststoffs Polyurethan (siehe Kapitel „Weinende Bäume und der Gott des Feuers"), bei dem Federkerne und Metallgerüste bei der Verarbeitung gleich mit eingeschäumt werden können. Inzwischen gibt es auch spezielle Kaltschaum-Matratzen gegen das gefürchtete Wundliegen alter und bettlägeriger Menschen. Ein Weichschaumsystem verteilt den Auflagedruck des Körpers gleichmäßig auf die gesamte Liegefläche. Der leicht verformbare Schaumstoff entwickelt wegen seiner geringen Rückstellkräfte kaum Gegendruck und nimmt seine ursprüngliche Gestalt auch erst im Laufe von Minuten wieder ein. Nach einem Lagewechsel passt sich die Matratze dann immer wieder neu an. Schweiß und Feuchtigkeit werden aufgenommen und rasch weg vom Körper transportiert.

## Latex für die Liebe

Früher nahm man Produkte aus Schafsdärmen, um sich vor ungewollter Schwangerschaft und sexuell übertragbaren Krankheiten zu schützen. Heutige Kondome werden aus Latex, dem milchigen Saft des Kautschukbaumes, gefertigt. Durch Eintauchen von Porzellan- oder Glasformen in die Latex-Milch entsteht ein dünner Film. Durch Zugabe von Schwefel und verschiedenen anderen Zusätzen werden die Kautschukmoleküle unter Hitze zu einer elastischen, dünnen Gummi-Schicht vernetzt (vulkanisiert). Die Wandstärke eines heutigen Kondoms beträgt 0,04 bis 0,08 Millimeter. Seit 1995 gibt es für Kondome eine europäische Norm: EN 600.

Warum dürfen Kondome nicht zusammen mit öl- und fetthaltigen Gleitmitteln (Bodylotions, Massageöl, Babyöl, Vaseline usw.) verwendet werden? Die Fettmoleküle können in die Latexstruktur eindringen und verändern dadurch die Materialeigenschaften ganz eklatant: Das Kondom verliert innerhalb von weniger als 5 Minuten seine Dehnbarkeit, kann reißen und wird vor allem durchlässig, sodass kein ausreichender Schutz mehr besteht. Gleitmittel auf Wasserbasis können dagegen verwendet werden.

Ist eine „Latexallergie" nur eine faule Ausrede? Nein. Aber meistens ist nicht das Latex selber an den Beschwerden schuld, sondern die Spermizid-Beschichtung vieler Kondome, der Wirkstoff „Nonoxynol 9". Manchmal ist auch Silikon der Verursacher für allergische Reaktionen, das in vielen Gleitmitteln enthalten ist. Der Arzt kann die Ursache abklären. Als Ausrede für Kondom-Muffel zieht die Latexallergie jedenfalls nicht mehr, denn auch für echte Latexallergiker gibt es inzwischen Alternativen: Kondome aus Polyurethan oder Polyethylen. Sie sind in Apotheken erhältlich und sollen genauso sicher wie die Latex-Variante sein. Allerdings fehlen hier noch langjährige Erfahrungen.

## Was ist eigentlich eine Latexallergie?

Ungefähr 2% der Bevölkerung leiden an einer Allergie gegen Latexprodukte. Als besonders gefährdete Risikogruppe gelten Menschen, die jeden Tag Einmalhandschuhe tragen müssen wie Ärzte, Krankenschwestern und Personen in zahnmedizinischen Berufen. Man unterscheidet bei der Latexallergie zwei unterschiedliche Allergietypen. Der eine Typus wird durch Zusatzstoffe zur Kautschukmilch wie Vulkanisationsbeschleuniger, Antioxidantien, Vulkanisatoren, Farbstoffe, Alterungsschutzmittel ausgelöst und tritt erst mit Verzögerung ein, bis zu 72 Stunden nach dem Kontakt kommt es zu einer Entzündung der Haut. Im akuten Stadium zeigen sich eine Rötung, Papeln und Bläschen. Ein solches Kontaktekzem kann aber auch chronisch werden.

Die andere Variante tritt ohne größere Verzögerung ein. Sie wird durch Latexproteine ausgelöst. Kurze Zeit nach dem Allergenkontakt entstehen Quaddeln. Die zunächst lokale Reaktion kann auf die gesamte Haut übergreifen und zusätzlich eine Reizung der Nasenschleimhaut und der Bindehaut des Auges auslösen. Zusätzlich können Magen- und Darmbeschwerden sowie Bronchialasthma auftreten und sogar ein lebensbedrohlicher Schock entstehen. Eine Überempfindlichkeit gegenüber Latex bleibt, wie bei anderen Allergenen auch, meist lebenslang erhalten. Auslöser ist nur Naturlatex, rein synthetische Latex-Produkte enthalten dagegen keine allergieauslösenden Latexproteine.

Für Allergiker ist es nicht ganz leicht, die gefürchteten Latexprodukte zu meiden. Denn auch andere Bezeichnungen wie Naturkautschuk, Elastodien oder Federharz bezeichnen einen Naturlatexanteil. Im Prinzip kann jedes aus gummiartigem Material gefertigte Objekt auf der Basis von natürlichem Latex hergestellt worden sein, ebenso gut könnte es aber auch aus synthetischem Material (mit oder ohne Latexanteil) bestehen. Auch nichtelastische Gegenstände können mit natürlichem Latex ummantelt sein. Die Bezeichnung „Latex" wiederum bedeutet nicht unbedingt „natürlicher Latex". So sind Latex-Anstriche und Latex-Ummantelungen synthetische Materialien, die nicht zwangsläufig Natur-Latex enthalten müssen.

Typische Produkte aus Latex sind Matratzen, Schnuller, Fläschchen-Sauger, Kautschuk-Bodenbeläge, Fliesenkleber, Handschuhe im medizinischen Bereich, Bälle, Haargummis, Gummistiefel, Spielzeug, Kosmetikschwämmchen, Taucheranzüge und Kondome. Übrigens kann sogar der Abrieb der Rolle einer Computer-Mouse auf dem Mouse-Pad ausreichen, um Beschwerden auszulösen!

# Rund um die Uhr Chemie

24:00 – Die Räder drehen sich weiter...

Was passiert innerhalb eines Tages weltweit auf dem Sektor der Chemie allgemein und in der chemischen Produktion im Speziellen? Rund um die Uhr geht die Herstellung chemischer Produkte weiter, aber auch deren Erforschung. Während die Menschen auf der einen Seite der Erdkugel schlafen, geht die Entwicklung auf der anderen Seite mit Volldampf voraus...

*Wir überlassen unsere Heldin jetzt ihrer wohlverdienten Nachtruhe und ziehen uns diskret zurück. Doch während sie in sanftem Schlummer liegt und die Nacht weiter fortschreitet, stehen in der chemischen Industrie die Räder nicht still. Auch über Nacht produzieren die chemischen Anlagen weiter all die vielfältigen Materialien, Rohstoffe und Endprodukte, aus denen die Dinge bestehen, die wir täglich verwenden. Meist ohne einen Gedanken daran zu verschwenden, dass fast alles, was uns umgibt, irgendwie etwas mit Chemie zu tun hat.*

Bisher wurde in diesem Buch besonders die Chemie vorgestellt, die uns mit ihren Materialien und Stoffen an einem ganz gewöhnlichen Tag – meistens unbemerkt – begegnet und begleitet, uns hilft und uns das Leben erleichtert. Auch wenn die Beiträge nur einen kleinen Ausschnitt der Chemie in unserem täglichen Leben zeigen, ist das ist eine interessante Perspektive. Vielleicht finden Sie sich angeregt, diese Betrachtungsweise hier und dort gelegentlich selbst anzuwenden und weiterzuführen. Sehen Sie sich zum Beispiel einen alten Film an und achten Sie einmal darauf, was es damals gab und vor allem aber, was es noch nicht gab. In jeder Einstellung werden Sie etwas entdecken, das heutzutage anders ist. Zugegeben, einiges scheint unverändert: so die beliebten Nahaufnahmen – insbesondere des ersten Kusses. Aber auch hier kann man nicht ganz sicher sein: Haarspray, Make-up und Parfüm von damals sind bestimmt anders als die Produkte von heute. Und vor allem das, was der Zuschauer nicht zu sehen bekommt, nämlich die ganze Aufnahmetechnik und das Filmmaterial, würden uns heute museumsreif vorkommen.

Ebenso interessant ist es, sich Sciencefiction-Filme anzusehen oder solche Romane zu lesen, und zwar mit „chemischen" Augen. Welche Materialien müssten noch erfunden werden? Wird es Laser für Gamma-Strahlen geben? Ist es denkbar, dass es vielleicht grundsätzliche Naturgesetze gibt, von denen wir heute noch gar keine Ahnung haben? Denken wir an Jules Verne. Er war populär, aber unter den seriösen Wissenschaftlern galt er – milde ausgedrückt – als Spinner. 150 Jahre später muss jeder zugeben: Er hat über unsere Zeit wesentlich mehr zutreffende Aussagen gemacht als alle damaligen Experten zusammen. Natürlich wissen wir nicht, ob heute ein „Jules Verne" unter uns ist. Vielleicht haben einige der Sciencefiction-Autoren Phantasien, die der Zukunft nahe kommen. Aber das ist eine Frage, die erst spätere Generationen beantworten können.

Wählen wir nun eine dritte Alternative zur Betrachtung unserer Welt: die Satelliten-Perspektive. Versetzen wir uns in die Lage von Astronauten – die Jules Verne übrigens vorausgesehen hat und seinen Hund Satellite nannte – und fliegen im Laufe eines Tages um die Erde. Dabei beobachten wir, was denn so innerhalb von 24 Stunden auf der Erde „chemisch" los ist. Natürlich denkt man dabei sofort an die wichtigste irdische chemische Reaktion: die Photosynthese. Mit Hilfe des Sonnenlichtes wandeln Chloroplasten in Mikroorganismen und Pflanzen täglich rund 500 Millionen Tonnen Kohlendioxid ($CO_2$) in Kohlenhydrate um:

Jules Verne (1828–1905) traf den Nerv seiner Zeit. Geborgen im bürgerlichen Umfeld war er fasziniert von den technischen Fortschritten auf allen Gebieten. Doch seiner Phantasie genügten diese nicht. Er ließ seinen Gedanken freien Lauf und fand eine begeisterte Leserschaft mit seiner Erfindung, die wir heute Science-Fiction-Literatur nennen. Verblüffend ist nur, dass seine Vorhersagen auf lange Sicht viel zutreffender waren als alle Prognosen der seriösen Koryphäen der Wissenschaften seiner Zeit.

**Kohlendioxid + Wasser + Sonnenlicht**
↓
**Kohlenhydrate + Sauerstoff**

So schätzt man die jährliche Produktion von Kohlenhydraten durch die Biomasse auf rund 175 Milliarden Tonnen. (Die Aussagen über die Tagesmengen werden jeweils durch die Jahresmengen ergänzt. Das erspart Ihnen die Multiplikation mit 365, denn in den Statistiken werden in der Regel die Jahresmengen angegeben.)

So eindrucksvoll die chemischen Leistungen der Natur auch sind, konzentrieren wir uns hier auf die Chemie der Menschen und für die Menschen. Apropos Menschen: An jedem Tag wächst die Menschheit um etwa 300.000 neue Erdenbürger, das entspricht einer mittleren Großstadt wie Mannheim; jährlich kommen somit ca. 90 Millionen Menschen zusätzlich auf die Erde. Derzeit müssen sich 6,3 Milliarden Menschen ernähren, wollen ihre Gesundheit erhalten, kleiden sich und beanspruchen Wohnraum, streben nach Ausbildung und Kommunikation und stellen Ansprüche an die Mobilität. Letzteres führt zu weltweit ca. 700 Millionen Kraftfahrzeugen aller Art auf den Straßen. Ihr Treibstoff-Verbrauch beansprucht etwa ein Drittel der Erdölförderung. Sowohl wegen der begrenzten Erdölreserven als auch wegen der Belastung der Atmosphäre durch Abgase muss der Verbrauch minimiert werden. Das Ziel des 3-Liter-Autos ist ohne weitgehenden Einsatz von Konstruktionskunststoffen nicht zu erreichen. Schon heute stecken in einem neuen Auto im Durchschnitt etwa 150 Kilogramm Kunststoffe (siehe Kapitel *Mobilität dank vier Rädern*).

Science Fiction-Phantasie aus Legobausteinen oder zukünftig umsetzbare Vision? Wissen können wir es nicht. Deshalb ist es ratsam, vorsichtig mit der Aussage „Das wird es nie geben!" umzugehen.

## Der Energieverbrauch der Menschheit im Jahr 2000 in Tonnen.

| | pro Tag | Jahresmenge |
|---|---|---|
| Erdöl | 9,9 Mio. | 3,6 Mrd. |
| Davon für Chemie | 0,74 (ca. 7,5 %) | 0,27 Mrd. |
| Steinkohle | 10,1 Mio. | 3,7 Mrd. |

| | | |
|---|---|---|
| Welt-Erdölreserven (gesichert): | 140 | Mrd. |
| Welt-Erdölgasreserven (in Kubikmeter): | 149.400 | Mrd. |
| Erdgasverbrauch 2000 (in Kubikmeter): | 2.450 | Mrd. |

## Produktionszahlen für die wichtigsten organischen Chemieprodukte weltweit im Jahr 2000 in Tonnen.

| | pro Tag | Jahresmenge |
|---|---|---|
| Ethen | 250.000 | 90 Mio. |
| Propen | 150.000 | 54 Mio. |
| Benzol | 90.000 | 32 Mio. |
| Methanol | 80.000 | 29 Mio. |
| Xylole | 77.000 | 28 Mio. |
| Styrol | 55.000 | 20 Mio. |
| Tuluol | 42.000 | 15 Mio. |
| Butadien | 22.000 | 8 Mio. |

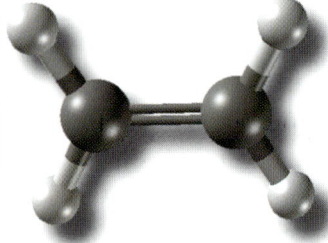

Dass wir sparsam mit den endlichen Ressourcen umgehen sollten, damit auch nachfolgende Generationen noch darauf zurückgreifen können, zeigt die Tabelle zum Energieverbrauch der Menschheit. Für die Betrachtung ist es wichtig, dass die Chemie nur sieben bis acht Prozent des Erdölverbrauchs in Anspruch nimmt. Hinzu kommt, dass ein Großteil ihrer Produkte, wie die Kunststoffe, nur einen nützlichen Umweg gehen, um nach Gebrauch in der Verbrennung zur Energiegewinnung beizutragen. Nicht ohne Grund gelten die Kunststoffabfälle als festes Erdöl (siehe Kapitel „Alles Müll – oder was?").

Schauen wir uns die Chemie und ihr Produktangebot nach Mengen geordnet etwas genauer an. Zunächst die organischen Produkte, die alle aus Erdöl oder Erdgas erzeugt werden. Der eindeutige Spitzenreiter ist das kleine Molekül Ethen, auch Ethylen genannt. Darauf baut sich ein weitverzweigter Produktstammbaum auf, der von den Kunststoffen, Hilfschemikalien und Waschmitteln bis zur Feinchemie reicht. Propen (Propylen) hat sich aufgrund vielfältiger Polymerisationsmöglichkeiten zu einer Basis für „Massenspezialitäten" entwickelt. Die weißen Sommerstühle haben Weltkarriere gemacht. Kunststoffe aus Styrol sind die jung gebliebenen Veteranen. „Blends"-Mischungen auf der Grundlage von Polystyrol begegnen wir in Technik, Haus und Garten – also überall.

Für eine Übersicht ist es interessant, alle Kunststoffe gemeinsam zu sehen. Die Zahlen überraschen. Rund 550.000 Tonnen werden an einem Tag weltweit hergestellt. Die jährliche Menge, nach Adam Riese sind es 195 Millionen Tonnen, trägt wesentlich zu unserem Lebensstandard und -stil bei. Vom chemischen Standpunkt interessieren natürlich die Spitzenreiter unter ihnen. Mit 88.000 Tonnen Polypropylen (Polypropen) am Tag (ca. 32 Millionen Tonnen pro Jahr)

und 27.000 Tonnen Polyurethanen (ca. 10 Millionen Tonnen pro Jahr) führen je ein Polymerisations- bzw. ein Polyadditionsprodukt die „Poly-Parade" an.

Variabler sieht die Hit-Liste bei den anorganischen Produkten aus. Sie wird vor allem von Produkten dominiert, die als Düngemittel eingesetzt werden. Das beginnt mit Schwefelsäure, von der ein Großteil in diesen Sektor geht. Die Schwefelsäure entsteht eigentlich nicht in einem Syntheseprozess, sondern durch die katalytische Verbrennung von Schwefel. Das soll ihrer Bedeutung aber nicht abträglich sein. Mit 550 Tonnen am Tag (190 Millionen Tonnen pro Jahr) ist sie das meistgebrauchte chemische Produkt. Der Ammoniak-Synthese, dem „goldenen Griff in die Luft", verdanken zwei bis drei Milliarden Menschen eine ausreichende Ernährung (siehe Kapitel „Der Natur auf die Sprünge helfen" sowie „Fritz Haber und der Sündenfall" im Kapitel „Von Arsen bis Zyankali"). Titandioxid ist ein robustes Pigment, das nahezu in allem steckt, was weiß ist, also Farben, Lacken, Kunststoffen, Papier und vielem mehr. Die übrigen Produkte finden eine

**Titandioxid** – macht unsere Wände weiß.

## Produktionszahlen für die wichtigsten anorganischen Chemieprodukte weltweit im Jahr 2000 in Tonnen.

|  | pro Tag | Jahresmenge |
|---|---|---|
| Schwefelsäure | 450.000 | 165 Mio. |
| Ammoniak | 301.000 | 110 Mio. |
| Salpetersäure | 145.000 | 53 Mio. |
| Natronlauge | 124.000 | 45 Mio. |
| Chlor | 118.000 | 43 Mio. |
| Phosphorsäure | 77.000 | 28 Mio. |
| Salzsäure | 47.000 | 17 Mio. |
| Ammonnitrat | 44.000 | 16 Mio. |

zu vielfältige Anwendung, als dass hier darauf eingegangen werden kann.

Nun zu den Medikamenten. Sie ahnen es: Natürlich liegt die Acetylsalicylsäure, besser bekannt als Aspirin, unangefochten an der Spitze. Rund 120 Tonnen werden täglich weltweit geschluckt (ca. 40.000 Tonnen pro Jahr), und die Tendenz ist weiter steigend, nachdem die prophylaktische Wirkung gegen Herzinfarkt gesichert nachgewiesen ist. Auch die Literatur über diese Substanz nimmt ungebrochen zu. Täglich erscheinen etwa

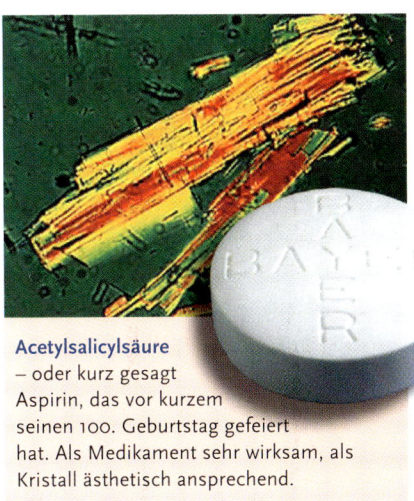

**Acetylsalicylsäure**
– oder kurz gesagt Aspirin, das vor kurzem seinen 100. Geburtstag gefeiert hat. Als Medikament sehr wirksam, als Kristall ästhetisch ansprechend.

zehn Publikationen, in denen dieses über hundertjährige Produkt der Firma BAYER eine Rolle spielt.

Das führt uns direkt zur Forschung. Zunächst der Wissensstand. Zur Zeit sind 21,5 Millionen chemische Verbindungen in den Chemical Abstracts, dem chemischen Zentralregister, beschrieben. Es überrascht nicht, dass die Zahl der bekannten Sequenzen von DNA-Stücken mit 26,7 Millionen die eigentlichen chemischen Verbindungen schon hinter sich gelassen hat, und dieser Abstand wird sich rasant vergrößern. Dennoch

kommen täglich 4400 chemische Substanzen neu in das Register (ca. 1,6 Millionen pro Jahr).

Es geht aber nicht nur um Substanzen, der Wissensschatz umfasst auch Reaktionen. Hier sind es 100 bis 200, die täglich hinzukommen und den Bestand von ca. 6,6 Millionen Reaktionen täglich bereichern. Die Ergebnisse der Forschung werden in Fachartikeln beschrieben und dokumentiert. Davon erschienen 2002 weltweit Tag für Tag 1725 (insgesamt also 630.000) in rund 9000 Fachjournalen (in 50 Sprachen). Übrigens ist die weltweit am meisten zitierte Zeitschrift die „Angewandte Chemie", die von der Gesellschaft Deutscher Chemiker herausgegeben wird.

Für den industriell arbeitenden Forscher sind Patente von großer Bedeutung. Wer auf dem gesamten Gebiet der Chemie auf dem Laufenden bleiben wollte, müsste täglich ca. 600 Patente studieren (ca. 200.000 Patente pro Jahr). Das alleine beweist, wie unumgänglich die Spezialisierung ist. Die Suche nach der richtigen Literatur ist inzwischen zu einem wichtigen Spezialgebiet geworden. Dieses „data-mining" bildet das Fundament für ein erfolgreiches Wissensmanagement.

Es ist äußerst schwierig abzuschätzen, wie viele Menschen – Forscher und Hilfspersonal – weltweit in Forschung und Entwicklung tätig sind. Zum Glück haben wir für Deutschland verlässliche Zahlen. In der deutschen chemischen Industrie arbeiten zur Zeit rund 500.000 Menschen, davon sind ca. 45.000 in Forschung und Entwicklung beschäftigt. Die Ausgaben für die Zukunftssicherung liegen bei 8,1 Milliarden Euro, das sind ca. 6 % vom Umsatz. Die chemische Industrie in Deutschland tut also viel, um im globalen Wettbewerb bestehen zu können.

Wir stehen am Beginn der so genannten Globalisierung und dürfen die Augen nicht vor den Konsequenzen verschließen. Andere Länder verfü-

ungewöhnlichen Perspektiven zu betrachten, die er sich zum Teil selbst schafft. So wurde noch nie eine Verbindung oder gar ein Atom real gesehen. Die weit verbreiteten Bilder aus der atomaren Welt sind eigentlich rückgerechnete und graphisch dargestellte Messwerte. Die beeinduckenden Bilder zeigen Verbindungen oder Atome quasi virtuell. Und dennoch gehen wir im Geiste mit Substanzen um, verändern sie, suchen die Nadeln im Heuhaufen und sind trotz vieler Fehlschläge auch immer wieder erfolgreich. Sonst sähe die Welt anders aus. Und auch unser Weltbild wäre ohne die Beiträge der Chemie unvollkommen. Die Kräfte der Physik bestimmen, was im Universum vor sich geht, die 92 natürlichen Elemente, die die Chemie entdeckt hat, bilden die materielle Grundlage dazu (inzwischen gibt es noch 18 künstliche Elemente, die jedoch instabil sind).

Damit wollen wir den Tag beenden. Die Gesunden mögen erholsam schlafen, und die ein Leiden zu tragen haben, werden für die Nacht von hilfreichen Molekülen Linderung erfahren. Übrigens: auf der anderen Seite des Globus wird gerade weitergesucht – nach noch besseren Produkten. Und am kommenden Morgen geht es auch bei uns weiter – mit frischen Kräften.

**In kosmischen Dimensionen** ist unser blauer Planet, der einen Durchmesser von $12 \times 10^6$ Metern hat, ein Nano-Nano-Partikel im Universum. Möglicherweise ist es der einzige Himmelskörper, auf dem Leben in der uns bekannten Art und Weise existiert. Vielleicht ist dieses Körnchen im Weltall sogar das Schönste, ganz sicher aber zählt es zu den interssantesten Objekten.

gen ebenfalls über eine leistungsstarke Chemie, und wieder andere arbeiten hart daran aufzuschließen. Nach Anzahl der Veröffentlichungen und Patente verfügt unser Land über etwa sechs bis acht Prozent des weltweiten chemischen Potenzials. Aus der Satelliten-Perspektive bedeutet dies umgekehrt, dass sich 94 bis 92 Prozent nicht in Deutschland befinden. Strategische Investitionen, internationale Kooperationen und synergistische Partnerschaften müssen die Antwort sein, um auch dieses Know-how nutzen zu können. Zum Ausruhen ist keine Zeit, und Lorbeeren – Deutschland war einmal die „Apotheke der Welt" – welken mit der Zeit. Nicht umsonst heißt es: Wer sich dem globalen Wettbewerb stellt, kann möglicherweise verlieren. Wer sich ihm aber nicht stellt, wird mit Sicherheit verlieren.

Nun kehren wir wieder in den Alltag zurück. Wir wundern uns, was die Betrachtung eines Tages aus ungewöhnlicher Perspektive für Einsichten bringt. Der Chemiker ist es gewohnt, die Natur aus

# Glossar

**Acetylcholin**
Wichtiger Botenstoff im Gehirn, der Signale von einer Nervenzelle zur nächsten oder zu einer Muskelzelle weiterleitet.

**Acetylcholinesterase**
Enzym, das Acetylcholin spaltet, und so die Übertragung eines Nervenimpulses beendet.

**Acetylsalicylsäure**
2-Acetoxybenzoesäure, Wirkstoff im Aspirin.

**Acrylamid**
Acrylsäureamid, $H_2C=CH-CO-NH_2$, Monomerbaustein zur Herstellung von Polyacrylamid.

**Adenosintriphosphat, ATP**
Verbindung, mit deren Hilfe der Körper Energie speichert, transportiert und gegebenenfalls wieder freisetzt. Universelle „Energiewährung" aller Lebewesen. Vierwertiges Anion der Adenosin-5'-triphosphorsäure.

**Adipinsäure**
Butandicarbonsäure, Hexandisäure, $HOOC-(CH_2)_4-COOH$;
Adipinsäure wird Trockenpulver, Fruchtsaftgetränken und Desserts zugesetzt. Außerdem ist die Verwendung als Kochsalzersatzmittel und zur Trinkwasseraufbereitung zugelassen. Adipinsäure ist ein wichtiger Rohstoff für die Herstellung von Nylon und Zwischenprodukt bei der Herstellung von Weichmachern, Polyamiden, Polyestern oder Polyurethanen.

**Adrenalin**
Hormon der Nebenniere. Adrenalin aktiviert den Stoffwechsel der Leber und der Muskulatur, was zu erhöhtem Glycogen-Abbau und einem damit verbundenen Anstieg des Blutzuckers führt. Im Fettgewebe bewirkt Adrenalin eine Steigerung des Fettabbaus. Außerdem steigert es den oxidativen Stoffwechsel in den Zellen und bewirkt so insgesamt eine erhöhte Einsatzbereitschaft des Organismus, sei es zu Arbeit, Angriff oder Flucht.

**AIDS**
Aquired Immunodeficiency Syndrome – Erworbene Immunschwäche, Viruserkrankung, die über infizierte Körperflüssigkeiten (Blut, Sperma) übertragen wird.

**Aliphaten**
Kettenförmige Kohlenwasserstoffe.

**Alkaloide**
Vorwiegend in Pflanzen vorkommende basische Naturstoffe mit einem oder mehreren eingebauten Stickstoff-Atomen im Molekül, das aus mehreren miteinander verschmolzenen Kohlenstoffringen besteht. Sie haben oft eine ausgeprägte pharmakologische Wirkung.

**Ameisensäure**
Methansäure, HCOOH. Einfachste und gleichzeitig stärkste Carbonsäure. Ameisensäure wird von Ameisen, Raupen, Käfern und anderen Gliedertieren als Wehrsubstanz verwendet. Auch in Pflanzen wie Brennesseln und Tannennadeln kommt Ameisensäure vor.

**Aminoanthrachinon-Pigmente**
Licht- und wetterechte organische Pigmente. Sie leiten ihre Struktur vom Aminoanthrachinon ab, einem in Pilzen vorkommenden Naturstoff, der aus mehreren Kohlenstoffringen aufgebaut ist.

**Aminogruppe**
$-NH_2$

**Aminosäuren**
Bezeichnung für Carbonsäuren mit einer oder mehreren Amino-Gruppen im Molekül. Im engeren Sinn versteht man darunter die 20 am Aufbau der Eiweißstoffe (Proteine) beteiligten (proteinogenen) und in den Nucleinsäuren der Gene kodierten, aber in der Natur auch frei vorkommenden $\alpha$-Aminocarbonsäuren.

**Amphetamin**
1-Phenyl-2-propanamin ($\beta$-Phenylisopropylamin oder $\alpha$-Methylphenethylamin). Wirkt anregend auf das Zentralnervensystem. Es wurde als Wirkstoff gegen Depressionen, Fettsucht und Müdigkeit verwendet. In Deutschland fällt es unter das Betäubungsmittelgesetz, da seine euphorisierende Wirkung süchtig machen kann, es zählt heute zu den Rauschgiften. Amphetamin wird auch als Dopingmittel missbraucht.

**Angiogenese**
Neubildung von Blutgefäßen.

**Anilin**
Phenylamin, Aminobenzol, $H_5C_6-NH_2$. Anilin ist vom Produktionsumfang, von den Einsatzgebieten und von der Zahl der Folgeprodukte her das wichtigste aromatische Amin und eine der Schlüsselsubstanzen für die Chemie der Aromaten.

**Amalgam**
Flüssige oder feste Legierungen von Quecksilber mit Metallen. Amalgam, das als Material für Zahnfüllungen verwendet wird, besteht im fertigen Zustand aus etwa 50 % Quecksilber, 25 % Silber, 12 % Zinn und 13 % Kupfer.

**Anthrachinon**
9,10-Anthracendion, $C_{14}H_8O_2$. Ausgangsprodukt für viele Farbstoffe. Schreckt Vögel ab (Vogelrepellent) und findet Verwendung in der Papier-Industrie.

**Arachidonsäure**
all-Z-5,8,11,14-Eicosatetraensäure. Biochemisch wichtige essentielle Fettsäure, Vorstufe verschiedener Botenstoffe.

**α-Kohlenstoffatom**
Das erste Kohlenstoffatom in einem längeren Molekül, das aus mehreren Kohlenstoffatomen besteht.

**Aromaten**
Ringförmige Kohlenwasserstoffe mit einer charakteristischen Anzahl von konjugierten Doppelbindungen.

**Atropin**
Alkaloid, das in der Tollkirsche, Bilsenkraut-Arten, Stechapfel-Arten und der Alraune vorkommt. Atropin ist ein starkes Nervengift (letale Dosis für Menschen ca. 100 mg), wirkt aber auch als Gegengift bei Vergiftungen mit Nerven-Gasen und Organophosphor-Insektiziden.

**Azofarbstoffe**
Wichtige Gruppe von Farbstoffen, umfasst eine größere Zahl von Verbindungen als alle anderen Farbstoffklassen zusammen. Alle Azofarbstoffe haben die allgemeine Formel $R^1-N=N-R^2$, wobei die beiden Reste $R^1$ und $R^2$ gleich oder verschieden sein können.

**Azo-Pigmente**
Organische Farbpigmente. Die Farbpalette reicht vom gelbstichigen Grün über Orange bis zu Rotviolett. Einsatz vor allem in Industrie-Lacken, einige hochechte werden auch für Autolacke verwendet.

**Benzimidazol**
$C_7H_6N_2$. Benzimidazol dient als Ausgangsstoff für organische Synthesen, insbesondere bei der Herstellung pharmazeutischer Wirkstoffe und zur Herstellung hochtemperaturbeständiger Polymere, der Polybenzimidazole.

**Benzoesäure**
$H_5C_6-COOH$, einfachste aromatische Carbonsäure. Kommt als Abwehrstoff in Pflanzen und Wasserkäfern vor. Dient als Zwischenprodukt für die Farbstoff- und Parfümherstellung sowie als Vorprodukt für die Synthese zahlreicher aromatischer Verbindungen. Darüber hinaus wird Benzoesäure als Konservierungsmittel in Lebensmitteln und in Kosmetika eingesetzt.

**Benzol**
$C_6H_6$, aromatischer Sechsring, Prototyp aromatischer Verbindungen. Wirkt giftig und krebserzeugend.

**Benzpyren**
Benzpyren besteht aus fünf miteinander verschmolzenen aromatischen Sechsringen und gilt als der Prototyp der polycyclischen aromatischen Kohlenwasserstoffe. Es ist eine der Chemikalien, deren krebserregende Wirkung am längsten bekannt und am besten untersucht ist.

**Betain**
Trimethylammonioacetat. Der Name leitet sich von Beta, dem lateinischen Wort für Rübe ab. Betain ist z. B. in Rübenzuckermelasse, Miesmuscheln oder Krabben enthalten und wird als Medikament eingesetzt.

**Bisphenol**
2,2-Bis(4-hydroxyphenyl)propan. Wird zur Verhinderung der Oxidation von Weichmachern verwendet sowie als Mittel gegen Pilze (Fungizid) und ist ein Zwischenprodukt bei der Herstellung von Epoxid-, Polycarbonat- und Phenol-Harzen, Gerbstoffen und Farbstoffen.

**Brechungsindex**
Der Brechungsindex ist ein Maß dafür, wie stark ein Lichtstrahl abgelenkt wird, wenn er aus einem Medium in ein anderes eintritt, z.B. aus Luft in Wasser oder Glas.

**Butylhydroxianisol**
tert-Butyl-4-methoxyphenol. Butylhydroxyanisol ist eines der am meisten verwendeten Antioxidantien für Fette und Öle sowie fetthaltige Lebensmittel. Darüber hinaus wird es als Konservierungsmittel in Kaugummi, Instantprodukten, Produkten auf Stärkebasis oder auch in Kosmetika eingesetzt.

**Butylhydroxytoluol**

2,6-Di-*tert*-butyl-4-methylphenol. Verwendung als Antioxidationsmittel für Lebensmittel, Wachse, Farben, Kosmetika, Arzneimittel, besonders für Fette und Öle sowie fetthaltige Backwaren, Kaugummi u. Instantprodukte.

**Caprolactam**

6-Aminohexansäurelactam. Ringförmiges Molekül aus sechs Kohlenstoff- und einem Stickstoffatom. An das dem Stickstoff benachbarte Kohlenstoff-Atom ist ein Sauerstoffatom gebunden. Caprolactam wird zum überwiegenden Teil für die Herstellung von Nylon eingesetzt.

**Carbamate**

Ester und Salze der Carbamidsäure, die teilweise als Schädlingsbekämpfungsmittel, Unkrautvernichter und Mittel gegen Pilze sowie als Pharmazeutika (Schlafmittel, Tranquilizer) Verwendung finden.

**Carbonsäuregruppe**

Carboxylgruppe, –COOH

**Carotinoide**

Von Carotin abgeleitete Bezeichnung für reine Kohlenwasserstoffe und Sauerstoffhaltige Verbindungen, deren Grundgerüst aus acht Isopren-Einheiten besteht. Die Carotinoide kommen in den Laubblättern, Früchten, Sprossen, Wurzeln (z.B. in der Möhre), Staubblättern, Pollen und Samen von höheren Pflanzen vor.

**Carvon**

*p*-Mentha-6,8-dien-2-on. Enthalten in Kümmelöl und Dillöl. Verwendung in der Likör-, Kosmetik- und Seifenindustrie sowie als Ausgangsverbindung zur asymmetrischen Synthese von Naturstoffen.

**Cellulose**

Langes Kettenmolekül, das aus 500–5000 miteinander verknüpften Traubenzuckerbausteinen besteht.

**Cetylalkohl**

1-Hexadecanol, Palmitylalkohol, $C_{16}H_{34}O$.

**Cholin**

(2-Hydroxyethyl)trimethylammonium. Cholin kommt sowohl frei als auch gebunden in Phospholipiden in der Gallenflüssigkeit, im Gehirn, im Eigelb sowie in Steinpilzen, Champignons, Hopfen und in zahlreichen Samen, Blättern u. Stämmen von Pflanzen vor.

**Cracken**

Die schwereren, hoch siedenden Fraktionen des Rohöls werden so hoch erhitzt, dass lange Kohlenwasserstoffketten in kürzere Bruchstücke aufgespalten werden. Man erhält ein Gemisch aus leichten, niedrig siedenden Bestandteilen. Die Crackprodukte sind wichtige Rohstoff für die chemische Industrie.

**Cumarin**

Cumarin ist in den Blüten und Blättern von vielen Gras- u. Kleearten, im Steinklee, im Waldmeister, in Datteln, im Lavendelöl, im Pfefferminzöl, im Salbeiöl und im Zimt enthalten.

**Chitin**

Natürlich vorkommendes Polymer aus *N*-Acetyl-D-glucosamin-Bausteinen. Das Außenskelett der Krebse und Insekten besteht aus Chitin. Viele niedere Pflanzen, wie Algen oder Flechten sowie Hefen und Pilze, nützen es ebenfalls als Gerüstmaterial. Chitin wird als Papier- und Färbereihilfsmittel, Bindemittel für Vliesstoffe, als Klebstoff, für Wursthüllen und Dialysemembranen sowie als Flockungsmittel (bei der Abwasserreinigung) eingesetzt.

**Chlorophyll**

Grüner Blattfarbstoff der höheren Pflanzen und der Grünalgen, der die Photosynthese ermöglicht. Chlorophylle werden zum Färben von Fetten, Ölen, Käse, Süßwaren, Suppen und Getränken eingesetzt, sowie als Farbstoffe in der Medizin, in der Kosmetik- und der Kerzen-Industrie.

**Cholesterin, Cholesterol**

Heterozyklische Kohlenwasserstoffverbindung, Bestandteil tierischer Fette. Kommt beim Menschen in allen Organen vor: Im Gehirn, in Nervenzellen, Nebennieren und der Haut. Eidotter und Wollwachs enthalten ebenfalls viel Cholesterol.

**Cofaktor**

Substanzen, die die Wirkung von Enzymen unterstützen.

**Coenzym**

Verbindungen, die an enzymatischen Reaktionen teilnehmen, indem sie die benötigten Bausteine binden und auf das Substrat übertragen. Zu den Coenzymen gehören zum Beispiel die Vitamine.

**Crack**

Freie Base des Cocain-Hydrochlorids

**DDT**

1,1,1-Trichlor-2,2-bis(4-chlorphenyl)ethan. Wirksames Schädlingsbekämpfungsmittel. Reichert sich in der Nahrungskette an und ist deshalb in Deutschland verboten. In den Entwicklungsländern wird es weiterhin zur Bekämpfung der Malaria-übertragenden Anopheles-Mücken verwendet.

**Dendritische Polymere**

Lange Molekülketten aus voluminösen, wie ein Geäst verzweigten, einzelnen Bausteinen.

**Diphenylamin**

$(H_5C_6)_2NH$

**Dieldrin**

Schädlingsbekämpfungsmittel mit Kontakt- und Fraßgiftwirkung gegen Hygieneschädlinge, Termiten, Heuschrecken und Überträger tropischer Krankheiten sowie zur Saatgutbeize. Es wird leicht durch die Haut aufgenommen und reichert sich im Fettgewebe und in der Muttermilch an. Dieldrin ist in vielen Ländern (z.B. Deutschland, USA) als Pflanzenschutzmittel nicht mehr zugelassen.

**Digitalis**

Gruppe von stark giftigen Verbindungen aus Fingerhut-Arten. Verwendung zur Dauerbehandlung von chronischer Herzmuskelschwäche, Herzrhythmusstörungen und -klappenfehlern. Wegen der hohen Giftigkeit ist eine exakte Dosierung der Mittel sowie genaue Einstellung und Kontrolle der Patienten erforderlich. Hohe Digitoxin-Dosen verursachen Herzlähmung und Tod.

**Diphenylether**

$H_5C_6–O–C_6H_5$, zwei Benzolringe über ein Sauerstoffatom verbunden.

**DNA**

Desoxyribonucleic Acid, Desoxyribonucleinsäure, Trägermolekül der Erbinformation.

**DNA-Sonde**

DNA-Abschnitt mit bekannter Basensequenz, dient zum Nachweis der komplementären Nucleinsäuresequenzen in einer unbekannten Probe.

**DNA-Array, DNA-Chip**

Zweidimensionale Punktrasteranordnung tausender DNA-Moleküle mit unterschiedlicher Nucleotidsequenz auf einer Kunststoff- oder Glasoberfläche.

**Docosahexaensäure**

Mehrfach ungesättigte Fettsäure mit 22 Kohlenstoffatomen.

**Dopamin**

2-(3,4-Dihydroxyphenyl)-ethylamin, biogenes Amin, wirkt als Neurotransmitter. Verwendung als Medikament zur Steigerung des arteriellen Blutdrucks. Dopamin ist außerdem an der Bewältigung von Stress, am männlichen Sexualverhalten und an der Entstehung von Drogenabhängigkeit beteiligt.

**Eicosapentaensäure**

Hochungesättigte, essenzielle Fettsäure aus 20 Kohlenstoffatomen, die insbesondere in Algen (z.B. Rotalgen) gebildet und über die Nahrungskette im Fischöl angereichert wird.

**Eisenoxid**

Verbindung aus Sauerstoff und Eisen. Entsteht unter anderem beim Rosten von Eisen oder Stahl.

**Enantiomere**

Zwei chemische Verbindungen, die die gleiche Summenformel und den gleichen Aufbau besitzen, deren Strukturen sich aber zueinander verhalten wie Bild und Spiegelbild.

**Endorphine**

Von „endogen" und „Morphin" abgeleitete Bezeichnung für schmerzlindernd wirksame Peptide, die im Gehirn gebildet werden.

**Enzym**

Enzyme sind Biokatalysatoren: Sie nehmen an einer biochemischen Reaktion teil und lassen sie schneller oder überhaupt erst ablaufen, ohne dass sie selber dabei umgesetzt werden.

**Ester**

Chemische Verbindung aus einem Alkohol und einer Carbonsäure. Vorkommen in der Natur in Form der Fette u. fetten Öle (Ester der Fettsäuren mit Glycerin), Wachse (Ester von Fettsäuren mit Fettalkoholen), Lecithine, Riechstoffe von Früchten und Blüten.

**Ethylacetat**

Essigsäureethylester

**Ethylenglykol**

1,2-Ethandiol, „Glykol", $HO–CH_2–CH_2–OH$. Ethylenglykol wird überwiegend auf zwei Einsatzgebieten verwendet: Es dient als Frostschutzmittel in Motoren und zur Polyester-Herstellung.

**Fermentation**

Umsetzung biologischer Materialien durch Enzyme oder Mikroorganismen (z.B. Herstellung von Joghurt aus Milch oder Insulin aus gentechnisch veränderten Bakterien). Im engeren Sinne wird der Begriff bei der technischen Bearbeitung von Leder, Flachs, Tabak, Kakao, Kaffee und Tee unter Beteiligung von Mikroorganismen benutzt.

**Fette**

Feste, halbfeste oder flüssige (Öle), mehr oder weniger zähflüssige Produkte aus Pflanzen, Tieren oder Mikroorganismen, die chemisch im wesentlichen aus gemischten Glycerinestern höherer Fettsäuren bestehen. Fette sind wasserunlöslich.

**Fettsäuren**

Aliphatische Carbonsäuren (gesättigt, ungesättigt, verzweigt), die durch Spaltung mit Wasser aus den Triglyceriden natürlicher Fette und Öle freigesetzt werden.

**Fibroin**

Faserprotein der Seide.

**Flavonoide**

Von lateinisch flavus = gelb. Flavonoide kommen in allen höheren Pflanzen vor. Sie besitzen ein Grundgerüst aus 15 Kohlenstoffatomen. Zur Zeit sind mehr als 5000 unterschiedliche Strukturen von Flavonoiden bekannt.

**Freie Radikale**

Reaktive Formen, z.B. des Sauerstoffs, sehr reaktionsfreudig, greifen wichtige biologische Moleküle im Körper an.

**Furan**

Ringförmiges Molekül aus vier Kohlenstoffatomen und einem Sauerstoffatom.

**Fungizid**

Mittel zur Bekämpfung von Pilzen

**Furocumarin**

Pflanzlicher Inhaltsstoff, der zur Abwehr von Pilzen und Bakterien dient.

**Gamma-Amino-Buttersäure**

GABA Neurotransmitter, der hemmend auf die Nervenzellen wirkt.

**Gallussäure**

3,4,5-Trihydroxybenzoesäure. Kommt in der Natur z.B. in Galläpfeln, Eichenrinde oder Tee vor.

**Gen**

Erbanlage, Erbfaktor. Im Sinne der modernen Molekularbiologie ist ein Gen ein Abschnitt auf einem DNA-Molekül, der für eine einzige Polypeptidkette codiert.

**Genom**

Gesamtheit aller Gene eines Organismus.

**Glucose**

Traubenzucker

**Glyceraldehyd**

Einfachster Zucker, besitzt nur drei Kohlenstoffatome.

**Glycerin**

Glycerol, 1,2,3-Propantriol. Glycerin ist in den tierischen und pflanzlichen Fetten und Ölen enthalten, alle diese Stoffe sind gemischte Glyceride von Fettsäuren, d. h. Ester aus Glycerin und Fettsäuren.

**Glycogen**

Polysaccharid aus Glucose (Traubenzucker)-Bausteinen. Speichermolekül für Zucker bei Mensch und Tier.

**Halogene**

Die Elemente der 7. Hauptgruppe des Periodensystems: Fluor, Chlor, Brom, Jod, Astat.

**Harnstoff**

Carbamid, Kohlensäurediamid, $H_2N-CO-NH_2$. Endprodukt des Eiweiß-Stoffwechsels u. der Ammoniak-Entgiftung.

**Herbizid**

Mittel zur Unkrautbekämpfung.

**Heroin**

Diacetylmorphin, synthetischer Abkömmling des Morphins, zeigt die gleichen Wirkungen, nur um ein Vielfaches schneller und heftiger.

**Heterozyklen**

Ringförmige Kohlenwasserstoff-Verbindungen, in denen einzelne Kohlenstoffatome gegen andere Elemente, wie Schwefel, Stickstoff, Sauerstoff ausgetauscht sind.

**Hexamethylendiamin**

1,6-Diaminohexan, $H_2N-(CH_2)_6-NH_2$. Rohstoff für die Herstellung von Polyamiden, z.B. von Nylon, und von Polyurethanen.

**Hormon**

Chemischer Botenstoff im Körper, der von einer spezialisierten Drüse in den Blutstrom abgegeben wird und an einem entfernten Wirkort seine Wirkung entfaltet.

**Hydrophil**

Wasserliebend

**Hydrophob**

Wasserabweisend

**p-Hydroxybenzoesäureester**

Ester der 4-Hydroxybenzoesäure. In der Natur kommen sie u.a. als Bestandteile von Alkaloiden und Pigmenten in zahlreichen Pflanzen vor, für den Einsatz in der Lebensmittel-Industrie werden sie synthetisch hergestellt. Man verwendet sie als Konservierungsstoffe in Lebensmitteln und technischen Produkten, überwiegend aber in pharmazeutischen und kosmetischen Mitteln.

**Hydroxylapatit**

Material, aus dem der Zahnschmelz besteht.

**Imidazol**

1,3-Diazol. Kohlenstoff-Fünfring, in dem zwei Kohlenstoffatome durch Stickstoff ersetzt sind.

**Insektizid**

Schädlingsbekämpfungsmittel

**Insulin**

Hormon aus der Bauchspeicheldrüse; reguliert den Blutzuckerspiegel.

**Ionen**

Elektrisch geladene Teilchen von atomarer oder molekularer Größenordnung. Die in Wasser gelösten, beim Anlegen einer Gleichspannung zur Kathode (Minuspol) wandernden (positiv geladenen) Ionen nennt man Kationen, die zur Anode (Pluspol) wandernden (negativ geladenen) Ionen werden als Anionen bezeichnet. Die Kationen entstehen aus neutralen Teilchen durch die Abgabe, die Anionen durch die Aufnahme von Elektronen.

**Ionenaustauscher**

Feste Stoffe oder auch Füssigkeiten, welche in der Lage sind, positiv oder negativ geladene Ionen aus einer wässrigen Salzlösung unter Abgabe äquivalenter Mengen anderer Ionen aufzunehmen. Am häufigsten werden feste Körner und Partikel von folgenden Typen verwendet: Ionenaustauscher-Harze, deren Matrix durch Kondensation (Phenol-Formaldehyd) oder durch Polymerisation (Copolymere aus Styrol und Divinylbenzol sowie Methacrylaten und Divinylbenzol) erhalten wurden.

**Ionenkanal**

Protein, das in die Zellmembran eingebaut ist und selektiv bestimmte Bestandteile von Mineralsalzen durch die Membran passieren lässt, z.B Calcium-, Kalium-, oder Natriumionen.

**Katalysator**

Ein Katalysator ist an einer chemischen Reaktion beteiligt, beschleunigt sie oder macht die Umsetzung unter den gegebenen Bedingungen überhaupt erst möglich, ohne dass er selber während dieser Reaktion umgesetzt wird, er geht unverändert daraus hervor.

**Isopren**

2-Methyl 1,3 butadien. Wichtiger Grundbaustein für Naturstoffe.

**Isotop**

Von griech.: ísos = gleich u. tópos = Platz (d.h. am gleichen Platz im Periodensystem) abgeleitete Bezeichnung für Nuklide eines chemischen Elements, welche die gleiche Kernladungs- oder Ordnungszahl (Protonenzahl) besitzen, aber unterschiedlich viele der im Kern enthaltenen Neutronen und damit unterschiedliche Massen.

**Keratin**

In Haaren, Nägeln und Federn enthaltenes Protein.

**Lecithin**

Pflanzlicher Lipid-Komplex.

**Leitstruktur**

Niedermolekulare Wirkstoffe aus der Natur oder der Synthesechemie, deren strukturelle Neuartigkeit die Grundlage für weitere Studien bildet. Ziel ist eine Wirkstoffentwicklung zum Pharmakon od. zur Agrochemikalie.

**Lindan**

γ-Hexachlorcyclohexan, $C_6H_6Cl_6$. Es wirkt als Fraß- u. Kontaktgift und war früher weitverbreiteter Bestandteil von Holzschutzmitteln. Heute wird es im außereuropäischen Raum zur Bekämpfung von Parasiten an Nutztieren oder gegen Vorratsschädlinge, Wanzen in Kakao- und Schadkäfer in Kaffee-Plantagen eingesetzt.

**Lipid**

Sammelbezeichnung für strukturell sehr unterschiedliche, in allen Zellen vorkommende Stoffe mit folgenden übereinstimmenden Eigenschaften: unlöslich in Wasser, löslich in Benzol, Ether, Chloroform oder einem Chloroform-Methanol-Gemisch. Zu den Lipiden gehören Öle, Fette und die fettähnlichen Stoffe.

**Lipotropin**

Hormon, das den Fettabbau steuert.

**Melanotropin**

Hormon, das die Synthese von Pigmenten (Melanin) in den Melanozyten stimuliert.

Glossar

**Methadon**
Starkes Schmerzmittel, stärker als Morphin, mit Sucht erzeugendem Potenzial. In speziellen Drogenbekämpfungs-Programmen wird es bei der Entwöhnung von einer Heroin-Abhängigkeit eingesetzt.

**Methan**
$CH_4$

**Monomer**
Einzelbaustein eines Polymers.

**Morphium**
8-Didehydro-4,5α-epoxy-17-methyl-3,6-morphinandiol, Morphin. Starkes Schmerzmittel mit hohem Sucht-erzeugenden Potenzial.

**Mutation**
Veränderung in der DNA-Sequenz eines Gens, kann spontan auftreten oder durch äußere Anlässe (z.B. Chemikalien, UV-Licht, Röntgenstrahlen) verursacht werden.

**Myoglobin**
Roter Muskelfarbstoff, Protein, das für die Sauerstoffübertragung im Muskel zuständig ist.

**Naphtalin**
Grundgerüst sind zwei miteinander verschmolzene aromatische Kohlenstoff-Sechsringe.

**Nucleotide**
Grundbausteine der Nucleinsäuren.

**Omega-3-Fettsäuren**
Mehrfach ungesättigte essentielle Fettsäuren. Die erste Doppelbindung befindet sich am 3. Kohlenstoff-Atom.

**Opiate**
Arzneimittel aus Opium mit Morphin-artiger Struktur und Wirkung.

**Opium**
Der aus angeschnittenen, unreifen Früchten des Schlafmohns gewonnene, an der Luft getrocknete Milchsaft, der mind. 9,5% Morphium enthält.

**Oxytocin**
Hormon, das die Wehentätigkeit bei der Geburt anregt.

**Paraffine**
Gesättigte, kettenförmige Kohlenwasserstoffe, die nur eine geringe Neigung besitzen mit anderen Stoffen Verbindungen einzugehen.

**PCR**
Polymerase-Chain-Reaction, Polymerasekettenreaktion, Methode zur gezielten Vervielfältigung einzelner DNA-Abschnitte.

**Pestizide**
Mittel zur Unkrautbekämpfung.

**Phenol**
Karbolsäure, Benzolring mit einer OH-Gruppe. Phenol wirkt bakteriostatisch. Auf der Haut wirkt es stark ätzend und wird leicht resorbiert. Einnahme oder Einatmen der Dämpfe führt zu Atemlähmung, Delirien und schließlich zum Herzstillstand, eine chronische Vergiftung zu Nierenschädigungen.

**Pheromone**
Sexuallockstoffe bei Insekten.

**pH-Wert**
Negativer dekadischer Logarithmus der Wasserstoffionen-Konzentration.

**Phosphate**
Salze und Ester der verschiedenen Phosphorsäuren.

**Phosphorsäureester**
Bei der Reaktion von Phosphorsäure mit Alkoholen entstehen die jeweiligen Mono-, Di- und Triester unter Bildung einer C–O–P-Bindung (Organophosphate).

**Phytoalexine**
Pflanzliche Abwehrstoffe mit antibiotischer Wirkung gegenüber vielen Pilzen und Bakterien.

**Polyacrylamid**
Polymer aus Acrylamid-Bausteinen.

**Polyacrylat**
Kautschukelastomere, vulkanisierbare Copolymere auf der Basis von Acrylsäureestern, die geringe Mengen von Comonomeren wie Ethylen oder Methacrylsäure enthalten. Verwendung als Bindemittel für dauerelastische Materialien, z.B. Dichtstoffe, Kitte u. Klebstoffe, für rissüberbrückende Dispersionsfarben, zur Veredlung von Textilien u. als Unterseite von Teppichböden.

**Polyamid**
Polymere, die über die Säureamid-Gruppe –CO–NH– miteinander verknüpft sind.

**Polycarbonat**
Polycarbonate können als Polyester der Kohlensäure und aliphatischen oder aromatischen Di-Alkoholen (Verbindungen mit zwei OH-Gruppen) betrachtet werden.

**Polyethylen**
Polymerisationsprodukt von Ethylen.

**Polyethylenterephtalat**
Polyester aus Ethylenglycol und Terephthalsäure.

**Polyester**
Polymere, deren Grundbausteine durch Ester-Bindungen (–CO–O–) zusammengehalten werden.

**Polyharnstoff**
Polymere auf der Basis von Harnstoff-Bausteinen.

**Polyhydroxyalkanoate**
Natürliches Polymer, dient als Kohlenstoff- und Energiespeicher bei Bakterien.

**Polykondensation**
Verknüpfung von vielen identischen Bausteinen zu einem langen, kettenförmigen Molekül unter Abspaltung von Wasser.

**Polymer**
Organische Riesenmoleküle, die aus wenigen verschiedenen Bausteinen – den Monomeren – bestehen, von denen hundert bis über zehntausend zu langen Ketten aneinander gefügt werden. Es gibt natürliche Polymere wie Proteine, Stärke, Cellulose und synthetische, die z.B. zur Herstellung von Kunststoffen und Kunstfasern verwendet werden.

**Polyphenole**
Sammelbezeichnung für aromatische Verbindungen, die mindestens zwei phenolische Hydroxy-Gruppen im Molekül enthalten. In der Natur treten Polyphenole in Frucht- und Blütenfarbstoffen (Anthcyanidine, Flavone), in Gerbstoffen (Catechine, Tannine), als Flechten- oder Farn-Inhaltsstoffe auf.

**Polypropylen**
Entsteht bei der Polymerisation von Propylen, einem Kohlenwasserstoff mit drei Kohlenstoffatomen, von denen zwei über eine Doppelbindung verknüpft sind.

**Polystyrol**
Polystyrol entsteht bei der Polymerisation von Styrol (Phenylethylen), einem aromatischen Kohlenstoffsechsring, der eine Ethylengruppe trägt.

**Polythiophene**
Leitfähige Polymere. Bestehen aus Fünfringen aus vier Kohlenstoffatomen und einem Schwefelatom. Die Polymere müssen dann noch mit Fremdatomen dotiert werden, etwa Brom oder Iod, damit sie den Strom ausreichend leiten.

**Polyurethan**
Polyurethane entstehen durch die Verknüpfung von zwei Baustein-Typen, Baustein Nummer eins ist ein Dialkohol, also eine Verbindung mit einer Alkohohl-Gruppe (–OH) an beiden Enden, Baustein Nummer zwei ist ein Di-Isocyanat, ein Stoff mit einer Isocyanat-Gruppe (–N=C=O) an beiden Enden. Bei Zugabe von Wasser oder etwas Säure zum Reaktionssystem reagiert ein Teil der Isocyanatgruppen unter Abspaltung von Kohlendioxid. Es entstehen Gasblasen, die aus dem Polymer einen Schaum machen.

**Polyvinylchlorid**
PVC. Polymer aus der chlorierten Variante von Ethylen, Vinylchlorid.

**Polyzyklische Kohlenwasserstoffe**
Moleküle, die aus mehreren miteinander verschmolzenen Kohlenstoffringen bestehen.

**Prolactin**
Hormon, das die Milchproduktion in Gang setzt.

**Prostaglandine**
Biologisch aktive Abkömmlinge von Eicosapolyensäuren (enthalten 20 Kohlenstoffatome und mehrere Kohelnstoff-Kohlenstoff-Doppelbindungen).

**Protease**
Enzym, das Proteine spaltet.

**Pyrethrine**
Gruppen von natürlichen Schädlingsbekämpfungsmitteln, die in den Blütenköpfen verschiedener Chrysanthemen-Arten enthalten sind.

**Pyrethroide**
Synthetische Abkömmlinge der Pyrethrine. Wie diese entfalten sie ihre Wirkung auf das Nervensystem von Insekten als Kontaktgifte.

**Pyrrol**
Ringsystem aus vier Kohlenstoffatomen und einem Stickstoffatom.

**Pyrolyse**
Zerstörung einer chemischen Bindung durch Einwirken von Hitze.

**Rezeptor**
Protein in der Zellmembran, das als „Antenne" für eine ganz bestimmte Substanz im Körper dient, sie bindet und daraufhin Reaktionen im Zellinneren in Gang setzt.

**227**

**Ritalin**

Medikament gegen hyperkinetische Verhaltensstörungen bei Kindern (Zappelphillipsyndrom).

**Rotenoide**

Verbindungen die in Wurzeln und Samen verschiedener, in tropischen Gebieten heimischer Pflanzen vorkommen. Die Pflanzen werden in diesen Ländern bereits seit Jahrhunderten zur Ungezieferbekämpfung, Bereitung von Pfeilgiften und zur Betäubung von Fischen (um sie mit bloßer Hand fangen zu können) verwendet.

**SARS**

Severe Acute Respiratory Syndrome. Gefährliche ansteckende Atemwegserkrankung.

**Seife**

Die wasserlöslichen Natrium- oder Kalium-Salze der gesättigten und ungesättigten höheren Fettsäuren, die als feste oder halbfeste Gemische in der Hauptsache für Wasch- und Reinigungszwecke verwendet werden.

**Sericin**

Protein. Bestandteil der Seide, auch als Seidenleim bezeichnet, da es die Seidenfasern im Kokon der Seidenraupe miteinander verklebt.

**Serotonin**

5-Hydroxytryptamin. Chemischer Botenstoff im Gehirn und im Körper.

**Siliciumdioxid**

Verbindung aus Silicium und Sauerstoff $SiO_2$. Kommt in der Natur als Quarz vor.

**Silicon**

„Kunststoff" auf Siliciumbasis.

**Siloran**

Ringförmiges siliciumhaltiges Molekül, dient als Monomer zur Herstellung von Polysiloranen.

**Somatotropin**

Wachstumshormon.

**Sorbinsäure**

2,4-Hexadiensäure. Weltweit als Konservierungsmittel zugelassen (auch in Form von Kaliumsorbat) für Lebensmittel, Getränke, kosmetische und pharmazeutische Präparate sowie für Futtermittel.

**Stärke**

Natürliches Polymer in Pflanzen, besteht aus Traubenzucker-Bausteinen.

**Stearinsäure**

Octadecansäure $H_3C–(CH_2)_{16}–COOH$.

**Steroide**

Vom Cholesterin abgeleitete Verbindungen aus vier Kohlenstoffringen, die sowohl natürlich vorkommen als auch synthetisch hergestellt werden.

**Stilben**

1,2-Diphenylethen.

**Substrat**

Ausgangsverbindung einer chemischen Reaktion, wird umgesetzt zum Produkt.

**Synapse**

Kontaktstellen von Nervenzellen (Neuronen) untereinander od. mit anderen Zellen, z.B. von Muskeln oder Drüsen.

**Synaptischer Spalt**

Zwischenraum an der Kontaktstelle zweier Nervenzellen.

**Teflon**

Polytetrafluorethylen.

**Tensid**

Amphiphile (bifunktionelle) Verbindungen mit mindestens einem hydrophoben (wasserabweisenden) und einem hydrophilen (wasserliebenden) Molekülteil. Sie setzen die Grenzflächenspannung in Flüssigkeiten herab.

**Terephtalsäure**

Ein Benzolring mit zwei gegenüberliegenden Carbonsäuregruppen.

**Terephtalsäure-Dimethylester**

Ein Benzolring mit zwei gegenüberliegenden Carbonsäuregruppen, die jeweils mit Methanol verestert wurden.

**Terpene**

Aus mehreren Isopreneinheiten aufgebaute Naturstoffe.

**Terpinen-4-ol**

Bestandteil des Teebaumöls, pflanzlicher Abwehrstoff.

**Tetraeder**

Geometrischer Körper mit vier dreieckigen Flächen, sieht aus wie eine Pyramide mit dreieckiger Grundfläche.

**Tetrahydrocannabinol**

Wirksame Substanz im Haschisch.

**Titandioxid**

$TiO_2$, kommt als Weißpigment in Farben, Lacken, Anstrichstoffen, Kosmetika und Lebensmitteln vor. Außerdem Verwendung in der Katalyse und Halbleitertechnik.

**Toluol**

Methylbenzol

**Toxin**

Giftstoff

**Tyrosin**

2-Amino-3-(4-hydroxyphenyl)-propionsäure. Eine der biogenen Aminosäuren.

**Thyroxin**

Jod-haltiges Hormon aus der Schilddrüse.

**Vitamine**

Organische Moleküle, die in kleinen Mengen in der Nahrung höherer Tiere vorkommen müssen. Sie erfüllen in allen Lebensformen die gleichen Funktionen.

**Wasserglas**

Aus dem Schmelzfluss erstarrte, glasige, wasserlösliche Kalium- u. Natriumsilicate (Salze von Kieselsäuren) oder deren viskose wässrige Lösungen.

**Wasserstoffperoxid**

$H_2O_2$. Wichtiges technisches Reagenz, das beispielsweise zum umweltfreundlichen Bleichen von Papier oder zur Abwasserbehandlung eingesetzt wird.

**Zeolith**

Kristalline Aluminium-Silicate. Charakteristisch ist, dass sie ihr Wasser beim Erhitzen stetig und ohne Änderung der Kristallstruktur abgeben, andere Verbindungen anstelle des entfernten Wassers aufnehmen und auch als Ionenaustauscher und Katalysatoren wirken können.

**Zinkoxid**

Verbindung aus Zink und Sauerstoff ZnO.

# Bildquellen

### Inhaltsverzeichnis
G. Schulz

### Traumhaft!?! Eine Leben ohne Chemie
Seite 0: getty images, cc-vision, G. Schulz
Seite 1: G. Schulz

### Wieviel Chemie steckt im Menschen?
Seite 2: imageDJ, G. Schulz
Seite 3: G. Schulz (ATP und Periodensystem)
Seite 5: cc-vision, G. Schulz (Körper); cc-vision (Hämoglobin)

### Familiäre Angelegenheiten
Seite 6: G. Schulz (Periodensystem); G. Bugge, *Das Buch der großen Chemiker*, Verlag Chemie, Weinheim, 1974 (D.J. Mendelejew, J.L. Meyer)
Seite 7: G. Schulz (Strukturen); BASF AG, Ludwigshafen (Methanol-Anlage)
Seite 8 und 9: BASF AG, Ludwigshafen (Erdölförderanlage und Kolonnen-Wald), G. Schulz (Chemis-tree)

### Chemie für die Schönheit
Seite 10: cc-vision
Seite 11: BASF AG, Ludwigshafen (Kind mit Frau), G. Schulz (Landschaft mit Sonne), Michael Müller, www.chempage.de (Titandioxid)
Seite 12: BASF AG, Ludwigshafen (Nagellack), G. Schulz (Pigment-Schema)
Seite 13: BASF AG, Ludwigshafen (Auto mit Katze), G. Schulz (Lackschichten-Aufbau), JAKO-O – der Katalog für ausgewählte Kindersachen; von 0 bis 10 Jahre, www.jako-o.de (T-Shirts)
Seite 14 und 15: BASF AG, Ludwigshafen (Pulverlacke), G.Schulz (Makro–Mikro–Nano), Hemera (Schmetterling)

### Moleküle im Spiegel
Seite 16: G. Schulz
Seite 17: G. Schulz (Polarimeter), Dr. Jeff R. Broadbent, Utah State University (*Lactobacillus brevis micrograph*)
Seite 18: Hans-Christian Holzwarth, Universität Stuttgart-Vaihingen (Enzymbindungstasche), G. Schulz (Struktur)
Seite 19: G. Schulz (Strukturen), H. Brunner, *Rechts oder links in der Natur und anderswo*, Wiley-VCH, Weinheim, 1999 (Enzym)
Seite 20: *Journal of Separation Sciences*, Wiley-VCH (chromatographische Trennung)
Seite 21: H. Brunner, *Rechts oder links in der Natur und anderswo*, Wiley-VCH, Weinheim, 1999 (Schneckenhäuser, Kletterpflanzen, Schweineschwänzchen, Haarwirbel), London News (Louis Pasteur), G. Schulz (Kristallformen)

### Versponnenes
Seite 22: cc-vision (Stoffe), getty images (Baumwolle)
Seite 23: G. Schulz (Leinen), getty images (Schaf), DESCO von Schulthess AG, Zürich, Schweiz (Seidenraupe)
Seite 24: cc-vision (Fasern im Hintergrund), G. Schulz (Strukturen)
Seite 25: Rukka L-Fashion Group (Motorradkleidung und Fasern), Du Pont de Nemours (Deutschland) GmbH, Bad Homburg (Frau mit Nylonstrümpfen)
Seite 26: G. Schulz
Seite 27: MEV
Seite 28: G. Schulz
Seite 29: Sympatex Technologies Gmbh, www.sympatex.com
Seite 30: BASF AG, Ludwigshafen (oben), Westfalia Werkzeug Co. GmbH, Hagen (Mikrofasertücher), BASF AG, Ludwigshafen (Mikrofasern)

### Blau – der König der Farben
Seite 31: G. Schulz (Struktur), Matthias Seefelder, *Indigo. Kultur, Wissenschaft und Technik*, Ecomed, 1994 (Indigofera tinctoria)
Seite 32: Matthias Seefelder, *Indigo, Kultur, Wissenschaft und Technik*, Ecomed, 1994 (Fahnen, Adolf von Bayer, Holzschnitt)
Seite 33: BASF AG, Ludwigshafen (Azofarben), Levi Strauss (Goldgräber)

### Der letzte Schliff
Seite 34: BASF AG, Ludwigshafen
Seite 35: Corbis Digital Stock (Motorradfahrer), getty images (Fasern)
Seite 36: getty images (Fahrzeug), sanforized company, www.sanforized.biz (Sanfor-Label), DA Deutsche Allgemeine Versicherung Aktiengesellschaft, Oberursel (Bügeleisen)
Seite 37: ARIES Umweltprodukte, Horstedt, www.aries-online.de (Motte), Freiwillige Feuerwehr Pfuhl (Feuerwehrjacke Vordergrund), G. Schulz (Brandszene Hintergrund)

### Sonnige Aussichten
Seite 38: Digital Vision
Seite 39: G. Schulz (Bauprinzip), Siltronic AG, München (Siliciumstab)
Seite 40: BASF AG, Ludwigshafen (Silicium-Wafer), G. Hahn, *Physik in unserer Zeit*, Wiley-VCH, Weinheim, 2004 (Folien-Silicium)
Seite 41: G. Hahn, *Physik in unserer Zeit*, Wiley-VCH, Weinheim, 2004 (Folien-Silicium), G. Schulz (Röhren und Sandwiches), ThyssenKrupp Hoesch Bausysteme, Abteilung ThyssenKrupp Solartec, Kreuztal
Seite 42: BASF AG, Ludwigshafen (Dach), Professor Breuer, Universität Saarland (photoelektrochemische Solarzelle), Dr. Marion Lackhoff, Institut für Wasserchemie und Chemische Balneologie, Technische Universität München (Photokatalyse)
Seite 43: G. Calzaferri et al., *Angewandte Chemie*, Wiley-VCH, Weinheim, 2002, G. Schulz (Taucherbrille)

### Effektive Elektronenernte
Seite 44 und 45: G. Schulz (Bild 1 – 9 und Kraftwerk), Wiley-VCH-Archiv (Austin, Herr Kordesch)
Seite 46: DaimlerChrysler AG, Stuttgart (Gasdrucktanks, feste Metallhydride, Methanol-Reforming), National Air and Space Museum Archives, Smithsonian Institution, Washington, USA (kryogene Speicherung), G. Schulz (Kohlenstoffspeicher), K. Sasaki et al., Max-Planck-Forschung, ETH Zürich (poröse Oberflächen)
Seite 47: Rocky Mountain Laboratories, NIAID, NIH, USA (*Escherichia coli*), G. Schulz (Stack)
Seite 48: MTU CFC Solutions GmbH, München (Hot Module)
Seite 49: Fraunhofer Institut für Angewandte Festkörperphysik, München (Minibrennstoffzelle), MIT Micro Fuel Cells, Albany, USA

### Schwarzes Gold
Seite 50: Thomas Seilnacht, www.seilnacht.com
Seite 51: G. Schulz
Seite 52: BASF AG, Ludwigshafen (Tropfen und Crack-Anlage), G. Schulz (Strukturen)
Seite 53: GEOMAR in *Chemie in unserer Zeit*, Wiley-VCH, Weinheim, 2001 (brennendes Eis), G. Schulz (Strukturen)
Seite 54: BASF AG, Ludwigshafen (Tanksäule), G. Schulz (Motoren)
Seite 55: getty images

### Bio? Find ich gut!
Seite 56: BASF AG, Ludwigshafen
Seite 57: Ingram Publishing (pflanzliche Rohstoffe), cc-vision (Fadenrollen, Papierstapel) BASF AG, Ludwigshafen (Leimen, Tropfen, Lippenstifte), apply design group (Waschmaschine)

### Mit Chemie gegen Krankheiten
Seite 58: getty images (Tabletten), G. Schulz (Struktur)
Seite 59: Bayer Vital GmbH, Leverkusen
Seite 60: Deutsches Humangenomprojekt
Seite 61: getty images (Molecular Modelling), Bayer AG, Leverkusen (Roboter)
Seite 62: Bayer AG, Leverkusen (Substanzbibliotheken, Screening-anlage), www.genetix.co.uk/productpages/hts.htm (High Throughput Screening)
Seite 63: Hemera (Ratte), getty images (Medikamentendarreichungsformen)
Seite 64: MEV

### Das Prinzip der Chemotherapie
Seite 65: image DJ, G. Schulz
Seite 66: Prof. A. Giannis und Dr. R. Mazitschek, *Angewandte Chemie*, Wiley-VCH, 1999 (Tumorwachstum), G. Schulz (Struktur)

### Bessere Behandlungsmöglichkeiten bei AIDS
Seite 67 und 68: getty images

### Mit Vorsicht zu genießen
Seite 69: G. Schulz

### Flüssige Kristalle
Seite 70: D. Demus, J. W. Goodby, G. W. Gray, H. W. Spiess, V. Vill (Hrsg.), *Handbook of Liquid Crystals*, Wiley-VCH, Weinheim, 1998
Seite 71: Merck KGaA, Darmstadt
Seite 72: Merck KGaA, Darmstadt (Flachbildschirm), M. H. van der Veen et al., *Advanced Functional Materials*, Wiley-VCH, Weinheim, 2004

### Molekulare Träume für die Welt von morgen
Seite 73: NASA (Zahnräder), getty images (Hintergrund), STMicroelectronics, Grasbrunn (Lab on a chip)
Seite 74: G. Schulz (Schablonen), V. Reddy et al., *Journal of Virology*, 2001 (http://mmtsb.scripps.edu/viper/viper.html)
Seite 75 bis 77: Bilder aus den Beiträgen Z 51231, Z 51866, Z 50059 und 50410, *Angewandte Chemie*, Wiley-VCH, Weinheim, 2002 – 2004, G. Schulz (Propeller)

### Chemie in der Küche!?!
Seite 78: image DJ, Ingram Publishing, G. Schulz
Seite 79: G. Schulz (Struktur)
Seite 80 und 81: cc-vision (Hintergrund), G. Schulz (Strukturen)
Seite 82 und 83: G. Schulz
Seite 84: cc-vision
Seite 85: G. Schulz

Seite 86 und 87: G. Schulz, C. Sauter, B. Lorber, R. Giege, *Struct. Funct. Genet.*, 2002 (Thaumatin)

## Essen als Medizin
Seite 88: md-color (Karotte)
Seite 89: cc-vision (Fische), Danone GmbH, München (Joghurt), Hemera (Gingko)

## Der Natur auf die Sprünge helfen
Seite 90: Ingram Publishing, G. Schulz
Seite 91: K + S Aktiengesellschaft, Kassel (Zuckerrüben), Lis Rosendahl, Risø National Laboratory (Knöllchenbakterien), Gesellschaft Deutscher Chemiker, Frankfurt (Justus von Liebig)
Seite 92: K + S Aktiengesellschaft, Kassel (Nitrophoska), D. Stoltzenberg, *Fritz Haber – Chemiker, Deutscher, Jude*, Wiley-VCH, Weinheim, 1998 (Fritz Haber und Carl Bosch)
Seite 93: cc-vision (Baby), K + S Aktiengesellschaft, Kassel (Traktor)
Seite 94: Hemera (Kartoffelkäfer), Henriette Kress, AHG, Helsinki, Finnland www.ibiblio.org/herbmed (Kamille und Teebaum), G. Schulz (Struktur)
Seite 95: getty images, G. Schulz (Struktur)
Seite 96: G. Schulz (Struktur), Friederike Hammar
Seite 98: cc-vision
Seite 99: Bayer AG, Leverkusen

## Mobilität dank vier Räder
Seite 100: mt-color (Oldtimer), BASF AG, Ludwigshafen (Armaturenbrett)
Seite 101: BASF AG, Ludwigshafen (Auto), G. Schulz (Rohölgraphik), Ernst-Georg Beck, www.biokurs.de (Abgaskatalysator)
Seite 102: Fraunhofer Institut Chemische Technologie, Pfinztal (Airbag), cc-vision (Autobahn)

## Weinende Bäume und der Gott des Feuers
Seite 103: BASF AG, Ludwigshafen
Seite 104: G. Schulz (Struktur), Deutsch & Neumann GmbH, Berlin, www.deutsch-neumann.com (Laborartikel aus Gummi und Kunststoff), Helmut Schott, www.radio-antik.de (Bakelit-Radio)
Seite 105: G. Schulz
Seite 106: Mayr & Mayerhofer Werkzeugbau, www.mayr-mayerhofer.de (Spritzgießen), G. Schulz (Schäumen), horizont gerätewerk gmbh, Korbach (Warmformen), Dorst Technologies, www.dorst.de (Extrudieren, Strangpressen), Hemera (Blasfor-

men), Gustav Schramm GmbH, Waldheim, www.schramm-verpackung.de (Folienblasen)
Seite 107: Hemera (Plastikgefäße), AUDI AG, Ingolstadt, www.audi.com (Auto)
Seite 108: BASF AG, Ludwigshafen (Plastikmüll), Wavin GmbH, Twist (PVC-Rohre)
Seite 109: BASF AG, Ludwigshafen, G. Schulz (PP-Schema)
Seite 110: Hemera (Helm), BASF AG, Ludwigshafen (Handys), Radeberger Gruppe AG (Selters)
Seite 111: Bayer AG, Leverkusen (Stühle und Matratze), Lajos Speck, www.bikelabor.de (Gelsattel)

## Macht Rotwein jung und Schokolade schön?
Seite 112: cc-vision (Weinglas), G. Schulz (Struktur)
Seite 113: Hemera (Kaffeetasse), G. Schulz (Struktur), Saeco GmbH, Eigeltingen, www.saeco.de (Kaffeevollautomat Modell Cafe Nova silber)
Seite 114: getty images (Eichenfässer), Deutscher Teeverband e.V. (Tee)
Seite 115: G. Schulz (Kind), www.infozentrum-schoko.de (Schokopralinen und -kekse)
Seite 116: Bad Steben
Seite 117: www.infozentrum-schoko.de

## Saubere Wäsche und sauberes Wasser
Seite 118: cc-vision (Waschlauge Hintergrund), getty images (Waschmittel auf Holzgitter)
Seite 119: G. Schulz
Seite 120: G. Schulz
Seite 121: apply design group (Hintergrund ABC der Waschmittelbestandteile), http://skuld.cup.uni-muenchen.de/ph/cip/cristal/krist8.jpg (Phosphatkristall)
Seite 122: Henkel, http://henkel.com
Seite 123: apply design group (Hintergrund ABC der Waschmittelbestandteile), G. Schulz (Zeolith A)

## Zerfall auf Befehl
Seite 124: BASF AG, Ludwigshafen
Seite 125: G. Schulz (Struktur), BASF AG, Ludwigshafen (Mikroskop), Cargill Dow (Gefäß)
Seite 126: MEV (Menschen im Stadion), Cargill Dow (Coca-Cola-Becher), BASF AG, Ludwigshafen (Pflanzfolie)
Seite 127: IBAW (Logo), FAO (FAO/13702/J. Isaac; Brunnen), Ingram Publishing (Zahnbürsten)

## Alles Müll – oder was?
Seite 128: Hemera (Fliege), BASF AG, Ludwigshafen
Seite 129: Duales System Deutschland AG (gelbe Säcke), BASF AG, Ludwigshafen (Ökoeffizienz)

## Von Arsen bis Zyankali
Seite 130: MEV (Hand)
Seite 132 und 133: Gustav Klimt: Tod und Leben 1911/1915 (Leopold Museum, Wien; mit freundlicher Genehmigung von Prof. Dr. Rudolf Leopold, Museologischer Direktor), G. Schulz
Seite 134 und 135: G. Schulz (Strukturen), PhotoDisc, Inc. (Lagerfeuer), B. Mielenhausen, C. Schiepel, WPB-Kurs, Otto-Hahn-Gymnasium Göttingen
Seite 136: getty images (Quecksilber), G. Bugge, *Das Buch der großen Chemiker*, Verlag Chemie, Weinheim, 1974 (Paracelsus)
Seite 137: Henriette Kress, AHG Helsinki, Finnland, www.ibiblio.org/herbmed (Rizin), G. Schulz
Seite 138 und 139: G. Schulz (Strukturen), Paul Winch-Furness, London, www.paulwf.co.uk (Zyklon B), D. Stoltzenberg, *Fritz Haber – Chemiker, Deutscher, Jude*, Wiley-VCH, Weinheim, 1998 (Fritz Haber), London News (Soldaten mit Stacheldraht)

## Ein trauriges Kapitel: Kampfstoffe
Seite 140: London News (Soldaten), G. Schulz (Strukturen)
Seite 141: G. Schulz (Strukturen), Corbis Digital Stock (Soldat mit ABC-Schutzmaske)

## Spurensuche mit Chemie
Seite 142: G. Schulz
Seite 143: B. Kaye, *Mit der Wissenschaft auf Verbrecherjagd*, Wiley-VCH, Weinheim, sowie *New Scientist*, 1972 (Fußabdruck), Ingram Publishing (Pistole), P. Voss-de Haan, H. Katterwe, U. Simmross, *Physik-Journal*, Wiley-VCH, Weinheim, 2003 (Schmauchpartikel)
Seite 144: Günter Kahl, *The Dictionary of Gene Technology*, Wiley-VCH, Weinheim, 2004 (Gene), G. Schulz (PCR nach www.lifescience.de/bioschool/facts/fenster 15.html), www.quarks.de/crash/bilder/micro.jpg (Lacksplitter)
Seite 145: BASF AG, Ludwigshafen (GC/MS), G. Schulz (Haare)
Seite 146: P. Voss-de Haan, H. Katterwe, U. Simmross, *Physik-Journal*, Wiley-VCH, Weinheim, 2003 (REM-Aufnahmen und Waffe), NATUR-MUSEUM, Luzern, Schweiz (elektronische Nase)
Seite 147: Brookhaven National

Laboratory, New York, USA (Vinland-Karte)

## Ein Fall für die Spezialisten
Seite 148: Hemera (Baby), Dr. Chan, www.drchan.com (Zähne mit Amalgam- bzw. Kompositfüllung)
Seite 149: G. Schulz (Struktur, Folientechnologie sowie Implantant nach Friadent-Vorlage), Fraunhofer Institut VμE (Folienbatterie), Solid Energy GmbH (Pasten)
Seite 150: Philips GmbH Unternehmenskommunikation, Hamburg (Aktiv-Matrix-Display), Prof. Dr. Andreas Lendlein, GKSS Forschungszentrum, Teltow, aus *Enycylopedia of Materials: Science and Technology*, Elsevier (Formgedächtnispolymere)
Seite 151: T. Serizawa et al., *Angewandte Chemie*, Wiley-VCH, Weinheim, 2003 (intelligente Beschichtungen), G. Blume, Rovi Cosmetics (Liposomen)
Seite 152: A. D. Dinsmore, M. F. Hsu, M. G. Nikolaides, M. Marquez, A. R. Bausch, D. A. Weitz, *Science*, 2002, Copyright 2004 AAAS (Colloidosomen), Degussa Site Krefeld, www.creasorb.de (Firesorb), Nick Schade, www.guillemot-kayaks.com (Kayak)

## Klein, kleiner, nano
Seite 153: Prof. Dr. J. Koetz, Dr. B. Tiersch
Seite 154: BASF AG, Ludwigshafen (Farbverläufe), Merck KGaA, Darmstadt (Pigmentklassen)
Seite 155: BASF AG, Ludwigshafen

## Der Natur auf die Finger geschaut
Seite 156: BASF AG, Ludwigshafen
Seite 157: BASF AG, Ludwigshafen (Mikrostrukturen), G. Schulz (Schemata)

## Mikrolandschaft im Laserlicht
Seite 158: G. Schulz
Seite 159: Mit freundlicher Genehmigung des Franzis Verlages und J. Webers: H. Zander, *Das PC-Tonstudio*, Franzis Verlag, München, 1998 (Pits und Lands), R. Lenz, www.2cool4u.ch (Beschreiben eines beschichteten Glasmasters), G. Schulz (Glasmaster)
Seite 160: G. Schulz
Seite 161: G. Schulz
Seite 162: Bayer Sheet Europe (Erding, Campobasso), Hans Börner GmbH & Co. KG, Nauheim, www.acryl.de (Köln)
Seite 163: Hemera

## Diamanten

Seite 164: Scorpius
Seite 165: Dr. Uwe Kroner, Exkursion des Instituts für Geologie der TU Bergakademie Freiberg (Kimberlit-Schlot), Mountain High Maps, G. Schulz (Karte)
Seite 166: G. Schulz
Seite 167: Fraunhofer Institut für Angewandte Festkörperphysik, IAF, Freiburg
Seite 168: Hemera, Lukas Czarnecki, http://hpwt.de (Saphir)
Seite 169: G. Schulz (Struktur), Fraunhofer Institut für Angewandte Festkörperphysik, IAF, Freiburg (Kondensation, Oberfläche)

## Von Fußbällen, Hörnern und Zwiebeln

Seite 170: BASF AG, Ludwigshafen (Hintergrund), Prof. Dr. A. Rochefort, Nano@PolyMTL, Montreal, Kanada (Nanoröhre), ACF (Montreal)
Seite 171: G. Schulz (Fußball, Struktur), Prof. Dr. Andreas Hirsch, Universität Erlangen-Nürnberg (Halbleitertechnologie), Research News & Publication Office, Atlanta, USA, http://gtresearchnews.gatech.edu/newrelease/BALANCE.html (Nanowaage)
Seite 172: Prof. Dr. S. Muruyama, University of Tokyo, www.photon.t.u-tokyo.ac.jp (Auffaltung eines Layers), *Angewandte Chemie*, Wiley-VCH, Weinheim, 2003/2003 (Erbsen in der Schote)
Seite 173: Dr. Young-Kyun Kwon, Nanomix Inc., S. Berber, D. Tomanek, Department of Physics, Michigan State University, USA (Nanohorn), R. Schlögl et al., *Angewandte Chemie*, Wiley-VCH, Weinheim, 2002 (Zwiebel)

## Chemie macht müde Krieger munter

Seite 174: getty images
Seite 175: *Angewandte Chemie*, Wiley-VCH, Weinheim, 2003
Seite 176: getty images
Seite 177: Staatsbibliothek zu Berlin, Preußischer Kulturbesitz
Seite 178: Staatsbibliothek zu Berlin, Preußischer Kulturbesitz (Bach), Fa. Harald Schäfer, Schädlingsbekämpfung, Bitterfeld (Brotkäfer)
Seite 179: G. Schulz, Directmedia Publishing GmbH (Michelangelo), Prof. Dr. Ulrich Weser, Physiologisch-chemisches Institut, Universität Tübingen (Firnisabnahme)

## Hauptsache die Chemie stimmt

Seite 180: cc-vision
Seite 181: G. Schulz nach Vorlage
Seite 182: Friederike Hammar (Schneeglöckchen), *Lebende Mikrowelt*, Editiones Roche Basel, 1991 (Granulozyt)
Seite 183: cc-vision
Seite 184: Ingram Publishing (Schwangere), Hemera (Apfel)
Seite 185: MEV (Büro), G. Schulz (Strukturen)
Seite 186: getty images, G. Schulz (DHEA), *Lebende Mikrowelt*, Editiones Roche Basel, 1991 (Makrophage)
Seite 187: cc-vision (Käfer), getty images (Operationssaal), Ingram Publishing (Organtransplantation Nahaufnahme)

## Wir kennen unsere Gene

Seite 188: Ingram Publishing, getty images, Deutsches Humangenomprojekt
Seite 189: Ingram Publishing (Schmetterling und Raupe), G. Schulz (DNA-Helix)
Seite 190: G. Schulz
Seite 191: getty images (Kopf), Deutsches Humangenomprojekt (genetische Code)
Seite 192: G. Schulz, Accelrys Inc. (Hämoglobin), B. Alberts et al., *Molekularbiologie der Zelle*, 4. Auflage, Wiley-VCH, Weinheim, 2004 (Sichelzellenanämie)
Seite 193: Bayer AG, Leverkusen
Seite 194: getty images (HIV), Ingram Publishing (Personen)
Seite 195: London News (Albert Einstein)

## Hände weg von Hasch & Co!

Seite 196: Ingram Publishing, G. Schulz
Seite 197: G. Schulz (Struktur), getty images
Seite 198: DEA – US Drug Enforcement Administration (Tetrahydrocannabinol), Ingram Publishing (Bierglas)
Seite 199: Henriette Kress, AHG Helsinki, Finnland, www.ibiblio.org/herbmed (Mohn), DEA – US Drug Enforcement Administration (Rohopium), G. Schulz (Struktur)
Seite 200: DEA – US Drug Enforcement Administration (Heroin), G. Schulz (Struktur), Copyright 1995 – 2004 Michael W. Davidson und The Florida State University. Alle Rechte vorbehalten.
Seite 201: B. Dräger, Fachbereich Pharmazie, Martin-Luther-Universität Halle-Wittenberg (Coca-Strauch), Corbis Digital Stock (Kokain und Crack), DEA – US Drug Enforcement Administration (Pulver)
Seite 202: Digital Vision (Tanzszene im Hintergrund), DEA – US Drug Enforcement Administration (Tabletten und LSD-Phantasien)
Seite 203: South Illinois University, www.science.siu.edu/plantbiology/PLB117/Nickrent.Lecs/drugs.html

## Glühende Leidenschaft

Seite 204: G. Schulz
Seite 205: getty images, G. Schulz
Seite 206: Copyright Gunther von Hagens, Institut für Plastination, Heidelberg, www.koerperwelten.com (Raucherlunge), www.angiologe.de (Aderengpässe)
Seite 207: MEV (Frau), G. Schulz (Pflaster)

## Immer kleiner, immer schneller, immer weniger

Seite 208: image DJ (Laborszene), R. Dahm, *Biologie in unserer Zeit*, Wiley-VCH, Weinheim, 2003 (Arzt)
Seite 209: Prof. Dr. Jürgen Berger, Max-Planck-Institut für Entwicklungsbiologie, Tübingen (Blutbestandteile), G. Schulz nach http://dokkyomed.ac.jp/dep-k/cli-path/a-super/h47.html, F. McMurry, *Chemistry*, Prentice Hall (Elektrophorese)
Seite 210: PhotoDisc, Inc. (Insulin spritzen), Bayer HealthCare, Diagnostika, Köln (Messgerät), Prof. Dr. S. Gatermann, Abteilung für medizinische Mikrobiologie, Ruhr-Universität Bochum (Bakterien), Visuals Unlimited (Insulinkristall),
Seite 211: University of Massachusetts, USA, www.biocontrol.ucr.edu/photos/WFT/elisa.jpg (Mikrotiterplatte), G. Schulz (ELISA)
Seite 212: getty images (DNA), S. K. Sia, V. Linder, B. A. Parviz, A. Siegel, G. M. Whitesides, Department of Chemistry and Chemical Biology, Harvard University, Cambridge, USA (Pocket)
Seite 213: BASF AG, Ludwigshafen (Alkoholtest), Fa. Febit Mannheim (Labor in Streichholzschachtel)

## Für jede Kunst ein Stoff

Seite 214: mt color Medientechnik (Spielzeug), BASF AG, Ludwigshafen
Seite 215: BASF AG, Ludwigshafen
Seite 216: BASF AG, Ludwigshafen
Seite 217: Ingram Publishing

## Rund um die Uhr Chemie

Seite 218: G Schulz, getty images
Seite 219: G. Schulz (Lego-Flugzeug)
Seite 220: BASF AG, Ludwigshafen
Seite 221: Bayer AG, Leverkusen (Aspirin), Wiley-VCH (Zeitschriften)
Seite 222: getty images
Seite 223: G. Schulz

**Notizen**